高等学校数据结构课程系列教材

数据结构教程

C++语言描述 第2版 微课视频版

李春葆 匡志强 蒋林 编著

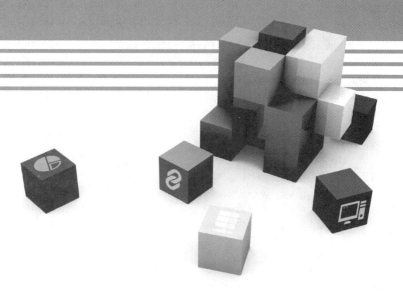

清华大学出版社
北京

内 容 简 介

本书系统地介绍了常用的数据结构以及查找和排序的算法，阐述了数据结构的逻辑结构、存储表示及基本运算，并采用C++语言描述数据组织和基本运算算法的实现，所有算法程序均在Dev C++ 5.1中调试通过。

全书既注重原理又注重实践，配有大量图表和示例，内容丰富，概念讲解清楚，表达严谨，逻辑性强，语言精练，可读性好。书中提供了丰富的练习题、上机实验题和在线编程题，配套的《数据结构教程（C++语言描述）（第2版）学习与上机实验指导》辅助教材中详细给出了本书所有练习题和实验题的解题思路和参考答案，《数据结构在线编程实训（C++语言）（全程视频讲解版）》辅助教材中详细给出了所有实战题和在线编程题的解题思路和参考答案（含全部题目的视频讲解）。

本书内容涉及的广度和深度符合普通高等学校计算机及相关专业培养目标的要求，配套教学资源丰富，可作为"数据结构"课程的教材，也可作为从事计算机软件开发和工程应用人员的参考书。

本书封面贴有清华大学出版社防伪标签，无标签者不得销售。
版权所有，侵权必究。举报：010-62782989，beiqinquan@tup.tsinghua.edu.cn。

图书在版编目(CIP)数据

数据结构教程：C++语言描述：微课视频版/李春葆，匡志强，蒋林编著．—2版．—北京：清华大学出版社，2021.10(2024.7重印)
高等学校数据结构课程系列教材
ISBN 978-7-302-58532-9

Ⅰ. ①数… Ⅱ. ①李… ②匡… ③蒋… Ⅲ. ①数据结构—高等学校—教材 ②C++语言—程序设计—高等学校—教材 Ⅳ. ①TP311.12 ②TP312.8

中国版本图书馆CIP数据核字(2021)第121997号

策划编辑：	魏江江
责任编辑：	王冰飞
封面设计：	刘　键
责任校对：	时翠兰
责任印制：	沈　露

出版发行：清华大学出版社
网　　址：https://www.tup.com.cn, https://www.wqxuetang.com
地　　址：北京清华大学学研大厦A座　　邮　编：100084
社 总 机：010-83470000　　邮　购：010-62786544
投稿与读者服务：010-62776969, c-service@tup.tsinghua.edu.cn
质量反馈：010-62772015, zhiliang@tup.tsinghua.edu.cn
课件下载：https://www.tup.com.cn, 010-83470236

印 装 者：	北京嘉实印刷有限公司				
经　　销：	全国新华书店				
开　　本：	185mm×260mm	印　张：	30.5	字　数：	741千字
版　　次：	2014年8月第1版　2021年10月第2版			印　次：	2024年7月第6次印刷
印　　数：	15801～18300				
定　　价：	69.80元				

产品编号：091110-01

前言
FOREWORD

党的二十大报告指出：教育、科技、人才是全面建设社会主义现代化国家的基础性、战略性支撑。必须坚持科技是第一生产力、人才是第一资源、创新是第一动力，深入实施科教兴国战略、人才强国战略、创新驱动发展战略，开辟发展新领域新赛道，不断塑造发展新动能新优势。高等教育与经济社会发展紧密相连，对促进就业创业、助力经济社会发展、增进人民福祉具有重要意义。

"数据结构"课程是计算机及相关专业的核心专业基础课，那么什么是数据结构呢？科学百科是这样定义的："数据结构是计算机存储、组织数据的方式。数据结构是指相互之间存在一种或多种特定关系的数据元素的集合。通常情况下，精心选择的数据结构可以带来更高的运行或者存储效率。数据结构往往与高效的检索算法和索引技术有关。"

该定义包含两重含义，即数据结构实现和数据结构应用。从数据结构的实现角度看，数据结构是指存在相互关系的数据元素集合，并包含相应的数据运算，在实现时就需要考虑数据的逻辑类型，将这些数据以某种合理方式存储在计算机中，继而高效地实现对应运算的算法。像计算机语言中的数据类型都是已经实现的数据结构。从数据结构的应用角度看，人们不必关心数据的存储和运算的具体实现细节，只需要将其作为一个功能包用于求解更复杂的问题，在适当的抽象层次上考虑程序的结构和算法。理解和掌握数据结构的实现有助于应用数据结构，提高计算机求解问题的能力。

❏ 教学内容设计

"数据结构"课程主要以数据的逻辑结构为主线，介绍线性表、栈和队列、树和二叉树、图等数据结构的实现和应用。该课程一方面培养学生基本的数据结构观，即从逻辑层面理解数据结构的逻辑结构特性以及基本运算，继而合理地实现数据结构，使之成为像程序设计语言中那样可以直接使用的数据类型；另一方面培养学生运用各种数据结构的能力，即针对一个较复杂的数据处理问题，选择合适的数据结构设计出好的求解算法。

本书围绕这两个目标设计教学内容，总结编者长期在教学第一线的教学研究和教学经验，同时参考近年来国内外出版的多种数据结构教材，考虑教与学的特点,合理地进行知识点取舍和延伸,精心组织编写而成。本书采用C++语言描述数据结构和算法。全书由10章构成,各章内容如下:

第1章　绪论。本章介绍数据结构的基本概念、采用C++语言描述算法的方法和特点、算法分析方法和如何设计好算法等。

第2章　线性表。本章介绍线性表的定义、线性表的两类主要存储结构和各种基本运算算法设计;通过多项式相加的示例讨论线性表的应用;介绍STL中的vector和list容器及其使用方法。

第3章　栈和队列。本章介绍栈的定义、栈的存储结构、栈的各种基本运算算法设计和栈的应用,队列的定义、队列的存储结构、队列的各种基本运算算法设计和队列的应用,STL中的stack(栈)、queue(队列)、deque(双端队列)和priority_queue(优先队列)容器及其使用方法。

第4章　串。本章介绍串的定义、串的存储结构和串的各种基本运算算法设计,STL中的string容器的使用方法,串的模式匹配算法BF和KMP及其应用。

第5章　数组和稀疏矩阵。本章介绍数组的定义、数组的存储结构、几种特殊矩阵的压缩存储和稀疏矩阵的压缩存储。

第6章　递归。本章介绍递归的定义、递归模型、递归算法设计和分析方法,以及递归算法转换为非递归算法的一般过程。

第7章　树和二叉树。本章介绍树的定义、树的逻辑结构表示方法、树的性质、树的遍历和树的存储结构,二叉树的定义、二叉树的性质、二叉树的存储结构、二叉树的基本运算算法设计、二叉树的递归和非递归遍历算法、二叉树的构造、线索二叉树和哈夫曼树,树/森林和二叉树的转换与还原过程,并查集的定义与实现。

第8章　图。本章介绍图的定义、图的存储结构、图的基本运算算法设计、图的两种遍历算法以及图的应用,图的应用包括求最小生成树、最短路径、拓扑排序和关键路径。

第9章　查找。本章介绍查找的定义、线性表上的各种查找算法、各种树表的查找算法,以及哈希表查找算法及其应用、STL中的哈希表容器(如unordered_map和unordered_set)的使用方法。

第10章　排序。本章介绍排序的定义、插入排序方法、交换排序方法、选择排序方法、归并排序方法和基数排序方法,以及各种内排序方法比较、外排序的基本过程和相关算法。

教学内容紧扣《高等学校计算机专业核心课程教学实施方案》和《计算机学科硕士研究生入学考试大纲》,涵盖教学方案及考研大纲要求的全部知识点。书中带"*"的章节或示例为选讲或选学内容,难度相对较高,供提高者研习。本书的主要特点如下:

① 结构清晰,内容丰富,文字叙述简洁明了,可读性强。

② 图文并茂,全书用了300多幅图表述和讲解数据的组织结构和算法设计思想。

③ 力求归纳各类算法设计的规律,如单链表算法中很多是基于建表算法,二叉树算法中很多是基于4种遍历算法,图算法中很多是基于两种遍历算法,如果读者掌握了相关的基础算法,那么对于较复杂的算法设计就会驾轻就熟。

④ 深入讨论递归算法设计方法。递归算法设计是数据结构课程中的难点之一,编者从递归模型入手,介绍了从求解问题中提取递归模型的通用方法,讲解了从递归模型到递归算法设计的基本规律。

⑤ 书中提供了大量的教学示例并详细解析,将抽象概念和抽象的算法过程具体化。

⑥ 结合知识点提供了若干相关的实战题,实战题来源于力扣(https://leetcode-cn.com/)、POJ(http://poj.org/)和HDU(http://acm.hdu.edu.cn/)网站。

⑦ 与C++语言深度结合,充分利用C++语言的特点实现书中的所有算法,全部算法及其示例均在Dev C++ 5.1中调试通过。

⑧ 提供了大量的练习题、上机实验题和在线编程题,供教学中选用。

❑ **教学实验设计**

教学实验是提高利用数据结构原理解决实际问题必不可少的环节,本书将实验教学和理论教学有机结合,构成完整的体系。

① 每章包含基础实验和应用实验。基础实验属于验证性实验,是上机实现相关数据结构或者算法,用于强化对基本数据结构观的认知;应用实验属于设计或者综合性实验,是利用相关数据结构完成较复杂的算法实现,用于提高运用各种数据结构解决复杂问题的能力。

② 每章包含若干与教学内容紧密结合的、难度适中的在线编程题,所有题目都经过精心挑选,均来自力扣、POJ和HDU网站。力扣(中国)是一个极好的学习和实验在线编程平台,POJ和HDU是目前国内最优秀的ACM训练网站。每道在线编程题都提供了多个测试用例,可以对实验算法进行时间和空间的全方位测试。

❑ **配套教学资源**

本书配套的辅助教材为《数据结构教程(C++语言描述)(第2版)学习与上机实验指导》和《数据结构在线编程实训(C++语言)(全程视频讲解版)》,前者提供了所有练习题和上机实验题的解题思路和参考答案,后者提供了所有实战题和在线编程题的解题思路和参考答案(含全部题目的视频讲解),所有程序均在相关平台中验证通过并给出了时间和空间数据。

为了方便教师教学和学生学习,本书提供了全面、丰富的教学资源。配套教学资源包中的内容如下:

① 教学PPT。提供全部教学内容的精美PPT课件,仅供任课教师在教学中使用。

② 源程序代码。所有源代码按章组织,例如ch2文件夹中存放第2章的源代码,其中,ch2\Exam2-3.cpp为例2.3的源代码。

③ 数据结构课程教学大纲和电子教案。包含54学时课堂讲授的教学内容安排和18学时实验的实验教学内容安排,供教师参考。

④ 在线作业。包括选择题、判断题、填空题、简答题和编程题。

⑤ 书中配套绝大部分知识点的教学视频,视频采用微课碎片化形式组织(含266个小视频,累计超过45小时)。

资源下载提示

课件等资源:扫描封底的"课件下载"二维码,在公众号"书圈"下载。

素材(源码)等资源:扫描目录上方的二维码下载。

在线作业:扫描封底作业系统二维码,登录网站在线做题及查看答案。

视频等资源:扫描封底刮刮卡中的二维码,再扫描书中相应章节中的二维码,可以在线学习。

本书第2、3、6、7和10章由李春葆编写,第1、4和5章由匡志强编写,第8和9章由蒋

林编写,李春葆完成全书的规划和统稿工作。本书的出版得到清华大学出版社魏江江分社长的全力支持,王冰飞老师给予精心编辑,力扣(中国)网站提供了无私的帮助,编者在此一并表示衷心的感谢。尽管编者不遗余力,但由于水平所限,本书难免存在不足之处,敬请教师和同学们批评指正,在此表示衷心的感谢。

编　者

2021 年 5 月

目录

源码下载

第 1 章 绪论	1
1.1 什么是数据结构	2
1.1.1 数据结构的定义	2
1.1.2 数据的逻辑结构	3
1.1.3 数据的存储结构	6
1.1.4 数据的运算	9
1.1.5 数据结构和数据类型	10
1.2 算法及其描述	12
1.2.1 什么是算法	12
1.2.2 算法描述	13
1.2.3 C++语言描述算法的要点	15
1.3 算法分析	20
1.3.1 算法的设计目标	20
1.3.2 算法的时间性能分析	20
1.3.3 算法的存储空间分析	25
1.4 数据结构的目标	26
1.5 练习题	31
1.5.1 问答题	31
1.5.2 算法设计题	31
1.6 上机实验题	32
1.6.1 基础实验题	32
1.6.2 应用实验题	32
1.7 在线编程题	33
第 2 章 线性表	34
2.1 线性表的定义	34

- 2.1.1 什么是线性表 …… 34
- 2.1.2 线性表的抽象数据类型描述 …… 35
- 2.2 线性表的顺序存储结构 …… 35
  - 2.2.1 线性表的顺序存储结构——顺序表 …… 35
  - 2.2.2 线性表基本运算算法在顺序表中的实现 …… 36
  - 2.2.3 顺序表的应用算法设计示例 …… 41
- 2.3 线性表的链式存储结构 …… 47
  - 2.3.1 链表 …… 47
  - 2.3.2 单链表 …… 48
  - 2.3.3 单链表的应用算法设计示例 …… 56
  - 2.3.4 双链表 …… 64
  - 2.3.5 双链表的应用算法设计示例 …… 67
  - 2.3.6 循环链表 …… 68
- 2.4 顺序表和链表的比较 …… 74
- 2.5 线性表的应用——两个多项式相加 …… 75
  - 2.5.1 问题描述 …… 75
  - 2.5.2 问题求解 …… 76
- 2.6 STL 中的线性表 …… 81
  - 2.6.1 vector 向量容器 …… 81
  - 2.6.2 list 链表容器 …… 85
- 2.7 练习题 …… 88
  - 2.7.1 问答题 …… 88
  - 2.7.2 算法设计题 …… 89
- 2.8 上机实验题 …… 90
  - 2.8.1 基础实验题 …… 90
  - 2.8.2 应用实验题 …… 91
- 2.9 在线编程题 …… 92

第 3 章 栈和队列 …… 94

- 3.1 栈 …… 94
  - 3.1.1 栈的定义 …… 94
  - 3.1.2 栈的顺序存储结构及其基本运算算法的实现 …… 95
  - 3.1.3 顺序栈的应用算法设计示例 …… 97
  - 3.1.4 栈的链式存储结构及其基本运算算法的实现 …… 103
  - 3.1.5 链栈的应用算法设计示例 …… 106
  - 3.1.6 STL 中的 stack 栈容器 …… 108
  - 3.1.7 栈的综合应用 …… 110
- 3.2 队列 …… 120
  - 3.2.1 队列的定义 …… 120

3.2.2 队列的顺序存储结构及其基本运算算法的实现 …………………………… 121
　　　3.2.3 循环队列的应用算法设计示例 …………………………………………………… 126
　　　3.2.4 队列的链式存储结构及其基本运算算法的实现 …………………………… 128
　　　3.2.5 链队的应用算法设计示例 ………………………………………………………… 131
　　　3.2.6 STL 中的 queue 队列容器 ………………………………………………………… 132
　　　3.2.7 队列的综合应用 …………………………………………………………………… 134
　　　3.2.8 STL 中的双端队列和优先队列 …………………………………………………… 137
　3.3* 栈和队列的扩展——单调栈和单调队列 ……………………………………………… 142
　　　3.3.1 单调栈 ……………………………………………………………………………… 142
　　　3.3.2 单调队列 …………………………………………………………………………… 144
　3.4 练习题 …………………………………………………………………………………… 145
　　　3.4.1 问答题 ……………………………………………………………………………… 145
　　　3.4.2 算法设计题 ………………………………………………………………………… 146
　3.5 上机实验题 ……………………………………………………………………………… 147
　　　3.5.1 基础实验题 ………………………………………………………………………… 147
　　　3.5.2 应用实验题 ………………………………………………………………………… 147
　3.6 在线编程题 ……………………………………………………………………………… 148

第4章 串 …………………………………………………………………………………… 149

　4.1 串的定义 ………………………………………………………………………………… 149
　4.2 串的存储结构 …………………………………………………………………………… 150
　　　4.2.1 串的顺序存储结构——顺序串 …………………………………………………… 150
　　　4.2.2 串的链式存储结构——链串 ……………………………………………………… 152
　4.3 STL 中的 string ………………………………………………………………………… 154
　4.4 串的模式匹配 …………………………………………………………………………… 157
　　　4.4.1 BF 算法 ……………………………………………………………………………… 157
　　　4.4.2 KMP 算法 …………………………………………………………………………… 160
　4.5 练习题 …………………………………………………………………………………… 167
　　　4.5.1 问答题 ……………………………………………………………………………… 167
　　　4.5.2 算法设计题 ………………………………………………………………………… 168
　4.6 上机实验题 ……………………………………………………………………………… 168
　　　4.6.1 基础实验题 ………………………………………………………………………… 168
　　　4.6.2 应用实验题 ………………………………………………………………………… 169
　4.7 在线编程题 ……………………………………………………………………………… 169

第5章 数组和稀疏矩阵 …………………………………………………………………… 170

　5.1 数组 ……………………………………………………………………………………… 170
　　　5.1.1 数组的基本概念 …………………………………………………………………… 170
　　　5.1.2 数组的存储结构 …………………………………………………………………… 172

5.1.3　数组的应用 …………………………………………………………… 174
　5.2　特殊矩阵的压缩存储 …………………………………………………………… 175
　　　5.2.1　对称矩阵的压缩存储 …………………………………………………… 176
　　　5.2.2　三角矩阵的压缩存储 …………………………………………………… 179
　　　5.2.3　对角矩阵的压缩存储 …………………………………………………… 179
　5.3　稀疏矩阵 ………………………………………………………………………… 180
　　　5.3.1　稀疏矩阵的三元组表示 ………………………………………………… 180
　　　5.3.2　稀疏矩阵的十字链表表示 ……………………………………………… 182
　5.4　练习题 …………………………………………………………………………… 184
　　　5.4.1　问答题 …………………………………………………………………… 184
　　　5.4.2　算法设计题 ……………………………………………………………… 185
　5.5　上机实验题 ……………………………………………………………………… 185
　　　5.5.1　基础实验题 ……………………………………………………………… 185
　　　5.5.2　应用实验题 ……………………………………………………………… 185
　5.6　在线编程题 ……………………………………………………………………… 186

第6章　递归 ……………………………………………………………………………… 187

　6.1　什么是递归 ……………………………………………………………………… 187
　　　6.1.1　递归的定义 ……………………………………………………………… 187
　　　6.1.2　何时使用递归 …………………………………………………………… 188
　　　6.1.3　递归模型 ………………………………………………………………… 190
　　　6.1.4　递归与数学归纳法 ……………………………………………………… 191
　　　6.1.5　递归的执行过程 ………………………………………………………… 191
　　　6.1.6　递归算法的时空分析 …………………………………………………… 195
　6.2　递归算法设计 …………………………………………………………………… 196
　　　6.2.1　递归算法设计的步骤 …………………………………………………… 196
　　　6.2.2　基于递归数据结构的递归算法设计 …………………………………… 198
　　　6.2.3　基于归纳方法的递归算法设计 ………………………………………… 201
　6.3　递归算法转换为非递归算法 …………………………………………………… 207
　　　6.3.1　迭代转换法 ……………………………………………………………… 207
　　　6.3.2　用栈模拟转换法 ………………………………………………………… 207
　6.4　练习题 …………………………………………………………………………… 209
　　　6.4.1　问答题 …………………………………………………………………… 209
　　　6.4.2　算法设计题 ……………………………………………………………… 210
　6.5　上机实验题 ……………………………………………………………………… 211
　　　6.5.1　基础实验题 ……………………………………………………………… 211
　　　6.5.2　应用实验题 ……………………………………………………………… 211
　6.6　在线编程题 ……………………………………………………………………… 211

第 7 章 树和二叉树 … 212

7.1 树 … 212
- 7.1.1 树的定义 … 212
- 7.1.2 树的逻辑结构表示方法 … 213
- 7.1.3 树的基本术语 … 214
- 7.1.4 树的性质 … 215
- 7.1.5 树的基本运算 … 216
- 7.1.6 树的存储结构 … 217

7.2 二叉树 … 220
- 7.2.1 二叉树的概念 … 220
- 7.2.2 二叉树的性质 … 222
- 7.2.3 二叉树的存储结构 … 225
- 7.2.4 二叉树的递归算法设计 … 227
- 7.2.5 二叉树的基本运算算法及其实现 … 227

7.3 二叉树的先序、中序和后序遍历 … 231
- 7.3.1 二叉树遍历的概念 … 231
- 7.3.2 先序、中序和后序遍历递归算法 … 232
- 7.3.3 递归遍历算法的应用 … 234
- 7.3.4 先序、中序和后序遍历非递归算法 … 244

7.4 二叉树的层次遍历 … 253
- 7.4.1 层次遍历的过程 … 253
- 7.4.2 层次遍历算法的设计 … 253
- 7.4.3 层次遍历算法的应用 … 254

7.5 二叉树的构造 … 258
- 7.5.1 由先序/中序序列或后序/中序序列构造二叉树 … 258
- 7.5.2* 序列化和反序列化 … 263

7.6 线索二叉树 … 265
- 7.6.1 线索二叉树的定义 … 265
- 7.6.2 线索化二叉树 … 266
- 7.6.3 遍历线索化二叉树 … 269

7.7 哈夫曼树 … 270
- 7.7.1 哈夫曼树的定义 … 270
- 7.7.2 哈夫曼树的构造算法 … 271
- 7.7.3 哈夫曼编码 … 274

7.8 树/森林与二叉树之间的转换及还原 … 275
- 7.8.1 一棵树与二叉树的转换及还原 … 275
- 7.8.2 森林与二叉树的转换及还原 … 277

7.9* 并查集 ·· 278
    7.9.1 并查集的定义 ·· 278
    7.9.2 并查集的实现 ·· 278
7.10 练习题 ··· 281
    7.10.1 问答题 ·· 281
    7.10.2 算法设计题 ·· 282
7.11 上机实验题 ·· 284
    7.11.1 基础实验题 ·· 284
    7.11.2 应用实验题 ·· 284
7.12 在线编程题 ·· 285

第8章 图 ··· 286

8.1 图的基本概念 ·· 286
    8.1.1 图的定义 ·· 286
    8.1.2 图的基本术语 ·· 287
8.2 图的存储结构 ·· 290
    8.2.1 邻接矩阵 ·· 290
    8.2.2 邻接表 ··· 292
8.3 图的遍历 ··· 298
    8.3.1 图遍历的概念 ·· 299
    8.3.2 深度优先遍历 ·· 299
    8.3.3 广度优先遍历 ·· 300
    8.3.4 非连通图的遍历 ··· 302
8.4 图遍历算法的应用 ··· 304
    8.4.1 深度优先遍历算法的应用 ··· 304
    8.4.2* 回溯法及其应用 ·· 309
    8.4.3 广度优先遍历算法的应用 ··· 315
8.5 生成树和最小生成树 ·· 319
    8.5.1 生成树和最小生成树的概念 ·· 319
    8.5.2 普里姆算法 ·· 321
    8.5.3 克鲁斯卡尔算法 ··· 324
8.6 最短路径 ··· 329
    8.6.1 最短路径的概念 ··· 329
    8.6.2 狄克斯特拉算法 ··· 329
    8.6.3 弗洛伊德算法 ·· 334
8.7 拓扑排序 ··· 339
    8.7.1 什么是拓扑排序 ··· 339
    8.7.2 拓扑排序算法的设计 ·· 340

8.8 AOE 网和关键路径 ·· 342
　　8.8.1　什么是 AOE 网 ·· 342
　　8.8.2　求 AOE 网的关键路径 ·· 343
8.9 练习题 ··· 346
　　8.9.1　问答题 ··· 346
　　8.9.2　算法设计题 ·· 347
8.10 上机实验题 ·· 348
　　8.10.1　基础实验题 ·· 348
　　8.10.2　应用实验题 ·· 349
8.11 在线编程题 ·· 351

第 9 章　查找 ·· 352

9.1 查找的基本概念 ·· 352
9.2 线性表的查找 ··· 353
　　9.2.1　顺序查找 ·· 353
　　9.2.2　折半查找 ·· 356
　　9.2.3　索引存储结构和分块查找 ··· 367
9.3 树表的查找 ··· 371
　　9.3.1　二叉排序树 ·· 371
　　9.3.2　平衡二叉树 ·· 380
　　9.3.3*　STL 中的关联容器 ··· 390
　　9.3.4　B 树 ··· 394
　　9.3.5　B+树 ··· 400
9.4 哈希表的查找 ··· 401
　　9.4.1　哈希表的基本概念 ·· 401
　　9.4.2　哈希函数的构造方法 ·· 402
　　9.4.3　哈希冲突的解决方法 ·· 403
　　9.4.4　哈希表查找及性能分析 ·· 408
　　9.4.5*　STL 中的哈希表 ·· 412
9.5 练习题 ··· 414
　　9.5.1　问答题 ··· 414
　　9.5.2　算法设计题 ·· 416
9.6 上机实验题 ··· 417
　　9.6.1　基础实验题 ·· 417
　　9.6.2　应用实验题 ·· 418
9.7 在线编程题 ··· 418

第 10 章　排序 ··· 419

10.1 排序的基本概念 ·· 419

10.2 插入排序 ·· 421
　　10.2.1 直接插入排序 ·· 421
　　10.2.2 折半插入排序 ·· 425
　　10.2.3 希尔排序 ·· 426
10.3 交换排序 ·· 429
　　10.3.1 冒泡排序 ·· 429
　　10.3.2 快速排序 ·· 431
10.4 选择排序 ·· 438
　　10.4.1 简单选择排序 ·· 439
　　10.4.2 堆排序 ··· 440
　　10.4.3 堆数据结构 ··· 446
10.5 归并排序 ·· 449
　　10.5.1 自底向上的二路归并排序 ··· 449
　　10.5.2 自顶向下的二路归并排序 ··· 452
10.6 基数排序 ·· 454
10.7 各种内排序方法的比较和选择 ··· 457
10.8 外排序 ·· 458
　　10.8.1 生成初始归并段的方法 ··· 459
　　10.8.2 多路归并方法 ·· 460
10.9 练习题 ·· 466
　　10.9.1 问答题 ··· 466
　　10.9.2 算法设计题 ··· 467
10.10 上机实验题 ··· 468
　　10.10.1 基础实验题 ··· 468
　　10.10.2 应用实验题 ··· 468
10.11 在线编程题 ··· 469

参考文献 ·· 470

绪 论 第1章

  "数据结构"作为一门独立的课程最早在美国的一些大学开设,1968 年美国的 Donald E. Knuth 教授开创了数据结构的最初体系,他所著的《计算机程序设计技巧》是系统地阐述数据的逻辑结构和存储结构及其运算的著作,是数据结构的经典之作。在 20 世纪 60 年代末出现了大型程序,结构程序设计成为程序设计方法学的主要内容,人们越来越重视数据结构,认为程序设计的实质是对确定的问题选择一种好的数据结构,加上设计一种好的算法,即程序=数据结构+算法。从 20 世纪 70 年代开始,数据结构得到了迅速发展,编译程序、操作系统和数据库管理系统等都涉及数据元素的组织以及在存储器中的分配,数据结构技术成为设计和实现大型系统软件和应用软件的关键技术。

  "数据结构"课程通过介绍一些典型数据结构的特性讨论基本的数据组织和数据处理方法。通过学习本课程,学生可对数据结构的逻辑结构和存储结构具有明确的基本概念和必要的基础知识,对定义在数据结构上的基本运算有较强的理解能力,学会分析研究计算机加工的数据结构的特性,以便为应用涉及的数据选择适当的逻辑结构和存储结构,并设计出较高质量的算法。

  本章的学习要点如下:

(1) 数据结构定义,数据结构包含的逻辑结构、存储结构和运算三方面的相互关系。

(2) 各种逻辑结构(线性结构、树形结构和图形结构)之间的差别。

(3) 各种存储结构(顺序、链式、索引和哈希)之间的差别。

(4) 数据结构和数据类型的区别和联系。

(5) 抽象数据类型的概念和描述方式。

(6) 算法的定义及其特性。

(7) 采用 C++描述算法的方法。

(8) 重点掌握算法的时间复杂度和空间复杂度分析。

视频讲解

1.1 什么是数据结构

在了解数据结构的重要性之后开始讨论数据结构的定义,本节先从一个简单的学生表例子入手,继而给出数据结构的严格定义,接着分析数据结构的几种类型,最后给出数据结构和数据类型之间的区别与联系。

1.1.1 数据结构的定义

视频讲解

用计算机解决一个具体的问题大致需要经过以下步骤:
① 分析问题,确定数据模型。
② 设计相应的算法。
③ 编写程序,运行并调试程序直至得到正确的结果。

寻求数据模型的实质是分析问题,从中提取操作的对象,并找出这些操作对象之间的关系,然后用数学语言加以描述。有些问题的数据模型可以用具体的数学方程式表示,但更多的实际问题是无法用数学方程式表示的,这就需要从数据入手分析并得到解决问题的方法。

数据是描述客观事物的数值、字符以及所有能输入计算机中并被计算机程序处理的符号的集合。例如,人们在日常生活中使用的文字、数字和特定符号都是数据。从计算机的角度看,数据是所有能被输入计算机中且能被计算机处理的符号的集合。它是计算机操作的对象的总称,也是计算机处理的信息的某种特定的符号表示形式(例如,A 班学生数据包含了该班全体学生记录)。

通常以**数据元素**作为数据的基本单位(例如,A 班中的每个学生记录都是一个数据元素),数据元素在计算机中通常作为整体处理,数据元素也称为元素、结点、记录等。有时候,一个数据元素可以由若干个数据项组成。**数据项**是具有独立含义的数据最小单位,也称为成员或域(例如,A 班中的每个数据元素(即学生记录)是由学号、姓名、性别和班号等数据项组成)。

数据对象是性质相同的有限个数据元素的集合,它是数据的一个子集,例如大写字母数据对象是集合 $C=\{'A','B','C',\cdots,'Z'\}$;1~100 的整数数据对象是集合 $N=\{1,2,\cdots,100\}$。在默认情况下,数据结构中的数据都是指数据对象。

数据结构是指所涉及的数据元素的集合以及数据元素之间的关系,由数据元素之间的关系构成结构,因此可以把数据结构看成是带结构的数据元素的集合。数据结构包括以下三方面:

① 数据逻辑结构。数据逻辑结构由数据元素之间的逻辑关系构成,是数据结构在用户面前呈现的形式。

② 数据存储结构。数据存储结构指数据元素及其关系在计算机内存中的存储方式,也称为数据的物理结构。

③ 数据运算。数据运算指施加在该数据上的操作。

数据的逻辑结构是从逻辑关系(主要是指数据元素的相邻关系)上描述数据的,它与数据的存储无关,是独立于计算机的。因此,数据的逻辑结构可以看作是从具体问题抽象出来的数学模型。

数据的存储结构是逻辑结构用计算机语言的实现或在计算机中的表示(也称为映像)，也就是逻辑结构在计算机中的存储方式，它是依赖于计算机语言的。一般在高级语言(例如C/C++和Java等语言)的层次上讨论存储结构。

数据运算是定义在数据的逻辑结构之上的，每种逻辑结构都有一组相应的运算，最常用的运算有查找、插入、删除、更新和排序等。数据运算最终需在对应的存储结构上用算法实现。

因此，数据结构是一门讨论"描述现实世界实体的数据模型及其之上的运算在计算机中如何表示和实现"的学科。

1.1.2 数据的逻辑结构

讨论数据结构的目的是用计算机求解问题，而分析并弄清数据的逻辑结构是求解问题的基础，也是求解问题的第一步。数据的逻辑结构是面向用户的，它反映数据元素之间的逻辑关系而不是物理关系，是独立于计算机的。

视频讲解

1. 逻辑结构的表示

由于数据的逻辑结构是面向用户的，因此可以采用表格、图等用户容易理解的形式表示。下面通过几个示例加以说明。

【例1.1】 采用表格形式给出一个高等数学成绩表，表中的数据元素是学生成绩记录，每个元素由3个数据项(即学号、姓名和分数)组成。

解：用表格表示的学生高等数学成绩表如表1.1所示，表中的每一行对应一个学生记录。

表1.1 高等数学成绩表

学号	姓名	分数
2018001	王华	90
2018010	刘丽	62
2018006	陈明	54
2018009	张强	95
2018007	许兵	76
2018012	李萍	88
2018005	李英	82

【例1.2】 采用图形式给出某大学组织结构图，大学下设若干个学院和若干个处，每个学院下设若干个系，每个处下设若干个科或办公室。

解：某大学组织结构图如图1.1所示，该图中的每个矩形框为一个结点，对应一个单位名称。

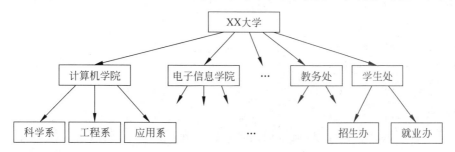

图1.1 某大学组织结构示意图

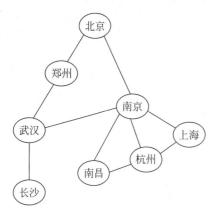

图 1.2 全国部分城市的交通图

【例 1.3】 采用图形式给出全国部分城市的交通图。

解：全国部分城市的交通图如图 1.2 所示，图中的每个城市表示一个结点。

上面两个示例都是数据逻辑结构的表示形式，可以看出数据逻辑结构主要是从数据元素之间的相邻关系考虑的。"数据结构"课程主要讨论这种相邻关系，在实际应用中很容易将其推广到其他关系。

实际上，同一个数据逻辑结构可以采用多种方式表示，假设用学号表示一个成绩记录，高等数学成绩表的逻辑结构也可以用图 1.3 表示。

图 1.3 高等数学成绩表的另一种逻辑结构表示

为了更通用地描述数据的逻辑结构，通常采用二元组表示数据的逻辑结构，一个二元组如下：

$$B=(D,R)$$

其中，B 是一种逻辑数据结构；D 是数据元素的集合，在 D 上数据元素之间可能存在多种关系；R 是所有关系的集合。即

$$D=\{d_i \mid 0 \leqslant i \leqslant n-1, n \geqslant 0\}$$
$$R=\{r_j \mid 1 \leqslant j \leqslant m, m \geqslant 0\}$$

其中，d_i 表示集合 D 中的第 $i(0 \leqslant i \leqslant n-1)$ 个数据元素（或结点），n 为 D 中数据元素的个数，特别地，若 $n=0$，则 D 是一个空集，此时 B 也就无结构可言；$r_j(1 \leqslant j \leqslant m)$ 表示集合 R 中的第 j 个关系，m 为 R 中关系的个数，特别地，若 $m=0$，则 R 是一个空集，表明集合 D 中的数据元素间不存在任何关系，彼此是独立的，这与数学中集合的概念是一致的。

说明：为了方便，数据结构中元素的逻辑序号统一从 0 开始。

R 中的某个关系 $r_j(1 \leqslant j \leqslant m)$ 是序偶的集合，对于 r_j 中的任一序偶 $<x,y>(x,y \in D)$，把 x 叫作序偶的第一元素，把 y 叫作序偶的第二元素，又称序偶的第一元素为第二元素的**前驱元素**，称第二元素为第一元素的**后继元素**。例如在 $<x,y>$ 的序偶中，x 为 y 的前驱元素，而 y 为 x 的后继元素。

若某个元素没有前驱元素，则称该元素为**开始元素**（或者首结点）；若某个元素没有后继元素，则称该元素为**终端元素**。

对于对称序偶，满足这样的条件：若 $<x,y> \in r(r \in R)$，则 $<y,x> \in r(x,y \in D)$，可用圆括号代替尖括号，即 $(x,y) \in r$。

对于 D 中的每个数据元素，通常用一个关键字唯一标识。例如，高等数学成绩表中学生成绩记录的关键字为学号。前面 3 个示例均可以采用二元组表示其逻辑结构。

【例 1.4】 采用二元组表示前面 3 个例子的逻辑结构。

解：高等数学成绩表（假设学号为关键字）的二元组表示如下。

$B_1 = (D, R)$
$D = \{2018001, 2018010, 2018006, 2018009, 2018007, 2018012, 2018005\}$
$R = \{r_1\}$ //表示只有一种逻辑关系
$r_1 = \{<2018001, 2018010>, <2018010, 2018006>, <2018006, 2018009>,$
$\qquad <2018009, 2018007>, <2018007, 2018012>, <2018012, 2018005>\}$

某大学组织结构（假设单位名为关键字）的二元组表示如下：

$B_2 = (D, R)$
$D = \{XX 大学, 计算机学院, 电子信息学院, \cdots, 教务处, 学生处, \cdots, 科学系, 工程系, 应用系, \cdots,$
$\qquad 招生办, 就业办\}$
$R = \{r_1\}$
$r_1 = \{<XX 大学, 计算机学院>, <XX 大学, 电子信息学院>, \cdots, <XX 大学, 教务处>,$
$\qquad <XX 大学, 学生处>, \cdots, <计算机学院, 科学系>, <计算机学院, 工程系>,$
$\qquad <计算机学院, 应用系>, \cdots, <学生处, 招生办>, <学生处, 就业办>\}$

全国部分城市交通图（假设城市名为关键字）的二元组表示如下：

$B_3 = (D, R)$
$D = \{北京, 郑州, 武汉, 长沙, 南京, 南昌, 杭州, 上海\}$
$R = \{r_1\}$
$r_1 = \{(北京, 郑州), (北京, 南京), (郑州, 武汉), (武汉, 南京), (武汉, 长沙), (南京, 南昌),$
$\qquad (南京, 上海), (南京, 杭州), (南昌, 杭州), (杭州, 上海)\}$

2. 逻辑结构的类型

需要说明的是，数据的逻辑结构与数据元素本身的内容无关，也与数据元素的个数无关。现实生活中的数据呈现不同类型的逻辑结构。归纳起来，数据的逻辑结构主要分为以下类型。

① 集合：结构中数据元素之间除了"同属于一个集合"的关系外，没有其他关系，与数学中的集合概念相同。

② 线性结构：若结构是非空的，则有且仅有一个开始元素和终端元素，并且所有元素最多只有一个前驱元素和一个后继元素。在例 1.1 的高等数学成绩表中，每一行为一个学生成绩记录（或成绩元素），其逻辑结构特性是只有一个开始记录（即姓名为王华的记录）和一个终端记录（也称为尾记录，即姓名为李英的记录），其余每个记录只有一个前驱记录和一个后继记录。也就是说，记录之间存在一对一的关系，其逻辑结构特性为线性结构。

③ 树形结构：若结构是非空的，则有且仅有一个元素为开始元素（也称为根结点），可以有多个终端元素，每个元素有零个或多个后继元素，除开始元素外每个元素有且仅有一个前驱元素。例 1.2 某大学组织结构图的逻辑结构特性是只有一个开始结点（即大学名称结点），有若干个终端结点（如科学系等），每个结点有零个或多个下级结点。也就是说，结点之间存在一对多的关系，其逻辑结构特性为树形结构。

④ 图形结构：若结构是非空的，则每个元素可以有多个前驱元素和多个后继元素。例 1.3 全国部分城市的交通线路图的逻辑结构特性是每个结点和一个或多个结点相联。也就是说，结点之间存在多对多的关系，其逻辑结构特性为图形结构。

1.1.3 数据的存储结构

问题求解最终是用计算机求解,在弄清数据的逻辑结构后便可以借助计算机语言(本书采用 C++语言)实现其存储结构(或物理结构)。存储实现的基本目标是建立数据的内存表示,包括数据元素的存储和数据元素之间关系的存储两部分,所以逻辑结构是存储结构的本质,设计数据的存储结构称为从逻辑结构到存储器的映射,如图 1.4 所示。

图 1.4 存储结构是逻辑结构在内存中的映像

归纳起来,数据的逻辑结构是面向用户的,而存储结构是面向计算机的,讨论存储结构的目的是将数据及其逻辑关系有效地存储到计算机内存中。

下面通过一个示例说明数据的存储结构的设计过程。

【例 1.5】 对于表 1.1 所示的高等数学成绩表,设计多种存储结构,并讨论各种存储结构的特性。

解:这里设计高等数学成绩表的两种存储结构。

存储结构 1:用 C++语言中的结构体数组存储高等数学成绩表,设计其元素类型 Stud1 如下。

```
struct Stud1                              //学生成绩元素类型
{
    int no;                               //存放学号
    string name;                          //存放姓名
    int score;                            //存放分数
    Stud1() {}                            //构造函数
    Stud1(int no1,string name1,int score1) //重载构造函数
    {
        no=no1;
        name=name1;
        score=score1;
    }
};
```

定义一个含 MaxLength 个元素的结构体数组 data(所有的元素类型均为 Stud1)存放高等数学成绩表,int 型变量 length 表示 data 数组中的实际元素个数,其创建过程对应的 Create()成员函数如下:

```
void Create()                             //创建高等数学成绩顺序表
{
    data[0]=Stud1(2018001,"王华",90);
    data[1]=Stud1(2018010,"刘丽",62);
    data[2]=Stud1(2018006,"陈明",54);
    data[3]=Stud1(2018009,"张强",95);
    data[4]=Stud1(2018007,"许兵",76);
    data[5]=Stud1(2018012,"李萍",88);
    data[6]=Stud1(2018005,"李英",82);
    length=7;
}
```

这样的 data 数组便是高等数学成绩表的一种存储结构,其示意图如图 1.5 所示。该存储结构的特性是所有元素存放在一片地址连续的存储单元中;逻辑上相邻的元素在物理位置上也是相邻的,所以不需要额外空间表示元素之间的逻辑关系。这种存储结构称为**顺序存储结构**。

图 1.5　高等数学成绩表的顺序存储结构示意图

存储结构 2：用 C++ 语言中的单链表存储高等数学成绩表,设计其结点类型 Stud2 如下。

```
struct Stud2                              //学生单链表结点类型
{
    int no;                               //存放学号
    string name;                          //存放姓名
    int score;                            //存放分数
    Stud2 * next;                         //存放下一个结点指针
    Stud2(int no1,string name1,int score1)//重载构造函数
    {
        no=no;
        name=name1;
        score=score1;
        next=NULL;
    }
};
```

高等数学成绩单链表通过首结点 head 来标识,初始时 head 为空,其创建过程对应的 Create() 成员函数如下：

```
void Create()                             //创建高等数学成绩单链表
{
    Stud2 * p2, * p3, * p4, * p5, * p6, * p7;
    head=new Stud2(2018001,"王华",90);    //单链表的首结点
    p2=new Stud2(2018010,"刘丽",62);      //建立其他结点
    p3=new Stud2(2018006,"陈明",54);
    p4=new Stud2(2018009,"张强",95);
    p5=new Stud2(2018007,"许兵",76);
    p6=new Stud2(2018012,"李萍",88);
    p7=new Stud2(2018005,"李英",82);
    head->next=p2;                        //建立结点之间的关系
    p2->next=p3;
    p3->next=p4;
    p4->next=p5;
    p5->next=p6;
    p6->next=p7;
    p7->next=NULL;                        //尾结点的 next 置为空
}
```

图1.6 高等数学成绩表的链式存储结构

其中,每个高等数学成绩记录用一个结点存储,共建立7个结点,由于这些结点的地址不一定是连续的,所以采用next域表示逻辑关系,即一个结点的next域指向其逻辑后继结点,尾结点的next域置为空(用"∧"表示),从而构成一个链表(由于每个结点只有一个next指针域,所以称其为单链表),其存储结构如图1.6所示。首结点为head,用它来标识整个单链表,由head结点的next域得到后继结点的地址,以此类推可以找到任何一个结点。

这种存储结构的特性:存放每个数据元素的结点单独分配;所有结点地址可以是连续的,也可以是不连续的,通过指针域反映数据元素的逻辑关系。这种存储结构称为**链式存储结构**。

设计数据的存储结构是非常灵活的,一个存储结构设计得是否合理(能否存储所有的数据元素及反映数据元素的逻辑关系)取决于该存储结构的运算实现是否方便和高效。

归纳起来有以下4种常用的存储结构类型。

1. 顺序存储结构

顺序存储结构是把逻辑上相邻的元素存储在物理位置上相邻的存储单元中,元素之间的逻辑关系由存储单元的邻接关系体现(称为直接映射)。通常顺序存储结构借助于计算机程序设计语言的数组(例如C/C++、Java语言等)或者列表(例如Python语言等)实现。

顺序存储方法的主要优点是节省存储空间,因为分配给数据的存储单元全部用于存放元素值,元素之间的逻辑关系没有占用额外的存储空间。在采用这种方法时可实现对元素的随机存取,即每个元素对应有一个序号,由该序号可直接计算出元素的存储地址;顺序存储方法的主要缺点是初始空间难以确定,插入和删除操作需要移动较多的元素。

2. 链式存储结构

在链式存储结构中每个逻辑元素用一个结点存储,不要求逻辑上相邻的元素在物理位置上也相邻,元素间的逻辑关系用附加域表示,通常链式存储结构借助于计算机程序设计语言的指针(或者引用)实现。

链式存储方法的主要优点是便于插入和删除操作,实现这些操作仅需修改相应结点的指针域,不必移动结点。与顺序存储方法相比,链式存储方法的主要缺点是存储空间的利用率较低,因为分配给数据的存储单元有一部分被用来存储元素之间的逻辑关系。另外,由于逻辑上相邻的元素在存储空间中不一定相邻,所以不能对元素进行随机存取。

3. 索引存储结构

索引存储结构通常是在存储元素信息的同时还建立附加的索引表。索引表中的每一项称为索引项,索引项的一般形式是(关键字,地址),关键字唯一标识一个元素,索引表按关键字有序排序,地址作为指向元素的指针。这种带有索引表的存储结构可以大大提高数据查找的速度。

线性结构的数据采用索引存储方法后可以对元素进行随机访问,在进行插入、删除运算时只需移动存储在索引表中对应元素的存储地址,而不必移动存放在元素表中的元素的数据,所以仍保持较高的数据修改、运算效率;索引存储方法的缺点是增加了索引表,降低了存储空间的利用率。

4. 哈希(或散列)存储结构

哈希存储结构的基本思想是根据元素的关键字通过哈希(或散列)函数直接计算出一个值,并将这个值作为该元素的存储地址。

哈希存储方法的优点是查找速度快,只要给出待查元素的关键字就可以立即计算出该元素的存储地址。与前 3 种存储方法不同的是,哈希存储方法只存储元素的数据,不存储元素之间的逻辑关系。哈希存储方法一般只适合数据快速查找和插入的场合。

在实际中,上述 4 种基本的存储结构既可以单独使用,也可以组合使用。同一种逻辑结构采用不同的存储方法可以得到不同的存储结构,也就是说同一种逻辑结构可能有多种存储结构,选择何种存储结构要视具体要求而定,主要考虑运算实现方便及算法的时空性能要求。

1.1.4 数据的运算

视频讲解

将数据存放在计算机内存中的目的是实现一种或多种运算。数据运算包括功能描述(或运算功能)和功能实现(或运算实现),前者是基于逻辑结构的,是用户定义的,是抽象的;后者是基于存储结构的,是程序员用计算机语言或伪码表示的,是详细的过程,其核心是设计实现某一运算功能的处理步骤,即算法设计。

例如,对于高等数学成绩表这种数据结构,可以进行一系列的运算,如增加一个学生成绩记录、删除一个学生成绩记录、求所有学生的平均分、查找序号为 i(i 表示序号而不是学号)的学生的分数等。同一运算在不同存储结构中的实现过程是不同的,例如查找序号为 i 的学生的分数,其本身就是运算的功能描述,但在顺序存储结构和链式存储结构中的实现过程不同的。在顺序存储结构(即 data 列表)中实现查找对应的代码如下:

```
int Findi(int i)                    //查找序号为 i 的学生的分数
{
    if (i<0 || i>=length)           //i 错误时返回-1
        return -1;
    return data[i].score;           //i 正确时返回分数
}
```

在链式存储结构(即 head 单链表)中实现查找对应的代码如下:

```
int Findi(int i)                    //查找序号为 i 的学生的分数
{
    if (i<0) return -1;
    int j=0;
    Stud2 * p=head;                 //p 指向第一个结点
    while (j<i && p!=NULL)
    {
```

```
            j++;
            p=p->next;
    }
    if (p==NULL)                        //i 错误时返回-1
        return -1;
    else                                //i 正确时返回其分数
        return p->score;
}
```

从直观上看,"查找序号为 i 的学生的分数"运算在顺序存储结构上实现比在链式存储结构上实现简单得多,也更加高效。

归纳起来,对于一种数据结构,其逻辑结构是唯一的(尽管逻辑结构的表示形式有多种),但它可以映射成多种存储结构,在不同的存储结构中,同一运算的实现过程可能不同。

1.1.5 数据结构和数据类型

数据类型是和数据结构密切相关的一个概念,容易引起混淆。本节介绍两者之间的差别和抽象数据类型的概念。

1. 数据类型

数据类型是程序设计中最重要的基本概念之一。在程序里描述的、通过计算机处理的数据通常都分属不同的类型,例如整数或浮点数等。每种类型包含一组合法的数据对象,并规定了对这些对象的合法操作。各种编程语言都有类型的概念,每种语言都提供了一组内置数据类型,为每个内置数据类型提供了一些相应的操作,所以数据类型是一组性质相同的值的集合和定义在此集合上的一组操作的总称。

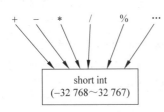

图 1.7 C++语言中的 short int 数据类型

以 C++为例,它提供的基本数据类型有 int、char、bool、float 和 double 等。例如,若定义变量 i 为 short int 类型,则它的取值范围为-32 768~32 767,可用的运算有+、-、*、/和%等,如图 1.7 所示。

总之,数据结构是指计算机处理的数据元素的组织形式和相互关系,数据类型是某种程序设计语言中已实现的数据结构。在程序设计语言提供的数据类型的支持下,可以根据从问题中抽象出来的各种数据模型逐步构造出描述这些数据模型的各种新的数据结构,继而实现相应的运算算法。

2. 抽象数据类型

抽象数据类型(Abstract Data Type,ADT)指的是用户进行软件系统设计时从问题的数学模型中抽象出来的逻辑数据结构和逻辑数据结构上的运算,而不考虑计算机的具体存储结构和运算的具体实现算法。抽象数据类型中的数据对象和数据运算的声明与数据对象的表示和数据运算的实现相互分离,也称为抽象模型。

"抽象"意味着应该从与实现方法无关的角度研究数据结构,只关心数据结构做什么,而不是如何实现。但是在程序中使用数据结构之前必须提供实现方法,还要关心运算的执行效率。

一个具体问题的抽象数据类型的定义通常采用简洁、严谨的文字描述,一般包括数据对象(即数据元素的集合)、数据关系和基本运算三方面的内容。抽象数据类型可用(D,S,P)三元组表示。其中D是数据对象,S是D上的关系集,P是D中数据运算的基本运算集。其基本格式如下:

ADT 抽象数据类型名
{
  数据对象:数据对象的声明
  数据关系:数据关系的声明
  基本运算:基本运算的声明
}
ADT 抽象数据类型名

其中基本运算的声明格式如下:

基本运算名(参数表):运算功能描述

【**例 1.6**】 构造集合 ADT Set,假设其中的元素为 int 型,遵循标准数学定义,基本运算包括求集合的长度,求第 i 个元素,判断一个元素是否属于集合,向集合中添加一个元素,从集合中删除一个元素,复制集合和输出集合中的所有元素。另外增加 3 个集合运算,即求两个集合的并 Union、交 Inter、差 Diff。

解:抽象数据类型 Set 定义如下。

```
ADT Set                              //集合的抽象数据类型
{
    数据对象:
        data={ d_i | 0≤i≤length-1 }   //存放集合中的元素
    数据关系:
        无
    基本运算:
        int getsize()                //返回集合的长度
        int get(int i)               //返回集合的第 i 个元素
        bool IsIn(E e)               //判断 e 是否在集合中
        void add(E e)                //将元素 e 添加到集合中
        bool deletem(E e)            //从集合中删除元素 e
        Set& Copy(s)                 //返回当前集合的复制集合
        void display()               //输出集合中的元素
        Set& Union(Set s2)           //求 s3=s1∪s2 (s1 为当前集合)
        Set& Inter(Set s2)           //求 s3=s1∩s2 (s1 为当前集合)
        Set& Diff(Set s2)            //求 s3=s1-s2 (s1 为当前集合)
}
```

抽象数据类型有两个重要特征,即数据抽象和数据封装。所谓数据抽象,是指用 ADT 描述程序处理的实体时强调的是其本质的特征、其所能完成的功能以及它和外部用户的接口(即外界使用它的方法)。所谓数据封装,是指将实体的外部特性和其内部实现细节分离,并且对外部用户隐藏其内部实现细节。抽象数据类型需要通过固有数据类型(高级编程语言中已实现的数据类型,例如 C++中的类)实现。

1.2 算法及其描述

本节先给出算法的定义和特性,然后讨论用 C++描述算法的方法。

1.2.1 什么是算法

视频讲解

数据元素之间的关系有逻辑关系和物理关系,对应的运算有逻辑结构上的运算(抽象运算)和具体存储结构上的运算(运算实现)。算法是在具体存储结构上实现某个抽象运算。

确切地说,**算法**是对特定问题求解步骤的一种描述,它是指令的有限序列,其中每条指令表示计算机的一个或多个操作。所谓算法设计,就是把逻辑层面设计的接口(抽象运算)映射到实现层面具体的实现方法(算法)。算法必须具有以下 5 个重要的特性(如图 1.8 所示):

① 有穷性。有穷性指算法在执行有限的步骤之后自动结束而不会出现无限循环,并且每个步骤在可接受的时间内完成。

② 确定性。确定性指对于每种情况下执行的操作在算法中都有确定的含义,不会出现二义性,并且在任何条件下算法都只有一条执行路径。

③ 可行性。可行性指算法的每条指令都是可执行的,即便人借助纸和笔都可以完成。

④ 输入性。算法有零个或多个输入。在大多数算法中输入参数是必要的,但对于较简单的算法,如计算 1+2 的值,不需要任何输入参数,因此算法的输入可以是零个。

⑤ 输出性。算法至少有一个或多个输出。算法用于某种数据处理,如果没有输出,这样的算法是没有意义的,算法的输出是和输入有着某些特定关系的量。

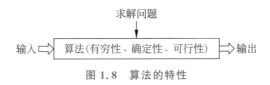

图 1.8 算法的特性

说明:算法和程序是有区别的,程序是指使用某种计算机语言对一个算法的具体实现,即具体要怎么做,而算法侧重于对解决问题的方法描述,即要做什么。算法必须满足有穷性,而程序不一定满足有穷性。例如,Windows 操作系统在用户没有退出、硬件不出现故障以及不断电的条件下,理论上可以无限时运行,算法的有穷性意味着不是所有的计算机程序都是算法,所以严格上讲算法和程序是两个不同的概念。当然算法也可以直接用任何计算机程序描述,这样算法和程序就是一回事了,本书就是采用这种方式。

【例 1.7】 考虑下列两段描述:

(1) 描述一

```
void exam1():
{
    int n=2;
    while(n%2==0)
        n=n+2;
    cout << n << endl;
}
```

(2) 描述二

```
void exam2():
{
    int x=0,y=0;
    x=5/y
    cout << x << endl;
}
```

这两段描述均不能满足算法的特征,试问它们违反了哪些特性?

解:(1)其中 while 循环语句是一个死循环,违反了算法的有穷性特性,所以它不是算法。

(2)其中包含除零操作,这违反了算法的可行性特性(因为任何计算机语言都无法实现除零操作,或者说除零操作是不可行的),所以它不是算法。

1.2.2 算法描述

视频讲解

算法描述是指对设计出的算法用一种方式进行详细的描述,以便与人交流。算法描述可以使用程序流程图、自然语言或者伪代码,描述的结果必须满足算法的 5 个特性。

流程图描述算法具有结构清晰、逻辑性强和便于理解的优点,适合较简单的算法描述,但流程图的绘制要根据其符号进行搭建,绘制过程比较烦琐,复杂流程图反而会起到相反的作用。自然语言描述算法十分方便,但自然语言固有的不严密性使得难以简单、清晰地描述算法。伪代码是自然语言和编程语言组成的混合结构,它比自然语言更精确,描述算法简洁,采用伪代码描述的算法容易采用编程语言(例如 C/C++或者 Java 等)实现。

对于计算机专业的学生,最好掌握用计算机语言直接描述算法,特别像 C++这样的高级程序设计语言,其程序几乎接近于伪代码,所以本书采用 C++语言描述算法。

任何算法总有特定的功能,即由输入通过运算产生输出,所以一般都具有初始条件和操作结果。初始条件指出操作之前输入应该满足的条件,若不满足则操作失败,即算法不能成功执行。操作结果表示输入满足条件(即算法成功执行)时得到的正确结果。

通常,算法用一个或者几个函数(或者方法)描述,其一般格式如图 1.9 所示。其中,函数的返回值通常为布尔类型,表示算法是否成功执行。形参列表表示算法的参数,由输入参数和输出参数构成,而输出参数一般采用 C++语言的引用类型(&)表示,函数体实现算法的功能。

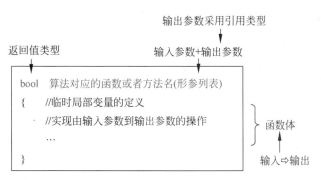

图 1.9 算法描述的一般格式

【**例 1.8**】 求和问题是当 $n \geq 1$ 时求 $s=1+2+\cdots+n$。请设计对应的算法。

解:这里的输入参数为 n,操作结果为 s,初始条件是 $n \geq 1$,采用 3 种解法。

解法 1:n 为输入参数,输出参数 s 设计为引用类型,算法返回值为 bool 类型,当初始条件不满足时返回 false,否则计算出 s 并返回 true。对应的算法如下:

```
bool Sum1(int n,int& s)                    //求和算法 1
{
```

```
    if (n<1) return false;
    s=n*(n+1)/2;
    return true;
}
```

解法 2：在有些情况下可以直接用算法的返回值区分输入参数的正确性。在本问题中，当初始条件 $n \geqslant 1$ 时求和结果一定是个正整数，为此用返回值 -1 表示初始条件不满足的情况。对应的算法如下：

```
int Sum2(int n)                          //求和算法 2
{
    if (n<1) return -1;
    return n*(n+1)/2;
}
```

解法 3：当初始条件 $n \geqslant 1$ 时表示正常情况，计算并且返回求和结果，否则表示异常，抛出相关的异常信息。对应的算法如下：

```
int Sum3(int n)                          //求和算法 3
{
    if (n<1)
        throw "参数 n 错误";              //抛出异常信息
    return n*(n+1)/2;
}
```

从以上内容可以看出，同一种求解问题的算法可以采用多种描述方式，不同的算法描述方式在调用算法时可能存在差别。例如，调用上述 3 种求和算法的主程序如下：

```
int main()
{
    int n,s;
    printf("n:");
    scanf("%d",&n);
    if (Sum1(n,s))
        printf("解法 1: Sum1(%d)=%d\n",n,s);
    else
        printf("解法 1: 参数错误\n");
    s=Sum2(n);
    if (s>0)
        printf("解法 2: Sum2(%d)=%d\n",n,s);
    else
        printf("解法 2: 参数错误\n");
    try
    {
        s=Sum3(n);
        printf("解法 3: Sum3(%d)=%d\n",n,s);
    }
    catch(char const * e)
    {
        printf("解法 3: %s\n",e);         //输出因参数错误抛出的异常信息
    }
```

```
        return 0;
}
```

输入参数 n 分为 $n \geq 1$ 和 $n < 1$ 两种情况,执行上述程序时,两类参数示例的执行结果如图 1.10 所示。

```
n:10↙
解法1：Sum1(10)=55
解法2：Sum2(10)=55
解法3：Sum3(10)=55
```

(a) $n \geq 1$ 时的输出结果

```
n:-1↙
解法1：参数错误
解法2：参数错误
参数n错误
```

(b) $n < 1$ 时的输出结果

图 1.10 调用算法的两种情况

视频讲解

【实战 1.1】 POJ1504——求倒数和的倒数

时间限制：1000ms；内存限制：10 000KB。

问题描述：一个正整数的倒数是用阿拉伯数字写的整数,但数字的顺序是倒序的,第一位数字变为最后一位,反之亦然。例如,1245 的倒数是 5421,注意所有前导零均被省略,这意味着如果整数以零结尾,则零会通过反转而丢失(例如 1200 等于 21)。另外还要注意倒数不会有任何尾随零。这里的任务是将两个倒数相加并输出其和的倒数。

输入格式：输入包含 n 个测试用例。第一行仅包含正整数 n,每个测试用例仅由一行组成,其中有两个用空格隔开的正整数。

输出格式：对于每个测试用例,输出一行表示两个输入的正整数的倒数和的倒数,忽略任何前导零。

1.2.3 C++语言描述算法的要点

1. C++语言的数据类型

1) C++基本数据类型

C++中的基本数据类型有 int 型、float 型、double 型和 char 型。int 型可以有 3 个修饰符,即 short(短整数)、long(长整数)和 unsigned(无符号整数)。

数据类型是用于定义变量的,如有定义语句"int n=10;",则在执行该语句时系统自动为变量 n 分配一个固定长度(如 4 字节)的内存空间,当变量 n 超出作用范围时系统自动释放(或回收)为其分配的内存空间,所以这类变量称为**自动变量**。

2) C++指针类型

每个变量都有一个内存地址,C++语言可以取变量的地址。例如有以下定义：

int i=2, * p=&i;

其中,i 是 int 型变量,p 是指针变量(用于存放某个整型变量的地址)。表达式 &i 表示变量 i 的地址,执行 p=&i 是将 p 指向 int 型变量 i。可以这样理解,变量 i 分配了一个内存空间,可以通过变量 i 直接操作这个内存空间,也可以通过指针变量 p 间接操作这个内存空间。

视频讲解

指针变量更常用的操作是为其分配一片连续的空间。例如,以下语句为指针变量 p 分配 10 个 int 单元的空间:

int * p=new int[10];

执行该语句后的内存分配如图 1.11 所示,此时 p 指向首个 int 单元,可以通过移动指针遍历所有的元素。注意指针变量 p 和 p 指向的空间是不同的,指针变量 p 本身是自动变量,程序员不必考虑变量 p 的空间分配和释放,而 p 指向的空间必须由程序员通过 new/delete 进行动态管理。也就是说,程序员用 new 为指针变量分配的空间不会被系统回收,需要用 delete 释放其空间。如果用 new 分配单个空间,可用 delete 释放;如果用 new 分配多个空间,可用 delete []释放。

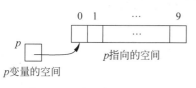

图 1.11 为 p 指针分配的 10 个 int 单元

说明:在 C++编程中,如果用 new 分配的空间在不需要时没有及时用 delete 释放,可能会出现内存泄漏。内存泄漏是导致程序崩溃的重要原因,是程序员必须尽可能避免的事故。

在数据结构中,设计存储结构就是分配该数据结构的内存空间,当使用完毕时需要释放其空间(即销毁),所以每种数据结构除了基本运算外还包含创建和销毁运算。在 C++中,通常用类实现数据结构,而创建和销毁运算通过类的构造函数和析构函数完成。

2. C++函数的参数传递

C++中函数的参数传递分为按值传递、地址传递和引用传递。由于地址也是一种值,所以按值传递和地址传递都是单向的值传递方式。

1) 按值传递

按值传递是指当一个函数被调用时,C++根据实参和形参的对应关系将实参值一一传递给形参,供函数执行时使用。函数本身不对实参进行任何操作,也就是说,即使形参的值在函数中发生了变化,实参值也不会受到影响。例如有以下函数:

```
void swap1(int x,int y)
{
    int tmp=x;
    x=y;
    y=tmp;
}
```

若实参 a=1,b=2,调用语句为 swap1(a,b),在执行时直接将实参 a 的值传递给形参 x,实参 b 的值传递给形参 y,但该函数执行并返回后 a 和 b 的值没有发生改变。这是因为 swap1()函数的参数是按值传递的,不对实参产生影响。

2) 引用传递

引用(或引用变量)是一个已有变量的别名,该已有变量称为这个引用的关联变量,这样引用和关联变量的操作是相同的,即两者均可以实现相同内存单元的操作。定义引用的一般格式如下:

数据类型& 引用名＝关联变量名；

例如，以下定义一个变量和它的引用：

```
double d=10;                    //定义 int 型变量 d
double& rd=d;                   //定义 d 的引用变量 rd
```

引用的主要应用是作为函数参数，在函数形参名前加上"&"符号声明的参数称为引用参数，在函数调用时引用参数采用引用传递方式。引用传递的主要作用如下：

① 引用参数和实参共享相同的存储空间，所以对形参的修改会影响对应实参的值，可以理解为此时实参和形参是双向值传递。例如，前面的 swap1() 函数可以改为

```
void swap2(int& x,int& y)       //在调用时实现实参和形参的双向传递
{
    int tmp=x;
    x=y;
    y=tmp;
}
```

这样调用语句为 swap2(a,b)，执行该函数并返回后实参 a 和 b 的值发生了交换，这是因为形参 x 和 y 均为引用类型，在调用中采用引用传递，x 和实参 a，y 和实参 b 共享存储空间，调用返回后尽管 x 和 y 不再存在，但 a 和 b 的值仍发生了改变。

② 由于引用参数本身并不创建新的存储空间，所以在调用函数时传递数据量较多的情况下可以尽可能采用引用参数。例如：

```
int fun(MyClass& s)             //引用参数 s 并不是为了实现双向传递而是为了节省栈空间
{
    int s;
    ...
    return s;
}
```

其中 MyClass 是自定义类，形参 s 是该类的引用变量。若调用语句为 fun(t)，则执行时不会为形参 s 分配其他空间，而是 s 和 t 共享相同的空间，从而节省函数调用时的系统栈空间。反之，如果形参 s 不用引用参数并且实参 t 占用的空间较大，则执行时将 t 传递给 s，即在系统栈中产生 t 的副本 s，导致空间开销大，降低执行效率。这是为什么在 C++ 程序中大量使用引用参数的原因。

注意：在上述第二种作用中，形参 s 采用引用参数的前提是不会产生副作用，因为这里形参 s 的改变同样会回传给实参 t，如果在函数中修改了 s 而又不希望改变实参 t，则不能将 s 设计为引用参数。

3. C++ 中的模板设计

模板(template)用于把函数或类要处理的数据类型参数化，表现为参数类型的多态性。模板用于表达逻辑结构相同但具体数据元素类型不同的数据对象的通用行为，从而使得程序可以从逻辑功能上抽象，把被处理的对象(数据)类型作为参数传递。C++ 提供了两种模板机制，即函数模板和类模板(也称为类属类)。

1) 函数模板

函数模板是对一组函数的描述,它不是一个真实的函数,编译系统并不产生任何执行代码。当编译系统在程序中发现有与函数模板中相匹配的函数调用时便生成一个重载函数,该重载函数的函数体与函数模板的函数体相同,该重载函数就是模板函数。声明函数模板的一般格式如下:

```
template 类型形参表
返回类型 函数名(形参表)
{
    函数体;
}
```

其中,"类型形参表"可以包含基本数据类型,也可以包含类类型。类型形参需要加前缀 class 或 typename。关键词 class 或 typename 在这里的意思是"跟随类型形参"。如果类型形参多于一个,则每个类型形参都要使用 class 或 typename。"形参表"中的参数必须是唯一的,而且在函数定义(包括形参定义)中至少出现一次。在 template 语句与函数模板声明之间不允许有其他语句。

例如,以下是一个求绝对值的函数模板,其中 T 为类型形参:

```
template < typename T >              //注意末尾不要加分号
T abs(T x)
{
    if (x < 0) return -x;
    return x;
}
```

2) 类模板

类模板使用户可以为类定义一种模式,使类中的某些数据成员、成员函数的参数和返回值能取任意数据类型。类模板用于实现类所需数据的类型参数化。类模板在表示数据结构(例如数组、二叉树和图等)时显得特别重要,这些数据结构的表示和算法不受所包含的元素类型的影响。定义类模板的一般格式如下:

```
template 类型形参表
class 类模板名
{
    类模板实现语句;
    ...
};
```

同样,类模板不能直接使用,必须先实例化为相应的模板类,再定义该模板类的对象,之后才能使用,如图 1.12 所示。在定义类模板之后,创建模板类的一般格式如下:

类模板名<类型实参表> 对象表;

其中,"类型实参表"应与该类模板中的"类型形参表"相匹配。"对象表"是定义该模板类的一个或多个对象。

图 1.12　类模板、模板类与类对象之间的关系

【例 1.9】 分析以下程序的功能。

```cpp
template <typename T>
class Array                              //定义类模板 Array<T>
{
    T * data;                            //T 为类型参数,data 为指针变量
    int length;                          //实际元素个数
public:
    Array(int n=1)                       //构造函数,默认参数 n 为 1
    {
        data=new T[n];                   //为 data 分配指向的内存空间,n 为容量
        length=0;                        //实际元素个数为 0
    }
    ~Array()                             //析构函数
    {
        delete [] data;                  //释放 data 指向的空间
    }
    void add(T x)                        //添加一个元素 x
    {
        data[length]=x;
        length++;
    }
    void display()                       //输出 data 指向的所有元素
    {
        for (int i=0;i<length;i++)
            cout << data[i] << " ";
        cout << endl;
    }
};
int main()
{
    Array<char> ac(3);                   //定义模板类的对象 ac
    ac.add('x'); ac.add('y'); ac.add('z');
    cout << "ac: ";
    ac.display();                        //输出:x y z
    Array<int> ai(5);                    //定义模板类的对象 ai
    ai.add(1); ai.add(2); ai.add(3);
    ai.add(4); ai.add(5);
    cout << "ai: ";
    ai.display();                        //输出:1 2 3 4 5
    return 0;
}
```

解：在上述程序中定义了一个类模板 Array<T>,其私有数据成员 length 是一个整

数,表示动态数组的大小,还有一个指针变量 data,当实例化模板类时,它指向相应类型数组的元素,在构造函数中使用类型参数 T 分配数组对象的空间,在析构函数中释放所分配的空间。在 main()函数中定义了两个模板类 ac 和 ai,分别是容量为 3 的字符数组和容量为 5 的整数数组,通过调用相应的成员函数实现数组的输入和输出功能。

说明:数据结构的实现通常用类模板描述,这是由于数据结构关注的是数据元素及其关系是如何保存的,基于这些关系的运算是如何实现的,而数据元素可以是任意类型。使用类模板来描述可以避免对具体数据元素类型的依赖。

1.3 算法分析

在一个算法设计好之后,还需要对其进行分析,确定该算法的优劣。本节讨论了算法的设计目标、算法的时间性能分析和存储空间分析等。

视频讲解

1.3.1 算法的设计目标

算法设计应满足以下目标:

① 正确性。正确性指要求算法能够正确地执行预先规定的功能和性能要求,这是最重要也是最基本的标准。

② 可使用性。可使用性指要求算法能够很方便地使用,这个特性也叫作用户友好性。

③ 可读性。算法应该易于人的理解,也就是可读性要好。为了达到这个要求,算法的逻辑必须是清晰的、简单的和结构化的。

④ 健壮性。健壮性指要求算法具有很好的容错性,即提供异常处理,能够对不合理的数据进行检查,不会出现异常中断或死机现象。

⑤ 高时间性能与低存储量需求。对于同一个问题,如果有多种算法可以求解,执行时间少的算法时间性能高。算法存储量指的是算法执行过程中所需的存储空间。算法的时间性能和存储量都与问题的规模有关。

1.3.2 算法的时间性能分析

求解同一问题可能对应多种算法,例如判断一个正整数 n 是否为素数,通常有图 1.13 所示的两种算法 isPrime1(n)和 isPrime2(n),显然前者的时间性能不如后者。

```
bool isPrime1 (int n)
{
    for (int i=2;i<n;i++)
        if (n % i==0 )
            return false;
    return true;
}
```

```
bool isPrime2 (int n)
{
    int m=int(sqrt(n)) ;
    for (int i=2;i<=m;i++)
        if (n % i==0 )
            return false;
    return true;
}
```

图 1.13 判断 n 为素数的两种算法

那么如何评价算法的时间性能呢？通常有两种衡量算法时间性能的方法，即事后统计法和事前分析估算法。事后统计法是编写出算法对应的程序，统计其执行时间。该方法存在两个缺点：一是必须执行程序，二是存在其他因素掩盖算法的本质。事前分析估算法撇开与计算机硬件、软件有关的因素，仅考虑算法本身的性能高低，认为一个算法的"运行工作量"只依赖于问题的规模，或者说算法的执行时间是问题规模的函数。后面主要采用事前分析估算法分析算法的时间性能。

1. 分析算法的时间复杂度

一个算法是由控制结构（顺序、分支和循环 3 种）和原操作（指固有数据类型的操作等）构成的，算法的运行时间取决于两者的综合效果。例如，如图 1.14 所示的算法 solve 的功能为，形参 a 是一个 m 行 n 列的整数数组，当是一个方阵（$m=n$）时求出主对角线上的所有元素之和并返回 true，否则返回 false。从中看到该算法由 4 部分组成，包含两个顺序结构、一个分支结构和一个循环结构的语句。

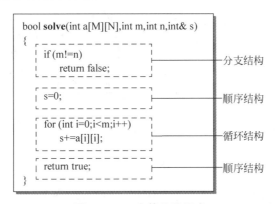

图 1.14　一个算法的组成

算法的执行时间取决于控制结构和原操作的综合效果。显然，在一个算法中，执行原操作的次数越少，其执行时间也就相对地越少；执行原操作的次数越多，其执行时间也就相对地越多。算法中所有原操作的执行次数称为算法频度，这样一个算法的执行时间可以由算法频度计量。

1) 计算算法频度 $T(n)$

假设算法的问题规模为 n，问题规模是指算法输入数据量的大小，例如，对 10 个整数排序，问题规模 n 就是 10。算法频度是问题规模 n 的函数，用 $T(n)$ 表示。

算法的执行时间大致等于原操作所需的时间乘以 $T(n)$，也就是说 $T(n)$ 与算法的执行时间呈正比，为此用 $T(n)$ 表示算法的执行时间。下面比较不同算法的 $T(n)$，得出执行时间短的算法。

【**例 1.10**】　求两个 n 阶方阵的相加的算法如下，求 $T(n)$。

```
void matrixadd(int A[N][N], int B[N][N], int C[N][N], int n)
{
    for (int i=0;i<n;i++)              //语句①
        for (int j=0;j<n;j++)          //语句②
            C[i][j]=A[i][j]+B[i][j];   //语句③
}
```

解：在该算法中语句①中的循环控制变量 i 要从 0 增加到 n，当测试 $i=n$ 时才会终止，故它的频度是 $n+1$，但它的循环体只能执行 n 次；语句②作为语句①循环体内的语句应该只执行 n 次，但语句②本身也要执行 $n+1$ 次，所以语句②的频度是 $n(n+1)$；同理可得，语句③的频度为 n^2。因此算法中所有语句的频度之和为 $T(n)=n+1+n(n+1)+n^2=2n^2+2n+1$。

2）$T(n)$ 采用时间复杂度表示

由于算法的执行时间不是绝对时间的统计，在求出 $T(n)$ 后通常进一步采用时间复杂度表示。算法的**时间复杂度**用 $T(n)$ 的数量级表示，记作 $T(n)=O(f(n))$。

其中，"O" 读作"大 O"（Order 的简写，意指数量级），其含义是为 $T(n)$ 找到了一个上界 $f(n)$，其严格的数学定义是，$T(n)$ 的数量级表示为 $O(f(n))$，是指存在着正常量 c 和 n_0（为一个足够大的正整数，可以将 n_0 理解为无穷大），使得 $\lim_{n \to n_0} \left| \dfrac{T(n)}{f(n)} \right| \leqslant c \neq 0$ 成立，如图 1.15 所示。其中 n_0 是最小的可能值，大于 n_0 的值均有效，所以算法的时间复杂度也称为渐进时间复杂度，它表示随问题规模 n 的增大，算法执行时间的增长率和 $f(n)$ 的增长率相同。因此，算法的时间复杂度只是算法执行时间的定性描述，该分析实际上是一种时间增长趋势分析。

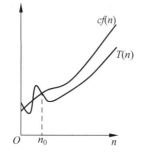

图 1.15 $T(n)=O(f(n))$ 的含义

实际上，$T(n)$ 的这种上界 $f(n)$ 可能有多个，通常取最紧凑的上界。一般的做法是求出 $T(n)$，取其最高阶（并省去最高阶项前面的系数），忽略其低阶项和常系数，这样既能简化，又能比较客观地反映出当 n 很大时算法的时间性能。例如，对于例 1.10 有 $T(n)=2n^2+2n+1=O(n^2)$，也就是说，该算法的时间复杂度为 $O(n^2)$。

实际上，$T(n)=O(f(n))$ 的含义用容易理解的话来说就是对于 $T(n)$ 和 $f(n)$ 这两个函数，当整数变量 n 趋向无穷大时，两者的比值是一个不等于 0 的常数。例如 $T(n)=2n^2+2n+1$ 时，$\lim_{n \to \infty} \left| \dfrac{T(n)}{n^2} \right| = 2 \neq 0$，所以 $T(n)=O(n^2)$。

一般地，在一个没有循环（或者有循环，但循环次数与问题规模 n 无关）的算法中，算法频度 $T(n)$ 与问题规模 n 无关，记作 $O(1)$，也称作常数阶。算法中的每个简单语句，例如定义变量语句、赋值语句和输入/输出语句，其执行时间都看成是 $O(1)$。

说明：一个算法的时间复杂度为 $O(1)$，表示该算法的执行时间与问题规模 n 无关，即执行时间为常数，并不表示执行时间为 1。通常，常数阶用 $O(1)$ 表示而不用 $O(2)$ 等其他形式表示。

在一个只有一重循环的算法中，算法频度 $T(n)$ 与问题规模 n 的增长呈线性增大关系，记作 $O(n)$，也称线性阶。其余常用的时间复杂度还有平方阶 $O(n^2)$、立方阶 $O(n^3)$、对数阶 $O(\log_2 n)$、指数阶 $O(2^n)$ 等。各种不同的时间复杂度存在如下关系：

$$O(1) < O(\log_2 n) < O(\sqrt{n}) < O(n) < O(n\log_2 n) < O(n^2) < O(n^3) < O(2^n) < O(n!)$$

对于图 1.13 所示的两个算法，可以求出 isPrime1() 算法的 $T(n)=O(n)$，isPrime2()

算法的 $T(n)=O(\sqrt{n})$，所以说后者优于前者。

3）简化的算法时间复杂度分析

另外一种简化的算法时间复杂度分析方法是仅考虑算法中的基本操作。所谓基本操作是指算法中最深层循环内的原操作。算法的执行时间大致等于基本操作所需的时间乘以其运算次数。所以在进行算法分析时，计算 $T(n)$ 仅考虑基本操作的执行次数。

对于例 1.10，采用简化的算法时间复杂度分析方法，其中的基本操作是两重循环中最深层的语句③，它的执行次数为 n^2，即 $T(n)=n^2=O(n^2)$。从两种方法得出算法的时间复杂度均为 $O(n^2)$，而后者的计算过程简单得多，所以后面主要采用简化的算法时间复杂度分析方法。

【例 1.11】 分析以下算法的时间复杂度。

```
int fun(int n)
{
    int s=0
    for (int i=0;i<=n;i++)
        for (int j=0;j<=i;j++)
            for (int k=0;k<j;k++)
                s++;
    return s;
}
```

解：该算法的基本操作是语句 s++，则算法频度如下。

$$T(n)=\sum_{i=0}^{n}\sum_{j=0}^{i}\sum_{k=0}^{j-1}1=\sum_{i=0}^{n}\sum_{j=0}^{i}(j-1-0+1)=\sum_{i=0}^{n}\sum_{j=0}^{i}j$$

$$=\sum_{i=0}^{n}\frac{i(i+1)}{2}=\frac{1}{2}\left(\sum_{i=0}^{n}i^2+\sum_{i=0}^{n}i\right)=\frac{2n^3+6n^2+4n}{12}=O(n^3)$$

【例 1.12】 分析以下算法的时间复杂度。

```
int fun(int n)
{
    int x=2;
    while (x<n/2)
        x=2*x;
    return x;
}
```

解：该算法的基本操作是语句 x=2*x;，设该语句执行 m 次，则 $2^{m+1} \geqslant n/2$（该条件刚成立时 while 循环结束），不妨添加一个常量 k 使得 $2^{m+1}=n/2+k$ 成立，故 $m=\log_2(n/2+k)-1$。所以 $T(n)=m=\log_2(n/2+k)-1=O(\log_2 n)$。为了简单，可以直接认为 $2^{m+1}=n/2$ 成立，求出 $T(n)=m=\log_2(n/2)-1=\log_2 n-2=O(\log_2 n)$。

【实战 1.2】 HDU2114——求 $s(n)$

时间限制：1000ms；内存限制：65 536KB。

问题描述：$s(n)=1^3+2^3+\cdots+n^3$，给出 n 求 $s(n)$。

视频讲解

输入格式：输入的每一行包含整数 $n(1<n<10^9)$，直到文件结束。

输出格式：对于每个测试用例，在一行中输出 $s(n)$ 的最后 4 个数字位。

视频讲解

4) 时间复杂度的求和、求积定理

在计算算法的时间复杂度时经常使用以下两个定理。

求和定理：假设 $T_1(n)$ 和 $T_2(n)$ 是程序段 P_1、P_2 的执行时间，并且有 $T_1(n)=O(f(n))$，$T_2(n)=O(g(n))$。那么先执行 P_1，再执行 P_2 的总执行时间是 $T_1(n)+T_2(n)=O(\mathrm{MAX}(f(n),g(n)))$，即总的时间复杂度 = 量级最大的程序段的时间复杂度，如多个并列循环就属于这种情况。

例如，分析以下算法的时间复杂度：

```
int fun(int n)
{
    int s=0;
    for (int i=0; i<n; i++)                //第一个 for 循环
        s+=2;
    for (int i=0; i<n; i++)                //第二个 for 循环
        for (int j=0; j<n; j++)
            s++;
    return s;
}
```

该算法主要由两个并列 for 循环构成，第一个 for 循环的执行时间 $T_1(n)=O(n)$，第二个 for 循环为两重，其执行时间 $T_2(n)=O(n^2)$，按照求和定理得到 $T(n)=O(\mathrm{MAX}(n,n^2))=O(n^2)$。

求积定理：假设 $T_1(n)$ 和 $T_2(n)$ 是程序段 P_1、P_2 的执行时间，并且有 $T_1(n)=O(f(n))$，$T_2(n)=O(g(n))$。那么 $T_1(n)\times T_2(n)=O(f(n)\times g(n))$，如嵌套代码的复杂度 = 嵌套内外代码复杂度的乘积。

例如，在上述算法中第二个 for 循环为两重，每层的执行时间均为 $O(n)$，所以按求积定理得到其执行时间为 $O(n)\times O(n)=O(n^2)$。

视频讲解

2. 算法的最好、最坏和平均时间复杂度

设一个算法的输入规模为 n，D_n 是所有输入实例的集合，任一输入 $I\in D_n$，$P(I)$ 是 I 出现的频率，有 $\sum_{I\in D_n}P(I)=1$，$T(I)$ 是算法在输入 I 下所执行的基本操作次数，则该算法的平均时间复杂度定义为 $A(n)=\sum_{I\in D_n}P(I)\times T(I)$。

算法的最好时间复杂度是指算法在最好情况下的时间复杂度，即 $B(n)=\min_{I\in D_n}\{T(I)\}$。算法的最坏复杂度是指算法在最坏情况下的时间复杂度，即为 $W(n)=\max_{I\in D_n}\{T(I)\}$。算法的最好情况和最坏情况分析是寻找该算法的极端实例，然后分析在该极端实例下算法的执行时间。

可以看出，计算平均时间复杂度时需要考虑所有的情况，而计算最好和最坏时间复杂度时主要考虑一种或几种特殊的情况。在分析算法的平均时间复杂度时通常默认为等概率，即 $P(I)=1/n$。

【例 1.13】 以下算法用于在数组 $a[0..n-1]$ 中查找元素 k，假设 k 总是包含在 a 中，分析算法的最好、最坏和平均时间复杂度。

```
int findk(int a[],int n,int k)
{
    int i=0;
    while (i<n && a[i]!=k)      //在 a[0..n-1]中查找等于 k 的元素 a[i]
        i++;
    return i;
}
```

解：该算法中查找的 k 包含在 a 中，所以总是会查找成功的。查找的时间主要花费在元素的比较上，可以将元素比较看成基本操作。

① 算法在查找中总是从 $i=0$ 开始，如果 $a[0]=k$，则仅比较 1 次就成功找到 k，呈现最好情况，所以算法的最好时间复杂度为 $O(1)$。

② 如果 $a[n-1]=k$，则需要比较 n 次才能成功找到 k，呈现最坏情况，所以算法的最坏时间复杂度为 $O(n)$。

③ 考虑平均情况：$a[0]=k$ 时比较 1 次，$a[1]=k$ 时比较 2 次，…，$a[n-1]=k$ 时比较 n 次，共 n 种情况。假设等概率，也就是说每种情况的概率均为 $1/n$，则平均比较次数 $=(1+2+\cdots+n)/n=(n+1)/2=O(n)$，所以算法的平均时间复杂度为 $O(n)$。

1.3.3 算法的存储空间分析

执行一个算法时所需的存储空间包括代码所占空间、输入数据所占空间（即形参所占空间）和临时变量所占空间（辅助空间）。

在进行算法的存储空间分析时只考虑临时变量所占空间，如图 1.16 所示，其中临时变量所占空间为变量 i、maxi 占用的空间。所以空间复杂度是对一个算法在执行过程中临时占用的存储空间的量度，一般也是问题规模 n 的函数，并以数量级形式给出，记作 $S(n)=O(g(n))$。其中 O 的含义与时间复杂度分析中的相同。若一个算法所需的临时变量所占空间相对于问题规模是常数（或者说算法的空间复杂度为 $O(1)$），则称此算法为原地工作或就地工作。

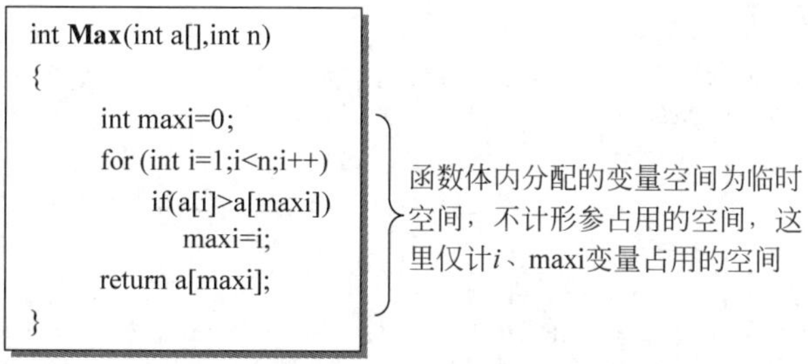

视频讲解

```
int Max(int a[],int n)
{
    int maxi=0;
    for (int i=1;i<n;i++)
        if(a[i]>a[maxi])
            maxi=i;
    return a[maxi];
}
```
} 函数体内分配的变量空间为临时空间，不计形参占用的空间，这里仅计 i、maxi 变量占用的空间

图 1.16 一个算法的临时空间

为什么算法的存储空间分析只考虑临时空间呢？首先代码所占空间是算法描述部分，这部分就是一个常量(对应程序代码段的长度是固定的)，另外形参所占空间会在调用该算法的算法中考虑。例如，以下 Maxfun 算法调用上述 Max 算法：

```
void Maxfun( )
{
    int b[]={1,2,3,4,5};
    int n=5;
    printf("Max=%d\n",Max(b,n));
}
```

在 Maxfun()算法中为 b 数组分配了相应的内存空间，其空间复杂度为 $O(n)$，如果在 Max()算法中再考虑形参 a 的空间，则重复计算了占用的空间。实际上，在 C++语言中，Maxfun()算法调用 Max()算法时形参 a 只是一个数组地址，只为 a 分配一个地址大小的空间，并非另外分配 5 个整型单元的空间。

一般地，一个算法的空间复杂度不会超出其时间复杂度。

【例 1.14】 分析例 1.10～例 1.13 算法的空间复杂度。

解： 在这 4 个例子的算法中都只固定定义了 1～4 个临时变量(不需考虑算法中形参占用的空间)，其临时存储空间与问题规模 n 无关，所以空间复杂度均为 $O(1)$。

1.4 数据结构的目标

从数据结构的角度看，一个求解问题可以通过抽象数据类型的方法描述。也就是说，抽象数据类型对一个求解问题从逻辑上进行了准确的定义，所以抽象数据类型由数据的逻辑结构和抽象运算两部分组成。

接下来用计算机解决这个问题。首先要设计其存储结构，然后在存储结构上设计实现抽象运算的算法。一种数据的逻辑结构可以映射成多种存储结构，一个抽象运算在不同的存储结构上实现可能有多种算法，而且在同一种存储结构上实现也可能有多种算法，那么，同一问题的这么多算法哪一个更好呢？好的算法的评价标准是什么呢？

算法的评价标准就是算法占用计算机资源的多少，占用计算机资源越多，算法越差，反之，占用计算机资源越少，算法越好。这是通过算法的时间复杂度和空间复杂度分析来完成的，所以设计好算法的过程如图 1.17 所示。

视频讲解

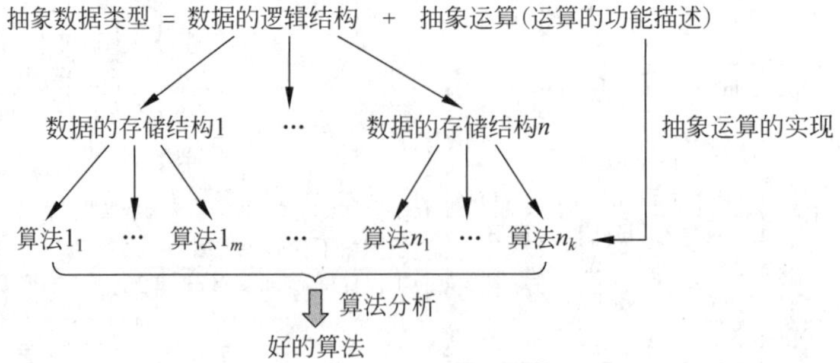

图 1.17 设计好算法的过程

在采用C++面向对象方法实现抽象数据类型时,通常将一个抽象数据类型设计成一个类,如图1.18所示,采用类的数据成员(通常是私有的)表示数据的存储结构,将抽象运算通过类的公有成员函数实现,这些公有成员函数反映了类的功能。

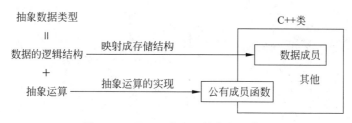

图 1.18 用 C++ 类实现抽象数据类型

从中看到,算法设计分为3个步骤,即通过抽象数据类型进行问题定义、设计存储结构和设计算法。这3个步骤是不是独立的呢?结论为不是独立的,因为不可能设计出许多算法后再从中找出一个好的算法,也就是说必须以设计好算法为目标设计存储结构。因为数据的存储结构会影响算法的好坏,所以设计存储结构是关键的一步,在选择存储结构时需要考虑其对算法的影响。存储结构对算法的影响主要在以下两方面:

① 存储结构的存储能力。如果存储结构的存储能力强,存储的信息多,算法将会方便地设计,反之对于过于简单的存储结构,可能要设计一套比较复杂的算法。存储能力往往是与所使用的空间呈正比的。

② 存储结构应与所选择的算法相适应。存储结构是实现算法的基础,也会影响算法的设计,其选择要充分考虑算法的各种操作,应与算法的操作相适应。

除此之外,大家还需要掌握基本的算法分析方法,能够熟练地判别"好"算法和"坏"算法。

总之,设计数据结构的目标就是针对求解问题设计好的算法。为了达到这一目标,不仅要具备较好的编程能力,还需要掌握各种常用的数据结构,例如线性表、栈和队列、二叉树和图等,这些是在后面各章中将要学习的内容。

【例1.15】 用C++类实现例1.6中的抽象数据类型Set,并用相关数据对实现的Set类进行测试。

解:设计求解本例程序的过程如下。

□ 问题描述

见例1.6中的抽象数据类型Set。

□ 设计存储结构

用一个动态数组data存放集合中的元素,用一个整型变量length表示该集合中的实际元素个数。

□ 设计运算算法

在集合类Set中,通过构造函数初始化data指向容量为MaxSize的空间,将实际元素个数length初始化为0。Set类包含相关的基本运算函数,对应的Set类如下:

```
const int MaxSize=100;        //集合的最多元素个数(常数)
class Set                     //集合类
```

视频讲解

```cpp
{
    int * data;                             //data 存放集合元素
    int length;                             //length 为集合的长度
public:
    Set()                                   //构造函数
    {
        data=new int[MaxSize];              //data 存放集合元素
        length=0;                           //length 为集合的长度
    }
    ~Set()                                  //析构函数
    {
        delete[] data;
    }
    int getlength()                         //返回集合的长度
    {
        return length;
    }
    int get(int i)                          //返回集合的第 i 个元素
    {
        if (i<0 || i>=length)               //检测参数 i 的正确性
            throw "参数 i 错误";
        return data[i];
    }
    bool IsIn(int e)                        //判断 e 是否在集合中
    {
        for (int i=0;i<length;i++)
            if (data[i]==e)
                return true;
        return false;
    }
    void add(int e)                         //将元素 e 添加到集合中
    {
        if (!IsIn(e))                       //元素 e 不在集合中
        {
            data[length]=e;
            length++;
        }
    }
    void deletem(int e)                     //从集合中删除元素 e
    {
        int i=0;
        while (i<length && data[i]!=e) i++;
        if (i>=length)
            return;                         //未找到元素 e,直接返回
        for (int j=i+1;j<length;j++)        //找到元素 e 后,通过移动实现删除
            data[j-1]=data[j];
        length--;
    }
    Set& Copy()                             //返回当前集合的复制集合
```

```
    {
        static Set s1;
        for (int i=0;i<length;i++)
            s1.data[i]=data[i];
        s1.length=length;
        return s1;
    }
    void display()                          //输出集合中的元素
    {
        for (int i=0;i<length-1;i++)
            printf("%d ",data[i]);
        printf("%d\n",data[length-1]);
    }
    Set& Union(Set& s2)                     //求 s3=s1∪s2(s1 为当前集合)
    {
        Set& s3=Copy();                     //将当前集合复制到 s3
        for (int i=0;i<s2.getlength();i++)  //将 s2 中不在 s1 中的元素添加到 s3 中
        {
            int e=s2.get(i);
            if (!IsIn(e)) s3.add(e);
        }
        return s3;                          //返回 s3
    }
    Set& Inter(Set& s2)                     //求 s3=s1∩s2(s1 为当前集合)
    {
        static Set s3;
        for (int i=0;i<length;i++)          //将 s1 中出现在 s2 中的元素复制到 s3 中
        {
            int e=data[i];
            if (s2.IsIn(e)) s3.add(e);
        }
        return s3;                          //返回 s3
    }
    Set& Diff(Set& s2)                      //求 s3=s1-s2(s1 为当前集合)
    {
        static Set s3;
        for (int i=0;i<length;i++)          //将 s1 中不出现在 s2 中的元素复制到 s3 中
        {
            int e=data[i];
            if (!s2.IsIn(e)) s3.add(e);
        }
        return s3;                          //返回 s3
    }
};
```

Set 类的描述如图 1.19 所示。在实现 Set 类后,一方面可以直接定义其类对象存放集合,另一方面可以调用其公有成员函数完成更复杂的功能。

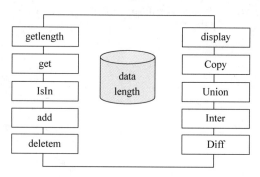

图 1.19 Set 类的描述

❑ 设计主程序

在将所有基本运算设计好之后,为了求两个集合{1,4,2,6,8}和{2,5,3,6}的并集、交集和差集,设计主程序如下:

```
int main()
{
    Set s1,s2;
    s1.add(1);
    s1.add(4);
    s1.add(2);
    s1.add(6);
    s1.add(8);
    printf("集合 s1: "); s1.display();
    printf("s1 的长度为%d\n",s1.getlength());
    s2.add(2);
    s2.add(5);
    s2.add(3);
    s2.add(6);
    printf("集合 s2: "); s2.display();
    printf("集合 s1 和 s2 的并集—>s3\n");
    Set& s3=s1.Union(s2);
    printf("集合 s3: "); s3.display();
    printf("集合 s1 和 s2 的差集—>s4\n");
    Set& s4=s1.Diff(s2);
    printf("集合 s4: "); s4.display();
    printf("集合 s1 和 s2 的交集—>s5\n");
    Set& s5=s1.Inter(s2);
    printf("集合 s5: "); s5.display();
    return 0;
}
```

❑ 程序执行结果

上述程序的执行结果如图 1.20 所示。

```
集合s1: 1 4 2 6 8
s1的长度为5
集合s2: 2 5 3 6
集合s1和s2的并集->s3
集合s3: 1 4 2 6 8 5 3
集合s1和s2的差集->s4
集合s4: 1 4 8
集合s1和s2的交集->s5
集合s5: 2 6
```

图 1.20 程序执行结果

1.5 练习题

1.5.1 问答题

1. 什么是数据结构？有关数据结构的讨论涉及哪三方面？
2. 简述逻辑结构与存储结构的关系。
3. 简述数据结构中运算描述和运算实现的异同。
4. 简述数据结构、抽象数据结构与数据类型的异同。
5. 什么是算法？算法的 5 个特性是什么？试根据这些特性解释算法与程序的区别。
6. 按增长率由小到大的顺序排列 2^{100}、$(3/2)^n$、$(2/3)^n$、n^n、$n^{0.5}$、$n!$、2^n、$\log_2 n$、$n^{\log 2n}$、$n^{(3/2)}$。
7. 试证明：若 $T(n)=c_k n^k + c_{k-1} n^{k-1} + \cdots + c_1 n + c_0$ 是一个 k 次多项式 ($c_k>0$)，则 $T(n)=O(n^k)$。

1.5.2 算法设计题

1. 设 n 为偶数，计算执行下列程序段后 m 的值并给出该程序段的时间复杂度。

```
int m=0;
for (int i=1;i<=n;i++)
    for (int j=2*i;j<=n;j++)
        m++;
```

2. 分析以下各算法的时间复杂度。

(1) 算法 1

```
int fun(n):
{
    int x=n;
    for (int i=0;i<1000;i++)
        x++;
    return x;
}
```

(2) 算法 2

```
void fun(int n)
{
    int x, y;
    for(int i=0; i<n; i++)
    {
        x++;
        for(int j=1; j<=n; j*=2)
            y+=x;
    }
}
```

(3) 算法3

```
int sum(int n)
{
    int i=0,s=0;
    while (s<n)
    {
        i++;
        s+=i;
    }
    return i;
}
```

(4) 算法4

```
int fun(int n)
{
    for (int i=0;i<n;i++)
        for (int j=0;j<n;j++)
        {
            int k=1;
            while (k<=n)
                k=5*k;
        }
    return k;
}
```

(5) 算法5

```
void fun(int n)
{
    for (int i=1;i<=n;i++)
        for (int j=i;j>0;j/=2)
            printf("%d\n",j);
}
```

3. 设计一个时间性能尽可能高效的算法求 $s=1-2+3-4+5-6+\cdots[+|-]n$,给出对应的时间复杂度。

1.6 上机实验题

1.6.1 基础实验题

1. 编写一个实验程序,求一元二次方程 $ax^2+bx+c=0$ 的根,并用相关数据测试。

2. 编写一个实验程序,求 n 分别为 1、4、10、100、1000、10 000 时,函数 $\log_2 n$、n、$n\log_2 n$ 和 n^2 的值,小数点最多保留两位。

1.6.2 应用实验题

1. 求 $1+(1+2)+(1+2+3)+\cdots+(1+2+3+\cdots+n)$ 有以下3种解法。

解法1:采用两重迭代,依次求出 $(1+2+\cdots+i)(1\leqslant i\leqslant n)$ 后累加。

解法 2：采用一重迭代，利用 $i(i+1)/2(1 \leqslant i \leqslant n)$ 求和后再累加。

解法 3：直接利用 $n(n+1)(n+2)/6$ 的公式求和。

编写一个实验程序，利用上述 3 种解法求 $n=50\,100$ 的结果，并且给出各种解法的运行时间。

2. 编写一个实验程序，利用例 1.15 中设计的 Set 类，求一个整数序列中不同整数的个数，并用相关数据测试。

1.7 在线编程题

视频讲解

1. LeetCode9——回文数。
2. HDU1001——求和。
3. POJ3048——最大因子。

第 2 章 线 性 表

线性表是一种典型的线性结构,也是一种最常用的数据结构。本章介绍线性表的定义、线性表的抽象数据类型描述、线性表的顺序和链式存储结构、相关基本运算算法设计、两种存储结构的比较以及线性表的应用。

本章的学习要点如下:

(1) 线性表的逻辑结构、线性表抽象数据类型的描述方法。
(2) 线性表的两种存储结构以及各自的优缺点。
(3) 顺序表算法设计方法。
(4) 单链表、双链表和循环链表算法设计方法。
(5) 有序顺序表和链表的二路归并算法设计方法。
(6) STL 中的 vector 和 list 容器及其应用。
(7) 综合运用线性表解决一些复杂的实际问题。

2.1 线性表的定义

在讨论线性表的存储结构之前首先分析其逻辑结构。本节给出了线性表的定义和抽象数据类型描述,在后面几节中分别采用顺序表和链表存储方式实现线性表数据类型描述。

视频讲解

2.1.1 什么是线性表

顾名思义,线性表就是数据元素的排列像一条线一样的表。严格来说,**线性表**是具有相同特性的数据元素的一个有限序列。其特征有三:所有数据元素类型相同;线性表是由有限个数据元素构成的;线性表中的数据元素与位置相关,即每个数据元素有唯一的序号(或索引)。在线性表中可以出现值相同的数据元素(它们的序号不同)。

线性表的逻辑结构一般表示为$(a_0, a_1, \cdots, a_i, a_{i+1}, \cdots, a_{n-1})$,用图形表示的逻辑结构如图 2.1 所示。其中,用 $n(n \geq 0)$ 表示线性表的长度(即线性表中数据元素的个数)。当 $n=0$ 时表示线性表是一个空表,不包含任何数据元素。

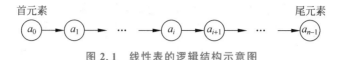

图 2.1　线性表的逻辑结构示意图

说明：线性表中每个元素 a_i 的唯一位置通过序号或者索引 i 表示，为了方便算法设计，将逻辑序号和存储序号统一，均假设从 0 开始，这样含 n 个元素的线性表的元素序号 i 满足 $0 \leq i \leq n-1$。

对于非空线性表，除开始元素 a_0（也称为首元素）没有前驱元素外，其他每个元素 $a_i(1 \leq i \leq n-1)$ 有且仅有一个前驱元素 a_{i-1}；除终端元素 a_{n-1}（也称为尾元素）没有后继元素外，其他元素 $a_i(0 \leq i \leq n-2)$ 有且仅有一个后继元素 a_{i+1}。也就是说，在线性表中每个元素最多只有一个前驱元素、最多只有一个后继元素，这便是线性表的逻辑特征。

2.1.2　线性表的抽象数据类型描述

线性表的抽象数据类型描述如下：

ADT List
{
数据对象：
　　$D = \{a_i \mid 0 \leq i \leq n-1, n \geq 0\}$
数据关系：
　　$r = \{<a_i, a_{i+1}> \mid a_i, a_{i+1} \in D, i = 0, \cdots, n-2\}$
基本运算：
　　CreateList(T $a[\,]$, int n)：由整数数组 a 中的全部 n 个元素建立线性表的相应存储结构。
　　Add(T e)：将元素 e 添加到线性表末尾。
　　Getlength()：返回线性表的长度。
　　GetElem(int i, T& e)：求线性表中序号为 i 的元素值 e。
　　SetElem(int i, T e)：设置线性表中序号为 i 的元素值为 e。
　　GetNo(T e)：求线性表中第一个值为 e 的元素的序号。
　　Insert(int i, T e)：在线性表中插入数据元素 e 作为序号为 i 的元素。
　　Delete(int i)：在线性表中删除序号为 i 的元素。
　　DispList()：输出线性表中的所有元素。
}

说明：由于每种数据结构的抽象数据类型描述中都包含初始化和销毁运算，所以统一没有列出这两个运算。抽象数据类型通常采用 C++ 类实现，初始化和销毁运算分别对应构造函数和析构函数。

2.2　线性表的顺序存储结构

顺序存储是线性表最常用的存储方式，它直接将线性表的逻辑结构映射到存储结构中，所以既便于理解，又容易实现。

2.2.1　线性表的顺序存储结构——顺序表

线性表的顺序存储结构是把线性表中的所有元素按照其逻辑顺序依次存储到内存中的一块连续的存储空间中。线性表的顺序存储结构称为**顺序表**。这里采用 C++ 语言中的一维

视频讲解

数组 data 来实现顺序表，并设定其容量（存放最多的元素个数）为 capacity，如图 2.2 所示为将长度为 n 的线性表存放在 data 数组中。线性表的长度用 length 成员表示。

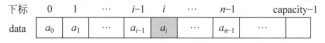

图 2.2　长度为 n 的线性表存放在顺序表中

为了具有通用性，一方面将顺序表类 SqList 设计为类模板，主要包含存放线性表元素的 data 数组（类型为 T）和表示实际元素个数的 length 成员；另一方面将 data 数组的初始容量设置为 initcap（常量），随着元素的插入和删除，length 是变化的，当 length 达到 capacity 时，若再插入元素则会出现上溢出，为此将容量扩大为 length 的 2 倍，当删除元素时，若 length 小到一定的程度则缩小容量，即 data 数组是动态伸缩的。SqList 类模板如下：

```
const int initcap=5;                    //顺序表的初始容量(5)
template < typename T >
class SqList                            //顺序表类模板
{
public:
    T *  data;                          //存放顺序表元素空间的指针
    int capacity;                       //顺序表的容量
    int length;                         //存放顺序表的长度
    //线性表的基本运算算法
};
```

说明：将 SqList 类模板中线性表的所有基本运算算法均设计为 public 访问属性，为了简单，同时将所有数据成员设计为 public 访问属性，这样可以通过类对象访问它们，尽管降低了类的封装性，但可以大大提高代码的可读性。本书后面的数据结构实现均采用这样的方式。

2.2.2　线性表基本运算算法在顺序表中的实现

一旦线性表采用顺序表存储，则可以用 C++ 语言实现线性表的各种基本运算。在插入和删除运算中可能涉及容量的更新，为此设计如下私有成员函数将 data 数组的容量改变为 newcap：

```
void recap(int newcap)                  //改变顺序表的容量为 newcap
{
    if (newcap<=0) return;
    T * olddata=data;
    data=new T[newcap];                 //分配新空间
    capacity=newcap;                    //更新容量
    for(int i=0;i<length;i++)           //复制元素
        data[i]=olddata[i];
    delete [] olddata;                  //释放原空间
}
```

该算法先让 olddata 指向 data 的空间，为 data 重新分配一个容量为 newcap 的空间，再将 olddata 空间中的所有元素复制到 data 空间中，复制中所有元素的序号和长度 length 不变,最后释放原 data 空间。

1. 整体建立顺序表

该运算从一个空顺序表开始,由含若干个元素的列表数组 a 的全部元素整体创建顺序表,即依次将 a 中的元素添加到 data 数组的末尾,当出现上溢出时按实际元素个数 length 的 2 倍扩大容量。对应的算法如下:

```
void CreateList(T a[], int n)           //由数组 a 中的元素整体建立顺序表
{
    for (int i=0;i<n;i++)
    {
        if(length==capacity)
            recap(2*length);
        data[length]=a[i];
        length++;                       //添加后元素个数增加 1
    }
}
```

本算法的时间复杂度为 $O(n)$,其中 n 表示顺序表中元素的个数。

2. 顺序表基本运算算法

1) 顺序表的初始化和销毁

通过构造函数实现初始化,即创建一个空的顺序表;通过析构函数实现销毁,即释放顺序表占用的空间。对应的构造函数如下:

视频讲解

```
SqList()                                //构造函数
{
    data=new T[initcap];                //为 data 分配初始容量大小的空间
    capacity=initcap;                   //初始化容量
    length=0;                           //初始时置 length 为 0
}
```

在应用顺序表时经常涉及复制,如实参顺序表传递给形参(非引用形参)时就是将实参顺序表复制给形参,这里需要深复制,为此在 SqList 类中设计初始化复制构造函数如下:

```
SqList(const SqList<T> & s)             //初始化复制构造函数
{
    capacity=s.capacity;                //复制容量
    length=s.length;                    //复制长度
    data=new T[capacity];               //为当前顺序表分配空间
    for (int i=0;i<length;i++)          //复制元素
        data[i]=s.data[i];
}
```

对应的析构函数如下:

```
~SqList()                               //析构函数
{
    delete [] data;                     //释放 data 指向的空间
}
```

2) 将元素 e 添加到顺序表末尾：Add(e)

该运算在 data 数组的尾部插入元素 e，当插入中出现上溢出时按实际元素个数 length 的 2 倍扩大容量。对应的算法如下：

```cpp
void Add(T e)                       //在线性表的末尾添加一个元素 e
{
    if (length==capacity)           //顺序表空间满时倍增容量
        recap(2*length);
    data[length]=e;                 //添加元素 e
    length++;                       //长度增 1
}
```

上述算法中调用的 recap() 的时间复杂度为 $O(n)$，但执行 n 次 Add 算法仅需要扩大一次 data 空间，所以平均时间复杂度（更准确地是平摊时间复杂度）仍然为 $O(1)$。

3) 求顺序表的长度：Getlength()

该运算直接返回 length 成员值。对应的算法如下：

```cpp
int Getlength()                     //求顺序表的长度
{
    return length;
}
```

4) 求顺序表中序号为 i 的元素值：GetElem(i)

当序号 i 正确时($0 \leqslant i < $ length)通过引用参数 e 取序号为 i 的元素值 data[i]，操作成功时返回 true，否则返回 false。对应的算法如下：

```cpp
bool GetElem(int i, T& e)           //求序号为 i 的元素值
{
    if (i<0 || i>=length)
        return false;               //参数错误时返回 false
    e=data[i];                      //取元素值
    return true;                    //成功找到元素时返回 true
}
```

该算法的时间复杂度为 $O(1)$。

5) 设置顺序表中序号为 i 的元素值：SetElem(i,e)

当序号 i 正确时($0 \leqslant i < $ length)将 data[i] 设置为 e，操作成功时返回 true，否则返回 false。对应的算法如下：

```cpp
bool SetElem(int i, T e)            //设置序号为 i 的元素值
{
    if (i<0 || i>=length)
        return false;               //参数错误时返回 false
    data[i]=e;
    return true;
}
```

该算法的时间复杂度为 $O(1)$。

6）求顺序表中第一个值为 e 的元素的序号：GetNo(e)

该运算在 data 数组中从前向后顺序查找第一个值与 e 相等的元素的序号。若不存在这样的元素,则返回值为 −1。对应的算法如下：

```
int GetNo(T e)                          //查找第一个值为 e 的元素的序号
{
    int i=0;
    while(i<length && data[i]!=e)
        i++;                            //查找元素 e
    if (i>=length)
        return −1;                      //未找到时返回 −1
    else
        return i;                       //找到后返回其序号
}
```

本算法的时间复杂度为 $O(n)$,其中 n 表示顺序表中元素的个数。

7）在顺序表中插入 e 作为第 i 个元素：Insert(i,e)

该运算在顺序表中序号 i 的位置上插入一个新元素 e,如图 2.3 所示为在序号 2 处插入新元素 x,由此看出,在一个线性表中可以在任何位置或者尾元素的后一个位置上插入一个新元素。

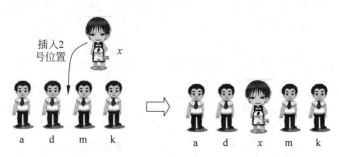

图 2.3 在线性表中插入元素的示意图

若参数 i 正确($0 \leqslant i \leqslant n$),插入操作如图 2.4 所示,先将 data[i..n−1] 的每个元素均后移一个位置变为 data[i+1..n](从 data[n−1] 元素开始移动,也就是 j 从 n 循环到 i+1 为止,每次执行 data[j]=data[j−1]),腾出一个空位置 data[i] 插入新元素 e,最后将长度 length 增 1。在插入元素中若出现上溢出,则按 length 的 2 倍扩大容量。对应的算法如下：

```
bool Insert(int i, T e)                 //在线性表中序号为 i 的位置插入元素 e
{
    if (i<0 || i>length)
        return false;                   //参数 i 错误返回 false
    if(length==capacity)
        recap(2 * length);              //满时倍增容量
    for(int j=length;j>i;j−−)
        data[j]=data[j−1];              //将 data[i] 及后面的元素后移一个位置
    data[i]=e;                          //插入元素 e
    length++;                           //长度增 1
    return true;
}
```

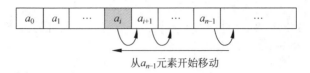

图 2.4　插入元素时移动元素的过程

本算法的时间主要花在元素的移动上,元素移动的次数不仅与表长 n 有关,而且与插入位置 i 有关。有效插入位置 i 的取值是 $0 \sim n$,共有 $n+1$ 个位置可以插入元素:

① 当 $i=0$ 时,移动次数为 n,达到最大值。

② 当 $i=n$ 时,移动次数为 0,达到最小值。

③ 其他情况,需要移动 $\text{data}[i..n-1]$ 的元素,移动次数为 $(n-1)-i+1=n-i$。

假设每个位置插入元素的概率相同,p_i 表示在第 i 个位置上插入一个元素的概率,则 $p_i = \dfrac{1}{n+1}$,这样在长度为 n 的线性表中插入一个元素时所需移动元素的平均次数为:

$$\sum_{i=0}^{n} p_i (n-i) = \frac{1}{n+1} \sum_{i=0}^{n} (n-i) = \frac{1}{n+1} \times \frac{n(n+1)}{2} = \frac{n}{2}$$

因此插入算法的平均时间复杂度为 $O(n)$。

说明:更新容量运算 recap() 在 n 次插入中仅调用一次,其平摊时间为 $O(1)$,在插入算法时间分析中可以忽略它,在后面的删除运算中亦是如此。

8) 在顺序表中删除第 i 个数据元素:Delete(i)

该运算删除顺序表中序号为 i 的元素。如图 2.5 所示为删除序号为 1 的元素,由此看出,在一个线性表中可以删除任何位置上的元素。

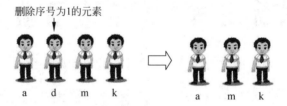

图 2.5　在线性表中删除元素的示意图

若参数 i 正确($0 \leq i < n$),删除操作是将 $\text{data}[i+1..n-1]$ 的元素均向前移动一个位置变为 $\text{data}[i..n-2]$(从 $\text{data}[i+1]$ 元素开始移动,也就是 j 从 i 循环到 $n-1$ 为止,每次执行 $\text{data}[j]=\text{data}[j+1]$),如图 2.6 所示,这样覆盖了元素 $\text{data}[i]$,从而达到删除该元素的目的,最后将顺序表的长度减 1。若当前容量大于初始容量并且实际长度仅为当前容量的 1/4(称为缩容条件),则将当前容量减半。对应的算法如下:

```
bool Delete(int i)                    //在线性表中删除序号为 i 的元素
{
    if (i<0 || i>=length)             //参数 i 错误返回 false
        return false;
    for(int j=i;j<length-1;j++)
        data[j]=data[j+1];            //将 data[i] 后面的元素前移一个位置
    length--;                          //长度减 1
```

```
    if (capacity > initcap && length <= capacity/4)
        recap(capacity/2);                        //满足缩容条件则容量减半
    return true;
}
```

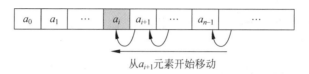

图 2.6　删除元素时移动元素的过程

本算法的时间主要花在元素的移动上,元素移动的次数也与表长 n 和删除元素的位置 i 有关,有效删除位置 i 的取值是 $0\sim n-1$,共有 n 个位置可以删除元素:

① 当 $i=0$ 时,移动次数为 $n-1$,达到最大值。
② 当 $i=n-1$ 时,移动次数为 0,达到最小值。
③ 其他情况,需要移动 data$[i+1..n-1]$ 的元素,移动次数为 $(n-1)-(i+1)+1=n-i-1$。

假设 p_i 表示删除第 i 个位置上的元素的概率,则 $p_i=\dfrac{1}{n}$,所以在长度为 n 的线性表中删除一个元素时所需移动元素的平均次数为:

$$\sum_{i=0}^{n-1}p_i(n-i-1)=\dfrac{1}{n}\sum_{i=0}^{n-1}(n-i-1)=\dfrac{1}{n}\times\dfrac{n(n-1)}{2}=\dfrac{n-1}{2}$$

删除算法的平均时间复杂度为 $O(n)$。

9) 输出顺序表中的所有元素：DispList()
该运算依次输出顺序表中的所有元素值。对应的算法如下：

```
void DispList()                                //输出顺序表 L 中的所有元素
{
    for (int i=0;i<length;i++)                 //遍历顺序表中的各元素值
        cout << data[i] << " ";
    cout << endl;
}
```

本算法的时间复杂度为 $O(n)$,其中 n 表示顺序表中元素的个数。

2.2.3　顺序表的应用算法设计示例

本节的示例均采用顺序表 SqList 对象 L 存储线性表,利用顺序表的基本运算算法设计满足示例需要的算法。

1. 基于顺序表基本操作的算法设计

在这类算法设计中主要包括顺序表元素的查找、插入和删除等基本操作。

【例 2.1】 对于含有 n 个整数元素的顺序表 L,设计一个算法将其中的所有元素逆置,例如 $L=(1,2,3,4,5)$,逆置后 $L=(5,4,3,2,1)$,并给出算法的时间复杂度和空间复杂度。

视频讲解

解：用 i 从前向后、j 从后向前遍历 L，当两者没有相遇时交换它们指向的元素，如图 2.7 所示，直到 $i=j$ 为止。对应的算法如下：

```
void Reverse(SqList < T > & L)            //求解算法
{
    int i=0,j=L.length−1;
    while (i<j)
    {
        swap(L.data[i], L.data[j]);       //序号为i和j的两个元素交换
        i++; j−−;
    }
}
```

图 2.7 交换 i 和 j 所指向的元素

本算法的时间复杂度为 $O(n)$，空间复杂度为 $O(1)$。

【例 2.2】 假设有一个整数顺序表 L，设计一个算法用于删除从序号 i 开始的 k 个元素。例如 $L=(1,2,3,4,5)$，删除从 $i=1$ 开始的 $k=2$ 个元素后 $L=(1,4,5)$。

解：设 $L=(a_0,\cdots,a_i,\cdots,a_{n-1})$，现要删除 $(a_i,a_{i+1},\cdots,a_{i+k-1})$ 的 k 个元素。考虑参数的正确性，显然有 $i \geq 0, k \geq 1$，删除的最后元素为 a_{i+k-1}，序号 $i+k-1$ 应该为 $0 \sim n-1$，则 $1 \leq i+k \leq n$。在参数正确时，删除操作如图 2.8 所示，即直接将 $a_{i+k} \sim a_{n-1}$ 的所有元素依次前移 k 个位置。对应的算法如下：

```
bool Deletek(SqList < T > & L, int i, int k)   //求解算法
{
    if (i<0 || k<1 || i+k<1 || i+k>L.length)
        return false;                           //参数i和k错误返回false
    for (int j=i+k;j<L.length;j++)              //删除k个元素
        L.data[j−k]=L.data[j];
    L.length−=k;                                //长度减k
    return true;
}
```

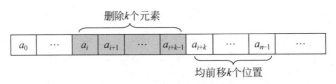

图 2.8 在顺序表中删除若干个元素

上述算法的时间复杂度为 $O(n)$，其中 n 为顺序表中元素的个数。

说明：如果采用对 $(a_i,a_{i+1},\cdots,a_{i+k-1})$ 的每个元素都调用 Delete() 基本运算来进行删除的方法，对应的时间复杂度为 $O(kn)$ 或者 $O(n^2)$，其时间性能低于上述算法。

2. 基于整体建立顺序表的算法设计

视频讲解

这类算法设计主要以整体建立顺序表的思路为基础,由满足条件的元素建立一个结果顺序表,如果可能尽量将结果顺序表和原顺序表合二为一,以提高空间利用率。

【例2.3】 对于含有 n 个整数元素的顺序表 L,设计一个算法用于删除其中所有值为 x 的元素,例如 $L=(1,2,1,5,1)$,若 $x=1$,则删除后 $L=(2,5)$,并给出算法的时间复杂度和空间复杂度。

解法1:整体建表法。给定整数顺序表 L,删除其中的所有 x 元素后得到新的结果顺序表 $L1$,只需要遍历 L 一次,将不等于 x 的元素插入 $L1$ 中,这样将求解问题转化为新建结果顺序表 $L1$。实际上 $L1$ 可以与原顺序表 L 共享空间,同样是采用整体建立顺序表的思路,用 k 记录结果顺序表中元素的个数(初始为0),从头开始遍历 L,仅将不为 x 的元素重新插入 L 中,如图2.9所示,每插入一个元素 k 增加1,最后置长度为 k。对应的算法如下:

```
template < typename T >
void Deletex1(SqList < T > & L, int x)        //求解算法1
{
    int k=0;
    for (int i=0;i<L.length;i++)
        if (L.data[i]!=x)                     //将不为 x 的元素插入 data 中
        {
            L.data[k]=L.data[i];
            k++;
        }
    L.length=k;                               //重置 L 的长度为 k
}
```

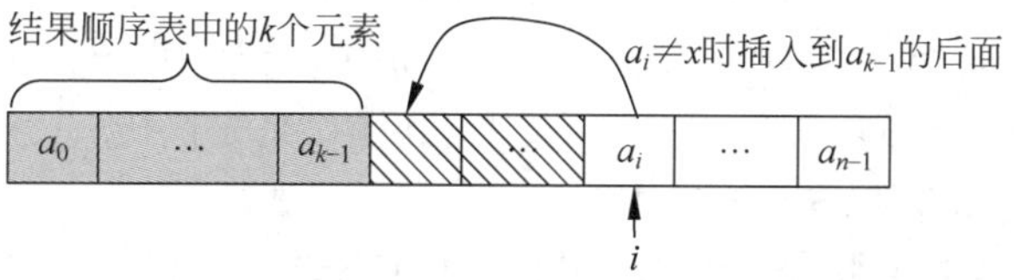

图2.9 将不为 x 的元素重新插入 L 中

解法2:元素移动法。对于整数顺序表 L,从头开始遍历 L,用 k 累计当前为止值为 x 的元素的个数(初始值为0),处理当前序号为 i 的元素 a_i。

① 若 a_i 是不为 x 的元素,如图2.10所示,前面有 k 个为 x 的元素,则将 a_i 前移 k 个位置,继续处理下一个元素。

② 若 a_i 是为 x 的元素,则直接将 k 增1(累计为 x 的元素个数),继续处理下一个元素。

最后将 L 的长度减少 k。对应的算法如下:

```
template < typename T >
void Deletex2(SqList < T > & L, int x)        //求解算法2
{
    int k=0;                                  //累计等于 x 的元素个数
    for (int i=0;i<L.length;i++)
```

```
            if (L.data[i]!=x)                     //将不为 x 的元素前移 k 个位置
                L.data[i−k]=L.data[i];
            else                                  //累计删除的元素个数 k
                k++;
        L.length−=k;                              //将 L 的长度减少 k
}
```

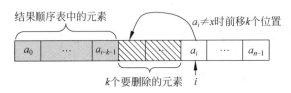

图 2.10　将不为 x 的元素前移 k 个位置

解法 3：区间划分法。由解法 2 延伸出区间划分法，不妨设 $L=(a_0,a_1,\cdots,a_{n-1})$，将 L 划分为两个区间，如图 2.11 所示，用 $a[0..i]$ 存放不为 x 的元素（称为"不为 x 元素区间"），初始时该区间为空，即 $i=-1$；用 j 从 0 开始遍历所有元素（$j<n$），$a[i+1..j-1]$ 存放值为 x 的元素（称为"为 x 元素区间"），初始时该区间也为空（因为 $j=0$）。

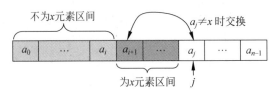

图 2.11　$a[0..j]$ 的元素划分为两个区间

① 若 $a[j]\ne x$，它是要保留的元素。此时"为 x 元素区间"的首元素 $a[i+1]$（其值为 x）紧靠着"不为 x 元素区间"，为此将 $a[i+1]$ 与 $a[j]$ 交换，即"不为 x 元素区间"变为 $a[0..i+1]$，"为 x 元素区间"变为 $a[i+1..j]$。其操作是先执行 $i++$，将 $a[j]$ 与 $a[i]$ 进行交换，再执行 $j++$ 继续遍历其余元素。

② 若 $a[j]=x$，它是要删除的元素，将 j 增 1（扩大了"为 x 元素区间"），继续遍历其余元素。

最后前面不为 x 元素区间（即 $a[0..i]$）为所求结果，其中含 $i+1$ 个元素。对应的算法如下：

```
template < typename T >
void Deletex3(SqList < T > & L, int x)           //求解算法 3
{
    int i=−1,j=0;
    while (j< L.length)                          //j 遍历所有元素
    {
        if (L.data[j]!=x)                        //找到不为 x 的元素 a[j]
        {
            i++;                                 //扩大不为 x 的区间
            if (i!=j)
                swap(L.data[i],L.data[j]);       //序号为 i 和 j 的两个元素交换
        }
```

```
            j++;                                //继续遍历
        }
        L.length=i+1;                           //将 L 的长度置为 i+1
}
```

上述 3 个算法的时间复杂度均为 $O(n)$,空间复杂度均为 $O(1)$,都属于高效的算法。

说明:在解法 3 中将顺序表 L 中的元素分为保留元素和删除元素,分别用前、后两个区间存放,通过重置长度达到删除后者的目的。实际上上述 3 种解法都具有较好的通用性,只是不同的问题中保留元素的条件可能不同,需要重点掌握并加以灵活运用。

【实战 2.1】 LeetCode26——删除排序数组中的重复项

问题描述:给定一个排序数组(选择 C++语言编译环境时用数组 nums[0..numsSize−1]存放该有序序列),需要在原地删除重复出现的元素,使得每个元素只出现一次,返回移除后数组的新长度。注意不要使用额外的数组空间,即算法的空间复杂度为 $O(1)$。例如,给定数组 nums=[1,1,2],函数应该返回新的长度 2,并且原数组 nums 的前两个元素被修改为 1 和 2,不需要考虑数组中超出新长度的元素。要求设计满足题目条件的如下函数:

视频讲解

```
class Solution {
public:
    int removeDuplicates(int *  nums, int numsSize)
    {
        ...
    }
};
```

3. 有序顺序表的算法设计

视频讲解

有序表是指按元素值或某域值递增或者递减排列的线性表,有序表是线性表的一个子集。有序顺序表是有序表的顺序存储结构。对于有序表,可以利用其元素的有序性提高相关算法的效率,二路归并就是有序表的一种经典算法。

【例 2.4】 有两个按元素值递增有序的整数顺序表 A 和 B,设计一个算法将顺序表 A 和 B 的全部元素合并到一个递增有序顺序表 C 中,并给出算法的时间复杂度和空间复杂度。

解:由于 A 和 B 是两个递增有序整数顺序表,用 i 遍历 A 的元素,用 j 遍历 B 的元素(i、j 均从 0 开始)。

① 当两个表均未遍历完时,比较 i 和 j 所指向元素的大小,将较小者添加到结果有序顺序表 C 中,并后移较小者的指针。

② 当两个有序表中有一个尚未遍历完时,其未遍历完的所有元素都是较大的,将它们依次添加到结果有序顺序表 C 中,其过程如图 2.12 所示。

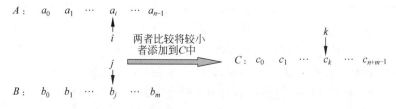

图 2.12 两个有序顺序表的二路归并过程

在上述过程中,将 A 或者 B 中的元素 x 添加到 C 中称为归并元素 x,向 C 中每添加一个元素称为一次归并。对应的二路归并算法如下:

```cpp
template <typename T>
void Merge2(SqList<T> A, SqList<T> B, SqList<T> &C)
{
    int i=0,j=0;                          //i用于遍历A,j用于遍历B
    while (i<A.length && j<B.length)      //两个表均没有遍历完毕
    {
        if (A.data[i]<B.data[j])
        {
            C.Add(A.data[i]);             //归并A[i]:将较小的A[i]添加到C中
            i++;
        }
        else                              //归并B[j]:将较小的B[j]添加到C中
        {
            C.Add(B.data[j]);
            j++;
        }
    }
    while (i<A.length)                    //若A没有遍历完毕
    {
        C.Add(A.data[i]);                 //归并A中的剩余元素
        i++;
    }
    while (j<B.length)                    //若B没有遍历完毕
    {
        C.Add(B.data[j]);                 //归并B中的剩余元素
        j++;
    }
}
```

在本算法中尽管有多个 while 循环语句,但恰好对顺序表 A、B 中的每个元素均归并一次,所以时间复杂度为 $O(n+m)$,其中 n、m 分别为顺序表 A、B 的长度。本算法中需要在临时顺序表 C(初始为空)中添加 $n+m$ 个元素,所以算法的空间复杂度也是 $O(n+m)$。

说明:在二路归并中,若两个有序表 A、B 的长度分别为 n 和 m,算法的时间主要花费在元素的比较上,那么比较次数是多少呢?在最好的情况下,整个归并中仅是较长表的第一个元素与较短表的每个元素比较一次,此时元素的比较次数为 $MIN(n,m)$(为最少元素比较次数),如 $A=(1,2,3)$,$B=(4,5,6,7,8)$,只需比较 3 次。在最坏的情况下,这 $n+m$ 个元素均两两比较一次,比较次数为 $n+m-1$(为最多元素比较次数),如 $A=(1,3,5,7)$,$B=(2,4,6)$,需要比较 6 次。

【例 2.5】 一个长度为 $n(n \geqslant 1)$ 的升序序列 S,处在第 $\lceil n/2 \rceil$ 个位置的数称为 S 的中位数。例如,若序列 $S_1=(11,13,15,17,19)$,则 S_1 的中位数是 15。两个序列的中位数是包含它们所有元素的升序序列的中位数。例如,若 $S_2=(2,4,6,8,20)$,则 S_1 和 S_2 的中位数是 11。现有两个等长的升序序列 A 和 B,设计一个在时间和空间两方面都尽可能高效的算法,找出两个序列 A 和 B 的中位数。假设两个升序序列分别采用顺序表 A 和 B 存储,所有元素为整数。

解：两个升序序列分别采用 SqList 对象 A 和 B 存储，它们的元素个数均为 n。若采用二路归并得到含 $2n$ 个元素的升序序列 C，则其中序号为 $n-1$ 的元素就是两个序列的中位数。实际上中位数只有一个元素，没有必要求出整个 C 中的 $2n$ 个元素，为此用 k 累计归并的次数（初始为 0），当归并到第 n 次时（即 $k==n$），归并元素（即比较的两个元素中较小的元素）就是中位数。对应的算法如下：

```
template < typename T >
T Middle(SqList < T > A, SqList < T > B)        //求解算法
{
    int i=0,j=0;                                //i,j 分别遍历 A 和 B
    int k=0;                                    //累计归并的次数
    while (i< A.length && j< B.length)          //两个有序顺序表均没有遍历完
    {
        k++;                                    //归并次数增 1
        if (A.data[i]< B.data[j])               //A 中的当前元素为较小的元素
        {
            if (k==A.length)                    //恰好归并了 n 次
                return A.data[i];               //返回 A 中的当前元素
            i++;
        }
        else                                    //B 中的当前元素为较小的元素
        {
            if (k==B.length)                    //恰好归并了 n 次
                return B.data[j];               //返回 B 中的当前元素
            j++;
        }
    }
}
```

上述算法的时间复杂度为 $O(n)$，空间复杂度为 $O(1)$。

2.3 线性表的链式存储结构

线性表中的每个元素最多只有一个前驱元素和一个后继元素，因此可以采用链式存储结构存储线性表。本节讨论链式存储结构及其基本运算的实现过程。

2.3.1 链表

视频讲解

线性表的链式存储结构称为链表。在链表中每个结点不仅包含元素本身的信息（称为数据域），而且包含元素之间逻辑关系的信息，即一个结点中包含后继结点的地址信息或者前驱结点的地址信息，称为指针域，这样将可以通过一个结点的指针域方便地找到后继结点或者前驱结点。

如果每个结点只设置一个指向其后继结点的指针域，这样的链表称为线性单向链接表，简称**单链表**；如果每个结点中设置两个指针域，分别用于指向其前驱结点和后继结点，这样的链表称为线性双向链接表，简称**双链表**。无前驱结点或者后继结点的相应指针域用常量 NULL 表示。

为了便于在链表中插入和删除结点,链表通常带有一个头结点,并通过头结点指针唯一地标识该链表。图 2.13(a)是带头结点的单链表 head,图 2.13(b)是带头结点的双链表 dhead,分别称为 head 单链表和 dhead 双链表。

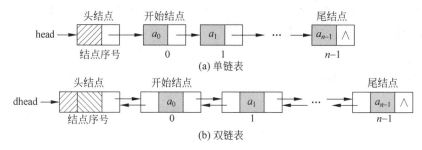

图 2.13　带头结点的单链表和双链表

说明:为了表述方便,通常将 p 指向的结点称为 p 结点或者结点 p,将头结点为 head 的链表称为 head 链表,在头结点中不存放任何数据元素(空表是仅包含头结点的链表),存放序号为 0 的元素的结点称为开始结点或者首结点,存放终端元素的结点称为终端结点或者尾结点。链表的长度不计头结点,仅指其中数据结点的个数。

2.3.2　单链表

在单链表中,假定每个结点均为 LinkNode 类型,它包括存储元素的数据成员,这里用 data 表示,还包括存储后继结点的指针域,这里用 next 表示。LinkNode 类型定义如下(每个新建结点的 next 域均置为空):

```
template<typename T>
struct LinkNode                          //单链表结点类型
{
    T data;                              //存放数据元素
    LinkNode<T> * next;                  //下一个结点的指针
    LinkNode():next(NULL) {}             //构造函数
    LinkNode(T d):data(d),next(NULL) {}  //重载构造函数
};
```

设计单链表类模板为 LinkList,其中 head 成员为单链表的头结点,构造函数用于创建这个头结点,并且置 head 结点的 next 为空:

```
template<typename T>
class LinkList                           //单链表类模板
{
public:
    LinkNode<T> * head;                  //单链表头结点
    //基本运算算法
};
```

说明:可以在 LinkList 类中增加单链表长度 length 和尾结点指针 tail 等成员,这样实现相关基本运算算法的性能更高,例如求长度运算 Getlength()的时间复杂度为 $O(1)$,但同时增加了维护 length 和 tail 的复杂性。这里没有采用该设计方式是为了方便读者更多地体

会单链表操作的细节。

一个 LinkList 类对象 L 称为单链表对象,其中头结点为 head,实际上是指 L.head,如图 2.14 所示,读者要注意两者的意义。后面的双链表、循环链表、链栈、链队、链串等都采用相似的方式。

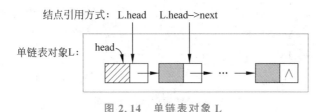

图 2.14 单链表对象 L

1. 插入和删除结点操作

在单链表中,插入和删除结点是最常用的操作,它是建立单链表和相关基本运算算法的基础。

1) 插入结点操作

插入运算是将结点 s 插入单链表中 p 结点的后面。如图 2.15(a)所示,为了插入结点 s,需要修改结点 p 中的指针域,令其指向结点 s,而结点 s 中的指针域应指向 p 结点的后继结点,从而实现 3 个结点之间逻辑关系的变化,其过程如图 2.15 所示。

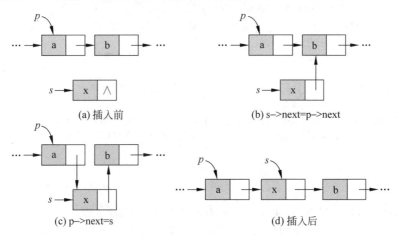

图 2.15 在单链表中插入结点 s 的过程

上述指针修改对应的描述语句如下:

s—>next=p—>next;
p—>next=s;

注意:在插入结点时两个语句的顺序不能颠倒,如果先执行 p—>next=s 语句,会找不到指向值为 b 的结点,再执行 s—>next=p—>next 语句时,相当于执行 s—>next=s,这样插入操作错误。

2) 删除结点操作

删除运算是删除单链表中 p 结点的后继结点,如图 2.16(a)所示,其操作是将 p 结点的 next 修改为其后继结点的后继结点,结果如图 2.16(b)所示。上述指针修改对应的描述语句如下：

```
q=p->next;              //q 指向被删结点
p->next=q->next;        //从单链表中删除结点 q
delete q;               //释放空间
```

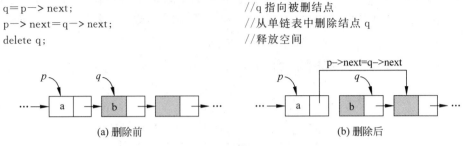

图 2.16　在单链表中删除结点的过程

说明：在单链表中插入和删除一个结点，先要找到插入位置的前驱结点和删除结点的前驱结点。插入操作需要修改两个指针域，删除操作需要修改一个指针域。

视频讲解

2. 整体建立单链表

所谓整体建立单链表就是一次性创建单链表的多个结点，这里是通过一个含有 n 个元素的 a 数组来建立单链表。建立单链表的常用方法有以下两种。

1）用头插法建表

该方法从一个空表开始，依次读取数组 a 中的元素，生成新结点 s，将读取的数据存放到新结点的数据成员中，然后将新结点 s 插入当前链表的表头上，如图 2.17 所示。重复这一过程，直到 a 数组中的所有元素读完为止。采用头插法建表的算法如下：

```
void CreateListF(T a[],int n)          //用头插法建立单链表
{
    for (int i=0;i<n;i++)              //循环建立数据结点
    {
        LinkNode<T> *s=new LinkNode<T>(a[i]);   //创建数据结点 s
        s->next=head->next;            //将结点 s 插入 head 结点的后面
        head->next=s;
    }
}
```

本算法的时间复杂度为 $O(n)$，其中 n 为 a 数组中元素的个数。

若数组 a 为 $\{1,2,3,4\}$，调用 CreateListF(a) 建立的单链表如图 2.18 所示。从中看到，用头插法建立的单链表中数据结点的次序与 a 数组中的次序正好相反。

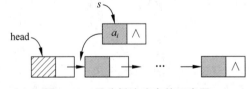

图 2.17　用头插法建表的示意图

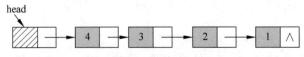

图 2.18　采用头插法建立的单链表 head

2) 用尾插法建表

用头插法建立链表虽然算法简单,但生成的链表是反序的,若希望两者的次序一致,可采用尾插法建立。该方法是将新结点 s 插入当前链表的表尾上,为此需要增加一个尾指针 r,使其始终指向当前链表的尾结点,如图 2.19 所示。

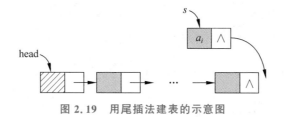

图 2.19　用尾插法建表的示意图

采用尾插法建表的算法如下:

```
void CreateListR(T a[], int n)               //用尾插法建立单链表
{
    LinkNode<T> *s, *r;
    r=head;                                   //r 始终指向尾结点,开始时指向头结点
    for (int i=0;i<n;i++)                     //循环建立数据结点
    {
        s=new LinkNode<T>(a[i]);              //创建数据结点 s
        r->next=s;                            //将结点 s 插入结点 r 的后面
        r=s;
    }
    r->next=NULL;                             //将尾结点的 next 域置为 NULL
}
```

本算法的时间复杂度为 $O(n)$,其中 n 为 a 数组中元素的个数。

若数组 a 为 $\{1,2,3,4\}$,调用 CreateListR(a) 建立的单链表如图 2.20 所示。从中可以看到,用尾插法建立的单链表中数据结点的次序与 a 数组中元素的次序正好相同。

图 2.20　采用尾插法建立的单链表 head

3. 线性表基本运算在单链表中的实现

在多个基本运算算法中都需要在单链表中查找序号为 i 的结点,为此设计 geti() 私有成员函数完成该功能,其设计思路是先让 p 指向头结点,将 j 置为 -1(相当于将头结点的序号看成 -1),当 $j<i$ 且 p 不空时循环: j 增 1,p 后移一个结点。当循环结束后返回 p,如果参数 i 大于最大结点的序号,则返回 NULL。对应的算法如下:

视频讲解

```
//*******************************************
//序号 i 的正确范围为 -1≤i<n,超出范围返回 NULL
//i=-1 时返回头结点 head
//i≥0 并且 i<n 时返回序号为 i 的结点
//*******************************************
LinkNode<T> *  geti(int i)                    //返回序号为 i 的结点
```

```
    {
        if (i<-1) return NULL;              //i<-1时返回NULL
        LinkNode<T>* p=head;                //首先p指向头结点
        int j=-1;                           //j置为-1(可以认为头结点的序号为-1)
        while (j<i && p!=NULL)              //指针p移动i+1个结点
        {
            j++;
            p=p->next;
        }
        return p;                           //返回p
    }
```

上述算法的时间复杂度为 $O(n)$。

1) 单链表的初始化和销毁

通过构造函数实现初始化即创建一个仅有头结点的单链表,通过析构函数实现销毁即释放单链表中所有结点的空间。对应的构造函数如下:

```
LinkList()                                  //构造函数,创建一个空单链表
{
    head=new LinkNode<T>();
}
```

由于单链表中所有结点的地址不一定是连续的,需要逐个释放结点空间,采用两个指针 pre 和 p,先让 pre 指向头结点,p 指向结点 pre 的后继结点,在整个算法中它们总是指向单链表中相邻的两个结点,称为 (pre,p) 同步指针或双指针,再释放 pre 结点并将它们同步后移,如此重复,直到 p=NULL,最后释放由 pre 指向的尾结点,如图 2.21 所示。

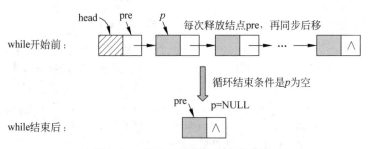

图 2.21 释放单链表中的所有结点

对应的析构函数如下:

```
~LinkList()                                 //析构函数,销毁单链表
{
    LinkNode<T> *pre, *p;
    pre=head; p=pre->next;
    while (p!=NULL)                         //用p遍历结点并释放其前驱结点
    {
        delete pre;                         //释放pre结点
        pre=p; p=p->next;                   //pre、p同步后移一个结点
    }
    delete pre;                             //p为空时pre指向尾结点,此时释放尾结点
}
```

2) 将元素 e 的结点添加到单链表末尾：Add(e)

先新建一个存放元素 e 的 s 结点，通过在单链表中从到尾遍历找到尾结点 p（尾结点 p 满足 p->next==NULL 而不是 p==NULL），然后再在 p 结点之后插入 s 结点。对应的算法如下：

```
void Add(T e)                          //在单链表的末尾添加一个值为 e 的结点
{
    LinkNode<T>* s=new LinkNode<T>(e); //新建结点 s
    LinkNode<T>* p=head;
    while (p->next!=NULL)              //查找尾结点 p
        p=p->next;
    p->next=s;                         //在尾结点 p 的后面插入结点 s
}
```

本算法的时间复杂度为 $O(n)$。

3) 求单链表的长度：Getlength()

该运算返回单链表中数据结点的个数，设计思路如图 2.22 所示，先让 p 指向头结点，将 cnt 置为 0，当 p 结点不是尾结点时循环：cnt 增 1，p 后移一个结点。当循环结束后，p 指向尾结点，cnt 即为数据结点个数。

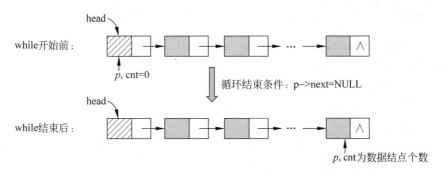

图 2.22 求单链表中数据结点的个数

对应的算法如下：

```
int Getlength()                        //求单链表中数据结点的个数
{
    LinkNode<T>* p=head;
    int cnt=0;
    while (p->next!=NULL)              //找到尾结点为止
    {
        cnt++;
        p=p->next;
    }
    return cnt;
}
```

本算法的时间复杂度为 $O(n)$。

4) 求单链表中序号为 i 的结点值: GetElem(i, &e)

当序号 i 正确时($0 \leqslant i < n$),先找到序号为 i 的结点 p,用 e 存放其 data 成员值并返回 true,否则返回 false。对应的算法如下:

```
bool GetElem(int i, T& e)             //求单链表中序号为 i 的结点值
{
    if (i<0) return false;            //参数 i 错误返回 false
    LinkNode<T>* p=geti(i);           //查找序号为 i 的结点
    if (p!=NULL)                      //找到序号为 i 的结点 p
    {
        e=p->data;
        return true;                  //成功找到返回 true
    }
    else                              //不存在序号为 i 的结点
        return false;                 //参数 i 错误返回 false
}
```

5) 设置单链表中序号为 i 的结点值: SetElem(i, e)

当序号 i 正确时($0 \leqslant i < n$),先找到序号为 i 的结点 p,然后设置其 data 成员为 e 并返回 true,否则返回 false。对应的算法如下:

```
bool SetElem(int i, T e)              //设置序号为 i 的结点值
{
    if (i<0) return false;            //参数 i 错误返回 false
    LinkNode<T>* p=geti(i);           //查找序号为 i 的结点
    if (p!=NULL)                      //找到序号为 i 的结点 p
    {
        p->data=e;
        return true;
    }
    else                              //不存在序号为 i 的结点
        return false;                 //参数 i 错误返回 false
}
```

6) 求单链表中第一个值为 e 的结点的序号: GetNo(e)

该运算的设计思路如图 2.23 所示,先置 j 为 0,p 指向首结点,当 p 非空且指向的不是 e 结点时置 j++、p 后移一个结点。循环结束时若 p 为空,表示不存在这样的元素,返回 -1,否则表示找到这样的结点,返回其序号 j。

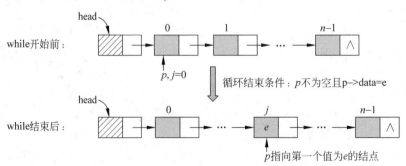

图 2.23 在单链表中查找第一个值为 e 的数据结点

对应的算法如下：

```
int GetNo(T e)                          //查找第一个为 e 的元素的序号
{
    int j=0;                            //j 置为 0,p 指向首结点
    LinkNode<T>* p=head->next;
    while (p!=NULL && p->data!=e)       //查找第一个值为 e 的结点 p
    {
        j++;
        p=p->next;
    }
    if (p==NULL)
        return -1;                      //未找到时返回-1
    else
        return j;                       //找到后返回其序号
}
```

本算法的时间复杂度为 $O(n)$。

7) 在单链表中插入元素 e 作为第 i 个结点：Insert(i,e)

在参数 i 正确时($0 \leq i \leq n, i=n$ 时插入在末尾)，先新建一个存放元素 e 的结点 s，找到第 $i-1$ 个结点 p（当 $i=0$ 时，结点 p 为头结点），然后在 p 结点的后面插入 s 结点，返回 true；在参数 i 错误时返回 false 表示插入失败。对应的算法如下：

```
bool Insert(int i,T e)                  //在单链表中序号为 i 的位置插入值为 e 的结点
{
    if (i<0) return false;              //参数 i 错误返回 false
    LinkNode<T>* p=geti(i-1);           //查找序号为 i-1 的结点
    if (p!=NULL)                        //找到序号为 i-1 的结点 p
    {
        LinkNode<T>* s=new LinkNode<T>(e);  //建立新结点 s
        s->next=p->next;                //在 p 结点后面插入 s 结点
        p->next=s;
        return true;                    //插入成功返回 true
    }
    else                                //没有找到序号为 i-1 的结点
        return false;                   //参数 i 错误返回 false
}
```

本算法的时间复杂度为 $O(n)$。

8) 在单链表中删除序号为 i 的结点：Delete(i)

该运算在参数 i 正确时($0 \leq i \leq n-1$)先找到第 $i-1$ 个结点 p（当 $i=0$ 时，结点 p 为头结点），再删除 p 结点的后继结点；在参数 i 错误时返回 false 表示删除失败。对应的算法如下：

```
bool Delete(int i)                      //在单链表中删除序号 i 位置上的结点
{
    if (i<0) return false;              //参数 i 错误返回 false
    LinkNode<T>* p=geti(i-1);           //查找序号为 i-1 的结点
    if (p!=NULL)                        //找到序号为 i-1 的结点 p
```

```cpp
        {
            LinkNode<T>* q=p->next;         //q指向序号为i的结点(被删结点)
            if (q!=NULL)                    //存在序号为i的结点时删除它
            {
                p->next=q->next;            //删除p结点的后继结点
                delete q;                   //释放空间
                return true;                //删除成功返回true
            }
            else
                return false;               //参数i错误返回false
        }
        else                                //没有找到序号为i-1的结点
            return false;                   //参数i错误返回false
}
```

本算法的时间复杂度为 $O(n)$。

9) 输出单链表中的所有结点值：DispList()

该运算是依次遍历单链表中的各数据结点并输出结点值。对应的算法如下：

```cpp
void DispList()                             //输出单链表中的所有结点值
{
    LinkNode<T>* p;
    p=head->next;                           //p指向开始结点
    while (p!=NULL)                         //p不为NULL,输出p结点的data域
    {
        cout << p->data << " ";
        p=p->next;                          //p移向下一个结点
    }
    cout << endl;
}
```

本算法的时间复杂度为 $O(n)$。

2.3.3 单链表的应用算法设计示例

本节的示例均采用单链表 LinkList 对象 L 存储线性表,利用单链表的基本操作设计满足示例需要的算法。

视频讲解

1. 基于单链表基本操作的算法设计

在这类算法设计中主要包括单链表结点的查找、插入和删除等基本操作。需要注意的是,在单链表中插入和删除一个结点必须先找到插入和删除位置的前驱结点。

【**例2.6**】 有一个长度大于2的整数单链表 L,设计一个算法查找 L 中中间位置的元素。例如,$L=(1,2,3)$,返回元素为2；$L=(1,2,3,4)$,返回元素为2。

解：对于长度大于2的整数单链表 L,当长度为奇数时,中间位置的元素是唯一的；当长度为偶数时,中间位置的元素有两个,这里求前一个中间位置元素。下面给出两种解法。

解法1（计数法）：计算出 L 的长度 n,假设首结点的编号为1,则满足题目要求的结点的编号为 $(n-1)/2+1$(这里的除法为整除)。置 $j=1$,指针 p 指向首结点,让其后移 $(n-1)/2$ 个结点即可。对应的算法如下：

```
template <typename T>
T Middle1(LinkList<T> & L)                  //求解算法1
{
    int j=1;
    int n=L.Getlength();
    LinkNode<T> * p=L.head->next;           //p指向首结点
    while (j<=(n-1)/2)                      //找中间位置的p结点
    {
        j++;
        p=p->next;
    }
    return p->data;
}
```

解法2（快慢指针法）：设置快指针fast和慢指针slow，首先均指向首结点，每次让慢指针slow后移一个结点，让快指针fast后移两个结点。假设单链表L的长度为n，循环结束分为两种情况：

① 若n为奇数，循环结束时fast指向尾结点（即满足条件fast->next==NULL），此时slow恰好指向唯一的中间位置结点，如图2.24(a)所示。

② 若n为偶数，循环结束时fast指向尾结点的前驱结点（即满足条件fast->next!=NULL且fast->next->next==NULL），此时slow恰好指向前一个中间位置结点，如图2.24(b)所示。

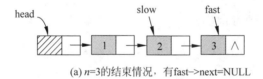

(a) n=3的结束情况，有fast->next=NULL

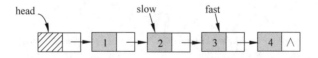

(b) n=4的结束情况，有fast->next->next=NULL

图2.24 循环结束的两种情况

对应的算法如下：

```
template <typename T>
T Middle2(LinkList<T> & L)                  //求解算法2
{
    LinkNode<T> * slow=L.head->next;
    LinkNode<T> * fast=L.head->next;        //均指向首结点
    while (fast!=NULL && slow!=NULL)
    {
        if (fast->next==NULL || fast->next->next==NULL)
            return slow->data;              //满足结束条件时返回
        slow=slow->next;                    //慢指针每次后移一个结点
        fast=fast->next->next;              //快指针每次后移两个结点
    }
    return slow->data;
}
```

尽管上述两个算法的时间复杂度都是 $O(n)$,但解法 1 遍历整个单链表 1.5 趟(调用 Getlength()计一趟),而解法 2 遍历整个单链表一趟,所以效率更高。

【例 2.7】 有一个整数单链表 L,其中可能存在多个值相同的结点,设计一个算法查找 L 中最大值结点的个数。

解：先遍历单链表 L 的所有数据结点求出其中的最大结点值 maxe,再遍历 L 的所有数据结点累计其中结点值为 maxe 的结点个数 cnt,最后返回 cnt。该方法需要遍历 L 两趟,可以改为仅遍历一趟,先让 p 指向首结点,用 maxe 记录首结点值,将其看成最大值结点,将 cnt 置为 1。按以下方式循环,直到 p 指向尾结点为止：

① 若 p->next->data>maxe,将 p->next 看成新的最大值结点(该结点值第一次出现),置 maxe=p->next->data,cnt=1。

② 若 p->next->data==maxe(该结点值多次出现),maxe 仍为最大结点值,置 cnt++。

③ p 后移一个结点。

最后返回的 cnt 即为最大值结点个数。对应的算法如下：

```cpp
template <typename T>
int Maxcount(LinkList<T> & L)          //求解算法
{
    int cnt=1;
    LinkNode<T> * p=L.head->next;      //p 指向首结点
    T maxe=p >data;                    //将 maxe 置为首结点值
    while (p->next!=NULL)              //循环到 p 结点为尾结点
    {
        if (p->next->data>maxe)        //找到更大的结点
        {
            maxe=p->next->data;        //第一次找到 maxe 的结点
            cnt=1;
        }
        else if (p->next->data==maxe)  //p 结点为当前最大值结点
            cnt++;                     //次数增 1
        p=p->next;
    }
    return cnt;
}
```

本算法的时间复杂度为 $O(n)$,空间复杂度为 $O(1)$。

【例 2.8】 有一个整数单链表 L,其中可能存在多个值相同的结点,设计一个算法删除 L 中所有最大值的结点。

解：先遍历 L 的所有结点,求出最大结点值 maxe,再遍历一次删除所有值为 maxe 的结点。在删除中采用(pre,p)同步指针,若 p->data==maxe,通过 pre 结点删除 p 结点。对应的算法如下：

```cpp
template <typename T>
void Delmaxnodes(LinkList<T> & L)      //求解算法
{
    LinkNode<T> * p=L.head->next;      //p 指向首结点
    T maxe=p->data;                    //将 maxe 置为首结点值
```

```
        while (p->next!=NULL)                    //查找最大结点值 maxe
        {
            if (p->next->data>maxe)
                maxe=p->next->data;
            p=p->next;
        }
        LinkNode<T>*  pre=L.head;                //pre 指向头结点
        p=pre->next;                             //p 指向 pre 的后继结点
        while (p!=NULL)                          //p 遍历所有结点
        {
            if (p->data==maxe)                   //p 结点为最大值结点
            {
                pre->next=p->next;               //删除 p 结点
                delete p;
                p=pre->next;                     //让 p 指向 pre 的后继结点
            }
            else
            {
                pre=pre->next;                   //pre 后移一个结点
                p=pre->next;                     //让 p 指向 pre 的后继结点
            }
        }
    }
```

说明：本例不能像例 2.7 那样遍历单链表一趟即可，因为仅遍历单链表一趟无法确定哪些结点是要删除的结点。

【实战 2.2】 LeetCode24——两两交换链表中的结点

问题描述：给定一个不带头结点的单链表 head，结点类型如下。

视频讲解

```
struct ListNode
{
    int val;                                     //结点值
    ListNode * next;                             //下一个结点指针
    ListNode(int x) : val(x), next(NULL) {}      //构造函数
};
```

请按以下格式设计 swapPairs(head)函数用于两两交换其中相邻的结点，并返回交换后的链表。

```
class Solution {
public:
    ListNode *  swapPairs(ListNode *  head) {
        ...
    }
};
```

要求不能只是单纯地改变结点内部的值，而是需要实际地进行结点交换。例如，给定单链表为 1->2->3->4，算法应该返回 2->1->4->3。

2. 基于整体建立单链表的算法设计

视频讲解

这类算法设计主要以整体建立单链表的两种方法为基础，根据求解问题的需要采用头插法或者尾插法。

【例 2.9】 有一个整数单链表 L,设计一个算法逆置 L 中的所有结点。例如 L=(1,2,3,4,5),逆置后 L=(5,4,3,2,1)。

解法 1:采用头插法建表的思路,先让 p 指向整数单链表 L 的首结点,置 L 为空单链表,然后遍历 L 的其余数据结点,将 p 结点插入单链表 L 的头部,如图 2.25 所示。对应的算法如下:

```
template < typename T >
void Reverse1(LinkList < T > & L)            //求解算法 1
{
    LinkNode < T > *  p=L.head-> next, * q;  //p 指向首结点
    L.head-> next=NULL;                      //将 L 置为一个空表
    while (p!=NULL)                          //用 p 遍历所有数据结点
    {
        q=p-> next;                          //q 临时保存 p 结点的后继结点
        p-> next=L.head-> next;              //将 p 结点插入表头
        L.head-> next=p;
        p=q;
    }
}
```

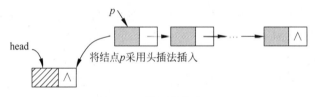

图 2.25 逆置单链表(1)

解法 2:当 L 为单链表空或者只有一个结点时返回。当 L 只有两个结点时直接逆置。当 L 有 3 个或者 3 个以上结点时,采用 3 个同步指针 p、q、r,首先分别指向开头的 3 个数据结点,并将结点 p 变为尾结点,在 r 不空时循环:修改结点 q 的 next 指针指向结点 p,再同步后移一个结点。当循环到 r 为空时,结点 q 为逆置后单链表的首结点,修改结点 q 的 next 指针指向结点 p,将头结点的 next 指针指向它,如图 2.26 所示。对应的算法如下:

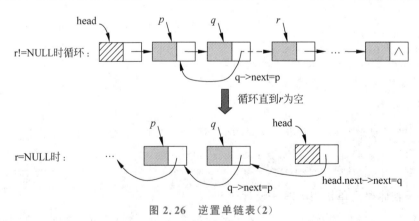

图 2.26 逆置单链表(2)

```
template < typename T >
void Reverse2(LinkList < T > & L)                    //求解算法2
{
    LinkNode < T > * p=L.head-> next, * q, * r;      //p指向首结点
    if (p==NULL) return;                             //L为空单链表时返回
    q=p-> next;
    if (q==NULL) return;                             //L只有一个结点时返回
    r=q-> next;                                      //r指向第3个结点
    if (r==NULL)                                     //L只有一个结点时
    {
        L.head-> next=q;
        q-> next=p;
        p-> next=NULL;
        return;
    }
    p-> next=NULL;                                   //原首结点p置为尾结点
    while (r!=NULL)                                  //(p,q,r)指向的结点都存在时循环
    {
        q-> next=p;                                  //修改结点q的next指针
        p=q;                                         //(p,q,r)同步指针后移
        q=r;
        r=r-> next;
    }
    q-> next=p;                                      //修改结点q的next指针
    L.head-> next=q;
}
```

上述两个算法的时间复杂度均为 $O(n)$,空间复杂度均为 $O(1)$,但解法 1 采用头插法,思路简单、直接,不易出错,而解法 2 复杂得多,需要考虑多种情况。

【例 2.10】 有一个含 $2n$ 个整数的单链表 $L=(a_0,b_0,a_1,b_1,\cdots,a_{n-1},b_{n-1})$,设计一个算法将其拆分成两个带头结点的单链表 A 和 B,其中 $A=(a_0,a_1,\cdots,a_{n-1})$,$B=(b_{n-1},b_{n-2},\cdots,b_0)$。

解:本题利用原单链表 L 中的所有数据结点通过改变指针域重组成两个单链表 A 和 B。由于 A 中结点的相对顺序与 L 中的相同,所以采用尾插法建立单链表 A;由于 B 中结点的相对顺序与 L 中的相反,所以采用头插法建立单链表 B,如图 2.27 所示。对应的算法如下:

```
template < typename T >
void Split(LinkList < T > & L, LinkList < T > & A, LinkList < T > & B)
{
    LinkNode < T > * p=L.head-> next, * q;           //p指向L的首结点
    LinkNode < T > * r=A.head;                       //r始终指向A的尾结点
    while (p!=NULL)                                  //遍历L的所有数据结点
    {
        r-> next=p;
        r=p;                                         //用尾插法建立A
        p=p-> next;                                  //p后移一个结点
        if (p!=NULL)
        {
            q=p-> next;                              //临时保存p结点的后继结点
```

```
            p->next=B.head->next;            //用头插法建立 B
            B.head->next=p;
            p=q;                              //p 指向 q 结点
        }
    }
    r->next=NULL;                             //将尾结点的 next 置为空
}
```

本算法的时间复杂度为 $O(n)$,空间复杂度为 $O(1)$。

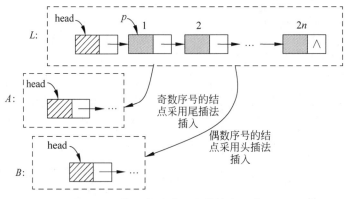

图 2.27 将 L 拆分成两个单链表 A 和 B

视频讲解

3. 有序单链表的算法设计

有序单链表是有序表的单链表存储结构,同样可以利用二路归并方法提高相关算法的效率。

【例 2.11】 有两个递增有序整数单链表 A 和 B,设计一个算法采用二路归并方法将 A 和 B 中的所有数据结点合并到递增有序单链表 C 中,要求算法的空间复杂度为 $O(1)$。

解：采用例 2.4 的二路归并思路,由于要求算法的空间复杂度为 $O(1)$,所以不能采用复制结点的方法,只能将 A 和 B 中的结点重组来建立单链表 C(这样算法执行后单链表 A 和 B 不复存在),而建立单链表 C 的过程采用尾插法。

有序单链表的二路归并算法如下:

```
template <typename T>
void Merge2(LinkList<T> & A, LinkList<T> & B, LinkList<T> & C)
{
    LinkNode<T> * p=A.head->next;         //p 指向 A 的首结点
    LinkNode<T> * q=B.head->next;         //q 指向 B 的首结点
    LinkNode<T> * r=C.head;                //r 为 C 的尾结点
    while (p!=NULL && q!=NULL)            //两个单链表都没有遍历完
    {
        if (p->data < q->data)            //将较小结点 p 链接到 C 的末尾
        {
            r->next=p;
            r=p;
            p=p->next;
        }
        else                              //将较小结点 q 链接到 C 的末尾
        {
            r->next=q;
```

```
            r=q;
            q=q->next;
        }
    }
    r->next=NULL;                          //将尾结点的 next 置为空
    if (p!=NULL) r->next=p;                //将未归并完的剩余结点链接到 C 的末尾
    if (q!=NULL) r->next=q;
}
```

本算法的时间复杂度为 $O(m+n)$,其中 m、n 分别为 A、B 单链表中数据结点的个数。

【例 2.12】 有两个递增有序整数单链表 A 和 B,假设每个单链表中没有值相同的结点,但两个单链表中存在值相同的结点,设计一个尽可能高效的算法建立一个新的递增有序整数单链表 C,其中包含 A 和 B 中值相同的结点,要求算法执行后不改变单链表 A 和 B。

解:采用二路归并+尾插法新建单链表 C 的思路,由于要求算法执行后不改变单链表 A 和 B,所以单链表 C 的每个结点都是通过复制新建,如图 2.28 所示。对应的算法如下:

```
template < typename T >
void Commnodes(LinkList< T > & A, LinkList< T > & B, LinkList< T > & C)
{
    LinkNode< T > * p=A.head->next;        //p 指向 A 的首结点
    LinkNode< T > * q=B.head->next;        //q 指向 B 的首结点
    LinkNode< T > * r=C.head;              //r 为 C 的尾结点
    while (p!=NULL && q!=NULL)             //两个单链表都没有遍历完
    {
        if (p->data < q->data)             //跳过较小的 p 结点
            p=p->next;
        else if (q->data < p->data)        //跳过较小的 q 结点
            q=q->next;
        else                               //p 结点和 q 结点的值相同
        {
            LinkNode< T > * s=new LinkNode< T >(p->data);
            r->next=s;
            r=s;                           //将 s 结点链接到 C 的末尾
            p=p->next;
            q=q->next;
        }
    }
    r->next=NULL;                          //将尾结点的 next 置为空
}
```

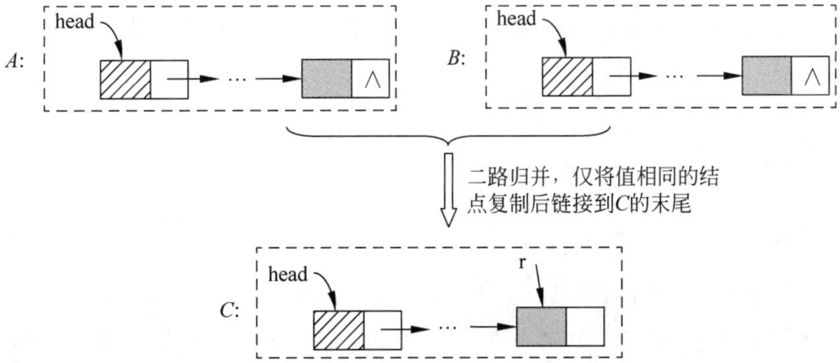

图 2.28 建立新单链表 C 的过程

本算法的时间复杂度为 $O(m+n)$，空间复杂度为 $O(\mathrm{MIN}(m,n))$，其中 m、n 分别为 A、B 单链表中数据结点的个数，MIN 为取最小值函数。

2.3.4 双链表

与单链表的结点类型的定义类似，只是在双链表结点中增加了指向前驱结点的 prior 指针，其类型 DLinkNode 定义如下：

```
template < typename T >
struct DLinkNode                        //双链表结点类型
{
    T data;                             //存放数据元素
    DLinkNode< T > * next;              //指向后继结点的指针
    DLinkNode< T > * prior;             //指向前驱结点的指针
    DLinkNode():next(NULL),prior(NULL) {}   //构造函数
    DLinkNode(T d):data(d),next(NULL),prior(NULL) {}  //重载构造函数
};
```

双链表类模板 DLinkList 包含双链表的基本运算算法，其中 dhead 成员为双链表的头结点指针：

```
template < typename T >
class DLinkList                         //双链表类模板
{
public:
    DLinkNode< T > * dhead;             //双链表头结点
    //基本运算算法
};
```

和单链表一样，双链表也是由头结点 dhead 唯一标识的。由于双链表中的每个结点都有前、后两个指针域，所以与单链表相比，在双链表中访问一个结点的前、后相邻结点更方便。

1. 插入和删除结点操作

在双链表中插入和删除结点是最基本的操作，是双链表算法设计的基础。

1) 插入结点操作

假设在双链表中的 p 结点的后面插入一个 s 结点，插入过程如图 2.29 所示，共涉及 4 个指针域的变化。其操作语句描述如下：

```
s-> next=p-> next;
if (p-> next!=NULL) p-> next-> prior=s;
s-> prior=p;
p-> next=s;
```

说明：在双链表中的 p 结点的后面插入 s 结点时，p 结点是直接给定的，而 p 结点的后继结点是间接找到的，一般先做间接找到结点的相关操作，后做直接给定结点的相关操作，例如 p-> next=s 总是放在前两个语句之后执行。

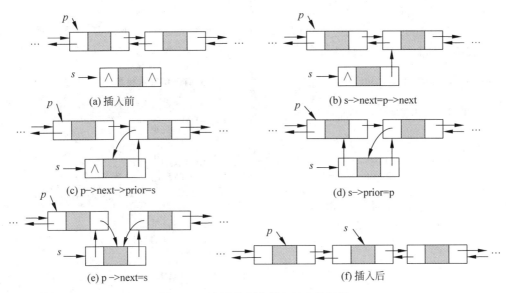

图 2.29 在双链表中插入结点的过程

2) 删除结点操作

假设删除双链表中的 p 结点，删除过程如图 2.30 所示，共涉及两个指针域的变化。其操作语句描述如下：

p−>next−>prior＝p−>prior；
p−>prior−>next＝p−>next；

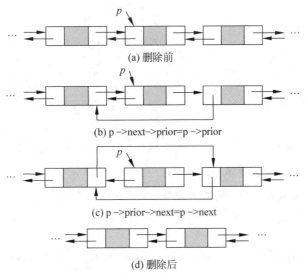

图 2.30 在双链表中删除结点的过程

2. 整体建立双链表

整体建立双链表是由一个数组的所有元素创建一个双链表，与整体建立单链表一样，也有头插法和尾插法两种方法。

1) 用头插法建表

与用头插法建立单链表的过程相似,每次都是将新结点 s 插入在表头,这里仅改为按双链表方式插入结点。对应的算法如下:

```cpp
void CreateListF(T a[],int n)            //用头插法建立双链表
{
    DLinkNode<T> *s;
    for (int i=0;i<n;i++)                //循环建立数据结点
    {
        s=new DLinkNode<T>(a[i]);        //创建数据结点 s
        s->next=dhead->next;             //修改 s 结点的 next 成员
        if (dhead->next!=NULL)           //修改头结点的非空后继结点的 prior
            dhead->next->prior=s;
        dhead->next=s;                   //修改头结点的 next
        s->prior=dhead;                  //修改 s 结点的 prior
    }
}
```

2) 用尾插法建表

与用尾插法建立单链表的过程相似,每次都是将新结点 s 链接在表尾,这里仅改为按双链表方式插入结点。对应的算法如下:

```cpp
void CreateListR(T a[],int n)            //用尾插法建立双链表
{
    DLinkNode<T> *s,*r;
    r=dhead;                             //r 始终指向尾结点,开始时指向头结点
    for (int i=0;i<n;i++)                //循环建立数据结点
    {
        s=new DLinkNode<T>(a[i]);        //创建数据结点 s
        r->next=s;                       //将 s 结点插入 r 结点的后面
        s->prior=r;
        r=s;
    }
    r->next=NULL;                        //将尾结点的 next 域置为 NULL
}
```

上述两个建立双链表的算法的时间复杂度均为 $O(n)$,空间复杂度均为 $O(n)$。

3. 线性表基本运算在双链表中的实现

在双链表中,许多运算算法(例如求长度、取元素值和查找元素等)与单链表中的相应算法是相同的,这里不多介绍,但涉及结点插入和删除操作的算法需要改为按双链表的方式进行结点的插入和删除。

在双链表 dhead 中序号为 i 的位置上插入值为 e 的结点的算法如下:

```cpp
bool Insert(int i,T e)                   //在双链表中序号为 i 的位置插入值为 e 的结点
{
    if (i<0) return false;               //参数 i 错误返回 false
    DLinkNode<T> *s=new DLinkNode<T>(e); //建立新结点 s
    DLinkNode<T> *p=geti(i-1);           //查找序号为 i-1 的结点 p
    if (p!=NULL)                         //找到序号为 i-1 的结点
```

```
        {
            s->next=p->next;            //修改 s 结点的 next 域
            if (p->next!=NULL)          //修改 p 结点的非空后继结点的 prior 域
                p->next->prior=s;
            p->next=s;                  //修改 p 结点的 next 域
            s->prior=p;                 //修改 s 结点的 prior 域
            return true;                //插入成功返回 true
        }
        else return false;              //没有找到序号为 i-1 的结点则返回 false
    }
```

说明：上述算法是先建立新结点 s，在双链表中找到序号为 $i-1$ 的结点 p（找前驱结点），然后在 p 结点的后面插入 s 结点（在前驱结点的后面插入新结点）。当然也可以在双链表中找到序号为 i 的结点 p（找后继结点），然后在 p 结点前面插入 s 结点（在后继结点 p 的前面插入新结点）。

在双链表 dhead 中删除序号为 i 的结点的算法如下：

```
    bool Delete(int i)                  //在双链表中删除序号为 i 的位置的结点
    {
        if (i<0) return false;          //参数 i 错误返回 false
        DLinkNode<T>* p=geti(i);        //查找序号为 i 的结点
        if (p!=NULL)                    //找到序号为 i 的结点 p
        {
            p->prior->next=p->next;     //修改 p 结点的前驱结点的 next
            if (p->next!=NULL)          //修改 p 结点的非空后继结点的 prior
                p->next->prior=p->prior;
            delete p;                   //释放空间
            return true;                //删除成功返回 true
        }
        else return false;              //没有找到序号为 i-1 的结点返回 false
    }
```

说明：上述算法是先在双链表中找到序号为 i 的结点 p，再通过 p 结点前后的相邻结点删除 p 结点。当然也可以找到序号为 $i-1$ 的结点 p（找前驱结点），再删除其后继结点。

上述两个算法的时间复杂度均为 $O(n)$。

2.3.5 双链表的应用算法设计示例

本节的示例均采用双链表 DLinkList 对象 L 存储线性表，利用双链表的基本操作设计满足示例需要的算法。

【**例 2.13**】 设计一个算法，删除整数双链表 L 中第一个值为 x 的结点，若不存在值为 x 的结点，则不做任何改变。

解：用 p 遍历双链表 L 中的数据结点并查找第一个值为 x 的结点，若找到这样的结点 p，则通过其前后结点删除 p 结点。对应的算法如下：

```
    template <typename T>
    void Delx(DLinkList<T> & L,T x)     //求解算法
    {
        DLinkNode<T>* p=L.dhead->next;  //p 指向首结点
        while (p!=NULL && p->data!=x)   //查找第一个值为 x 的结点
```

```
            p=p->next;
        if (p!=NULL)                              //找到值为 x 的结点 p
        {
            p->prior->next=p->next;               //删除 p 结点
            if (p->next!=NULL)
                p->next->prior=p->prior;
            delete p;                             //释放空间
        }
    }
```

说明：在单链表中删除一个结点需要找到其前驱结点，而在双链表中删除结点不必找到其前驱结点，只需找到要删除的结点即可实施删除操作。

【例 2.14】 设计一个算法，将整数双链表 L 中最后一个值为 x 的结点与其前驱结点交换。若不存在值为 x 的结点或者该结点是首结点，则不做任何改变。

解：先置 q 为空，通过 p 遍历双链表 L 中的所有数据结点查找最后一个值为 x 的结点 q。若 q 为 NULL 或者结点 q 为首结点，直接返回；否则让 pre 指向 q 结点的前驱结点，删除 q 结点，再将 q 结点插入 pre 结点的前面。对应的算法如下：

```
template <typename T>
void Swap(DLinkList<T> & L,T x)                  //求解算法
{
    DLinkNode<T>* p=L.dhead->next, * q;          //p指向首结点
    q=NULL;
    while (p!=NULL)                              //查找最后一个值为 x 的结点 q
    {
        if (p->data==x) q=p;
        p=p->next;
    }
    if (q==NULL || L.dhead->next==q)             //不存在 x 结点或者该结点是首结点
        return;                                  //直接返回
    else                                         //找到了这样的结点 q
    {
        DLinkNode<T>* pre=q->prior;              //pre 指向结点 q 的前驱结点
        pre->next=q->next;                       //删除 q 结点
        if (q->next!=NULL)
            q->next->prior=pre;
        pre->prior->next=q;                      //将 q 结点插入 pre 结点的前面
        q->prior=pre->prior;
        pre->prior=q;
        q->next=pre;
    }
}
```

2.3.6 循环链表

循环链表是另一种形式的链式存储结构，分为循环单链表和循环双链表两种形式，它们分别是从单链表和双链表变化而来的。

视频讲解

1. 循环单链表

带头结点 head 的循环单链表如图 2.31 所示，表中尾结点的 next 指针域不再是空，而是指向头结点，从而整个链表形成一个首尾相接的环。

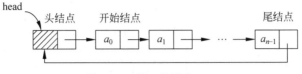

图 2.31 循环单链表 head

循环单链表的特点是从表中的任一结点出发都可以找到其他结点,与单链表相比,无须增加存储空间,仅对链接方式稍作修改,即可使得表处理更加方便、灵活。在默认情况下,循环单链表也是通过头结点 head 标识的。

循环单链表中的结点类型与非循环单链表中的结点类型相同,仍为 LinkNode。包含构造函数和析构函数的循环单链表类模板 CLinkList 定义如下:

```cpp
template <typename T>
class CLinkList                     //循环单链表类
{
public:
    LinkNode<T> * head;             //循环单链表的头结点
    CLinkList()                     //构造函数,创建一个空循环单链表
    {
        head=new LinkNode<T>();
        head->next=head;            //构成循环的空链表
    }
    ~CLinkList()                    //析构函数,销毁循环单链表
    {
        LinkNode<T> * pre, * p;
        pre=head; p=pre->next;
        while (p!=head)             //用 p 遍历结点并释放其前驱结点
        {
            delete pre;             //释放 pre 结点
            pre=p; p=p->next;       //pre、p 同步后移一个结点
        }
        delete pre;                 //p 等于 head 时 pre 指向尾结点,此时释放尾结点
    }
    //线性表的基本运算算法
};
```

循环单链表的插入和删除结点操作与非循环单链表的相同,所以两者的许多基本运算算法是相似的,主要区别如下:

① 初始只有头结点 head,在循环单链表的构造函数中需要通过 head->next=head 语句置为空表。

② 当循环单链表中涉及查找操作时需要修改表尾判断的条件,例如用 p 遍历时,尾结点满足的条件是 p->next==head 而不是 p->next==NULL。

【例 2.15】 有一个整数循环单链表 L,设计一个算法求值为 x 的结点个数。

解:用 p 遍历整个循环单链表 L 的数据结点,用 cnt 累计 data 成员值为 x 的结点个数(初始为 0),最后返回 cnt。对应的算法如下:

```cpp
template <typename T>
```

```cpp
int Count(CLinkList<T> & L,T x)          //求解算法
{
    int cnt=0;                            //cnt 置为 0
    LinkNode<T>* p=L.head->next;         //首先让 p 指向首结点
    while (p!=L.head)                     //遍历循环单链表
    {
        if (p->data==x)
            cnt++;                        //找到一个值为 x 的结点 cnt 增 1
        p=p->next;                        //p 后移一个结点
    }
    return cnt;
}
```

【例 2.16】 编写一个程序求解约瑟夫(Joseph)问题。有 n 个小孩围成一圈,给他们从 1 开始依次编号,从编号为 1 的小孩开始报数,数到第 $m(0<m<n)$ 个的小孩出列,然后从出列的下一个小孩重新开始报数,数到第 m 个的小孩又出列,如此反复,直到所有的小孩全部出列为止,求整个出列序列。例如当 $n=6$、$m=5$ 时的出列序列是 5,4,6,2,3,1。

解:该问题的求解过程如下。

❑ 设计存储结构

本题采用不带头结点的循环单链表存放小孩围成的圈,其结点类型如下:

```cpp
struct Child                              //小孩结点类型
{
    int no;                               //小孩编号
    Child* next;                          //下一个结点指针
    Child(int d):no(d),next(NULL) {}     //构造函数
};
```

依本题操作,小孩循环单链表不带头结点,例如 $n=6$ 时的初始循环单链表如图 2.32(a)所示,first 指向开始报数的小孩结点,初始时指向首结点。

❑ 设计运算算法

设计一个求解约瑟夫问题的 Joseph 类,其中包含 n、m 整型成员和首结点指针 first 成员。CreateList()成员函数用于建立 n 个结点的不带头结点的循环单链表 first,Jsequence()成员函数用于输出约瑟夫序列。Joseph 类的完整代码如下:

```cpp
class Joseph                              //求解约瑟夫问题类
{
    int n,m;
    Child* first;                         //小孩循环单链表的首结点
public:
    Joseph(int n1,int m1):n(n1),m(m1) {}  //构造函数
    void CreateList()                     //创建小孩循环单链表
    {
        first=new Child(1);               //循环单链表的首结点
        Child* r=first,* p;               //r 为尾结点指针
        for (int i=2;i<=n;i++)
        {
```

```
            p=new Child(i);              //建立一个编号为 i 的新结点 p
            r—>next=p;                    //将 p 结点链接到末尾
            r=p;
        }
        r—>next=first;                    //构成一个首结点为 first 的循环单链表
    }
    void Jsequence( )                     //输出约瑟夫序列
    {
        Child * p, * q;
        for (int i=1;i<=n;i++)            //共出列 n 个小孩
        {
            p=first;
            int j=1;
            while (j!=m)                  //从 first 结点开始报数,报到第 m 个结点
            {
                j++;                       //报数递增
                p=p—>next;                 //移到下一个结点
            }
            cout << p—>no << " ";          //该结点的小孩出列
            q=p—>next;                    //q 指向结点 p 的后继结点
            p—>no=q—>no;                  //将结点 q 的值复制到结点 p
            p—>next=q—>next;              //删除 q 结点
            delete q;                      //释放结点空间
            first=p;                       //从结点 p 重新开始
        }
        cout << endl;
    }
};
```

❑ 设计主程序

设计如下主程序求解一个约瑟夫序列。

```
int main( )
{
    int n=6,m=3;
    Joseph L(n,m);
    cout << "n=" << n << ",m=" << m << "的约瑟夫序列:" << endl;
    L.CreateList();
    L.Jsequence();
    return 0;
}
```

❑ 程序执行结果

本程序的执行结果如下:

n=6,m=3 的约瑟夫序列:
3 6 4 2 5 1

该约瑟夫问题的求解过程如图 2.32(b)到图 2.32(f)所示,最先出列编号为 3 的小孩,最后出列编号为 1 的小孩。

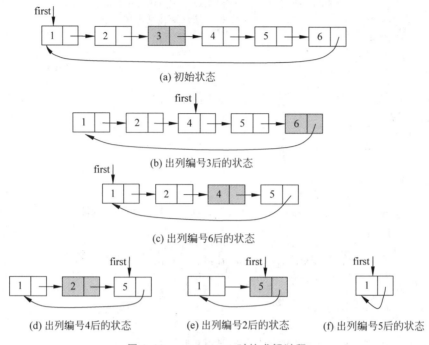

图 2.32　$n=6$、$m=3$ 时的求解过程

2. 循环双链表

视频讲解

循环双链表如图 2.33 所示，尾结点的 next 指针域指向头结点，头结点的 prior 指针域指向尾结点。其特点是整个链表形成两个环，由此从表中的任一结点出发均可找到其他结点，最突出的优点是通过头结点在 $O(1)$ 时间内找到尾结点。在默认情况下，循环双链表也是通过头结点 dhead 标识的。

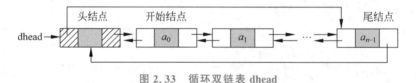

图 2.33　循环双链表 dhead

循环双链表中的结点类型与非循环双链表中的结点类型相同，仍为 DLinkNode。包括构造函数和析构函数的循环双链表类模板 CDLinkList 的定义如下：

```
template < typename T >
class CDLinkList                    //循环双链表类模板
{
public:
    DLinkNode < T > *  dhead;       //循环双链表的头结点
    CDLinkList()                    //构造函数,创建一个空循环双链表
    {
        dhead=new DLinkNode < T >();
        dhead-> next=dhead;         //构成循环的空链表
        dhead-> prior=dhead;
    }
```

```cpp
    ~CDLinkList()                        //析构函数,销毁循环双链表
    {
        DLinkNode<T> * pre, * p;
        pre=dhead; p=pre->next;
        while (p!=dhead)                 //用p遍历结点并释放其前驱结点
        {
            delete pre;                  //释放pre结点
            pre=p; p=p->next;            //pre、p同步后移一个结点
        }
        delete pre;                      //p等于dhead时pre指向尾结点,此时释放尾结点
    }
    //基本运算算法
};
```

循环双链表的插入和删除结点操作与非循环双链表的相同,所以二者的许多基本运算算法是相似的,主要区别如下:

① 初始只有头结点 dhead,在循环双链表的构造函数中需要通过 dhead->prior=dhead 和 dhead->next=dhead 两个语句置为空表。

② 当循环双链表中涉及查找操作时需要修改表尾判断的条件,例如用 p 遍历时,尾结点满足的条件是 p->next==dhead 而不是 p->next==NULL。

【例 2.17】 有两个循环双链表 A 和 B,其元素分别为 $(a_0,a_1,\cdots,a_{n-1})$ 和 $(b_0,b_1,\cdots,b_{m-1})$,其中 n、m 均大于 1。设计一个算法将 B 合并到 A,即 A 变为 $(a_0,a_1,\cdots,a_{n-1},b_0,b_1,\cdots,b_{m-1})$,合并后 A 仍为循环双链表,并分析算法的时间复杂度。

解:用 ta 指向 A 的尾结点,用 tb 指向 B 的尾结点,将 ta 结点的后继结点改为 B 的首结点,最后通过 tb 结点将其改为循环双链表,并置 B 为空表。对应的算法如下:

```cpp
template <typename T>
void Comb(CDLinkList<T> & A, CDLinkList<T> & B)   //求解算法
{
    DLinkNode<T> * ta=A.dhead->prior;    //ta指向 A 的尾结点
    DLinkNode<T> * tb=B.dhead->prior;    //tb指向 B 的尾结点
    ta->next=B.dhead->next;              //首尾相连
    B.dhead->next->prior=ta;
    tb->next=A.dhead;
    A.dhead->prior=tb;
    B.dhead->next=B.dhead;               //置 B 为空表
    B.dhead->prior=B.dhead;
}
```

本算法的时间复杂度为 $O(1)$。

【例 2.18】 有一个带头结点的循环双链表 L,其结点 data 成员值为整数,设计一个算法判断其所有元素是否对称。如果从前向后读和从后向前读得到的数据序列相同,则表示是对称的,否则表示不是对称的。

解:用 flag 表示循环双链表 L 是否对称(初始时为 true),用 p 从左向右遍历 L,用 q 从右向左遍历 L,然后在 flag 为真时循环,即若 p、q 所指结点值不相等,置 flag 为 false,退出循环并且返回 flag;否则继续比较,直到 p==q(数据结点个数为奇数的情况,如图 2.34(a)

视频讲解

所示)或者 p==q->prior(数据结点个数为偶数的情况,如图 2.34(b)所示)为止,此时会返回 true。

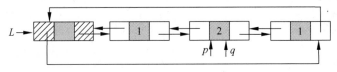

(a) 结点个数为奇数,结束条件为p==q

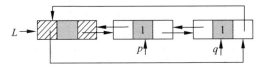

(b) 结点个数为偶数,结束条件为p==q->prior或者p->next==q

图 2.34 判断循环双链表是否对称

对应的算法如下:

```
template <typename T>
bool Symm(CDLinkList<T> & L)              //求解算法
{
    bool flag=true;                        //flag 表示 L 是否对称,初始时为真
    DLinkNode<T> * p=L.dhead->next;        //p 指向首结点
    DLinkNode<T> * q=L.dhead->prior;       //q 指向尾结点
    while (flag)
    {
        if (p->data!=q->data)              //对应结点值不相同,置 flag 为假
            flag=false;
        else
        {
            if (p==q || p==q->prior)       //满足结束条件退出循环
                break;
            q=q->prior;                    //q 前移一个结点
            p=p->next;                     //p 后移一个结点
        }
    }
    return flag;
}
```

该算法利用循环双链表 L 的特点,即通过头结点可以直接找到尾结点,然后进行结点值的比较来判断 L 的对称性。如果改为非循环双链表,需要通过遍历找到尾结点,显然不如循环双链表的性能好。

2.4 顺序表和链表的比较

前面介绍了线性表的两种存储结构——顺序表和链表,它们各有所长。在实际应用中究竟选择哪种存储结构呢?这需要根据具体问题的要求和性质来决定,通常考虑空间和时间两方面。

1. 基于空间的考虑

对于一种存储结构,通常用一个结点存储一个逻辑元素,其中数据量占用的存储量与整个结点的存储量之比称为存储密度,即:

$$存储密度 = \frac{结点中数据本身占用的存储量}{整个结点占用的存储量}$$

一般地,存储密度越大,存储空间的利用率越高。显然,顺序表的存储密度为 1,而链表的存储密度小于 1。例如,若单链表的结点值为整数,指针域所占的空间和整数相同,则单链表的存储密度为 50%。仅从存储密度看,顺序表的存储空间利用率高。

另外,顺序表需要预先分配空间,所有数据占用一整片地址连续的内存空间,如果分配的空间过小,易出现上溢出,需要扩展空间,导致大量元素移动而降低效率;如果分配的空间过大,会导致空间空闲而浪费。链表的存储空间是动态分配的,只要内存有空闲,就不会出现上溢出。

所以,在线性表的长度变化不大,易于事先确定的情况下,为了节省存储空间,宜采用顺序表作为存储结构;当线性表的长度变化较大,难以估计其存储大小时,为了节省存储空间,宜采用链表作为存储结构。

2. 基于时间的考虑

顺序表具有随机存取特性,给定序号查找对应的元素值的时间为 $O(1)$;而链表不具有随机存取特性,只能顺序访问,给定序号查找对应的元素值的时间为 $O(n)$。

在顺序表中进行插入和删除操作时,通常需要平均移动半个表的元素;而在链表中进行插入和删除操作时,仅需要修改相关结点的指针域,不必移动结点。

所以,若线性表的运算主要是查找特别是按序号查找,很少做插入和删除操作,则宜采用顺序表作为存储结构;若频繁地做插入和删除操作,则宜采用链表作为存储结构。

另外,当数据量较大时,由于顺序表的元素存储在一片连续的空间中,根据程序局部性原理,可以将相关数据提前加载到缓存中来提升程序的性能。由于链表的每个结点在内存中随机分布,只是通过指针联系在一起,所以这些结点的地址并不相邻,自然无法利用程序局部性原理来提升程序的性能。

2.5 线性表的应用——两个多项式相加

本节通过求解两个多项式相加的示例介绍线性表的应用。

2.5.1 问题描述

假设一个多项式形式为 $p(x) = c_1 x^{e_1} + c_2 x^{e_2} + \cdots + c_m x^{e_m}$,其中 $e_i (1 \leqslant i \leqslant m)$ 为整数类型的指数,并且没有相同指数的多项式项,$c_i (1 \leqslant i \leqslant m)$ 为实数类型的系数。编写求两个多项式相加的程序,两个多项式的数据分别存放在 abc1.in 和 abc2.in 文本文件中,要求相加的结果多项式的数据存放在 abc.out 文本文件中。

例如,如图 2.35 所示的 3 个文件的数据,其中 abc1.in 文件数据对应的多项式为 $p(x) = 2x^3 + 3.2x^5 - 6x + 10$,abc2.in 文件数据对应的多项式为 $q(x) = 6x + 1.8x^5 - 2x^3 + x^2 -$

$2.5x^4-5$,abc.out 文件数据包含相加过程和结果多项式 $r(x)=p(x)+q(x)=5x^5-2.5x^4+x^2+5$。

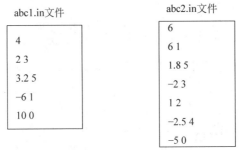

abc.out文件

第1个多项式: [2.0, 3], [3.2, 5], [-6.0, 1], [10.0, 0]
排序后结果: [3.2,5], [2.0, 3], [-6.0, 1], [10.0, 0]
第2个多项式: [6.0, 1], [1.8, 5], [-2.0, 3], [1.0, 2], [-2.5, 4], [-5.0, 0]
排序后结果: [1.8, 5], [-2.5, 4], [-2.0, 3], [1.0, 2], [6.0, 1], [-5.0, 0]
相加多项式: [5.0, 5], [-2.5, 4], [1.0, 2], [5.0, 0]

图 2.35 3个文件的数据

一个多项式由若干个多项式项 $c_i x^{e_i}$ ($1 \leqslant i \leqslant m$) 组成,这些多项式项之间构成一种线性关系,所以一个多项式可以看成由多个多项式项组成的线性表。在本求解问题中多项式是最基本的数据结构,假设多项式项的数据类型为 PolyElem,定义多项式抽象数据类型 PolyClass 如下:

```
ADT PolyClass                          //多项式抽象数据类型
{
    数据对象:
        PolyElem={$(c_i, e_i)$ | $1 \leqslant i \leqslant n, c_i \in$ double, $e_i \in$ int};
    数据关系:
        $r=\{<x_i, y_i> | x_i, y_i \in$ PolyElem, $i=1, \cdots, n-1\}$
    基本运算:
        初始化和销毁: 分别用于建立空存储结构和释放其空间。
        CreateList(fname): 从 fname 文件中读取数据建立多项式存储结构。
        Sort(): 对多项式按指数递减排序。
        DispPoly(): 输出多项式的存储结构。
}
```

在此基础上设计 PolyAdd(PolyClass& A, PolyClass& B, PolyClass& C) 函数,由多项式 A 和多项式 B 相加得到多项式 C。

2.5.2 问题求解

在求解时首先设计多项式的存储结构,再设计相关的基本运算算法。由于一个多项式是由若干个多项式项组成的线性表,可以采用顺序存储结构或者链式存储结构,下面讨论采用链式存储结构实现的过程(采用顺序表存储结构实现的原理与之类似)。

❑ 设计链式存储结构

一个多项式用一个带头结点的单链表存储,每个结点存储一个多项式项$[c_i,e_i]$(其中 c_i 为系数, e_i 为指数),多项式结点类型 PolyNode 的声明如下:

```
struct PolyNode                          //多项式单链表结点类型
{
    double coef;                         //系数
    int exp;                             //指数
    PolyNode * next;                     //指向下一个结点的指针
    PolyNode():next(NULL) {}             //构造函数
    PolyNode(double c,int e)             //重载构造函数
    {
        coef=c;
        exp=e;
        next=NULL;
    }
};
```

设计多项式单链表类为 PolyList,初始化和销毁分别通过构造函数和析构函数来实现,它们的设计思路与 2.3.2 节中的完全相同。PolyList 类的定义如下:

```
class PolyList                           //多项式单链表类
{
public:
    PolyNode * head;                     //多项式单链表的头结点指针
    PolyList()                           //构造函数
    {
        head=new PolyNode();             //建立头结点
    }
    ~PolyList()                          //析构函数
    {
        PolyNode * pre=head, * p=pre->next;
        while (p!=NULL)
        {
            delete pre;
            pre=p; p=p->next;            //pre、p指针同步后移
        }
        delete pre;
    }
    void CreateList(char * fname);       //读文件采用尾插法建立多项式单链表
    void Sort();                         //对多项式单链表按 exp 域递减排序
    void DispPoly();                     //输出多项式单链表
};
```

例如,多项式 $p(x)=2x^3+3.2x^5-6x+10$ 对应的单链表如图 2.36 所示。

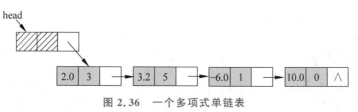

图 2.36　一个多项式单链表

❑ 设计 PolyList 类的基本运算算法

1）创建多项式单链表：CreateList()

该运算用于打开指定的文本文件读取数据创建对应的多项式单链表，基本思路是采用尾插法建表。对应的算法如下：

```cpp
void CreateList(char * fname)           //读文件采用尾插法建立多项式单链表
{
    freopen(fname,"r",stdin);           //输入重定向到 fname 文件
    PolyNode * s,* r;
    double c;
    int n,e;
    scanf("%d",&n);
    r=head;                             //r 始终指向尾结点,开始时指向头结点
    for (int i=0;i<n;i++)
    {
        scanf("%lf%d",&c,&e);
        s=new PolyNode(c,e);            //创建新结点 s
        r->next=s;                      //将结点 s 插入结点 r 的后面
        r=s;
    }
    r->next=NULL;                       //将尾结点的 next 域置为 NULL
}
```

2）多项式单链表排序：Sort()

该运算将一个非空多项式单链表按 exp 域递减排序，其思路是当单链表的长度大于 1 时先构造仅含首结点的有序子表，用 p 遍历其他的数据结点，从头开始在有序子表中找到有序插入结点 p 的位置的前驱结点 pre（即 pre->next->data 刚好不大于 p->data），再将结点 p 插入结点 pre 的后面，如图 2.37 所示。

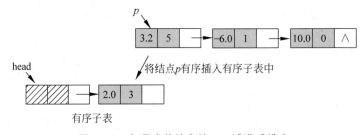

图 2.37 多项式单链表按 exp 域递减排序

对应的算法如下：

```cpp
void Sort()                             //对多项式单链表按 exp 域递减排序
{
    PolyNode * p,* pre,* q;
    q=head->next;                       //q 指向开始结点
    if (q==NULL) return;                //原单链表空时返回
    p=head->next->next;                 //p 指向结点 q 的后继结点
    if (p==NULL) return;                //原单链表只有一个数据结点时返回
    q->next=NULL;                       //构造只含一个数据结点的有序单链表
```

```
    while (p!=NULL)
    {
        q=p->next;                    //q 用于临时保存结点 p 的后继结点
        pre=head;                     //从有序表的开头比较
        while (pre->next!=NULL && pre->next->exp>p->exp)
            pre=pre->next;            //在有序表中查找插入结点 p 的前驱结点 pre
        p->next=pre->next;            //在结点 pre 的后面插入结点 p
        pre->next=p;
        p=q;                          //继续处理原单链表余下的结点
    }
}
```

3) 输出多项式单链表：DispPoly( )

该运算输出一个多项式单链表中的所有结点值。对应的算法如下：

```
void DispPoly( )                      //输出多项式单链表
{
    bool first=true;                  //first 为 true 表示是第一项
    PolyNode * p=head->next;          //p 指向开始结点
    while (p!=NULL)
    {
        if (first)
        {
            printf("[%.1lf,%d]",p->coef,p->exp);
            first=false;
        }
        else
            printf(",[%.1lf,%d]",p->coef,p->exp);
        p=p->next;
    }
    printf("\n");
}
```

□ 设计两个多项式单链表进行相加运算的算法 PolyAdd

该运算实现两个有序多项式单链表 A 和 B 的相加运算，相加的结果多项式单链表存放在 C 中。所谓有序多项式是指按指数递减排序，并且所有多项式项的指数不重复。

PolyAdd 算法采用二路归并方法，用 pa、pb 分别遍历 A 和 B 的结点，先建立一个空多项式单链表 C，在 pa、pb 都没有遍历完时循环：

① 若 pa 结点的指数较大，则复制 pa 结点并添加到 C 的末尾，同时 pa 后移一个结点。
② 若 pb 结点的指数较大，则复制 pb 结点并添加到 C 的末尾，同时 pb 后移一个结点。
③ 若 pa 和 pb 结点的指数相同，则求出它们的系数和 c (c=pa->coef+pb->coef)。如果 $c \neq 0$，则由 c 和 pa->exp 新建一个结点并添加到 C 的末尾，否则不新建结点，pa、pb 均后移一个结点。

在上述循环过程结束后，若有一个多项式单链表没有遍历完，说明余下的多项式项都是指数较小的多项式项，将它们均复制并添加到 C 的末尾。对应的算法如下：

```
void PolyAdd(PolyList& A,PolyList& B,PolyList& C)    //A+B->C
{
```

```cpp
    PolyNode * pa=A.head->next;            //pa 指向 A 的开始结点
    PolyNode * pb=B.head->next;            //pb 指向 B 的开始结点
    PolyNode * s, * r;
    double c;
    r=C.head;                              //r 指向尾结点
    while (pa!=NULL && pb!=NULL)
    {
        if (pa->exp>pb->exp)               //归并指数较大的结点 pa
        {
            s=new PolyNode(pa->coef,pa->exp);  //复制产生结点 s
            r->next=s; r=s;                //将结点 s 链接到 C 的末尾
            pa=pa->next;
        }
        else if (pa->exp<pb->exp)          //归并指数较大的结点 pb
        {
            s=new PolyNode(pb->coef,pb->exp);  //复制产生结点 s
            r->next=s; r=s;                //将结点 s 链接到 C 的末尾
            pb=pb->next;
        }
        else                               //两结点指数相等的情况
        {
            c=pa->coef+pb->coef;           //求两指数相等结点的系数和 c
            if (c!=0)                      //系数和不为 0 的情况
            {
                s=new PolyNode(c,pa->exp); //新建结点 s
                r->next=s; r=s;            //将结点 s 链接到 C 的末尾
            }
            pa=pa->next;
            pb=pb->next;
        }
    }
    if (pb!=NULL) pa=pb;                   //复制余下的结点
    while (pa!=NULL)
    {
        s=new PolyNode(pa->coef,pa->exp);  //复制产生结点 s
        r->next=s; r=s;                    //将结点 s 链接到 C 的末尾
        pa=pa->next;
    }
    r->next=NULL;                          //将尾结点的 next 域置为 NULL
}
```

❑ 设计主程序

重定向输出到文件 abc.out,先调用 CreateList() 读取 abc1.in 文件的数据创建多项式单链表 A,调用 A.Sort() 实现排序;再读取 abc2.in 文件的数据创建多项式单链表 B,调用 B.Sort() 实现排序;最后调用 PolyAdd(A,B,C)函数实现 A 和 B 的相加运算得到 C,并且输出每个步骤的结果。对应的主程序如下:

```cpp
int main()
{
```

```
    freopen("abc.out","w",stdout);              //重定向输出到 abc.out 文件
    PolyList A,B,C;                              //建立 3 个多项式单链表对象
    A.CreateList("abc1.in");
    cout << "第 1 个多项式: "; A.DispPoly();
    A.Sort();
    cout << "排序后结果:   "; A.DispPoly();
    B.CreateList("abc2.in");
    cout << "第 2 个多项式: "; B.DispPoly();
    B.Sort();
    cout << "排序后结果:   "; B.DispPoly();
    PolyAdd(A,B,C);
    cout << "相加多项式:   "; C.DispPoly();
    return 0;
}
```

2.6 STL 中的线性表

STL 中有一类容器称为顺序容器，顺序容器按照线性次序的位置存储数据，即第 0 个元素、第 1 个元素，以此类推。简单地说，可以采用这些容器存放线性表。STL 中的顺序容器有 vector、string、deque 和 list，这里主要介绍 vector 和 list。

2.6.1 vector 向量容器

视频讲解

1. vector 向量容器概述

vector 向量容器是一个可变长的动态数组，根据下标（索引）随机访问某个元素的时间是常数，在尾部添加一个元素的时间大多数情况下也是常数，总体来说速度很快。当在中间插入或删除元素时，因为要移动多个元素，所以速度较慢，平均花费的时间和容器中的元素个数成正比。

如图 2.38 所示为 vector 容器 v 的一般存储方式，其动态分配的存储空间一般都大于存放元素所需的空间。例如，哪怕容器中只有一个元素，也会分配 32 个元素的存储空间。这样做的好处是在尾部添加一个新元素时不必重新分配空间，直接将新元素写入适当位置即可。在这种情况下，添加新元素的时间也是常数。但是，如果不断添加新元素，多出来的空间就会用完，此时再添加新元素就不得不重新分配内存空间，通常按两倍大小扩展空间，并且把原有内容复制过去后再添加新的元素。碰到这种情况，添加新元素所花的时间就不是常数，而是和数组中的元素个数成正比。至于在中间插入或删除元素，必然涉及元素的移动，因此时间不是固定的，而是和元素的个数有关。

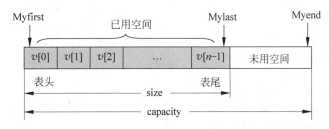

图 2.38　vector 容器 v 的存储方式

定义 vector 容器的几种方式如下：

```
vector<int> v1;                    //定义元素为 int 的向量 v1
vector<int> v2(10);                //指定向量 v2 的初始大小为 10 个 int 元素
vector<double> v3(10,1.23);        //指定 v3 的 10 个初始元素的初值为 1.23
vector<int> v4(a,a+5);             //用数组 a[0..4]共 5 个元素初始化 v4
```

vector 提供了一系列的成员函数，主要成员函数及其说明如表 2.1 所示。

表 2.1 vector 的主要成员函数及其说明

成员函数	说明
empty()	判断当前向量容器是否为空
size()	返回当前向量容器中的实际元素个数
[]	返回指定下标的元素
reserve(n)	为当前向量容器预分配 n 个元素的存储空间
capacity()	返回当前向量容器在重新进行内存分配以前所能容纳的元素个数
resize(n)	调整当前向量容器的大小，使其能容纳 n 个元素
front()	获取当前向量容器的第一个元素
back()	获取当前向量容器的最后一个元素
push_back(e)	在当前向量容器的尾部添加一个元素 e
insert(p,e)	在 p 位置插入元素 e，即将元素 e 插入迭代器 p 指定元素的前面
pop_back()	删除向量中的最后一个元素
erase()	删除当前向量容器中某个迭代器或者迭代器区间指定的元素
clear()	删除当前向量容器中的所有元素
begin()	返回容器中第一个元素的迭代器
end()	返回容器中尾元素后面一个位置的迭代器
rbegin()	返回容器中尾元素的反向迭代器
rend()	返回容器中首元素前面一个位置的反向迭代器

例如，以下程序说明 vector 容器的应用：

```cpp
#include <iostream>
#include <vector>
using namespace std;
int main()
{
    vector<int> myv;                        //定义 vector 容器 myv
    vector<int>::iterator it;               //定义 myv 的正向迭代器 it
    myv.push_back(1);                       //在 myv 末尾添加元素 1
    it=myv.begin();                         //it 迭代器指向开头元素 1
    myv.insert(it,2);                       //在 it 指向的元素的前面插入元素 2
    myv.push_back(3);                       //在 myv 末尾添加元素 3
    myv.push_back(4);                       //在 myv 末尾添加元素 4
    it=myv.end();                           //it 迭代器指向尾元素 4 的后面
    it--;                                   //it 迭代器指向尾元素 4
    myv.erase(it);                          //删除元素 4
    for (it=myv.begin();it!=myv.end();++it)
        printf("%d ", *it);
```

```
        printf("\n");
        return 0;
}
```

上述程序的输出如下：

```
2 1 3
```

2. vector 向量的排序

STL 的算法库中提供了丰富的函数，许多函数可以用于 vector 向量完成复杂的功能，例如 STL 的排序算法 sort()（用于数组、vector 向量等具有随机存取特性的容器）。有关排序算法的原理将在第 10 章介绍，这里仅讨论 sort()算法的应用。

1) 内置数据类型的排序

对于内置数据类型的数据，sort()默认是以 less<T>（小于比较函数）作为比较函数实现递增排序，为了实现递减排序，需要调用 greater<T>函数。

例如，以下程序使用 greater<int>() 实现 vector<int>容器元素的递减排序（其中 sort(myv.begin(),myv.end(),less<int>())语句等同于 sort(myv.begin(),myv.end())，实现默认的递增排序）：

```cpp
#include <iostream>
#include <algorithm>
#include <vector>
using namespace std;
void Disp(vector<int> & myv)                    //输出 vector 的元素
{
    vector<int>::iterator it;
    for(it = myv.begin();it!=myv.end();it++)
        cout << * it << " ";
    cout << endl;
}
int main()
{
    int a[]={2,1,5,4,3};
    int n=sizeof(a)/sizeof(a[0]);
    vector<int> myv(a,a+n);
    cout << "初始 myv:   "; Disp(myv);              //输出：2 1 5 4 3
    sort(myv.begin(),myv.end(),less<int>());
    cout << "递增排序: "; Disp(myv);                //输出：1 2 3 4 5
    sort(myv.begin(),myv.end(),greater<int>());
    cout << "递减排序: "; Disp(myv);                //输出：5 4 3 2 1
    return 0;
}
```

2) 自定义数据类型的排序

对于自定义数据类型（如类或者结构体），在排序时需要比较两个元素的大小，即设置元素的比较方式，在元素的比较方式中指出按哪些成员排序，是递增还是递减。

同样默认的比较函数是 less<T>(即小于比较函数),但需要重载该函数,另外还可以重载函数调用运算符(),通过这些重载函数来设置元素的比较方式。

归纳起来,在实现排序时主要有以下两种方式。

方式 1:在定义类或者结构体类型中重载<运算符,以实现按指定成员的递增或者递减排序。例如 sort(myv.begin(),myv.end())调用默认<运算符对 myv 容器中的所有元素实现排序。

方式 2:在单独定义的类或者结构体中重载函数调用运算符()(operator ()),以实现按指定成员的递增或者递减排序。例如 sort(myv.begin(),myv.end(),Cmp())调用 Cmp 结构体中的()运算符对 myv 容器中的所有元素实现排序。

例如,以下程序采用上述两种方式分别实现 vector<Stud>容器 myv 中的数据按 no 成员递减排序和按 name 成员递增排序:

```cpp
#include <iostream>
#include <algorithm>
#include <vector>
#include <string>
using namespace std;
struct Stud                              //Stud 结构体类型
{
    int no;
    string name;
    Stud(int no1,string name1)           //构造函数
    {
        no=no1;
        name=name1;
    }
    bool operator<(const Stud& s) const  //方式1:重载<运算符
    {
        return no>s.no;                  //用于按 no 递减排序,将>改为<则按 no 递增排序
    }
};
struct Cmp                               //方式2:重载函数调用运算符()
{
    bool operator()(const Stud& s,const Stud& t) const
    {
        return s.name<t.name;            //用于按 name 递增排序,将<改为>则按 name 递减排序
    }
};
void Disp(vector<Stud> & myv)            //输出 vector 的元素
{
    vector<Stud>::iterator it;
    for(it = myv.begin();it!=myv.end();it++)
        cout << it->no << "," << it->name << "\t";
    cout << endl;
}
int main()
{
```

```
Stud a[]={Stud(2,"Mary"),Stud(1,"John"),Stud(5,"Smith")};
int n=sizeof(a)/sizeof(a[0]);
vector<Stud> myv(a,a+n);
cout<<"初始 myv:         ";Disp(myv);         //输出:2,Mary   1,John   5,Smith
sort(myv.begin(),myv.end());                   //默认使用<运算符排序
cout<<"按 no 递减排序:   ";Disp(myv);         //输出:5,Smith  2,Mary   1,John
sort(myv.begin(),myv.end(),Cmp());             //使用 Cmp 中的()运算符进行排序
cout<<"按 name 递增排序:";Disp(myv);          //输出:1,John   2,Mary   5,Smith
return 0;
}
```

━━━━━━━━━━━━━━【实战 2.3】 POJ2389——大整数乘法运算 ━━━━━━━━━━━━━━

时间限制:1000ms;内存限制:65 536KB。

问题描述:给定两个至少 40 位但不超过 200 位的正整数,求它们的乘积。

输入格式:输入两行,每行一个大正整数。

输出格式:输出一行数字表示乘积,不包含前导的零。

视频讲解

2.6.2 list 链表容器

list 链表容器是一个循环双链表,其一般存储方式如图 2.39 所示,可以从任何地方快速插入与删除。它的每个结点之间通过指针链接,不能随机访问元素,为了访问表容器中特定的元素,必须从表头开始顺序遍历直到找到匹配的结点。list 容器中的插入比 vector 快,由于对每个结点单独分配空间,所以不存在空间不够而需要重新分配的情况。

视频讲解

定义 list 容器的几种方式如下:

```
list<int> l1;                      //定义元素为 int 的链表 l1
list<int> l2(10);                  //指定链表 l2 的初始大小为 10 个 int 元素
list<double> l3(10,1.23);          //指定 l3 的 10 个初始元素的初值为 1.23
list<int> l4(a,a+5);               //用数组 a[0..4]共 5 个元素初始化 l4
```

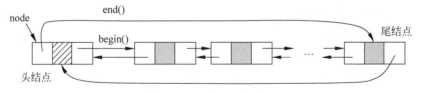

图 2.39 list 容器的存储方式

list 提供了一系列的成员函数,主要成员函数及其说明如表 2.2 所示。

表 2.2 list 的主要成员函数及其说明

成 员 函 数	说 明
empty()	判断链表容器是否为空
size()	返回链表容器中实际元素的个数
back()	返回链表容器中的尾元素
front()	返回链表容器中的头元素

续表

成员函数	说明
push_back()	在链表的尾部插入元素
pop_back()	删除链表容器的尾元素
push_front()	在链表的头部插入元素
pop_front()	删除链表容器的头元素
remove()	删除链表容器中所有指定值的元素
remove_if(cmp)	删除链表容器中满足条件 cmp 的元素
erase()	从链表容器中删除一个或几个元素
unique()	删除链表容器中相邻的重复元素
clear()	删除链表容器中所有的元素
insert(pos,e)	在 pos 位置插入元素 e，即将 e 插入迭代器 pos 指定元素的前面
insert(pos,n,e)	在 pos 位置插入 n 个元素 e
insert(pos,pos1,pos2)	在迭代器 pos 处插入[pos1,pos2)的元素
reverse()	反转链表
sort()	对链表容器中的元素排序
begin()	返回容器中第一个元素的迭代器
end()	返回容器中尾元素后面一个位置的迭代器
rbegin()	返回容器中尾元素的反向迭代器
rend()	返回容器中首元素前面一个位置的反向迭代器

例如有以下程序：

```
#include <iostream>
#include <list>
using namespace std;
void disp(list<int> & lst)                    //输出 lst 的所有元素
{
    list<int>::iterator it;
    for (it=lst.begin();it!=lst.end();it++)
        printf("%d ", * it);
    printf("\n");
}
int main()
{
    list<int> lst;                            //定义 list 容器 lst
    list<int>::iterator it,start,end;
    lst.push_back(5);                         //添加 5 个整数 5、2、4、1、3
    lst.push_back(2);
    lst.push_back(4);
    lst.push_back(1);
    lst.push_back(3);
    printf("初始 lst: "); disp(lst);
    it=lst.begin();                           //it 指向首元素 5
```

```
        start=++lst.begin();              //start 指向第 2 个元素 2
        end=--lst.end();                  //end 指向尾元素 3
        lst.insert(it,start,end);
        printf("执行 lst.insert(it,start,end)\n");
        printf("插入后 lst: "); disp(lst);
        return 0;
    }
```

在上述程序中建立了一个整数链表 lst,向其中添加 5 个元素,it 指向首元素 5,start 指向元素 2,end 指向元素 3,在执行 lst.insert(it,start,end)语句时将(2,4,1)插入最前端。程序的执行结果如下:

初始 lst: 5 2 4 1 3
执行 lst.insert(it,start,end)
插入后 lst: 2 4 1 5 2 4 1 3

说明:STL 提供的 sort()通用排序算法主要用于支持随机访问的容器,而 list 容器不支持随机访问,为此 list 容器提供了 sort()成员函数用于元素的排序,其使用方式与 STL sort()算法相同。类似的还有 unique()、reverse()、merge()等 STL 算法。

【实战 2.4】 POJ1208——箱子操作

时间限制:1000ms;内存限制:10 000KB。

问题描述:给定一个整数 n,有编号为 $0 \sim n-1$ 的箱子和位置,初始时箱子放在相同编号的位置上,如图 2.40 所示。现在执行一系列操作(其中 a 和 b 表示箱子):

图 2.40 n 个箱子的初始状态

① move a onto b:将 a、b 上面的箱子放回初始位置,并将 a 放到 b 上。

② move a over b:将 a 上面的箱子放回初始位置,并将 a 放到 b 的最上方。

③ pile a onto b:将 b 上面的箱子放回初始位置,并将 a 和 a 上的箱子一起放到 b 上。

④ pile a over b:将 a 和 a 上的箱子一起放到 b 的最上方。

假设所有的操作都是有效的,要求输出最后每个位置的箱子。

输入格式:输入的第一行为整数 n,表示箱子数,可以假设 $0<n<25$,后面是一系列的箱子操作命令,每行是一个命令,编写的程序应处理所有命令,直到遇到 quit 命令为止,可以假定所有命令的格式正确,没有语法错误。

输出格式:输出包含最终的状态,编号为 i 的位置($0 \leqslant i<n$)后跟一个冒号,如果该位置至少有一个箱子,则冒号后面必须有一个空格,然后是一系列箱子列表,每个箱子与其他箱子之间用空格隔开,不要在行尾放置任何空格。

说明:在实际中,除非问题本身是专门针对某个数据结构的实现,否则尽可能采用 STL 容器(例如 vector 和 list 等)求解问题,这样不仅可以提高效率,而且可以在更高层面上考虑问题的求解。

2.7 练习题

2.7.1 问答题

1. 在定义一种数据结构时通常指出它的基本运算,什么叫基本运算?
2. 顺序表通常采用C++中的数组实现,那么顺序表和数组有什么区别呢?
3. C++提供了STL,为什么还需要学习数据结构呢?
4. 简述顺序表和链表存储方式的主要优缺点。
5. 一个长度为 n 的线性表,在采用顺序表或者单链表存储时,查找第一个值为 x 的元素的时间复杂度都是 $O(n)$。有人据此得到如下结论:

(1) 线性表采用顺序表存储时具有随机存取特性,所以线性表也具有随机存取特性。

(2) 顺序表具有随机存取特性,而单链表查找第一个值为 x 的元素的时间复杂度与之相同,所以单链表也具有随机存取特性。

请问这两个结论正确吗? 说明理由。

6. 一般来说设计算法时总是将输入参数设计为引用参数,但有人列举了一个这样的反例:删除一个带头结点 h 的单链表中第一个值为 x 的结点,设计算法首部为 void delx(LinkNode * h,T x),这里单链表 h 既是输入又是输出,但将其设计为非引用参数也是正确的。由此得出输出参数不必作为引用参数的观点,你认为正确吗?
7. 对单链表设置一个头结点的作用是什么?
8. 假设均带头结点 h,给出单链表、双链表、循环单链表和循环双链表中 p 所指结点为尾结点的条件。
9. 在单链表、双链表和循环单链表中,若仅知道指针 p 指向某结点,不知道头结点,能否将 p 结点从相应的链表中删除? 若可以,其时间复杂度各为多少?
10. 为什么在循环单链表中设置尾指针比设置头指针更好?
11. 假设结点 p 是某个双链表的中间结点(非首结点和尾结点),请给出实现以下功能的语句:

(1) 在结点 p 的后面插入结点 s。

(2) 在结点 p 的前面插入结点 s。

(3) 删除结点 p 的前驱结点。

(4) 删除结点 p 的后继结点。

(5) 删除结点 p。

12. 带头结点的双链表和循环双链表相比有什么不同? 在何时使用循环双链表?
13. 设计一个算法,以不多于 $3n/2$ 的平均比较次数在一个有 n 个整数的顺序表 A 中找出最大值整数 max 和最小值整数 min,并且分析该算法在最好和最坏情况下的比较次数。
14. 已知一个带头结点的单链表(头结点为 head)存放 n 个元素,其中结点类型为(data,next),p 指向其中某个结点。请设计一个平均时间复杂度为 $O(1)$ 的算法删除 p 结点,并且说明该算法的平均时间复杂度为 $O(1)$。

2.7.2 算法设计题

1. 有一个递增有序的整数顺序表 L，设计一个算法将整数 x 插入适当位置，以保持该表的有序性，并给出算法的时间和空间复杂度。例如，$L=(1,3,5,7)$，插入 $x=6$ 后 $L=(1,3,5,6,7)$。

2. 有一个整数顺序表 L，设计一个尽可能高效的算法删除其中所有值为负整数的元素（假设 L 中值为负整数的元素可能有多个），删除后元素的相对次序不改变，并给出算法的时间和空间复杂度。例如，$L=(1,2,-1,-2,3,-3)$，删除后 $L=(1,2,3)$。

3. 有一个整数顺序表 L，设计一个尽可能高效的算法将所有负整数的元素移到其他元素的前面，并给出算法的时间和空间复杂度。例如，$L=(1,2,-1,-2,3,-3,4)$，移动后 $L=(-1,-2,-3,1,2,3,4)$。

4. 有两个集合采用整数顺序表 A、B 存储，设计一个算法求两个集合的并集 C，C 仍然用顺序表存储，并给出算法的时间和空间复杂度。例如 $A=(1,3,2)$，$B=(5,1,4,2)$，并集 $C=(1,3,2,5,4)$。

说明：这里的集合均指数学意义上的集合，在同一个集合中不存在值相同的元素。

5. 有两个集合采用递增有序的整数顺序表 A、B 存储，设计一个在时间上尽可能高效的算法求两个集合的并集 C，C 仍然用顺序表存储，并给出算法的时间和空间复杂度。例如 $A=(1,3,5,7)$，$B=(1,2,4,5,7)$，并集 $C=(1,2,3,4,5,7)$。

6. 有两个集合采用整数顺序表 A、B 存储，设计一个算法求两个集合的差集 C，C 仍然用顺序表存储，并给出算法的时间和空间复杂度。例如 $A=(1,3,2)$，$B=(5,1,4,2)$，差集 $C=(3)$。

7. 有两个集合采用递增有序的整数顺序表 A、B 存储，设计一个在时间上尽可能高效的算法求两个集合的差集 C，C 仍然用顺序表存储，并给出算法的时间和空间复杂度。例如 $A=(1,3,5,7)$，$B=(1,2,4,5,9)$，差集 $C=(3,7)$。

8. 有两个集合采用整数顺序表 A、B 存储，设计一个算法求两个集合的交集 C，C 仍然用顺序表存储，并给出算法的时间和空间复杂度。例如 $A=(1,3,2)$，$B=(5,1,4,2)$，交集 $C=(1,2)$。

9. 有两个集合采用递增有序的整数顺序表 A、B 存储，设计一个在时间上尽可能高效的算法求两个集合的交集 C，C 仍然用顺序表存储，并给出算法的时间和空间复杂度。例如 $A=(1,3,5,7)$，$B=(1,2,4,5,7)$，交集 $C=(1,5,7)$。

10. 有两个非空递增整数顺序表 A 和 B，设计一个算法将所有整数合并到递减整数顺序表 C。

11. 有一个整数单链表 L，设计一个算法删除其中所有值为 x 的结点，并给出算法的时间和空间复杂度。例如 $L=(1,2,2,3,1)$，$x=2$，删除后 $L=(1,3,1)$。

12. 有一个整数单链表 L，设计一个尽可能高效的算法将所有负整数的元素移到其他元素的前面。例如，$L=(1,2,-1,-2,3,-3,4)$，移动后 $L=(-1,-2,-3,1,2,3,4)$。

13. 有两个集合采用整数单链表 A、B 存储，设计一个算法求两个集合的并集 C，C 仍然用单链表存储，并给出算法的时间和空间复杂度。例如 $A=(1,3,2)$，$B=(5,1,4,2)$，并集 $C=(1,3,2,5,4)$。

14. 有两个集合采用递增有序的整数单链表 A、B 存储,设计一个在时间上尽可能高效的算法求两个集合的并集 C,C 仍然用单链表存储,并给出算法的时间和空间复杂度。例如 $A=(1,3,5,7)$,$B=(1,2,4,5,7)$,并集 $C=(1,2,3,4,5,7)$。

15. 有两个集合采用整数单链表 A、B 存储,设计一个算法求两个集合的差集 C,C 仍然用单链表存储,并给出算法的时间和空间复杂度。例如 $A=(1,3,2)$,$B=(5,1,4,2)$,差集 $C=(3)$。

16. 有两个集合采用递增有序的整数单链表 A、B 存储,设计一个在时间上尽可能高效的算法求两个集合的差集 C,C 仍然用单链表存储,并给出算法的时间和空间复杂度。例如 $A=(1,3,5,7)$,$B=(1,2,4,5,9)$,差集 $C=(3,7)$。

17. 有两个集合采用整数单链表 A、B 存储,设计一个算法求两个集合的交集 C,C 仍然用单链表存储,并给出算法的时间和空间复杂度。例如 $A=(1,3,2)$,$B=(5,1,4,2)$,交集 $C=(1,2)$。

18. 有两个集合采用递增有序的整数单链表 A、B 存储,设计一个在时间上尽可能高效的算法求两个集合的交集 C,C 仍然用单链表存储,并给出算法的时间和空间复杂度。例如 $A=(1,3,5,7)$,$B=(1,2,4,5,7)$,交集 $C=(1,5,7)$。

19. 设 A 和 B 是两个单链表,表中的元素递增有序。设计一个算法将 A 和 B 归并成一个按结点值递减有序的单链表 C,要求不破坏原来的 A、B 单链表,请分析算法的时间和空间复杂度。

20. 有一个递增有序的整数双链表 L,其中至少有两个结点。设计一个算法就地删除 L 中所有值重复的结点,即多个值相同的结点仅保留一个。例如,$L=(1,2,2,2,3,5,5)$,删除后 $L=(1,2,3,5)$。

21. 有两个递增有序的整数双链表 A 和 B,分别含有 m 和 n 个整数元素,假设这 $m+n$ 个元素均不相同。设计一个算法求这 $m+n$ 个元素中第 $k(1 \leqslant k \leqslant m+n)$ 小的元素的值。例如,$A=(1,3)$,$B=(2,4,6,8,10)$,$k=2$ 时返回 2,$k=6$ 时返回 8。

22. 假设有一个长度大于 1 的带头结点的循环单链表 A,p 指针指向其中的某个数据结点,设计一个算法不使用头结点指针来删除结点 p。

23. 假设有一个长度大于 1 的带头结点的循环双链表 A,某个结点的 next 指针指向后继结点,但 prior 指针都是 NULL,设计一个算法修复所有结点的 prior 指针值。

2.8 上机实验题

2.8.1 基础实验题

1. 设计整数顺序表的基本运算程序,并用相关数据进行测试。
2. 设计整数单链表的基本运算程序,并用相关数据进行测试。
3. 设计整数双链表的基本运算程序,并用相关数据进行测试。
4. 设计整数循环单链表的基本运算程序,并用相关数据进行测试。
5. 设计整数循环双链表的基本运算程序,并用相关数据进行测试。

2.8.2 应用实验题

1. 编写一个实验程序实现以下功能:

(1) 从文本文件 xyz1.in 中读取两行整数(每行至少有一个整数,以换行符结束),每行的整数按递增排列,两个整数之间用一个空格分隔,全部整数的个数为 n。

(2) 求这 n 个整数中前 $k(1 \leqslant k \leqslant n)$ 个较小的整数。

2. 编写一个实验程序实现以下功能:

(1) 从文本文件 xyz2.in 中读取 3 行整数,每行的整数按递增排列,两个整数之间用一个空格分隔,全部整数的个数为 n。

(2) 将这 n 个整数归并到递增有序列表 L 中。

3. 编写一个实验程序实现以下功能:

(1) 从文本文件 xyz3.in 中读取 3 行整数(每行至少有一个整数,以换行符结束),每行的整数按递增排列,两个整数之间用一个空格分隔,全部整数的个数为 n,这 n 个整数均不相同。

(2) 求这 n 个整数中第 $k(1 \leqslant k \leqslant n)$ 小的整数。

4. 有一个学生成绩文本文件 xyz4.in,第一行为整数 n,接下来为 n 行学生基本信息,包括学号、姓名和班号,接下来为整数 m,然后为 m 行课程信息,包括课程编号和课程名,再接下来为整数 k,然后为 k 行学生成绩,包括学号、课程编号和分数。例如,$n=5$、$m=3$、$k=15$ 时的 exp1.txt 文件实例如下:

```
5
1 陈斌 101
3 王辉 102
5 李君 101
4 鲁明 101
2 张昂 102
3
2 数据结构
1 C 程序设计
3 计算机导论
15
1 1 82
4 1 78
5 1 85
2 1 90
3 1 62
1 2 77
4 2 86
5 2 84
2 2 88
3 2 80
1 3 60
```

```
4 3 79
5 3 88
2 3 86
3 3 90
```

编写一个程序按班号递增排序输出所有学生的成绩,相同班号按学号递增排序,同一个学生按课程编号递增排序,相邻的班号和学生信息不重复输出。例如,上述 exp1.txt 文件对应的输出如下:

输出结果
======班号:101===========
```
  1   陈斌    C 程序设计    82
              数据结构      77
              计算机导论    60
  4   鲁明    C 程序设计    78
              数据结构      86
              计算机导论    79
  5   李君    C 程序设计    85
              数据结构      84
              计算机导论    88

======班号:102===========
  2   张昂    C 程序设计    90
              数据结构      88
              计算机导论    86
  3   王辉    C 程序设计    62
              数据结构      80
              计算机导论    90
```

5. 编写一个实验程序实现以下功能:

(1) 输入一个正整数 $n(n>2)$,建立带头结点的整数双链表 L,$L=(1,2,\cdots,n)$,该双链表中的每个结点除了有 prior、data 和 next 域外,还有一个访问频度域 freq,初始时值均为 0。

(2) 可以多次按整数 x 查找,每次查找到 x 时令元素值为 x 的结点的 freq 域值加 1,并调整表中结点的次序,使其按访问频度的递减顺序排列,以便使频繁访问的结点总是靠近表头。

2.9 在线编程题

1. LeetCode1——两数之和
2. LeetCode143——重排链表
3. LeetCode75——颜色的分类
4. HDU2019——使数列有序
5. HDU1412——集合的并集运算

6. HDU1497——简单图书管理系统
7. HDU6215——暴力排序
8. HDU4699——编辑器
9. POJ3916——删除重复数
10. POJ3750——小孩报数问题
11. POJ 1002——电话号码问题
12. POJ1250——晒黑沙龙
13. POJ3784——求及时中位数

第 3 章 栈和队列

栈和队列是两种常用的数据结构,它们的数据元素的逻辑关系也是线性关系,但在运算上不同于线性表。

本章的学习要点如下:

(1) 栈、队列和线性表的异同,栈和队列抽象数据类型的描述方法。
(2) 顺序栈的基本运算算法设计方法。
(3) 链栈的基本运算算法设计方法。
(4) 顺序队的基本运算算法设计方法。
(5) 链队的基本运算算法设计方法。
(6) STL 中 stack(栈)、queue(队列)、deque(双端队列)和 priority_queue (优先队列)容器的应用。
(7) 单调栈和单调队列的基本应用。
(8) 综合运用栈和队列解决一些复杂的实际问题。

3.1 栈

本节先介绍栈的定义,然后讨论栈的存储结构和基本运算算法设计,最后通过两个综合实例说明栈的应用。

视频讲解

3.1.1 栈的定义

栈是一种只能在同一端进行插入或删除操作的线性表。在表中允许进行插入、删除操作的一端称为**栈顶**。栈顶的当前位置是动态的,可以用一个称为栈顶指针的位置指示器来指示。表的另一端称为**栈底**。当栈中没有数据元素时称为**空栈**。栈的插入操作通常称为**进栈**或**入栈**,栈的删除操作通常称为**退栈**或**出栈**。

说明:对于线性表,可以在中间和两端的任何地方插入和删除元素,而栈只能在同一端插入和删除元素。

栈的主要特点是"后进先出",即后进栈的元素先出栈。每次进栈的元素都放在原当前栈顶元素的前面成为新的栈顶元素,每次出栈的元素都是当前栈顶元素,栈顶元素出栈后次栈顶元素变成新的栈顶元素。栈也称为**后进先出表**。

抽象数据类型栈的定义如下:

ADT Stack
{
数据对象:
　　$D = \{a_i \mid 0 \leq i \leq n-1, n \geq 0\}$
数据关系:
　　$R = \{r\}$
　　$r = \{<a_i, a_{i+1}> \mid a_i, a_{i+1} \in D, i = 0, \cdots, n-2\}$
基本运算:
　　empty():判断栈是否为空,若栈为空则返回真,否则返回假。
　　push(T e):进栈操作,将元素 e 插入栈中作为栈顶元素。
　　pop(T& e):出栈操作,取栈顶元素并退出该元素。
　　gettop(T& e):取栈顶操作,取出当前的栈顶元素。
}

【例 3.1】 若元素的进栈顺序为 1234,能否得到 3142 的出栈序列?

解:为了让 3 作为第一个出栈元素,1、2、3 依次进栈,再出栈 3,接着要么 2 出栈,要么 4 进栈后出栈,第 2 次出栈的元素不可能是 1,所以得不到 3142 的出栈序列。

【例 3.2】 用 S 表示进栈操作,用 X 表示出栈操作,若元素的进栈顺序为 1234,为了得到 1342 的出栈顺序,给出相应的 S 和 X 操作串。

解:为了得到 1342 的出栈顺序,其操作过程是 1 进栈,1 出栈,2 进栈,3 进栈,3 出栈,4 进栈,4 出栈,2 出栈,因此相应的 S 和 X 操作串为 SXSSXSXX。

【例 3.3】 设 n 个元素的进栈序列是 $1,2,3,\cdots,n$,通过一个栈得到的出栈序列是 $p_1, p_2, p_3, \cdots, p_n$,若 $p_1 = n$,则 $p_i (2 \leq i \leq n)$ 的值是什么?

解:当 $p_1 = n$ 时,说明进栈序列的最后一个元素最先出栈,此时出栈序列只有一种,即 $n, n-1, \cdots, 2, 1$,或 $p_1 = n, p_2 = n-1, \cdots, p_{n-1} = 2, p_n = 1$,也就是说 $p_i + i = n + 1$,推出 $p_i = n - i + 1$。

3.1.2 栈的顺序存储结构及其基本运算算法的实现

由于栈中元素的逻辑关系与线性表中的相同,因此可以借鉴线性表的两种存储结构来存储栈。在采用顺序存储结构存储时,用一维数组 data 来存放栈中的元素,称为**顺序栈**。顺序栈存储结构如图 3.1 所示,由于栈顶是动态变化的,为此设置一个栈顶指针 top 以反映栈的状态,约定 top 总是指向栈顶元素。为了简单,这里的 data 数组采用固定容量(容量为 MaxSize)分配方式,并且置 data[0]端作为栈底,另一端为栈顶,其中的元素个数恰好为 top+1。

图 3.1 顺序栈的示意图

如图 3.2 所示为栈操作示意图,这里 MaxSize=5,图 3.2(a)表示一个空栈,图 3.2(b)表示元素 a 进栈以后的状态,图 3.2(c)表示数据元素 b、c、d 进栈以后的状态,图 3.2(d)表示出栈一个元素 d 以后的状态。

从中看到,初始时置 top=-1,对应的顺序栈的四要素如下。

① 栈空条件:top=-1。
② 栈满条件:top=MaxSize-1。
③ 元素 e 进栈操作:top++,data[top]=e。
④ 元素 e 出栈操作:e=data[top],top--。

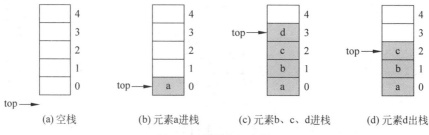

图 3.2 栈操作示意图

顺序栈类模板 SqStack 设计如下:

```
template <typename T>
class SqStack                    //顺序栈类模板
{
    T * data;                    //存放栈中的元素
    int top;                     //栈顶指针
    //栈的基本运算算法
};
```

顺序栈的基本运算算法如下:

1) 顺序栈的初始化和销毁

通过构造函数实现初始化,即创建一个空的顺序栈;通过析构函数实现销毁,即释放顺序栈占用的空间。对应的构造函数如下:

```
SqStack()                        //构造函数
{
    data=new T[MaxSize];         //为 data 分配容量为 MaxSize 的空间
    top=-1;                      //栈顶指针初始化
}
```

对应的析构函数如下:

```
~SqStack()                       //析构函数
{
    delete [] data;              //释放 data 指向的空间
}
```

2) 判断栈是否为空:empty()

若 top=-1 成立,则表示为空栈。对应的算法如下:

```
bool empty()                   //判断栈是否为空
{
    return top==-1;
}
```

3）进栈：push(T e)

元素进栈只能从栈顶进入，不能从栈底或中间位置进入。在进栈中，当栈满出现上溢出时返回 false，否则先递增 top，再将元素 e 放置在 top 位置上，并且返回 true。对应的算法如下：

```
bool push(T e)                 //进栈算法
{
    if (top==MaxSize-1)        //栈满时返回 false
        return false;
    top++;                     //栈顶指针增 1
    data[top]=e;               //将 e 进栈
    return true;
}
```

4）出栈：pop(T& e)

元素出栈只能从栈顶出，不能从栈底或中间位置出栈。在出栈中，当栈空出现下溢出时返回 false，否则取出 top 位置的元素 e，递减 top 并且返回 e。对应的算法如下：

```
bool pop(T& e)                 //出栈算法
{
    if (empty())               //栈为空的情况，即栈下溢出
        return false;
    e=data[top];               //取栈顶指针位置的元素
    top--;                     //栈顶指针减 1
    return true;
}
```

5）取栈顶元素：gettop(T& e)

在栈不为空的条件下返回栈顶元素 e，不移动栈顶指针 top。对应的算法如下：

```
bool gettop(T& e)              //取栈顶元素算法
{
    if (empty())               //栈为空的情况，即栈下溢出
        return false;
    e=data[top];               //取栈顶指针位置的元素
    return true;
}
```

从以上看出，栈的各种基本运算算法的时间复杂度均为 $O(1)$。

3.1.3 顺序栈的应用算法设计示例

【例 3.4】 设计一个算法，利用顺序栈判断用户输入的表达式中的括号是否配对（假设表达式中可能含有圆括号、中括号和大括号），并用相关数据进行测试。

解：因为各种括号的匹配过程遵循这样的原则，任何一个右括号与前面最靠近的未匹

视频讲解

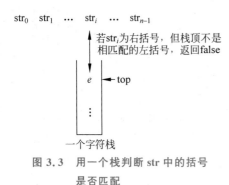

图 3.3 用一个栈判断 str 中的括号是否匹配

配的同类左括号进行匹配,所以采用一个栈来实现匹配过程。

用 str 字符串存放含有各种括号的表达式,建立一个字符顺序栈 st,用 i 遍历 str,当遇到各种类型的左括号时进栈,当遇到右括号时,若栈空或者栈顶元素不是匹配的左括号时返回 false(中途就可以确定括号不匹配),如图 3.3 所示,否则退栈一次继续判断。当 str 遍历完毕,栈 st 为空返回 true,否则返回 false。

对应的完整程序如下:

```cpp
#include "SqStack.cpp"                    //包含顺序栈类模板的定义
bool isMatch(string str)                  //判断表达式中的各种括号是否匹配的算法
{
    SqStack<char> st;                     //建立一个顺序栈
    int i=0;
    char e;
    while (i<str.length())
    {
        if (str[i]=='(' || str[i]=='[' || str[i]=='{')
            st.push(str[i]);              //遇到左括号均进栈
        else
        {
            if (str[i]==')')              //遇到')'
            {
                if (st.empty()) return false;   //栈空时返回 false
                st.pop(e);                //出栈元素 e
                if (e!='(') return false; //栈顶不是匹配的'(',返回 false
            }
            if (str[i]==']')              //遇到']'
            {
                if (st.empty()) return false;   //栈空时返回 false
                st.pop(e);                //出栈元素 e
                if (e!='[') return false; //栈顶不是匹配的'[',返回 false
            }
            if (str[i]=='}')              //遇到'}'
            {
                if (st.empty()) return false;   //栈空时返回 false
                st.pop(e);                //出栈元素 e
                if (e!='{') return false; //栈顶不是匹配的'{',返回 false
            }
        }
        i++;                              //继续遍历 str
    }
    return st.empty();
}
int main()
{
    cout << "测试 1: ";
    string str="([])";
```

```cpp
        if (isMatch(str))
            cout << str << "中括号是匹配的" << endl;
        else
            cout << str << "中括号是不匹配的" << endl;
        cout << "测试2:";
        str="([])";
        if (isMatch(str))
            cout << str << "中括号是匹配的" << endl;
        else
            cout << str << "中括号是不匹配的" << endl;
        return 0;
}
```

上述程序的执行结果如下：

测试1：([)]中括号是不匹配的
测试2：([])中括号是匹配的

【例3.5】 设计一个算法，利用顺序栈判断用户输入的字符串表达式是否为回文，并用相关数据进行测试。

解：用 str 存放表达式，其中含 n 个字符，建立一个顺序栈 st，可以将 str 中的 n 个字符 $str_0, str_1, \cdots, str_{n-1}$ 依次进栈再连续出栈，得到反向序列 $str_{n-1}, \cdots, str_1, str_0$，若 str 与该反向序列相同，则是回文，否则不是回文。可以改为更高效的方法，若 str 的前半部分的反向序列与 str 的后半部分相同，则是回文，否则不是回文。判断过程如下：

① 用 i 从头开始遍历 str，将前半部分字符依次进栈。
② 若 n 为奇数，i 增 1 跳过中间的字符。
③ i 继续遍历其他后半部分字符，每访问一个字符，则出栈一个字符，两者进行比较，如图 3.4 所示，若不相等返回 false。
④ 当 str 遍历完毕返回 true。

对应的完整程序如下：

图 3.4 用一个栈判断 str 是否为回文

```cpp
#include "SqStack.cpp"              //包含顺序栈类模板的定义
bool isPalindrome(string str)       //判断是否为回文的算法
{
    SqStack<char> st;               //建立一个顺序栈
    char e;
    int i=0;
    while (i<str.length()/2)        //将 str 的前半部分字符进栈
    {
        st.push(str[i]);
        i++;                        //继续遍历 str
    }
    if (str.length()%2==1)          //str 的长度为奇数时
        i++;                        //跳过中间的字符
    while (i<str.length())          //遍历 str 的后半部分字符
    {
        if (st.empty()) false;      //栈空时返回 false
```

```
            st.pop(e);                    //出栈元素 e
            if (e!=str[i]) return false;  //若 str[i]不等于出栈字符则返回 false
            i++;
        }
        return true;                      //是回文则返回 true
    }
    int main()
    {
        cout << "测试 1: ";
        string str="abcba";
        if (isPalindrome(str))
            cout << str << "是回文" << endl;
        else
            cout << str << "不是回文" << endl;
        cout << "测试 2: ";
        str="1221";
        if (isPalindrome(str))
            cout << str << "是回文" << endl;
        else
            cout << str << "不是回文" << endl;
        return 0;
    }
```

上述程序的执行结果如下：

测试 1: abcba 是回文
测试 2: 1221 是回文

【例 3.6】 设计最小栈。定义一个栈数据结构 STACK，添加一个 Getmin()运算用于直接返回栈中的最小元素(假设栈不空)，要求 Getmin()、push()以及 pop()的时间复杂度都是 $O(1)$。例如：

视频讲解

```
push(5);    #栈元素：(5)         最小元素：5
push(6);    #栈元素：(6,5)       最小元素：5
push(3);    #栈元素：(3,6,5)     最小元素：3
push(7);    #栈元素：(7,3,6,5)   最小元素：3
pop();      #栈元素：(3,6,5)     最小元素：3
pop();      #栈元素：(6,5)       最小元素：5
```

解：由于可能有连续的进栈和出栈操作，并且栈中的元素可能重复，所以仅保存栈中的一个最小元素会得不到正确的结果，为此设计满足题目要求的顺序栈类为 STACK，它包含 data 和 mindata 两个数组，data 数组表示 data 栈(主栈)，mindata 数组表示 mindata 栈，后者作为存放当前最小元素的辅助栈。

当元素 $a_0, a_1, \cdots, a_i (i \geqslant 1)$ 进栈到 data 栈后，mindata 栈的栈顶元素 b_j 为 $a_0, a_1, \cdots, a_i$ 中的最小元素(含后进栈的重复最小元素)，如图 3.5 所示。

例如，前面的栈操作中 data 和 mindata 栈的变化如图 3.6 所示。STACK 类的主要运算算法设计如下：

① Getmin()函数用于返回栈中的最小元素，其操作

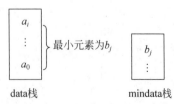

图 3.5 data 栈和 mindata 栈

是取 mindata 栈的栈顶元素。

② 进栈函数 push(x) 的操作是，当 data 栈空或者进栈元素 x 小于/等于当前栈中的最小元素（即 $x \leqslant$ Getmin()）时，则将 x 进 mindata 栈。最后将 x 进 data 栈。

③ 出栈函数 pop() 的操作是，当 data 栈不空时从 data 栈出栈元素 x，若 mindata 栈的栈顶元素等于 x，则同时从 mindata 栈出栈 x。最后返回 x。

④ 取栈顶函数 gettop() 的操作是，当 data 栈不空时返回 data 栈的栈顶元素。

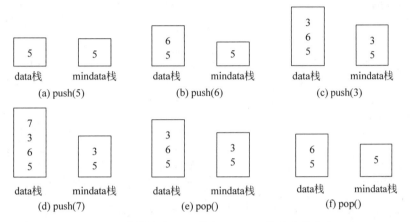

图 3.6 栈操作中 data 栈和 mindata 栈的变化情况

对应的完整程序如下：

```cpp
#include <iostream>
using namespace std;
const int MaxSize=100;                    //栈中的最多元素个数
template <typename T>
class STACK                               //含 Getmin() 的栈类
{
    T data[MaxSize];                      //存放主栈中的元素,初始为空
    T mindata[MaxSize];                   //存放 mindata 栈中的元素,初始为空
    int top;
    int mintop;
public:
    STACK():top(-1),mintop(-1) {}         //构造函数
private:                                  //mindata 栈简化的基本运算算法,设为私有的
    bool minempty()                       //判断 mindata 栈是否为空
    {
        return mintop==-1;
    }
    void minpush(T e)                     //元素 e 进 mindata 栈
    {
        mintop++;
        mindata[mintop]=e;
    }
    T minpop()                            //元素出 mindata 栈
    {
        T x=mindata[mintop];
```

```cpp
            mintop--;
            return x;
        }
        T mingettop()                    //取 mindata 栈的栈顶元素
        {
            return mindata[mintop];
        }
    public:                              //主栈的基本运算算法,设为公有的
        bool empty()                     //判断主栈是否为空
        {
            return top==-1;
        }
        bool push(T x)                   //元素 x 进主栈
        {
            if (top==MaxSize-1)   return false;  //主栈满返回 false
            if (empty() || x<=Getmin())
                minpush(x);              //栈空或者 x<=mindata 栈顶元素时进 mindata 栈
            top++;
            data[top]=x;                 //将 x 进主栈
            return true;
        }
        bool pop(T& x)                   //元素 x 出主栈
        {
            if (empty())   return false; //栈为空的情况,即栈下溢出
            x=data[top];                 //从主栈出栈 x
            top--;
            if (x==mingettop())          //若栈顶元素为最小元素
                minpop();                //mindata 栈出栈一次
            return true;
        }
        bool gettop(T& e)                //取主栈的栈顶元素
        {
            if (empty()) return false;   //栈为空的情况,即栈下溢出
            e=data[top];                 //取栈顶指针位置的元素
            return true;
        }
        T Getmin()                       //获取栈中的最小元素
        {
            return mingettop();          //返回 mindata 栈的栈顶元素,即主栈中的最小元素
        }
};
int main()
{
    STACK<int> st;                       //定义栈对象
    int e;
    cout <<"元素 5,6,3,7 依次进栈" << endl;
    st.push(5);
    st.push(6);
    st.push(3);
    st.push(7);
    cout << "   求最小元素并出栈" << endl;
```

```
        while (!st.empty())
        {
            cout << "    最小元素: " << st.Getmin() << endl;
            st.pop(e);
            cout << "    出栈元素: " << e << endl;
        }
        return 0;
}
```

上述程序的执行结果如下：

```
元素5,6,3,7依次进栈
    求最小元素并出栈
        最小元素:3
        出栈元素:7
        最小元素:3
        出栈元素:3
        最小元素:5
        出栈元素:6
        最小元素:5
        出栈元素:5
```

【例3.7】 设有两个栈 S1 和 S2，它们都采用顺序栈存储，并且共享一个固定容量的存储区 $s[0..M-1]$，为了尽量利用空间，减少溢出的可能，请设计这两个栈的存储方式。

解： 为了尽量利用空间，减少溢出的可能，可以让两个栈的栈顶相向，即采用进栈元素迎面增长的存储方式，为此设置两个栈的栈顶指针分别为 top1 和 top2（均指向对应栈的栈顶元素），如图 3.7 所示。

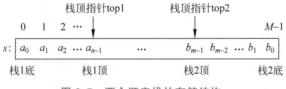

图 3.7 两个顺序栈的存储结构

栈 S1 空的条件是 top1＝-1；栈 S1 满的条件是 top1＝top2-1；元素 e 进栈 S1（栈不满时）的操作是"top1++；s[top1]＝e"；元素 e 出栈 S1（栈不空时）的操作是"e＝s[top1]；top1--"。

栈 S2 空的条件是 top2＝M；栈 S2 满的条件是 top2＝top1+1；元素 e 进栈 S2（栈不满时）的操作是"top2--；s[top2]＝e"；元素 e 出栈 S2（栈不空时）的操作是"e＝s[top2]；top2++"。

说明： 本例的共享栈主要适合将固定容量的空间用作两个栈，不适合 3 个或者更多栈共享，因为超过两个栈共享时栈的运算性能较低。

3.1.4 栈的链式存储结构及其基本运算算法的实现

采用链式存储的栈称为**链栈**，这里采用单链表实现。链栈的优点是不需要考虑栈满上溢出的情况。这里用带头结点的单链表 head 表示的链栈如图 3.8 所示，首结点是栈顶结点,尾结点是栈底结点,栈中的元素自栈底到栈顶依次是 a_0、a_1,…,a_{n-1}。

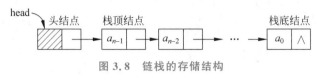

图 3.8 链栈的存储结构

从该链栈存储结构看到,初始时只含有一个头结点 head 并置 head->next 为 NULL,这样链栈的四要素如下。

① 栈空条件: head->next==NULL。
② 栈满条件: 由于只有在内存溢出时才会出现栈满,因此通常不考虑这种情况。
③ 元素 e 进栈操作: 将包含该元素的结点 s 插入作为首结点。
④ 出栈操作: 返回首结点值并且删除该结点。

和普通单链表一样,链栈中每个结点的类型 LinkNode 定义如下:

```
template <typename T>
struct LinkNode                                //链栈结点类型
{
    T data;                                    //数据域
    LinkNode * next;                           //指针域
    LinkNode():next(NULL) {}                   //构造函数
    LinkNode(T d):data(d),next(NULL) {}        //重载构造函数
};
```

链栈类模板 LinkStack 的设计如下:

```
template <typename T>
class LinkStack                                //链栈类模板
{
public:
    LinkNode<T> * head;                        //链栈的头结点
    //栈的基本运算算法
};
```

在链栈中实现栈的基本运算的算法如下。
1) 链栈的初始化和销毁
链栈类的构造函数和析构函数与 2.3.2 节中单链表的完全相同:

```
LinkStack()                                    //构造函数
{
    head=new LinkNode<T>();
}
~LinkStack()                                   //析构函数
{
    LinkNode<T> * pre=head, * p=pre->next;
    while (p!=NULL)
    {
        delete pre;
        pre=p; p=p->next;                      //pre、p 同步后移
    }
```

```
    delete pre;
}
```

2) 判断栈是否为空：empty( )

若头结点的 next 域为空表示空栈，即单链表中没有任何数据结点。对应的算法如下：

```
bool empty( )                              //判栈空算法
{
    return head->next==NULL;
}
```

3) 进栈：push(T e)

新建包含数据元素 e 的结点 p，将 p 结点插入头结点的后面。链栈不考虑栈满的情况，所以链栈的进栈运算总是返回 true。对应的算法如下：

```
bool push(T e)                             //进栈算法
{
    LinkNode<T>* p=new LinkNode<T>(e);     //新建结点 p
    p->next=head->next;                    //插入结点 p 作为首结点
    head->next=p;
    return true;
}
```

4) 出栈：pop(T& e)

在链栈空时返回 false，否则让 p 指向首结点，取结点 p 的值并删除它，同时返回 true。对应的算法如下：

```
bool pop(T& e)                             //出栈算法
{
    LinkNode<T>* p;
    if (head->next==NULL)  return false;   //栈空的情况
    p=head->next;                          //p 指向开始结点
    e=p->data;
    head->next=p->next;                    //删除结点 p
    delete p;                              //释放结点 p
    return true;
}
```

5) 取栈顶元素：gettop(T& e)

在链栈空时返回 false，否则取首结点的值并返回 true。对应的算法如下：

```
bool gettop(T& e)                          //取栈顶元素
{
    LinkNode<T>* p;
    if (head->next==NULL)  return false;   //栈空的情况
    p=head->next;                          //p 指向开始结点
    e=p->data;
    return true;
}
```

3.1.5 链栈的应用算法设计示例

视频讲解

【例 3.8】 设计一个算法,利用栈的基本运算将一个整数链栈中的所有元素逆置。例如链栈 st 中的元素从栈底到栈顶为(1,2,3,4),逆置后为(4,3,2,1)。

解:这里要求利用栈的基本运算来设计算法,所以不能直接采用单链表逆置方法。先出栈 st 中的所有元素并保存在一个数组 a 中,再将 a 中的所有元素依次进栈。对应的算法如下:

```
#include "LinkStack.cpp"              //包含链栈类模板的定义
void Reverse(LinkStack<int> & st)     //逆置栈 st
{
    int a[MaxSize];                   //定义一个辅助数组
    int i=0,e;
    while (!st.empty())               //将出栈的元素放到数组 a 中
    {
        st.pop(e);
        a[i++]=e;
    }
    for (int j=0;j<i;j++)             //将数组 a 中的所有元素进栈
        st.push(a[j]);
}
```

【例 3.9】 定义一个栈数据结构 STACK,添加一个 Getbottom()运算用于直接返回栈底元素(假设栈不空),要求采用链表实现,并且函数 Getbottom()、push()以及 pop()的时间复杂度都是 $O(1)$。

视频讲解

解:如果采用普通单链表实现,以前端为栈顶,以后端为栈底,那么找到尾结点(存放栈底元素)的时间复杂度为 $O(n)$,不满足题目要求。改为不带头结点仅有尾结点指针的循环单链表 rear 作为链栈,如图 3.9 所示。初始时 rear=NULL,栈的四要素如下。

① 栈空条件:rear=NULL。
② 栈满条件:不考虑。
③ 元素 e 进栈操作:建立含 e 元素的结点 p,将结点 p 插入 rear 结点的后面。
④ 元素 e 出栈操作:取 rear 结点后面的结点值 e,删除该结点。

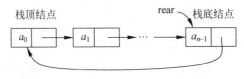

图 3.9 STACK 链栈的存储结构

这样,Getbottom()函数就返回了 rear 结点值,即 rear->data(栈不空时)。满足题目要求的 STACK 类如下:

```
template <typename T>
struct LinkNode                       //链栈结点类型
{
    T data;                           //数据域
```

```cpp
    LinkNode * next;                            //指针域
    LinkNode():next(NULL) {}                    //构造函数
    LinkNode(T d):data(d),next(NULL) {}         //重载构造函数
};
template < typename T >
class STACK                                     //链栈类模板
{
public:
    LinkNode < T > *  rear;                     //链栈的尾结点指针
    STACK():rear(NULL) {}                       //构造函数
    ~STACK()                                    //析构函数
    {
        if (rear==NULL) return;                 //空链表直接返回
        LinkNode < T > *  pre=rear, * p=pre—>next;
        while (p!=rear)
        {
            delete pre;
            pre=p; p=p—>next;                   //pre、p 同步后移
        }
        delete pre;
    }
    bool empty()                                //判栈空算法
    {
        return rear==NULL;
    }
    bool push(T e)                              //进栈算法
    {
        LinkNode < T > *  p=new LinkNode < T >(e);   //新建结点 p
        if (empty())                            //栈为空的情况
        {
            rear=p;
            rear—>next=rear;
        }
        else                                    //栈不空的情况
        {
            p—>next=rear—>next;                 //将结点 p 插入结点 rear 的后面
            rear—>next=p;
        }
        return true;
    }
    bool pop(T& e)                              //出栈算法
    {
        LinkNode < T > *  p;
        if (empty())    return false;           //栈空的情况
        if (rear—>next==rear)                   //栈中只有一个结点的情况
        {
            p=rear;
            rear=NULL;
        }
        else                                    //栈中有两个及以上结点的情况
        {
            p=rear—>next;
            rear—>next=p—>next;
```

```
            }
            e=p->data;
            delete p;                              //释放结点 p
            return true;
        }
        bool gettop(T& e)                          //取栈顶元素
        {
            if (empty()) return false;             //栈空的情况
            e=rear->next->data;
            return true;
        }
        T Getbottom()                              //取栈底元素
        {
            if (empty()) throw "栈空";
            return rear->data;
        }
};
```

3.1.6 STL 中的 stack 栈容器

视频讲解

　　STL 中的 stack 栈容器是前面介绍的栈数据结构的一种实现,具有后进先出的特点。stack 容器只有一个进出口,即栈顶,可以在栈顶插入(进栈)和删除(出栈)元素,而不允许像数组那样从前向后或者从后向前顺序遍历,所以 stack 容器没有 begin()/end()和 rbegin()/rend()这样的用于迭代器的成员函数。

　　stack 是一种适配器容器,即使用一个特定容器类的封装对象作为它的底层容器。简单地说,stack 的数据存放在底层容器中,并且利用底层容器提供的成员函数(如 back()、push_back()、pop_back())实现 stack 的功能。如果未特别指定 stack 的底层容器,默认使用双端队列 deque 容器作为底层容器,也可以指定 vector 或者 list 作为底层容器。

　　例如,以下语句用于定义 4 个 stack 对象:

```
stack<int> st1;                          //定义一个整数栈 st1
stack<int> st2(st1);                     //由 st1 栈复制产生 st2 栈
stack<int, vector<int>> st3;             //定义整数栈 st3,以 vector 作为底层容器
stack<int, list<int>> st4;               //定义整数栈 st4,以 list 作为底层容器
```

　　stack 容器的主要成员函数如表 3.1 所示,与前面讨论的栈运算相比,stack 容器的成员函数的使用更加简单、方便。需要注意的是 stack 容器具有空间动态扩展功能,push()不会出现上溢出的情况,另外在使用 top()和 pop()之前应保证栈不空。

表 3.1　stack 容器的主要成员函数及其说明

成 员 函 数	说　　明
empty()	判断栈是否为空
size()	返回栈中的实际元素个数
push(e)	元素 e 进栈
top()	返回栈顶元素,当栈空时抛出异常
pop()	出栈一个元素,并不返回出栈的元素,当栈空时抛出异常

例如有以下程序：

```cpp
#include <iostream>
#include <stack>
using namespace std;
int main()
{
    stack<int> st;
    st.push(1); st.push(2); st.push(3);
    printf("栈顶元素：%d\n",st.top());
    printf("出栈顺序：");
    while (!st.empty())                       //栈不空时出栈所有元素
    {
        printf("%d ",st.top());
        st.pop();
    }
    printf("\n");
    return 0;
}
```

在上述程序中建立了一个整数栈 st，进栈 3 个元素，取栈顶元素，然后出栈所有元素并输出。程序的执行结果如下：

栈顶元素：3
出栈顺序：3 2 1

说明：由于 vector 向量容器提供了高效的尾端插入（push_back）和删除（pop_back）运算，并且可以顺序遍历元素，所以有时直接用 vector 代替 stack。

【实战 3.1】 POJ1363——铁轨问题

时间限制：1000ms；内存限制：65 536KB。

问题描述：A 市有一个著名的火车站，那里的山非常多。该站建于 20 世纪，不乐观的是该火车站是一个死胡同，并且只有一条铁轨，如图 3.10 所示。

当地的传统是从 A 方向到达的每列火车都继续沿 B 方向行驶，需要以某种方式进行车厢重组。假设从 A 方向到达的火车有 $n(n \leqslant 1000)$ 个车厢，按照递增的顺序 1，2，…，n 编号。火车站负责人必须知道是否可以通过重组得到 B 方向的车厢序列。

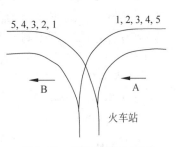

图 3.10 铁轨问题示意图

视频讲解

输入格式：输入由若干块组成。除了最后一个块外，每个块描述了一个列车以及可能更多的车厢重组要求。在每个块的第一行中为上述的整数 n，下一行是 1，2，…，n 的车厢重组序列。每个块的最后一行仅包含 0。最后一个块只包含一行 0。

输出格式：输出包含与输入中具有车厢重组序列对应的行。如果可以得到车厢对应的重组序列，输出一行"Yes"，否则输出一行"No"。此外，在输入的每个块后面有一个空行。

视频讲解

【实战 3.2】 POJ1208——箱子操作

问题描述参见第 2 章中的实战 2.4,这里改为用栈求解。

3.1.7 栈的综合应用

视频讲解

本节通过利用栈求简单算术表达式值和求解迷宫问题两个示例来说明栈的应用。

1. 用栈求简单算术表达式值

□ 问题描述

这里限定的简单算术表达式(简称为表达式)求值问题是,用户输入一个仅包含+、-、*、/、正整数和小括号的合法算术表达式,计算该表达式的运算结果。

□ 数据组织

表达式采用字符串 exp 表示,其中仅含运算符(operator)和运算数(operand)。在设计的相关算法中用到两个栈,一个是运算符栈 opor,另一个是运算数栈 opand,均采用 stack 栈容器表示,其定义如下:

```
stack <char> opor;                    //运算符栈
stack <double> opand;                 //运算数栈
```

□ 设计运算算法

运算符位于两个运算数中间的表达式称为**中缀表达式**,例如 exp="1+2*(4+12)"就是一个中缀表达式,中缀表达式是最常用的一种表达式。计算中缀表达式一般遵循"从左到右,先乘除,后加减,有括号时先括号内,后括号外"的规则,因此,中缀表达式求值不仅要依赖运算符的优先级,还要处理括号。

所谓**后缀表达式**,就是运算符放在运算数的后面。后缀表达式有这样的特点:已经考虑了运算符的优先级,不包含括号,只含运算数和运算符。这里后缀表达式采用 postexp 字符串存放,每个整数字符串以"#"结尾,例如前面 exp 对应的 postexp 为"1#2#4#12#+*+"。

后缀表达式的求值十分简单,其过程是从左到右遍历后缀表达式,若遇到一个运算数,就将它进运算数栈;若遇到一个运算符 op,就从运算数栈中连续出栈两个运算数,假设为 a 和 b,计算 b op a 之值,并将计算结果进运算数栈;对整个后缀表达式遍历结束后,栈顶元素就是计算结果。

假设给定的简单表达式 exp 是正确的,其求值过程分为两步,先将中缀表达式 exp 转换成后缀表达式 postexp,然后对后缀表达式求值。设计求表达式值的类 Express 如下:

```
class Express                        //求表达式值的类
{
    string exp;                      //存放中缀表达式
    string postexp;                  //存放后缀表达式
public:
    Express(string str)              //构造函数
    {
        exp=str;
        postexp="";
    }
    string getpostexp()              //返回 postexp
    {
```

```
            return postexp;
    }
    void Trans() { ... }         //将算术表达式 exp 转换成后缀表达式 postexp
    double GetValue() { ... }    //计算后缀表达式 postexp 的值
};
```

1) 中缀表达式转换成后缀表达式

将正确的中缀表达式 exp 转换成后缀表达式 postexp 时仅用到运算符栈 opor，其转换过程是遍历 exp，遇到数字符，将连续的数字符末尾加上 '♯' 后添加到 postexp；遇到 '('，将其进栈；遇到 ')'，退栈运算符并添加到 postexp，直到退栈的是 '(' 为止（该左括号不添加到 postexp 中）；遇到运算符 op_2，将其跟栈顶运算符 op_1 的优先级进行比较，只有当 op_2 的优先级高于 op_1 的优先级时才直接将 op_2 进栈，否则将栈中 '('（如果有）之前的优先级等于或高于 op_2 的运算符均退栈并添加到 postexp，如图 3.11 所示，再将 op_2 进栈。

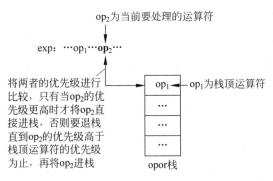

图 3.11 当前运算符的操作

上述过程说明如下：在遍历 exp 的任何运算符 op_2 时，除非遍历结束，都不能确定是否立即执行 op_2，所以将其暂时保存在 opor 栈中。假设 exp 中只有 op_1 和 op_2 运算符，op_2 的处理过程如下：

① 当 op_2 和 op_1 的优先级相同时，op_1 先进栈，说明 exp 中 op_1 在 op_2 的前面，按中缀表达式的运算规则，先做 op_1，即出栈 op_1 并添加到 postexp 中（按后缀表达式的求值过程，先添加的先执行），再将 op_2 进栈。

② 当 op_2 低于 op_1 的优先级时，显然先做 op_1，也就是出栈 op_1 并添加到 postexp 中，再将 op_2 进栈。

③ 当 op_2 高于 op_1 的优先级时，按中缀表达式的运算规则，op_2 应该在 op_1 之前做，此时直接将 op_2 进栈，以后 op_2 一定先于 op_1 出栈，从而满足该运算规则。

④ 当 op_2 为 '(' 时，表示开始处理"(…)"，此时要么遇到 exp 开头的 '('，要么遇到一个子表达式，所以无论栈中有什么运算符，都直接将 '(' 进栈。

⑤ 当 op_2 为 ')' 时，表示一个表达式或者子表达式处理结束，由于假设表达式中的括号是匹配的，所以栈中一定存在 '('。设栈顶到栈底方向的第一个 '(' 的位置为 p，如图 3.12 所示，将栈顶到 p 位置前的所有运算符出栈并添加到 postexp 中，再出栈 '('，该 '(' 不需要添加到 postexp。

图 3.12 遇到 ')' 的处理方式

由于中缀和后缀表达式中所有运算数的相对次序相同,所以遇到每个运算数都直接添加到 postexp。

针对这里的简单算术表达式,只有'*'和'/'运算符的优先级高于'+'和'-'运算符的优先级,所以上述过程简化如下:

while (若 exp 未读完)
{
 从 exp 读取字符 ch
 ch 为数字符:将连续的数字符末尾加上'#'后添加到 postexp 中
 ch 为左括号'(':将'('进栈
 ch 为右括号')':将栈中'('后进栈的运算符依次出栈并添加到 postexp 中,再将'('退栈
 ch 为'+'或'-':将 opor 栈中'('后进栈的(如果有'(')所有运算符出栈并添加到 postexp,再将 ch 进栈
 ch 为'*'或'/':将 opor 栈中'('后进栈的(如果有'(')所有'*'或'/'运算符出栈并添加到 postexp,
      再将 ch 进栈
}
若字符串 exp 扫描完毕,则退栈所有运算符并添加到 postexp

例如,对于 exp="(56-20)/(4+2)",其转换成后缀表达式的过程如表 3.2 所示。

表 3.2 表达式 "(56-20)/(4+2)" 转换成后缀表达式的过程

ch	操 作	postexp	opor 栈
(	将'('进栈		(
56	将 56 存入 postexp 中	56#	(
-	由于栈顶为'(',直接将'-'进栈	56#	(-
20	将 20 添加到 postexp	56#20#	(-
)	将栈中'('后进栈的运算符出栈并添加到 postexp,再将'('出栈	56#20#-	
/	将'/'进栈	56#20#-	/
(	将'('进栈	56#20#-	/(
4	将 4 添加到 postexp	56#20#-4#	/(
+	由于栈顶为'(',直接将'+'进栈	56#20#-4#	/(+
2	将 2 添加到 postexp	56#20#-4#2#	/(+
)	将栈中'('后进栈的运算符出栈并添加到 postexp,再将'('出栈	56#20#-4#2#+	/
	exp 扫描完毕,将栈中的所有运算符依次出栈并添加到 postexp,得到最后的后缀表达式	56#20#-4#2#+/	

根据上述原理得到中缀表达式 exp 转换为后缀表达式 postexp 的算法如下:

```
void Trans()                        //将中缀表达式 exp 转换成后缀表达式 postexp
{
    stack<char> opor;               //运算符栈
    int i=0;                        //i 为 exp 的下标
    char ch,e;
    while (i<exp.length())          //exp 表达式未扫描完时循环
    {
        ch=exp[i];
        if (ch=='(')                //遇到左括号
            opor.push(ch);          //将左括号直接进栈
        else if (ch==')')           //遇到右括号
```

```cpp
    {
        while (!opor.empty() && opor.top()!='(')
        {
            e=opor.top();              //将栈中'('前面的运算符退栈并存入postexp
            opor.pop();
            postexp+=e;
        }
        opor.pop();                    //将'('退栈
    }
    else if (ch=='+' || ch=='-')       //遇到加或减号
    {
        while (!opor.empty() && opor.top()!='(')
        {
            e=opor.top();              //将栈中'('前面的所有运算符退栈并存入postexp
            opor.pop();
            postexp+=e;
        }
        opor.push(ch);                 //再将'+'或'-'进栈
    }
    else if (ch=='*' || ch=='/')       //遇到'*'或'/'号
    {
        while (!opor.empty() && opor.top()!='(' && (opor.top()=='*' || opor.top()=='/'))
        {
            e=opor.top();              //将栈中'('前面的所有'*'或'/'依次出栈并存入postexp
            opor.pop();
            postexp+=e;
        }
        opor.push(ch);                 //再将'*'或'/'进栈
    }
    else                               //遇到数字字符
    {
        string d="";
        while (ch>='0' && ch<='9')     //遇到数字
        {
            d+=ch;                     //提取所有连续的数字字符
            i++;
            if (i<exp.length())        //exp没有遍历完时取下一个字符ch
                ch=exp[i];
            else                       //exp遍历完毕时退出数字判断
                break;
        }
        i--;                           //退一个字符
        postexp+=d;                    //将数字串存入postexp
        postexp+="#";                  //用"#"标识一个数字串结束
    }
    i++;                               //继续处理其他字符
}
while (!opor.empty())                  //此时exp扫描完毕,栈不空时循环
{
    e=opor.top();
    opor.pop();                        //将栈中的所有运算符退栈并放入postexp
```

```
            postexp+=e;
    }
}
```

2) 后缀表达式的求值

在后缀表达式求值中仅用到运算数栈 opand。对后缀表达式 postexp 求值的过程如下：

```
while (若 postexp 未读完)
{
    从 postexp 读取一个元素 ch
    ch 为'+': 出栈两个数值 a 和 b,计算 c=b+a,再将 c 进栈
    ch 为'-': 出栈两个数值 a 和 b,计算 c=b-a,再将 c 进栈
    ch 为'*': 出栈两个数值 a 和 b,计算 c=b*a,再将 c 进栈
    ch 为'/': 出栈两个数值 a 和 b,若 a 不为零,计算 c=b/a,再将 c 进栈
    ch 为数值: 将该数值进栈
}
opand 栈中唯一的数值即为表达式值
```

例如，postexp="56#20#-4#2#+/"的求值过程如表 3.3 所示。

表 3.3　后缀表达式"56#20#-4#2#+/"的求值过程

ch 序列	说　　明	opand 栈
56#	遇到 56#,转换为整数 56 并进栈	56
20#	遇到 20#,转换为整数 20 并进栈	56,20
-	遇到-,出栈两次,将 56-20=36 进栈	36
4#	遇到 4#,转换为整数 4 并进栈	36,4
2#	遇到 2#,转换为整数 2 并进栈	36,4,2
+	遇到+,出栈两次,将 4+2=6 进栈	36,6
/	遇到/,出栈两次,将 36/6=6 进栈	6
	postexp 遍历完毕,算法结束,栈顶数值 6 即为所求	

根据上述计算原理得到计算后缀表达式值的算法如下：

```
double GetValue()                           //计算后缀表达式 postexp 的值
{
    stack<double> opand;                    //定义运算数栈 opand
    double a,b,c,d;
    char ch;
    int i=0;
    while (i<postexp.length())              //postexp 字符串未扫描完时循环
    {
        ch=postexp[i];
        switch (ch)
        {
        case '+':                           //遇到+
            a=opand.top(); opand.pop();     //退栈运算数 a
            b=opand.top(); opand.pop();     //退栈运算数 b
            c=b+a;                          //计算 c
            opand.push(c);                  //将计算结果进栈
            break;
```

```
        case '-':                             //遇到-
            a=opand.top(); opand.pop();     //退栈运算数a
            b=opand.top(); opand.pop();     //退栈运算数b
            c=b-a;                          //计算c
            opand.push(c);                  //将计算结果进栈
            break;
        case '*':                             //遇到*
            a=opand.top(); opand.pop();     //退栈运算数a
            b=opand.top(); opand.pop();     //退栈运算数b
            c=b*a;                          //计算c
            opand.push(c);                  //将计算结果进栈
            break;
        case '/':                             //遇到/
            a=opand.top(); opand.pop();     //退栈运算数a
            b=opand.top(); opand.pop();     //退栈运算数b
            c=b/a;                          //计算c
            opand.push(c);                  //将计算结果进栈
            break;
        default:                              //遇到数字字符
            d=0;                            //将连续的数字字符转换成数值存放到d中
            while (ch>='0' && ch<='9')
            {
                d=10*d+(ch-'0');
                i++;
                ch=postexp[i];
            }
            opand.push(d);                  //将数值d进栈
            break;
        }
        i++;                                  //继续处理其他字符
    }
    return opand.top();                       //栈顶元素即为求值结果
}
```

❑ 设计主程序

设计以下主程序求简单算术表达式"(56-20)/(4+2)"的值：

```
int main()
{
    string str="(56-20)/(4+2)";
    Express obj(str);
    cout << "中缀表达式: " << str << endl;
    cout << "中缀转换为后缀" << endl;
    obj.Trans();
    cout << "后缀表达式: " << obj.getpostexp() << endl;
    cout << "求后缀表达式值" << endl;
    cout << "求值结果:    " << obj.GetValue() << endl;
    return 0;
}
```

❑ 程序执行结果

本程序的执行结果如下：

中缀表达式：(56－20)/(4＋2)
中缀转换为后缀
后缀表达式：56♯20♯－4♯2♯＋/
求后缀表达式值
求值结果： 6

上述先转换为后缀表达式再对后缀表达式求值的两步可以合并起来，同样需要设置运算符栈 opor 和运算数栈 opand，合并过程中遍历表达式 exp：

① 遇到数字字符，将后续的所有数字字符合起来转换为数值，进栈到 opand。

② 遇到左括号，进栈到 opor。

③ 遇到右括号，将 opor 栈中 '(' 后进栈的运算符依次出栈并做相应的计算，再将 '(' 退栈。

④ 遇到运算符，只有优先级高于 opor 栈顶运算符的才直接进栈 opor，否则出栈 op 并执行 op 计算。

若简单表达式遍历完毕，退栈 opor 的所有运算符并执行 op 计算。

其中，执行 op 计算的过程是：出栈 opand 两次得到运算数 a 和 b，执行 $c=b$ op a，然后 c 进栈 opand。最后 opand 栈的栈顶运算数就是简单表达式的值。

2. 用栈求解迷宫问题

视频讲解

❑ 问题描述

给定一个 $m×n$ 的迷宫图，求一条从指定入口到出口的路径。假设迷宫图如图 3.13 所

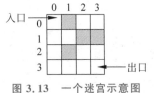
图 3.13 一个迷宫示意图

示（其中 $m=4,n=4$），迷宫由方块构成，空白方块表示可以走的通道，阴影方块表示不可走的障碍物。要求所求路径必须是简单路径，即在求得的路径上不能重复出现同一空白方块，而且从每个方块出发只能走向上、下、左、右 4 个相邻的空白方块。

❑ 迷宫的数据组织

为了表示迷宫，设置一个数组 mg，其中每个元素表示一个方块的状态，为 0 时表示对应方块是通道，为 1 时表示对应方块是不可走的障碍物。图 3.13 所示的迷宫对应的迷宫数组 mg 如下：

```
int mg[MAX][MAX]={{0,1,0,0},{0,0,1,1},{0,1,0,0},{0,0,0,0}};
int m=4,n=4;                    //一个4行4列的迷宫图
```

❑ 设计运算算法

求迷宫问题就是在一个指定的迷宫中求出从入口到出口的一条路径。在求解时，通常用的方法是穷举法，即从入口出发，沿着某个方位向前试探，若能走通，则继续往前走；否则进入死胡同，沿原路退回，换一个方位再继续试探，直至所有可能的通路都试探完为止。

对于迷宫中的每个方块,有上、下、左、右4个方块相邻,如图3.14所示,第 i 行第 j 列的方块的位置记为 (i,j),规定上方方块为方位0,并按顺时针方向递增编号。对应的方位偏移量如下:

```
int dx[]={-1,0,1,0};                    //x方向的偏移量
int dy[]={0,1,0,-1};                    //y方向的偏移量
```

为了保证在任何位置上都能沿原路退回(称为回溯),需要用一个后进先出的栈保存从入口到当前方块的路径,也就是说每个可走的方块都要进栈,栈中保存的每个方块除了位置信息外,还有走向信息,即从该方块走到相邻方块的方位 di。st 栈采用 stack 容器表示,每个方块的 Box 类型定义如下:

```
struct Box                              //方块类型
{
    int i;                              //方块的行号
    int j;                              //方块的列号
    int di;                             //di是下一个可走相邻方块的方位号
    Box() {}                            //构造函数
    Box(int i1,int j1,int d1):i(i1),j(j1),di(d1) {}   //重载构造函数
};
```

说明:栈是一种具有记忆功能的数据结构,在应用中重点是确定栈元素保存哪些信息。这里看一个日常生活中的例子,如图3.15所示。假设小明住在A地,想到C地去看望好朋友,但他不熟悉路线。他从A地出发,走到了B地,有两条道路,于是他习惯性地走了上方的道路,结果遇到一条小河,他过不去,只好回到B地。如果他不记下前面走过的路线,他会在这条路线上陷入死循环,永远见不到好朋友。小明是个聪明的孩子,他会记下前面走过的路线,于是在B地走另外一条(下方的)道路,结果很快找到了C地,高兴地见到了好朋友。在这个例子中,小明要记忆走过的每个地点以及所走方向,小明的记忆功能可以用栈来实现。所以在求解迷宫问题中,用栈保存每个走过的方块以及所走方位。

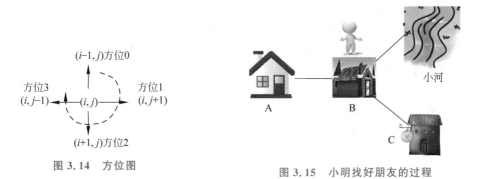

图 3.14 方位图   图 3.15 小明找好朋友的过程

求解入口 (xi,yi) 到出口 (xe,ye) 迷宫路径的过程是先将入口进栈(其初始方位设置为 -1),在栈不空时进行如下循环:

① 取栈顶方块 b(不退栈)。
② 若 b 方块是出口,则输出栈中的所有方块即为一条迷宫路径,返回 true。
③ 否则从 b 方块的新方位 di=b.di+1 开始试探相邻方块是否可走。

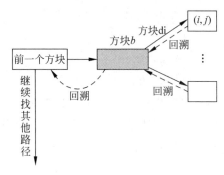

④ 若找到 b 方块的 di 方位的相邻方块 (i,j) 可走,则走到相邻方块 (i,j),操作是修改栈顶 b 方块的 di 域为该 di 值,并将 (i,j) 方块(对应 b1)进栈(其初始方位设置为 −1)。

⑤ 若 b 方块找不到相邻可走方块,说明当前路径不可能走通(进入死胡同),b 方块不会是迷宫路径上的方块,则原路回退(即回溯),操作是将 b 方块出栈,从次栈顶方块(试探路径上 b 方块的前一个方块)做相同的试探,如图 3.16 所示(图中的虚线表示回退)。如果一直回退到出口,而出口也没有未试探过的相邻可走方块,说明不存在迷宫路径,返回 false。

图 3.16 求迷宫路径的回溯过程

为了保证试探的可走相邻方块不是已走路径上的方块,如 (i,j) 已进栈,在试探 (i+1,j) 的下一可走方块时又试探到 (i,j),这样可能会引起死循环,为此在一个方块进栈后将对应的 mg 数组元素值改为 −1(变为不可走的相邻方块),当退栈时(表示该栈顶方块没有可走相邻方块),将其恢复为 0。在图 3.13 所示的迷宫中,求入口 (0,0) 到出口 (3,3) 迷宫路径的搜索过程如图 3.17 所示,图中带"×"的方块是死胡同方块,走到这样的方块后需要回溯,找到出口后,栈中的方块对应迷宫路径。

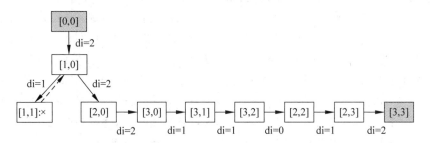

图 3.17 用栈求 (0,0) 到 (3,3) 迷宫路径的搜索过程

说明:这里的迷宫数组 mg 除了表示一个迷宫外,还通过将元素值设置为 −1 记忆路径,当找到出口后,恰好该迷宫路径上所有方块的 mg 元素值均为 −1,这样可以在出口处继续回退查找所有的迷宫路径。如果在一个方块出栈时不将其 mg 元素值恢复为 0,那么尽管可以找到一条迷宫路径(当存在迷宫路径时),但会将所有试探方块的 mg 元素值均置为 −1,这样不能找到其他可能存在的迷宫路径。

求解迷宫问题的 mgpath 算法如下:

```
bool mgpath(int xi,int yi,int xe,int ye)      //求一条从(xi,yi)到(xe,ye)的迷宫路径
{
    int i,j,di,i1,j1;
    bool find;
    Box b,b1;
    stack<Box> st;                              //建立一个栈
    b=Box(xi,yi,−1);
    st.push(b);                                 //入口方块进栈
    mg[xi][yi]=−1;                              //为避免来回找相邻方块,置 mg 值为 −1
```

```cpp
    while (!st.empty())                    //栈不空时循环
    {
        b=st.top();                        //取栈顶方块,称为当前方块
        if (b.i==xe && b.j==ye)            //找到出口,输出栈中的所有方块构成一条路径
        {
            disppath(st);
            return true;                   //找到一条路径后返回 true
        }
        find=false;                        //否则继续找路径
        di=b.di;
        while (di<3 && find==false)        //找 b 的一个相邻可走方块
        {
            di++;                          //找下一个方位的相邻方块
            i=b.i+dx[di];                  //找 b 的 di 方位的相邻方块(i,j)
            j=b.j+dy[di];
            if (i>=0 && i<m && j>=0 && j<n && mg[i][j]==0)
                find=true;                 //(i,j)方块有效且可走
        }
        if (find)                          //栈顶方块找到一个相邻可走方块(i,j)
        {
            st.top().di=di;                //修改栈顶方块的 di 为新值
            b1=Box(i,j,-1);                //建立相邻可走方块(i,j)的对象 b1
            st.push(b1);                   //b1 进栈
            mg[i][j]=-1;                   //为避免来回找相邻方块,置 mg 值为-1
        }
        else                               //栈顶方块没有找到任何相邻可走方块
        {
            mg[b.i][b.j]=0;                //恢复栈顶方块的迷宫值
            st.pop();                      //将栈顶方块退栈
        }
    }
    return false;                          //没有找到迷宫路径,返回 false
}
```

当成功找到出口后,栈 st 中从栈底到栈顶恰好是一条从入口到出口的迷宫路径,输出该迷宫路径并返回 true,否则说明找不到迷宫路径,返回 false。通过 st 栈输出一条迷宫路径的算法如下:

```cpp
void disppath(stack<Box> & st)             //输出栈中的所有方块构成一条迷宫路径
{
    Box b;
    vector<Box> apath;                     //存放一条迷宫路径
    while (!st.empty())                    //出栈所有的方块
    {
        b=st.top(); st.pop();
        apath.push_back(b);
    }
    reverse(apath.begin(),apath.end());    //逆置 apath(也可以直接反向输出 apath)
    cout << "一条迷宫路径: ";
    for (int i=0;i<apath.size();i++)
        cout << "[" << apath[i].i << "," << apath[i].j << "]   ";
```

```
        cout << endl;
}
```

❑ 设计主程序

设计以下主程序求图 3.13 所示的迷宫图中从(0,0)到(3,3)的一条迷宫路径:

```
int main()
{
    int xi=0,yi=0,xe=3,ye=3;
    printf("求(%d,%d)到(%d,%d)的迷宫路径\n",xi,yi,xe,ye);
    if (!mgpath(xi,yi,xe,ye))
        cout << "不存在迷宫路径\n";
    return 0;
}
```

❑ 程序执行结果

本程序的执行结果如下:

求(0,0)到(3,3)的迷宫路径
一条迷宫路径: [0,0]　[1,0]　[2,0]　[3,0]　[3,1]　[3,2]
　　　　　　　[2,2]　[2,3]　[3,3]

该路径如图 3.18 所示(迷宫路径方块上的箭头指示路径中下一个方块的方位),显然这个解不是最优解(即不是最短路径)。在后面使用队列求解时可以找出最短路径。

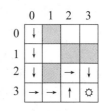

图 3.18　用栈找到的一条迷宫路径

3.2　队列

本节先介绍队列的定义,然后讨论队列存储结构和基本运算算法设计,最后通过迷宫问题的求解说明队列的应用。

视频讲解

3.2.1　队列的定义

队列(简称为队)是一种操作受限的线性表,其限制为仅允许在表的一端进行插入,而在表的另一端进行删除。把进行插入的一端称为**队尾**(rear),把进行删除的一端称为**队头**或**队首**(front)。向队列中插入新元素称为**进队**或**入队**,新元素进队后就成为新的队尾元素;从队列中删除元素称为**出队**或**离队**,元素出队后,其直接后继元素就成为队首元素。

由于队列的插入和删除操作分别是在表的各自一端进行的,每个元素必然按照进入的次序出队,所以又把队列称为**先进先出表**。

抽象数据类型队列的定义如下:

ADT Queue
{
数据对象:
　　$D = \{a_i \mid 0 \leqslant i \leqslant n-1, n \geqslant 0\}$
数据关系:
　　$R = \{r\}$

$r = \{<a_i, a_{i+1}> \mid a_i, a_{i+1} \in D, i=0, \ldots, n-2\}$

基本运算:
  empty( ): 判断队列是否为空,若队列为空返回真,否则返回假。
  push(T e): 进队操作,将元素 e 进队作为队尾元素。
  pop(T& e): 出队操作,从队头出队一个元素。
  gethead(T& e): 取队头操作,取出队头的元素。
}

【例 3.10】 若元素进队的顺序为 1234,能否得到 3142 的出队序列?

解: 进队的顺序为 1234,则出队的顺序只能是 1234(先进先出),所以不能得到 3142 的出队序列。

3.2.2 队列的顺序存储结构及其基本运算算法的实现

由于队列中元素的逻辑关系与线性表中的相同,因此可以借鉴线性表的两种存储结构来存储队列。当队列采用顺序存储结构存储时,用 data 数组来存放队列中的元素,由于队列的两端都是动态变化的,为了表示队列的状态需要设置两个指针,队头指针为 front(实际上是队头元素的前一个位置),队尾指针为 rear(正好是队尾元素的位置)。

为了简单,这里使用固定容量的数组 data(容量为常量 MaxSize),如图 3.19 所示,队列中从队头到队尾为 $a_0, a_1, \cdots, a_{n-1}$。采用顺序存储结构的队列称为**顺序队**。

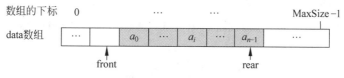

图 3.19 顺序队示意图

顺序队分为非循环队列和循环队列两种方式,这里先讨论非循环队列,并通过说明该类型队列的缺点引出循环队列。

1. 非循环队列

视频讲解

如图 3.20 所示为一个非循环队列的动态变化示意图(MaxSize=5)。图 3.20(a)表示一个空队; 图 3.20(b)表示进队 5 个元素后的状态; 图 3.20(c)表示出队一次后的状态; 图 3.20(d)表示再出队 4 次后的状态。

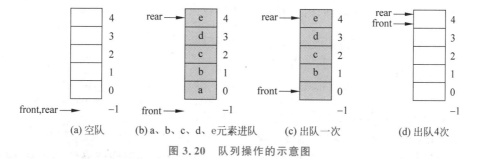

图 3.20 队列操作的示意图

从图 3.20 中看到,初始时置 front 和 rear 均为 -1(满足 front==rear 的条件)。非循环队列的四要素如下。

① 队空条件：front==rear。图 3.20(a)和(d)满足该条件。

② 队满(队上溢出)条件：rear==MaxSize-1(因为每个元素进队都让 rear 增 1，当 rear 达到最大下标时不能再增加)。图 3.20(d)满足该条件。

③ 元素 e 进队操作。先将队尾指针 rear 增 1，然后将元素 e 放在该位置(进队的元素总是在尾部插入的)。

④ 出队操作：先将队头指针 front 增 1，然后取出该位置的元素(出队的元素总是从头部出来的)。

非循环队列类 SqQueue 的定义如下：

```
const int MaxSize=100;                  //队列的容量
template <typename T>
class SqQueue                           //非循环队列类模板
{
public:
    T * data;                           //存放队中的元素
    int front, rear;                    //队头和队尾指针
    //队列的基本运算算法
};
```

在非循环队列中实现队列的基本运算的算法如下：

1) 非循环队列的初始化和销毁

通过构造函数实现初始化，即创建一个空队；通过析构函数实现销毁，即释放队列占用的空间。对应的构造函数如下：

```
SqQueue()                               //构造函数
{
    data=new T[MaxSize];                //为 data 分配容量为 MaxSize 的空间
    front=rear=-1;                      //队头和队尾指针置初值
}
~SqQueue()                              //析构函数
{
    delete [] data;
}
```

2) 判断队列是否为空：empty()

若满足 front==rear 条件，则返回 true，否则返回 false。对应的算法如下：

```
bool empty()                            //判队空运算
{
    return (front==rear);
}
```

3) 进队运算：push(T e)

元素 e 进队只能从队尾插入，不能从队头或中间位置进队，仅改变队尾指针。进队操作是在队满时返回 false，否则将队尾指针 rear 增 1，然后将元素 e 放到该位置，并且返回 true。对应的算法如下：

```
bool push(T e)                          //进队列运算
```

```
{
    if (rear==MaxSize-1)              //队满上溢出
        return false;
    rear++;
    data[rear]=e;
    return true;
}
```

4) 出队：pop(T& e)

元素出队只能从队头删除，不能从队头或中间位置出队，仅改变队头指针。出队操作是在队列空时返回 false，否则将队头指针 front 增1，取出该位置的元素值，并返回 true。对应的算法如下：

```
bool pop(T& e)                         //出队列运算
{
    if (front==rear)                   //队空下溢出
        return false;
    front++;
    e=data[front];
    return true;
}
```

5) 取队头元素：gethead(T& e)

与出队类似，但不需要移动队头指针 front。对应的算法如下：

```
bool gethead(T& e)                     //取队头运算
{
    if (front==rear)                   //队空下溢出
        return false;
    int head=front+1;
    e=data[head];
    return true;
}
```

上述算法的时间复杂度均为 $O(1)$。

2. 循环队列

在前面的非循环队列中，元素进队时队尾指针 rear 增1，元素出队时队头指针 front 增1，当进队 MaxSize 个元素后，队满条件 rear==MaxSize-1 成立，此时即使出队若干元素，队满条件仍成立（实际上队列中有空位置），这种队列中有空位置但仍然满足队满条件的上溢出称为**假溢出**。也就是说，非循环队列存在假溢出现象。为了克服非循环队列的假溢出，充分使用数组中的存储空间，可以把 data 数组的前端和后端连接起来，形成一个循环数组，即把存储队列元素的表从逻辑上看成一个环，称为**循环队列**（也称为**环形队列**）。

视频讲解

循环队列首尾相连，当队尾指针 rear=MaxSize-1 时，再前进一个位置就应该到达 0 位置，这可以利用数学上的求余运算(%)实现。

① 队首指针循环进 1：front=(front+1) % MaxSize。
② 队尾指针循环进 1：rear=(rear+1) % MaxSize。

循环队列的队头指针和队尾指针初始化为 0，即 front=rear=0。在进队元素和出队元素时，队头和队尾指针都循环前进一个位置。

那么，循环队列的队满和队空的判断条件是什么呢？若设置队空条件是 rear==front，如果进队元素的速度快于出队元素的速度，队尾指针很快就赶上了队头指针，此时可以看出循环队列队满时也满足 rear==front，所以这种设置无法区分队空和队满。

实际上循环队列的结构与非循环队列相同，也需要通过 front 和 rear 标识队列的状态，一般是采用它们的相对值即|front−rear|实现的，若 data 数组的容量为 MaxSize，则队列的状态有 MaxSize+1 种，分别是队空、队中有 1 个元素、队中有 2 个元素、…、队中有 MaxSize 个元素（队满）。而 front 和 rear 的取值范围均为 0~MaxSize−1，这样|front−rear|只有 MaxSize 个值，显然 MaxSize+1 种状态不能直接用|front−rear|区分，因为必定有两种状态不能区分。为此让队列中最多只有 MaxSize−1 个元素，这样队列恰好只有 MaxSize 种状态了，就可以通过 front 和 rear 的相对值区分所有状态了。

在规定队列中最多只有 MaxSize−1 个元素时，设置队空条件仍然是 rear==front。当队列有 MaxSize−1 个元素时一定满足(rear+1)%MaxSize==front。这样，循环队列在初始时置 front=rear=0，其四要素如下。

① 队空条件：rear==front。
② 队满条件：(rear+1)%MaxSize==front（相当于试探进队一次，若 rear 达到 front，则认为队满了）。
③ 元素 e 进队操作：rear=(rear+1)%MaxSize，将元素 e 放置在该位置。
④ 元素 e 出队操作：front=(front+1)%MaxSize，取出该位置的元素 e。

图 3.21 说明了循环队列的几种状态，这里假设 MaxSize=5。图 3.21(a)为空队，此时 front=rear=0；图 3.21(b)的队列中有 3 个元素，当进队元素 d 后队中有 4 个元素，此时满足队满的条件。

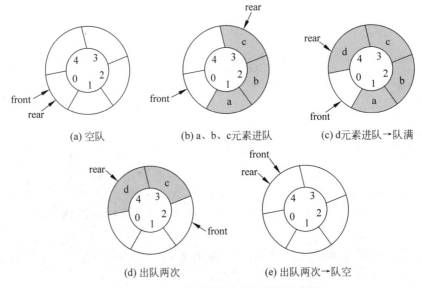

图 3.21 循环队列进队和出队操作示意图

循环队列类模板 CSqQueue 的定义如下：

```
const int MaxSize=100;              //队列的容量
template < typename T >
class CSqQueue                      //循环队列类模板
{
public:
    T * data;                       //存放队中元素
    int front, rear;                //队头和队尾指针
    //队列的基本运算算法
};
```

在这样的循环队列中，实现队列的基本运算算法如下。

1) 循环队列的初始化和销毁

通过构造函数实现初始化，即创建一个空队；通过析构函数实现销毁，即释放队列占用的空间。对应的构造函数如下：

```
CSqQueue()                          //构造函数
{
    data=new T[MaxSize];            //为 data 分配容量为 MaxSize 的空间
    front=rear=0;                   //队头和队尾指针置初值
}

~CSqQueue()                         //析构函数
{
    delete [] data;
}
```

2) 判断队列是否为空：empty()

若满足 front==rear 条件，返回 true，否则返回 false。对应的算法如下：

```
bool empty()                        //判队空运算
{
    return (front==rear);
}
```

3) 进队：push(T e)

在队列满时返回 false，否则先将队尾指针 rear 循环增 1，然后将元素 e 放到该位置，并返回 true。对应的算法如下：

```
bool push(T e)                      //进队列运算
{
    if ((rear+1)%MaxSize==front)    //队满上溢出
        return false;
    rear=(rear+1)%MaxSize;
    data[rear]=e;
    return true;
}
```

4) 出队：pop(T & e)

在队列空时返回 false，否则将队头指针 front 循环增 1，取出该位置的元素值，并返回

true。对应的算法如下：

```
bool pop(T& e)                          //出队列运算
{
    if (front==rear) return false;      //队空下溢出
    front=(front+1)%MaxSize;
    e=data[front];
    return true;
}
```

5) 取队头元素：gethead(T& e)

与出队类似，但不需要移动队头指针 front。对应的算法如下：

```
bool gethead(T& e)                      //取队头运算
{
    if (front==rear) return false;      //队空下溢出
    int head=(front+1)%MaxSize;
    e=data[head];
    return true;
}
```

上述算法的时间复杂度均为 $O(1)$。

3.2.3 循环队列的应用算法设计示例

视频讲解

【**例3.11**】 在 CSqQueue 循环队列类中增加一个求元素个数的算法 getlength()。对于一个整数循环队列 qu，利用队列基本运算和 getlength() 算法设计进队和出队第 $k(k \geqslant 1$，队头元素的序号为 1)个元素的算法。

解：在前面的循环队列中，队头指针 front 指向队中队头元素的前一个位置，队尾指针 rear 指向队中的队尾元素，可以求出队中元素的个数 $=(rear-front+MaxSize)\%MaxSize$。为此在 CSqQueue 循环队列类中增加 getlength() 算法如下：

```
int getlength()                         //返回队中元素的个数
{
    return (rear-front+MaxSize)%MaxSize;
}
```

队列中并没有直接取 $k(k \geqslant 1)$ 个元素的基本运算，进队第 k 个元素 e 的算法思路是出队前 $k-1$ 个元素，边出边进，再将元素 e 进队，将剩下的元素边出边进。该算法如下：

```
bool pushk(CSqQueue<int> & qu,int k,int e)  //进队第 k 个元素 e
{
    int x;
    int n=qu.getlength();
    if (k<1 || k>n+1) return false;         //参数 k 错误返回 false
    if (k<=n)
    {
        for (int i=1;i<=n;i++)              //循环处理队中的所有元素
        {
            if (i==k)
```

```
            qu.push(e);           //将 e 元素进队到第 k 个位置
            qu.pop(x);            //出队元素 x
            qu.push(x);           //进队元素 x
        }
    }
    else qu.push(e);              //k＝n+1 时直接将 e 进队
    return true;
}
```

出队第 $k(k \geqslant 1)$ 个元素 e 的算法思路是出队前 $k-1$ 个元素,边出边进,再出队第 k 个元素 e,e 不进队,最后将剩下的元素边出边进。该算法如下：

```
bool popk(CSqQueue<int>& qu,int k,int& e)    //出队第 k 个元素
{
    int x;
    int n=qu.getlength();
    if (k<=1 || k>n) return false;            //参数 k 错误返回 false
    for (int i=1;i<=n;i++)                    //循环处理队中的所有元素
    {
        qu.pop(x);                            //出队元素 x
        if (i!=k)
            qu.push(x);                       //将非第 k 个元素进队
        else
            e=x;                              //取第 k 个出队的元素
    }
    return true;
}
```

【例 3.12】 对于循环队列来说,如果知道队头指针和队列中元素的个数,则可以计算出队尾指针。也就是说,可以用队列中元素的个数代替队尾指针。设计出这种循环队列的判队空、进队、出队和取队头元素的算法。

解：本例的循环队列包含 data 数组、队头指针 front 和队中元素个数 count 域,可以由 front 和 count 求出队尾位置。公式如下：

rear1＝(front＋count)％MaxSize

视频讲解

初始时 front 和 count 均置为 0。队空的条件为 count==0；队满的条件为 count==MaxSize；元素 e 进队的操作是先根据上述公式求出队尾指针 rear1,将 rear1 循环增 1,然后将元素 e 放置在 rear1 处；出队的操作是先将队头指针循环增 1,然后取出该位置的元素,进队和出队中应维护队中元素个数 count 的正确性。设计本题的循环队列类 CSqQueue1 如下：

```
const int MaxSize=100;                //队列的容量
template<typename T>
class CSqQueue1                       //循环队列类模板
{
public:
    T* data;                          //存放队中的元素
    int front;                        //队头指针
    int count;                        //队中元素的个数
    CSqQueue1()                       //构造函数
```

```cpp
    {   data=new T[MaxSize];        //为 data 分配容量为 MaxSize 的空间
        front=0;                    //队头指针置初值
        count=0;                    //元素个数置初值
    }
    ~CSqQueue1()                    //析构函数
    {
        delete [] data;
    }
    //——————————循环队列基本运算算法——————————
    bool empty()                    //判队空运算
    {
        return count==0;
    }
    bool push(T e)                  //进队列运算
    {
        if (count==MaxSize)    return false;//队满上溢出
        int rear1=(front+count)%MaxSize;//求队尾(rear1 为局部变量)
        rear1=(rear1+1) % MaxSize;
        data[rear1]=e;
        count++;                    //元素个数增1
        return true;
    }
    bool pop(T& e)                  //出队列运算
    {
        if (count==0) return false; //队空下溢出
        front=(front+1)%MaxSize;
        e=data[front];
        count--;                    //元素个数减少1
        return true;
    }
    bool gethead(T& e)              //取队头运算
    {
        if (count==0) return false; //队空下溢出
        int head=(front+1)%MaxSize;
        e=data[head];
        return true;
    }
};
```

说明：本例设计的循环队列中最多可保存 MaxSize 个元素。

从上述循环队列的设计看出，如果将 data 数组的容量改为可以扩展的，在队满时新建更大容量的数组 newdata 后，不能像顺序表、顺序栈那样简单地将 data 中的元素复制到 newdata 中，而需要按队列操作，将 data 中的所有元素出队后进队到 newdata 中，这里不再详述。

3.2.4 队列的链式存储结构及其基本运算算法的实现

视频讲解

队列的链式存储结构也是通过由结点构成的单链表实现的，此时只允许在单链表的表首进行删除操作(出队)和在单链表的表尾进行插入操作(进队)，这里的单链表是不带头结点的,需要使用两个指针(即队首指针 front 和队尾指针 rear)标识,front 指向队首结点,rear 指向队尾结点。用于存储队列的单链表简称为**链队**。

链队的存储结构如图 3.22 所示,其中链队中存放元素的结点类型 LinkNode 定义如下:

```
template < typename T >
struct LinkNode                        //链队数据结点类型
{
    T data;                            //结点数据域
    LinkNode * next;                   //指向下一个结点
    LinkNode():next(NULL) {}           //构造函数
    LinkNode(T d):data(d),next(NULL) {} //重载构造函数
};
```

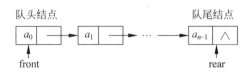

图 3.22　链队存储结构的示意图

设计链队类模板 LinkQueue 如下:

```
template < typename T >
class LinkQueue                        //链队类模板
{
public:
    LinkNode<T> * front;               //队头指针
    LinkNode<T> * rear;                //队尾指针
    //队列的基本运算算法
};
```

图 3.23 说明了一个链队的动态变化过程。图 3.23(a)是链队的初始状态,图 3.23(b)是进队 3 个元素后的状态,图 3.23(c)是出队两个元素后的状态。

归纳起来,初始时置 front=rear=NULL 的链队的四要素如下。

① 队空条件: front=rear==NULL,不妨仅以 front==NULL 作为队空条件。
② 队满条件: 由于只有内存溢出时才出现队满,因此通常不考虑这样的情况。
③ 元素 e 进队操作: 在单链表的尾部插入一个存放 e 的 s 结点,并让队尾指针指向它。
④ 出队操作: 取出队首结点的 data 值并将其从链队中删除。

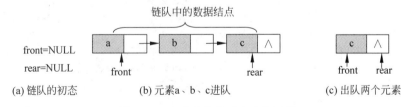

图 3.23　一个链队的动态变化过程

对应队列的基本运算算法如下:
1) 链队的初始化和销毁
链队类的构造函数和析构函数如下:

```cpp
LinkQueue()                              //构造函数
{
    front=NULL;                          //置为不带头结点的空单链表
    rear=NULL;
}
~LinkQueue()                             //析构函数
{
    LinkNode<T> * pre=front, * p;
    if (pre!=NULL)                       //非空队的情况
    {
        if (pre==rear)                   //只有一个数据结点的情况
            delete pre;                  //释放 pre 结点
        else                             //有两个或多个数据结点的情况
        {
            p=pre->next;
            while (p!=NULL)
            {
                delete pre;              //释放 pre 结点
                pre=p; p=p->next;        //pre、p 同步后移
            }
            delete pre;                  //释放尾结点
        }
    }
}
```

2) 判断队列是否为空：empty()

链队的 front 为空表示队列为空,返回 true,否则返回 false。对应的算法如下：

```cpp
bool empty()                             //判队空运算
{
    return rear==NULL;
}
```

3) 进队：push(T e)

创建存放元素 e 的结点 p。若原队列为空,则将 front 和 rear 均指向 p 结点,否则将 p 结点链接到单链表的末尾,并让 rear 指向它。对应的算法如下：

```cpp
bool push(T e)                           //进队运算
{
    LinkNode<T> * p=new LinkNode<T>(e);
    if (rear==NULL)                      //链队为空的情况
        front=rear=p;                    //新结点既是队首结点又是队尾结点
    else                                 //链队不空的情况
    {
        rear->next=p;                    //将 p 结点链接到队尾,并将 rear 指向它
        rear=p;
    }
    return true;
}
```

4) 出队：pop(T& e)

原队为空时返回 false，若队中只有一个结点(此时 front 和 rear 都指向该结点)，则取首结点 p 的 data 值赋给 e，删除结点 p 并置为空队，否则说明链队中有多个结点，取首结点 p 的 data 值赋给 e 并删除之，最后返回 true。对应的算法如下：

```cpp
bool pop(T& e)                              //出队运算
{
    if (rear==NULL)    return false;        //队列为空
    LinkNode<T>* p=front;                   //p 指向首结点
    if (front==rear)                        //队列中只有一个结点时
        front=rear=NULL;
    else                                    //队列中有多个结点时
        front=front->next;
    e=p->data;
    delete p;                               //释放出队结点
    return true;
}
```

5) 取队头元素：gethead(T& e)

与出队类似，但不需要删除首结点。对应的算法如下：

```cpp
bool gethead(T& e)                          //取队头运算
{
    if (rear==NULL)    return false;        //队列为空
    e=front->data;                          //取首结点的值
    return true;
}
```

上述算法的时间复杂度均为 $O(1)$。

3.2.5 链队的应用算法设计示例

【例 3.13】 采用链队求解第 2 章中例 2.16 的约瑟夫问题。

解：先定义一个链队 qu，对于 (n,m) 约瑟夫问题，依次将 $1\sim n$ 进队。循环 n 次出列 n 个小孩：依次出队 $m-1$ 次，将所有出队的元素立即进队(将他们从队头出队后插入队尾)，再出队第 m 个元素并且输出(出队第 m 个小孩)。对应的程序如下：

视频讲解

```cpp
#include "LinkQueue.cpp"                    //包含链队类模板的定义
void Jsequence(int n, int m)                //输出约瑟夫序列
{
    int x;
    LinkQueue<int> qu;                      //定义一个链队
    for (int i=1;i<=n;i++)                  //进队编号为 1 到 n 的 n 个小孩
        qu.push(i);
    for (int i=1;i<=n;i++)                  //共出队 n 个小孩
    {
        int j=1;
        while (j<=m-1)                      //出队 m-1 个小孩，并将他们进队
        {
            qu.pop(x);
            qu.push(x);
            j++;
```

```cpp
            }
            qu.pop(x);                    //出队第 m 个小孩,只出不进
            cout << x << " ";
        }
        cout << endl;
    }
    int main()
    {
        printf("测试 1: n=6,m=3\n");
        printf("   出列顺序:");
        Jsequence(6,3);
        printf("测试 2: n=8,m=4\n");
        printf("   出列顺序:");
        Jsequence(8,4);
        return 0;
    }
```

上述程序的执行结果如下:

测试 1: n=6,m=3
  出列顺序: 3 6 4 2 5 1
测试 2: n=8,m=4
  出列顺序: 4 8 5 2 1 3 7 6

说明:与第 2 章中的例 2.16 相比,这里用带首尾结点指针的链队代替了循环单链表。

3.2.6 STL 中的 queue 队列容器

STL 中的 queue 队列容器是前面介绍的队列数据结构的一种实现,具有先进先出的特点。queue 容器只有一个进口(即队尾(back))和一个出口(即队头(front)),可以在队尾插入(进队)元素,在队头删除(出栈)元素,不允许像数组那样从前向后或者从后向前顺序遍历,所以 queue 容器没有 begin()/end()和 rbegin()/rend()这样的用于迭代器的成员函数。

与 stack 栈容器一样,queue 队列容器也是一种适配器容器,其底层容器必须提供 front()、back()、push_back()和 pop_front()等操作,因此 queue 的底层容器可以是 deque(默认)或者 list,不能是 vector,因为 vector 容器没有提供头部操作函数(如 pop_front())。

例如,以下语句用于定义 3 个 queue 对象:

```
queue<int> qu1;                      //定义一个整数队列 qu1
queue<int> qu2(qu1);                 //由 qu1 队列复制产生 qu2 队列
queue<int, list<int>> qu3;           //定义整数队列 qu3,以 list 作为底层容器
```

queue 的主要成员函数及其说明如表 3.4 所示。

表 3.4 queue 容器的主要成员函数及其说明

成 员 函 数	说　　明
empty()	判断队列容器是否为空
size()	返回队列容器中的实际元素个数
front()	返回队头元素
back()	返回队尾元素
push(e)	元素 e 进队
pop()	元素出队

例如有以下程序：

```cpp
#include <iostream>
#include <queue>
using namespace std;
int main()
{
    queue<int> qu;
    qu.push(1); qu.push(2); qu.push(3);
    printf("队头元素：%d\n",qu.front());
    printf("队尾元素：%d\n",qu.back());
    printf("出队顺序：");
    while (!qu.empty())                    //出队所有元素
    {
        printf("%d ",qu.front());
        qu.pop();
    }
    printf("\n");
    return 0;
}
```

在上述程序中建立了一个整数队列 qu，进队 3 个元素，取队头和队尾元素，然后出队所有元素并输出。程序的执行结果如下：

队头元素：1
队尾元素：3
出队顺序：1 2 3

xxxxxxxxxxxxxxxxxxxxxxxxxxxxxxx【实战 3.3】 LeetCode225——用队列实现栈 xxxxxxxxxxxxxxxxxxxxxxxxxx

问题描述：使用队列实现栈的下列操作。
void push(int x)：元素 x 进栈。
int pop()：删除并且返回栈顶元素。
int top()：返回栈顶元素。
bool empty()：返回栈是否为空。

视频讲解

xxxxxxxxxxxxxxxxxxxxxxxxxxxxxxx【实战 3.4】 HDU1276——士兵队列训练问题 xxxxxxxxxxxxxxxxxxxxxxxxxx

时间限制：1000ms；内存限制：32 768KB。

问题描述：某部队进行新兵队列训练，将新兵从 1 开始按顺序依次编号，并排成一行横队。训练的规则如下：从头开始按 1～2 报数，凡报到 2 的出列，剩下的向小序号方向靠拢；再从头开始按 1～3 报数，凡报到 3 的出列，剩下的向小序号方向靠拢；继续从头开始按 1～2 报数，……；之后从头开始轮流按 1～2 报数、按 1～3 报数，直到剩下的人数不超过 3 个为止。

输入格式：本题有多个测试数据组，第一行为组数 n，接着为 n 行新兵人数，新兵人数不超过 5000。

输出格式：共有 n 行，分别对应输入的新兵人数，每行输出剩下的新兵的最初编号，编号之间有一个空格。

视频讲解

3.2.7 队列的综合应用

本节通过用队列求解迷宫问题来讨论队列的应用。

视频讲解

□ 问题描述

参见 3.1.7 节。

□ 迷宫的数据组织

参见 3.1.7 节。

□ 设计运算算法

用队列求迷宫路径的思路是从入口开始试探,当试探到一个方块 b 时,若该方块是出口,则输出对应的迷宫路径并返回,否则找其所有相邻可走方块,假设找到的方块顺序为 $b_1, b_2, \cdots, b_k$,称 b 方块为这些方块的前驱方块,这些方块称为 b 方块的后继方块,按 $b_1, b_2, \cdots, b_k$ 的顺序试探每个方块。

为此采用一个队列存放这些方块,那么当找到出口后如何求出迷宫路径呢?由于试探的每个方块可能有多个后继方块,但一定只有唯一的前驱方块(除了入口方块外),为此设置队列中方块元素的类型如下:

```
struct Box                        //队列中方块元素的类型
{
    int i,j;                      //方块的行、列号
    Box* pre;                     //本路径中上一方块的地址
    Box() {}                      //构造函数
    Box(int i1,int j1)            //重载构造函数
    {
        i=i1; j=j1;
        pre=NULL;
    }
};
```

假设当前试探的方块位置是 (i,j),对应的队列元素(Box 对象)为 b,如图 3.24 所示,一次性地找它所有的相邻可走方块。假设有 4 个相邻可走方块(一般情况下最多 3 个),则这 4 个相邻可走方块均进队,同时置每个 b_i 的 pre 域(即前驱方块)为 b,即 bi.pre=b。所以找到出口后,可以从出口通过 pre 域回推到入口,即找到一条迷宫路径。

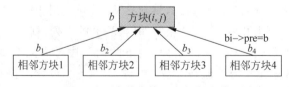

图 3.24 当前方块 b 和相邻方块

查找一条从 (xi,yi) 到 (xe,ye) 的迷宫路径的过程是首先建立入口方块 (xi,yi) 的 Box 对象 b,将 b 进队,在队列 qu 不为空时循环:出队一次,称该出队的方块 b 为当前方块,做如下处理。

① 如果 b 是出口,则从 b 出发沿着 pre 域回推到出口,找到一条迷宫逆路径 path,反向

输出该路径后返回 true。

② 否则,按顺时针方向一次性查找方块 b 的 4 个方位中的相邻可走方块,每个相邻可走方块均建立一个 Box 对象 b1,置 b1.pre=b,将 b1 进 qu 队列。与用栈求解一样,一个方块进队后,将其迷宫值置为-1,以避免重复搜索。

如果到队空都没有找到出口,表示不存在迷宫路径,返回 false。

在图 3.13 所示的迷宫图中求入口(0,0)到出口(3,3)迷宫路径的搜索过程如图 3.25 所示,图中带"×"的方块表示没有相邻可走方块,每个方块旁的数字表示搜索顺序,找到出口后,通过虚线(即 pre)找到一条迷宫逆路径。

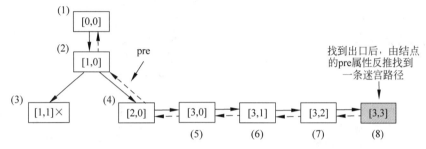

图 3.25 用队列求(0,0)到(3,3)迷宫路径的搜索过程

这里采用 queue 容器作为队列,但设计中存在一个问题,即在搜索迷宫路径中,队列中不再保存已经出队的方块,当找到出口时通过队列沿着 pre 反向推到迷宫路径中,由于某些前驱方块已经丢失无法找到完整的迷宫路径,为此采用指针方式,即 queue 中仅保存 Box 对象的指针,这样出队时仅出队指针,而指向的方块对象仍然存在,可以通过这些对象找到迷宫路径。用队列求解迷宫问题的 mgpath()算法如下:

```
bool mgpath(int xi,int yi,int xe,int ye)    //求一条从(xi,yi)到(xe,ye)的迷宫路径
{
    Box * b, * b1;
    queue<Box * > qu;                        //定义一个队列 qu
    b=new Box(xi,yi);                        //建立入口的对象 b
    qu.push(b);                              //入口对象 b 进队,其 pre 置为 NULL
    mg[xi][yi]=-1;                           //为避免来回找相邻方块,置 mg 值为-1
    while (!qu.empty())                      //队不空时循环
    {
        b=qu.front();                        //取队头方块 b
        if (b->i==xe && b->j==ye)            //找到了出口,输出路径
        {
            disppath(qu);                    //输出一条迷宫路径
            return true;                     //找到一条迷宫路径后返回 true
        }
        qu.pop();                            //出队方块 b
        for (int di=0;di<4;di++)             //循环扫描每个方位,把每个可走的方块进队
        {
            int i=b->i+dx[di];               //找 b 的 di 方位的相邻方块(i,j)
            int j=b->j+dy[di];
            if (i>=0 && i<m && j>=0 && j<n && mg[i][j]==0)
            {
```

```
                b1=new Box(i,j);            //(i,j)方块有效且可走,建立其队列对象 b1
                b1->pre=b;                  //将该相邻方块进队,并置 pre 指向前驱方块
                qu.push(b1);
                mg[i][j]=-1;                //为避免来回找相邻方块,置 mg 值为-1
            }
        }
    }
    return false;                           //未找到任何路径时返回 false
}
```

当找到出口后,队头恰好为出口方块元素,通过队列反向搜索并输出一条迷宫路径的算法如下:

```
void disppath(queue<Box *> & qu)           //输出一条迷宫路径
{
    vector<Box> apath;                     //存放一条迷宫路径
    Box * b;
    b=qu.front();                          //从队头开始向入口方向搜索
    while (b!=NULL)
    {
        apath.push_back(Box(b->i,b->j));   //将搜索的方块添加到 apath 中
        b=b->pre;
    }
    cout << "一条迷宫路径: ";
    for (int i=apath.size()-1;i>=0;i--)    //反向输出构成一条正向迷宫路径
        cout << "[" << apath[i].i << "," << apath[i].j << "]   ";
    cout << endl;
}
```

❑ 设计主程序

设计以下主程序用于求图 3.13 所示的迷宫图中从(0,0)到(3,3)的一条迷宫路径:

```
int main()
{
    int xi=0,yi=0,xe=3,ye=3;
    printf("求(%d,%d)到(%d,%d)的迷宫路径\n", xi,yi,xe,ye);
    if (!mgpath(xi,yi,xe,ye))
        cout << "不存在迷宫路径\n";
    return 0;
}
```

❑ 程序执行结果

本程序的执行结果如下:

一条迷宫路径: [0,0] [1,0] [2,0] [3,0] [3,1] [3,2] [3,3]

该路径如图 3.26 所示,迷宫路径上方块的箭头表示其前驱方块的方位。显然这个解是最优解,也就是最短路径。至于为什么用栈求出的迷宫路径不一定是最短路径,而用队列求出的迷宫路

图 3.26 用队列求出的一条迷宫路径

径一定是最短路径,将在第 8 章中说明。

在上述 mgpath()算法中定义的 qu 队列存放的是 Box 对象指针,通过 pre 成员表示前驱关系(指向路径中前驱 Box 对象的指针),也可以不在队列中表示前驱关系,专门设置一个 pre$[m][n]$ 二维数组来表示前驱关系,或者采用非循环队列,用数组模拟,出队的元素仍然在数组中,可以用来找迷宫路径。

视频讲解

3.2.8 STL 中的双端队列和优先队列

在 STL 中还提供了另外两种非常有用的队列容器,即双端队列容器和优先队列容器。

视频讲解

1. 双端队列容器 deque

双端队列是在队列的基础上扩展而来的,其示意图如图 3.27 所示。双端队列与队列一样,元素的逻辑关系也是线性关系,但队列只能在一端进队,在另一端出队,而双端队列可以在两端进行进队和出队操作,具有队列和栈的特性,因此使用更加灵活。

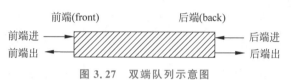

图 3.27 双端队列示意图

STL 中的双端队列 deque 是一种顺序容器,采用双向开口的连续线性空间,由若干个缓冲区块构成,每个块中元素的地址是连续的,块之间的地址是不连续的,如图 3.28 所示为 deque 容器的一般存储结构,系统有一个特定的机制维护这些块构成一个整体。

deque 的头、尾均能以常数时间插入和删除(vector 只能在尾端进行插入和删除),支持随机元素访问,但性能没有 vector 好;可以在中间位置插入和删除元素,但性能不及 list。与 vector 相比,deque 的容量大小是可以自动伸缩的,而 vector 的容量大小只会自动伸长,另外 deque 的空间重新分配比 vector 快。

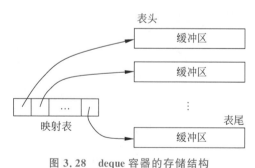

图 3.28 deque 容器的存储结构

定义 deque 双端队列容器的几种方式如下:

```
deque<int> dq1;                          //定义元素为 int 的双端队列 dq1
deque<int> dq2(10);                      //指定 dq2 的初始大小为 10 个 int 元素
deque<double> dq3(10,1.23);              //指定 dq3 的 10 个初始元素的初值为 1.23
deque<int> dq4(dq2.begin(),dq2.end());   //用 dq2 的所有元素初始化 dq4
```

deque 的主要成员函数及其说明如表 3.5 所示。

表 3.5　deque 容器的主要成员函数及其说明

成 员 函 数	说　　明
empty()	判断双端队列容器是否为空队
size()	返回双端队列容器中元素的个数
front()	返回队头元素
back()	返回队尾元素
push_front(e)	在队头插入元素 e
push_back(e)	在队尾插入元素 e
pop_front()	删除队头元素
pop_back()	删除队尾元素
erase()	从双端队列容器中删除一个或几个元素
clear()	删除双端队列容器中的所有元素
begin()	该函数的两个版本返回 iterator 或 const_iterator,引用容器首元素
end()	该函数的两个版本返回 iterator 或 const_iterator,引用容器尾元素的后一个位置
rbegin()	该函数的两个版本返回 reverse_iterator 或 const_reverse_iterator,引用容器尾元素
rend()	该函数的两个版本返回 reverse_iterator 或 const_reverse_iterator,引用容器首元素的前一个位置

例如有以下程序：

```cpp
#include <iostream>
#include <deque>
using namespace std;
int disp(deque<int> & dq)              //输出 dq 的所有元素
{
    deque<int>::iterator iter;         //定义迭代器 iter
    for (iter=dq.begin();iter!=dq.end();iter++)
        printf("%d ", * iter);
    printf("\n");
}
int main()
{
    deque<int> dq;                     //建立一个双端队列 dq
    dq.push_front(1);                  //队头插入 1
    dq.push_back(2);                   //队尾插入 2
    dq.push_front(3);                  //队头插入 3
    dq.push_back(4);                   //队尾插入 4
    printf("dq: "); disp(dq);
    dq.pop_front();                    //删除队头元素
    dq.pop_back();                     //删除队尾元素
    printf("dq: "); disp(dq);
    return 0;
}
```

在上述程序中定义了字符串双端队列 dq,利用插入和删除成员函数进行操作。程序的执行结果如下：

```
dq:3 1 2 4
dq:1 2
```

说明：如果仅使用双端队列的在同一端插入和删除的成员函数，该双端队列就变成了一个栈；如果仅使用双端队列的在不同端插入和删除的成员函数，该双端队列就变成了一个普通队列。

2．优先队列

视频讲解

所谓优先队列，就是这样的一种队列，队列中的每个元素都有一个优先级，优先级越高越优先出队。优先级与元素值的大小不是一回事，需要专门指定，如果指定元素值越大优先级越高，即元素值越大越优先出队，则称这样的优先队列为大根堆；如果指定元素值越小优先级越高，即元素值越小越优先出队，则称这样的优先队列为小根堆。实际上，普通队列就是按元素进队的先后时间作为优先级，越先进队的元素越优先出队。

STL 中的优先队列是 priority_queue 容器，它和 stack/queue 一样，也是一种适配器容器，其底层容器必须是用数组实现的，可以是 vector（默认）或者 deque，不能是 list。priority_queue 对象的一般定义格式如下：

priority_queue < type, container, functional >

其中，type 参数指出数据类型，container 参数指出底层容器，functional 参数指出比较函数。在默认情况下（不加后面两个参数）是以 vector 为底层容器，以 less<T> 为比较函数（即<运算符对应的仿函数）。所以在定义优先队列时只使用第一个参数，该优先队列默认的是元素值越大越优先出队（大根堆）。

priority_queue 容器的主要成员函数如表 3.6 所示，它们与 queue 容器的成员函数类似。与 STL 中的 sort() 算法一样，下面按 type 参数的数据类型分两种情况讨论 priority_queue 容器的使用。

表 3.6 priority_queue 容器的主要成员函数及其说明

成 员 函 数	说　　明
empty()	判断优先队列容器是否为空
size()	返回优先队列容器中实际元素的个数
push(e)	元素 e 进队
top()	获取队头元素
pop()	元素出队

1) type 为内置数据类型

对于 C/C++ 内置数据类型，默认的 functional 是 less<T>（小于比较函数），即建立的是大根堆（元素值越大越优先出队），可以改为 greater<T>（大于比较函数），这样元素值越小优先级越高（称为小根堆）。例如，建立大根堆：

priority_queue < int > big_heap;   //默认方式
priority_queue < int, vector < int >, less < int > > big_heap2;   //使用 less<T>比较函数

建立小根堆：

```
priority_queue<int,vector<int>,greater<int>> small_heap;    //使用greater<T>比较函数
```

2) type 为自定义类型

对于自定义数据类型(如类或者结构体),在建立优先队列(堆)时需要比较两个元素的大小,即设置元素的比较方式,在元素的比较方式中指出按哪个成员值做比较以及大小关系(是越大越优先还是越小越优先)。

同样默认的比较函数是 less<T>(即小于比较函数),但需要重载该函数。另外,还可以重载函数调用运算符()。通过这些重载函数来设置元素的比较方式。

归纳起来,假设 Stud 类中包含学号 no 和姓名 name 数据成员,设计各种优先队列的3 种方式如下。

方式 1: 在定义类或者结构体类型中重载<运算符(operator <),以指定元素的比较方式,例如 priority_queue<Stud> pq1 语句会调用默认的<运算符创建堆 pq1(是大根堆还是小根堆由<重载函数体确定)。

方式 2: 在定义类或者结构体中重载>运算符(operator >),以指定元素的比较方式,例如 priority_queue<Stud,vector<Stud>,greater<Stud>> pq2 语句会调用重载>运算符创建堆 pq2,此时需要指定优先队列的底层容器(这里为 vector,也可以是 deque)。

方式 3: 在单独定义的类或者结构体中重载函数调用运算符()(operator ()),以指定元素的比较方式,例如 priority_queue<Stud,vector<Stud>,StudCmp> pq3 语句会调用 StudCmp 的()运算符创建堆 pq3,此时需要指定优先队列的底层容器(这里为 vector,也可以是 deque)。

例如,以下程序分别采用上述 3 种方式创建 3 个优先队列:

```
#include <iostream>
#include <queue>
#include <string>
using namespace std;
class Stud                                    //定义类 Stud
{
public:
    int no;                                   //学号
    string name;                              //姓名
    Stud(int n,string na)                     //构造函数
    {
        no=n;
        name=na;
    }
    bool operator <(const Stud& s) const      //重载<比较函数
    {
        return no<s.no;                       //按 no 越大越优先出队
    }
    bool operator >(const Stud& s) const      //重载>比较函数
    {
        return no>s.no;                       //按 no 越小越优先出队
    }
};
```

```cpp
//类的比较函数,改写operator()
class StudCmp                                           //含重载()成员函数的类
{
public:
    bool operator()(const Stud& s,const Stud& t) const
    {
        return s.name<t.name;                           //按name越大越优先出队
    }
};
int main()
{
    Stud a[]={Stud(2,"Mary"),Stud(1,"John"),Stud(5,"Smith")};
    int n=sizeof(a)/sizeof(a[0]);
    //****************************************************
    //方式1:使用Stud类的<比较函数定义大根堆pq1
    //****************************************************
    priority_queue<Stud> pq1(a,a+n);
    cout<<"pq1出队顺序: ";
    while (!pq1.empty())                                //按no递减输出
    {
        cout<<"["<<pq1.top().no<<","<<pq1.top().name<<"]\t";
        pq1.pop();
    }
    cout<<endl;
    //****************************************************
    //方式2:使用Stud类的>比较函数定义小根堆pq2
    //****************************************************
    priority_queue<Stud,deque<Stud>,greater<Stud>> pq2(a,a+n);
    cout<<"pq2出队顺序: ";
    while (!pq2.empty())                                //按no递增输出
    {
        cout<<"["<<pq2.top().no<<","<<pq2.top().name<<"]\t";
        pq2.pop();
    }
    cout<<endl;
    //****************************************************
    //方式3:使用StudCmp类的比较函数定义大根堆pq3
    //****************************************************
    priority_queue<Stud,deque<Stud>,StudCmp> pq3(a,a+n);
    cout<<"pq3出队顺序: ";
    while (!pq3.empty())                                //按name递减输出
    {
        cout<<"["<<pq3.top().no<<","<<pq3.top().name<<"]\t";
        pq3.pop();
    }
    cout<<endl;
    return 0;
}
```

上述程序的执行结果如下：

pq1 出队顺序：［5,Smith］　［2,Mary］　［1,John］
pq2 出队顺序：［1,John］　　［2,Mary］　［5,Smith］
pq3 出队顺序：［5,Smith］　［2,Mary］　［1,John］

说明：priority_queue 容器的实现原理将在第 10 章介绍，在此之前读者仅需要掌握该容器的基本应用。

3.3* 栈和队列的扩展——单调栈和单调队列

3.3.1 单调栈

视频讲解

若在应用栈时始终维护从栈底到栈顶的元素是有序的，称这样的栈为**单调栈**。也就是说，单调栈中的元素是有序的，单调栈分为单调递增栈和单调递减栈两种，前者从栈底到栈顶的元素是递增的，后者从栈底到栈顶的元素是递减的，如图 3.29 所示。单调栈可以直接采用 STL 的 stack 容器来实现。

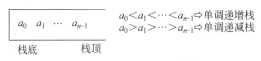

图 3.29　单调栈示意图

单调栈的简单应用是由输入序列产生一个单调栈。这里以单调递增栈为例，元素 e 进栈的过程是从栈顶开始，把大于 e 的元素出栈，直到遇到一个小于或等于 e 的元素或者栈为空时为止，然后把 e 进栈。对于单调递减栈，则每次弹出的是小于 e 的元素。

例如有一个整数序列 $a=\{3,4,2,6,4,5,2,3\}$，用 i 遍历 a，产生一个递减栈 st，过程如下：

① $i=0,a[0]=3$。栈 st 为空，将 $a[0]$ 进栈 $\Rightarrow$ st$=(3)$。
② $i=1,a[1]=4$。栈 st 非空，$a[1]<$ 栈顶元素不成立，出栈 3，栈为空，再将 $a[1]$ 进栈 $\Rightarrow$ st$=(4)$。
③ $i=2,a[2]=2$。栈 st 非空，$a[2]<$ 栈顶元素成立，将 $a[2]$ 进栈 $\Rightarrow$ st$=(4,2)$。
④ $i=3,a[3]=6$。栈 st 非空，$a[3]<$ 栈顶元素不成立，出栈 2，再出栈 4，栈为空，再将 $a[3]$ 进栈 $\Rightarrow$ st$=(6)$。
⑤ $i=4,a[4]=4$。栈 st 非空，$a[4]<$ 栈顶元素成立，将 $a[4]$ 进栈 $\Rightarrow$ st$=(6,4)$。
⑥ $i=5,a[5]=5$。栈 st 非空，$a[5]<$ 栈顶元素不成立，出栈 4，再将 $a[5]$ 进栈 $\Rightarrow$ st$=(6,5)$。
⑦ $i=6,a[6]=2$。栈 st 非空，$a[6]<$ 栈顶元素成立，将 $a[6]$ 进栈 $\Rightarrow$ st$=(6,5,2)$。
⑧ $i=7,a[7]=3$。栈 st 非空，$a[7]<$ 栈顶元素不成立，出栈 2，再将 $a[7]$ 进栈 $\Rightarrow$ st$=(6,5,3)$。

【例 3.14】　一个栈 st 中有若干个整数，设计一个算法利用一个辅助栈将该栈改变为单调递减栈。

解：设辅助栈为 st1，第一步是将 st 中的所有整数进入 st1 并使 st1 为一个单调递增栈，第二步是依次将 st1 中的所有整数出栈并进栈 st,则 st 栈改变为单调递减栈。

实现第一步的操作是,当 st 栈不空时循环：st 栈出栈元素 e,将 st1 栈顶大于或等于 e 的元素退栈并进到 st 栈中,再将元素 e 进 st1 栈。最后将 st1 中的所有元素退栈并进到 st 栈中。

对应的算法如下：

```
void Sortst(stack <int> & st)
{
    stack <int> st1;                        //定义临时栈 st1
    int e;
    while (!st.empty())                     //将 st1 变为单调递增栈
    {
        e=st.top();                         //st 出栈元素 e
        st.pop();
        while (!st1.empty() && e<st1.top()) //e 相对 st1 是反序时
        {
            st.push(st1.top());             //退栈 st1 中大于 e 的元素并进栈 st
            st1.pop();
        }
        st1.push(e);                        //将 e 进 st1 栈
    }
    while (!st1.empty())                    //将 st1 中的所有元素退栈并进到 st 栈中
    {
        e=st1.top();
        st1.pop();
        st.push(e);
    }
}
```

单调栈更复杂的应用是求一个序列中以某个元素为最值（最大值或者最小值）的最大延伸区间,比当前元素更大的前一个元素和后一个元素,比当前元素更小的前一个元素和后一个元素等。例如,$a[]=\{2,3,2,5,1,4\}$,从左到右遍历每一个整数 $a[i]$（$0 \leq i \leq n-1$）,并求出以 $a[i]$ 为最小值所能延伸的最大区间（即这个区间中的所有整数均大于或等于 $a[i]$）。例如 $a[0]=2$,以它为最小值所能延伸的最大区间是 $\{2,3,2,5\}$；对于 $a[1]=3$,以它为最小值所能延伸的最大区间是 $\{3\}$,以此类推。

【实战 3.5】 LeetCode84——柱状图中最大的矩形

问题描述：给定 n 个非负整数,用来表示柱状图中各个柱子的高度。每个柱子彼此相邻,且宽度为 1,求在该柱状图中能够勾勒出来的矩形的最大面积。例如,如图 3.30(a)所示的柱状图,其中每个柱子的宽度为 1,给定的高度 heights[]=\{2,1,5,6,2,3\},求出的最大面积的矩形如图 3.30(b)所示,其面积为 10。

要求设计相应的 largestRectangleArea()函数：

视频讲解

```
class Solution
{
public:
    int largestRectangleArea(vector <int> & heights)
    { ... }
};
```

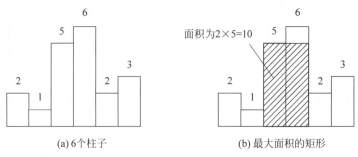

图 3.30　一个柱状图及其求解结果

3.3.2　单调队列

视频讲解

若在应用队列时始终维护从队头到队尾的元素是有序的,称这样的队列为**单调队列**。也就是说,单调队列中的元素是有序的,单调队列分为单调递增队列和单调递减队列,前者从队头到队尾的元素是递增的,后者从队头到队尾的元素是递减的,如图 3.31 所示。

图 3.31　单调队列示意图

单调队列通常用于维护一个输入序列中指定区间的最值(即指定区间中的最大值或者最小值),假设区间的长度为 k,其基本操作是队头出队、队尾进队和出队:

① 队中元素的顺序(从队头到队尾)是输入序列中的元素从前向后的相对顺序。

② 保持队列的单调性,队头为最值,求最大值时采用单调递减队列 minqu,求最小值时采用单调递增队列 maxqu。

③ 元素 x 进队总是从队尾进,如果是单调递减队列,若 x≤队尾元素,直接将 x 进队,否则从队尾出队元素,直到 x≤队尾元素(称为去尾操作),再将 x 进队;如果是单调递增队列,若 x≥队尾元素,直接将 x 进队,否则从队尾出队元素,直到 x≥队尾元素,再将 x 进队。

④ 从队头出队超过区间的元素(过期元素),如果当前位置是 i,若 i-队头元素序号≥k,则说明队头元素超过当前区间,需要出队(称为掐头操作)。所以在单调队列中需要保存元素的时间戳以便确定是否过期。

通常单调队列采用 STL 中的 deque 容器来实现,由于输入序列中的每个元素只会进队和出队一次,所以单调队列的时间复杂度是 $O(n)$,是非常高效的。

例如,一个整数序列 $a=\{3,1,2,5,4\}$,输出所有长度为 3 的区间的最小值,用 i 遍历 a,采用单调递增队列 qu,$k=3$,求解过程如下:

① $i=0$,$a[0]=3$。qu 为空,将 $a[0]$ 从队尾进队⇨qu=(3)。

② $i=1$,$a[1]=1$。$a[1]$≥队尾元素不成立,做去尾操作,出队尾 3,将 1 从队尾进队⇨qu=(1)。

③ $i=2$,$a[2]=2$。$a[2]$≥队尾元素成立,将 2 从队尾进队⇨qu=(1,2)。求得 {3,1,2} 区间的最小值为队头 1。

④ $i=3, a[3]=5$。$a[3]\geqslant$队尾元素成立,将 5 从队尾进队 ⇨ qu=(1,2,5)。求得{1,2,5}区间的最小值为队头 1。

⑤ $i=4, a[4]=4$。$a[4]\geqslant$队尾元素不成立,做去尾操作,出队尾 5,将 4 从队尾进队 ⇨ qu=(1,2,4)。再做掐头操作,出队头 1 ⇨ qu=(2,4)。求得{2,5,4}区间的最小值为队头 2。

所以 $a=\{3,1,2,5,4\}$ 时长度为 3 的区间的最小值序列为 1,1,2。求区间的最大值序列与之相似。

【实战 3.6】 POJ2823——滑动窗口

视频讲解

时间限制:12 000ms;内存限制:65 536KB。

问题描述:给出一个长度为 $n\leqslant 10^6$ 的整数数组。有一个大小为 k 的滑动窗口,它从数组的最左边移动到最右边,用户只能在窗口中看到 k 个整数。每次滑动窗口向右移动一个位置。在如表 3.7 所示的例子中,该数组为{1,3,−1,−3,5,3,6,7},k 为 3。

表 3.7 一个 $k=3$ 的滑动窗口例子

窗口位置	最小值	最大值
[1 3 −1] −3 5 3 6 7	−1	3
1 [3 −1 −3] 5 3 6 7	−3	3
1 3 [−1 −3 5] 3 6 7	−3	5
1 3 −1 [−3 5 3] 6 7	−3	5
1 3 −1 −3 [5 3 6] 7	3	6
1 3 −1 −3 5 [3 6 7]	3	7

确定每个位置的滑动窗口中的最大值和最小值。

输入格式:输入包含两行,第一行包含两个整数 n 和 k,它们是数组和滑动窗口的长度,第二行有 n 个整数。

输出格式:输出中有两行,第一行按从左到右的顺序给出每个位置的窗口中的最小值,第二行为对应的最大值。

3.4 练习题

3.4.1 问答题

1. 简述线性表、栈和队列的异同。

2. 设输入元素为 1、2、3、P 和 A,进栈次序为 123PA,元素经过栈后到达输出序列,当所有元素均到达输出序列后,有哪些序列可以作为高级语言的变量名?

3. 假设以 I 和 O 分别表示进栈和出栈操作,则初态和终态为栈空的进栈和出栈操作序列可以表示为仅由 I 和 O 组成的序列,称可以实现的栈操作序列为合法序列(例如 IIOO 为合法序列,IOOI 为非法序列)。试给出区分给定序列为合法序列或非法序列的一般准则。

4. 有 n 个不同元素的序列经过一个栈产生的出栈序列个数是多少?

5. 若一个栈的存储空间是 data[0..n−1],则对该栈的进栈和出栈操作最多只能执行 n 次。这句话正确吗?为什么?

6. 若采用数组 data[0..m−1]存放栈元素,回答以下问题:

(1) 只能以 data[0]端作为栈底吗?

(2) 为什么不能以 data 数组的中间位置作为栈底?

7. 链栈只能顺序存取,而顺序栈不仅可以顺序存取,还能够随机存取。这句话正确吗?为什么?

8. 什么叫队列的"假溢出"? 如何解决假溢出?

9. 假设循环队列的元素存储空间为 data[0..m−1],队头指针 f 指向队头元素,队尾指针 r 指向队尾元素的下一个位置(例如 data[0..5],队头元素为 data[2],则 front=2,队尾元素为 data[3],则 rear=4),则在少用一个元素空间的前提下,表示队空和队满的条件各是什么?

10. 在算法设计中有时需要保存一系列临时数据元素,如果先保存的后处理,应该采用什么数据结构存放这些元素?如果先保存的先处理,应该采用什么数据结构存放这些元素?

3.4.2 算法设计题

1. 给定一个字符串 str,设计一个算法,采用顺序栈判断 str 是否为形如"序列1@序列2"的合法字符串,其中序列2是序列1的逆序,在 str 中恰好只有一个@字符。

2. 假设有一个链栈 st,设计一个算法,出栈从栈顶开始的第 k 个结点。

3. 设计一个算法,利用顺序栈将一个十进制正整数 d 转换为 $r(2 \leqslant r \leqslant 16)$ 进制的数,要求 r 进制数采用字符串 string 表示。

4. 用于列车编组的铁路转轨网络是一种栈结构,如图 3.32 所示。其中,右边轨道是输入端,左边轨道是输出端。当右边轨道上的车皮编号顺序为 1、2、3、4 时,如果执行操作进栈、进栈、出栈、进栈、进栈、出栈、出栈、出栈,则在左边轨道上的车皮编号顺序为 2、4、3、1。设计一个算法,给定 n 个整数序列 a 表示右边轨道上的车皮编号顺序,用上述转轨栈对这些车皮重新编号,使得编号为奇数的车皮都排在编号为偶数的车皮的前面,要求产生所有操作的字符串 op 和最终结果字符串 ans。

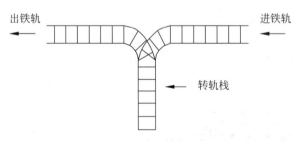

图 3.32 铁路转轨网络

5. 设计一个算法,利用一个顺序栈将一个循环队列中的所有元素倒过来,队头变队尾,队尾变队头。

6. 对于给定的正整数 $n(n>2)$,利用一个队列输出 n 阶杨辉三角形。5 阶杨辉三角形如图 3.33(a)所示,其输出结果如图 3.33(b)所示。

7. 有一个整数数组 a,设计一个算法,将所有偶数位的元素移动到所有奇数位的元素的前面,要求它们的相对次序不变。例如,$a=\{1,2,3,4,5,6,7,8\}$,移动后 $a=\{2,4,6,8,1,3,5,7\}$。

(a) n=5时的杨辉三角形　　　　(b) 输出结果

图 3.33　5 阶杨辉三角形及其生成过程

8. 设计一个循环队列 QUEUE<T>，用 data[0..MaxSize−1]存放队列元素，用 front 和 rear 分别作为队头和队尾指针，另外用一个标志 tag 标识队列可能空(false)或可能满(true)，这样加上 front==rear 可以作为队空或队满的条件。要求设计队列的相关基本运算算法。

3.5　上机实验题

3.5.1　基础实验题

1. 设计整数顺序栈的基本运算程序，并用相关数据进行测试。
2. 设计整数链栈的基本运算程序，并用相关数据进行测试。
3. 设计整数循环队列的基本运算程序，并用相关数据进行测试。
4. 设计整数链队的基本运算程序，并用相关数据进行测试。

3.5.2　应用实验题

1. 改进用栈求解迷宫问题的算法，累计如图 3.34 所示的迷宫的路径条数，并输出所有的迷宫路径。

2. 括号匹配问题。在某个字符串(长度不超过 100)中有左括号、右括号和大小写字母，规定(与常见的算术表达式一样)任何一个左括号都从内到外与在它右边且距离最近的右括号匹配。编写一个实验程序，找到无法匹配的左括号和右括号，输出原来的字符串，并在下一行标出不能匹配的括号。不能匹配的左括号用"＄"标出，不能匹配的右括号用"？"标出。例如，输出样例如下：

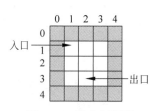

图 3.34　迷宫示意图

```
( (ABCD(x)
$ $
)(rttyy())sss)(
?          ?$
```

3. 修改第 3 章 3.2 节中的循环队列算法，增加数据成员 length 表示长度，并且其容量可以动态扩展，在进队元素时若容量满按两倍扩大容量，在出队元素时若当前容量大于初始容量并且元素的个数只有当前容量的 1/4，则缩小当前容量为一半。通过测试数据说明队列容量变化的情况。

4. 采用一个不带头结点、只有一个尾结点指针 rear 的循环单链表存储队列，设计出这种链队的进队、出队、判队空和求队中元素个数的算法。

5. 设计一个队列类 QUEUE,其包含判断队列是否为空、进队和出队运算。要求用两个栈 st1、st2 模拟队列,其中栈用 stack<T>容器表示。

6. 设计一个栈类 STACK,其包含判断栈是否为空、进栈和出栈运算。要求用两个队列 qu1、qu2 模拟栈,其中队列用 queue<T>容器表示。

3.6 在线编程题

1. LeetCode150——逆波兰表达式求值
2. LeetCode622——设计循环队列
3. HDU5818——合并栈操作
4. HDU6215——暴力排序
5. HDU4699——编辑器
6. HDU6375——度度熊学队列
7. HDU4393——扔钉子
8. POJ3032——纸牌戏法
9. POJ2259——团队队列
10. POJ2559——最大矩形面积
11. POJ3984——迷宫问题
12. POJ1686——算术式子是否等效

CHAPTER 4

第 4 章 串

串是字符串的简称,它属于一种特殊的线性表,在实际生活中的应用十分广泛。

本章的学习要点如下:

(1) 串的相关概念,串与线性表之间的异同。
(2) 顺序串和链串中的基本运算算法设计。
(3) STL 中 string 容器的使用方法。
(4) 模式匹配 BF 算法和 KMP 算法的设计及其应用。
(5) 灵活运用串解决一些较复杂的应用问题。

4.1 串的定义

串在计算机非数值处理中占有重要的地位,例如信息检索系统、文字编辑等都是以串数据作为处理对象。本节介绍串的相关定义和串的抽象数据类型。

串是由零个或多个字符组成的有限序列,记作 str=$"a_0 a_1 \cdots a_{n-1}"(n \geqslant 0)$,其中 str 是串名,用双引号或单引号括起来的字符序列为串值,引号是界限符,$a_i(0 \leqslant i \leqslant n-1)$是一个任意字符(字母、数字或其他字符),它称为串的元素,是构成串的基本单位,串中所包含的字符个数 n 称为**串的长度**,当 $n=0$ 时称为**空串**。

视频讲解

通常将仅由一个或多个空格组成的串称为空白串。注意空串和空白串不同,例如" "(含一个空格)和""(不含任何字符)分别表示长度为 1 的空白串和长度为零的空串。一个串中任意连续的字符组成的子序列称为该串的**子串**,例如"a""ab""abc"和"abcd"等都是"abcde"的子串。包含子串的串相应地称为**主串**。

若两个串的长度相等且对应字符都相等,则称**两个串相等**。当两个串不相等时,可按"词典顺序"区分大小。

【例 4.1】 设 s 是一个长度为 n 的串,其中字符各不相同,则 s 中所有子串的个数是多少？

解：对于这样的串 s，空串是其子串，计 1 个；每单个字符构成的串是其子串，计 n 个；每两个连续的字符构成的串是其子串，计 $n-1$ 个；每 3 个连续的字符构成的串是其子串，计 $n-2$ 个；以此类推，每 $n-1$ 个连续的字符构成的串是其子串，计 2 个；s 是其自身的子串，计 1 个，因此子串个数 $=1+n+(n-1)+\cdots+2+1=n(n+1)/2+1$。例如，$s=$"software" 的子串个数 $=(8\times9)/2+1=37$。

抽象数据类型串的定义如下：

ADT String
{
数据对象：
　　$D=\{a_i \mid 0 \leqslant i \leqslant n-1, n \geqslant 0, a_i$ 为字符类型$\}$
数据关系：
　　$R=\{r\}$
　　$r=\{<a_i, a_{i+1}> \mid a_i, a_{i+1} \in D, i=0, \cdots, n-2\}$
基本运算：
　　StrAssign(cstr)：由 C-字符串 cstr 创建一个串，即生成其值等于 cstr 的串。
　　StrCopy()：串复制，返回由当前串复制产生的一个串。
　　getlength()：求串长，返回当前串中字符的个数。
　　geti(i)：返回序号为 i 的字符。
　　seti(i,x)：设置序号为 i 的字符为 x。
　　Concat(t)：串连接，返回一个当前串和串 t 连接后的结果。
　　SubStr(i,j)：求子串，返回当前串中从第 i 个字符开始的 j 个连续字符组成的子串。
　　InsStr(i,t)：串插入，返回串 t 插入当前串的第 i 个位置后的子串。
　　DelStr(i,j)：串删除，返回当前串中删去从第 i 个字符开始的 j 个字符后的结果。
　　RepStr(i,j,t)：串替换，返回用串 t 替换当前串中从第 i 个字符开始的 j 个字符后的结果。
　　DispStr()：输出字符串。
}

其中，"C-字符串"是指采用 C/C++ 字符数组存放的字符串，以 '\0' 标识结尾。

4.2 串的存储结构

和线性表一样，串也有顺序存储结构和链式存储结构两种，前者简称为顺序串，后者简称为链串。

视频讲解

4.2.1 串的顺序存储结构——顺序串

在顺序串中，串中的字符被依次存放在一组连续的存储单元里。一般来说，1 字节（8 位）可以表示一个字符（即该字符的 ASCII 码）。和顺序表一样，用一个 data 数组和一个整型变量 length 来表示一个顺序串，length 表示串的长度。为了简单，data 数组采用固定容量 MaxSize（读者可以模仿顺序表改为动态容量方式）。设计顺序串类 SqString 如下：

```
const int MaxSize=100;                    //字符串的最大长度
class SqString                            //顺序串类
{
public:                                   //为了简单,将成员均设置为公有的
```

```
    char *  data;                    //存放串中的元素
    int length;                      //串的长度
    //串的基本运算算法
};
```

顺序串上的基本运算算法设计与顺序表类似，这里仅以求当前串 str 中的子串为例进行说明。该子串是 str 中从序号 i 开始的连续 j 个字符，设尾序号为 x，有 $x-i+1=j$，即 $x=i+j-1$，也就是说该子串是由 str.data$[i..i+j-1]$ 连续字符构成的，参数 i 和 j 的有效情况如下：

① $i \geqslant 0, j \geqslant 0$。

② $i+j-1 \leqslant n-1 \Rightarrow i+j \leqslant n$（子串的终止序号一定在 str 的有效范围内）。

先创建一个空串 s，当参数不正确时直接返回 s（空串）；当参数正确时，由 str.data$[i..i+j-1]$，复制产生 s.data$[0..j-1]$。对应的算法如下：

```
SqString& SubStr(int i,int j)        //求子串运算算法
{
    static SqString s;               //新建一个空串
    if (i<0 || i>=length || j<0 || i+j>length)
        return s;                    //参数不正确时返回空串
    for (int k=i;k<i+j;k++)          //str.data[i..i+j-1]->s
        s.data[k-i]=data[k];
    s.length=j;
    return s;                        //返回新建的顺序串
}
```

例如，由顺序串 s 产生子串 t 对象的结果如图 4.1 所示，$s=$"abcd123"，执行 $t=$s.SubStr(2,4) 返回 s 中从序号 2 开始的 4 个字符构成的子串 t，即 $t=$"cd12"。

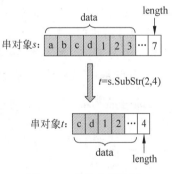

图 4.1 求子串示意图

【例 4.2】 设计一个算法 Strcmp(s,t)，以字典顺序比较两个英文字母串 s 和 t 的大小，假设两个串均以顺序串存储。

解：本例的算法思路如下。

① 比较 s 和 t 共同长度（即两串的最小长度）范围内的对应字符 $s[i]$ 和 $t[i]$，若 $s[i]>t[i]$ 返回 1，若 $s[i]<t[i]$ 返回 -1。

② s 和 t 共同长度范围内的所有字符均相同，若 s 的长度大于 t 的长度返回 1，若 s 的长度小于 t 的长度返回 -1，若长度相同返回 0。

对应的算法如下：

```
int Strcmp(SqString& s,SqString& t)           //比较串 s 和 t 的算法
{
    int minl=min(s.getlength(),t.getlength()); //求 s 和 t 中的最小长度
    for (int i=0;i<minl;i++)                   //在共同长度内逐个字符比较
        if (s.data[i]>t.data[i]) return 1;
        else if (s.data[i]<t.data[i]) return -1;
    if (s.getlength()==t.getlength())          //s==t
```

```
            return 0;
      else if (s.getlength()>t.getlength())      //s > t
            return 1;
      else                                       //s < t
            return −1;
}
```

4.2.2 串的链式存储结构——链串

视频讲解

链串的组织形式与一般的链表类似,主要区别在于链串中的一个结点可以存储多个字符。通常将链串中每个结点所存储的字符个数称为结点大小。图 4.2(a)和图 4.2(b)分别表示了同一个串"ABCDEFGHIJKLMN"的结点大小为 4(存储密度大)和 1(存储密度小)的链式存储结构。

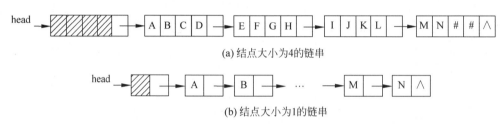

(a) 结点大小为4的链串

(b) 结点大小为1的链串

图 4.2　两个结点大小不同的链串

当结点大小大于 1(例如结点大小等于 4)时,链串尾结点的各个数据域不一定总能被字符占满,此时应在这些未占用的数据域中补上不属于字符集的特殊符号(例如'♯'字符),以示区别(参见图 4.2 中的最后一个结点)。

在设计链串时,结点大小越大,则存储密度越大,但当链串的结点大小大于 1 时,一些操作(例如插入、删除、替换等)可能因大量移动字符而十分麻烦。为了简单,这里规定链串的结点大小均为 1。链串的结点类型 LinkNode 定义如下:

```
struct LinkNode                                  //链串结点类型
{
    char data;                                   //存放一个字符
    LinkNode * next;                             //指向下一个结点
    LinkNode():next(NULL) {}                     //构造函数
    LinkNode(char d):data(d),next(NULL) {}       //重载构造函数
};
```

一个链串用一个头结点 head 来唯一标识,设计链串类 LinkString 如下:

```
class LinkString                                 //链串类
{
public:                                          //为了简单,将成员均设置为公有的
    LinkNode * head;                             //链串的头结点 head
    int length;                                  //链串的长度
    //串的基本运算算法
};
```

链串上的基本运算算法设计与单链表类似,这里仅以串插入算法为例进行说明。对于

一个链串,在序号 i 的位置插入串 t 时,先创建一个空串 s,当参数正确时,采用尾插法建立结果串 s 并返回 s:

① 将当前链串的前 i 个结点复制到 s 中。
② 将 t 中的所有结点复制到 s 中。
③ 将当前串的余下结点复制到 s 中。

如果参数错误,返回空串。对应的算法如下:

```
LinkString& InsStr(int i, LinkString& t)     //串插入
{
    static LinkString s;                      //新建一个空串
    if (i<0 || i>length) return s;            //参数不正确时返回空串
    LinkNode * p=head->next, * p1=t.head->next;
    LinkNode * r=s.head, * q;                 //r 指向新建链表的尾结点
    for (int k=0; k<i; k++)                   //将当前链串的前 i 个结点复制到 s
    {
        q=new LinkNode(p->data);              //新建结点 q
        r->next=q; r=q;                       //将结点 q 链接到尾部
        p=p->next;
    }
    while (p1!=NULL)                          //将 t 中的所有结点复制到 s
    {
        q=new LinkNode(p1->data);             //新建结点 q
        r->next=q; r=q;                       //将结点 q 链接到尾部
        p1=p1->next;
    }
    while (p!=NULL)                           //将 p 及其后的结点复制到 s
    {
        q=new LinkNode(p->data);              //新建结点 q
        r->next=q; r=q;                       //将结点 q 链接到尾部
        p=p->next;
    }
    s.length=length+t.length;
    r->next=NULL;                             //将尾结点的 next 置为空
    return s;                                 //返回新建的链串
}
```

例如,将串对象 s 插入串对象 t 中产生对象 $t1$ 的进程如图 4.3 所示,s="abcd",t="123",执行 t1=s.InsStr(2,t),在 s 中序号 2 的位置插入 t,得到 t1="ab123cd"。

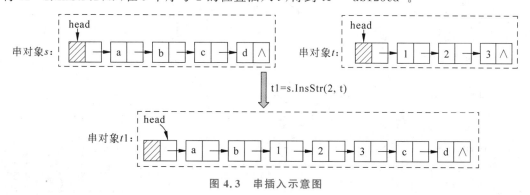

图 4.3 串插入示意图

【例 4.3】 假设字符串采用链串存储,设计一个算法 StrEqual(s,t) 比较两个链串 s、t 是否相等。

解：两个串 s、t 相等的条件是它们的长度相等且所有对应位置上的字符均相同。当 s 和 t 采用链串存储时,先看它们的长度是否相等,不相等时返回 false；当长度相等时从头开始依次比较相应字符是否相同,只要有一次比较不相同便返回 false,若两个链串均比较完毕,则返回 true。对应的算法如下：

```
bool StrEqual1(LinkString& s,LinkString& t)     //判断链串 s 和 t 是否相等
{
    if (s.length!=t.length) return false;        //长度不等返回 false
    for (int i=0; i<s.length;i++)
        if (s.geti(i)!=t.geti(i)) return false;  //在链串中 geti(i)的时间为 O(n)
    return true;
}
```

在上述算法中利用链串的 geti(i) 获取序号为 i 的结点的值(时间复杂度为 $O(n)$),导致算法的时间复杂度为 $O(n^2)$,可以直接改成结点遍历以提高性能：

```
bool StrEqual2(LinkString& s,LinkString& t)     //判断链串 s 和 t 是否相等
{
    if (s.length!=t.length) return false;        //长度不等返回 false
    LinkNode* p=s.head->next;
    LinkNode* q=t.head->next;
    while (p!=NULL && q!=NULL)
    {
        if (p->data!=q->data) return false;
        p=p->next; q=q->next;                    //p、q 同步后移一个结点
    }
    return true;
}
```

改进后的算法的时间复杂度为 $O(n)$。

4.3 STL 中的 string

STL 中的 string 是一个保存字符序列的容器,类似 vector<char>,因此除了提供字符串的一些常用操作以外,还包含序列容器的操作。字符串的常用操作包括增加、删除、修改、查找比较、连接、输入和输出等。string 重载了许多运算符,包括 +、+=、<、=、[]、<< 和 >> 等。正是因为有了这些运算符,使用 string 实现字符串的操作变得非常方便、简洁。

创建 string 容器的几种方式及其说明如图 4.1 所示。

视频讲解

表 4.1 创建 string 容器的几种方式及其说明

创 建 方 式	说 明
string()	建立一个空的字符串
string(const string& s)	用字符串 s 建立当前字符串
string(const string& str,size_t str_idx)	用字符串 str 起始于 str_idx 的字符建立当前字符串
string(const string& s,size_t i,size_t num)	用字符串 s 起始于 i 的 num 个字符建立当前字符串

续表

创建方式	说明
string(const char * cstr)	用 C-字符串 cstr 建立当前字符串
string(const char * chars,size_t len)	用 C-字符串 chars 的开头 len 个字符建立当前字符串
string(size_t num,char c)	用 num 个字符 c 建立当前字符串

例如,以下语句定义了 5 个 string 对象：

```
char cstr[]="China! Greate Wall";      //定义一个 C-字符串
string s1(cstr);                        // s1:China! Greate Wall
string s2(s1);                          // s2:China! Greate Wall
string s3(cstr,7,11);                   // s3:Greate Wall
string s4(cstr,6);                      // s4:China!
string s5(5,'A');                       // s5:AAAAA
```

string 容器中包含了众多的其他成员函数,用于实现各种常用字符串操作。常用的成员函数如图 4.2 所示,其中 IT 为迭代器 iterator 的简写,size_t 在不同的机器上长度是可以不同的,并非固定的长度,例如通常 size_t 为 unsigned int 类型。

表 4.2 string 容器的主要成员函数及其说明

成员函数	说明
empty()	判断当前字符串是否为空串
length()、size()	返回当前字符串的实际字符个数(返回结果为 size_t 类型)
[p]	返回当前字符串位于序号 p 的字符,序号从 0 开始
front()	返回当前字符串的首字符
back()	返回当前字符串的尾字符
compare(const string& s)	返回当前字符串与字符串 s 的比较结果,若两者相等返回 0,若前者小于后者返回 -1,否则返回 1
append(s)	在当前字符串的末尾添加一个字符串 s
push_back(char c)	在当前字符串的末尾添加一个字符 c
pop_back()	在当前字符串中删除末尾字符
insert(size_t p,const string& s)	在当前字符串的序号 p 处插入一个字符串 s
insert(IT p,char c)	在当前字符串中迭代器 p 指向的位置上插入一个字符 c
find(string& s,size_t p=0)	在当前字符串中从 p 位置开始查找字符串 s 的第一个位置,找到后返回其位置,没有找到返回 -1
find(char c,size_t p=0)	在当前字符串中从 p 位置开始查找字符 c 的第一个位置,找到后返回其位置,没有找到返回 -1
rfind(string& s,size_t p=0)	在当前字符串中从 p 位置开始查找字符串 s 的最后一个位置,找到后返回其位置,没有找到返回 -1
rfind(char c,size_t p=0)	在当前字符串中从 p 位置开始查找字符 c 的最后一个位置,找到后返回其位置,没有找到返回 -1
replace(size_t p,size_t len,const string& s)	将当前字符串中起始于 p 的 len 个字符用一个字符串 s 替换
replace(IT beg,IT end,const string& s)	将当前字符串中[beg,end)迭代器区间(不含 end)的所有字符用字符串 s 替换

续表

成员函数	说明
substr(size_t p)	返回当前字符串起始于 p 的子串
substr(size_t p, size_t len)	返回当前字符串起始于 p 的长度为 len 的子串
clear()	删除当前字符串中的所有字符
erase()	删除当前字符串中的所有字符
erase(size_t p)	删除当前字符串中从序号 p 开始的所有字符
erase(size_t p, size_t len)	删除当前字符串中从序号 p 开始的 len 个字符
erase(IT beg, IT end)	删除当前字符串中[beg,end)迭代器区间的所有字符
begin()	返回容器中第一个元素的迭代器
end()	返回容器中尾元素后面一个位置的迭代器
rbegin()	返回容器中尾元素的反向迭代器
rend()	返回容器中首元素前面一个位置的反向迭代器

可以使用 getline 函数从 cin 流中提取若干字符存放到 string 中。另外，STL 算法库中有一些通用的函数可以应用于 string，例如 reverse() 用于逆置、replace() 用于替换等。例如有以下程序：

```cpp
#include <iostream>
#include <algorithm>
using namespace std;
int main()
{
    string s1="", s2, s3="Bye";
    s1.append("Good morning");              //s1="Good morning"
    s2=s1;                                   //s2="Good morning"
    int i=s2.find("morning");                //i=5
    s2.replace(i, s2.length()-i, s3);        //相当于s2.replace(5,7,s3)
    cout << "s1: " << s1 << endl;
    cout << "s2: " << s2 << endl;
    cout << "s3: " << s3 << endl;
    string s4=s1;
    reverse(s4.begin(), s4.begin()+4);       //逆置s4的前4个字符
    cout << "s4: " << s4 << endl;
    return 0;
}
```

上述程序通过 string 的 append() 成员函数给 s1 添加一个字符串，执行 s2=s1 将 s1 复制给 s2，然后将 s2 中的"morning"子串用 s3 替换，最后由 s3 复制得到 s4，并逆置 s4 的前 4 个字符。程序的执行结果如下：

```
s1: Good morning
s2: Good Bye
s3: Bye
s4: dooG morning
```

说明：在 C++ 11 及之后的版本中为 string 提供了更多的功能，例如提供了 to_string(x) 函数用于将各种类型数据 x 转换为 string 对象，提供了 stoi(s)、stof(s)、stod(s) 函数分别将 string 对象 s 转换为 int、float、double 类型数据。

【实战 4.1】 LeetCode409——最长回文串

视频讲解

问题描述：给定一个包含大写字母和小写字母的字符串，找到通过这些字母构造成的最长的回文串。在构造过程中请注意区分大小写，例如"Aa"不能当作一个回文字符串。注意字符串的长度不会超过 1010。

例如，输入"abccccdd"，输出为 7，可以构造的最长回文串是"dccaccd"，它的长度是 7。要求设计如下成员函数：

int longestPalindrome(string s)

4.4 串的模式匹配

设有两个串 s 和 t，串 t 的定位操作就是在串 s 中查找与子串 t 相等的子串。通常把串 s 称为**目标串**，把串 t 称为**模式串**，因此定位也称作模式匹配。模式匹配成功是指在目标串 s 中找到一个模式串 t，不成功则指目标串 s 中不存在模式串 t。模式匹配算法有多种，这里主要讨论 BF 和 KMP 算法，为了简单，假设字符串直接用 STL 的 string 表示。

4.4.1 BF 算法

视频讲解

BF 是 Brute-Force 的英文缩写，即暴力的意思，BF 算法也称为简单匹配算法。设目标串 $s = "s_0 s_1 \cdots s_{n-1}"$，模式串 $t = "t_0 t_1 \cdots t_{m-1}"$，分别用 i、j 遍历 s 和 t（初始均为 0），其基本过程如下：

① 第 1 趟匹配，$i = 0$，从 s_0 / t_0 开始比较，若对应的字符相同，继续比较各自的下一个字符，如果对应的字符全部相同且 t 的字符比较完，说明 t 是 s 的子串，返回 t 在 s 中的起始位置，表示匹配成功；如果对应的字符不相同，说明第 1 趟匹配失败。

② 第 2 趟匹配，$i = 1$，从 s_1 / t_0 开始比较，若对应的字符相同，继续比较各自的下一个字符，如果对应的字符全部相同且 t 的字符比较完，说明 t 是 s 的子串，返回 t 在 s 中的起始位置，表示匹配成功；如果对应的字符不相同，说明第 2 趟匹配失败。

③ 以此类推，只要有一趟匹配成功，则说明 t 是 s 的子串，返回 t 在 s 中的起始位置。如果 i 超界都没有匹配成功，说明 t 不是 s 的子串，返回 -1。

例如，目标串 $s = "aaaaab"$，模式串 $t = "aaab"$，s 的长度为 $n(n=6)$，t 的长度为 $m(m=4)$，BF 算法的匹配过程如图 4.4 所示（图中竖线表示字符比较，竖线数表示比较次数，含比较不相同的情况，这里的字符比较次数为 12）。

再分析每一趟的匹配过程，假设当前一趟匹配是从 s_{i-j}/t_0 开始比较，比较到 s_i/t_j，分为两种情况：

① 若 $s_i = t_j$（两个比较的字符相同），则继续比较各自的下一个字符，即 i、j 均增 1（从 s_{i-j}/t_0 开始比较，i 和 j 递增的次数相同，比较到 s_i/t_j 时共比较了 $j+1$ 次），如果 i、j 均增 1 后有 $j = t.length$（满足条件 $j \geq t.length$），则说明 t 是 s 的子串，匹配成功。

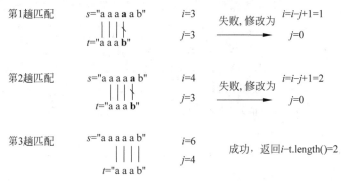

图 4.4 BF 算法的匹配过程

② 若 $s_i \neq t_j$（两个比较的字符不相同，该位置称为失配处），则表示这一趟匹配失败，下一趟匹配应该从 s_{i-j+1}/t_0 开始比较，即置 $i=i-j+1$（回退到 s 上一趟开始比较的 s_{i-j} 字符的下一个字符，这个过程称为回溯），而 t 串从头开始，即置 $j=0$，如图 4.5 所示。

如果 t 是 s 的子串，则中间某一趟匹配一定成功，t 在 s 中的位置为 $i-$ t.length() 或者 $i-j$。如果 t 不是 s 的子串，则在每一趟中都不会有 $j=$ t.length()，直到 $i \geq$ s.length() 为止（实际上 $i>$ s.length()-t.length() 更合理）。

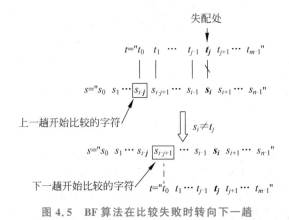

图 4.5 BF 算法在比较失败时转向下一趟

对应的 BF 算法如下：

```
int BF(string s,string t)                //BF 模式匹配算法
{
    int i=0,j=0;
    while (i<s.length() && j<t.length())  //两串未遍历完时循环
    {
        if (s[i]==t[j])                   //比较的两个字符相同时
        {
            i++;
            j++;
        }
        else                              //比较的两个字符不相同时
        {
            i=i-j+1;                      //i 回退到 s 的本趟开始的下一个字符
```

```
            j=0;                            //j 移动到 t 串的开头
        }
    }
    if (j>=t.length()) return i-t.length();  //t 串遍历完毕：匹配成功
    else return -1;                           //匹配不成功，返回-1
}
```

说明：由于 t.length() 的返回值为 size_t 类型，多数编译器指定 size_t 为 unsigned int 类型，当 $j=-1$ 转换为 unsigned int 类型时发生溢出，导致 $j<$ t.length() 为假，出现错误结果。此时可以先用 int 变量 m 存放 t.length() 的值，再改为进行 $j<m$ 和 $j>=m$ 的比较。

由于 BF 算法采用穷举思路枚举了所有的情况，其结果一定是正确的。也就是说，若 t 是 s 的子串，一定会找到 t 在 s 中出现的首位置，否则返回 -1。BF 算法简单、易懂，但效率不高，主要原因是主串指针 i 在若干个字符比较相等后，若有一次字符比较不相等，仍需回溯（即 $i=i-j+1$），而回溯是十分耗时的。可以推出该算法在最好情况下的时间复杂度为 $O(m)$（如主串的前 m 个字符正好等于模式串的 m 个字符），在最坏情况下的时间复杂度和平均时间复杂度均为 $O(n\times m)$。

【例 4.4】 设 $s=$"ababcabcacbab"，$t=$"abcac"，给出采用 BF 算法进行模式匹配的过程。

解：采用 BF 算法进行模式匹配的过程如图 4.6 所示。首先 i、j 分别扫描主串和模式串。$i=0/j=0$，当前字符相同时均增 1，比较到 $i=2/j=2$ 失败为止，修改 $i=i-j+1=1$（回溯到前面），$j=0$，…，继续这一过程直到 $i=4/j=0$，这时所有字符均相同，i、j 递增到模式串扫描完毕，此时 $i=10/j=5$，返回 $i-$t.length()$=5$，表示 t 是 s 的子串，对应序号为 5。

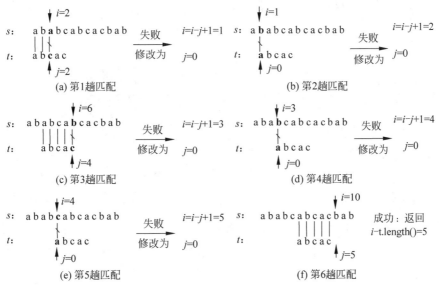

图 4.6 BF 模式匹配的过程

【实战 4.2】 POJ3461——Oulipo

时间限制：1000ms；内存限制：65 536KB。

问题描述：题意是给出字母表 {'A', 'B', 'C', …, 'Z'} 和该字母表上的两个有限字符串，即单词 W 和文本 T，计算 T 中 W 出现的次数，W 的所有连续字符必须与 T 的连续字符完全匹配，字符可能重叠。

视频讲解

输入格式：输入文件的第一行包含测试用例个数 t。每个测试用例都具有以下格式。一行单词 W 和一行文本 T，所有字符均在 {'A','B','C',…,'Z'} 中，$1 \leqslant |W| \leqslant 10\,000$（|W| 表示 W 的长度），$|W| \leqslant |T| \leqslant 1\,000\,000$。

输出格式：每个测试用例对应一行，表示单词 W 在文本 T 中出现的次数（可以重叠）。

4.4.2 KMP 算法

1. 基本的 KMP 算法

视频讲解

Knuth-Morris-Pratt（简称 KMP）算法比 BF 算法有较大的改进，主要是消除了目标串指针的回溯，从而提高了匹配性能。

如何消除了目标串指针的回溯呢？先看一个示例，假设目标串 $s=\text{"aaaaab"}$，模式串 $t=\text{"aaab"}$，看其匹配过程：

① 当进行第 1 趟匹配时，失配处为 $i=3/j=3$。尽管本趟匹配失败了，但得到这样的启发信息，s 的前 3 个字符 "$s_0 s_1 s_2$" 与 t 的前 3 个字符 "$t_0 t_1 t_2$" 相同，显然 "$s_1 s_2$" = "$t_1 t_2$" 是成立的。

② 从 t 中观察到 "$t_0 t_1$" = "$t_1 t_2$"，这样就有 "$s_1 s_2$" = "$t_1 t_2$" = "$t_0 t_1$"。按照 BF 算法下一趟匹配应该从 s_1/t_0 开始比较，而此时已有 "$s_1 s_2$" = "$t_0 t_1$"，没有必要再做重复比较，下一步只需将 s_3 与 t_2 开始比较，即做 s_3/t_2 的比较，如图 4.7 所示。

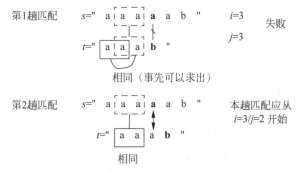

图 4.7 利用已匹配的信息提高性能

这种"观察信息"就是当失配处为 s_i/t_j 时，需要找出模式串 t 中 t_j 前面最多有多少个字符与 t 开头的字符相同（称为 t_j 的局部匹配信息），用 k 表示时有 "$t_0 t_1 \cdots t_{k-1}$" = "$t_{j-k} t_{j-k+1} \cdots t_{j-1}$" 成立，前者称为 t_j 的前缀，后者称为 t_j 的后缀，k 就是 t_j 的最长相同前、后缀的字符个数。

如果每次都要计算 k 会浪费时间，所以对于模式串 t 来说，可以提前计算出每个失配位置 j（对应字符 t_j）的 k 值，采用一个 next 数组表示，即 next$[j]=k$。求 next$[j]$ $(0 \leqslant j \leqslant m-1)$ 的公式如下：

$$\text{next}[j] = \begin{cases} \text{MAX}\{k \mid 0 < k < j \text{ 且 } "t_0 t_1 \cdots t_{k-1}" = "t_{j-k} t_{j-k+1} \cdots t_{j-1}"\} & \text{当前缀非空时} \\ -1 & \text{当 } j = 0 \text{ 时} \\ 0 & \text{其他情况} \end{cases}$$

对于模式串 $t=$"$t_0t_1\cdots t_{m-1}$",手工计算 next$[j]$($0\leqslant j\leqslant m-1$)的过程是考虑字符串 $p=$ "$t_0t_1\cdots t_{j-1}$"(为 t_j 前所有字符构成的字符串,不含 t_j 字符,称为 p 串),p 串的前缀有 "t_0"、"t_0t_1"、$\cdots$、"$t_0t_1\cdots t_{j-2}$"(t_0 开始的子串,但不包含字符串 p 本身),p 串的后缀有 "t_{j-1}"、"$t_{j-2}t_{j-1}$"、$\cdots$、"$t_1\cdots t_{j-2}t_{j-1}$"(最多以 t_1 开头,即不包含字符串 p 本身、必须以 t_{j-1} 结尾的子串)。找到其中所有相同的前、后缀,其中最长相同前、后缀的字符个数即为 next$[j]$。

例如,对于模式串 $t=$"abcac",求其 next 数组的过程如下:

① 对于序号 0,规定 next$[0]=-1$。
② 对于序号 1,置 next$[1]=0$,实际上 next$[1]$ 总是为 0。
③ 对于序号 2,$p=$"ab",其前缀有"a",其后缀有"b",前、后缀没有相同者,置 next$[2]=0$。
④ 对于序号 3,$p=$"abc",其前缀有"a"和"ab",后缀有"c"和"bc",前、后缀没有相同者,置 next$[3]=0$。
⑤ 对于序号 4,$p=$"abca",其前缀有"a""ab""abc",后缀有"a""ca"和"bca",前、后缀相同者为"a",它只有一个字符,置 next$[4]=1$。

这样模式串 $t=$"abcac"对应的 next 数组如表 4.3 所示。

表 4.3 模式串的 next 数组值

j	0	1	2	3	4
$t[j]$	a	b	c	a	c
next$[j]$	-1	0	0	0	1

可以采用迭代方式求模式串 t 的 next 数组,从 next$[0]=-1,j=0,k=-1$ 开始循环执行,现在已经求出 next$[j]$,由它再求 next$[j+1]$ 值。不妨设求出的 next$[j]=k(k<j)$,说明有"$t_0t_1\cdots t_{k-1}$"$=$"$t_{j-k}t_{j-k+1}\cdots t_{j-1}$",比较 t_j 和 t_k,分为 3 种情况:

① 若 $t_j=t_k$,由于已有"$t_0t_1\cdots t_{k-1}$"$=$"$t_{j-k}t_{j-k+1}\cdots t_{j-1}$",当 $t_j=t_k$ 成立时一定有"$t_0t_1\cdots t_{k-1}t_k$"$=$"$t_{j-k}t_{j-k+1}\cdots t_{j-1}t_j$"成立,说明 $p=$"$t_0t_1\cdots t_j$"的最大相同前、后缀中含 $k+1$ 个字符,所以应置 next$[j+1]=k+1$,即执行 j++,k++,next$[j]=k$。

② 若 $t_j\neq t_k$,那么是不是直接从 $k=0$ 开始求 next$[j]$ 呢?答案是否定的,因为这样做性能低下,而是采用一步一步回推方式。假设 $k'=$next$[k](k'<k)$,即有"$t_0t_1\cdots t_{k'-1}$"$=$"$t_{j-k'}t_{j-k'+1}\cdots t_{k-1}$",而"$t_0t_1\cdots t_{k-1}$"$=$"$t_{j-k}t_{j-k+1}\cdots t_{j-1}$",如果 $t_j=t_{k'}$,可以推出 t_{j+1} 前面最多有 k' 个字符和 t 开头的字符相同,即置 next$[j+1]$ 为 $k'+1$,如果 $t_j\neq t_{k'}$,则继续回推。

例如,$t=$"aaaabaaaabc",假设已经求出 next$[0..9]$ 如表 4.4 所示,现在由 next$[9]$ 求 next$[10]$。此时 next$[9]=4,j=9,k=4$,由于 $t[9]\neq t[4]$,置 $k'=$next$[k]=3$,而 $t[9]=t[3]$ 成立,所以让 j、k' 均增 1($j=10,k'=4$),next$[j]=$next$[k']+1=4$,即 $t[10]$ 前面最多有 4 个字符(即 $t[6..9]$)与 t 开头的 4 个字符(即 $t[0..3]$)相同,如图 4.8 所示。从中看出不需要从 $k=0$ 开始,而是从 $k'=$next$[k]$ 的位置开始比较效率更高。

表 4.4 模式串的 next 数组部分值

j	0	1	2	3	4	5	6	7	8	9	10	11
t[j]	a	a	a	a	b	a	a	a	a	a	b	c
next[j]	−1	0	1	2	3	0	1	2	3	4		

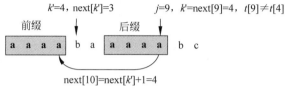

图 4.8 求 next[10]

③ 如果 $k=-1$，说明已经回退到 t 的开头(在 s 与 t 的模式匹配中，若当前趟匹配是从 s_i 开始的，$k=-1$ 表示失配处为 s_i/t_0，下一趟应该从 s_{i+1}/t_0 开始)，则应置 $\text{next}[j+1]=0$，即执行 $j++,k++,\text{next}[j]=k$。与①的操作相同。

对应的求模式串 t 的 next 数组的算法如下：

视频讲解

```
void GetNext(string t, int * next)            //由模式串 t 求出 next 值
{
    int j=0, k=−1;
    next[0]=−1;
    while (j < t.length()−1)
    {
        if (k==−1 || t[j]==t[k])              //k 为−1 或比较的字符相等时
        {
            j++; k++;                         //依次移到下一个字符
            next[j]=k;
        }
        else k=next[k];                       //比较的字符不相等时 k 回退
    }
}
```

在上述算法中，若模式串 t 的长度为 m，当 $t_j=t_k$ 或者 $k=-1$ 时，显然求 $\text{next}[j+1]$ 的时间为 $O(1)$，当 $t_j \neq t_k$ 时由于采用逐步回推方式求 $\text{next}[j+1]$，对应的时间也大致是 $O(1)$。所以 GetNext()算法的时间复杂度为 $O(m)$。

【实战 4.3】 * LeetCode459——重复的子字符串

视频讲解

问题描述：给定一个非空的字符串，判断它是否可以由它的一个子串重复多次构成。给定的字符串只含有小写英文字母，并且长度不超过 10 000。

示例 1：输入"abab"，输出为 true，因为"abab"可由子字符串"ab"重复两次构成。

示例 2：输入"aba"，输出为 false。

示例 3：输入"abcabcabcabc"，输出为 true，前者可由"abc"重复 4 次构成，或者由"abcabc"重复两次构成。

设计如下成员函数：

bool repeatedSubstringPattern(string s)

在前面求出模式串 t 的 next 数组后,实现两个字符串 s 和 t 匹配的 KMP 算法的匹配过程如下,设 i 指针和 j 指针分别指向目标串和模式串中正待比较的字符(i 和 j 均从 0 开始)。

① 若有 $s_i = t_j$,则 i 和 j 分别增 1。

② 否则,失配处为 s_i/t_j,i 不变,j 退回到 $j = \text{next}[j]$ 的位置(即模式串右滑),再比较 s_i 和 t_j,若相等则 i、j 各增 1,否则 j 再次退回到下一个 $j = \text{next}[j]$ 的位置(即模式串 t 右滑 $j-k$ 个位置,这里 $k = \text{next}[j]$),以此类推,直到出现下列两种情况之一:一种情况是 j 退回到某个 $j = \text{next}[j]$ 位置时有 $s_i = t_j$,则指针各增 1 后继续匹配;另一种情况是 j 退回到 $j = -1$ 时令 i、j 指针各增 1,即下一次比较 s_{i+1} 和 t_0。

简单地说,KMP 算法利用得到的局部匹配信息保持 i 指针不回溯,通过修改 j 指针让模式串尽量地移动到有效的位置。对应的基本 KMP 算法如下:

视频讲解

```
int KMP(string s, string t)              //基本 KMP 算法
{
    int n = s.length(), m = t.length();
    int * next = new int[m];
    GetNext(t, next);                    //求出局部匹配信息数组 next
    int i = 0, j = 0;
    while (i < n && j < m)               //s 和 t 均没有遍历完
    {
        if (j == -1 || s[i] == t[j])     //j = -1 或者比较的字符相同时
        {
            i++;
            j++;                         //i、j 各增 1
        }
        else j = next[j];                //否则 i 不变,j 回退
    }
    if (j >= m) return i - m;            //t 串遍历完毕:匹配成功
    else return -1;                      //匹配不成功,返回 -1
}
```

设目标串 s 的长度为 n,模式串 t 的长度为 m,在 KMP 算法中求 next 数组的时间复杂度为 $O(m)$,在后面的匹配中因主串 s 的下标 i 不减(即不回溯),比较次数可记为 $O(n)$。KMP 算法的最好时间复杂度为 $O(m)$,最坏时间复杂度仍为 $O(n \times m)$,但平均时间复杂度为 $O(n+m)$。

【例 4.5】 设 $s = \text{"ababcabcacbab"}$,$t = \text{"abcac"}$,给出采用 KMP 算法进行模式匹配的过程。

解:模式串对应的 next 数组如表 4.1 所示,其采用 KMP 算法的模式匹配过程如图 4.9 所示。首先 $i = 0, j = 0$,匹配到 $i = 2/j = 2$ 失败为止。i 值不变(不回溯到前面),修改 $j = \text{next}[j] = 0$,匹配到 $i = 6/j = 1$ 失败为止。i 值不变(不回溯到前面),修改 $j = \text{next}[j] = 1$,匹配到 $i = 10/j = 5$(t 的字符比较完),返回 $i - t.\text{length}() = 5$,表示 t 是 s 的子串,且位置为 5。

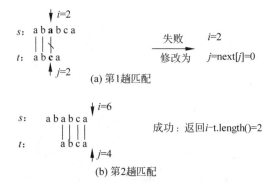

图 4.9 KMP 算法的模式匹配过程

2. KMP 算法的说明

视频讲解

与 BF 算法相比，KMP 算法可以跳过一些中间趟，从而提高模式匹配效率。例如，$s=$ "ababca"，$t=$ "abca"，求出 next=$\{-1,0,0,0\}$，KMP 算法的匹配过程如图 4.10 所示，仅需要两趟匹配，而 BF 算法需要 3 趟匹配(含 s_1/t_0 开始比较的一趟)。

图 4.10 KMP 算法的模式匹配过程

在上述例子中，KMP 算法跳过了 s_1/t_0 开始比较的一趟，那么结果正确吗？因为第 1 趟是从 s_0/t_0 开始比较的，失配处为 s_2/t_2，说明"s_0s_1"="t_0t_1"，可以推出"s_1"="t_1"，而事先求出 next[2]=0，说明一定有"t_1"≠"t_0"(因为如果"t_1"="t_0"，则 next[2]应该是 1 而不是 0)，这样就有"s_1"≠"t_0"，那么再做从 s_1/t_0 开始比较的趟一定是失败的。所以 KMP 算法跳过的一些比较趟一定是失败的匹配趟，从而说明了 KMP 的正确性。

视频讲解

【实战 4.4】 POJ3461——Oulipo

问题描述同实战 4.2，前面采用 BF 算法求解时出现超时，这里采用 KMP 算法求串 t 在 s 中重叠出现的次数。

3. KMP 算法的改进

上述 next 数组在某些情况下尚有缺陷。例如,设 $s=$"aaabaaaab",$t=$"aaaab"。t 对应的 next 数组如表 4.5 所示,两串匹配的过程如图 4.11 所示,共有 15 次比较。

表 4.5 模式串 t 的 next 数组值

j	0	1	2	3	4
$t[j]$	a	a	a	a	b
next$[j]$	−1	0	1	2	3

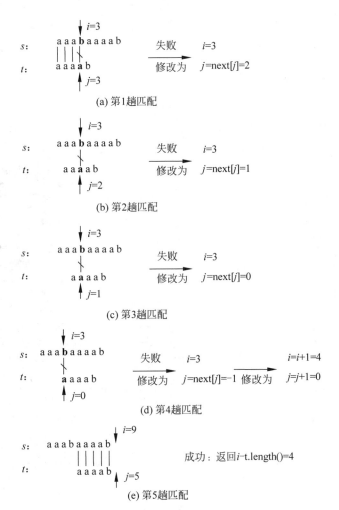

图 4.11 KMP 算法的模式匹配过程

从中看到,当失配处为 $i=3/j=3$ 时,$s_3 \ne t_3$,next[3]=2,下一步做 s_3/t_2 的比较,实际上由于 t_2 和 t_3 相同,即 $t_2=t_3$,s_3/t_2 的比较一定是失败的。

当失配处为 $i=3/j=2$ 时,$s_3 \ne t_2$,next[2]=1,下一步做 s_3/t_1 的比较,实际上由于 t_1 和 t_2 相同,即 $t_1=t_2$,s_3/t_1 的比较一定是失败的。

当失配处为 $i=3/j=1$ 时,$s_3 \ne t_1$,next[1]=0,下一步做 s_3/t_0 的比较,实际上由于 t_0

和 t_1 相同,即 $t_0=t_1$,s_3/t_0 的比较一定是失败的。

也就是说,当失配处为 $i=3/j=3$ 时,由 next[j] 的指示还需进行 $i=3/j=2$、$i=3/j=1$、$i=3/j=0$ 共 3 次比较。实际上,因为模式 t 中的第 1、2、3 个字符和第 4 个字符都相等,所以不需要再和 s 串中的第 4 个字符相比较,而可以将模式串 t 一次向右滑动 4 个字符的位置直接进行 $i=4/j=0$ 时的字符比较。

上述示例中存在的问题可以通过改进 next 数组得到解决,将 next 数组改为 nextval 数组,与 next[0] 一样,先置 nextval[0]=-1。假设求出 next[j]=k,现在失配处为 s_i/t_j,即 $s_i \neq t_j$。

① 如果有 $t_j=t_k$ 成立,可以直接推导出 $s_i \neq t_k$ 成立,没有必要再做 s_i/t_k 的比较,直接置 nextval[j]=nextval[k](即 nextval[next[j]]),下一步做 $s_i/t_{\text{nextval}[j]}$ 的比较。

② 如果有 $t_j \neq t_k$,没有改进的,置 nextval[j]=next[j]。

改进后的求 nextval 数组的算法如下:

```
void GetNextval(string t, int * nextval)      //由模式串 t 求出 nextval 值
{
    int j=0,k=-1;
    nextval[0]=-1;
    while (j<t.length()-1)
    {
        if (k==-1 || t[j]==t[k])              //k 为-1 或比较的字符相等时
        {
            j++;k++;
            if (t[j]!=t[k])                   //两个字符不相等时
                nextval[j]=k;
            else
                nextval[j]=nextval[k];
        }
        else k=nextval[k];                    //k 回退
    }
}
```

改进后的 KMP 算法如下:

```
int KMPval(string s, string t)                //改进的 KMP 算法
{
    int n=s.length(),m=t.length();
    int * nextval=new int[m];
    GetNextval(t,nextval);                    //求出 nextval 数组
    int i=0,j=0;
    while (i<n && j<m)
    {
        if (j==-1 || s[i]==t[j])
        {
            i++;                              //i、j 各增 1
            j++;
        }
        else j=nextval[j];                    //i 不变,j 回退
    }
    if (j>=m) return i-m;
```

```
        else return -1;
}
```

与改进前的KMP算法一样,本算法的平均时间复杂度也是 $O(n+m)$。

【例 4.6】 设 $s=$"aaabaaaab", $t=$"aaaab",计算模式串 t 的 nextval 函数值,并画出利用改进的 KMP 算法进行模式匹配时每一趟的匹配过程。

解:模式串 t 的 nextval 函数值如表 4.6 所示。利用改进的 KMP 算法的匹配过程如图 4.12 所示,共有两趟匹配 9 次比较,从中看到匹配性能得到进一步提高。

视频讲解

表 4.6 模式串 t 的 nextval 函数值

j	0	1	2	3	4
$t[j]$	a	a	a	a	b
next$[j]$	-1	0	1	2	3
nextval$[j]$	-1	-1	-1	-1	3

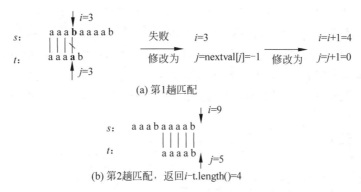

图 4.12 改进的 KMP 算法的模式匹配过程

4.5 练习题

4.5.1 问答题

1. C 语言中提供了一组字符串函数,C++ 语言中还提供了 string 容器,为什么在数据结构中还要学习串?

2. 设 s 是一个长度为 n 的串,其中的字符各不相同,则 s 中的互异非平凡子串(非空且不同于 s 本身)的个数是多少?

3. 在 KMP 算法中计算模式串的 next 函数值,当 $j=0$ 时,为什么要取 next[0]=-1?

4. KMP 算法是 BF 算法的改进,是不是说在任何情况下 KMP 算法的时间性能都比 BF 算法好?

5. 在 KMP 算法中,nextval 数组比 next 数组更能提高模式匹配的性能,为什么?

6. 设目标串为 $s=$"abcaabbabcabaacbacba",模式串 $t=$"abcabaa",画出利用基本 KMP 算法进行模式匹配时每一趟的匹配过程。

7. 设目标串为 $s=$"abcaabbabcabaacbacba",模式串 $t=$"abcabaa",计算模式串 t 的

nextval 函数值,并画出利用改进的 KMP 算法进行模式匹配时每一趟的匹配过程。

4.5.2 算法设计题

1. 设计一个算法,计算一个仅包含字母字符的顺序串 s 中的最大字母出现的次数。

2. 设计一个算法,判断顺序串 s 是否为回文(所谓回文指一个字符串从前向后读和从后向前读的结果相同)。

3. 设有一个顺序串 s,其字符仅由数字和小写字母组成。设计一个算法,将 s 中的所有数字字符放在前半部分,将所有小写字母字符放在后半部分,并给出所设计的算法的时间和空间复杂度。

4. 如果串中一个长度大于 1 的子串的全部字符相同,则称之为等值子串。设计一个算法,求顺序串 s 中的一个长度最大的等值子串 t,如果串 s 中不存在等值子串,则 t 为空串。

5. 设计一个算法,删除一个链串 s 中所有非重叠的"abc"子串。例如,s = "aabcabcd",删除后 s = "ad"。

6. 假设字符串 s 采用链串存储,设计一个算法,判断它是否为"x@x"形式的串,其中 x 是不含'@'字符的任意串。例如,当 s = "ab@ab"时返回 true,当 s = "abab"时返回 false。

7. 假定采用带头结点的单链表保存单词,当两个单词有相同的后缀时,则可共享相同的后缀存储空间,例如"loading"和"being",如图 4.13 所示。设计一个算法,找出由 str1 和 str2 所指向两个链表共同后缀的起始位置(如图中字符 i 所在结点的位置 p)。

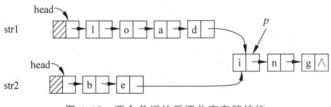

图 4.13 两个单词的后缀共享存储结构

8. 假设字符串 s 采用顺序串存储,设计一个基于 BF 的算法,在串 s 中查找子串 t 最后一次出现的位置。例如,当 s="abcdabcd",t="abc"时结果为 4,当 s="aaaaa",t="aaa"时结果为 2。

9. 假设字符串 s 采用顺序串存储,设计一个基于 KMP 的算法,在串 s 中查找子串 t 最后一次出现的位置。例如,当 s="abcdabcd",t="abc"时结果为 4,当 s="aaaaa",t="aaa"时结果为 2。

4.6 上机实验题

4.6.1 基础实验题

1. 设计顺序串的基本运算程序,并用相关数据进行测试。
2. 设计链串的基本运算程序,并用相关数据进行测试。
3. 假设字符串采用 string 表示,设计串 s 和 t 模式匹配的基本 KMP 算法和改进 KMP 算法,输出 t 的 next 和 nextval 数组,并用相关数据进行测试。

4.6.2 应用实验题

1. 编写一个实验程序,假设串用顺序串对象 SqString 表示,给定一个字符串 s,要求采用就地算法将其中的所有空格字符用"％20"替换。例如 $s=$"Mr John Smith"(含 11 个非空字符,两个空格,长度为 13),替换后 $s=$"Mr％20John％20Smith",长度为 17。

2. 编写一个实验程序,假设串用 string 对象表示,判断串 t 是否包含在串 s 循环左移得到的串中。例如,若 $s=$"aabcd",$t=$"cdaa",结果返回 true;若 $s=$"abcd",$t=$"acbd",结果返回 false。用相关数据进行测试。

3. 编写一个实验程序,假设串用 string 对象表示,给定一个字符串 s,求字符串 s 中出现的最长可重叠的重复子串。例如,$s=$"ababababa",输出结果为"abababa";$s=$"abcdacdac",输出结果为"cdac"。用相关数据进行测试。

4. 编写一个实验程序,假设串用 string 对象表示,给定两个字符串 s 和 t,求串 t 在串 s 中不重叠出现的次数,如果不是子串,返回 0。例如,$s=$"aaaab",$t=$"aa",则 t 在 s 中出现两次。

5. 编写一个实验程序,假设串用 string 对象表示,给定两个字符串 s 和 t,求串 t 在串 s 中不重叠出现的次数,如果不是子串,返回 0,在判断子串时是大小写无关的。例如,$s=$"aAbAabaab",$t=$"aab",则 t 在 s 中出现 3 次。

6. 编写一个实验程序,假设串用链串存储,将非空串 str 中出现的所有子串 s 用串 t 替换(s 和 t 均为非空串),不考虑子串重叠的情况,并且采用就地算法,即直接在 str 链串上实现替换,算法执行后不破坏 s 和 t 串。用相关数据进行测试。

4.7 在线编程题

1. LeetCode443——压缩字符串
2. LeetCode28——实现 strStr()
3. HDU2087——剪花布条问题
4. HDU2594——两串的最长相同前后缀
5. POJ1961——最大周期

CHAPTER 5

第 5 章 数组和稀疏矩阵

数组可以看成线性表的推广,二维数组称为矩阵,为了节省空间,可以对一些特殊矩阵和稀疏矩阵采用压缩存储方法。

本章的学习要点如下:

(1) 数组和一般线性表的差异。

(2) 数组的存储结构和元素地址计算方法。

(3) 各种特殊矩阵(如对称矩阵、上三角矩阵、下三角矩阵和对角矩阵)的压缩存储方法。

(4) 稀疏矩阵的各种存储结构以及基本运算实现算法。

(5) 灵活运用数组解决一些较复杂的应用问题。

视频讲解

5.1 数组

5.1.1 数组的基本概念

几乎所有的计算机语言都提供了数组类型,但直接将数组看成"连续的存储单元集合"是片面的,数组也分为逻辑结构和存储结构,尽管在计算机语言中实现数组通常采用连续的存储单元集合,但并不能说数组只能这样实现。

从逻辑结构上看,数组是二元组(idx,value)的集合,对每个 idx,都有一个 value 值与之对应,idx 称为下标,可以由一个整数、两个整数或多个整数构成,下标含有 $d(d \geqslant 1)$ 个整数称维数是 d。数组按维数分为一维、二维和多维数组。

一维数组 A 是 $n(n>1)$ 个相同类型元素 $a_0, a_1, a_2, \cdots, a_{n-1}$ 构成的有限序列,其逻辑表示为 $A=(a_0, a_1, a_2, \cdots, a_{n-1})$,其中,$A$ 是数组名,$a_i (0 \leqslant i \leqslant n-1)$ 是数组 A 中序号为 i 的元素。

一个二维数组可以看作每个数据元素都是相同类型的一维数组的一维数组。以此类推,多维数组可以看作一个这样的线性表:其中的每个元素又是一个线性表。

也可以这样看,一个 d 维数组中含有 $b_1 \times b_2 \times \cdots \times b_d$(假设第 i 维的大小为 b_i)个元素,每个元素受到 d 个关系的约束,且这 d 个关系都是线性关系。当 $d=1$ 时,数组就退化为定长的线性表;当 $d>1$ 时,d 维数组可以看成线性表的推广。例如,如图 5.1 所示的二维数组的逻辑关系用二元组表示如下:

$$\begin{bmatrix} 1 & 2 & 3 & 4 \\ 5 & 6 & 7 & 8 \\ 9 & 10 & 11 & 12 \end{bmatrix}$$

图 5.1　一个二维数组

$B=(D,R)$
$R=\{r_1,r_2\}$
$r_1=\{<1,2>,<2,3>,<3,4>,<5,6>,<6,7>,<7,8>,<9,10>,<10,11>,<11,12>\}$
$r_2=\{<1,5>,<5,9>,<2,6>,<6,10>,<3,7>,<7,11>,<4,8>,<8,12>\}$

其中含有 12 个元素,这些元素之间有两种关系,r_1 表示行关系,r_2 表示列关系,r_1 和 r_2 均为线性关系。

一般地,数组具有以下特点:

① 数组中的各元素都具有统一的数据类型。
② $d(d \geqslant 1)$ 维数组中的非边界元素具有 d 个前驱元素和 d 个后继元素。
③ 数组的维数确定后,数据元素个数与元素之间的关系不再发生改变,特别适合于顺序存储。
④ 每个有意义的下标都存在一个与其相对应的数组元素值。

d 维数组抽象数据类型的定义如下:

ADT Array
{
数据对象:
　　$D=\{$数组中的所有元素$\}$
数据关系:
　　$R=\{r_1,r_2,\cdots,r_d\}$
　　$r_i=\{$元素之间第 i 维的线性关系 $| i=1,2,\cdots,d\}$
基本运算:
　　Value$(A,i_1,i_2,\cdots,i_d)$: A 是已存在的 d 维数组,其运算结果是返回 $A[i_1,i_2,\cdots,i_d]$ 值。
　　Assign$(A,e,i_1,i_2,\cdots,i_d)$: A 是已存在的 d 维数组,其运算结果是置 $A[i_1,i_2,\cdots,i_d]=e$。
　　…
}

数组的主要操作是存取元素值,如图 5.2 所示为一维数组的存取操作,由于数组没有插入和删除操作,所以数组通常采用顺序存储方式实现。

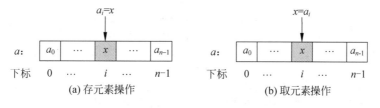

图 5.2　一维数组的基本操作

视频讲解

5.1.2 数组的存储结构

1. 一维数组

一维数组的所有元素依逻辑次序存放在一片连续的内存存储单元中,其起始地址为元素 a_0 的地址,即 $\text{LOC}(a_0)$。假设每个数据元素占用 k 个存储单元,则元素 a_i($0 \leq i < n$)的存储地址 $\text{LOC}(a_i)$ 如下:

$$\text{LOC}(a_i) = \text{LOC}(a_0) + i \times k$$

该式说明一维数组中任一元素的存储地址可直接计算得到,即一维数组中的任一元素可直接存取,正因如此,一维数组具有随机存取特性。

C++ 中一维数组的定义方式如下:

T a[M];   //M 为常量,T 为数组元素类型

当然也可以使用 vector<T> 容器作为一维动态数组。

2. d 维数组

对于 d($d \geq 2$)维数组,必须约定其元素的存放次序(即存储方案),这是因为存储单元是一维的(计算机的存储结构是线性的),而数组是 d 维的。通常 d 维数组的存储方案有按行优先和按列优先两种。

下面以 m 行 n 列的二维数组 $A_{m \times n} = (a_{i,j})$ 为例进行讨论。

二维数组 A 按行优先存储的形式如图 5.3 所示,假设每个元素占用 k 个存储单元,用 $\text{LOC}(a_{0,0})$ 表示首元素 $a_{0,0}$ 的存储地址,则元素 $a_{i,j}$($0 \leq i, j < n$)的存储地址如下:

$$\text{LOC}(a_{i,j}) = \text{LOC}(a_{0,0}) + (i \times n + j) \times k$$

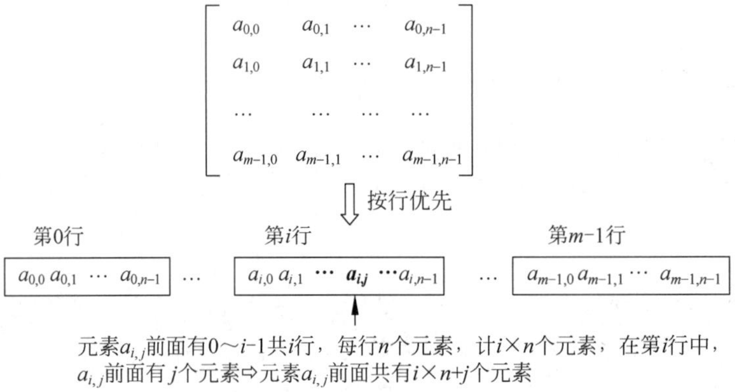

图 5.3 按行优先存储

二维数组 A 按列优先存储的形式如图 5.4 所示,在前面假设的情况下,元素 $a_{i,j}$ 的存储地址如下:

$$\text{LOC}(a_{i,j}) = \text{LOC}(a_{0,0}) + (j \times m + i) \times k$$

前面均假设二维数组的行、列下界为 0。更一般的情况是二维数组行下界是 c_1、行上界

是 d_1，列下界是 c_2、列上界是 d_2，即为数组 $A[c_1..d_1,c_2..d_2]$[①]，则该数组按行优先存储时有：

$$\text{LOC}(a_{i,j})=\text{LOC}(a_{c_1,c_2})+[(i-c_1)\times(d_2-c_2+1)+(j-c_2)]\times k$$

按列优先存储时有：

$$\text{LOC}(a_{i,j})=\text{LOC}(a_{c_1,c_2})+[(j-c_2)\times(d_1-c_1+1)+(i-c_1)]\times k$$

综上所述，从二维数组的元素地址计算公式 $\text{LOC}(a_{i,j})$ 看出，一旦数组元素的下标和元素类型确定，对应元素的存储地址就可以直接计算出来。也就是说，与一维数组相同，二维数组也具有随机存取特性。这样的推导公式和结论可推广至三维甚至更高维数组中。

C++ 中二维数组的定义方式如下：

T a[M][N];   //M、N 为常量，T 为数组元素类型

当然也可以使用 vector<vector<T>> 容器作为二维动态数组。

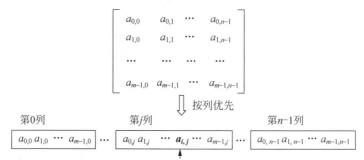

图 5.4 按列优先存储

【例 5.1】 设有二维数组 $a[1..50,1..80]$，其 $a[1][1]$ 元素的地址为 2000，每个元素占两个存储单元，若按行优先存储，则元素 $a[45][68]$ 的存储地址为多少？若按列优先存储，则元素 $a[45][68]$ 的存储地址为多少？

解：在按行优先存储时，元素 $a[45][68]$ 前面有 1～44 行，每行 80 个元素，计 44×80 个元素；在第 45 行中，元素 $a[45][68]$ 前面有 $a[45][1..67]$ 计 67 个元素，这样元素 $a[45][68]$ 前面存储的元素个数=44×80+67，所以 $\text{LOC}(a[45][68])=2000+(44\times 80+67)\times 2=9174$。

在按列优先存储时，元素 $a[45][68]$ 前面有 1～67 列，每列 50 个元素，计 67×50 个元素；在第 68 列中，元素 $a[45][68]$ 前面有 $a[1..44][68]$ 计 44 个元素，这样元素 $a[45][68]$ 前面存储的元素个数=67×50+44，所以 $\text{LOC}(a[45][68])=2000+(67\times 50+44)\times 2=8788$。

在 C++ 语言中二维及以上维的数组就是按行优先存储的，当在程序中采用数组存放大量的数据时，这些数据存放在内存中。当 CPU 读数组中的元素时并不是立即访问内存，而是先访问 Cache(高速缓存，其速度比访问内存快得多)，如果访问的数据在 Cache 中便直接

---

① $A[c_1..d_1,c_2..d_2]$ 表示数组 A 的行号从 c_1 到 c_2，列号从 d_1 到 d_2，通常数组下标从 0 开始，所以 $A[m]$ 数组可以表示为 $A[0..m-1]$，$A[m][n]$ 或 $A[m,n]$ 数组可以表示为 $A[0..m-1,0..n-1]$。

取相应的数据(称为命中),如果访问的数据不在 Cache 中才访问内存,并将访问数据所在的一个页块调入 Cache,如图 5.5 所示,这称为程序局部性原理。

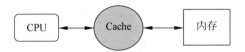

图 5.5　CPU 存取数据的方式

显然,如果程序中连续存取的数据在内存中是相邻存放的,那么 Cache 命中率高,程序执行速度快;反之,Cache 命中率低,程序执行速度慢。好的程序员可以利用程序局部性原理尽可能提高程序的性能。例如,有以下两个功能一模一样的程序:

```
//程序 A
int a[1000][50][8000];
int main()
{
    for (int i=0;i<1000;i++)
        for (int j=0;j<50;j++)
            for (int k=0;k<8000;k++)
                a[i][j][k]=i+j+k;
    return 0;
}
//程序 B
int a[1000][50][8000];
int main()
{
    for (int k=0;k<8000;k++)
        for (int j=0;j<50;j++)
            for (int i=0;i<1000;i++)
                a[i][j][k]=i+j+k;
    return 0;
}
```

程序 A 的执行时间为 1.597 秒,程序 B 的执行时间为 17.83 秒,相差 10 多倍。原因是数组 a 按行优先存放,而程序 A 恰好也是按行优先访问 a 中元素的,所以性能高;程序 B 则是按列优先访问 a 中元素的,所以性能低。

5.1.3　数组的应用

由于数组的使用简单、方便,特别是具有随机存取特性,因此在编程中数组被广泛地使用。使用数组的目的一方面是为了存储大量的数据类型相同的数据,避免重复性操作;另一方面用于模拟现实世界,例如顺序表就是采用数组模拟线性表。

下面的两个实战题分别是一维数组和二维数组的应用,前一个是有关前缀和,后一个是有关矩阵快速幂,前缀和与矩阵快速幂是高级编程中常用的技术。

视频讲解

【实战 5.1】　POJ2189——最多围栏个数

时间限制:1000ms;内存限制:65 536KB。

问题描述:一个条形牧场用 $p(1{\leqslant}p{\leqslant}1000)$ 个柱子(编号分别为 1 到 p)分隔成等间距的围栏,每头牛只能在围栏中放牧,现有 $n(1{\leqslant}n{\leqslant}1000)$ 头牛在放牧。请求出数量不超过

$c(0 \leqslant c \leqslant 1000)$ 头牛的最大连续区域的围栏个数。

输入格式：第 1 行是 3 个整数 n、p 和 c。第 2 行到第 $n+1$ 行，每行包含一个整数 x，取值范围为 $1 \sim p-1$，指定一头牛在柱子 x 和柱子 $x+1$ 的围栏中放牧。注意一个围栏中允许放牧多头牛。

输出格式：在第 1 行中输出一个整数，表示最多有 c 头牛的最大连续区域的围栏个数。

【实战 5.2】 POJ3070——矩阵快速幂求 Fibonacci 数列

时间限制：1000ms；内存限制：65 536KB。

问题描述：Fibonacci 数列是 $F_0=0,F_1=1,F_n=F_{n-1}+F_{n-2}(n \geqslant 2)$。例如，前 10 项 Fibonacci 数列是 0,1,1,2,3,5,8,13,21,34。

Fibonacci 数列的另外一种写法是：

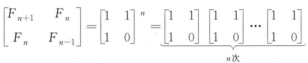

给定一个整数 n，请求出 F_n 的最后 4 位数字。

输入格式：输入包含多个测试用例，每个测试用例由单个包含整数 $n(0 \leqslant n \leqslant 1\,000\,000\,000)$ 的行构成，以 $n=-1$ 表示结束。

输出格式：对于每个测试用例，输出一行包含 F_n 的最后 4 位数字，如果均为 0 则输出 '0'，否则忽略前导 0(也就是输出 F_n mod 10 000)。

5.2 特殊矩阵的压缩存储

二维数组也称为矩阵。对于一个 m 行 n 列的矩阵，当 $m=n$ 时称为**方阵**，方阵的元素可以分为三部分，即上三角部分、主对角线部分和下三角部分，如图 5.6 所示。

所谓**特殊矩阵**，是指非零元素或常量元素的分布有一定规律的矩阵。为了节省存储空间，可以利用特殊矩阵的规律对它们进行压缩存储，例如让多个相同值的元素共享同一个存储单元等。这里主要讨论对称矩阵、三角矩阵和对角矩阵，它们都是方阵。

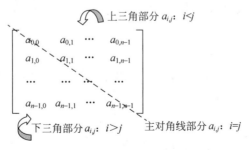

图 5.6 一个方阵的三部分

5.2.1 对称矩阵的压缩存储

若一个 n 阶方阵 A 的元素满足 $a_{i,j}=a_{j,i}(0 \leqslant i,j \leqslant n-1)$，则称其为 n 阶**对称矩阵**。

如果直接采用二维数组存储对称矩阵，占用的内存空间为 n^2 个元素大小。由于对称矩阵的元素关于主对角线对称，因此在存储时可只存储其上三角和主对角线部分的元素，或者只存储其下三角和主对角线部分的元素，使得对称的元素共享同一存储空间，这样就可以将 n^2 个元素压缩存储到 $n(n+1)/2$ 个元素的空间中。不失一般性，在按行优先存储时仅存储其下三角和主对角线部分的元素，如图 5.7 所示。

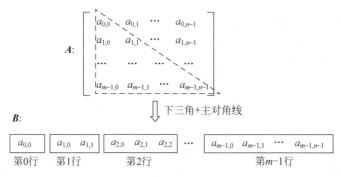

图 5.7 对称矩阵的压缩存储

采用一维数组 $B=\{b_k\}$ 作为 n 阶对称矩阵 A 的压缩存储结构，在 B 中只存储对称矩阵 A 的下三角+主对角线部分的元素 $a_{i,j}(i \geqslant j)$，这样 B 中的元素个数为 $n(n+1)/2$。

① 将 A 中下三角+主对角线部分的元素 $a_{i,j}(i \geqslant j)$ 存储在 B 数组的 b_k 元素中。那么 k 和 i,j 之间是什么关系呢？

对于元素 $a_{i,j}$，求出它前面共存储的元素个数。不包括第 i 行，它前面共有 i 行（行下标为 $0 \sim i-1$，第 0 行有 1 个元素，第 1 行有 2 个元素，…，第 $i-1$ 行有 i 个元素），则这 i 行有 $1+2+\cdots+i=i(i+1)/2$ 个元素。在第 i 行中，元素 $a_{i,j}$ 前面的元素是 $a_{i,0} \sim a_{i,j-1}$，有 j 个元素，这样元素 $a_{i,j}$ 的前面共有 $i(i+1)/2+j$ 个元素，所以有 $k=i(i+1)/2+j$。也就是说，A 中下三角+主对角线部分的元素 $a_{i,j}$ 存放在 B 中序号为 $i(i+1)/2+j$ 的元素中。

② 对于 A 中上三角部分的元素 $a_{i,j}(i<j)$，其值等于 $a_{j,i}$，而 $a_{j,i}$ 元素在 B 中的存储序号为 $j(j+1)/2+i$。

归纳起来，A 中任一元素 $a_{i,j}$ 和 B 中元素 b_k 之间存在如下对应关系：

$$k=\begin{cases} i(i+1)/2+j & i \geqslant j \\ j(j+1)/2+i & i < j \end{cases}$$

上述关系用 $k=f(i,j)$ 表示，该函数是对称矩阵压缩存储的关键。所谓压缩存储，就是对于 n 阶对称矩阵 A，采用一维数组 B 存储（几乎节省一半空间），但需要提供类似 $A[i][j]$ 元素的操作，实现过程如下：

① 存元素即执行 $A[i][j]=x$，求出 $k=f(i,j)$，再执行 $B[k]=x$。
② 取元素即执行 $y=A[i][j]$，求出 $k=f(i,j)$，再执行 $y=B[k]$。

说明：在计算对称矩阵的压缩存储关系函数 $k=f(i,j)$ 时要考虑几点，压缩存储的元素是上三角+主对角线部分还是下三角+主对角线部分？存储的元素是按行优先还是按列优先？矩阵的下标是从1开始还是从0开始？

【例5.2】 有两个 n 阶整型对称矩阵 $\boldsymbol{A}$、$\boldsymbol{B}$。编写一个程序完成以下功能：

(1) 将 $\boldsymbol{A}$、$\boldsymbol{B}$ 均采用按行优先顺序存放其下三角和主对角线部分元素的压缩存储方式，$\boldsymbol{A}$、$\boldsymbol{B}$ 的压缩结果存放在一维数组 a 和 b 中。

(2) 通过 a 和 b 实现求 $\boldsymbol{A}$、$\boldsymbol{B}$ 的乘积运算，结果存放在二维数组 C 中。

要求采用相关数据进行测试。

解：对于两个 n 阶对称矩阵 $\boldsymbol{A}$、$\boldsymbol{B}$，在求乘积 C 数组时，计算公式如下。

$$C[i][j] = \sum_{k=0}^{n-1} \boldsymbol{A}[i][k] \times \boldsymbol{B}[k][j]$$

由于 $\boldsymbol{A}$、$\boldsymbol{B}$ 均采用 a、b 压缩存储，设计 getk(i,j) 算法由 i、j 求压缩存储中的下标 k。在矩阵乘法中，求出 k1=getk(i,k)，k2=getk(k,j)，在求 $C[i][j]$ 时 $\boldsymbol{A}[i][k]$ 用 a[k1] 替代，$\boldsymbol{B}[k][j]$ 用 b[k2] 替代即可。

对应的程序如下：

```
#include<iostream>
#include<string>
using namespace std;
const int MAX=10;                          //最大维长度
void disp(int A[MAX][MAX],int n)           //输出 n 阶二维数组 A
{
    for (int i=0;i<n;i++)
    {
        for (int j=0;j<n;j++)
            printf("%3d",A[i][j]);
        printf("\n");
    }
}
void compression(int A[MAX][MAX],int n,int a[])   //将 A 压缩存储到 a 中
{
    for (int i=0;i<n;i++)
        for (int j=0;j<=i;j++)
        {
            int k=i*(i+1)/2+j;
            a[k]=A[i][j];
        }
}
int getk(int i,int j)                      //由 i、j 求压缩存储中的下标 k
{
    if (i>=j)
        return i*(i+1)/2+j;
    else
        return j*(j+1)/2+i;
}
void Mult(int a[],int b[],int C[MAX][MAX],int n)   //矩阵乘法
```

```cpp
{
    for (int i=0;i<n;i++)
        for (int j=0;j<n;j++)
        {
            int s=0;
            for (int k=0;k<n;k++)
            {
                int k1=getk(i,k);
                int k2=getk(k,j);
                s+=a[k1]*b[k2];
            }
            C[i][j]=s;
        }
}
int main()
{
    int n=3;
    int m=n*(n+1)/2;
    int A[MAX][MAX]={{1,2,3},{2,4,5},{3,5,6}};
    int B[MAX][MAX]={{2,1,3},{1,5,2},{3,2,4}};
    int C[MAX][MAX];
    int * a=new int[m];
    int * b=new int[m];
    printf("A:\n"); disp(A,n);
    printf("A 压缩存储到 a 中\n");
    compression(A,n,a);
    printf("a: ");
    for (int i=0;i<m;i++)
        printf("%3d",a[i]);
    printf("\n");
    printf("B:\n"); disp(B,n);
    printf("B 压缩存储到 b 中\n");
    compression(B,n,b);
    printf("b: ");
    for (int i=0;i<m;i++)
        printf("%3d",b[i]);
    printf("\n");
    printf("C=A*B\n");
    Mult(a,b,C,n);
    printf("C:\n"); disp(C,n);
    return 0;
}
```

上述程序的执行结果如下：

A:
  1 2 3
  2 4 5
  3 5 6

A 压缩存储到 a 中
a: 1 2 4 3 5 6
B:
  2 1 3
  1 5 2
  3 2 4
B 压缩存储到 b 中
b: 2 1 5 3 2 4
C=A*B
C:
  13 17 19
  23 32 34
  29 40 43

5.2.2 三角矩阵的压缩存储

有些非对称的矩阵也可借用上述方法存储，例如 n 阶下(上)三角矩阵。所谓 n 阶下(上)**三角矩阵**，是指矩阵的上(下)三角部分(不包括主对角线)中的元素均为常数 c 的 n 阶方阵。

n 阶三角矩阵 **A** 采用一维数组 $\boldsymbol{B}=\{b_k\}$ 压缩存储，常量 c 仅存放一次，这样 **B** 中的元素个数为 $n(n+1)/2+1$。**A** 中任一元素 $a_{i,j}$ 和 **B** 中元素 b_k 之间存在着如下对应关系。

上三角矩阵：

$$k = \begin{cases} i(2n-i+1)/2 + j - i & i \leqslant j \\ n(n+1)/2 & i > j \end{cases}$$

下三角矩阵：

$$k = \begin{cases} i(i+1)/2 + j & i \geqslant j \\ n(n+1)/2 & i < j \end{cases}$$

其中，**B** 的最后元素 $b_{n(n+1)/2}$ 中存放常数 c。

5.2.3 对角矩阵的压缩存储

若一个 n 阶方阵 **A** 满足其所有非零元素都集中在以主对角线为中心的带状区域中，其他元素均为 0，则称其为 n 阶**对角矩阵**。其主对角线上、下方各有 b 条次对角线，称 b 为矩阵半带宽，$(2b+1)$ 为矩阵的带宽。对于半带宽为 $b(0 \leqslant b \leqslant (n-1)/2)$ 的对角矩阵，其 $|i-j| \leqslant b$ 的元素 $a_{i,j}$ 不为零，其余元素为零。图 5.8 所示为半带宽为 b 的对角矩阵示意图。

对于 $b=1$ 的三对角矩阵 **A**，只存储其非零元素，并按行优先存储到一维数组 B 中，将 **A** 的非零元素 $a_{i,j}$ 存储到 B 的元素 b_k 中，k 的计算过程如下：

① 当 $i=0$ 时为第 0 行，共 2 个元素。

② 当 $i>0$ 时，第 0 行~第 $i-1$ 行共 $2+3(i-1)$ 个元素。

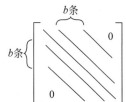

图 5.8 半带宽为 b 的对角矩阵

③ 对于非零元素 $a_{i,j}$，第 i 行最多 3 个元素，该行的首非零元素为 $a_{i,i-1}$（另外两个元素是 $a_{i,i}$ 和 $a_{i,i+1}$），即该行中元素 $a_{i,j}$ 前面存储的非零元素个数为 $j-(i-1)=j-i+1$。

所以，非零元素 $a_{i,j}$ 前面压缩存储的元素总个数 $=2+3(i-1)+j-i+1=2i+j$，即 $k=2i+j$。

以上讨论的对称矩阵、三角矩阵、对角矩阵的压缩存储方法是把有一定分布规律的值相同的元素（包括 0）压缩存储到一个存储空间中。这样的压缩存储只需在算法中按公式作一映射即可实现矩阵元素的随机存取。

5.3 稀疏矩阵

当一个阶数较大的矩阵中的非零元素个数 s 相对于矩阵元素的总个数 t 非常小时，即 $s \ll t$ 时，称该矩阵为**稀疏矩阵**。例如一个 100×100 的矩阵，若其中只有 100 个非零元素，就可称其为稀疏矩阵。

抽象数据类型稀疏矩阵与抽象数据类型 $d(d=2)$ 维数组的定义相似，这里不再介绍。

视频讲解

5.3.1 稀疏矩阵的三元组表示

由于稀疏矩阵中的非零元素个数很少，显然其压缩存储方法就是只存储非零元素。不同于前面介绍的各种特殊矩阵，稀疏矩阵中非零元素的分布没有规律（或者说随机分布），所以在存储非零元素时除了存储元素值还需存储对应的行、列下标。这样稀疏矩阵中的每一个非零元素需由一个三元组 $(i, j, a_{i,j})$ 表示，稀疏矩阵中的所有非零元素构成一个三元组线性表。

如图 5.9 所示为一个 6×7 阶稀疏矩阵 $\boldsymbol{A}$（为图示方便，所取的行、列数都很小）及其对应的三元组表示。从中看到，这里的稀疏矩阵三元组表示是一种顺序存储结构。

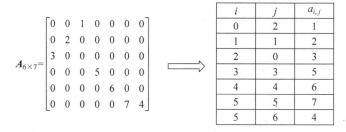

图 5.9 一个稀疏矩阵 $\boldsymbol{A}$ 及其对应的三元组表示

三元组表示中每个元素的类型定义如下：

```
struct TupElem                          //单个三元组元素的类型
{
    int r;                              //行号
    int c;                              //列号
    int d;                              //元素值
    TupElem() {}                        //构造函数
    TupElem(int r1,int c1,int d1)       //重载构造函数
```

```
    {
        r=r1;
        c=c1;
        d=d1;
    }
};
```

设计稀疏矩阵三元组存储结构类 TupClass 如下：

```
class TupClass                          //三元组存储结构类
{
    int rows;                           //行数
    int cols;                           //列数
    int nums;                           //非零元素个数
    TupElem * data;                     //稀疏矩阵对应的三元组顺序表
    //基本运算算法
};
```

TupClass 类中包含如下基本运算算法。

① CreateTup(A,m,n)：由 m 行 n 列的稀疏矩阵 A 创建其三元组表示。

② Setvalue(i,j,x)：利用三元组给稀疏矩阵的元素赋值，即执行 $A[i][j]=x$（x 为非零值）。

③ Getvalue(i,j,x)：利用三元组取稀疏矩阵的元素值即执行 $x=A[i][j]$。

④ DispTup()：输出稀疏矩阵的三元组表示。

其中，data 列表用于存放稀疏矩阵中的所有非零元素，通常按行优先顺序排列。这种有序性可简化大多数稀疏矩阵运算算法。

以 Setvalue(i,j,x)算法为例，其功能是将 $A[i][j]$ 赋值为一个非零值。实现过程是，第一步检查参数的正确性，当参数错误时返回 false。当参数正确时，第二步是查找，先按行号找到第 i 行的第一个非零元素，然后在第 i 行中查找第 j 列的元素（按有序性第 i 行的所有非零元素按列号顺序存放）。若找到了该元素，说明 $A[i][j]$ 本身是一个非零元素，只需要将其值替换为新值 x，否则说明 $A[i][j]$ 是一个零元素，需要修改为非零元素，此时在三元组中执行第三步，即插入操作，先将该位置后面的元素向后移动一个位置，然后在该位置存放 x 元素。对应的算法如下：

```
bool Setvalue(int i,int j,int x)        //三元组元素赋值:A[i][j]=x
{
    if (i<0 || i>=rows || j<0 || j>=cols)
        return false;                   //参数错误时返回 false
    int k=0,k1;
    while (k<nums && i>data[k].r)
        k++;                            //查找第 i 行的第一个非零元素
    while (k<nums && i==data[k].r && j>data[k].c)
        k++;                            //在第 i 行中查找第 j 列的元素
    if (data[k].r==i && data[k].c==j)   //找到了这样的元素
        data[k].d=x;
    else                                //不存在这样的元素时插入一个元素
```

```
        {
            for (k1=nums-1; k1>=k;k1--)         //后移元素以便插入
            {
                data[k1+1].r=data[k1].r;
                data[k1+1].c=data[k1].c;
                data[k1+1].d=data[k1].d;
            }
            data[k].r=i; data[k].c=j; data[k].d=x;
            nums++;
        }
        return true;                             //赋值成功时返回 true
}
```

说明：若稀疏矩阵采用一个二维数组存储，此时具有随机存取特性；若稀疏矩阵采用一个三元组顺序表存储，则不再具有随机存取特性。

5.3.2 稀疏矩阵的十字链表表示

视频讲解

十字链表是稀疏矩阵的一种链式存储结构。

对于一个 $m \times n$ 的稀疏矩阵，每个非零元素用一个结点表示，该结点中存放该零元素的行号、列号和元素值。同一行中的所有非零元素结点链接成一个带行头结点的行循环单链表，同一列中的所有非零元素结点链接成一个带列头结点的列循环单链表。之所以采用循环单链表，是因为矩阵运算中经常是一行(列)操作完后进行下一行(列)操作，最后一行(列)操作完后进行首行(列)操作。

这样对稀疏矩阵的每个非零元素结点来说，它既是某个行链表中的一个结点，同时又是某个列链表中的一个结点，每个非零元素就好比在一个十字路口，由此称作**十字链表**。

每个非零元素结点的类型设计成如图 5.10(a)所示的结构，其中 i、j、value 分别代表非零元素所在的行号、列号和相应的元素值；down 和 right 分别称为向下指针和向右指针，分别用来链接同列中和同行中的下一个非零元素结点。这样行循环单链表个数为 m（每一行对应一个行循环单链表），列循环单链表个数为 n（每一列对应一个列循环单链表），那么行列头结点的个数就是 $m+n$。实际上，行头结点与列头结点是共享的，即 $h[i]$ 表示第 i 行循环单链表的头结点，同时也是第 i 列循环单链表的头结点，这里 $0 \leqslant i < \text{MAX}\{m,n\}$，即行列头结点的个数是 $\text{MAX}\{m,n\}$，所有行列头结点的类型与非零元素结点的类型相同。

(a) 元素结点类型   (b) 头结点类型

图 5.10 十字链表结点结构

另外，将所有行列头结点再链接起来构成一个带头结点的循环单链表，这个头结点称为总头结点，即 hm，通过 hm 来标识整个十字链表。总头结点的类型设计成如图 5.10(b)所示的结构（之所以这样设计，是为了与非零元素结点的类型一致，这样在整个十字链表中采用指针遍历所有结点时更方便),它的 link 域指向第一个行列头结点,其 i、j 域分别存放稀疏矩阵的行数 m 和列数 n,而 down 和 right 域没有作用。

从中看出,在 $m \times n$ 的稀疏矩阵的十字链表存储结构中有 m 个行循环单链表、n 个列循环单链表,另外有一个行列头结点构成的循环单链表,总的循环单链表个数是 $m+n+1$,总的头结点个数是 $\text{MAX}\{m,n\}+1$。

设稀疏矩阵如下:

$$\boldsymbol{B}_{3\times 4} = \begin{bmatrix} 1 & 0 & 0 & 2 \\ 0 & 0 & 3 & 0 \\ 0 & 0 & 0 & 4 \end{bmatrix}$$

对应的十字链表如图 5.11 所示。为图示清楚,把每个行列头结点分别画成两个,实际上行、列值相同的头结点只有一个。

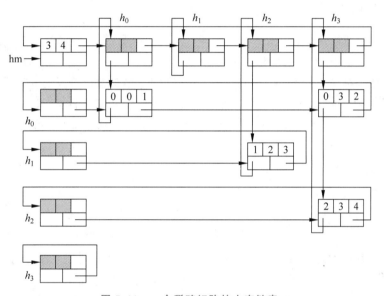

图 5.11 一个稀疏矩阵的十字链表

十字链表结点类型 MatNode 定义如下:

```
template < typename T >
struct MatNode                                    //十字链表结点类型
{
    int row;                                      //行号或者行数
    int col;                                      //列号或者列数
    struct MatNode * right, * down;               //行、列指针
    union
    {
        T value;                                  //非零元素值
        struct MatNode * link;                    //指向下一个头结点
    } tag;
};
```

有关稀疏矩阵采用十字链表表示时的相关运算算法与三元组表示的类似,但更复杂,这里不再讨论。

视频讲解

【实战 5.3】 HDU4920——稀疏矩阵乘法

时间限制：2000ms；内存限制：131 072KB。

问题描述：给定两个 $n \times n$ 矩阵 a 和 b，求它们的积，结果矩阵中每个元素值模 3。

输入格式：输入包含多个测试用例，每个测试用例的第一行为 $n(1 \leq n \leq 800)$；接下来的 n 行每行 n 个整数，表示矩阵 a，第 i 行的第 j 个整数为 a_{ij}；类似地，再接下来的 n 行为矩阵 $b(0 \leq a_{ij}, b_{ij} \leq 10^9)$。

输出格式：对于每个测试用例，输出 n 行，每行 n 个整数表示 $a \times b$ 的结果。

5.4 练习题

5.4.1 问答题

1. 为什么说数组是线性表的推广或扩展，而不说数组就是一种线性表？

2. 为什么数组一般不使用链式存储结构？

3. 如果某个一维整数数组 A 的元素个数 n 很大，存在大量重复的元素，且所有值相同的元素紧跟在一起，请设计一种压缩存储方式使得存储空间更节省。

4. 有一个 5×6 的二维数组 a，起始元素 $a[1][1]$ 的地址是 1000，每个元素的长度为 4。

   (1) 采用按行优先存储，给出元素 $a[4][5]$ 的地址。

   (2) 采用按列优先存储，给出元素 $a[4][5]$ 的地址。

5. 一个 n 阶对称矩阵存入内存，在采用压缩存储和非压缩存储时占用的内存空间分别是多少？

6. 一个 6 阶对称矩阵 A 中主对角线以上部分的元素已按列优先顺序存放于一维数组 B 中，主对角线上的元素均为 0。根据以下 B 的内容画出 A 矩阵。

0	1	2	3	4	5	6	7	8	9	10	11	12	13	14
2	5	0	3	4	0	0	1	4	2	6	3	0	1	2

B:

7. 设 $A[0..9, 0..9]$ 是一个 10 阶对称矩阵，采用按行优先将其下三角＋主对角线部分的元素压缩存储到一维数组 B 中。已知每个元素占用两个存储单元，其第一个元素 $A[0][0]$ 的存储位置为 1000，求以下问题的计算过程及结果：

   (1) 给出 $A[4][5]$ 的存储位置。

   (2) 给出存储位置为 1080 的元素的下标。

8. 设 n 阶下三角矩阵 $A[0..n-1, 0..n-1]$ 已压缩存储到一维数组 $B[1..m]$ 中，若按行为主序存储，则 $A[i][j](i \geq j)$ 元素对应的 B 中存储位置为多少？给出推导过程。

9. 用十字链表表示一个有 k 个非零元素的 $m \times n$ 的稀疏矩阵，则其总的结点数为多少？

10. 特殊矩阵和稀疏矩阵哪一种压缩存储后失去随机存取特性？为什么？

5.4.2 算法设计题

1. 设计一个算法,将含有 n 个整数元素的数组 $a[0..n-1]$ 循环右移 m 位,要求算法的空间复杂度为 $O(1)$。

2. 有一个含有 n 个整数元素的数组 $a[0..n-1]$,设计一个算法求其中最后一个最小元素的下标。

3. 设 a 是一个含有 n 个元素的 double 型数组,b 是一个含有 n 个元素的整数数组,其值介于 $0 \sim n-1$,且所有元素不相同。现设计一个算法,要求按 b 的内容调整 a 中元素的顺序,例如当 $b[2]=11$ 时,要求将 $a[11]$ 元素调整到 $a[2]$ 中。如 $n=5$,$a[\,]=\{1,2,3,4,5\}$,$b[\,]=\{2,3,4,1,0\}$,执行本算法后 $a[\,]=\{3,4,5,1,2\}$。

4. 设计一个算法,实现 m 行 n 列的二维数组 a 的就地转置,当 $m \ne n$ 时返回 false,否则返回 true。

5. 设计一个算法,求一个 m 行 n 列的二维整型数组 a 的左上角-右下角和右上角-左下角两条主对角线元素之和,当 $m \ne n$ 时返回 false,否则返回 true。

5.5 上机实验题

5.5.1 基础实验题

1. 编写一个实验程序,给定一个 m 行 n 列的二维数组 a,每个元素的长度 k,数组的起始地址 d,该数组按行优先还是按列优先存储,数组的初始下标 c1(假设 a 的行、列初始下标均为 c1),求元素 $a[i][j]$ 的地址,并用相关数据进行测试。

2. 编写一个实验程序,给定一个 n 阶对称矩阵 A,采用压缩存储存储在一维数组 B 中,指出存储下三角+主对角部分的元素还是上三角+主对角部分的元素,按行优先还是按列优先,A 的初始下标 c1 和 B 的初始下标 c2,求元素 $a[i][j]$ 在 B 中的地址 k,并用相关数据进行测试。

3. 编写一个实验程序,假设稀疏矩阵采用三元组压缩存储,设计相关基本运算算法,并用相关数据进行测试。

5.5.2 应用实验题

1. 给定 $n(n \geqslant 1)$ 个整数的序列用整型数组 a 存储,要求求出其中的最大连续子序列之和。例如序列 $(-2,11,-4,13,-5,-2)$ 的最大连续子序列和为 20,序列 $(-6,2,4,-7,5,3,2,-1,6,-9,10,-2)$ 的最大连续子序列和为 16。分析算法的时间复杂度。

2. 求马鞍点问题。如果矩阵 a 中存在一个元素 $a[i][j]$ 满足条件"$a[i][j]$ 是第 i 行中值最小的元素,且又是第 j 列中值最大的元素",则称之为该矩阵的一个马鞍点。设计一个程序,计算出 $m \times n$ 的矩阵 a 的所有马鞍点。

3. 对称矩阵压缩存储的恢复。一个 n 阶对称矩阵 A 采用一维数组 a 压缩存储,压缩方式是按行优先顺序存放 A 的下三角和主对角线部分的各元素。完成以下功能:

(1) 由 A 产生压缩存储 a。

(2) 由 b 恢复对称矩阵 C。
通过相关数据进行测试。

5.6 在线编程题

1. LeetCode48——旋转图像
2. HDU1575——方阵 A 的迹
3. HDU1559——最大子矩阵
4. POJ3213——矩阵乘法问题
5. POJ3292——求 H 半素数个数

第 6 章 递归

在算法设计中经常需要用递归方法求解,特别是后面的树和二叉树、图、查找及排序等章节中会大量地用到递归算法。本章介绍递归的定义和递归算法设计方法等,为后面的学习打下基础。

本章的学习要点如下:

(1) 递归的定义和递归模型。

(2) 递归算法设计的一般方法。

(3) 递归算法转换为非递归算法的一般方法。

(4) 灵活运用递归算法解决一些较复杂的应用问题。

6.1 什么是递归

递归在计算机科学中指一种通过重复将问题分解为同类子问题而解决问题的方法,绝大多数编程语言支持函数的自调用,即递归。计算理论已经证明递归可以完全取代循环。本节讨论递归的相关概念。

6.1.1 递归的定义

视频讲解

在定义一个算法时出现了调用本算法的成分,称之为**递归**。若调用自身,称之为**直接递归**。若算法 A 调用算法 B,而 B 又调用 A,称之为**间接递归**。在算法设计中,任何间接递归算法都可以转换为直接递归算法实现,所以后面主要讨论直接递归。

递归不仅是数学中的一个重要概念,也是计算技术中的重要概念之一。在计算技术中,与递归有关的概念有递归数列、递归过程、递归算法、递归程序和递归函数等。

【例 6.1】 以下是求 $n!$(n 为正整数)的递归算法。它属于什么类型的递归?

```
int fun(int n)
{
    if (n==1)                    //语句1
        return 1;                //语句2
    else                         //语句3
        return fun(n−1) * n;     //语句4
}
```

解：在算法 fun(n)中调用 fun(n−1)(语句4)，它是一个直接递归函数。

递归算法通常把一个大的复杂问题层层转化为一个或多个与原问题相似的规模较小的问题来求解,递归策略只需少量的代码就可以描述出解题过程中所需要的多次重复计算,大大减少了算法的代码量。

一般来说,能够用递归解决的问题应该满足以下3个条件：

① 需要解决的问题可以转化为一个或多个子问题求解,而这些子问题的求解方法与原问题完全相同,只是在数量规模上不同。

② 递归调用的次数必须是有限的。

③ 必须有结束递归的条件终止递归。

递归算法的优点是结构简单、清晰,易于阅读,方便其正确性证明；缺点是算法执行中占用的内存空间较多,执行效率低,不容易优化。

视频讲解

6.1.2 何时使用递归

在以下3种情况下经常要用到递归方法。

1. 定义是递归的

有许多数学公式、数列等的定义是递归的。例如,求 $n!$ 和 Fibonacci 数列等。对于这些问题的求解过程,可以将其递归定义直接转化为对应的递归算法。例如,求 $n!$ 可以转化为例6.1中的递归算法。求 Fibonacci 数列的递归算法如下：

```
int Fib(int n)                   //求Fibonacci数列的第n项
{
    if (n==1 || n==2)
        return 1;
    else
        return Fib(n−1)+Fib(n−2);
}
```

2. 数据结构是递归的

有些数据结构是递归的。例如,第2章中介绍的单链表就是一种递归数据结构,其结点类定义如下：

```
template <typename T>
class LinkNode                   //单链表结点类
{
public:
    T data;                      //存放数据元素
    LinkNode<T>* next;           //指向下一个结点的指针域
```

```
        LinkNode():next(NULL) {}              //构造函数
        LinkNode(T d):data(d),next(NULL) {}   //重载构造函数
};
```

其中,next 域是指向自身类型结点的指针,所以它是一种递归数据结构。

对于递归数据结构,采用递归的方法编写算法既方便又有效。例如,求一个不带头结点单链表 p 中所有 data 成员(假设为 int 型)之和的递归算法如下:

```
int Sum(LinkNode<int> * p)             //求不带头结点单链表 p 中所有结点值之和
{
    if (p==NULL)
        return 0;
    else
        return p->data+Sum(p->next);
}
```

说明:对于第 2 章讨论的单链表对象 L,L.head 为头结点,L.head->next 看成不带头结点的单链表。

3. 问题的求解方法是递归的

有些问题的求解方法是递归的,典型的有 Hanoi 问题的求解。

【例 6.2】 Hanoi 问题的描述是,设有 3 个分别命名为 x、y、z 的塔座,在塔座 x 上有 n 个直径各不相同的盘片,从小到大依次编号为 $1,2,\cdots,n$,现要求将 x 塔座上的这 n 个盘片移到塔座 z 上,并仍按同样的顺序叠放。盘片移动时必须遵守以下规则:每次只能移动一个盘片;盘片可以放在 x、y、z 中的任一塔座;在任何时候都不能将一个较大的盘片放在较小的盘片上。如图 6.1 所示为 $n=4$ 时的 Hanoi 问题。设计求解该问题的算法。

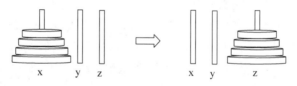

图 6.1 Hanoi 问题($n=4$)

解:Hanoi 问题特别适合采用递归方法求解。设 Hanoi(n,x,y,z)表示将 n 个盘片从 x 塔座借助 y 塔座移动到 z 塔座上,递归分解的过程如图 6.2 所示。其含义是首先将 x 塔座上的 $n-1$ 个盘片借助 z 塔座移动到 y 塔座上;此时 x 塔座上只有一个盘片,将其直接移动到 z 塔座上;再将 y 塔座上的 $n-1$ 个盘片借助 x 塔座移动到 z 塔座上。

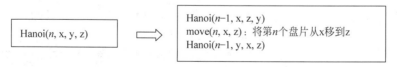

图 6.2 Hanoi(n,x,y,z)的递归分解过程

由此得到 Hanoi 递归算法如下:

```
void Hanoi(int n,char x,char y,char z)      //Hanoi 递归算法
{
```

```
    if (n==1)                              //只有一个盘片的情况
        printf("将第%d个盘片从%c移动到%c\n",n,x,z);
    else                                   //有两个或多个盘片的情况
    {
        Hanoi(n-1,x,z,y);
        printf("将第%d个盘片从%c移动到%c\n",n,x,z);
        Hanoi(n-1,y,x,z);
    }
}
```

执行 Hanoi(3,'a','b','c')时的输出结果如下：

将第1个盘片从a移动到c
将第2个盘片从a移动到b
将第1个盘片从c移动到b
将第3个盘片从a移动到c
将第1个盘片从b移动到a
将第2个盘片从b移动到c
将第1个盘片从a移动到c

视频讲解

6.1.3 递归模型

递归模型是递归算法的抽象，它反映一个递归问题的递归结构。例如，例6.1的递归算法对应的递归模型如下：

$f(n)=1 \qquad n=1$
$f(n)=n*f(n-1) \quad n>1$

其中，第一个式子给出了递归的终止条件，第二个式子给出了 $f(n)$ 的值与 $f(n-1)$ 的值之间的关系，把第一个式子称为递归出口，把第二个式子称为递归体。

一般地，一个递归模型是由递归出口和递归体两部分组成的。**递归出口**确定递归到何时结束，即指出明确的递归结束条件。**递归体**确定递归求解时的递推关系。

递归出口的一般格式如下：

$f(s_1)=m_1$

这里的 s_1 与 m_1 均为常量，有些递归问题可能有几个递归出口。递归体的一般格式如下：

$f(s_n)=g(f(s_i),f(s_{i+1}),\cdots,f(s_{n-1}),c_j,c_{j+1},\cdots,c_m)$

其中，n、i、j、m 均为正整数。这里的 s_n 是一个递归"大问题"，$s_i,s_{i+1},\cdots,s_{n-1}$ 为递归"小问题"，$c_j,c_{j+1},\cdots,c_m$ 是若干个可以直接(用非递归方法)解决的问题，g 是一个非递归函数，可以直接求值。

实际上，递归思路就是把一个不能或不好直接求解的"大问题"转化成一个或几个"小问题"求解，如图6.3所示，再把这些"小问题"进一步分解成更小的"小问题"求解，如此分解，直到每个"小问题"都可以直接解决(此时分解到递归出口)。但递归分解不是随意的，递归分解

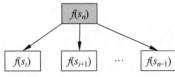

图 6.3 把大问题 $f(s_n)$ 转化成
几个小问题来解决

要保证"大问题"与"小问题"相似,即求解过程与环境都相似。

6.1.4 递归与数学归纳法

怎么判断一个递归是否正确呢?显然如果下面两点成立,则这个递归对于所有的 n 都是正确的:

① 该递归在 $n=0$ 或者 1 时结果正确。
② 假设该递归对于 n 是正确的,同时对于 $n+1$ 也正确。

这种方法很像数学归纳法,也是一种递归的思考方式。

数学归纳法是一种数学证明方法,通常被用于证明某个给定命题在整个(或者局部)自然数范围内成立。先看一个简单的示例。采用数学归纳法证明下式:

$$1+2+\cdots+n=n(n+1)/2$$

其证明过程如下:

① 当 $n=1$ 时,左式$=1$,右式$=(1\times2)/2=1$,左、右两式相等,等式成立。
② 假设当 $n=k-1$ 时等式成立,有 $1+2+\cdots+(k-1)=k(k-1)/2$。
③ 当 $n=k$ 时,左式$=1+2+\cdots+k=1+2+\cdots+(k-1)+k=k(k-1)/2+k=k(k+1)/2=$右式。证毕。

数学归纳法证明问题的过程分为两个步骤,先考虑特殊情况,然后假设 $n=k-1$ 成立(第二数学归纳法是假设 $n\leq k-1$ 均成立),再证明 $n=k$ 时成立,即假设"小问题"成立,再推导出"大问题"成立。

在递归模型中,递归体就是表示"大问题"和"小问题"解之间的关系,如果已知 $s_i, s_{i+1}, \cdots, s_{n-1}$ 这些"小问题"的解,就可以计算出 s_n "大问题"的解。从数学归纳法的角度来看,这相当于数学归纳法的归纳步骤。只不过数学归纳法是一种论证方法,而递归是算法和程序设计的一种实现技术,数学归纳法是递归求解问题的理论基础。

6.1.5 递归的执行过程

视频讲解

为了讨论方便,将前面的一般化递归模型简化如下(即将一个"大问题"分解为一个"小问题",称为单递归模型):

$$f(s_1)=m_1$$
$$f(s_n)=g(f(s_{n-1}),c_{n-1})$$

调用 $f(s_n)$ 分为分解和求值过程,分解体现"递"(或递去)的特性。调用 $f(s_n)$ 时的分解过程是 $f(s_n) \to f(s_{n-1}) \to \cdots \to f(s_2) \to f(s_1)$。一旦遇到递归出口,分解过程结束,开始求值过程,所以分解过程是"量变"过程,即原来的"大问题"在慢慢变小但尚未解决,遇到递归出口后便发生了"质变",即原递归问题可以求解了。

求值体现"归"(或归来)的特性,也称为回退或者回溯。调用 $f(s_n)$ 的求值过程是 $f(s_1)=m_1 \to f(s_2)=g(f(s_1),c_1) \to f(s_3)=g(f(s_2),c_2) \to \cdots \to f(s_n)=g(f(s_{n-1}),c_{n-1})$。这样 $f(s_n)$ 便计算出来了。

因此递归的执行过程由分解和求值两部分构成,分解部分就是用递归体将"大问题"分解成"小问题",直到递归出口为止,然后进行求值过程,即已知"小问题"计算"大问题"。例如对于例 6.1 的递归算法,调用 fun(5) 的求解过程如图 6.4 所示。

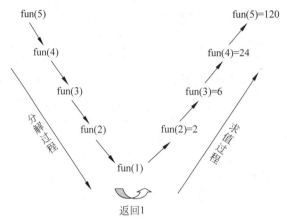

图 6.4 调用 fun(5)的求解过程

递归算法执行中最长的递归调用的链长称为该算法的**递归调用深度**。例如,图 6.4 中调用 fun(5)时递归调用深度是 5。对于复杂的递归算法,在调用中可能需要循环反复的分解和求值才能获得最终解。例如,对于前面求 Fibonacci 数列的 Fib 算法,调用 Fib(5)的过程构成的递归树如图 6.5 所示,向下的实箭头表示分解,即"递"步骤,向上的虚箭头表示求值,即"归"步骤,每个方框旁边的数字是该方框的求值结果,最后求得 Fib(5)为 5。该递归树的高度为 4,所以递归调用深度也是 4。

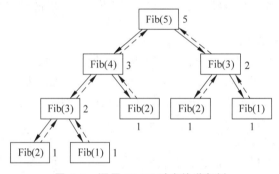

图 6.5 调用 Fib(5)对应的递归树

那么在系统内部如何执行递归算法呢?实际上一个递归函数的调用过程类似于多个函数的嵌套调用,只不过调用函数和被调用函数是同一个函数。为了保证递归函数的正确执行,系统需设立一个工作栈。具体地说,递归调用的内部执行过程如下:

① 为递归调用建立一个工作栈,其结构包括形参、局部变量和返回地址。

② 每次执行递归调用之前,把递归函数的参数值和局部变量的当前值以及调用后的返回地址进栈。

③ 每次递归调用结束后,将栈顶元素出栈,使相应的参数值和局部变量恢复为调用前的值,然后转向返回地址指定的位置继续执行。

例如有以下程序段:

```
int S(int n)
{
    if (n<=0) return 0;
    else return S(n-1)+n;
```

```
int main( )
{
    printf("%d\n",S(1));
    return 0;
}
```

程序执行时使用一个栈来保存调用过程的信息,这些信息用 main()、S(0)和 S(1)表示,那么自栈底到栈顶保存的信息的顺序是怎样的呢?首先从 main()开始执行程序,将 main()信息进栈,遇到调用 S(1),将 S(1)信息进栈,在执行 S(1)时又遇到调用 S(0),再将 S(0)信息进栈,如图 6.6 所示。所以自栈底到栈顶保存的信息的顺序是 main()→S(1)→S(0)。

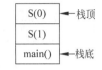

图 6.6 系统栈的状态

【例 6.3】 对于例 6.2 的递归算法 Hanoi(),给出调用 Hanoi(3,a,b,c)时系统栈的变化过程。

答:调用 Hanoi(3,a,b,c)的执行过程如图 6.7 所示,此时系统栈的变化过程如图 6.8 所示(栈中不含保存的返回地址)。

视频讲解

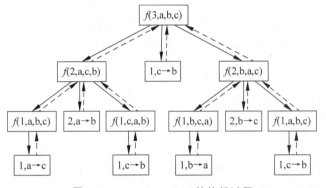

图 6.7 Hanoi(3,a,b,c)的执行过程

可以用递归算法的参数(非引用参数)值表示执行过程中的状态,由于在递归算法执行中系统栈保存了递归调用的参数值、局部变量值和返回地址,所以在递归算法中一次递归调用后会自动恢复该次递归调用前的状态。

【例 6.4】 有以下递归算法,说明调用 $f(4)$ 的过程。

```
void f(int n)                          //递归函数
{
    if (n==0)                          //递归出口
        return;
    else                               //递归体
    {
        printf("Pre:  n=%d\n",n);
        printf("执行 f(%d)\n",n-1);
        f(n-1);
        printf("Post: n=%d\n",n);
    }
}
```

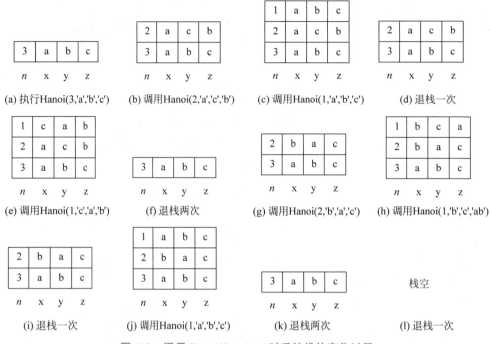

图 6.8 调用 Hanoi(3,a,b,c)时系统栈的变化过程

解：递归算法 $f(n)$ 中的状态参数为 n，调用 $f(4)$ 的过程如图 6.9 所示（向下的实箭头表示"递"步骤，向上的虚箭头表示"归"步骤）。输出结果如下：

```
Pre: n＝4
执行 f(3)              //递归调用 f(3)
Pre:  n＝3
执行 f(2)              //递归调用 f(2)
Pre:  n＝2
执行 f(1)              //递归调用 f(1)
Pre:  n＝1
执行 f(0)              //递归调用 f(0)
Post: n＝1             //恢复 f(0)调用前的 n 值
Post: n＝2             //恢复 f(1)调用前的 n 值
Post: n＝3             //恢复 f(2)调用前的 n 值
Post: n＝4             //恢复 f(3)调用前的 n 值
```

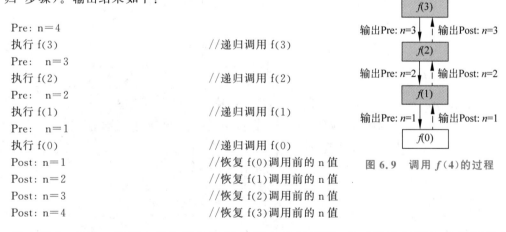

图 6.9 调用 $f(4)$ 的过程

从中看出，参数 n 的值在每次递归调用后都自动恢复了，有时说递归算法参数可以自动回退（回溯）就是这个意思。但递归算法中的全局变量或者引用参数并不能自动恢复，因为在系统栈中并不保存这些变量值。

递归的强大之处在于它允许用户用有限的语句描述无限的对象，因此在计算机科学中递归可以被用来描述无限步的运算，尽管描述运算的程序是有限的。这一点是循环不容易做到的。

6.1.6 递归算法的时空分析

从前面递归算法的执行过程看到,递归算法的执行过程不同于非递归算法,所以其时空分析也不同于非递归算法。如果非递归算法分析是定长时空分析,递归算法分析就是变长时空分析。

1. 递归算法的时间分析

在递归算法时间分析中,首先给出执行时间对应的递推式,然后求解递推式得出算法的执行时间 $T(n)$,再由 $T(n)$ 得到时间复杂度。

例如,对于前面求解 Hanoi 问题的递归算法,求问题规模为 n 时的时间复杂度。求解过程是设大问题 Hanoi(n,x,y,z) 的执行时间为 $T(n)$,则小问题 Hanoi($n-1$,x,y,z) 的执行时间为 $T(n-1)$。当 $n>1$ 时,大问题分解为两个小问题和一步移动操作,大问题的执行时间为两个小问题的执行时间 +1。对应的递推式如下:

$$T(n)=1 \qquad n=1$$
$$T(n)=2T(n-1)+1 \quad n>1$$

求解递推式的过程如下:

$$\begin{aligned}
T(n) &= 2T(n-1)+1 = 2(2T(n-2)+1)+1 \\
&= 2^2 T(n-2)+2+1 = 2^2(2T(n-3)+1)+2+1 \\
&= 2^3 T(n-3)+2^2+2+1 \\
&\cdots \\
&= 2^{n-1} T(1)+2^{n-2}+\cdots+2^2+2+1 \\
&= 2^n - 1 = O(2^n)
\end{aligned}$$

所以问题规模为 n 时 Hanoi 递归算法的时间复杂度是 $O(2^n)$。

2. 递归算法的空间分析

对于递归算法,为了实现递归过程用到一个递归栈,所以需要根据递归深度得到算法的空间复杂度。

例如,对于前面求解 Hanoi 问题的递归算法,求问题规模为 n 时的空间复杂度。求解过程是设大问题 Hanoi(n,x,y,z) 的临时空间为 $S(n)$,则小问题 Hanoi($n-1$,x,y,z) 的临时空间为 $S(n-1)$。当 $n>1$ 时,大问题分解为两个小问题和一步移动操作,但第一个小问题执行后会释放其空间,释放的空间被第二个小问题使用,所以大问题的临时空间为一个小问题的临时空间 +1。对应的递推式如下:

$$S(n)=1 \qquad n=1$$
$$S(n)=S(n-1)+1 \quad n>1$$

求解递推式的过程如下:

$$\begin{aligned}
S(n) &= S(n-1)+1 \\
&= S(n-2)+1+1 = S(n-2)+2 \\
&\cdots \\
&= S(1)+(n-1) = 1+(n-1) \\
&= n = O(n)
\end{aligned}$$

所以问题规模为 n 时 Hanoi 递归算法的空间复杂度是 $O(n)$。

说明：在上述递归算法的时空分析中，大问题的执行时间是两个小问题执行时间的和，而执行大问题的空间并不是执行两个小问题的空间和，因为这里的空间主要是指栈空间，而栈空间是重复使用的，一个小问题执行后释放的栈空间会被另一个小问题使用，即 $S(n)=\max\{S(n-1),S(n-1)\}+1=S(n-1)+1$。

6.2 递归算法设计

6.2.1 递归算法设计的步骤

视频讲解

递归算法设计必须把握好以下三方面：

① 明确递归终止条件，即递归出口。递归包含有去有回，既然这样，那么必然有一个明确的出口，一旦到达了这个出口就不再继续往下递去而是开始归来。递归出口不正确可能陷入死循环，最终导致内存不足引发栈溢出异常。

② 给出递归终止时的处理办法。一般递归出口总是比较简单的状态，可以直接得到该状态下问题的解。

③ 提取重复的逻辑，缩小问题规模。递归问题必须可以分解为若干个规模较小、与原问题形式相同的子问题，这些子问题可以用相同的解题思路来解决。从算法设计角度看，需要抽象出一个干净利落的、重复的逻辑，以便使用相同的方式解决子问题。

递归算法设计的基本步骤是先确定求解问题的递归模型，再转换成对应的 C++ 语言描述的算法。由于递归模型反映递归问题的"本质"，所以前一步是关键，也是讨论的重点。

递归算法的求解过程是先将整个问题划分为若干个子问题，通过分别求解子问题，最后获得整个问题的解。这是一种分而治之的思路，通常由整个问题划分的若干子问题的求解是独立的，所以求解过程对应一棵递归树。

在设计算法时就考虑递归树中的每一个分解/求值部分，会使问题复杂化。不妨只考虑递归树中第 1 层和第 2 层之间的关系（切勿层层展开子问题使问题变得难以理解，从而掉入递归陷阱），即"大问题"和"小问题"的关系，其他关系与之相似。由此得出构造求解问题的递归模型（以简单递归模型为例）的步骤如下：

① 对原问题 $f(s_n)$ 进行分析，假设出合理的"小问题" $f(s_{n-1})$。

② 假设小问题 $f(s_{n-1})$ 是可解的，在此基础上确定大问题 $f(s_n)$ 的解，即给出 $f(s_n)$ 与 $f(s_{n-1})$ 之间的关系，也就是确定递归体（与数学归纳法中假设 $i=n-1$ 时等式成立，再求证 $i=n$ 时等式成立的过程相似）。

③ 确定一个特定情况（例如 $f(1)$ 或 $f(0)$）的解，由此作为递归出口（与数学归纳法中求证 $i=1$ 或 $i=0$ 时等式成立相似）。

从中看出提取递归体是关键，递归体就是将求得的小问题的解通过合并操作构成大问题的解，根据求小问题的解和合并操作的次序可得到两种基本递归框架。

① 先做合并操作再求小问题的解，即先合后递，也就是在递去的过程中解决问题。其框架如下：

void recursion(n)   //先合后递的递归框架

```
{
    if (满足出口条件)
        直接解决;
    else
    {
        merge();                    //合并:递去
        recursion(m);               //递到最深处后,再不断地归来
    }
}
```

② 先求小问题的解后做合并操作,即先递后合,也就是在归来的过程中解决问题。其框架如下:

```
void recursion(n)                   //先递后合的递归框架
{
    if (满足出口条件)
        直接解决;
    else
    {
        recursion(m);               //递去,递到最深处
        merge();                    //归来时执行合并操作
    }
}
```

对于复杂的递归问题,例如在递去和归来过程中都包含合并操作,一个大问题分解为多个子问题,等等,其求解框架一般是上述基本框架的叠加。

【例 6.5】 采用递归算法求整数数组 $a[0..n-1]$ 中的最小值。

解:假设 $f(a,i)$,求数组元素 $a[0..i]$(共 $i+1$ 个元素)中的最小值。当 $i=0$ 时,有 $f(a,i)=a[0]$;假设 $f(a,i-1)$ 已求出,显然有 $f(a,i)=\text{MIN}(f(a,i-1),a[i])$,其中 MIN() 为求两个值中较小值的函数。因此得到如下递归模型:

$$f(a,i)=a[0] \qquad i=0$$
$$f(a,i)=\text{MIN}(f(a,i-1),a[i]) \quad \text{其他}$$

该递归模型对应先递后合的递归框架,递的过程是将参数 i 减少 1,合的过程是 MIN 运算。对应的递归算法如下:

```
int Min(int a[],int i)              //求 a[0..i]中的最小值
{
    if (i==0)                       //递归出口
        return a[0];
    else                            //递归体
    {
        int mind=Min(a,i-1);        //递归调用
        return min(mind,a[i]);      //合并
    }
}
```

例如,若数组 a 为 $\{3,2,1,5,4\}$,调用 $\text{Min}(a,4)$ 返回最小元素 1。

6.2.2 基于递归数据结构的递归算法设计

具有递归特性的数据结构称为**递归数据结构**。递归数据结构通常是采用递归方式定义的。在一个递归数据结构中总会包含一个或者多个递归运算。

例如,正整数的定义为 1 是正整数,若 n 是正整数($n\geqslant 1$),则 $n+1$ 也是正整数。从中看出,正整数就是一种递归数据结构。显然,若 n 是正整数($n>1$),$m=n-1$ 也是正整数,也就是说,对于大于 1 的正整数 n,$n-1$ 是一种递归运算。

所以在求 $n!$ 的算法中,递归体 $f(n)=n*f(n-1)$ 是可行的,因为对于大于 1 的 n,n 和 $n-1$ 都是正整数。

一般地,对于递归数据结构

$$RD=(D, Op)$$

其中,$D=\{d_i\}$($1\leqslant i\leqslant n$,共 n 个元素)为构成该数据结构的所有元素的集合,Op 是递归运算的集合,Op=$\{op_j\}$($1\leqslant j\leqslant m$,共 m 个运算),对于 $\forall d_i \in D$,不妨设 op_j 为一元运算符,则有 $op_j(d_i) \in D$,也就是说递归运算具有封闭性。

在上述正整数的定义中,D 是正整数的集合,Op=$\{op_1, op_2\}$ 由两个基本递归运算符构成,op_1 的定义为 $op_1(n)=n-1(n>1)$,op_2 的定义为 $op_2(n)=n+1(n\geqslant 1)$。

对于不带头结点的单链表 head(head 结点为首结点),其结点类型为 LinkNode,每个结点的 next 域为 LinkNode 类型的指针。这样的单链表通过首结点指针标识。采用递归数据结构的定义如下:

$$SL=(D, Op)$$

其中,D 是由部分或全部结点构成的单链表的集合(含空单链表),Op=$\{op\}$。op 的定义如下:

op(head)=head—>next   //head 为含一个或一个以上结点的单链表

显然这个递归运算符是一元运算符,且具有封闭性。也就是说,若 head 为不带头结点的非空单链表,则 head—>next 也是一个不带头结点的单链表。

实际上,构造递归模型中的第 2 步是用于确定递归体。在假设原问题 $f(s_n)$ 合理的小问题 $f(s_{n-1})$ 时,需要考虑递归数据结构的递归运算。例如,在设计不带头结点的单链表的递归算法时,通常设 s_n 为以 head 为首结点的整个单链表,s_{n-1} 为除首结点外余下结点构成的单链表(由 head—>next 标识,而其中的"—>next"运算为递归运算)。

【例 6.6】 假设有一个不带头结点的单链表 p,完成以下两个算法设计:
(1) 设计一个算法正向输出所有结点值。
(2) 设计一个算法反向输出所有结点值。

解:(1) 设 $f(p)$ 的功能是正向输出单链表 p 的所有结点值,即输出 $a_0 \sim a_{n-1}$,为大问题。小问题 $f(p->\text{next})$ 的功能是输出 $a_1 \sim a_{n-1}$,如图 6.10 所示。

对应的递归模型如下:

$f(p) \equiv$ 不做任何事件 $p=$NULL
$f(p) \equiv$ 输出 p 结点值; $f(p->\text{next})$ 其他

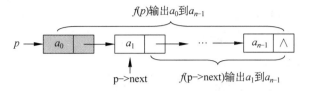

图 6.10　正向输出 head 的所有结点值

其中,"≡"表示功能等价关系。该递归模型对应先合后递框架,对应的递归算法如下:

```
void Positive(LinkNode<int> * p)        //正向输出所有结点值
{
    if (p==NULL)
        return;
    else
    {
        printf("%d ",p->data);
        Positive(p->next);
    }
}
```

(2) 设 $f(p)$ 的功能是反向输出 p 的所有结点值,即输出 $a_{n-1}\sim a_0$,为大问题。小问题 $f(\text{p}\rightarrow\text{next})$ 的功能是输出 $a_{n-1}\sim a_1$,如图 6.11 所示。对应的递归模型如下:

$f(p) \equiv$ 不做任何事件　　　　　　　　$p=\text{NULL}$
$f(p) \equiv f(\text{p}\rightarrow\text{next});$ 输出 p 结点值　　其他

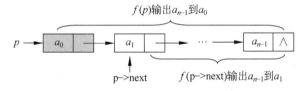

图 6.11　一个不带头结点的单链表

该递归模型对应先递后合框架,对应的递归算法如下:

```
void Invert(LinkNode<int> * p)        //反向输出所有结点值
{
    if (p==NULL)
        return;
    else
    {
        Invert(p->next);
        printf("%d ",p->data);
    }
}
```

从中看出,两个算法的功能完全相反,但在算法设计上仅两行语句的顺序不同,而且两个算法的时间复杂度和空间复杂度完全相同。如果采用第 2 章的遍历方法,这两个算法在设计上有较大的差异。

说明:在设计单链表的递归算法时,通常采用不带头结点的单链表,这是因为小问题处理的单链表不可能带头结点,大、小问题处理的单链表需要在结构上相同,所以整个单链表也不应该带头结点。实际上,若单链表对象 L 是带头结点的,则 L.head—>next 就看成是一个不带头结点的单链表。

【例 6.7】 假设有一个不带头结点的单链表 p,设计一个递归算法逆置该单链表。例如,$p->1->2->3->4$ 逆置后为 $p->4->3->2->1$。

解:设 Reverse(p) 的功能是逆置单链表 p 并返回逆置后单链表的首结点,为大问题,Reverse(p->next) 为小问题。

求解 Reverse(p) 的过程如图 6.12 所示,p 指向首结点 a_0,先执行 Reverse(p->next) 将 $a_1\cdots a_{n-1}$ 的子单链表逆置为 $a_{n-1}\cdots a_1$(含 $n-1$ 个结点),返回逆置单链表的首结点 np(指向结点 a_{n-1}),其尾结点为 a_1,此时 p->next 仍然指向 a_1 结点。要想得到含 n 个结点的逆置单链表,需要执行 p->next->next=p 和 p->next=NULL,前者让结点 a_1 的 next 域指向结点 p,后者让结点 p 的 next 域置为 NULL,就是让结点 p 作为逆置子单链表的尾结点,最终逆置单链表的首结点仍是结点 np。

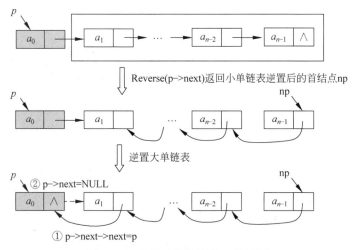

图 6.12 递归逆置单链表 p 的过程

例如,$n=4$ 的单链表为 $1\to2\to3\to4$,逆置过程如图 6.13 所示。

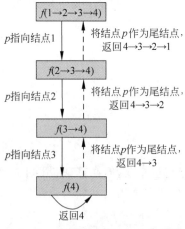

图 6.13 逆置 $1\to2\to3\to4$ 单链表

对应的递归算法如下：

```
LinkNode <int> * Reverse(LinkNode <int> * p)    //逆置单链表 p
{
    if (p==NULL)                                //空表的情况
        return NULL;
    if (p—>next==NULL)                          //只有一个结点的情况
        return p;
    else                                        //有两个及以上结点的情况
    {
        LinkNode <int> * np;
        np=Reverse(p—>next);                    //求解子问题
        p—>next—>next=p;                        //将结点 p 作为尾结点
        p—>next=NULL;
        return np;                              //返回逆置单链表的首结点
    }
}
```

【实战 6.1】 LeetCode24——两两交换链表中的结点

问题描述参见第 2 章中的实战 2.2，这里采用递归算法求解。

视频讲解

6.2.3 基于归纳方法的递归算法设计

通过对求解问题的分析归纳转换成递归方法求解（如皇后问题等）。例如，有一个位数为 n 的十进制正整数 x，求所有数位的和，如 $x=123$，结果为 $1+2+3=6$。

视频讲解

不妨将 x 表示为 $x=x_{n-1}x_{n-2}\cdots x_1 x_0$，设大问题 $f(x)=x_{n-1}+x_{n-2}+\cdots+x_1+x_0 (n \geqslant 1)$，由于 $y=x/10=x_{n-1}x_{n-2}\cdots x_1$，$x\%10=x_0$，所以对应的小问题为 $f(y)=x_{n-1}+x_{n-2}+\cdots+x_1$。假设小问题是可求的，则 $f(x)=f(x/10)+x\%10$。特殊情况是 x 的位数为 1，此时结果就是 x。对应的递归模型如下：

$f(x)=x$ //当 x 为一位整数时
$f(x)=f(x/10)+x\%10$ //其他情况

对应的递归算法如下：

```
int Sum(double x)                               //求整数 x 的所有数位的和
{   if (x>=0 && x<=9)
        return x;
    else
        return Sum(x/10)+x%10;
}
```

从中看出，在采用递归方法求解时关键是对问题本身进行分析，确定大、小问题解之间的关系，构造合理的递归体，而其中最重要的又是假设出"合理"的小问题。对于上一个问题，如果假设小问题 $f(y)=x_{n-2}+x_{n-2}+\cdots+x_0$，就不如假设小问题 $f(y)=x_{n-1}+x_{n-2}+\cdots+x_1$ 简单。

【例 6.8】 若算法 $pow(x,n)$ 用于计算 x^n（n 为大于 1 的整数），完成以下任务：
(1) 采用递归方法设计 $pow(x,n)$ 算法。

(2) 问执行 pow(x,10)发生几次递归调用？求 pow(x,n)对应的算法复杂度是多少？

解：(1) 设 $f(x,n)$ 用于计算 x^n，则有以下递归模型。

$f(x,n)=x$ 当 $n=1$ 时
$f(x,n)=x*f(x,n/2)*f(x,n/2)$ 当 n 为大于 1 的奇数时
$f(x,n)=f(x,n/2)*f(x,n/2)$ 当 n 为大于 1 的偶数时

对应的递归算法如下：

```
double pow(double x,int n)              //求 x 的 n 次幂
{
    if (n==1) return x;
    double p=pow(x,n/2);
    if (n%2==1)                          //n 为奇数
        return x*p*p;
    else                                 //n 为偶数
        return p*p;
}
```

(2) 执行 pow(x,10)的递归调用顺序是 pow(x,10)→pow(x,5)→pow(x,2)→pow(x,1)，共发生 4 次递归调用。求 pow(x,n)对应的算法复杂度是 $O(\log_2 n)$。

【例 6.9】 创建一个 n 阶螺旋矩阵并输出。例如，$n=4$ 时的螺旋矩阵如下：

$$\begin{matrix} 1 & 2 & 3 & 4 \\ 12 & 13 & 14 & 5 \\ 11 & 16 & 15 & 6 \\ 10 & 9 & 8 & 7 \end{matrix}$$

解：设 $f(x,y,\text{start},n)$ 用于创建左上角为 (x,y)、起始元素值为 start 的 n 阶螺旋矩阵，如图 6.14 所示，共 n 行 n 列，它是大问题。$f(x+1,y+1,\text{start},n-2)$ 用于创建左上角为 $(x+1,y+1)$、起始元素值为 start 的 $n-2$ 阶螺旋矩阵，共 $n-2$ 行 $n-2$ 列，它是小问题。例如，如果 4 阶螺旋矩阵为大问题，那么 2 阶螺旋矩阵就是一个小问题，如图 6.15 所示。

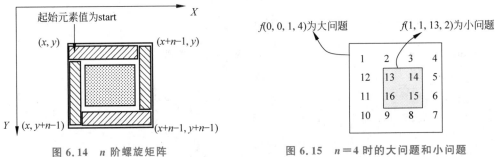

图 6.14 n 阶螺旋矩阵   图 6.15 $n=4$ 时的大问题和小问题

对应的递归模型(大问题的 start 从 1 开始)如下：

$f(x,y,\text{start},n) \equiv$ 不做任何事情 $n \leq 0$
$f(x,y,\text{start},n) \equiv$ 产生只有一个元素的螺旋矩阵 $n=1$
$f(x,y,\text{start},n) \equiv$ 产生(x,y)的那一圈； $n>1$
         $f(x+1,y+1,\text{start},n-2)$

对应的完整程序如下：

```cpp
#include <iostream>
using namespace std;
const int MAXN=15;
int a[MAXN][MAXN];                              //存放螺旋矩阵
void Spiral(int x,int y,int start,int n)         //递归创建螺旋矩阵
{
    if (n<=0) return;                            //递归结束条件
    if (n==1)                                    //矩阵大小为1时
    {
        a[x][y]=start;
        return;
    }
    for (int j=x;j<x+n-1;j++)                    //上一行
    {
        a[y][j]=start;
        start++;
    }
    for (int i=y;i<y+n-1;i++)                    //右一列
    {
        a[i][x+n-1]=start;
        start++;
    }
    for (int j=x+n-1;j>x;j--)                    //下一行
    {
        a[y+n-1][j]=start;
        start+=1;
    }
    for (int i=y+n-1;i>y;i--)                    //左一列
    {
        a[i][x]=start;
        start++;
    }
    Spiral(x+1,y+1,start,n-2);                   //递归调用
}
int main()
{
    int n=4;
    Spiral(0,0,1,n);
    for (int i=0;i<n;i++)
    {
        for (int j=0;j<n;j++)
            printf("%3d",a[i][j]);
        printf("\n");
    }
}
```

视频讲解

【例6.10】 采用递归算法求解迷宫问题,输出从入口到出口的所有迷宫路径。

解:迷宫问题在第3章中介绍过,这里用vector向量path存放迷宫路径,其中的元素为迷宫路径上的方块,包含成员i和j,分别为方块的行号和列号。

设mgpath(xi,yi,xe,ye,path)是求从入口(xi,yi)到出口(xe,ye)的所有迷宫路径,是大问题,当从(xi,yi)方块找到一个相邻可走方块(i,j)后,mgpath(i,j,xe,ye,path)表示求从(i,j)到出口(xe,ye)的所有迷宫路径,是小问题,则有大问题=试探一步+小问题,如图6.16所示。

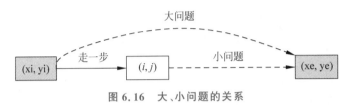

图6.16 大、小问题的关系

求解上述迷宫问题的递归模型如下:

mgpath(xi,yi,xe,ye,path) ≡ 将(xi,yi)添加到path中;   若(xi,yi)=(xe,ye)即找到出口
　　　　　　　　　　　　　　置mg[xi][yi]=−1;
　　　　　　　　　　　　　　输出path中的迷宫路径;
　　　　　　　　　　　　　　恢复出口迷宫值为0,即置mg[xe][ye]=0

mgpath(xi,yi,xe,ye,path) ≡ 将(xi,yi)添加到path中;   若(xi,yi)不是出口
　　　　　　　　　　　　　　置mg[xi][yi]=−1;
　　　　　　　　　　　　　　对(xi,yi)每个相邻可走方块(i,j),调用mgpath(i,j,xe,ye,path);
　　　　　　　　　　　　　　从(xi,yi)回退一步,即置mg[xi][yi]=0;

以第3章中图3.13所示的迷宫为例,求入口(0,0)到出口(3,3)所有迷宫路径的完整程序如下:

```cpp
#include <iostream>
#include <vector>
using namespace std;
const int MAX=10;                              //迷宫最大的行、列数
int dx[]={-1,0,1,0};                           //x方向的偏移量
int dy[]={0,1,0,-1};                           //y方向的偏移量
int mg[MAX][MAX]={{0,1,0,0},{0,0,1,1},{0,1,0,0},{0,0,0,0}};
int m=4,n=4;
int cnt=0;                                     //累计迷宫路径数
class Box                                      //方块类
{
public:
    int i;                                     //方块的行号
    int j;                                     //方块的列号
    Box(int i1,int j1):i(i1),j(j1) {}          //重载构造函数
};
void mgpath(int xi,int yi,int xe,int ye,vector<Box> path)    //求解迷宫路径为(xi,yi)->(xe,ye)
{
    Box b(xi,yi);                              //建立入口方块的对象b
    path.push_back(b);                         //将b添加到路径path中
```

```
            mg[xi][yi]=-1;                          //mg[xi][yi]=-1
            if (xi==xe && yi==ye)                   //找到了出口,输出一个迷宫路径
            {
                cnt++;
                printf("  迷宫路径%d: ",cnt);       //输出第 cnt 条迷宫路径
                for (int k=0;k<path.size();k++)
                    printf("(%d,%d) ",path[k].i,path[k].j);
                printf("\n");
                mg[xi][yi]=0;                       //从出口回退,恢复其 mg 值
                return;
            }
            else                                    //(xi,yi)不是出口
            {
                int di=0;
                while (di<4)                        //处理(xi,yi)四周的每个相邻方块(i,j)
                {
                    int i=xi+dx[di];                //找(xi,yi)的 di 方位的相邻方块(i,j)
                    int j=yi+dy[di];
                    if (i>=0 && i<m && j>=0 && j<n && mg[i][j]==0)
                        mgpath(i,j,xe,ye,path);     //若(i,j)可走,从(i,j)出发查找迷宫路径
                    di++;                           //继续处理(xi,yi)的下一个相邻方块
                }
                mg[xi][yi]=0;                       //(xi,yi)的所有相邻方块处理完,回退并恢复
            }
        }
        int main()
        {
            int xi=0,yi=0,xe=3,ye=3;
            printf("(%d,%d)到(%d,%d)的所有迷宫路径\n",xi,yi,xe,ye);
            vector<Box> path;
            mgpath(xi,yi,xe,ye,path);
            return 0;
        }
```

上述程序的执行结果如下:

(0,0)到(3,3)的所有迷宫路径
  迷宫路径 1: (0,0) (1,0) (2,0) (3,0) (3,1) (3,2) (2,2) (2,3) (3,3)
  迷宫路径 2: (0,0) (1,0) (2,0) (3,0) (3,1) (3,2) (3,3)

本例算法求出所有的迷宫路径,可以通过比较路径长度求出最短迷宫路径(可能存在多条最短迷宫路径)。

【实战 6.2】 POJ3009——抛石子游戏

时间限制:1000ms;内存限制:65 536KB。

问题描述:有一个宽度为 C、高度为 R 的游戏面板,每个方格为空或者有障碍物,给定一个起始位置 s 和一个目标位置 g,如图 6.17 所示为一个 $C=6$ 和 $R=6$ 的游戏面板。求从 s 位置开始抛掷石子到达 g 位置的最少抛掷次数。抛掷石子的具体规则如下:

(1) 开始时,石子在起点 s 处。
(2) 抛掷石子的方向可以是水平或垂直方向,但不能是斜方

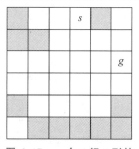

图 6.17 一个 6 行 6 列的游戏面板

视频讲解

向,如图6.18(a)所示。

(3) 一旦抛掷石子,石子开始沿着该方向移动,有3种可能:

① 遇到障碍物,石子会停在障碍物的前一个方格,该障碍物会消失。例如,在如图6.18(b)所示的状态中将石子向右方向抛掷,结果如图6.18(c)所示。

② 如果出界,游戏失败。

③ 遇到终点,游戏结束并成功。

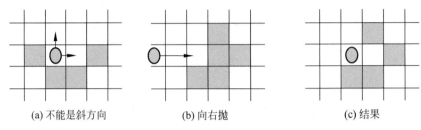

(a) 不能是斜方向　　　　　(b) 向右抛　　　　　(c) 结果

图6.18　石子移动的方式

(4) 如果抛掷次数超过10次,将认为游戏是失败的。

输入格式:输入包含一系列数据集,以输入两个零的行表示整个输入结束,数据集的个数不会超过100。每个数据集的格式是第一行两个整数 C 和 R(以空格分隔),C 和 R 分别表示游戏面板的宽度和高度($2 \leqslant C, R \leqslant 20$);接下来 R 行,每行表示游戏面板中的一行数据,它是 C 个由空格分隔的十进制数字,每个数字描述相应方格的状态,其中0表示空方格,1表示障碍物方格,2表示起始位置 s,3表示目标位置 g。图6.17所示的游戏面板对应的数据集如下:

```
6 6
1 0 0 2 1 0
1 1 0 0 0 0
0 0 0 0 0 3
0 0 0 0 0 0
1 0 0 0 0 1
0 1 1 1 1 1
```

输出格式:对于每个数据集,输出一个十进制整数的行,表示从起始位置到达目标位置的最少抛掷次数。如果没有这样的路径,输出−1。图6.17所示游戏面板的抛掷石子问题的过程如图6.19(a)所示,最少抛掷次数为4,抛掷后的游戏面板变为如图6.19(b)所示。

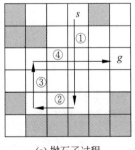 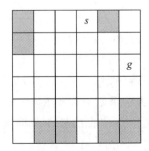

(a) 抛石子过程　　　　　　　　　(b) 抛掷后的游戏面板

图6.19　石子移动的路径

6.3 递归算法转换为非递归算法

递归算法具有结构清晰、可读性强的优点,但往往运行效率较低,无论是耗费的计算时间还是占用的存储空间都比非递归算法多,为此有时需要将递归算法转换成对应的非递归算法。实际上,凡是递归程序编译系统都有一种机械化方法将其转换为非递归程序运行,这里讨论两种基本的递归算法转换为非递归算法的方法。

6.3.1 迭代转换法

尾递归和单向递归是两种特殊类型的递归,可以采用迭代转换法将它们转换为非递归算法,即将其递归结构用循环结构代替。

尾递归是递归调用语句只有一个,而且处于算法的最后(编译系统中严格的尾递归定义还要加上把当前运算结果作为参数传给下层函数,在下层递归调用之前已经完成当前计算任务),例如,例6.1中的求阶乘问题算法就是尾递归算法,分析该算法可以发现,当递归调用返回时,返回上一层递归调用语句的下一语句,而这个位置正好是程序的结尾,因此递归工作栈中可以不保存返回地址,除了返回值和引用值外,其他参数和局部变量都不再需要,故可以不用栈,直接采用循环写出非递归过程。尾递归可以看成是单向递归的特例。

单向递归指执行过程总是朝着一个方向进行,在递归函数中虽然有一处以上的递归调用语句,但各处递归调用语句的参数只和主调用函数有关,参数相互之间无关。例如计算Fibonacci数列的递归算法,其中递归调用语句$Fib(n-1)$和$Fib(n-2)$只和主调用函数$Fib(n)$有关,这两个递归调用语句的参数相互之间无关。由于单向递归在执行中只有一个方向,在转换为非递归时不需要保存其他分支,所以也可以采用迭代写出非递归过程。

【例6.11】 采用非递归算法求Fibonacci数列。

解:对于前面求Fibonacci数列的递归算法$Fib(n)$,由于它是单向递归,直接转换为非递归算法。

```
int Fib1(int n)                        //求Fibonacci数列的非递归算法
{
    if (n==1 || n==2)
        return 1;
    int a=1,b=1,c;
    for (int i=3;i<=n;i++)
    {
        c=a+b;
        a=b;
        b=c;
    }
    return c;
}
```

实际上,采用循环结构消除递归并没有通用的转换算法,对于具体问题要深入分析对应的递归结构,设计有效的循环语句进行递归到非递归的转换。

6.3.2 用栈模拟转换法

递归算法是一种分而治之的方法,把"大问题"的求解转换为若干个相似"子问题"的求解。不能采用迭代转换法的递归算法在执行中往往涉及回溯,可以使用栈来保存暂时不能

执行的子问题,或者使用栈保存中间结果,这称为用栈模拟转换法。用栈模拟转换法的一般框架如下:

```
void nonrecursive(si)                           //非递归算法的框架
{
    将大问题状态 si 进栈;
    while (栈不为空)
    {
        退栈一个元素 s;
        if (s 可以直接解决)
            直接求该问题的解;
        else
        {
            根据递归过程将 s 转换为若干个相似子问题的状态 sj;
            将每个 sj 进栈;
        }
    }
}
```

【例 6.12】 采用非递归算法求 Hanoi 问题。

解:对于 Hanoi 问题,当 $n>1$ 时,需要将 Hanoi(n,x,y,z) 转换成 Hanoi($n-1,x,z,y$)、move(n,x,z)、Hanoi($n-1,y,x,z$)这 3 步,所以需要用一个栈暂时存放 Hanoi($n-1,x,z,y$)和 Hanoi($n-1,y,x,z$)这两步,但栈的特点是先进后出,所以要先将 Hanoi($n-1,y,x,z$)进栈,后将 Hanoi($n-1,x,z,y$)进栈。其中栈 st 采用顺序栈,其元素类型定义如下:

```
struct SNode                                    //栈元素类型
{
    int n;
    char x,y,z;
    bool flag;                                  //是否可以直接移动
    SNode()  {}                                 //构造函数
    SNode(int n1,char x1,char y1,char z1,bool f1)  //重载构造函数
    {
        n=n1;
        x=x1; y=y1; z=z1;
        flag=f1;
    }
};
```

非递归算法 Hanoi1()如下:

```
void Hanoi1(int n,char x,char y,char z)         //Hanoi 问题的非递归算法
{
    if (n==1)                                   //只有一个盘片时直接移动
    {
        cout << "盘片" << n << "从" << x << "移动到" << z << endl;
        return;
    }
    SNode e,e1,e2,e3;
    stack <SNode> st;                           //定义一个栈 st
```

```
                e=SNode(n,x,y,z,false);
                st.push(e);
                while (!st.empty())                      //栈不空时循环
                {
                    e=st.top(); st.pop();                //出栈元素e,对应任务为Hanoi(n1,x1,y1,z1)
                    bool flag1=e.flag;
                    char x1=e.x,y1=e.y,z1=e.z;
                    int n1=e.n;
                    if (flag1)                           //该任务可以直接移动
                        cout << "盘片" << n1 << "从" << x1 << "移动到" << z1 << endl;
                    else
                    {
                        if (n1-1==1)
                            e1=SNode(n1-1,y1,x1,z1,true);
                        else
                            e1=SNode(n1-1,y1,x1,z1,false);
                        st.push(e1);                     //Hanoi(n1-1,y1,x1,z1)任务进栈
                        e2=SNode(n1,x1,' ',z1,true);
                        st.push(e2);                     //move(n1,x1,z1)任务进栈
                        if (n1-1==1)
                            e3=SNode(n1-1,x1,z1,y1,true);
                        else
                            e3=SNode(n1-1,x1,z1,y1,false);
                        st.push(e3);                     //Hanoi(n1-1,x1,z1,y1)任务进栈
                    }
                }
            }
```

与直接转换法一样,间接转换法也不是万能的转换方法,需要对具体问题深入分析对应的递归结构,设计合适的栈元素类型,以实现递归到非递归的有效转换。

【实战 6.3】 HDU1005——数序

时间限制:1000ms;内存限制:32 768KB。

问题描述:一个数序的定义为 $f(1)=1,f(2)=1,f(n)=(A*f(n-1)+B*f(n-2))$ mod 7。给定 A、B 和 n,求 $f(n)$。

视频讲解

输入格式:输入包含多个测试用例,每个测试用例包含 3 个正整数 A、B、$n(1 \leq A,B \leq 1000, 1 \leq n \leq 100\,000\,000)$,以输入 3 个 0 表示结束。

输出格式:对于每个测试用例,在一行中输出 $f(n)$。

6.4 练习题

6.4.1 问答题

1. 简述递归算法的优点和缺点。
2. 求两个正整数的最大公约数(gcd)的欧几里得定理是,对于两个正整数 a 和 b,当 $a > b$ 并且 $a \% b = 0$ 时,最大公约数为 b,否则最大公约数等于其中较小的那个数和两数相

除余数的最大公约数。给出对应的递归模型。

3. 当两个非负整数 a 和 b 相加时，若 b 为 0，则结果为 a，利用 C++语言中的"++"和"--"运算符实现其递归定义。

4. 有以下递归函数，分析调用 fun(5) 的输出结果。

```
void fun(int n)
{
    if (n==1)
        printf("a:%d\n",n);
    else
    {
        printf("b:%d\n",n);
        fun(n-1);
        printf("c:%d\n",n);
    }
}
```

5. 某递归算法求解时间复杂度的递推式如下，求问题规模为 n 时的时间复杂度。

$T(n)=1$　　　　　　当 $n=0$ 时
$T(n)=T(n-1)+n+3$　当 $n>0$ 时

6. 有如下递归函数 fact(n)，求问题规模为 n 时的时间复杂度和空间复杂度。

```
int fact(int n)
{
    if (n<=1)
        return 1;
    else
        return n * fact(n-1);
}
```

6.4.2 算法设计题

1. 假设一个字符串 s 采用 string 对象表示，设计一个递归算法逆置所有字符。

2. 假设一个字符串 s 采用 string 对象表示，设计一个递归算法在 s 中查找字符 c 的最后一个位置，找到后返回其位置，没有找到返回 -1。

3. 假设一个字符串采用链串表示，设计一个递归算法求 t 在 s 中重叠出现的次数。例如，s="aababad"，t="aba"，则 t 在 s 中重叠出现的次数为 2。

4. 假设一个字符串采用链串表示，设计一个递归算法求 t 在 s 中不重叠出现的次数。例如，s="aababad"，t="aba"，则 t 在 s 中不重叠出现的次数为 1。

5. 对于含 n 个整数的数组 $a[0..n-1]$，可以这样求最大元素值：

① 若 $n=1$，则返回 $a[0]$。

② 否则，取中间位置 mid，求出前半部分中的最大元素值 max1，求出后半部分中的最大元素值 max2，返回 max(max1,max2)。

给出实现上述过程的递归算法。

6. 设有一个不带表头结点的整数单链表 p，设计一个递归算法 getNo(p,x) 查找第一

个值为 x 的结点的序号(假设首结点的序号为 0),没有找到时返回 -1。

7. 设有一个不带表头结点的非空整数单链表 p,所有结点值不相同,设计两个递归算法,maxNode(p)返回单链表 p 中的最大结点值,minNode(p)返回单链表 p 中的最小结点值。

8. 设有一个不带表头结点的整数单链表 p,设计一个递归算法 delx(p,x)删除单链表 p 中第一个值为 x 的结点。

9. 设有一个不带表头结点的整数单链表 p,设计一个递归算法 delxall(p,x)删除单链表 p 中所有值为 x 的结点。

6.5 上机实验题

6.5.1 基础实验题

1. 在求 $n!$ 的递归算法中增加若干输出语句,以显示求 $n!$ 时的分解和求值过程,并输出求 5! 的过程。

2. 求 Fibonacci 数列的第 n 项时存在重复的计算,设计对应的非递归算法,采用递归和非递归算法输出前 10 项的结果。

6.5.2 应用实验题

1. 求楼梯走法数问题。一个楼梯有 n 个台阶,上楼可以一步上一个台阶,也可以一步上两个台阶。编写一个实验程序求上楼梯共有多少种不同的走法,求 $n=47$ 时各种解法的执行时间。

2. 假设字符串采用 string 对象存储,string 提供了 find(string&s,size_t p=0)成员函数,用于在当前字符串中从 p 位置开始查找字符串 s 的第一个位置,找到后返回其位置,没有找到返回 -1。编写一个实验程序利用该函数设计递归算法求字符串 s 中子串 t 出现的所有位置,包括重叠出现的情况。例如 $s=$"aababad",$t=$"aba",结果为 1,3。

3. 利用应用实验题 2 的条件,编写一个实验程序用该函数设计递归算法求字符串 s 中子串 t 出现的所有位置,不包括重叠出现的情况。例如 $s=$"aababad",$t=$"aba",结果为 1。

4. 编写一个实验程序,输入一个正整数 $n(n>5)$,随机产生 n 个 0~99 的整数,采用递归算法求其中的最大整数和次大整数。

5. 编写一个实验程序求 x^n(x 为 double 数,n 为大于 1 的正整数),至少采用两种递归算法,并分析算法的时间复杂度。

6.6 在线编程题

1. LeetCode59——螺旋矩阵 II
2. LeetCode52——N 皇后 II
3. LeetCode46——全排列
4. HDU2018——母牛的故事
5. POJ1664——放苹果

CHAPTER 7

第7章 树和二叉树

在前面介绍了几种常用的线性结构,本章讨论树形结构。树形结构属于非线性结构,常用的树形结构有树和二叉树。在树形结构中,一个结点可以与多个结点相对应,因此能够表示元素或结点之间的一对多关系。

本章的学习要点如下:

(1) 树的相关概念、树的性质和树的各种存储结构。
(2) 二叉树的概念和二叉树的性质。
(3) 二叉树的存储结构,包括二叉树顺序存储结构和链式存储结构。
(4) 二叉树的基本运算和各种遍历算法的实现。
(5) 线索二叉树的概念和相关算法的实现。
(6) 哈夫曼树的定义、哈夫曼树的构造过程和哈夫曼编码的产生方法。
(7) 树和二叉树的转换与还原过程。
(8) 并查集的实现及其应用。
(9) 灵活运用树和二叉树数据结构解决一些综合应用问题。

7.1 树

树是一种最典型的树形结构,它由树根、树枝和树叶等组成。本节介绍树的定义、逻辑结构表示、性质、基本运算和存储结构等。

7.1.1 树的定义

视频讲解

树是由 $n(n \geqslant 0)$ 个结点组成的有限集合(记为 T)。如果 $n=0$,则它是一棵空树,这是树的特例;如果 $n>0$,这 n 个结点中有且仅有一个结点作为树的根结点(root),其余结点可分为 $m(m \geqslant 0)$ 个互不相交的有限集 $T_1, T_2, \cdots, T_m$,其中每个子集又是一棵符合本定义的树,称为根结点的子树,如图 7.1 所示。

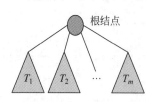

图 7.1 一棵树

树是一种非线性数据结构,具有以下特点:

它的每个结点可以有零个或多个后继结点,但有且只有一个前驱结点(根结点除外)。这些结点按分支关系组织起来,清晰地反映了数据元素之间的层次关系。

抽象数据类型树的定义如下:

ADT Tree
{
数据对象:
  $D=\{a_i \mid 0 \leqslant i \leqslant n-1, n \geqslant 0\}$
数据关系:
  $R=\{r\}$
  $r=\{<a_i, a_j> \mid a_i, a_j \in D, 0 \leqslant i, j \leqslant n-1$,其中每个结点最多只有一个前驱结点、
    可以有零个或多个后继结点,有且仅有一个结点(即根结点)没有前驱结点}
基本运算:
  CreateTree():由树的逻辑结构表示建立其存储结构.
  DispTree():输出树的括号表示串.
  GetParent(int i):求编号为 i 的结点的双亲结点值.
  …
}

7.1.2 树的逻辑结构表示方法

树的逻辑结构表示方法有多种,但不管采用哪种表示方法,都应该能够正确地表达出树中数据元素之间的层次关系。下面是几种常见的逻辑结构表示方法。

① 树形表示法:用一个圆圈表示一个结点,圆圈内的符号代表该结点的数据信息,结点之间的关系通过连线表示,如图 7.2(a)所示为一棵树的树形表示。

② 文氏图表示法:每棵树对应一个圆圈,圆圈内包含根结点和子树的圆圈,同一个根结点下的各子树对应的圆圈是不能相交的。在用这种方法表示的树中,结点之间的关系是通过圆圈的包含来表示的。图 7.2(a)所示的树对应的文氏图表示法如图 7.2(b)所示。

③ 凹入表示法:每棵树的根对应着一个条形,子树的根对应着一个较短的条形,且树根在上,子树的根在下,同一个根下的各子树的根对应的条形长度是一样的。图 7.2(a)所示的树对应的凹入表示法如图 7.2(c)所示。

④ 括号表示法:每棵树对应一个由根作为名字的表,表名放在表的左边,表是由一个括号中的各子树对应的子表组成的,子表之间用逗号分开,即"根结点(子树$_1$,子树$_2$,…,子树$_m$)"。在用这种方法表示的树中,结点之间的关系是通过括号嵌套来表示的。图 7.2(a)所示的树对应的括号表示法如图 7.2(d)所示。

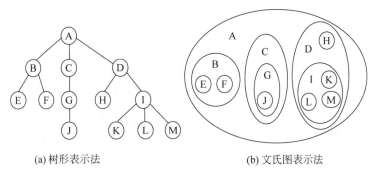

(a) 树形表示法   (b) 文氏图表示法

图 7.2 树的各种表示法

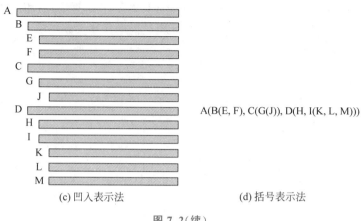

(c) 凹入表示法　　　　　　　　(d) 括号表示法

图 7.2(续)

7.1.3 树的基本术语

下面介绍树的常用术语。本章讨论的树默认是指有根树(每棵非空树只有唯一的根结点)，而无根树是无向图的特例，图的内容将在第 8 章介绍。

① **结点的度与树的度**：树中某个结点的子树的个数称为该**结点的度**。树中各结点的度的最大值称为**树的度**，通常将度为 m 的树称为 m 次树。例如，图 7.2(a)所示为一棵 3 次树。

② **分支结点与叶子结点**：度不为零的结点称为非终端结点，又叫**分支结点**。度为零的结点称为**终端结点**或**叶子结点**。在分支结点中，每个结点的分支数就是该结点的度。例如对于度为 1 的结点，其分支数为 1，被称为单分支结点；对于度为 2 的结点，其分支数为 2，被称为双分支结点，其余类推。在图 7.2(a)所示的树中，B、C 和 D 等是分支结点，而 E、F 和 J 等是叶子结点。

③ **路径与路径长度**：对于任意两个结点 k_i 和 k_j，若树中存在一个结点序列 $k_i, k_{i1}, k_{i2}, \cdots, k_j$，使得序列中除 k_i 外的任一结点都是其在序列中前一个结点的后继结点，则称该结点序列为由 k_i 到 k_j 的一条**路径**，用路径所通过的结点序列 $(k_i, k_{i1}, k_{i2}, \cdots, k_j)$ 表示这条路径。**路径长度**等于路径所通过的结点个数减 1（即路径上的分支数目）。可见，路径就是从 k_i 出发"自上而下"到达 k_j 所通过的树中结点序列。显然，从树的根结点到树中的其余结点均存在一条路径。例如，在图 7.2(a)所示的树中，从结点 A 到结点 K 的路径为 A→D→I→K，其长度为 3。

④ **孩子结点、双亲结点和兄弟结点**：在一棵树中，每个结点的后继结点被称作该结点的**孩子结点**(或**子女结点**)。相应地，该结点被称作孩子结点的**双亲结点**(或**父母结点**)。具有同一双亲的孩子结点互为**兄弟结点**。进一步推广这些关系，可以把每个结点的所有子树中的结点称为该结点的**子孙结点**，从树的根结点到达该结点的路径上经过的所有结点(除自身外)被称作该结点的**祖先结点**。例如，在图 7.2(a)所示的树中，结点 B、C 互为兄弟结点，结点 D 的子孙结点有 H、I、K、L 和 M，结点 I 的祖先结点有 A、D。

⑤ **结点的层次和树的高度**：树中的每个结点都处在一定的层次上。结点的层次从树根开始定义，根结点为第一层，它的孩子结点为第二层，以此类推，一个结点所在的层次为其

双亲结点所在的层次加 1。树中结点的最大层次称为**树的高度**(或树的深度)。

⑥ 有序树和无序树：若树中各结点的子树是按照一定的次序从左向右安排的,且相对次序是不能随意变换的,则称为**有序树**,否则称为**无序树**。默认为有序树。

⑦ 森林：$m(m \geqslant 0)$ 棵互不相交的树的集合称为森林。森林的概念与树的概念十分相近,因为只要把树的根结点删去就成了**森林**。反之,只要给 n 棵独立的树加上一个结点,并把这 n 棵树作为该结点的子树,则森林就变成了树。

7.1.4 树的性质

视频讲解

性质 1 树中的结点数等于所有结点的度之和加 1。

证明：根据树的定义,在一棵树中除根结点外,每个结点有且仅有一个双亲结点(即前驱结点),而每个前驱关系对应一条分支,所以结点数等于分支数之和加 1(根结点没有这样的分支)。每个结点的度为几恰好对应有几条分支,所以所有结点的度之和等于所有分支数之和。这样可以推出树中的结点数等于所有结点的度之和加 1。

性质 2 度为 m 的树中第 i 层上最多有 m^{i-1} 个结点 ($i \geqslant 1$)。

证明：采用数学归纳法证明。对于第一层,因为树中的第一层上只有一个结点,即整棵树的根结点,而由 $i=1$ 代入 m^{i-1},得 $m^{i-1}=m^{1-1}=1$,显然结论成立。

假设对于第 $i-1$ 层 ($i>1$) 命题成立,即度为 m 的树中第 $i-1$ 层上最多有 m^{i-2} 个结点,则根据树的度的定义,在度为 m 的树中每个结点最多有 m 个孩子结点,所以第 i 层上的结点数最多为第 $i-1$ 层上结点数的 m 倍,即最多为 $m^{i-2} \times m = m^{i-1}$ 个,这与命题相同,故命题成立。

推广：当一棵 m 次树的第 i 层上有 m^{i-1} 个结点 ($i \geqslant 1$) 时,称该层是满的；若一棵 m 次树的所有叶子结点在同一层并且所有层都是满的,称该树为**满 m 次树**。显然,满 m 次树是所有相同高度的 m 次树中结点总数最多的树。也可以说,对于 n 个结点,构造的 m 次树为满 m 次树或者接近满 m 次树,此时树的高度最小。

性质 3 高度为 h 的 m 次树最多有 $\dfrac{m^h-1}{m-1}$ 个结点。

证明：由树的性质 2 可知,第 i 层上结点数最多为 m^{i-1} ($i=1,2,\cdots,h$),显然当高度为 h 的 m 次树(即度为 m 的树)为满 m 次树时,整棵 m 次树具有最多结点数,因此有整棵树的最多结点数＝每一层最多结点数之和＝$m^0+m^1+m^2+\cdots+m^{h-1}=\dfrac{m^h-1}{m-1}$。

所以,满 m 次树的另一种定义为：当一棵高度为 h 的 m 次树上的结点数等于 $\dfrac{m^h-1}{m-1}$ 时,则称该树为满 m 次树。例如,对于一棵高度为 5 的满二次树,结点数为 $\dfrac{2^5-1}{2-1}=31$；对于一棵高度为 5 的满三次树,则结点数为 $\dfrac{3^5-1}{3-1}=121$。

性质 4 具有 n 个结点的 m 次树的最小高度为 $\lceil \log_m[n(m-1)+1] \rceil$[①]。

证明：设具有 n 个结点的 m 次树的最小高度为 h,在这样的树中前 $h-1$ 层都是满的,

---

① $\lceil x \rceil$ 表示大于或等于 x 的最小整数,例如 $\lceil 2.4 \rceil = 3$；$\lfloor x \rfloor$ 表示小于或等于 x 的最大整数,例如 $\lfloor 2.8 \rfloor = 2$。

即每层的结点数都等于 m^{i-1} 个($1 \leqslant i \leqslant h-1$),第 h 层(即最后一层)的结点数可能满,也可能不满,但至少有一个结点。

根据树的性质3可得: $\dfrac{m^{h-1}-1}{m-1} < n \leqslant \dfrac{m^h-1}{m-1}$

乘 $(m-1)$ 后得: $m^{h-1} < n(m-1)+1 \leqslant m^h$

以 m 为底取对数后得: $h-1 < \log_m[n(m-1)+1] \leqslant h$

即 $\log_m(n(m-1)+1) \leqslant h < \log_m[n(m-1)+1]+1$

因 h 只能取整数,所以 $h = \lceil \log_m(n(m-1)+1) \rceil$,结论得证。

例如,对于二次树,求最小高度的计算公式为 $\lceil \log_2(n+1) \rceil$,若 $n=20$,则最小高度为5;对于三次树,求最小高度的计算公式为 $\lceil \log_3(2n+1) \rceil$,若 $n=20$,则最小高度为4。

【例7.1】 若一棵三次树中度为3的结点为2个,度为2的结点为1个,度为1的结点为2个,则该三次树中总的结点个数和叶子结点个数分别是多少?

解:设该三次树中总的结点个数、叶子结点个数、度为1的结点个数、度为2的结点个数和度为3的结点个数分别为 n、n_0、n_1、n_2 和 n_3。显然,每个度为 i 的结点在所有结点的度数之和中贡献 i 个度。依题意有 $n_1=2, n_2=1, n_3=2$。由树的性质1可知:

$n = $ 所有结点的度数之和 $+1 = 0 \times n_0 + 1 \times n_1 + 2 \times n_2 + 3 \times n_3 + 1$
$= 1 \times 2 + 2 \times 1 + 3 \times 2 + 1 = 11$

又因为 $n = n_0 + n_1 + n_2 + n_3$,即

$n_0 = n - n_1 - n_2 - n_3 = 11 - 2 - 1 - 2 = 6$

所以,该三次树中总的结点个数和叶子结点个数分别是11和6。

说明:在 m 次树中计算结点时常用的关系式:树中所有结点的度之和=分支数=$n-1$、所有结点的度之和=$n_1 + 2n_2 + \cdots + m \times n_m$、$n = n_0 + n_1 + \cdots + n_m$。

视频讲解

7.1.5 树的基本运算

由于树属于非线性结构,结点之间的关系比线性结构复杂,所以树的运算比以前讨论过的各种线性数据结构的运算要复杂许多。

树的运算主要分为以下三大类:

① 查找满足某种特定关系的结点,例如查找当前结点的双亲结点等。

② 插入或删除某个结点,例如在树的当前结点上插入一个新结点或删除当前结点的第 i 个孩子结点等。

③ 遍历树中的每个结点。

树的遍历运算是指按某种方式访问树中的每一个结点且每一个结点只被访问一次。树的遍历运算主要有先根遍历、后根遍历和层次遍历3种。注意,下面的先根遍历和后根遍历过程都是递归的。

1. 先根遍历

先根遍历的过程如下:

① 访问根结点。

② 按照从左到右的次序先根遍历根结点的每一棵子树。

例如,对于图7.2(a)所示的树,采用先根遍历得到的结点序列为 ABEFCGJDHIKLM。

2. 后根遍历

后根遍历的过程如下：

① 按照从左到右的次序后根遍历根结点的每一棵子树。

② 访问根结点。

例如，对于图 7.2(a)所示的树，采用后根遍历得到的结点序列为 EFBJGCHKLMIDA。

3. 层次遍历

层次遍历的过程是从根结点开始，按从上到下、从左到右的次序访问树中的所有结点。例如，对于图 7.2(a)所示的树，采用层次遍历得到的结点序列为 ABCDEFGHIJKLM。

7.1.6 树的存储结构

树的存储要求既要存储结点的数据元素本身，又要存储结点之间的逻辑关系。树的存储结构有多种，下面介绍 3 种常用的存储结构，即双亲存储结构、孩子链存储结构和长子兄弟链存储结构。

1. 双亲存储结构

这种存储结构是一种顺序存储结构，采用元素形如"[结点值,双亲结点索引]"的 vector 向量表示。其元素类型如下：

视频讲解

```
struct PNode                          //双亲存储结构的元素类型
{
    char data;                        //存放结点值,假设为 char 类型
    int parent;                       //存放双亲索引
    PNode(char d, int p)              //构造函数
    {
        data=d;
        parent=p;
    }
};
```

通常树中的每个结点有唯一的索引（或者伪地址），根结点的索引为 0，它没有双亲结点，其双亲结点索引为 −1。例如，如图 7.3(a)所示的一棵树的双亲存储结构如图 7.3(b)所示。

【例 7.2】 若一棵树采用双亲存储结构 t 存储，设计一个算法求指定索引为 i 的结点的层次。

解：用 cnt 表示索引为 i 的结点的层次（初始为 1）。沿着双亲指针向上移动，当没有到达根结点时循环：cnt 增 1，i 向上移动一次。当到达根结点时 cnt 恰好为索引为 i 的结点的层次，最后返回 cnt。对应的算法如下：

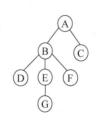

(a) 一棵树

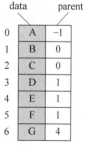

(b) 双亲存储结构

图 7.3 一棵树及其双亲存储结构

```
int Level(vector<PNode> t, int i)     //求 t 中索引为 i 的结点的层次
{
    if (i<0 || i>=t.size()) return 0; //参数错误返回 0
```

```
    int cnt=1;
    while (t[i].parent!=-1)              //没有到达根结点时循环
    {
        cnt++;
        i=t[i].parent;                   //移动到双亲结点
    }
    return cnt;
}
```

双亲存储结构利用了每个结点(根结点除外)只有唯一双亲的性质。在这种存储结构中,求某个结点的双亲结点十分容易,但在求某个结点的孩子结点时需要遍历整个结构。

2. 孩子链存储结构

在这种存储结构中,每个结点不仅包含数据值,还包含指向所有孩子结点的指针。孩子链存储结构的结点类型 SonNode 定义如下:

```
struct SonNode                          //孩子链存储结构的结点类型
{
    char data;                          //存放结点值,假设为 char 类型
    vector<SonNode *> sons;             //指向孩子结点的指针向量
    SonNode() {}                        //构造函数
    SonNode(char d):data(d) {}          //重载构造函数
};
```

其中,sons 向量为空的结点是叶子结点。例如,如图 7.3(a)所示的一棵树,对应的孩子链存储结构如图 7.4(a)所示。

【例 7.3】 若一棵树采用孩子链存储结构 t 存储,设计一个算法求其高度。

解: 一棵树的高度为根的所有子树的高度的最大值加 1。求整棵树的高度为"大问题",求每棵子树的高度为"小问题"。设 $f(t)$ 为求树 t 的高度,对应的递归模型如下:

$f(t)=0$ $t=\text{NULL}$

$f(t)=\max_{i} f(t\to \text{sons}[i])+1$ 其他

如图 7.5 所示,对应的递归算法如下:

```
int Height(SonNode * t)                  //求 t 的高度
{
    if (t==NULL) return 0;               //空树的高度为 0
    int maxsh=0;
    for (int i=0;i<t->sons.size();i++)   //遍历所有子树
    {
        int sh=Height(t->sons[i]);       //求子树 t->sons[i]的高度
        maxsh=max(maxsh,sh);              //求所有子树的最大高度
    }
    return maxsh+1;
}
```

孩子链存储结构的优点是查找某结点的孩子结点十分方便,其缺点是查找某结点的双亲结点比较费时。

说明: 如果孩子链存储结构中每个结点的 sons 成员用静态数组表示,则这些数组容量应

相同,通常按树的度(即树中所有结点的度的最大值)设计其容量。这样可以证明含有 n 个结点的 m 次树采用孩子链存储结构时有 $mn-n+1$ 个空指针,当 m 较大时,存储空间的利用率较低。

3. 长子兄弟链存储结构

长子兄弟链存储结构(也称为孩子兄弟链存储结构)是为每个结点固定设计三个属性:一个数据元素属性,一个指向该结点长子(第一个孩子结点)的指针,一个指向该结点下一个兄弟结点的指针。长子兄弟链存储结构中的结点类型 EBNode 定义如下:

```
struct EBNode                              //长子兄弟链存储结构中的结点类型
{
    char data;                             //结点的值
    EBNode * brother;                      //指向兄弟
    EBNode * eson;                         //指向长子结点
    EBNode():brother(NULL),eson(NULL) {}   //构造函数
    EBNode(char d)                         //重载构造函数
    {
        data=d;
        brother=eson=NULL;
    }
};
```

例如,如图 7.3(a)所示的树的长子兄弟链存储结构如图 7.4(b)所示。

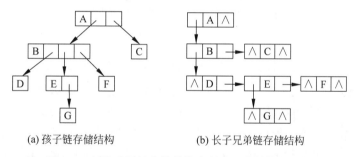

(a) 孩子链存储结构　　　　　　　(b) 长子兄弟链存储结构

图 7.4　树的孩子链存储结构和长子兄弟链存储结构

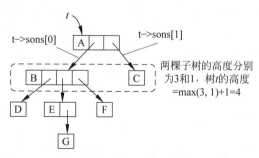

图 7.5　在树的孩子链存储结构中求树的高度

【例 7.4】 若一棵树采用长子兄弟链存储结构 t 存储,设计一个算法求其高度。

解:求一棵树的高度的递归模型与例 7.3 的相同。在长子兄弟链存储结构 t 中,t.eson 结点及其所有兄弟结点看成一个以 brother 指针链接的单链表,它们都是 t 结点的孩子,如图 7.6 所示。对应的递归算法如下:

```
int Height(EBNode * t)                    //求 t 的高度
{
    if (t==NULL) return 0;                //空树的高度为 0
    int maxsh=0;
    EBNode * p=t->eson;                   //p 指向 t 结点的长子
    while (p!=NULL)
    {
        EBNode * q=p->brother;            //q 临时保存结点 p 的兄弟结点
        int sh=Height(p);                 //递归求结点 p 的子树的高度
        maxsh=max(maxsh,sh);              //求结点 t 的所有子树的最大高度
        p=q;
    }
    return maxsh+1;
}
```

长子兄弟链存储结构的优点和缺点与孩子链存储结构相同。

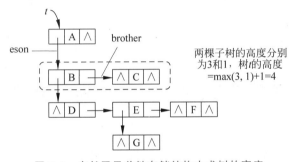

图 7.6 在长子兄弟链存储结构中求树的高度

【实战 7.1】 POJ1330——求树中两个结点的最近公共祖先

时间限制：1000ms；内存限制：65 536KB。

问题描述：给定一棵有根树,求树中两个不同结点的最近公共祖先。

输入格式：输入由 t 个测试用例组成。首先输入 t,每个测试用例的第一行为树中的结点数 $n(2 \leqslant n \leqslant 10\,000)$,所有结点用整数 $1 \sim n$ 标识；接下来的 $n-1$ 行,每一行包含一对表示边的整数,第一个整数是第二个整数的父结点。注意,具有 n 个结点的树恰好具有 $n-1$ 条边。每个测试用例的最后一行为两个不同整数,需要计算它们的最近公共祖先。

输出格式：为每个测试用例输出一行,该行应包含最近公共祖先结点的编号。

7.2 二叉树

二叉树和树一样都属于树形结构,但属于两种不同的树形结构。本节讨论二叉树的定义、二叉树的性质、二叉树的存储结构、二叉树遍历等运算算法设计和线索二叉树等。

7.2.1 二叉树的概念

1. 二叉树的定义

二叉树也称为二分树,它是有限的结点集合,这个集合或者为空,或者由一个根结点和

两棵互不相交的称为左子树和右子树的二叉树组成。与树的定义一样,二叉树的定义也是一个递归定义。由于结构简单、存储效率高,二叉树在树形结构中具有很重要的地位。

二叉树中的许多概念(例如结点的度、孩子结点、双亲结点、结点的层次、子孙结点和祖先结点等)与树中的概念相同。在含 n 个结点的二叉树中,所有结点的度小于或等于 2,通常用 n_0 表示叶子结点个数,用 n_1 表示单分支结点个数,用 n_2 表示双分支结点个数。需要注意二叉树和树是两种不同的树形结构,不能认为二叉树就是度为 2 的树(二次树),实际上二叉树和度为 2 的树(二次树)是不同的,其差别如下:

① 度为 2 的树中至少有一个结点的度为 2,也就是说,度为 2 的树中至少有 3 个结点,而二叉树没有这种要求,二叉树可以为空。

② 度为 2 的树中一个度为 1 的结点不区分左、右子树,而二叉树中一个度为 1 的结点是严格区分左、右子树的。

二叉树有 5 种基本形态,如图 7.7 所示,任何复杂的二叉树都是这 5 种基本形态的组合。其中,图 7.7(a)是空二叉树,图 7.7(b)是单结点的二叉树,图 7.7(c)是右子树为空的二叉树,图 7.7(d)是左子树为空的二叉树,图 7.7(e)是左、右子树都不空的二叉树。

(a) 空二叉树　(b) 单结点的二叉树　(c) 右子树为空的二叉树　(d) 左子树为空的二叉树　(e) 左、右子树都不空的二叉树

图 7.7　二叉树的 5 种基本形态

二叉树的逻辑表示法也与树的类似,但需要结合二叉树的特点(严格区分左、右子树)稍做改变。另外,7.1 节介绍的树的所有术语对于二叉树都适用。

2. 二叉树的抽象数据类型

二叉树的抽象数据类型的描述如下:

ADT BTree
{
数据对象:
　　$D=\{a_i \mid 0 \leqslant i \leqslant n-1, n \geqslant 0\}$　　//除了特别说明外,均假设结点值类型为 char 并且结点值唯一
数据关系:
　　$R=\{r\}$
　　$r=\{<a_i, a_j> \mid a_i, a_j \in D, 0 \leqslant i, j \leqslant n-1\}$　//当 $n=0$ 时称为空二叉树,否则其中有一个根结点,
　　　　其他结点构成根结点的互不相交的左、右子树,该两棵左、右子树也是二叉树
基本运算:
　　CreateBTree(str): 由二叉树的括号表示串 str 创建二叉链。
　　DispBTree(): 返回二叉树的括号表示串。
　　FindNode(x): 在二叉树中查找值为 x 的结点。
　　int Height(): 求二叉树的高度。
　　DestroyBTree(b): 销毁二叉树 b。
　　…
}

3. 满二叉树和完全二叉树

在一棵二叉树中,如果所有分支结点都有左、右孩子结点,并且叶子结点都集中在二叉树的最下一层,这样的二叉树称为**满二叉树**,图 7.8(a)所示就是一棵满二叉树。可以对满二叉树的结点进行层序编号,根结点编号为 1(或者 0),再按照层数从小到大、同一层从左到右的次序进行,图 7.8(a)中每个结点旁的数字为该结点的编号,其中根结点编号为 1(如果根结点编号为 0,所有结点的编号相应减 1)。满二叉树也可以从结点个数和树高度之间的关系定义,即一棵高度为 h 且有 2^h-1 个结点的二叉树称为**满二叉树**。

满二叉树的特点如下:

① 叶子结点都在最下一层。

② 只有度为 0 和度为 2 的结点。

③ 含 n 个结点的满二叉树的高度为 $\log_2(n+1)$,叶子结点个数为 $\lfloor n/2 \rfloor+1$,度为 2 的结点个数为 $\lfloor n/2 \rfloor$。

若二叉树中最多只有最下面两层的结点的度数可以小于 2,并且最下面一层的叶子结点都依次排列在该层最左边的位置上,则这样的二叉树称为**完全二叉树**,如图 7.8(b)所示为一棵完全二叉树。同样可以对完全二叉树中的每个结点进行层序编号,编号的方法和满二叉树相同,图中每个结点旁的数字为对该结点的编号。

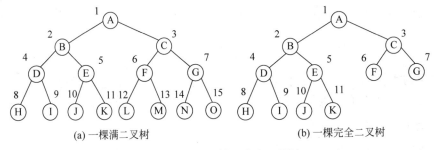

(a) 一棵满二叉树　　　　　　　　(b) 一棵完全二叉树

图 7.8　满二叉树和完全二叉树

可以看出,满二叉树是完全二叉树的一种特例,并且完全二叉树与同高度的满二叉树对应结点的层序编号相同。图 7.8(b)所示的完全二叉树与等高度的满二叉树相比,它在最后一层的右边缺少了 4 个结点。

完全二叉树的特点如下:

① 叶子结点只可能出现在最下面两层中。

② 最下一层中的叶子结点都依次排列在该层最左边的位置上。

③ 如果有度为 1 的结点,只可能有一个,且该结点最多只有左孩子结点而无右孩子结点。

④ 按层序编号后,一旦出现某结点(其编号为 i)为叶子结点或只有左孩子结点,则编号大于 i 的结点均为叶子结点。

7.2.2　二叉树的性质

性质 1　非空二叉树上的叶子结点数等于双分支结点数加 1。

证明:在一棵二叉树中总结点数 $n=n_0+n_1+n_2$。

除根结点外,每个结点有且仅有一个双亲结点(即前驱结点),每个这样的父子关系对应一条分支,所以结点数等于分支数之和加 1(根结点没有这样的分支),即分支数为 $n-1$。

在分支数中,每个度为 i 的结点贡献 i 个分支(度),即分支数等于单分支结点数加上双分支结点数的两倍,也就是分支数为 n_1+2n_2。

由上述 3 个等式可得 $n_1+2n_2=n_0+n_1+n_2-1$,即 $n_0=n_2+1$。

说明:在二叉树中计算结点时常用的关系式:所有结点的度之和=分支数=$n-1$,所有结点的度之和为 n_1+2n_2,$n=n_0+n_1+n_2$。

性质 2 非空二叉树中第 i 层上最多有 2^{i-1} 个结点($i \geqslant 1$)。

由树的性质 2 可推出。

性质 3 高度为 h 的二叉树最多有 2^h-1 个结点($h \geqslant 1$)。

由树的性质 3 可推出。

性质 4 完全二叉树(结点总数为 $n,n \geqslant 1$)层序编号后的性质:

若完全二叉树的根结点编号为 1,对于编号为 $i(1 \leqslant i \leqslant n)$ 的结点有以下性质。

① 若 $i \leqslant \lfloor n/2 \rfloor$,即 $2i \leqslant n$,则编号为 i 的结点为分支结点,否则为叶子结点。也就是说最后一个分支结点的编号为 $n/2$。

② 若 n 为奇数,则 $n_1=0$,每个分支结点都是双分支结点(例如图 7.8(b)所示的完全二叉树就是这种情况,其中 $n=11$,分支结点 1~5 都是双分支结点,其他为叶子结点);若 n 为偶数,则 $n_1=1$,只有一个单分支结点。

③ 若编号为 i 的结点有左孩子结点,则左孩子结点的编号为 $2i$;若编号为 i 的结点有右孩子结点,则右孩子结点的编号为 $2i+1$。

④ 若编号为 i 的结点有左兄弟结点,左兄弟结点的编号为 $i-1$;若编号为 i 的结点有右兄弟结点,右兄弟结点的编号为 $i+1$。

⑤ 若编号为 i 的结点有双亲结点,其双亲结点的编号为 $\lfloor i/2 \rfloor$。

简单地说,当完全二叉树的根结点编号从 1 开始时,结点 i 的双亲和孩子编号如图 7.9(a)所示。

若完全二叉树的根结点编号为 0,对于编号为 $i(0 \leqslant i \leqslant n-1)$ 的结点有以下性质。

① 若 $i \leqslant \lfloor n/2 \rfloor-1$,则编号为 i 的结点为分支结点,否则为叶子结点,也就是说最后一个分支结点的编号为 $\lfloor n/2 \rfloor-1$。

② 若 n 为奇数,则 $n_1=0$,每个分支结点都是双分支结点;若 n 为偶数,则 $n_1=1$,只有一个单分支结点。

③ 若编号为 i 的结点有左孩子结点,则左孩子结点的编号为 $2i+1$;若编号为 i 的结点有右孩子结点,则右孩子结点的编号为 $2i+2$。

④ 若编号为 i 的结点有左兄弟结点,左兄弟结点的编号为 $i-1$;若编号为 i 的结点有右兄弟结点,右兄弟结点的编号为 $i+1$。

⑤ 若编号为 i 的结点有双亲结点,其双亲结点的编号为 $\lfloor (i-1)/2 \rfloor$。

简单地说,当完全二叉树的根结点编号从 0 开始时,结点 i 的双亲和孩子编号如图 7.9(b)所示。

上述性质均可采用归纳法证明,请读者自己完成。

性质 5 具有 n 个($n>0$)结点的完全二叉树的高度为 $\lceil \log_2(n+1) \rceil$ 或 $\lfloor \log_2 n \rfloor +1$。

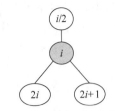 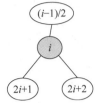

(a) 根结点编号从1开始的情况　　　　(b) 根结点编号从0开始的情况

图 7.9　完全二叉树中编号为 i 的结点的双亲和孩子结点编号

由完全二叉树的定义和树的性质 4 可推出。

说明：一棵完全二叉树可以由结点总数 n 确定其树形，n_1 只能是 0 或 1，当 n 为偶数时，$n_1=1$；当 n 为奇数时，$n_1=0$。层序编号（根结点从 1 开始）为 i 的结点层次恰好为 $\lceil \log_2(i+1) \rceil$ 或者 $\lfloor \log_2 i \rfloor + 1$。

视频讲解

【例 7.5】 一棵含有 882 个结点的二叉树中有 365 个叶子结点，求度为 1 的结点个数和度为 2 的结点个数。

解：这里 $n=882$，$n_0=365$，由二叉树的性质 1 可知 $n_2=n_0-1=364$，而 $n=n_0+n_1+n_2$，即 $n_1=n-n_0-n_2=882-365-364=153$。所以该二叉树中度为 1 的结点和度为 2 的结点个数分别是 153 和 364。

【例 7.6】 若用 $f(n)$ 表示结点个数为 n 的不同形态的二叉树的个数（假设所有结点值不同），试推导出 $f(n)$ 的循环公式。

解：一棵非空二叉树包括树根 N、左子树 L 和右子树 R。设 n 为该二叉树的结点个数，n_L 为左子树的结点个数，n_R 为右子树的结点个数，则 $n=1+n_L+n_R$。对于 (n_L,n_R)，共有 n 种不同的可能，即 $(0,n-1),(1,n-2),\cdots,(n-1,0)$。

对于 $(0,n-1)$ 的情况，L 是空子树，R 为有 $n-1$ 个结点的子树，这种情况共有 $f(0) \times f(n-1)$ 种不同的二叉树。

对于 $(1,n-2)$ 的情况，共有 $f(1) \times f(n-2)$ 种不同的二叉树。

……

对于 $(n-1,0)$ 的情况，共有 $f(n-1) \times f(0)$ 种不同的二叉树。因此有：

$$f(n) = f(0) \times f(n-1) + f(1) \times f(n-2) + \cdots + f(n-1) \times f(0)$$
$$= \sum_{i=1}^{n} f(i-1) \times f(n-i)$$

其中，$f(0)=1$（不含任何结点的二叉树的个数为 1），$f(1)=1$（含 1 个结点的二叉树的个数为 1）。可以推出 $f(n) = \dfrac{1}{n+1} C_{2n}^{n}$。

例如，由 3 个不同的结点可以构造出 $\dfrac{1}{3+1} C_6^3 = 5$ 种不同形态的二叉树。

【例 7.7】 一棵完全二叉树中有 501 个叶子结点，则至少有多少个结点？

解：在该二叉树中 $n_0=501$，由二叉树的性质 1 可知 $n_0=n_2+1$，所以 $n_2=n_0-1=500$，则 $n=n_0+n_1+n_2=1001+n_1$。由于完全二叉树中 $n_1=0$ 或 $n_1=1$，则 $n_1=0$ 时结点个数最少，此时 $n=1001$，即至少有 1001 个结点。

7.2.3 二叉树的存储结构

二叉树主要有顺序存储结构和链式存储结构。

1. 二叉树的顺序存储结构

顺序存储一棵二叉树就是用一组连续的存储单元存放二叉树。由二叉树的性质4可知，对于完全二叉树和满二叉树，树中结点的层序编号可以唯一地反映出结点之间的逻辑关系，所以可以用一维数组按层序编号顺序存储树中的所有结点值，编号为 i 的结点值存放在数组索引为 i 的元素中，通过数组元素的索引关系反映完全二叉树或满二叉树中结点之间的逻辑关系。

例如，若根结点编号为1，图7.8(b)所示的完全二叉树对应的顺序存储结构 sb 如图7.10(a)所示(不使用 sb 的索引为 0 的元素)；若根结点编号为0，图7.8(b)所示的完全二叉树对应的顺序存储结构 sb 如图7.10(b)所示。

图 7.10 一棵完全二叉树的顺序存储结构

然而对于普通的二叉树，如果仍按照从上到下和从左到右的顺序将树中的结点顺序存储在一维数组中，则数组元素的索引关系不能够反映二叉树中结点之间的逻辑关系，这时可将普通二叉树进行改造，增添一些并不存在的空结点，使之成为一棵完全二叉树的形式。

如图7.11(a)所示为一棵普通二叉树，添加空结点使其成为一棵完全二叉树的结果如图7.11(b)所示，对所有结点进行层序编号(假设根结点编号为0)，再把各结点值按编号存储到一维数组中(空结点在数组中用特殊值(如'#')表示)，如图7.12所示。也就是说，普通的二叉树采用顺序存储结构后，各结点的编号与等高度的完全二叉树中对应位置上结点的编号相同。

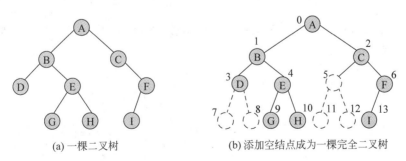

图 7.11 一般二叉树按完全二叉树结点编号

一般地，若结点值为字符类型，二叉树顺序存储结构可以采用 C++ 字符串存储。例如，图7.12所示的顺序存储结构表示如下：

```
string sb="ABCDE#F##GH##I##";
```

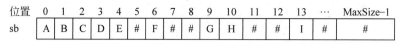

图 7.12 一棵二叉树的顺序存储结构

显然，完全二叉树或满二叉树采用顺序存储结构比较合适，既能够最大可能地节省存储空间，又可以利用数组元素索引确定结点在二叉树中的位置以及结点之间的关系。对于普通二叉树，如果它接近于完全二叉树形态，需要增加的空结点个数不多，也可采用顺序存储结构。如果需要增加很多空结点才能将普通二叉树改造成为一棵完全二叉树，采用顺序存储结构会造成空间的大量浪费，这时不宜采用顺序存储结构。最坏情况是右单支树(除叶子结点外每个结点只有一个右孩子)，一棵高度为 h 的右单支树只有 h 个结点，却需要分配 2^h-1 个存储单元。另外在顺序存储结构中查找一个结点的孩子、双亲结点都很方便。

2. 二叉树的链式存储结构

二叉树的链式存储结构是指用一个链表存储一棵二叉树，二叉树中的每个结点用链表中的一个链结点存储。在二叉树中，标准存储方式的结点结构为(lchild, data, rchild)，其中，data 为值成员变量，用于存储对应的数据元素，lchild 和 rchild 分别为左、右指针变量，分别用于存储左孩子结点和右孩子结点(即左、右子树的根结点)的地址。这种链式存储结构通常简称为**二叉链存储结构**。

对应的二叉链结点类型 BTNode 定义如下：

```
struct BTNode                                //二叉链结点类型
{
    char data;                               //数据元素
    BTNode * lchild;                         //指向左孩子结点
    BTNode * rchild;                         //指向右孩子结点
    BTNode():lchild(NULL),rchild(NULL) {}    //构造函数
    BTNode(char d)                           //重载构造函数
    {
        data=d;
        lchild=rchild=NULL;
    }
};
```

例如，图 7.13(a)所示的二叉树对应的二叉链存储结构如图 7.13(b)所示，整棵二叉树通过根结点 r 唯一标识。

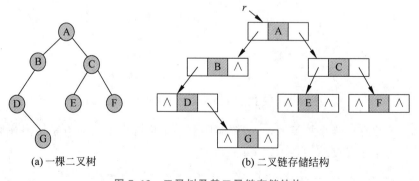

(a) 一棵二叉树   (b) 二叉链存储结构

图 7.13 二叉树及其二叉链存储结构

相对于顺序存储结构，二叉链方便二叉树的修改，普通二叉树和完全二叉树同样适合用二叉链存储。在二叉链中查找一个结点的孩子十分方便，但查找一个结点的双亲结点需要遍历二叉树。

7.2.4 二叉树的递归算法设计

在递归数据结构中，通常有一个或一组基本递归运算。设递归数据结构 $A=(D,\mathrm{Op})$，其中，D 是数据元素的集合，Op 为基本递归运算的集合。递归运算具有封闭性，如 $\mathrm{op}_i\in\mathrm{Op}$，且为一元运算，则 $\forall d\in D$，故 $\mathrm{op}_i(d)\in D$。以二叉树的二叉链存储结构为例，其基本递归运算就是求一个结点 r 的左子树（r->lchild）和右子树（r->rchild），而 r->lchild 和 r->rchild 一定是一棵二叉树（这是在二叉树的定义中空树也是二叉树的原因）。

一般地，二叉树的递归结构如图 7.14 所示。对于二叉树 r，设 $f(r)$ 是求解的"大问题"，则 $f(\mathrm{r}->\mathrm{lchild})$ 和 $f(\mathrm{r}->\mathrm{rchild})$ 为"小问题"。假设 $f(\mathrm{r}->\mathrm{lchild})$ 和 $f(\mathrm{r}->\mathrm{rchild})$ 是可求的，在此基础上得出 $f(r)$ 和 $f(\mathrm{r}->\mathrm{lchild})$、$f(\mathrm{r}->\mathrm{rchild})$ 之间的关系，从而得到递归体，再考虑 $r=\mathrm{NULL}$ 或只有一个结点的特殊情况，从而得到递归出口。

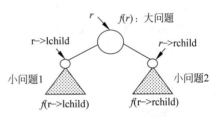

图 7.14 二叉树的递归结构

例如，假设二叉树中的所有结点值为整数，采用二叉链存储结构，求该二叉链 r 中的所有结点值之和。设 $f(r)$ 为二叉树 r 中的所有结点值之和，则 $f(\mathrm{r}->\mathrm{lchild})$ 和 $f(\mathrm{r}->\mathrm{rchild})$ 分别求根结点 r 的左、右子树的所有结点值之和，显然有 $f(r)=\mathrm{r}->\mathrm{data}+f(\mathrm{r}->\mathrm{lchild})+f(\mathrm{r}->\mathrm{rchild})$。当 $r=\mathrm{NULL}$ 时 $f(r)=0$，从而得到以下递归模型：

$$f(r)=0 \qquad\qquad r=\mathrm{NULL}$$
$$f(r)=\mathrm{r}->\mathrm{data}+f(\mathrm{r}->\mathrm{lchild})+f(\mathrm{r}->\mathrm{rchild}) \qquad 其他$$

对应的递归算法如下：

```
int Sum(BTNode * r)                    //计算以 r 为根的二叉树的结点值之和
{
    if (r==NULL) return 0;
    else return r-> data+Sum(r-> lchild)+Sum(r-> rchild);
}
```

7.2.5 二叉树的基本运算算法及其实现

为了简单，本节讨论的二叉树均采用二叉链存储结构存储。

1. 二叉树类的设计

在二叉链中通过根结点 r 唯一标识二叉树，对应的二叉树类设计如下：

```
class BTree                            //二叉树类
{
    BTNode *  r;                       //二叉树的根结点 r
public:
    BTree()                            //构造函数，建立一棵空树
```

```
        {   r=NULL;   }
    //二叉树的基本运算
};
```

2. 二叉树的基本运算算法的实现

下面讨论二叉树的基本运算算法的实现。

1) 创建二叉树：CreateBTree(str)

假设 str 是一棵非空二叉树的括号表示串(本算法不对 str 的正确性进行检测，若 str 表示错误会得不到正确的结果)，且每个结点的值是单个字符。用 ch 扫描 str，其中只有 4 类字符，各类字符的处理方式如下：

① 若 ch='('，表示前面刚创建的 p 结点存在孩子结点，需将其进栈，以便建立它与其孩子结点的关系(如果一个结点刚创建完毕，其后一个字符不是'('，表示该结点是叶子结点，不需要进栈)。然后开始处理该结点的左孩子，因此置 flag=true，表示其后创建的结点将作为这个结点(栈顶结点)的左孩子结点。

② 若 ch=')'，表示以栈顶结点为根结点的子树创建完毕，将其退栈。

③ 若 ch=','，表示开始处理栈顶结点的右孩子结点，置 flag=false。

④ 其他情况：只能是单个字符，表示要创建一个新结点，则建立 p 结点存放该字符，并根据当前的 flag 值建立结点 p 与栈顶结点之间的关系，当 flag=true 时将结点 p 作为栈顶结点的左孩子结点，当 flag=false 时将结点 p 作为栈顶结点的右孩子结点。

如此循环，直到 str 处理完毕。对应的算法如下：

```
void CreateBTree(string str)              //创建以 r 为根结点的二叉链存储结构
{
    stack<BTNode *> st;                   //定义一个栈 st
    BTNode * p;
    bool flag;
    int i=0;
    while (i<str.length())                //循环扫描 str 中的每个字符
    {
        switch(str[i])
        {
        case '(':                         //遇到'('，说明刚创建的结点 p 有孩子
            st.push(p);                   //将结点 p 进栈
            flag=true;
            break;
        case ')':                         //遇到')'，说明栈顶结点的子树处理完
            st.pop();                     //出栈栈顶结点
            break;
        case ',':                         //遇到','，说明栈顶结点有右孩子
            flag=false;                   //表示开始处理栈顶结点的右孩子
            break;
        default:                          //遇到字符的情况
            p=new BTNode(str[i]);         //新建一个结点 p 存放 str[i]
            if (r==NULL)                  //表示尚未建立根结点
                r=p;                      //结点 p 作为根结点
            else                          //已建立二叉树的根结点
```

```
            {
                if (flag && !st.empty())            //新结点 p 作为栈顶结点的左孩子结点
                    st.top()->lchild=p;
                else if (!st.empty())               //新结点 p 作为栈顶结点的右孩子结点
                    st.top()->rchild=p;
            }
            break;
        }
        i++;                                        //继续遍历
    }
}
```

例如,以 str="A(B(D(,G)),C(E,F))"调用上述算法建立的二叉链如图 7.13(b)所示。

2) 求二叉链的括号表示串:DispBTree()

其过程是,对于非空二叉树 b(初始时 b 为根结点),先输出结点 b 的值,当结点 b 存在左孩子或右孩子时输出一个"("符号,然后递归输出左子树;当结点 b 存在右孩子时输出一个","符号,再递归输出右子树,最后输出一个")"符号。对应的递归算法如下:

```
void DispBTree()                                    //将二叉链转换成括号表示法并输出
{
    DispBTree1(r);
}
void DispBTree1(BTNode * b)                         //被 DispBTree 函数调用
{
    if (b!=NULL)
    {
        cout << b->data;                            //输出根结点值
        if (b->lchild!=NULL || b->rchild!=NULL)
        {
            cout << "(";                            //有孩子结点时输出"("
            DispBTree1(b->lchild);                  //递归输出左子树
            if (b->rchild!=NULL)
                cout << ",";                        //有右孩子结点时输出","
            DispBTree1(b->rchild);                  //递归输出右子树
            cout << ")";                            //输出")"
        }
    }
}
```

例如,对于图 7.13(b)所示的二叉链,调用上述算法 DispBTree()得到的二叉树括号表示串为"A(B(D(,G)),C(E,F))"。

3) 查找值为 x 的结点:FindNode(x)

设 $f(b,x)$ 在以 b 为根结点的二叉树中查找值为 x 的结点,找到后返回其地址,否则返回 NULL。其递归模型如下:

$f(b,x) =$ NULL   若 $b=$NULL
$f(b,x) = b$ 若 b->data=x
$f(b,x) = p$ $p=f$(b->lchild,x)且 p!=NULL

视频讲解

$f(b,x) = f(b\text{->}rchild,x)$ 其他情况

对应的递归算法如下：

```
BTNode * FindNode(char x)              //查找值为 x 的结点算法
{
    return FindNode1(r,x);
}
BTNode * FindNode1(BTNode * b,char x)  //被 FindNode()函数调用
{
    BTNode * p;
    if (b==NULL) return NULL;          //b 为空时返回 NULL
    else if (b->data==x) return b;     //b 所指结点值为 x 时返回 b
    else
    {
        p=FindNode1(b->lchild,x);      //在左子树中查找
        if (p!=NULL)
            return p;                  //在左子树中找到 p 结点,返回 p
        else
            return FindNode1(b->rchild,x);  //返回在右子树中查找的结果
    }
}
```

例如，对于图 7.13(b)所示的二叉链，从根结点'A'开始查找 $x=$'C'的过程如图 7.15 所示。从中看出，在执行 FindNode1(b,x)时，若结点 b 有左、右子树，则优先在左子树中从上向下查找，直到到达递归出口：

① b 为空时返回空(NULL)。

② b 为'C'结点时返回^C(其中^C 表示'C'结点的地址值)。

每次向下的递归调用(图中用向下的实箭头表示)都会向上返回(图中用向上的虚箭头表示,并带有返回值)。当找到'C'结点时不再对其子树递归调用,此时直接返回^C。

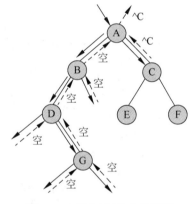

图 7.15 查找'C'结点的过程

4) 求高度：Height()

设以 b 为根结点的二叉树的高度为 $f(b)$,空树的高度为 0,非空树的高度为左、右子树中较大的高度加 1。对应的递归模型如下：

$f(b) = 0$ b=NULL
$f(b) = \max\{f(b\text{->}lchild), f(b\text{->}rchild)\}+1$ 其他

对应的递归算法如下：

```
int Height()                           //求二叉树高度的算法
{
    return Height1(r);
}
int Height1(BTNode * b)                //被 Height()函数调用
{
    if (b==NULL)                       //空树的高度为 0
```

```
        return 0;
    else
        return max(Height1(b->lchild),Height1(b->rchild))+1;
}
```

在调用上述 Height1(b)算法时,若 b 非空,则先递归执行 Height1(b->lchild),该左分支调用返回后再递归执行 Height1(b->rchild),只有在右分支调用返回后才执行合并操作,即执行 max()函数。

5) 销毁二叉树:DestroyBTree(b)

设 f(b)的功能是销毁以 b 为根结点的二叉树,即释放其中所有结点的空间。对应的递归模型如下:

$f(b) \equiv$ 不做任何事情 $b=NULL$
$f(b) \equiv f(b->lchild); f(b->rchild); delete\ b;$ 其他

当 b 非空时,先调用 f(b->lchild)销毁结点 b 的左子树,再调用 f(b->rchild)销毁结点 b 的右子树,这样只剩余根结点 b,可以直接通过调用 delete b 语句释放结点 b 的空间。对应的递归算法如下:

```
void DestroyBTree(BTNode * b)            //释放所有的结点空间
{
    if (b!=NULL)
    {
        DestroyBTree(b-> lchild);        //递归释放左子树
        DestroyBTree(b-> rchild);        //递归释放右子树
        delete b;                        //释放根结点
    }
}
```

销毁一个二叉树对象是通过自动调用对应的析构函数完成的,为此设计二叉树类 BTree 的析构函数如下:

```
~BTree( )                                //析构函数
{
    DestroyBTree(r);                     //调用 DestroyBTree()函数
    r=NULL;                              //置为空树
}
```

7.3 二叉树的先序、中序和后序遍历

7.3.1 二叉树遍历的概念

视频讲解

二叉树遍历是指按照一定的次序访问二叉树中的所有结点,并且每个结点仅被访问一次的过程。通过遍历得到二叉树中某种结点的线性序列,即将非线性结构线性化,这里的"访问"的含义可以很多,例如输出结点值或对结点值实施某种操作等。二叉树遍历是最基本的运算,是二叉树中所有其他运算的基础。

在二叉树中左子树和右子树是有严格区别的,在遍历一棵非空二叉树时,根据访问根结

点、遍历左子树和遍历右子树之间的先后关系可以组合成 6 种遍历方法(假设 N 为根结点，L、R 分别为左、右子树，这 6 种遍历方法是 NLR、LNR、LRN、NRL、RNL、RLN)。若子树一律先左后右遍历，则对于非空二叉树，可得到如下 3 种递归的遍历方法(即 NLR、LNR 和 LRN)。

1. 先序遍历

先序遍历二叉树的过程 NLR 如下：

① 访问根结点。

② 先序遍历左子树。

③ 先序遍历右子树。

例如，图 7.13(a)所示的二叉树的先序序列为 ABDGCEF。显然，在一棵二叉树的先序序列中，第一个元素即为根结点对应的结点值。

【例 7.8】 给出求一棵非空二叉树先序序列中的尾结点的过程。

解：先序遍历二叉树的过程是 NLR，先序序列的尾结点 N 一定是叶子结点(其 L、R 为空)，求先序序列中尾结点的过程是从根结点开始，先走右孩子方向直到最右下结点 p，若结点 p 没有左孩子(此时结点 p 为叶子结点)，则结点 p 就是尾结点，否则转向左孩子 q，再找到结点 q 的最右下结点，以此类推。例如在图 7.11(a)所示的二叉树中找先序序列的尾结点是 A→C→F，F→I，结点 I 是叶子结点，它就是先序序列的尾结点。

2. 中序遍历

中序遍历二叉树的过程 LNR 如下：

① 中序遍历左子树。

② 访问根结点。

③ 中序遍历右子树。

例如，图 7.13(a)所示的二叉树的中序序列为 DGBAECF。显然，在一棵二叉树的中序序列中，根结点将其序列分为前、后两部分，前部分为左子树的中序序列，后部分为右子树的中序序列。

3. 后序遍历

后序遍历二叉树的过程 LRN 如下：

① 后序遍历左子树。

② 后序遍历右子树。

③ 访问根结点。

例如，图 7.13(a)所示的二叉树的后序序列为 GDBEFCA。显然，在一棵二叉树的后序序列中，最后一个元素即为根结点对应的结点值。

7.3.2 先序、中序和后序遍历递归算法

假设二叉树采用二叉链存储结构，由二叉树的先序、中序和后序 3 种遍历过程直接得到相应的递归算法。

1. 先序遍历的递归算法

从根结点 b 出发进行先序遍历的递归算法 PreOrder11(b)如下，它被 PreOrder1(bt.r)

调用以输出二叉树 bt 的先序遍历序列。对应的递归算法如下：

```
void PreOrder11(BTNode * b)              //被 PreOrder()函数调用
{
    if (b!=NULL)
    {
        cout << b-> data;                //访问根结点
        PreOrder11(b-> lchild);          //先序遍历左子树
        PreOrder11(b-> rchild);          //先序遍历右子树
    }
}
void PreOrder1(BTree& bt)                //先序遍历的递归算法
{
    PreOrder11(bt.r);
}
```

在上述先序遍历 PreOrder11(b)函数中，又通过递归调用 PreOrder11(b->lchild)和 PreOrder11(b->rchild)遍历左、右子树，整个遍历过程从根结点 b 出发，最后回到根结点 b。例如，对于图 7.13(a)所示的二叉树，其先序遍历过程如图 7.16(a)所示，图中虚线表示这种遍历过程，在每个结点左边画一条线与虚线相交，该相交点表示访问点，然后按虚线遍历次序列出相交点得到先序遍历序列，即 ABDGCEF。

说明：在遍历过程中当到达某个结点时，被称为"访问"该结点，通常是为了在这个结点处执行某种操作，例如查看结点值或输出结点值等。

2. 中序遍历的递归算法

从根结点 b 出发进行中序遍历的递归算法 InOrder11(b)如下，它被 InOrder1(bt.r)调用以输出二叉树 bt 的中序遍历序列。对应的递归算法如下：

```
void InOrder11(BTNode * b)               //被 InOrder()函数调用
{
    if (b!=NULL)
    {
        InOrder11(b-> lchild);           //中序遍历左子树
        cout << b-> data;                //访问根结点
        InOrder11(b-> rchild);           //中序遍历右子树
    }
}
void InOrder1(BTree& bt)                 //中序遍历的递归算法
{
    InOrder11(bt.r);
}
```

对于图 7.13(a)所示的二叉树，其中序遍历过程如图 7.16(b)所示，在每个结点底部画一条线与虚线相交，该相交点表示访问点，然后按虚线遍历次序列出相交点得到中序遍历序列，即 DGBAECF。

3. 后序遍历的递归算法

从根结点 b 出发进行后序遍历的递归算法 PostOrder11(b)如下，它被 PostOrder1(bt.r)

调用以输出二叉树 bt 的后序遍历序列。对应的递归算法如下：

```
void PostOrder11(BTNode * b)                    //被 PostOrder( )函数调用
{
    if (b!=NULL)
    {
        PostOrder11(b−> lchild);                //后序遍历左子树
        PostOrder11(b−> rchild);                //后序遍历右子树
        cout << b−> data;                       //访问根结点
    }
}
void PostOrder1(BTree& bt)                      //后序遍历的递归算法
{
    PostOrder11(bt.r);
}
```

对于图 7.13(a)所示的二叉树，其后序遍历过程如图 7.16(c)所示，在每个结点右边画一条线与虚线相交，该相交点表示访问点，然后按虚线遍历次序列出相交点得到后序遍历序列，即 GDBEFCA。

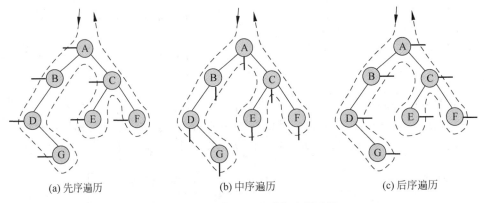

(a) 先序遍历　　　　　　　(b) 中序遍历　　　　　　　(c) 后序遍历

图 7.16　二叉树的 3 种递归遍历过程

7.3.3　递归遍历算法的应用

本节通过几个示例说明递归遍历算法的应用。

【例 7.9】　假设二叉树采用二叉链存储结构存储，设计一个算法求一棵给定二叉树中的结点个数。

视频讲解

解：求一棵二叉树中的结点个数是以遍历算法为基础的，任何一种遍历算法都可以求出一棵二叉树中的结点个数。以下给出以先序、中序和后序遍历为基础的算法：

```
//基于先序遍历的求解算法
int NodeCount11(BTNode * b)
{
    int m,n,k;
    if (b!=NULL)
    {
        k=1;                                    //根结点计数 1
```

```
        m=NodeCount11(b->lchild);           //遍历求左子树的结点个数
        n=NodeCount11(b->rchild);           //遍历求右子树的结点个数
        return k+m+n;
    }
    else return 0;                          //空树的结点个数为0
}
int NodeCount1(BTree& bt)                   //基于先序遍历求结点个数
{
    return NodeCount11(bt.r);
}
//基于中序遍历的求解算法
int NodeCount21(BTNode * b)
{
    int m,n,k;
    if (b!=NULL)
    {
        m=NodeCount21(b->lchild);           //遍历求左子树的结点个数
        k=1;                                //根结点计数1
        n=NodeCount21(b->rchild);           //遍历求右子树的结点个数
        return m+k+n;
    }
    else return 0;                          //空树的结点个数为0
}
int NodeCount2(BTree& bt)                   //基于中序遍历求结点个数
{
    return NodeCount21(bt.r);
}
//基于后序遍历的求解算法
int NodeCount31(BTNode * b)
{
    int m,n,k;
    if (b!=NULL)
    {
        m=NodeCount31(b->lchild);           //遍历求左子树的结点个数
        n=NodeCount31(b->rchild);           //遍历求右子树的结点个数
        k=1;                                //根结点计数1
        return m+n+k;
    }
    else return 0;                          //空树的结点个数为0
}
int NodeCount3(BTree& bt)                   //基于后序遍历求结点个数
{
    return NodeCount31(bt.r);
}
```

实际上也可以从递归算法设计的角度求解。设 $f(b)$ 求二叉树 b 中的所有结点个数,它是"大问题", $f(b->lchild)$ 和 $f(b->rchild)$ 分别求左、右子树的结点个数,它们是"小问题",如图 7.14 所示。对应的递归模型 $f(b)$ 如下:

$$f(b)=0 \qquad\qquad b=NULL$$
$$f(b)=f(b->lchild)+f(b->rchild)+1 \qquad\qquad 其他$$

对应的递归算法如下:

```cpp
//基于递归设计方法的求解算法
int NodeCount41(BTNode * b)
{
    if (b==NULL)
        return 0;                                    //空树的结点个数为0
    else
        return(NodeCount41(b->lchild)+NodeCount41(b->rchild)+1);
}
int NodeCount4(BTree& bt)                            //基于递归设计方法求结点个数
{
    return NodeCount41(bt.r);
}
```

从递归遍历的角度看,其中"+1"相当于访问结点,放在不同位置体现不同的递归遍历思路(在前3种递归遍历算法中对应 $k=1$),NodeCount41()算法是将"+1"放在最后,体现出后序遍历的算法思路。

【例 7.10】 假设二叉树采用二叉链存储结构存储,设计一个算法按从左到右的顺序输出一棵二叉树的所有叶子结点值。

视频讲解

解:由于先序、中序和后序递归遍历算法都是按从左到右的顺序访问叶子结点的,所以本题可以基于这3种递归遍历算法求解。对应的算法如下:

```cpp
//基于先序遍历输出所有叶子结点
void DispLeaf11(BTNode * b)
{
    if (b!=NULL)
    {
        if (b->lchild==NULL && b->rchild==NULL)      //根结点为叶子结点时输出
            cout << b->data << " ";
        DispLeaf11(b->lchild);                       //输出左子树的叶子结点
        DispLeaf11(b->rchild);                       //输出右子树的叶子结点
    }
}
void DispLeaf1(BTree& bt)
{
    DispLeaf11(bt.r);
}
//基于中序遍历输出所有叶子结点
void DispLeaf21(BTNode * b)
{
    if (b!=NULL)
    {
        DispLeaf21(b->lchild);                       //输出左子树的叶子结点
        if (b->lchild==NULL && b->rchild==NULL)      //根结点为叶子结点时输出
            cout << b->data << " ";
        DispLeaf21(b->rchild);                       //输出右子树的叶子结点
    }
}
```

```
void DispLeaf2(BTree& bt)
{
    DispLeaf21(bt.r);
}
//基于后序遍历输出所有叶子结点
void DispLeaf31(BTNode * b)
{
    if (b!=NULL)
    {
        DispLeaf31(b->lchild);                          //输出左子树的叶子结点
        DispLeaf31(b->rchild);                          //输出右子树的叶子结点
        if (b->lchild==NULL && b->rchild==NULL)         //根结点为叶子结点时输出
            cout << b->data << " ";
    }
}
void DispLeaf3(BTree& bt)
{
    DispLeaf31(bt.r);
}
```

另外也可以直接采用递归算法设计方法求解。设 $f(b)$ 的功能是从左到右输出以 b 为根结点的二叉树的所有叶子结点值,为"大问题",显然 $f(b->\text{lchild})$ 和 $f(b->\text{rchild})$ 是两个"小问题"。当 b 不是叶子结点时,先调用 $f(b->\text{lchild})$ 再调用 $f(b->\text{rchild})$。对应的递归模型 $f(b)$ 如下:

$f(b) \equiv$ 不做任何事件 $b=\text{NULL}$
$f(b) \equiv$ 输出 b 结点 b 为叶子结点
$f(b) \equiv f(b->\text{lchild}); f(b->\text{rchild})$ 其他

对应的递归算法如下:

```
void DispLeaf41(BTNode * b)                             //基于递归设计方法输出所有叶子结点
{
    if (b!=NULL)
    {
        if (b->lchild==NULL && b->rchild==NULL)         //根结点为叶子结点时输出
            cout << b->data << " ";
        DispLeaf41(b->lchild);                          //输出左子树的叶子结点
        DispLeaf41(b->rchild);                          //输出右子树的叶子结点
    }
}
void DispLeaf4(BTree& bt)
{
    DispLeaf41(bt.r);
}
```

从上述两例看出,基于递归遍历思路和直接采用递归算法设计方法完全相同。实际上,当求解的问题较复杂时,直接采用递归算法设计方法更加简单、方便。

仅从递归遍历角度看,上述两例基于 3 种递归遍历思路中的任何一种都是可行的,但有些情况并非如此。一般地,二叉树由根和左、右子树 3 部分构成,但可以看成两类,即根和子树,如果需要先处理根再处理子树,可以采用先序遍历思路;如果需要先处理子树再处理根,可以采用后序遍历思路。

【例7.11】 假设二叉树中的每个结点值为单个字符,采用二叉链存储结构存储。设计一个算法交换二叉树 bt 的所有左、右子树。

解:交换一棵二叉树(根结点为 b)的所有左、右子树为"大问题",而左、右子树的交换是两个"小问题"。交换根结点 b 的左、右孩子指针相当于访问根结点,对应的基于先序遍历的算法如下:

```
void Swap11(BTNode * &b)                        //基于先序遍历
{
    if (b!=NULL)
    {
        swap(b-> lchild,b-> rchild);            //交换根结点 b 的左、右孩子指针
        Swap11(b-> lchild);                      //递归交换左子树
        Swap11(b-> rchild);                      //递归交换右子树
    }
}
void Swap1(BTree &bt)                            //求解算法1
{
    Swap11(bt.r);
}
```

上述算法是先交换根结点 b 的左、右孩子指针,再递归交换左、右子树。显然也可以先递归交换左、右子树,再交换根结点 b 的左、右孩子指针,对应的基于后序遍历的算法如下:

```
void Swap21(BTNode * &b)                        //基于后序遍历
{
    if (b!=NULL)
    {
        Swap21(b-> lchild);                      //递归交换左子树
        Swap21(b-> rchild);                      //递归交换右子树
        swap(b-> lchild,b-> rchild);            //交换根结点 b 的左、右孩子指针
    }
}
void Swap2(BTree &bt)                            //求解算法2
{
    Swap21(bt.r);
}
```

例如,对于图7.13(b)所示的二叉链,采用上述两个算法得到的交换后的二叉树如图7.17(a)所示,显然结果是正确的。那么能不能采用中序遍历呢?对应的基于中序遍历的算法如下:

```
void Swap31(BTNode * &b)                        //基于中序遍历
{
    if (b!=NULL)
    {
        Swap31(b-> lchild);                      //递归交换左子树
        swap(b-> lchild,b-> rchild);            //交换根结点 b 的左、右孩子指针
```

```
            Swap31(b−>rchild);                    //递归交换右子树
    }
}
void Swap3(BTree &bt)                              //求解算法3
{
    Swap31(bt.r);
}
```

例如,同样对于图 7.13(b)所示的二叉链,采用上述中序遍历算法得到的交换后的二叉树如图 7.17(b)所示,显然结果是错误的。这是因为一棵二叉树在交换后根结点是不变的,要么先交换所有子树再交换根的左、右指针,要么先交换根的左、右指针再交换所有子树。

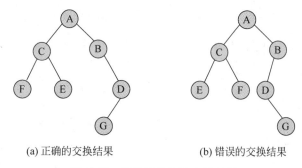

(a) 正确的交换结果　　　　　(b) 错误的交换结果

图 7.17　二叉树的两种交换结果

【实战 7.2】　LeetCode872——叶子相似的树

问题描述:一棵二叉树中的叶子值按从左到右的顺序排列形成一个叶值序列。如果有两棵二叉树的叶值序列相同,那么就认为它们是叶相似的。判断两个根结点分别为 root1 和 root2 的二叉树是否叶相似。二叉树采用二叉链存储,结点类型 TreeNode 如下:

```
struct TreeNode
{
    int val;
    TreeNode * left;
    TreeNode * right;
    TreeNode(int x):val(x),left(NULL),right(NULL){}
};
```

设计如下函数:

```
class Solution {
public:
    bool leafSimilar(TreeNode * root1, TreeNode * root2)
    { ... }
};
```

【例 7.12】　假设一棵二叉树采用二叉链存储结构,且所有结点值均不相同,设计一个算法求二叉树中指定结点值的结点所在的层次(根结点的层次计为1)。

解:二叉树中的每个结点都有一个相对于根结点的层次,根结点的层次为1,那么如何指定这种情况呢?可以采用递归算法参数赋初值的方法,即设 $f(b,x,h)$ 为"大问题",增加第 3 个参数 h 表示第一个参数 b 指向结点的层次,在初始调用时 b 指向根结点,h 对应的实参为 1,从而指定了根结点的层次为 1 的情况。

大问题 $f(b,x,h)$ 的功能是在以 b 结点(层次为 h)为根的子树中查找值为 x 的结点层次,若找到返回其层次,若找不到返回 0(因为只要找到 x 结点,其层次至少为 1)。对应的递归模型如下:

$f(b,x,h)=0$ $b=\text{NULL}$
$f(b,x,h)=h$ $b\rightarrow data=x$
$f(b,x,h)=l$ $l=f(b.\text{child},x,h+1)$ 且 $l\neq 0$(在左子树中找到了)
$f(b,x,h)=f(b.\text{rchild},x,h+1)$ 其他

对应的递归算法如下:

```cpp
int Level1(BTNode * b, char x, int h)        //被 Level()函数调用
{
    if (b==NULL)
        return 0;                             //空树不能找到该结点
    else if (b->data==x)
        return h;                             //根结点即为所找,返回其层次
    else
    {
        int l=Level1(b->lchild, x, h+1);      //在左子树中查找
        if (l!=0)
            return l;                         //在左子树中找到了,返回其层次 l
        else
            return Level1(b->rchild, x, h+1); //在左子树中未找到,再在右子树中查找
    }
}
int Level(BTree& bt, char x)                  //求解算法
{
    return Level1(bt.r, x, 1);
}
```

【例 7.13】 假设一棵二叉树采用顺序存储结构,设计一个算法建立对应的二叉链。

解:二叉树的顺序存储结构用字符串 sb 存放(根结点的编号从 0 开始),现在由 sb 转换产生二叉链存储结构 b。对于 sb,用 sb$[i]$ 表示编号为 i 的结点的子树,显然由 sb$[0]$ 创建整棵二叉链 b。设 $f(\text{sb},i,b)$ 返回以 sb$[i]$ 为根结点的子树,对应的递归模型如下:

$f(\text{sb},i,b) \equiv b=\text{NULL}$ $i \geqslant \text{sb.length}()$ 或 sb$[i]=$'#'
$f(\text{sb},i,b) \equiv$ 建立 b 结点;置 $b\rightarrow data=\text{sb}[i]$;   其他
      $f(\text{sb},2*i+1,b\rightarrow \text{lchild})$;
      $f(\text{sb},2*i+2,b\rightarrow \text{rchild})$

对应的递归算法如下:

```cpp
void Trans1(string sb, int i, BTNode * & b)   //被 Trans()函数调用
{
    if (i<sb.length())
    {
        if (sb[i]!='#')
```

```
        {
            b=new BTNode(sb[i]);            //建立根结点
            Trans1(sb,2*i+1,b->lchild);     //递归转换左子树
            Trans1(sb,2*i+2,b->rchild);     //递归转换右子树
        }
        else b=NULL;                        //无效结点建立一个空结点
    }
    else b=NULL;                            //无效结点建立一个空结点
}
void Trans(string sb, BTree& bt)            //由顺序存储结构产生二叉链存储结构
{
    Trans1(sb,0,bt.r);
}
```

在 Trans() 方法中调用 Trans1(sb,0,r) 时采用了递归算法参数赋初值。例如,对于如图 7.13(a)所示的二叉树的顺序存储结构 sb="ABCDE♯F♯♯GH♯♯I",可以通过执行 Trans(sb,bt) 语句创建对应的二叉链存储结构 bt。

【例7.14】 假设二叉树采用二叉链存储结构,且所有结点值均不相同,设计一个算法求二叉树中第 $k(1 \leq k \leq$ 二叉树的高度)层的结点个数。

解:采用先序遍历思路,设计 KCount1(b,h,k,cnt) 递归算法在根结点 b 的二叉树中求第 k 层的结点个数 cnt,其中 h 表示 b 指向结点的层次(采用参数赋初值方法,当 b 为根结点时,h 对应的实参数为 1)。对应的算法如下:

视频讲解

```
void KCount1(BTNode * b, int h, int k, int& cnt)
{
    if (b==NULL) return;                    //空树返回
    if (h==k) cnt++;                        //当前层的结点在第 k 层,cnt 增 1
    if (h<k)                                //当前层次小于 k,递归处理左、右子树
    {
        KCount1(b->lchild,h+1,k,cnt);
        KCount1(b->rchild,h+1,k,cnt);
    }
}
int KCount(BTree& bt, int k)                //先序遍历求二叉树第 k 层的结点个数
{
    int cnt=0;
    KCount1(bt.r,1,k,cnt);
    return cnt;
}
```

使用该算法对图 7.13(b)所示的二叉树 bt 求出的第 1 层到第 4 层的结点个数分别为 1、2、3 和 1。

【例7.15】 假设二叉树采用二叉链存储结构,且所有结点值均不相同,设计一个算法输出值为 x 的结点的所有祖先。

解法 1:根据二叉树中祖先的定义可知,若一个结点的任意孩子结点为结点 x,则该结点是结点 x 的祖先结点;若一个结点的任意孩子结点为结点 x 的祖先结点,则该结点也是结点 x 的祖先结点。

视频讲解

设 $f(b,x,res)$ 表示 b 结点是否为结点 x 的祖先结点，vector<char>容器 res 存放结点 x 的祖先结点(从根结点到结点 x 双亲的结点序列)。对应的递归模型 $f(b,x)$ 如下：

$f(b,x,res)$ = false 若 b==NULL
$f(b,x,res)$ = true，将 b->data 添加到 res 中 若结点 b 的左孩子为结点 x
$f(b,x,res)$ = true，将 b->data 添加到 res 中 若结点 b 的右孩子为结点 x
$f(b,x,res)$ = true，将 b->data 添加到 res 中 若结点 b 的左或右孩子是结点 x 的祖先
$f(b,x,res)$ = false 其他情况

对应的算法如下：

```cpp
bool Ancestor11(BTNode * b, char x, vector<char> & res)   //被 Ancestor1()函数调用
{
    if (b==NULL)                         //空树返回 false
        return false;
    if (b->lchild!=NULL && b->lchild->data==x)
    {
        res.push_back(b->data);          //结点 b 是 x 结点的祖先
        return true;
    }
    if (b->rchild!=NULL && b->rchild->data==x)
    {
        res.push_back(b->data);          //结点 b 是 x 结点的祖先
        return true;
    }
    if (Ancestor11(b->lchild,x,res) || Ancestor11(b->rchild,x,res))
    {
        res.push_back(b->data);          //结点 b 的孩子是 x 的祖先，则它是 x 的祖先
        return true;
    }
    return false;                        //其他情况返回 false
}
void Ancestor1(BTree& bt, char x, vector<char> & res)   //算法1：返回 x 结点的祖先
{
    Ancestor11(bt.r,x,res);
    reverse(res.begin(),res.end());      //逆置 res→按根结点到结点 x 双亲的顺序
}
```

对于图 7.13(b)所示的二叉树 bt，调用 Ancestor1(bt,'G')求出'G'结点的所有祖先是 A B D。

解法 2：二叉树中 x 结点的祖先恰好是根结点到 x 结点的路径上除了 x 结点外的所有结点，为此该问题转换为求根结点到结点 x 的路径。同样，用引用参数 res 存放路径(实际上是根结点到结点 x 双亲的路径)。

采用先序遍历的思路，设计一个非引用参数 path 存放路径，当找到结点 x 时，将 path 中的结点 x(最后添加的结点)删除，再将 path 复制到 res 中并返回，否则在左、右子树中查找。对应的算法如下：

```cpp
void Ancestor21(BTNode * b, char x, vector<char> path, vector<char> & res)
{
    if (b==NULL) return;                 //空树返回
    path.push_back(b->data);
    if (b->data==x)
    {
```

```
            path.pop_back();                    //删除 x 结点
            res=path;                           //复制 path 到 res
            return;                             //找到路径后返回
        }
        Ancestor21(b->lchild,x,path,res);       //在左子树中查找
        Ancestor21(b->rchild,x,path,res);       //在右子树中查找
    }
    void Ancestor2(BTree& bt,char x,vector<char>& res)   //算法 2：返回 x 结点的祖先
    {
        vector<char> path;
        Ancestor21(bt.r,x,path,res);
    }
```

需要注意，Ancestor21(b,x,path,res)中参数 path 和 res 的区别，尽管它们都是 vector<char>类型，但 path 是非引用类型用于输入，而 res 是引用类型（相当于全局变量）用于输出。path 作为非引用类型在递归调用中具有自动回退功能，而 res 作为引用类型在递归调用中不具有自动回退功能。

如果将 path 改为引用类型来返回路径（不用 res），这样在找到 x 结点时 path 中存放的是一个查找轨迹（包含所有遍历中访问的结点）。对于图 7.13(b)所示的二叉树，若 x='F'，找到 F 结点时的轨迹为 ABDGCE，而不是根结点到 F 结点的路径，如图 7.18 所示。显然本题不是找轨迹而是找路径。

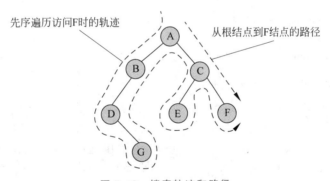

图 7.18 搜索轨迹和路径

上述算法的效率低，如 x='G'时需要访问全部的顶点，为此修改 Ancestor21()算法为 Ancestor31()。Ancestor31()算法在二叉树中找到 x 结点后返回 true，没有找到返回 false，所以一旦找到 x 结点时 path 中存放的恰好是对应路径，执行 res=path 后返回 true，否则在原路返回中只有在一个结点的左子树查找结果为 false 时才查找右子树，也就是说，当找到 x 结点后 path 不再发生改变。对应的算法如下：

```
    bool Ancestor31(BTNode * b,char x,vector<char> path,vector<char>& res)
    {
        if (b==NULL) return false;              //空树返回 false
        path.push_back(b->data);
        if (b->data==x)
        {
            path.pop_back();                    //删除 x 结点
            res=path;                           //复制 path 到 res
```

```
            return true;                          //找到后返回true
    }
    if (Ancestor31(b->lchild,x,path,res))        //在左子树中查找
        return true;                              //在左子树中查找成功
    else                                          //在左子树中查找失败
        return Ancestor31(b->rchild,x,path,res);  //在右子树中查找
}
void Ancestor3(BTree& bt,char x,vector<char>& res)  //算法3：返回x结点的祖先
{
    vector<char> path;
    Ancestor31(bt.r,x,path,res);
}
```

对于图7.13(b)所示的二叉树，在 $x=$ 'G' 时，上述改进算法仅访问 A、B、D、G 结点，而不会遍历结点 'A' 的右子树，从而提高了效率。

【实战 7.3】 LeetCode543——二叉树的直径

视频讲解

问题描述：给定一棵二叉树，计算它的直径长度。一棵二叉树的直径长度是任意两个结点路径长度中的最大值，这条路径可能穿过根结点也可能不穿过根结点。要求设计如下成员函数：

```
int diameterOfBinaryTree(TreeNode* root)
```

7.3.4 先序、中序和后序遍历非递归算法

本节讨论3种递归遍历算法到非递归算法的转换。

1. 3种递归遍历算法的常规转换法

采用6.3.2节的将 Hanoi 递归算法转换为非递归算法的方法称为常规转换法。

1) 先序遍历的非递归算法1

先序遍历的过程是先访问根结点，再遍历左、右子树(即NLR)，可以将先序遍历过程转换为访问根结点、遍历左子树和遍历右子树3个子任务。访问根结点的子任务十分简单，只要输出结点值即可，重点在于处理遍历左、右子树两个子任务，由于栈的特点是后进先出，所以访问结点 p 后应先将其右孩子进栈(先保存遍历右子树的子任务)，再将其左孩子进栈(后保存遍历左子树的子任务)。上述过程的输出序列就是先序序列。对应的先序遍历非递归过程如下：

```
将根结点 r 进栈;
while (栈不空)
{
    出栈结点 p 并访问之;
    若结点 p 有右孩子,将其右孩子进栈;
    若结点 p 有左孩子,将其左孩子进栈;
}
```

对应的非递归先序遍历算法1如下：

```
void PreOrder2(BTree& bt)                         //先序遍历的非递归算法1
```

```cpp
{
    if (bt.r==NULL) return;                        //空树直接返回
    stack<BTNode *> st;                            //定义一个栈
    BTNode * p;
    st.push(bt.r);                                 //根结点 r 进栈
    while (!st.empty())                            //栈不空时循环
    {
        p=st.top(); st.pop();                      //出栈结点 p
        cout << p->data;                           //访问结点 p
        if (p->rchild!=NULL)                       //结点 p 有右孩子时将右孩子进栈
            st.push(p->rchild);
        if (p->lchild!=NULL)                       //结点 p 有左孩子时将左孩子进栈
            st.push(p->lchild);
    }
}
```

2) 中序遍历的非递归算法 1

中序遍历的过程是 LNR，用一个栈保存分解的 L、N 和 R 对应的子任务，按 R、N、L 的顺序进栈，其中 N(访问根结点)和只有一个结点的 R 或者 L 是可以直接执行的，为此用栈元素的 flag 成员标识(flag=true 表示对应任务可以直接执行，否则表示不能直接执行，需要进一步分解)。对应的中序遍历非递归算法 1 如下：

```cpp
struct SNode                                       //栈中元素的类型
{
    BTNode * p;
    bool flag;
    SNode() {}                                     //构造函数
    SNode(BTNode * p1, bool flag1)                 //重载构造函数
    {
        p=p1;
        flag=flag1;
    }
};
void Push(stack<SNode> &st, BTNode * p)            //将结点 p 的任务进栈 st
{
    if (p->lchild==NULL && p->rchild==NULL)        //叶子结点为可直接执行的任务
        st.push(SNode(p, true));
    else                                           //非叶子结点为不能直接执行的任务
        st.push(SNode(p, false));
}
void InOrder2(BTree &bt)                           //中序遍历的非递归算法 1
{
    if (bt.r==NULL) return;                        //空树直接返回
    stack<SNode> st;                               //定义一个栈
    BTNode * p=bt.r;
    Push(st, p);
    while (!st.empty())                            //栈不空时循环
    {
        SNode e=st.top(); st.pop();                //出栈元素 e
        p=e.p;
```

```cpp
        if (e.flag)                                 //任务e可以直接执行
            cout << p->data;                        //访问根结点
        else                                        //任务e不能直接执行
        {
            if (p->rchild!=NULL)                    //结点p有右孩子
                Push(st,p->rchild);                 //遍历右子树的任务进栈
            st.push(SNode(p,true));                 //访问根结点的任务进栈
            if (p->lchild!=NULL)                    //结点p有左孩子
                Push(st,p->lchild);                 //遍历左子树的任务进栈
        }
    }
}
```

3) 后序遍历的非递归算法1

后序遍历的过程是 LRN，可以先求出 NRL，再逆置得到 LRN。NRL 与前面的非递归先序遍历算法1类似，仅改为右子树优先遍历即可，也就是说后序遍历序列等同于右子树优先的先序遍历序列的逆序列。对应的后序遍历非递归过程如下：

```
将根结点r进栈;
res 初始化为空;
while (栈不空)
{
    将p->data 添加到 res 中;
    若结点 p 有左孩子,将其左孩子进栈;
    若结点 p 有右孩子,将其右孩子进栈;
}
逆序输出的 res 即为后序遍历序列;
```

对应的非递归后序遍历算法1如下：

```cpp
void PostOrder2(BTree& bt)                          //后序遍历的非递归算法1
{
    if (bt.r==NULL) return;                         //空树直接返回
    BTNode * p;
    stack<BTNode *> st;                             //定义一个栈
    vector<char> res;
    st.push(bt.r);                                  //根结点进栈
    while(!st.empty())                              //栈不空时循环
    {
        p=st.top(); st.pop();                       //出栈结点p
        res.push_back(p->data);
        if (p->lchild!=NULL)                        //结点p有左孩子时将左孩子进栈
            st.push(p->lchild);
        if (p->rchild!=NULL)                        //结点p有右孩子时将右孩子进栈
            st.push(p->rchild);
    }
    vector<char>::reverse_iterator rit;
    for (rit=res.rbegin();rit!=res.rend();rit++)    //输出后序遍历序列
        cout << *rit;
}
```

说明：可以将上述算法中的 vector 容器 res 直接改为栈 st1,在遍历后出栈 st1 的全部元素即得到后序遍历序列,称为后序遍历算法的双栈转换法。

由于中序遍历时根结点在左、右子树的中间访问,不能直接采用上述后序遍历的转换方法。

2. 3 种递归遍历算法的特定转换法

与前面的常规转换法不一样,特定转换法是严格结合递归遍历过程的特点实现的。同样以先序遍历的非递归算法为基础,再加上一些约束产生中序遍历和后序遍历非递归算法。

1) 先序遍历的非递归算法 2

视频讲解

先序遍历的过程是先访问根结点,再遍历左、右子树(即 NLR)。对于一棵根结点为 p 的二叉树(初始时 p 从 bt.r 开始),先访问结点 p 及其所有左下结点,由于二叉链中无法由孩子结点找到其双亲结点,所以需将这些访问过的结点进栈保存起来。当访问完结点 p 及其所有左下结点后,当前栈顶结点要么没有左子树,要么左子树已遍历过,所以转向处理它的右子树,遍历右子树的过程与上述过程相同,如图 7.19 所示。

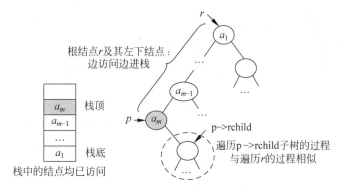

图 7.19　先序遍历的非递归过程

对应的先序遍历非递归过程如下：

```
p=bt.r;                          //从根结点 bt.r 开始
while (栈不空或者 p!=NULL)
{
    while (p 不空)               //Ⅰ部分：访问结点 p 及其左下结点,边访问边进栈
    {
        访问结点 p;将 p 进栈;
        p=p->lchild;
    }                            //Ⅰ部分结束时栈顶结点没有左子树或者左子树已遍历
    if (栈不空)                   //Ⅱ部分：转向栈顶结点的右子树
    {
        出栈 p;                   //转向栈顶结点的右子树
        p=p->rchild;
    }
}
```

对应的先序遍历非递归算法 2 如下：

void PreOrder3(BTree& bt)　　　　//先序遍历的非递归算法 2

```
{
    if (bt.r==NULL) return;              //空树直接返回
    stack<BTNode *> st;                  //定义一个栈
    BTNode * p=bt.r;
    while (!st.empty() || p!=NULL)
    {
        while (p!=NULL)                  //p 不空时访问所有左下结点并进栈
        {
            cout << p->data;             //访问结点 p
            st.push(p);
            p=p->lchild;
        }
        if (!st.empty())                 //若栈不空
        {
            p=st.top(); st.pop();        //出栈结点 p
            p=p->rchild;                 //转向处理其右子树
        }
    }
}
```

先序序列是 NLR,在上述算法的栈中保存的是没有左子树或者左子树已遍历的 N,目的是找 N 的右子树(用 p 指向 N 的右子树),所以当栈空并且 p=NULL 时说明整个二叉树遍历完毕。

例如,对于图 7.20(a)所示的一棵二叉树,在采用二叉链存储后,其先序遍历非递归算法 2 的执行过程如图 7.20(b)所示,其中实线箭头表示转向当前结点的孩子结点,虚线箭头表示转向外 while 循环语句的开头,结点旁的数字表示访问该结点的次序。

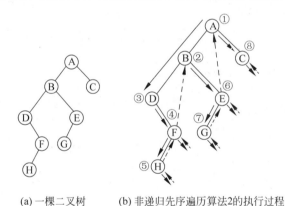

(a) 一棵二叉树   (b) 非递归先序遍历算法2的执行过程

图 7.20　一棵二叉树及其非递归先序遍历算法 2 的执行过程

视频讲解

2) 中序遍历的非递归算法 2

中序遍历的非递归算法是在上述先序遍历非递归算法 2 的基础上修改的,中序遍历的顺序是左子树、根结点、右子树,即 LNR。所以对于一棵根结点为 p 的二叉树(初始时 p 从 bt.r 开始),需将结点 p 及其左下结点依次进栈,但还不能访问,因为它们的左子树尚未遍历。例如,当 p 指向根结点 r 的最左下结点时(如图 7.21 所示),p 结点(值为 a_m 的结点)在栈顶,它本身没有左子树,所以出栈并访问它,然后转向遍历它的右子树,遍历其右子树的过程与遍历整棵二叉树是相似的。

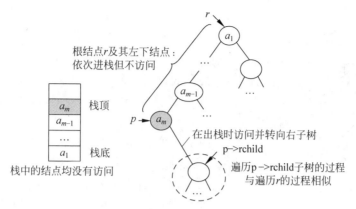

图 7.21 中序遍历的非递归过程

中序遍历的非递归过程如下：

```
p=bt.r;                              //从根结点 bt.r 开始
while (栈不空或者 p!=NULL)
{
    while (p 不空)                    //Ⅰ部分：结点 p 及其左下结点，仅进栈
    {
        将 p 进栈；
        p=p->lchild;
    }                                //Ⅰ部分结束时栈顶结点没有左子树或者左子树已遍历
    if (栈不空)                       //Ⅱ部分：访问栈顶结点并转向其右子树
    {
        出栈 p 并访问之；
        p=p->rchild;
    }
}
```

对应的中序非递归算法 2 如下：

```
void InOrder2(BTree& bt)             //中序遍历的非递归算法 2
{
    if (bt.r==NULL) return;          //空树直接返回
    stack<BTNode*> st;               //定义一个栈
    BTNode* p=bt.r;
    while (!st.empty() || p!=NULL)   //栈不空或者 p 不空时循环
    {
        while (p!=NULL)              //p 不空时将所有左下结点进栈
        {
            st.push(p);
            p=p->lchild;
        }
        if (!st.empty())             //若栈不空
        {
            p=st.top(); st.pop();    //出栈结点 p
            cout << p->data;         //访问结点 p
```

```
                p=p->rchild;            //转向处理右子树
            }
        }
    }
```

视频讲解

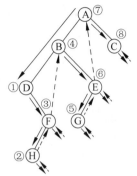

图7.22 非递归中序遍历
算法的执行过程

与先序遍历非递归算法一样,在上述算法的栈中保存的是没有左子树或者左子树已遍历的N,目的是找N的右子树(用p指向N的右子树),所以当栈空并且p=NULL时说明整个二叉树遍历完毕。

例如,对于图7.20(a)所示的一棵二叉树,在采用二叉链存储后,其中序遍历非递归算法的执行过程如图7.22所示。

3) 后序遍历的非递归算法2

后序遍历非递归算法又是在前面中序遍历非递归算法2的基础上修改得来的,后序遍历的顺序是左子树、右子树、根结点,即LRN。所以将根结点r及其左下结点依次进栈(Ⅰ部分)后,栈顶结点p的左子树已遍历或为空,但仍不能访问结点p,因为它们的右子树尚未遍历,这里需要解决两个问题。

① 如何判断栈顶结点p的右子树已经遍历? 由于后序遍历是LRN,在任意一棵以结点q为根的树/子树的后序遍历中结点q一定是最后访问的,或者说若结点q已经访问,则该树/子树一定已经遍历过。为此设置q变量指向刚访问过的结点(初始为NULL),若p->rchild=q,则说明结点p的右子树已经遍历过,如图7.23所示,此时访问结点p并将其出栈,置q=p。

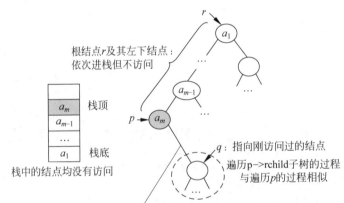

图7.23 后序遍历非递归过程

② 访问结点p后如何继续处理呢? 在访问结点p后其左、右子树均已经出栈,二叉树中其他没有访问的结点要么在栈中要么是栈中结点的子孙,如果栈空则结束,否则继续对栈顶结点p1进行这样的处理(Ⅱ部分),若结点p1可以访问,则访问它并出栈,置q=p1,否则转向它的右子树,遍历其右子树的过程与遍历整棵二叉树是相似的。

从以上看出,不同于中序遍历非递归算法,这里的Ⅱ部分可能需要多次重复,为此设置一个布尔变量 flag,flag 为 true 表示处理栈顶结点(执行Ⅱ部分),flag 为 false 表示退出栈顶结点处理(转向执行Ⅰ部分)。后序遍历的非递归过程如下：

```
    p=bt.r;                        //从根结点 bt.r 开始
    do
    {
        while (p 不空)              //Ⅰ部分：结点 p 及其左下结点,仅进栈
        {
            将 p 进栈；
            p=p->lchild;
        }                           //Ⅰ部分结束时栈顶结点没有左子树或者左子树已遍历
        q=NULL;
        flag=true;
        while (栈不空且 flag==true)  //Ⅱ部分：处理栈顶结点或者转向其右子树
        {
            取栈顶结点 p;
            if (结点 p 的右子树已遍历)
            {
                访问结点 p；
                退栈；
                q=p;
            }
            else
            {
                p=p->rchild;        //转向处理右子树
                flag=false;         //结束栈顶结点的处理
            }
        }
    } while (栈不空);
```

对应的后序非递归算法 2 如下：

```
void PostOrder3(BTree& bt)         //后序遍历的非递归算法 2
{
    stack<BTNode*> st;             //定义一个栈
    BTNode* p=bt.r, *q;
    bool flag;                     //是否在处理栈顶结点,如果是为 true,否则为 false
    do
    {
        while (p!=NULL)            //p 不空时将所有左下结点进栈
        {
            st.push(p);
            p=p->lchild;
        }
        q=NULL;                    //q 指向栈顶结点的前一个刚访问的结点
        flag=true;                 //表示开始处理栈顶结点
        while (!st.empty() && flag)
        {
            p=st.top();            //取栈顶结点 p
            if (p->rchild==q)      //若结点 p 的右子树已访问或为空
            {
```

```
                cout << p->data;         //访问结点 p
                st.pop();                //将结点 p 退栈
                q=p;                     //让 q 指向刚访问的结点
            }
            else                         //若结点 p 的右子树尚未遍历
            {
                p=p->rchild;             //转向处理其右子树
                flag=false;              //表示不再处理栈顶结点
            }
        }
    } while (!st.empty());
}
```

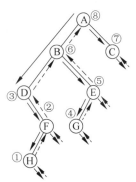

图 7.24 非递归后序遍历
算法的执行过程

在该算法中采用 do-while 循环而非 while 循环,这是因为开始时栈为空,不能以"while 栈不空"开头,而栈中保存的都是尚未访问过的结点,按后序遍历的特点,当栈空时说明所有结点均已访问,即整个二叉树遍历完毕,此时算法结束,所以采用"do-while(栈不空)"是合适的。

说明:以上后序非递归遍历算法,当访问某个结点时,栈中保存的恰好是该结点的所有祖先结点,有些复杂的算法可以利用这个特点求解。

例如,对于图 7.20(a)所示的一棵二叉树,在采用二叉链存储后,其后序遍历非递归算法的执行过程如图 7.24 所示。

【例 7.16】 采用后序遍历非递归的方法设计例 7.15 的算法。

解:修改后序遍历非递归算法 2,当访问某个结点时,再判断它的值是否为 x,若是,只需要将栈中的结点输出即可(不含栈顶结点,因为栈顶结点就是要找其所有祖先的结点)。对应的算法如下:

```
void Ancestor4(BTree& bt,char x,vector<char> & res)   //用后序遍历的非递归算法求 x 的祖先
{
    stack<BTNode *> st;                  //定义一个栈
    BTNode * p=bt.r,* q;
    bool flag;                           //是否在处理栈顶结点,是为 true,否则为 false
    do
    {
        while (p!=NULL)                  //p 不空时将所有左下结点进栈
        {
            st.push(p);
            p=p->lchild;
        }
        q=NULL;                          //q 指向栈顶结点的前一个刚访问的结点
        flag=true;                       //表示开始处理栈顶结点
        while (!st.empty() && flag)
        {
            p=st.top();                  //取栈顶结点 p
            if (p->rchild==q)            //若结点 p 的右子树已访问或为空
            {
```

```
                if (p->data==x)                    //访问的结点 p 恰好是结点 x
                {
                    st.pop();                       //出栈结点 x
                    while (!st.empty())
                    {
                        res.push_back(st.top()->data);
                        st.pop();
                    }
                    reverse(res.begin(),res.end());  //逆置 res
                    return;
                }
                st.pop();                            //将结点 p 退栈
                q=p;                                 //让 q 指向刚访问的结点
            }
            else                                     //若结点 p 的右子树尚未遍历
            {
                p=p->rchild;                         //转向处理其右子树
                flag=false;                          //表示不再处理栈顶结点
            }
        }
    } while (!st.empty());
}
```

7.4 二叉树的层次遍历

7.4.1 层次遍历的过程

视频讲解

若二叉树非空(假设其高度为 h),则层次遍历的过程如下:
① 访问根结点(第 1 层)。
② 从左到右访问第 2 层的所有结点。
③ 从左到右访问第 3 层的所有结点、…、第 h 层的所有结点。
例如,图 7.13(a)所示的二叉树的层次遍历序列为 ABCDEFG。

7.4.2 层次遍历算法的设计

在二叉树的层次遍历中,对一层的结点访问完后,再按照它们的访问次序对各个结点的左、右孩子顺序访问,这样一层一层进行,即先访问结点的左、右孩子,这样与队列的先进先出的特点吻合。因此层次遍历算法采用一个队列 qu 实现,这里采用 queue 容器作为队列。

先将根结点 b 进队,在队不空时循环:从队列中出队一个结点 p,访问它;若它有左孩子结点,将左孩子结点进队;若它有右孩子结点,将右孩子结点进队。如此操作,直到队空为止。对应的层次遍历算法如下:

```
void LevelOrder(BTree& bt)                           //二叉树的层次遍历
{
    BTNode * p;
```

```
        queue <BTNode *> qu;                    //定义一个队列
        qu.push(bt.r);                          //根结点 r 进队
        while (!qu.empty())                     //队不空时循环
        {
            p=qu.front(); qu.pop();             //出队结点 p
            cout << p->data;                    //访问结点 p
            if (p->lchild!=NULL)                //有左孩子结点时将其进队
                qu.push(p->lchild);
            if (p->rchild!=NULL)                //有右孩子结点时将其进队
                qu.push(p->rchild);
        }
```

例如,对于图 7.13(a)所示的一棵二叉树,在采用二叉链存储后,其层次遍历算法的执行过程如表 7.1 所示(队列 qu 中的 A 表示 A 结点的引用),从中看到,当一层的结点访问完时,队列中存放的恰好是下一层的全部结点。

表 7.1　层次遍历算法的执行过程

执行的操作	访问结点	qu(队头⇨队尾)	说　明
A 结点进队		A	队中恰好为第 1 层的全部结点
出队 A 结点并访问之	A		第 1 层的全部结点访问完毕
将 A 结点的孩子 B、C 进队		BC	队中恰好为第 2 层的全部结点
出队 B 结点并访问之	B	C	
将 B 结点的孩子 D 进队		CD	
出队 C 结点并访问之	C	D	第 2 层的全部结点访问完毕
将 C 结点的孩子 E、F 进队		DEF	队中恰好为第 3 层的全部结点
出队 D 结点并访问之	D	EF	
将 D 结点的孩子 G 进队		EFG	
出队 E 结点并访问之	E	FG	
E 结点没有孩子		FG	
出队 F 结点并访问之	F	G	第 3 层的全部结点访问完毕
F 结点没有孩子		G	队中恰好为第 4 层的全部结点
出队 G 结点并访问之	G		第 4 层的全部结点访问完毕
G 结点没有孩子			队空,算法结束

7.4.3　层次遍历算法的应用

本节通过几个示例说明层次遍历算法的应用。

【例 7.17】　采用层次遍历方法设计例 7.14 的算法,即求二叉树中第 k($1 \leqslant k \leqslant$ 二叉树的高度)层的结点个数。

解：这里提供的 3 种解法均采用层次遍历,并用 cnt 变量计第 k 层的结点个数(初始为 0)。

解法 1：设计队列中的元素类型为 QNode 类,包含表示当前结点层次 lev 和结点地址 node 两个属性。先将根结点进队(根结点的层次为 1)。在层次遍历中出队一个结点 p：

① 若结点 p 的层次大于 k,返回 cnt(继续进行层次遍历不可能再找到第 k 层的结点)。

② 若结点 p 是第 k 层的结点(p.lev=k),cnt 增 1。

视频讲解

③ 若结点 p 的层次小于 k,将其孩子进队,孩子的层次为双亲结点的层次加 1。最后返回 cnt。对应的算法如下:

```cpp
struct QNode                              //队列元素类
{
    int lev;                              //结点的层次
    BTNode* node;                         //结点指针
    QNode(int l, BTNode* p)               //构造函数
    {
        lev=l;
        node=p;
    }
};
int KCount1(BTree& bt, int k)             //解法1:求二叉树第k层的结点个数
{
    int cnt=0;                            //累计第 k 层的结点个数
    queue<QNode> qu;                      //定义一个队列 qu
    qu.push(QNode(1, bt.r));              //根结点(层次为1)进队
    while (!qu.empty())                   //队不空时循环
    {
        QNode p=qu.front(); qu.pop();     //出队一个结点
        if (p.lev>k)
            return cnt;                   //当前结点的层次大于k,返回cnt
        if (p.lev==k)
            cnt++;                        //当前结点是第k层的结点,cnt 增 1
        else                              //当前结点的层次小于k
        {
            if (p.node->lchild!=NULL)     //有左孩子时将其进队
                qu.push(QNode(p.lev+1, p.node->lchild));
            if (p.node->rchild!=NULL)     //有右孩子时将其进队
                qu.push(QNode(p.lev+1, p.node->rchild));
        }
    }
    return cnt;
}
```

解法 2:设计队列仅保存结点地址,置当前层次 curl=1,用 last 变量指示当前层次的最右结点,第一层只有一个结点,即根结点,它就是第一层的最右结点,所以置 last 为根结点。根结点进队,队不空时循环:

① 若 curl>k,返回 cnt(继续进行层次遍历不可能再找到第 k 层的结点)。
② 否则出队结点 p,若 curl=k,表示结点 p 是第 k 层的结点,cnt 增 1。
③ 若结点 p 有左孩子 q,将结点 q 进队,若有右孩子 q,将结点 q 进队(总是用 q 表示进队的孩子结点)。
④ 若结点 p 是当前层的最右结点(p=last),说明当前层处理完毕,而此时的 q 就是下一层的最右结点,置 last=q,curl 增 1 进入下一层处理。

说明:该方法采用的是迭代思路,第一层的最右结点 last 就是根结点(在遍历第一层之前就可以确定),而遍历一层后又可以找到下一层的最右结点,以此类推。每层通过最右结

点可以判断该层是否遍历完毕。

最后返回 cnt。对应的算法如下：

```cpp
int KCount2(BTree& bt,int k)              //解法 2：求二叉树第 k 层的结点个数
{
    int cnt=0;                            //累计第 k 层的结点个数
    queue<BTNode*> qu;                    //定义一个队列 qu
    int curl=1;                           //当前层次，从 1 开始
    BTNode* last=bt.r, *p, *q;            //第 1 层的最右结点
    qu.push(bt.r);                        //根结点进队
    while (!qu.empty())                   //队不空时循环
    {
        if (curl>k)                       //当层号大于 k 时返回 cnt,不再继续
            return cnt;
        p=qu.front(); qu.pop();           //出队一个结点 p
        if (curl==k)
            cnt++;                        //当前结点是第 k 层的结点,cnt 增 1
        if (p->lchild!=NULL)              //有左孩子时将其进队
        {
            q=p->lchild;
            qu.push(q);
        }
        if (p->rchild!=NULL)              //有右孩子时将其进队
        {
            q=p->rchild;
            qu.push(q);
        }
        if (p==last)                      //当前层的所有结点处理完毕
        {
            last=q;                       //让 last 指向下一层的最右结点
            curl++;
        }
    }
    return cnt;
}
```

解法 3：层次遍历是从第一层开始的，访问一层的全部结点后(此时该层的全部结点已出队，见表 7.1)再访问下一层的结点，为此修改基本层次遍历过程为一层一层地遍历，上一层遍历完毕，队中恰好是下一层的全部结点。若 $k<1$，返回 0；否则将根结点进队，当前层次 curl=1。队不空时循环：

① 若 curl=k，队中恰好包含该层的全部结点，直接返回队中元素的个数。

② 否则求出队中元素的个数 n(当前层 curl 的全部结点个数)，循环出队 n 次，每次出队一个结点时将其孩子结点进队。

③ curl 增 1 进入下一层处理。

最后返回 0($k>$二叉树高度的情况)。为了与基本层次遍历相区分，上述修改的层次遍历称为**分层次的层次遍历**，对应的算法如下：

```cpp
int KCount3(BTree& bt,int k)              //解法 3：求二叉树第 k 层的结点个数
{
    if (k<1) return 0;                    //k<1 返回 0
```

```
    queue<BTNode*> qu;                          //定义一个队列 qu
    int curl=1;                                 //当前层次,从 1 开始
    qu.push(bt.r);                              //根结点进队
    while (!qu.empty())                         //队不空时循环
    {
        if (curl==k)                            //当前层为第 k 层,返回队中元素的个数
            return qu.size();
        int n=qu.size();                        //求出当前层的结点个数
        for (int i=0;i<n;i++)                   //出队当前层的 n 个结点
        {
            BTNode* p=qu.front(); qu.pop();     //出队一个结点
            if (p->lchild!=NULL)                //有左孩子时将其进队
                qu.push(p->lchild);
            if (p->rchild!=NULL)                //有右孩子时将其进队
                qu.push(p->rchild);
        }
        curl++;
    }                                           //转向下一层
    return 0;
}
```

说明：在上述算法中执行 n=qu.size()，再循环 n 次出队当前层的全部结点,不能改为从 1 到 qu.size() 循环,因为循环中有结点进队,队中的元素个数会发生改变。

【例 7.18】 采用层次遍历方法设计例 7.15 的算法,即输出值为 x 的结点的所有祖先。

解：设计队列中元素的类型为 QNode 类指针（队中的每个元素指向一个 QNode 结点），QNode 结点包含二叉树的结点地址 node 和双亲指针 pre 两个成员。先将根结点进队（根结点的双亲为 NULL）。在层次遍历中出队一个结点 p（为 QNode 类型的指针,而不是二叉树结点指针）：

① 若结点 p 为 x 结点（p->node->data=x）,从结点 p 出发通过队列元素回推求出所有祖先结点 res（类似用队列求解迷宫路径）,逆置 res 并且返回。

② 否则将结点 p 的孩子结点进队,注意二叉树中的孩子结点 p->node->lchild 和 p->node->rchild 的双亲结点均为结点 p。

对应的算法如下：

```
struct QNode                                    //QNode 类型
{
    BTNode* node;                               //当前结点指针
    QNode* pre;                                 //当前结点的双亲结点
    QNode(BTNode* p1,QNode* p2)                 //构造函数
    {
        node=p1;
        pre=p2;
    }
};
void Ancestor4(BTree& bt,char x,vector<char>& res)  //层次遍历求 x 结点的祖先
{
    queue<QNode*> qu;                           //定义一个队列 qu
    qu.push(new QNode(bt.r,NULL));              //根结点(双亲结点为 NULL)进队
```

```
        while (!qu.empty())                              //队不空时循环
        {
            QNode * p=qu.front(); qu.pop();              //出队一个结点
            if (p->node->data==x)                        //当前结点为 x 结点
            {
                QNode * q=p->pre;                        //q 为双亲结点
                while (q!=NULL)                          //找到根结点为止
                {
                    res.push_back(q->node->data);
                    q=q->pre;
                }
                reverse(res.begin(),res.end());
                return;
            }
            if (p->node->lchild!=NULL)                   //有左孩子结点时将其进队
                qu.push(new QNode(p->node->lchild,p));   //置其双亲为 p
            if (p->node->rchild!=NULL)                   //有右孩子结点时将其进队
                qu.push(new QNode(p->node->rchild,p));   //置其双亲为 p
        }
        while (!qu.empty())                              //释放队列 qu 中每个元素指向的结点
        {
            QNode * p=qu.front(); qu.pop();
            delete p;
        }
    }
```

对于图 7.13(a)所示的二叉树 bt,调用 Ancestor4(bt,'G')求出的'G'结点的所有祖先是 A B D。

说明：上述 Ancestor4()算法与 3.2.7 节用队列求解迷宫问题的思路完全相同,将两者结合起来可以进一步理解队列求解和层次遍历本质上的一致性。

7.5 二叉树的构造

7.5.1 由先序/中序序列或后序/中序序列构造二叉树

假设二叉树中的每个结点值均不相同,同一棵二叉树具有唯一的先序序列、中序序列和后序序列,但不同的二叉树可能具有相同的先序序列、中序序列和后序序列。例如,如图 7.25 所示的 5 棵二叉树,先序序列都为 ABC;如图 7.26 所示的 5 棵二叉树,中序序列都为 ACB;如图 7.27 所示的 5 棵二叉树,后序序列都为 CBA。

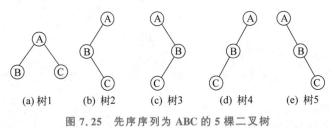

图 7.25 先序序列为 ABC 的 5 棵二叉树

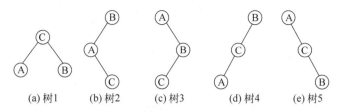

图 7.26 中序序列为 ACB 的 5 棵二叉树

显然,仅由先序序列、中序序列和后序序列中的任何一种无法确定这棵二叉树的树形。但是,如果同时知道一棵二叉树的先序序列和中序序列,或者同时知道中序序列和后序序列,就能确定这棵二叉树。

例如,先序序列是 ABC,而中序序列是 ACB 的二叉树必定如图 7.26(c)所示。类似地,中序序列是 ACB,而后序序列是 CBA 的二叉树必定如图 7.27(c)所示。

但是,同时知道先序序列和后序序列仍不能确定二叉树的树形,例如图 7.25 和图 7.27 中除第一棵外的 4 棵二叉树的先序序列都是 ABC 且后序序列都是 CBA。

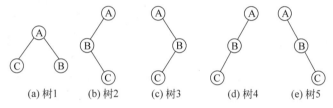

图 7.27 后序序列为 CBA 的 5 棵二叉树

定理 7.1 任何 $n(n \geqslant 0)$ 个不同结点的二叉树,都可由它的中序序列和先序序列唯一地确定。

证明:采用数学归纳法证明。

当 $n=0$ 时,二叉树为空,结论正确。

假设结点数小于 n 的任何二叉树,都可以由其先序序列和中序序列唯一地确定。

若某棵二叉树具有 $n(n>0)$ 个不同结点,其先序序列是 $a_0 a_1 a_2 \cdots a_{n-1}$,中序序列是 $b_0 b_1 b_2 \cdots b_{k-1} b_k b_{k+1} \cdots b_{n-1}$。因为在先序遍历过程中,访问根结点后紧接着遍历左子树,最后再遍历右子树,所以 a_0 必定是二叉树的根结点,而且 a_0 必然在中序序列中出现。也就是说,在中序序列中必有某个 $b_k (0 \leqslant k \leqslant n-1)$ 就是根结点 a_0。

由于 b_k 是根结点,而在中序遍历过程中先遍历左子树,再访问根结点,最后再遍历右子树,所以在中序序列中 $b_0 b_1 b_2 \cdots b_{k-1}$ 必是根结点 b_k(也就是 a_0)左子树的中序序列,即 b_k 的左子树有 k 个结点(注意,$k=0$ 表示结点 b_k 没有左子树),而 $b_{k+1} \cdots b_{n-1}$ 必是根结点 b_k(也就是 a_0)右子树的中序序列,即 b_k 的右子树有 $n-k-1$ 个结点(注意,$k=n-1$ 表示结点 b_k 没有右子树)。

另外,在先序序列中,紧跟在根结点 a_0 之后的 k 个结点 $a_1 a_2 \cdots a_k$ 就是左子树的先序序列,$a_{k+1} \cdots a_{n-1}$ 这 $n-k-1$ 个结点就是右子树的先序序列,其示意图如图 7.28 所示。

根据归纳假设,子先序序列 $a_1 a_2 \cdots a_k$ 和子中序序列 $b_0 b_1 b_2 \cdots b_{k-1}$ 可以唯一地确定根结点 a_0 的左子树,而子先序序列 $a_{k+1} \cdots a_{n-1}$ 和子中序序列 $b_{k+1} \cdots b_{n-1}$ 可以唯一地确定根结点 a_0 的右子树。

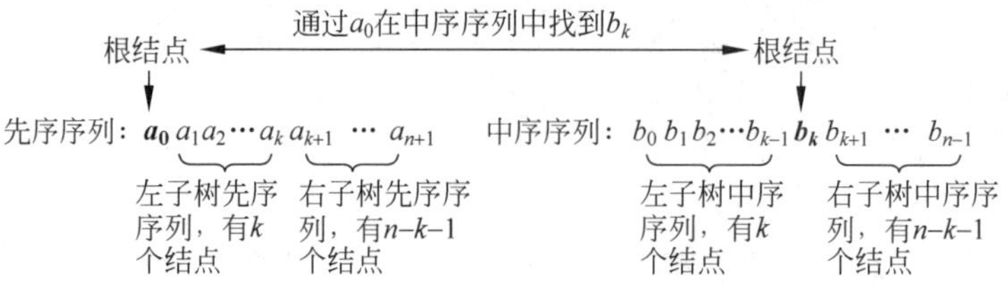

图 7.28 由先序序列和中序序列确定一棵二叉树

综上所述,这棵二叉树的根结点已经确定,而且其左、右子树都唯一地确定了,所以整个二叉树也就唯一地确定了。假设二叉树的每个结点值为单个字符,且没有值相同的结点。由先序序列 $pres[i..i+n-1]$ 和中序序列 $ins[j..j+n-1]$ 创建二叉链的过程如图 7.29 所示,对应的构造算法如下:

```
BTNode * CreateBTree11(vector<char> pres, int i, vector<char> ins, int j, int n)
{                                                       //被 CreateBTree1()调用
    if (n<=0) return NULL;
    char d=pres[i];                                     //取根结点值 d
    BTNode * b=new BTNode(d);                           //创建根结点(结点值为 d)
    int p=j;
    while (ins[p]!=d) p++;                              //在 ins 中找到根结点的索引 p
    int k=p-j;                                          //确定左子树中的结点个数 k
    b->lchild=CreateBTree11(pres,i+1,ins,j,k);          //递归构造左子树
    b->rchild=CreateBTree11(pres,i+k+1,ins,p+1,n-k-1);  //递归构造右子树
    return b;
}
void CreateBTree1(BTree& bt, vector<char> pres, vector<char> ins)
//由先序序列 pres 和中序序列 ins 构造二叉链
{
    int n=pres.size();
    bt.r=CreateBTree11(pres,0,ins,0,n);
}
```

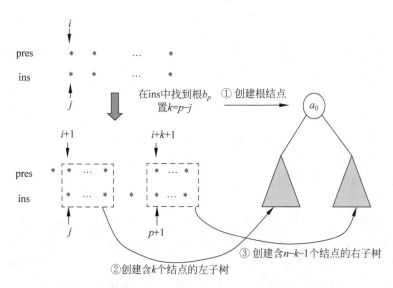

图 7.29 由先序序列 pres 和中序序列 ins 创建二叉链的过程

例如,已知先序序列为 ABDGCEF,中序序列为 DGBAECF,则构造二叉树的过程如图 7.30 所示。

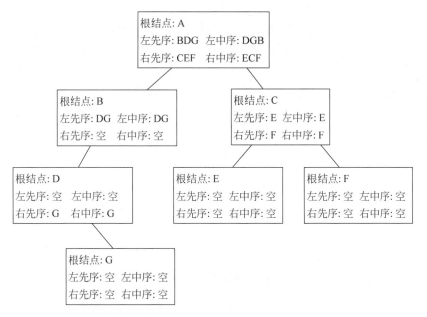

图 7.30 由先序序列和中序序列构造二叉树的过程

【实战 7.4】 HDU1710——由先序和中序序列产生后序序列

时间限制:1000ms;内存限制:32 768KB。

问题描述:由二叉树的先序序列和中序序列构造二叉树并求其后序序列。

输入格式:输入包含几个测试用例。每个测试用例的第一行包含一个整数 $n(1{\leqslant}n{\leqslant}1000)$ 表示二叉树的结点个数,所有结点的编号为 $1\sim n$,后面两行分别给出先序序列和中序序列。可以假设构造出的二叉树是唯一的。

输出格式:对于每个测试用例,输出一行表示其后序序列。

定理 7.2 任何 $n(n{\geqslant}0)$ 个不同结点的二叉树,都可由它的中序序列和后序序列唯一地确定。

证明:同样采用数学归纳法证明。

当 $n=0$ 时,二叉树为空,结论正确。

若结点数小于 n 的任何二叉树,都可以由其中序序列和后序序列唯一地确定。

已知某棵二叉树具有 $n(n>0)$ 个不同结点,其中序序列是 $b_0b_1b_2\cdots b_{n-1}$,后序序列是 $a_0a_1\cdots a_{n-1}$。

因为在后序遍历过程中先遍历左子树,再遍历右子树,最后访问根结点,所以 a_{n-1} 必定是二叉树的根结点,而且 a_{n-1} 必然在中序序列中出现。也就是说,在中序序列中必有某个 $b_k(0{\leqslant}k{\leqslant}n-1)$ 就是根结点 a_{n-1}。

由于 b_k 是根结点,而在中序遍历过程中先遍历左子树,再访问根结点,最后再遍历右子树,所以在中序序列中 $b_0b_1b_2\cdots b_{k-1}$ 必是根结点 b_k(也就是 a_{n-1})左子树的中序序列,即

b_k 的左子树有 k 个结点(注意,$k=0$ 表示结点 b_k 没有左子树),而 $b_{k+1}\cdots b_{n-1}$ 必是根结点 b_k(也就是 a_{n-1})右子树的中序序列,即 b_k 的右子树有 $n-k-1$ 个结点(注意,$k=n-1$ 表示结点 b_k 没有右子树)。

另外,在后序序列中,在根结点 a_{n-1} 前面的 $n-k-1$ 个结点 $a_k\cdots a_{n-2}$ 就是右子树的后序序列,$a_0 a_1 a_2\cdots a_{k-1}$ 这 k 个结点就是左子树的后序序列,其示意图如图 7.31 所示。

根据归纳假设,子中序序列 $b_0 b_1 b_2\cdots b_{k-1}$ 和子后序序列 $a_0 a_1 a_2\cdots a_{k-1}$ 可以唯一地确定根结点 b_k(也就是 a_{n-1})的左子树,而子中序序列 $b_{k+1}\cdots b_{n-1}$ 和子后序序列 $a_k\cdots a_{n-2}$ 可以唯一地确定根结点 b_k 的右子树。

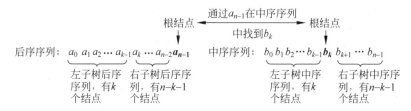

图 7.31 由后序序列和中序序列确定一棵二叉树

综上所述,这棵二叉树的根结点已经确定,而且其左、右子树都唯一地确定了,所以整个二叉树也就唯一地确定了。假设二叉树的每个结点值为单个字符,且没有值相同的结点。由后序序列 posts[$i..i+n-1$] 和中序序列 ins[$j..j+n-1$] 创建二叉链的算法如下:

```
BTNode *  CreateBTree21(vector < char > posts, int i, vector < char > ins, int j, int n)
{                                                   //被 CreateBTree2 调用
    if (n<=0) return NULL;
    char d=posts[i+n-1];                            //取后序序列的尾元素,即根结点值 d
    BTNode *  b=new BTNode(d);                      //创建根结点(结点值为 d)
    int p=j;
    while (ins[p]!=d) p++;                          //在 ins 中找到根结点的索引 p
    int k=p-j;                                      //确定左子树中的结点个数 k
    b-> lchild=CreateBTree21(posts,i,ins,j,k);      //递归构造左子树
    b-> rchild=CreateBTree21(posts,i+k,ins,p+1,n-k-1);//递归构造右子树
    return b;
}
void CreateBTree2(BTree&  bt, vector < char > posts, vector < char > ins)
//由后序序列 posts 和中序序列 ins 构造二叉链
{
    int n=posts.size();
    bt.r=CreateBTree21(posts,0,ins,0,n);
}
```

例如,已知中序序列为 DGBAECF,后序序列为 GDBEFCA,则构造二叉树的过程如图 7.32 所示。

说明：上述两个算法都是假设二叉树中的所有结点值不相同，如果存在相同结点值则算法的执行错误，此时可以通过结点的唯一编号区分。

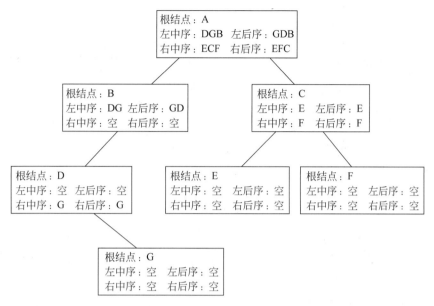

图 7.32　由后序序列和中序序列构造二叉树的过程

【例 7.19】　若某非空二叉树的先序序列和后序序列正好相同，则该二叉树的形态是什么？

解：用 N 表示根结点，用 L、R 分别表示根结点的左、右子树。二叉树的先序序列是 NLR，后序序列是 LRN。要使 NLR=LRN 成立，则 L 和 R 均为空。所以满足条件的二叉树只有一个根结点。

【例 7.20】　若某非空二叉树的先序序列和中序序列正好相反，则该二叉树的形态是什么？

解：二叉树的先序序列是 NLR，中序序列是 LNR。要使 NLR＝RNL（中序序列的反序）成立，则 R 必须为空。所以满足条件的二叉树的形态是所有结点没有右子树。

7.5.2* 序列化和反序列化

序列化和反序列化都是针对单种遍历方式的，这里默认以先序遍历方式为例进行讨论。

所谓**序列化**，就是对二叉树进行先序遍历产生一个字符序列。与一般先序遍历不同的是，这里还要记录空结点。假设二叉树中的结点值为单个字符，并且不含'♯'字符，用'♯'字符表示对应空结点，图 7.13(a)所示的二叉树增加所有空结点后的结果如图 7.33 所示，称之为**扩展二叉树**。按先序遍历方式遍历扩展二叉树（含空结点的访问），得到的序列为"ABD♯G♯♯CE♯♯F♯♯"，称为**序列化序列**。

在由二叉链 bt 产生先序序列化序列 s（这里的 s 用 string 容器表示）时，采用的是基本先序遍历过程，只是在遇到空结点(NULL)时需要返回'♯'字符，对应的算法如下：

```
string PreOrderSeq1(BTNode * b)                    //被 PreOrderSeq 调用
{
    if (b==NULL) return "#";
    string s(1,b->data);                           //含根结点
    s+=PreOrderSeq1(b->lchild);                    //产生左子树的序列化序列
    s+=PreOrderSeq1(b->rchild);                    //产生右子树的序列化序列
    return s;
}
string PreOrderSeq(BTree& bt)                      //二叉树 bt 的序列化
{
    return PreOrderSeq1(bt.r);
}
```

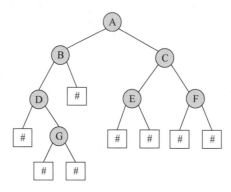

图 7.33 添加空结点的二叉树

前面介绍过,只有先序遍历序列不能唯一地构造出二叉树,但由序列化序列可以唯一地构造出二叉树。利用序列化序列 s 构造对应的二叉树称为**反序列化**,其过程是用 i 从头到尾扫描 s 串,采用先序遍历过程:

① 当 i 超界时返回 NULL。
② 当遇到 '#' 字符时返回 NULL。
③ 当遇到其他字符时创建根结点 t,然后递归构造它的左、右子树。

对应的反序列算法如下:

```
BTNode * CreateBTree31(string s,int& i)            //被 CreateBTree3()算法调用,其中参数 i 相当于全局变量
{
    if (i>=s.length()) return NULL;                //i 超界返回 NULL
    char d=s[i]; i++;                              //取 s[i]的值 d
    if (d=='#') return NULL;                       //若为"#",返回 NULL
    BTNode * b=new BTNode(d);                      //创建根结点(结点值为 d)
    b->lchild=CreateBTree31(s,i);                  //递归构造左子树
    b->rchild=CreateBTree31(s,i);                  //递归构造右子树
    return b;
}
void CreateBTree3(BTree& bt,string s)              //由序列化序列 s 创建二叉链:反序列化
{
```

```
    int i=0;
    bt.r=CreateBTree31(s,i);
}
```

由于反序列化构造二叉树的过程不像先序/中序和后序/中序那样需要比较根结点值，所以适合构造含相同结点值的二叉树。

7.6 线索二叉树

7.6.1 线索二叉树的定义

视频讲解

对于含 n 个结点的二叉树，在采用二叉链存储结构时，每个结点有两个指针域，总共有 $2n$ 个指针域，又由于只有 $n-1$ 个结点被有效指针所指向（在 n 个结点中只有树根结点没有被有效指针所指向），因此共有 $2n-(n-1)=n+1$ 个空指针。

遍历二叉树的结果是一个结点的线性序列。用户可以利用这些空指针存放相应的前驱结点和后继结点的地址（引用）。这样指向该线性序列中的"前驱结点"和"后继结点"的指针称作**线索**。

由于遍历方式不同，产生的遍历线性序列也不同，因此做如下规定：当某结点的左指针为空时，让该指针指向对应遍历序列的前驱结点；当某结点的右指针为空时，让该指针指向对应遍历序列的后继结点。但如何区分左指针指向的结点是左孩子还是前驱结点，右指针指向的结点是右孩子还是后继结点呢？为此在结点的存储结构上增加两个标志位来区分这两种情况，左、右标志的取值如下：

左标志 ltag = $\begin{cases} 0 & \text{表示 lchild 指向左孩子结点} \\ 1 & \text{表示 lchild 指向前驱结点的线索} \end{cases}$

右标志 rtag = $\begin{cases} 0 & \text{表示 rchild 指向右孩子结点} \\ 1 & \text{表示 rchild 指向后继结点的线索} \end{cases}$

按上述方法在每个结点上添加线索的二叉树称作**线索二叉树**。对二叉树以某种方式遍历使其变为线索二叉树的过程称为线索化。

为了使算法设计方便，在线索二叉树中再增加一个头结点。头结点的 data 成员为空，lchild 指向二叉树的根结点，ltag 为 0，rchild 指向遍历序列的尾结点，rtag 为 1。图 7.34 所示为图 7.13(a)所示二叉树的线索二叉树。其中，图 7.34(a)所示为中序线索二叉树（中序序列为 DGBAECF），图 7.34(b)所示为先序线索二叉树（先序序列为 ABDGCEF），图 7.34(c)所示为后序线索二叉树（后序序列为 GDBEFCA）。图中实线箭头表示二叉树原来指针所指的结点，虚线箭头表示线索二叉树所添加的线索。

注意：在中序、先序和后序线索二叉树中所有实线箭头均相同，即线索化之前的二叉树相同，所有结点的标志位的取值也完全相同，只是当标志位取 1 时，不同的线索二叉树将用不同的虚线表示，即不同的线索树中线索指向的前驱结点和后继结点不同。

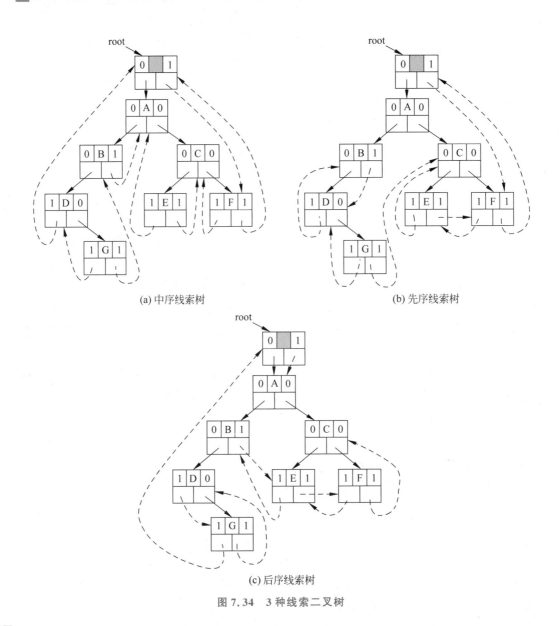

图 7.34 3 种线索二叉树

7.6.2 线索化二叉树

从 7.6.1 节的讨论得知,对同一棵二叉树遍历的方式不同,所得到的线索树也不同,二叉树主要有先序、中序和后序 3 种遍历方式,所以线索树也有先序线索二叉树、中序线索二叉树和后序线索二叉树 3 种。这里以中序线索二叉树为例,讨论建立线索二叉树的算法。

建立线索二叉树,或者说对二叉树线索化,实质上就是遍历一棵二叉树,在遍历的过程中检查当前结点的左、右指针域是否为空。如果为空,将它们改为指向前驱结点或后继结点的线索。另外,在对一棵二叉树添加线索时,创建一个头结点,并建立头结点与二叉树的根结点的线索。在对二叉树线索化后,还需建立尾结点与头结点之间的线索。

为了实现线索化二叉树,将前面二叉链结点的类型定义修改如下:

```
struct BthNode                          //线索二叉树的结点类型
{
    char data;                          //存放结点值
    BthNode *lchild, *rchild;           //左、右孩子结点或线索的指针
    int ltag, rtag;                     //左、右标记
    BthNode() {}                        //构造函数
    BthNode(char d)                     //重载构造函数
    {
        data=d;
        ltag=rtag=0;
        lchild=rchild=NULL;
    }
};
```

本节仅讨论二叉树的中序线索化,设计中序线索二叉树类 ThreadTree 如下:

```
class ThreadTree                        //中序线索二叉树类
{
    BthNode *r;                         //二叉树的根结点指针
    BthNode *root;                      //线索二叉树的头结点指针
    BthNode *pre;                       //用于中序线索化,指向中序前驱结点
public:
    ThreadTree()                        //构造函数,用于初始化
    {
        r=NULL;                         //初始二叉树为空树
        root=NULL;                      //初始线索二叉树为空树
    }
    ~ThreadTree()                       //析构函数,用于释放线索二叉树的所有结点
    {
        if (r!=NULL) DestroyBTree1(r);  //释放原二叉树的所有结点
        if (root!=NULL) delete root;    //释放头结点
    }
    void DestroyBTree1(BthNode *b)      //释放原二叉树的所有结点
    {
        if (b->ltag==0)                 //b有左孩子,释放左子树
            DestroyBTree1(b->lchild);
        if (b->rtag==0)                 //b有右孩子,释放右子树
            DestroyBTree1(b->rchild);
        delete b;
    }
    //二叉树的基本操作(将结点类型改为 BthNode)
    void CreateBTree(string str)        //创建以 r 为根结点的二叉链存储结构
    void DispBTree()                    //输出二叉树的括号表示串
    //中序线索二叉树的基本操作
    void CreateThread()                 //建立以 root 为头结点的中序线索二叉树
    void ThInOrder()                    //中序线索二叉树的中序遍历
};
```

CreateThread()算法是将以二叉链存储的二叉树 r 进行中序线索化,线索化后的头结点为 root。其算法思路是先创建头结点 root,其 lchild 为链指针、rchild 为线索,如果二叉树 r 为空,则将其 lchild 指向自身;如果二叉树 r 不为空,则将 root 的 lchild 指向结点 r,pre

指向 root 结点,然后调用 Thread(r) 对整个二叉树线索化,最后加入指向头结点的线索,并将头结点的 rchild 指针线索化为指向尾结点(由于线索化直到空为止,所以线索化结束后 pre 结点就是尾结点)。

Thread(p) 算法采用递归中序遍历对以 p 为根结点的二叉树进行中序线索化。在整个算法中 p 总是指向当前访问的结点,pre 指向其前驱结点:

① 若 p 结点没有左孩子结点,置其 lchild 指针为线索,指向前驱结点 pre,ltag 置为 1,如图 7.35(a)所示;否则表示 lchild 指向其左孩子结点,置其 ltag 为 0。

② 若 pre 结点的 rchild 指针为 NULL,置其 rchild 指针为线索,指向其后继结点 p,rtag 置为 1,如图 7.35(b)所示;否则表示 rchild 指向其右孩子结点,置其 rtag 为 0。再将 pre 替换 p 作为中序遍历下一个访问结点的前驱结点。

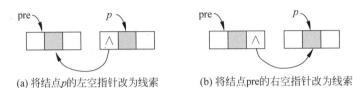

图 7.35 设置线索的过程

中序线索二叉树的算法如下:

```
void CreateThread( )                    //建立以 root 为头结点的中序线索二叉树
{
    root=new BthNode();                 //创建头结点 root
    root->ltag=0; root->rtag=1;         //头结点的域置初值
    root->rchild=r;
    if (r==NULL)                        //r 为空树时
    {
        root->lchild=root;
        root->rchild=NULL;
    }
    else                                //r 不为空树时
    {
        root->lchild=r;
        pre=root;                       //结点 pre 指向结点 p 的前驱结点,供添加线索使用
        Thread(r);                      //中序遍历线索化二叉树
        pre->rchild=root;               //最后处理,加入指向根结点的线索
        pre->rtag=1;
        root->rchild=pre;               //头结点右线索化
    }
}
void Thread(BthNode * & p)              //对结点 p 的二叉树中序线索化
{
    if (p!=NULL)
    {
        Thread(p->lchild);              //左子树线索化
        if (p->lchild==NULL)            //前驱线索
        {
            p->lchild=pre;              //给结点 p 添加前驱线索
```

```
            p-> ltag=1;
        }
        else p-> ltag=0;
        if (pre-> rchild==NULL)
        {
            pre-> rchild=p;              //给结点 pre 添加后继线索
            pre-> rtag=1;
        }
        else pre-> rtag=0;
        pre=p;
        Thread(p-> rchild);              //右子树线索化
    }
}
```

7.6.3 遍历线索化二叉树

遍历某种次序的线索二叉树的过程分为两个步骤,一是找到该次序下的开始结点,访问该结点;二是从刚访问的结点出发,反复找到该结点在该次序下的后继结点并访问之,直到尾结点为止。

在先序线索二叉树中查找一个结点的先序后继结点很简单,而查找先序前驱结点必须知道该结点的双亲结点。同样,在后序线索二叉树中查找一个结点的后序前驱结点也很简单,而查找后序后继结点也必须知道该结点的双亲结点。由于二叉链中没有存放双亲的指针,所以在实际应用中先序线索二叉树和后序线索二叉树较少用到,这里主要讨论中序线索二叉树的中序遍历。

在中序线索二叉树中,尾结点的 rchild 指针被线索化为指向头结点 root。在其中实现中序遍历的两个步骤如下:

第 1 步,求中序序列的开始结点,实际上该结点就是根结点的最左下结点,如图 7.36 所示。

第 2 步,对于一个结点 p,求其后继结点,过程如下。

① 如果 p 结点的 rchild 指针为线索,则 rchild 所指为其后继结点。

② 否则 p 结点的后继结点是其右孩子结点 q 的最左下结点 post,如图 7.37 所示。

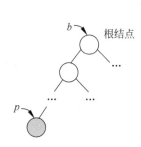

图 7.36 p 结点为中序序列的开始结点

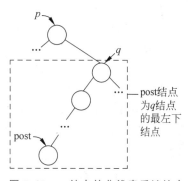

图 7.37 p 结点的非线索后继结点

这样得到在中序线索二叉树中实现中序遍历的算法如下：

```
void ThInOrder()                                    //中序线索二叉树的中序遍历
{
    BthNode * p=root->lchild;                       //p 指向根结点
    while (p!=root)
    {
        while (p!=root && p->ltag==0)
            p=p->lchild;                            //找开始结点 p
        cout << p->data;                            //访问结点 p
        while (p->rtag==1 && p->rchild!=root)       //如果是线索,一直找下去
        {
            p=p->rchild;
            cout << p->data;                        //访问结点 p
        }
        p=p->rchild;                                //如果不再是线索,转向其右子树
    }
}
```

显然,该算法是一个非递归算法,算法的时间复杂度为 $O(n)$,空间复杂度为 $O(1)$,相比递归和非递归中序遍历算法的时间和空间复杂度均为 $O(n)$,其空间性能得到改善。

7.7 哈夫曼树

哈夫曼树是二叉树的应用之一。本节介绍哈夫曼树的定义、建立哈夫曼树和产生哈夫曼编码的算法设计。

7.7.1 哈夫曼树的定义

视频讲解

在许多应用中经常将树中的结点赋一个有着某种意义的数值,称此数值为该结点的权。树根结点到某个结点之间的路径长度与该结点上权的乘积称为结点的**带权路径长度**。一棵二叉树中所有叶子结点的带权路径长度之和称为该树的带权路径长度,通常记为:

$$WPL = \sum_{i=0}^{n_0-1} w_i \times l_i$$

其中,n_0 表示叶子结点个数,w_i 和 $l_i(0 \leqslant i \leqslant n_0-1)$ 分别表示叶子结点 k_i 的权值和根到 k_i 之间的路径长度(即从根到达该叶子结点的路径上的分支数)。

在由 n_0 个带权叶子结点构成的所有二叉树中,带权路径长度 WPL 最小的二叉树称为**哈夫曼树**(或最优二叉树)。因为构造这种树的算法最早是由哈夫曼于 1952 年提出的,所以这种树被称为哈夫曼树。

例如,给定 4 个叶子结点,设其权值分别为 1、3、5、7,可以构造出形状不同的 4 棵二叉树,如图 7.38 所示,图中带阴影的结点表示叶子结点,结点中的值表示权值。它们的带权路径长度分别为:

(a) WPL=1×2+3×2+5×2+7×2=32
(b) WPL=1×2+3×3+5×3+7×1=33
(c) WPL=7×3+5×3+3×2+1×1=43

(d) WPL＝1×3+3×3+5×2+7×1=29

由此可见,对于一组具有确定权值的叶子结点,可以构造出多个具有不同带权路径长度的二叉树,把其中最小带权路径长度的二叉树称作哈夫曼树,又称最优二叉树。可以证明,图 7.38(d)所示的二叉树是一棵哈夫曼树。

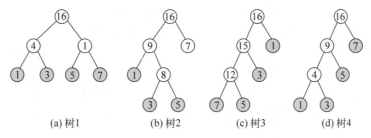

图 7.38 由 4 个叶子结点构成不同带权路径长度的二叉树

7.7.2 哈夫曼树的构造算法

视频讲解

给定 n_0 个权值,如何构造一棵含有 n_0 个带有给定权值的叶子结点的二叉树,使其带权路径长度 WPL 最小呢? 哈夫曼最早给出了一个带有一般规律的构造算法,称为哈夫曼算法。哈夫曼算法如下:

① 根据给定的 n_0 个权值 $W=(w_0,w_1,\cdots,w_{n_0-1})$,字符 $D=\{d_0,d_1,\cdots,d_{n_0-1}\}$,构造 n_0 棵二叉树的森林 $T=(T_0,T_1,\cdots,T_{n_0-1})$,其中每棵二叉树 T_i($0 \leqslant i \leqslant n_0-1$)中都只有一个带权值为 w_i 的根结点,其左、右子树均为空。

② 在森林 T 中选取两棵根结点权值最小的子树作为左、右子树构造一棵新的二叉树,且置新的二叉树的根结点的权值为其左、右子树上根的权值之和,称为合并,每合并一次,T 中减少一棵二叉树。

③ 重复②直到 T 中只含一棵树为止。这棵树便是哈夫曼树。

例如,假定仍采用上例中给定的权值 $W=(1,3,5,7)$ 来构造一棵哈夫曼树,按照上述算法,图 7.39 给出了一棵哈夫曼树的构造过程,其中图 7.39(d)就是最后生成的哈夫曼树,它的带权路径长度为 29。

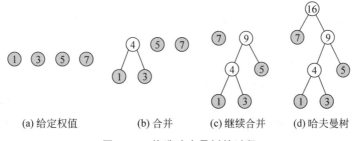

图 7.39 构造哈夫曼树的过程

说明: 在构造哈夫曼树过程中,每次合并都是取两个最小权值的二叉树合并,并添加一个根结点,这两棵二叉树作为根结点的左、右子树是任意的,这样构造的哈夫曼树可能不唯一,但 WPL 一定是相同的。如图 7.38(d)所示和图 7.39(d)所示的哈夫曼树都是由{1,3,5,7}

构造的,尽管树形不同,但它们的 WPL 都是 29。

定理 7.3 对于具有 n_0 个叶子结点的哈夫曼树,共有 $2n_0-1$ 个结点。

证明: 从哈夫曼树的构造过程看出,每次合并都是将两棵二叉树合并为一个,所以哈夫曼树不存在度为 1 的结点,即 $n_1=0$。由二叉树的性质 1 可知 $n_0=n_2+1$,即 $n_2=n_0-1$,则结点总数 $n=n_0+n_1+n_2=n_0+n_2=n_0+n_0-1=2n_0-1$。

对于图 7.39(d)所示的哈夫曼树,$n_0=4$,总结点个数为 $2n_0-1=7$。

假设要对 n_0 个字符进行编码,数组 $D[0..n_0-1]$ 存放这些字符,数组 $W[0..n_0-1]$ 存放相应的权值(均作为全局变量),这样的哈夫曼树中共有 $2n_0-1$ 个结点,其中有 n_0 个叶子结点、n_0-1 个双分支结点。为此采用长度为 $2n_0-1$ 的数组 ht 存储哈夫曼树,其中 $ht[0..n_0-1]$ 存放 n_0 个叶子结点,$ht[n_0..2n_0-2]$ 存放 n_0-1 个分支结点。每个哈夫曼树中的结点类型如下:

```
struct HTNode                  //哈夫曼树结点类
{
    char data;                 //结点值
    double weight;             //权值
    int parent;                //双亲结点
    int lchild;                //左孩子结点
    int rchild;                //右孩子结点
    bool flag;                 //标识是双亲的左(true)或者右(false)孩子结点
    HTNode()                   //构造函数
    {
        parent=-1;
        lchild=rchild=-1;
    }
    HTNode(char d,double w)    //重载构造函数
    {
        data=d;
        weight=w;
        parent=lchild=rchild=-1;
        flag=true;
    }
};
```

说明: 在上述哈夫曼树中,每个结点是通过 ht 中的索引 i 唯一标识的,索引为 0 到 n_0-1 的结点为叶子结点。当建立好哈夫曼树后,parent 为 -1 的结点是根结点。

由于构造哈夫曼树中的合并操作是取两个根结点权值最小的二叉树进行合并,为此设计一个优先队列(按结点的 weight 越小越优先)qu(用 STL priority_queue 容器实现,参见 3.2.8 节),qu 中的每个元素为 (w,i),其中 i 为 ht 中对应结点的索引,w 为该结点的权值,通过重载<运算符定制为小根堆,出队时自动按 w 越小越优先出队。构造哈夫曼树的过程如下:

① 先建立 n_0 个叶子结点,即建立 $ht[0..n_0-1]$ 的结点,由 D 和 W 设置这些结点的 data 和 weight,并置它们的 parent、lchild 和 rchild 均为 -1,同时将它们进队到 qu。

② 再建立 n_0-1 个分支结点,i 从 n_0 到 $2n_0-2$ 循环(执行 n_0-1 次合并操作),每次从 qu 出队两个结点 p1 和 p2,再建立 $ht[i]$ 结点,设置 $ht[p1.i]$ 和 $ht[p2.i]$ 的双亲为 $ht[i]$,求

权值和(ht[i].weight＝ht[p1.i].weight＋ht[p2.i].weight),ht[p1.i]作为双亲 ht[i]的左孩子(ht[p1.i].flag＝true),ht[p2.i]作为双亲 ht[i]的右孩子(ht[p2.i].flag＝false),并将新建立的 ht[i]结点进队到 qu。

对应的算法如下:

```
struct HeapNode                              //优先队列元素类型
{
    double w;                                //权值
    int i;                                   //对应哈夫曼树中的结点编号
    HeapNode(double w1,int i1):w(w1),i(i1) {} //构造函数
    bool operator<(const HeapNode& s) const
    {
        return w > s.w;                      //按 w 越小越优先出队
    }
};
void CreateHT()                              //构造哈夫曼树
{
    priority_queue<HeapNode> qu;             //建立优先队列(w 小根堆)
    for (int i=0;i<n0;i++)                   //i 从 0 到 n0－1 循环建立 n0 个叶子结点并进队
    {
        ht[i]=HTNode(D[i],W[i]);             //建立一个叶子结点
        qu.push(HeapNode(W[i],i));           //将(W[i],i)进队
    }
    for (int i=n0;i<2*n0-1;i++)              //i 从 n0 到 2n0－2 循环做 n0－1 次合并操作
    {
        HeapNode p1=qu.top(); qu.pop();      //出队两个权值最小的元素 p1 和 p2
        HeapNode p2=qu.top(); qu.pop();
        ht[i]=HTNode();                      //新建 ht[i]结点
        ht[i].weight=ht[p1.i].weight+ht[p2.i].weight;   //求权值和
        ht[p1.i].parent=i;                   //设置 ht[p1.i]的双亲为 ht[i]
        ht[i].lchild=p1.i;                   //将 ht[p1.i]作为双亲 ht[i]的左孩子
        ht[p1.i].flag=true;
        ht[p2.i].parent=i;                   //设置 ht[p2.i]的双亲为 ht[i]
        ht[i].rchild=p2.i;                   //将 ht[p2.i]作为双亲 ht[i]的右孩子
        ht[p2.i].flag=false;
        qu.push(HeapNode(ht[i].weight,i));   //将新结点 ht[i]进队
    }
}
```

例如,n_0＝4,D＝['a','b','c','d'],W＝[1,3,5,7],构造的哈夫曼树如表 7.2 所示,与图 7.39(d)所示的哈夫曼树相同。

表 7.2 一棵哈夫曼树

i(结点索引)	0	1	2	3	4	5	6
$D[i]$	a	b	c	d			
$W[i]$	1	3	5	7	4	9	16
parent	4	4	5	6	5	6	－1
lchild	－1	－1	－1	－1	0	4	3
rchild	－1	－1	－1	－1	1	2	5

7.7.3 哈夫曼编码

视频讲解

在数据通信中,经常需要将传送的文字转换为二进制字符 0 和 1 组成的二进制字符串,称这个过程为编码。显然大家希望电文编码的代码长度最短。哈夫曼树可用于构造使电文编码的代码长度最短的编码方案。

具体构造函数如下:设需要编码的字符集合为 D,各个字符在电文中出现的次数集合为 W,构造一棵哈夫曼树,规定哈夫曼树中的左分支为 0、右分支为 1,则从根结点到每个叶子结点所经过的分支对应的 0 和 1 组成的序列便为该结点对应字符的编码。这样的编码称为**哈夫曼编码**。

哈夫曼编码的实质就是使用频率越高的采用越短的编码。只有 $ht[0..n_0-1]$ 的叶子结点对应有哈夫曼编码,用 $hcd[i](0 \leq i \leq n_0-1)$ 表示 $ht[i]$ 叶子结点的哈夫曼编码。

当构造好哈夫曼树 ht 后,i 从 n_0 到 $2n_0-2$ 循环,从 $ht[i]$ 结点向根结点查找路径并产生逆向的哈夫曼编码 $hcd[i]$,将 $hcd[i]$ 逆置得到正向的哈夫曼编码。对应的算法如下:

```
void CreateHCode()                          //根据哈夫曼树求哈夫曼编码
{
    for (int i=0;i<n0;i++)                  //遍历下标从 0 到 n0-1 的叶子结点
    {
        string code="";
        int j=i;                            //从 ht[i] 开始找双亲结点
        while (ht[j].parent!=-1)
        {
            if (ht[j].flag)                 //ht[j] 结点是双亲的左孩子
                code+="0";
            else                            //ht[j] 结点是双亲的右孩子
                code+="1";
            j=ht[j].parent;
        }
        reverse(code.begin(),code.end());   //将 code 逆置并添加到 hcd 中
        hcd[i]=code;
    }
}
```

例如,由表 7.2 所示的哈夫曼树产生的哈夫曼编码是 a:100,b:101,c:11,d:0。

说明:在一组字符的哈夫曼编码中,任一字符的哈夫曼编码不可能是另一字符的哈夫曼编码的前缀。

【**例 7.21**】 假定用于通信的电文仅由 a、b、c、d、e、f、g、h 等 8 个字母组成($n_0=8$),字母在电文中出现的频率分别为 0.07、0.19、0.02、0.06、0.32、0.03、0.21 和 0.10。试为这些字母设计哈夫曼编码。

解:构造哈夫曼树的过程如下。

第 1 步由 8 个字符构造 8 个结点(编号分别为 0~7),结点的权值如上所给;

第 2 步选择频率最低的 c 和 f 结点合并成一棵二叉树,其根结点的频率为 0.05,记为结点 8;

第 3 步选择频率低的 8 和 d 结点合并成一棵二叉树,其根结点的频率为 0.11,记为结点 9;

第 4 步选择频率低的 a 和 h 结点合并成一棵二叉树,其根结点的频率为 0.17,记为结点 10;

第 5 步选择频率低的 9 和 10 结点合并成一棵二叉树,其根结点的频率为 0.28,记为结点 11;

第 6 步选择频率低的 b 和 g 结点合并成一棵二叉树,其根结点的频率为 0.4,记为结点 12;

第 7 步选择频率低的 11 和 e 结点合并成一棵二叉树,其根结点的频率为 0.6,记为结点 13;

第 8 步选择频率低的 12 和 13 结点合并成一棵二叉树,其根结点的频率为 1.0,记为结点 14。

最后构造的哈夫曼树如图 7.40 所示(树中结点的数字表示频率,结点旁的数字为结点编号),给所有的左分支加上 0,所有的右分支加上 1,从而得到各字母的哈夫曼编码如下。

a: 1010   b: 00   c: 10000   d: 1001
e: 11   f: 10001 g: 01   h: 1011

这样,在求出每个叶子结点的哈夫曼编码后,求得该哈夫曼树的带权路径长度 WPL = $4\times0.07+2\times0.19+5\times0.02+4\times0.06+2\times0.32+5\times0.03+2\times0.21+4\times0.1=2.61$。

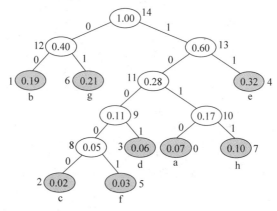

图 7.40　一棵哈夫曼树

7.8　树/森林与二叉树之间的转换及还原

树/森林与二叉树之间有一个自然的对应关系,它们之间可以互相进行转换,即任意一个森林或一棵树都可以唯一地转换为一棵二叉树,而任意一棵二叉树也能唯一地还原为一个森林或一棵树。正是由于有这样的一一对应关系,可以把在树中处理的问题转换到二叉树中进行处理,从而把问题简单化,因此二叉树在树的应用中显得特别重要。下面将介绍森林、树与二叉树相互转换的方法。

7.8.1　一棵树与二叉树的转换及还原

1. 一棵树到二叉树的转换

对于一棵任意的树,可以按照以下规则转换为二叉树。

视频讲解

① 加线：在各兄弟结点之间加一连线，将其隐含的"兄-弟"关系以"双亲-右孩子"关系显式表示出来。

② 抹线：对任意结点，除了其最左子树之外，抹掉该结点与其他子树之间的"双亲-孩子"关系。

③ 调整：以树的根结点作为二叉树的根结点，将树根与其最左子树之间的"双亲-孩子"关系改为"双亲-左孩子"关系，且将各结点按层次排列，形成二叉树。

经过这种方法转换所对应的二叉树是唯一的，并具有以下特点：

① 此二叉树的根结点只有左子树没有右子树。

② 在转换生成的二叉树中各结点的左孩子是它原来树中的最左孩子（左分支不变），右孩子是它在原来树中的下一个兄弟（兄弟变成右分支）。

【例 7.22】 将如图 7.41(a)所示的一棵树转换为对应的二叉树。

解：其转换过程如图 7.41(b)～图 7.41(d)所示，图 7.41(d)为最终转换成的二叉树。

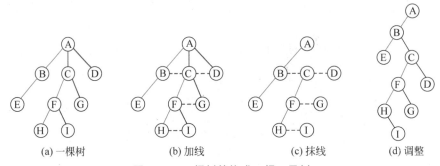

图 7.41 一棵树转换成一棵二叉树

2. 一棵由树转换的二叉树还原为树

这样的二叉树的根结点没有右子树，可以按照以下规则还原其相应的一棵树。

① 加线：在各结点的双亲与该结点右链上的每个结点之间加一连线，以"双亲-孩子"关系显式表示出来。

② 抹线：抹掉二叉树中所有双亲结点与其右孩子之间的"双亲-右孩子"关系。

③ 调整：以二叉树的根结点作为树的根结点，将各结点按层次排列，形成树。

【例 7.23】 将如图 7.42(a)所示的一棵二叉树还原成一棵树。

解：其转换过程如图 7.42(b)～图 7.42(d)所示，图 7.42(d)为最终还原成的一棵树。

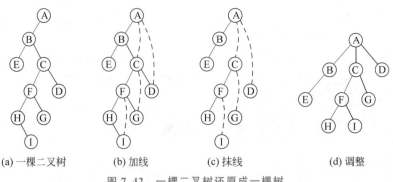

图 7.42 一棵二叉树还原成一棵树

7.8.2 森林与二叉树的转换及还原

从树与二叉树的转换/还原中可知,一棵树转换之后的二叉树的根结点没有右子树,如果把森林中的第二棵树的根结点看成第一棵树的根结点的兄弟,则同样可以导出森林和二叉树的对应关系。

1. 森林转换为二叉树

对于含有两棵或两棵以上的树的森林可以按照以下规则转换为二叉树。

① 转换:将森林中的每棵树转换成二叉树,设转换成的二叉树为 $bt_1,bt_2,\cdots,bt_m$。

② 连接:将各棵转换后的二叉树的根结点相连。

③ 调整:以 bt_1 的根结点作为整棵二叉树的根结点,将 bt_2 的根结点作为 bt_1 的根结点的右孩子,将 bt_3 的根结点作为 bt_2 的根结点的右孩子,…,如此这样得到一棵二叉树,即为该森林转换得到的二叉树。

【例 7.24】 将如图 7.43(a)所示的森林(由 3 棵树组成)转换成二叉树。

解:转换为二叉树的过程如图 7.43(b)~图 7.43(e)所示,最终结果如图 7.43(e)所示。

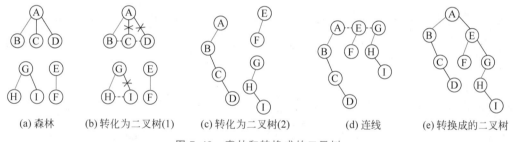

图 7.43 森林和转换成的二叉树

说明:从上述转换过程看到,当有 m 棵树的森林转化为二叉树时,除第一棵树外,其余各棵树均变成二叉树中根结点的右子树中的结点。图 7.43(a)所示的森林有 3 棵树,转换成二叉树后,根结点 A 有两个右下孩子即结点 E 和 G。

2. 二叉树还原为森林

当一棵二叉树的根结点有 $m-1$ 个右下孩子时,还原的森林中有 m 棵树。这样的二叉树可以按照以下规则还原其相应的森林。

① 抹线:抹掉二叉树的根结点右链上所有结点之间的"双亲-右孩子"关系,分成若干个以右链上的结点为根结点的二叉树,设这些二叉树为 $bt_1,bt_2,\cdots,bt_m$。

② 转换:分别将 $bt_1,bt_2,\cdots,bt_m$ 二叉树还原成一棵树。

③ 调整:将转换好的树构成森林。

【例 7.25】 将如图 7.44(a)所示的二叉树还原为森林。

解:还原为森林的过程如图 7.44(b)~图 7.44(d)所示,最终结果如图 7.44(d)所示。

注意:当森林、树转换成对应的二叉树后,其左、右分支的含义可能改变,即左分支是原来的孩子关系,右分支是原来的兄弟关系。

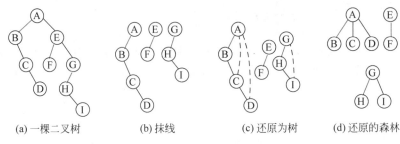

(a) 一棵二叉树　　(b) 抹线　　(c) 还原为树　　(d) 还原的森林

图 7.44　一棵二叉树及还原成的树

7.9* 并查集

在计算机科学中,并查集是一种处理一些不交集合(disjoint sets)的合并及查询问题的数据结构。按给定的等价关系对所有元素进行划分,每个等价类可以用一棵树表示,所有等价类构成一个森林。

7.9.1　并查集的定义

视频讲解

给定 n 个结点的集合,结点编号为 $1 \sim n$,再给定一个等价关系,由等价关系产生所有结点的一个划分,每个结点属于一个等价类,所有等价类是不相交的。需要求一个结点所属的等价类,以及合并两个等价类。

求解该问题的基本运算如下。

① Init():初始化。

② Find(x:int):查找 x 结点所属的等价类。

③ Union(x:int,y:int):将 x 和 y 所属的两个等价类合并。

上述数据结构称为并查集,因为主要的运算是查找和合并。等价关系就是满足自反性、对称性和传递性的关系,像图中顶点之间的连通性、亲戚关系等都是等价关系,都可以采用并查集求解,所以并查集的应用十分广泛。

7.9.2　并查集的实现

视频讲解

并查集的实现方式有多种,这里采用树结构来实现。将并查集看成一个森林,每个等价类用一棵树表示,包含该等价类的所有结点,即结点子集,每个子集通过一个代表来识别,该代表可以是该子集中的任一结点,通常选择根做这个代表。如图 7.45 所示的子集的根结点为 A 结点,它称为以 A 为根的子集树。

图 7.45　一个以结点 A 为根的子集

并查集的基本存储结构(实际上是森林的双亲存储结构)如下:

```
int parent[MAXN];           //并查集存储结构
int rnk[MAXN];              //存储结点的秩(近似于高度)
```

其中,当 parent[i]=j 时,表示结点 i 的双亲结点是 j,初始时每个结点可以看成一棵子树,置 parent[i]=i(实际上置 parent[i]=-1 也是可以的,只是人们习惯采用前一种方式),当结点 i 是对应子树的根结点时,用 rnk[i] 表示子树的高度,即秩,秩并不与高度完全相同,但它与高度呈正比,初始化时置所有结点的秩为 0。

初始化算法如下(该算法的时间复杂度为 $O(n)$):

```
void Init( )                                    //并查集的初始化
{
    for (int i=1;i<=n;i++)
    {
        parent[i]=i;
        rnk[i]=0;
    }
}
```

所谓查找就是查找 x 结点所属子集树的根结点(根结点 y 满足条件 parent[y]=y),这是通过 parent[x] 向上找双亲实现的,显然树的高度越小查找性能越好。为此在查找过程中进行路径压缩(即在查找过程中把查找路径上的结点逐一指向根结点),如图 7.46 所示,查找 x 结点的根结点为 A,查找路径是 x→B→A,找到 A 结点后,将路径上的所有结点的双亲置为 A 结点。这样以后再查找 x 和 B 结点的根结点时效率更高。

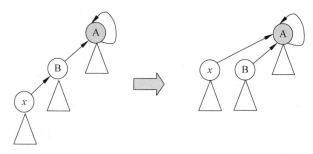

图 7.46 在查找中路径压缩

那么为什么不直接将一棵子树中的所有子结点的双亲都置为根结点呢? 这里因为还有合并运算,合并运算可能破坏这种结构。

查找运算的递归算法如下:

```
int Find(int x)                                 //递归算法:在并查集中查找 x 结点的根结点
{
    if (x!=parent[x])
        parent[x]=Find(parent[x]);              //路径压缩
    return parent[x];
}
```

查找运算的非递归算法如下:

```
int Find(int x)                                 //非递归算法:在并查集中查找结点 x 的根结点
{
    int rx=x;
    while (parent[rx]!=rx)                      //找到结点 x 的根结点 rx
        rx=parent[rx];
    int y=x;
    while (y!=rx)                               //路径压缩
```

```
        {
            int tmp=parent[y];
            parent[y]=rx;
            y=tmp;
        }
        return rx;                            //返回根
}
```

由于一棵子树的高度不超过 $\log_2 n$,上述两个查找算法的时间复杂度均不超过 $O(\log_2 n)$。实际上,由于采用了路径压缩,当结点总数小于 10 000 时,每棵子树的高度一般不超过 8,从而可以将查找算法的时间复杂度看成常数级即 $O(1)$。

所谓合并,就是给定一个等价关系(x,y)后,需要将 x 和 y 所属的子树合并为一棵子树。首先查找 x 和 y 所属子树的根结点 rx 和 ry,若 rx==ry,说明它们属于同一棵子树,不需要合并,否则需要合并。注意合并是根结点 rx 和 ry 的合并,并且希望合并后的子树高度(rx 或者 ry 子树的高度通过秩 rnk[rx]或者 rnk[ry]反映出来)尽可能小。其过程如下:

① 若 rnk[rx]<rnk[ry],将高度较小的 rx 结点作为 ry 的孩子结点,ry 子树的高度不变。

② 若 rnk[rx]>rnk[ry],将高度较小的 ry 结点作为 rx 的孩子结点,rx 子树的高度不变。

③ 若 rnk[rx]==rnk[ry],将 rx 结点作为 ry 的孩子结点或者将 ry 结点作为 rx 的孩子结点均可,但此时合并后的子树的高度增 1。

对应的合并算法如下(该算法的时间复杂度可以看成接近 $O(1)$):

```
void Union(int x,int y)                    //并查集中 x 和 y 的两个集合的合并
{
    int rx=Find(x);
    int ry=Find(y);
    if (rx==ry)                            //x 和 y 属于同一棵树的情况
        return;
    if (rnk[rx]< rnk[ry])
        parent[rx]=ry;                     //rx 结点作为 ry 的孩子结点
    else
    {
        if (rnk[rx]==rnk[ry])              //秩相同,合并后 rx 的秩增 1
            rnk[rx]++;
        parent[ry]=rx;                     //ry 结点作为 rx 的孩子结点
    }
}
```

下面通过一个示例说明并查集的应用。需要说明的是,并查集通常作为求解问题中的一种临时数据结构,是由程序员设计的,程序员可以任意改变这种结构,如果用它来存放主数据并且题目要求不能改变主数据,在这种情况下并查集就不再适合。

视频讲解

【实战 7.5】 HDU1232——畅通工程问题

时间限制:2000ms;内存限制:32 768KB。

问题描述:某省调查城镇交通状况,得到现有城镇道路统计表,表中列出了每条道路直

接连通的城镇。省政府"畅通工程"的目标是使全省任何两个城镇间都可以实现交通(但不一定有直接的道路相连,只要互相间接通过道路可达即可)。最少还需要建设多少条道路?

输入格式:测试输入包含若干测试用例。每个测试用例的第1行给出两个正整数,分别是城镇数目$n(n<1000)$和道路数目m,随后的m行对应m条道路,每行给出一对正整数,分别是该条道路直接连通的两个城镇的编号。为了简单,城镇从1到n编号。

输出格式:对于每个测试用例,在一行中输出最少还需要建设的道路数目。

7.10 练习题

7.10.1 问答题

1. 若一棵度为4的树中度为1、2、3、4的结点个数分别为4、3、2、2,则该树的总结点个数是多少?

2. 对于度为m的树T,在已知$n_2, n_3, \cdots, n_m$时,给出求n_0的过程。

3. 一棵高度为h、度为m的树,在什么情况下结点个数最少?

4. 一棵非空满k次树,其叶子结点个数为m,则其分支结点个数为多少?

5. 已知一棵完全二叉树的第6层(设根结点为第1层)有8个叶子结点,则该完全二叉树的结点个数最多是多少?最少是多少?

6. 已知二叉树有50个叶子结点,则该二叉树的总结点数最少是多少?

7. 已知一棵完全二叉树有100个叶子结点,则该二叉树的高度最少是多少?

8. 一棵高度为h的二叉树,所有结点的度为0或者为2,则该二叉树最少有多少个结点?最多有多少个结点?

9. 简要说明为什么在非空二叉树的先序序列、中序序列和后序序列中叶子结点出现的相对顺序是相同的。

10. 指出满足以下各条件的非空二叉树的形态:

(1) 先序序列和中序序列正好相同。

(2) 中序序列和后序序列正好相同。

11. 已知二叉树的先序序列为 CBHEGAF、中序序列为 HBGEACF,试构造该二叉树。

12. 对于以b为根结点的一棵二叉树,指出其中序遍历序列的开始结点和尾结点。

13. 给出求一棵非空二叉树中结点p的中序后继结点的过程。

14. 若x是二叉中序线索树中一个有左孩子的结点,且x不为根,则x的前驱结点是以下哪一个?

(1) x的双亲。

(2) x的右子树的最左下结点。

(3) x的左子树的最右下结点。

(4) x的左子树的最右下叶子结点。

15. 假设一棵二叉树采用二叉链存储结构 bt 存储,有人设计了以下算法采用先序遍历思路输出根结点到结点x的所有祖先:

```
void Anor1(BTNode *  b,char x,vector<char> & res)    //被 Anor 调用
{
    if (b==NULL) return;                    //空树返回
    res.push_back(b->data);                 //访问结点 b→将结点值添加到 res 中
    if (b->data==x)
    {
        res.pop_back();                     //删除结点 x
        for (int i=0;i<res.size();i++)
            cout << " " << res[i];
        cout << endl;
        return;                             //输出后返回
    }
    Anor1(b->lchild,x,res);                 //在左子树中查找
    Anor1(b->rchild,x,res);                 //在右子树中查找
}
void Anor(BTree& bt,char x)                 //输出结点 x 的祖先
{
    vector<char> res;
    Anor1(bt.r,x,res);
}
```

该算法是不正确的,请指出错误的原因并予以改正。

16. 某二叉树采用的顺序存储结构如图 7.47 所示,画出该二叉树和将其还原成的森林。

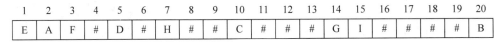

1	2	3	4	5	6	7	8	9	10	11	12	13	14	15	16	17	18	19	20
E	A	F	#	D	#	H	#	#	C	#	#	#	G	I	#	#	#	#	B

图 7.47　一棵二叉树的顺序存储结构

17. 已知一棵非空树(所有结点值不同)的先根序列和后根序列,能否唯一构造该树?如果能,请说明理由;如果不能,给出一个反例。

18. 给出在先序线索二叉树中查找结点 p 的后继结点的过程。

19. 以权值集合{2,5,7,9,13}构造一棵哈夫曼树,给出相应的哈夫曼编码,并计算其带权路径长度。

20. 若干个包含不同权值的字母已经对应好一组哈夫曼编码,如果某个字母对应的编码为 001,则:

(1) 什么编码不可能对应其他字母?

(2) 什么编码肯定对应其他字母?

7.10.2　算法设计题

1. 假设二叉树中的每个结点值为单个字符,采用二叉链存储结构存储。设计一个算法计算一棵给定二叉树 bt 中的所有单分支结点个数。

2. 假设二叉树中的每个结点值为单个字符,采用二叉链存储结构存储。二叉树 bt 的后序遍历序列为 $a_1,a_2,\cdots,a_n$,设计一个算法以 $a_n,a_{n-1},\cdots,a_1$ 的次序输出各结点值。

3. 假设二叉树中的每个结点值为单个字符,采用二叉链存储结构存储。设计一个算法按从右到左的次序输出一棵二叉树 bt 中的所有叶子结点。

4. 假设二叉树中的每个结点值为单个字符,采用二叉链存储结构存储。设计一个算法判断两棵二叉树 bt1 和 bt2 是否相似。

5. 假设二叉树采用二叉链存储结构,设计一个算法判断一棵二叉树 bt 是否对称。所谓对称,是指其左、右子树的结构是对称的。

6. 假设二叉树采用二叉链存储结构存储,设计一个算法将二叉树 bt1 复制到二叉树 bt2。

7. 假设二叉树中的每个结点值为单个字符,采用二叉链存储结构存储,每个结点有一个双亲指针 parent,初始为空。设计一个算法,将这样的二叉树 bt 中所有结点的 parent 指针都设置为正确的双亲。

8. 假设二叉树中的每个结点值为单个字符,采用二叉链存储结构存储。设计一个算法求二叉树 bt 的最小枝长。所谓最小枝长,是指根结点到最近叶子结点的路径长度。

9. 假设二叉树中的每个结点值为单个字符且结点值不同,采用二叉链存储结构存储。一个结点 x 在二叉树中有绝对层次和相对层次之分,例如如图 7.48 所示的二叉树,结点 E 在结点 E 的子树中的层次是 1,在结点 B 的子树中的层次是 2,这称为相对层次,而相对根结点的层次就是绝对层次,结点 E 相对根结点 A 的层次 3,所以说它的绝对层次是 3。设计一个算法利用任何结点在其子树中的相对层次为 1 来求其绝对层次。

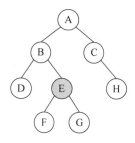

图 7.48　一棵二叉树

10. 假设二叉树中的每个结点值为单个字符,采用二叉链存储结构存储。假设二叉树 bt 中可能有多个值为 x 的结点,每个这样的结点对应一个层次。设计一个算法求其中的最小层次。

11. 假设二叉树中的每个结点值为单个字符,采用二叉链存储结构存储。设计一个算法,采用先序遍历方法输出二叉树 bt 中所有结点的层次。

12. 假设二叉树中的每个结点值为单个字符,采用二叉链存储结构存储。设计一个算法,采用先序遍历方法求二叉树 bt 的宽度。

13. 假设二叉树中的每个结点值为单个字符,采用二叉链存储结构存储。设计一个算法,采用层次遍历方法求二叉树 bt 的宽度。

14. 假设二叉树中的每个结点值为单个字符,采用二叉链存储结构存储。设计一个算法,采用先序遍历方法求二叉树 bt 中值为 x 的结点的子孙,假设值为 x 的结点是唯一的。

15. 假设含有 n 个结点的二叉树中每个结点值为单个字符且不相同。设计一个算法,采用二叉树的层次遍历序列 level[] 和中序序列 in[] 构造其二叉链存储结构。

16. 假设二叉树中的每个结点值为单个字符,采用二叉链存储结构存储。设计一个算法,判断一棵二叉树 bt 是否为完全二叉树。

7.11 上机实验题

7.11.1 基础实验题

1. 假设二叉树采用二叉链存储,每个结点值为单个字符并且所有结点值不相同。设计一个 BTree 类包含二叉树的基本运算算法,用 BTree.cpp 文件存放,在此基础上编写一个实验程序,由括号表示串创建二叉链,由二叉链输出其括号表示串,求二叉树的先序遍历、中序遍历、后序遍历和层次遍历序列。用相关数据进行测试。

2. 假设二叉树采用二叉链存储结构存储,每个结点值为单个字符并且所有结点值不相同。编写一个实验程序,由二叉树的先序序列和中序序列构造二叉链,由二叉树的中序序列和后序序列构造二叉链。用相关数据进行测试。

7.11.2 应用实验题

1. 假设非空二叉树采用二叉链存储结构,将一棵二叉树 bt 中所有结点的左、右子树进行就地交换,可以采用先序遍历和后序遍历思路实现,问采用中序遍历是否可以? 编写一个实验程序通过相关数据进行验证。

2. 假设一棵非空二叉树中的结点值为整数,所有结点值均不相同。给出该二叉树的先序序列 pres 和中序序列 ins,构造该二叉树的二叉链存储结构,再给出其中两个不同的结点值 x 和 y,输出这两个结点的所有公共祖先结点。用相关数据进行测试。

3. 编写一个实验程序,给定一棵完全二叉树的结点个数 $n(n>1)$,所有结点按层序编号为 $1\sim n$(根结点的编号为1),求其中编号为 $m(1\leqslant m\leqslant n)$ 的结点的子树中的结点个数,并且用相关数据进行测试。

4. 编写一个实验程序,假设二叉树采用二叉链存储结构,所有结点值为单个字符且不相同。采用例 7.17 的 3 种解法按层次顺序(从上到下、从左到右)输出一棵二叉树中的所有结点,并且用相关数据进行测试。

5. 编写一个实验程序,假设二叉树采用二叉链存储结构,所有结点值为单个字符。按从上到下的层次输出一棵二叉树中的所有结点,各层的顺序是第 1 层从左到右,第 2 层从右到左,第 3 层从左到右,第 4 层从右到左,以此类推,并且用相关数据进行测试。

6. 编写一个实验程序,假设二叉树采用二叉链存储结构,所有结点值为单个字符且不相同。采用先序遍历和层次遍历方式输出二叉树中从根结点到每个叶子结点的路径,并且用相关数据进行测试。

7. 编写一个实验程序,假设二叉树采用二叉链存储结构,所有结点值为单个字符且不相同。判断一棵二叉树是否为另外一棵二叉树的子树,并且用相关数据进行测试。

8. 编写一个实验程序,假定用于通信的电文仅由 a、b、c、d、e、f、g、h 等 8 个字母组成($n_0=8$),字母在电文中出现的频率分别为 7、19、2、6、32、3、21 和 10,试为这些字母设计哈夫曼编码。

7.12 在线编程题

1. LeetCode236——二叉树的最近公共祖先。
2. LeetCode199——二叉树的右视图。
3. LeetCode654——最大二叉树。
4. LeetCode863——二叉树中距离为 k 的结点问题。
5. HDU1305——可立即解码问题。
6. HDU1622——二叉树的层次遍历。
7. HDU1213——多少张桌子。
8. POJ3437——有序树转换为二叉树。
9. POJ 3367——表达式树。
10. POJ3253——围栏修复问题。
11. POJ1145——树求和。
12. POJ1105——S 树。

第 8 章 图

图形结构简称为图,属于复杂的非线性数据结构。在图中数据元素称为顶点,每个顶点可以有零个或多个前驱顶点,也可以有零个或多个后继顶点,也就是说,图中顶点之间是多对多的任意关系。

本章的学习要点如下:

(1) 图的相关概念,包括有向图/无向图、完全图、子图、路径/简单路径、路径长度、回路/简单回路、连通图/连通分量、强连通图/强连通分量、权/网等的定义。

(2) 图的各种存储结构,主要包括邻接矩阵和邻接表等。

(3) 图的基本运算算法设计。

(4) 图的遍历过程,包括深度优先遍历和广度优先遍历。

(5) 图遍历算法的应用,回溯法算法设计。

(6) 生成树和最小生成树,包含普里姆算法设计和克鲁斯卡尔算法设计。

(7) 求图的最短路径,包括单源最短路径的狄克斯特拉算法设计和多源最短路径的弗洛伊德算法设计。

(8) 拓扑排序过程及其算法设计。

(9) 求关键路径的过程及其算法设计。

(10) 灵活运用图数据结构解决一些综合应用问题。

8.1 图的基本概念

在实际应用中很多问题可以用图来描述,例如城市街道图就是用图来表示地理元素之间的关系。本节介绍图的定义和图的基本术语。

8.1.1 图的定义

无论多么复杂的图都是由顶点和边构成的。采用形式化的定义,图 G(Graph)由集合 V(Vertex)和 E(Edge)组成,记为 $G=(V,E)$,其中 V 是顶点的有限集合,记为 $V(G)$,E 是连接 V 中两个不同顶点(顶点对)的边的有限集合,记为 $E(G)$。

抽象数据类型图的定义如下:

ADT Graph
{
数据对象:
  $D=\{a_i \mid 0 \leqslant i \leqslant n-1, n \geqslant 0, a_i$ 为 int 类型$\}$ //a_i 为每个顶点的唯一编号
数据关系:
  $R=\{r\}$
  $r=\{<a_i, a_j> \mid a_i, a_j \in D, 0 \leqslant i \leqslant n-1, 0 \leqslant j \leqslant n-1$,其中 a_i 可以有零个或多个前驱元素,也可以有零个或多个后继元素$\}$
基本运算:
  void CreateGraph(): 根据相关数据建立一个图.
  void DispGraph(): 输出一个图.
  ...
}

通常用字母或自然数(顶点的编号)标识图中的顶点。约定用 i($0 \leqslant i \leqslant n-1$)表示第 i 个顶点的编号。$E(G)$ 表示图 G 中边的集合,它确定了图 G 中的数据元素的关系,$E(G)$ 可以为空集,当 $E(G)$ 为空集时,图 G 只有顶点没有边。

在图 G 中,如果代表边的顶点对(或序偶)是无序的,则称 G 为**无向图**。无向图中代表边的无序顶点对通常用圆括号括起来,以表示一条无向边。例如 (i,j) 表示顶点 i 与顶点 j 的一条无向边,显然,(i,j) 和 (j,i) 所代表的是同一条边。如果表示边的顶点对(或序偶)是有序的,则称 G 为**有向图**。在有向图中代表边的顶点对通常用尖括号括起来,以表示一条有向边(又称为弧),例如 $<i,j>$ 表示从顶点 i 到 j 的一条边,通常用顶点 i 到 j 的箭头表示,可见有向图中的 $<i,j>$ 和 $<j,i>$ 是两条不同的边。

说明:图中的边一般不重复出现,如果允许边重复出现,这样的图称为多重图,如一个无向图中顶点 1 和 2 之间出现两条或两条以上的边。在数据结构课程中讨论的图均指非多重图。

如图 8.1 所示,图 8.1(a) 是一个无向图 G_1,其顶点集合 $V(G_1)=\{0,1,2,3,4\}$,边集合 $E(G_1)=$ $\{(1,2),(1,3),(1,0),(2,3),(3,0),(2,4),(3,4),$ $(4,0)\}$。图 8.1(b) 是一个有向图 G_2,其顶点集合 $V(G_2)=\{0,1,2,3,4\}$,边集合 $E(G_2)=\{<1,2>,$ $<1,3>,<0,1>,<2,3>,<0,3>,<2,4>,$ $<4,3>,<4,0>\}$。

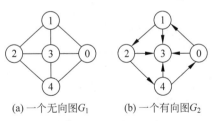

(a) 一个无向图G_1 (b) 一个有向图G_2

图 8.1 无向图 G_1 和有向图 G_2

8.1.2 图的基本术语

下面讨论有关图的各种基本术语。

1. 端点和邻接点

在一个无向图中,若存在一条边 (i,j),则称顶点 i 和顶点 j 为该边的两个端点,并称它们互为**邻接点**,即顶点 i 是顶点 j 的一个邻接点,顶点 j 也是顶点 i 的一个邻接点。

在一个有向图中,若存在一条边 $<i,j>$,则称此边是顶点 i 的一条出边,同时也是顶点

视频讲解

j 的一条入边;称 i 和 j 分别为此边的**起始端点**(简称为起点)和**终止端点**(简称为终点),并称顶点 j 是 i 的**出边邻接点**,顶点 i 是 j 的**入边邻接点**。

2. 顶点的度、入度和出度

在无向图中,顶点所关联的边的数目称为该**顶点的度**。在有向图中,顶点 i 的度又分为入度和出度,以顶点 i 为终点的入边的数目称为该顶点的**入度**,以顶点 i 为起点的出边的数目称为该顶点的**出度**。一个顶点的入度与出度的和为该**顶点的度**。

若一个图(无论有向图或无向图)中有 n 个顶点和 e 条边,每个顶点的度为 d_i ($0 \leqslant i \leqslant n-1$),则有:

$$e = \frac{1}{2}\sum_{i=0}^{n-1} d_i$$

也就是说,一个图中所有顶点的度之和等于边数的两倍。因为图中的每条边分别作为两个邻接点的度各计一次。

3. 完全图

若无向图中的每两个顶点之间都存在一条边,有向图中的每两个顶点之间都存在方向相反的两条边,则称此图为**完全图**。显然,含有 n 个顶点的完全无向图有 $n(n-1)/2$ 条边,含有 n 个顶点的完全有向图有 $n(n-1)$ 条边。例如,图 8.2(a)所示的图是一个具有 4 个顶点的完全无向图,共有 6 条边;图 8.2(b)所示的图是一个具有 4 个顶点的完全有向图,共有 12 条边。

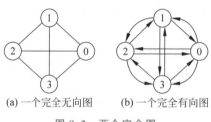

(a) 一个完全无向图　　(b) 一个完全有向图

图 8.2　两个完全图

4. 稠密图和稀疏图

当一个图接近完全图时,则称之为**稠密图**。相反,当一个图含有较少的边数(即无向图有 $e \ll n(n-1)/2$,有向图有 $e \ll n(n-1)$)时,则称之为**稀疏图**。

5. 子图

设有两个图 $G=(V,E)$ 和 $G'=(V',E')$,若 V' 是 V 的子集,即 $V' \subseteq V$,且 E' 是 E 的子集,即 $E' \subseteq E$,则称 G' 是 G 的**子图**。

说明:图 G 的子图 G' 一定是个图,所以并非 V 的任何子集 V'' 和 E 的任何子集 E'' 都能构成 G 的子图,因为这样的 (V'', E'') 并不一定构成一个图。

6. 路径和路径长度

在一个图 $G=(V,E)$ 中,从顶点 i 到顶点 j 的一条**路径**是一个顶点序列 $(i, i_1, i_2, \cdots, i_m, j)$,若此图是无向图,则边 (i, i_1)、(i_1, i_2)、$\cdots$、(i_{m-1}, i_m)、(i_m, j) 属于 $E(G)$;若此图是有向图,则 $<i, i_1>$、$<i_1, i_2>$、$\cdots$、$<i_{m-1}, i_m>$、$<i_m, j>$ 属于 $E(G)$。**路径长度**是指

一条路径上经过的边的数目。若一条路径上除开始点和结束点可以相同外,其余顶点均不相同,则称此路径为**简单路径**。例如,在图 8.2(b)中,(0,2,1)就是一条简单路径,其长度为 2。

7. 回路或环

若一条路径上的开始点与结束点为同一个顶点,则此路径被称为**回路**或**环**。开始点与结束点相同的简单路径被称为简单回路或**简单环**。例如,在图 8.2(b)中,(0,2,1,0)就是一条简单回路,其长度为 3。

8. 连通、连通图和连通分量

在无向图 G 中,若从顶点 i 到顶点 j 有路径,则称顶点 i 和顶点 j 是**连通的**。若图 G 中的任意两个顶点都连通,则称 G 为**连通图**,否则称为**非连通图**。无向图 G 中的极大连通子图称为 G 的**连通分量**。显然,任何连通图的连通分量只有一个,即它本身,而非连通图有多个连通分量。

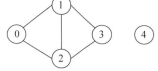

图 8.3 一个无向图

如图 8.3 所示的无向图是非连通图,由两个连通分量构成,对应的顶点集分别是{0,1,2,3}和{4}。

9. 强连通图和强连通分量

在有向图 G 中,若从顶点 i 到顶点 j 有路径,则称从顶点 i 到顶点 j 是**连通的**。若图 G 中的任意两个顶点 i 和 j 都连通,即从顶点 i 到顶点 j 和从顶点 j 到顶点 i 都存在路径,则称图 G 是**强连通图**。有向图 G 中的极大强连通子图称为 G 的**强连通分量**。显然,强连通图只有一个强连通分量,即它本身,非强连通图有多个强连通分量。一般地,单个顶点自身就是一个强连通分量。

如图 8.4(a)所示的有向图是非强连通图,由两个强连通分量构成,如图 8.4(b)所示,对应的顶点集分别是{0,1,2,3}和{4}。

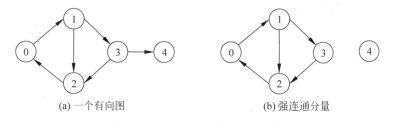

(a) 一个有向图　　　　　　　　(b) 强连通分量

图 8.4　一个有向图及其强连通分量

10. 权和网

图中的每一条边都可以附有一个对应的数值,这种与边相关的数值称为**权**。权可以表示从一个顶点到另一个顶点的距离或花费的代价。边上带有权的图称为**带权图**,也称作**网**。例如,图 8.5 所示为一个带权有向图。

【**例 8.1**】 n 个顶点的强连通图至少有多少条边?这样的有向图是什么形状?

解:根据强连通图的定义可知,图中的任意两个顶点 i 和 j 都连通,即从顶点 i 到顶点 j 和从顶点 j 到顶点 i 都存在路径。这样每个顶点的度 $d_i \geqslant 2$,设图中总的边数为 e,有:

$$e = \frac{1}{2}\sum_{i=0}^{n-1}d_i \geq \frac{1}{2}\sum_{i=0}^{n-1}2 = n$$

即 $e \geq n$。因此 n 个顶点的强连通图至少有 n 条边,刚好只有 n 条边的强连通图是环形的,即顶点 0 到顶点 1 有一条有向边,顶点 1 到顶点 2 有一条有向边,…,顶点 $n-1$ 到顶点 0 有一条有向边,如图 8.6 所示。

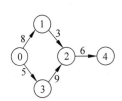

图 8.5 一个带权有向图 G_3

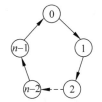

图 8.6 具有 n 个顶点、n 条边的强连通图

8.2 图的存储结构

图的存储结构除了要存储图中各个顶点本身的信息外,同时还要存储顶点与顶点之间的所有关系(边的信息)。常用的图的存储结构主要有邻接矩阵和邻接表,还可以演变出逆邻接表、十字链表和邻接多重表等。

视频讲解

8.2.1 邻接矩阵

1. 邻接矩阵存储方法

邻接矩阵是表示顶点之间邻接关系的矩阵。设 $G=(V,E)$ 是含有 n(设 $n>0$)个顶点的图,各顶点的编号为 $0 \sim n-1$,则 G 的邻接矩阵数组 A 是 n 阶方阵,其定义如下。

如果 G 是不带权图(或无权图),则:

$$A[i][j] = \begin{cases} 1 & \text{若}(i,j) \in E(G) \text{ 或者} <i,j> \in E(G) \\ 0 & \text{其他} \end{cases}$$

如果 G 是带权图(或有权图),则:

$$A[i][j] = \begin{cases} w_{ij} & \text{若} i \neq j \text{ 并且}(i,j) \in E(G) \text{ 或者} <i,j> \in E(G) \\ 0 & \text{若} i = j \\ \infty & \text{其他} \end{cases}$$

例如,图 8.1(a)的无向图 G_1、图 8.1(b)的有向图 G_2 和图 8.5 中的带权有向图 G_3 分别对应邻接矩阵 A_1、A_2 和 A_3,如图 8.7 所示。

$$A_1 = \begin{bmatrix} 0 & 1 & 0 & 1 & 1 \\ 1 & 0 & 1 & 1 & 0 \\ 0 & 1 & 0 & 1 & 1 \\ 1 & 1 & 1 & 0 & 0 \\ 1 & 0 & 1 & 1 & 0 \end{bmatrix} \quad A_2 = \begin{bmatrix} 0 & 1 & 0 & 1 & 0 \\ 0 & 0 & 1 & 1 & 0 \\ 0 & 0 & 0 & 1 & 1 \\ 0 & 0 & 0 & 0 & 0 \\ 1 & 0 & 0 & 1 & 0 \end{bmatrix} \quad A_3 = \begin{bmatrix} 0 & 8 & \infty & 5 & \infty \\ \infty & 0 & 3 & \infty & \infty \\ \infty & \infty & 0 & \infty & 6 \\ \infty & \infty & 9 & 0 & \infty \\ \infty & \infty & \infty & \infty & 0 \end{bmatrix}$$

图 8.7 3 个邻接矩阵

设计图的邻接矩阵类 MatGraph(用 MatGraph.cpp 文件存放,包含邻接矩阵的基本运算算法)如下:

```
const int MAXV=100;                    //图中最多的顶点数
const int INF=0x3f3f3f3f;              //用 INF 表示∞
class MatGraph                         //图的邻接矩阵类
{
public:
    int edges[MAXV][MAXV];             //邻接矩阵数组,假设元素为 int 类型
    int n,e;                           //顶点数和边数
    string vexs[MAXV];                 //存放顶点信息
    //图的基本运算算法
}
```

图的邻接矩阵存储结构的特点如下:

① 图的邻接矩阵表示是唯一的。

② 对于含有 n 个顶点的图,在采用邻接矩阵存储时,无论是有向图还是无向图,也无论边的数目是多少,其存储空间均为 $O(n^2)$,所以邻接矩阵适合于存储边数较多的稠密图。

③ 无向图的邻接矩阵一定是对称矩阵,因此在顶点个数 n 很大时可以采用对称矩阵的压缩存储方法减少存储空间。有向图的邻接矩阵不一定是对称矩阵。

④ 对于无向图,邻接矩阵的第 i 行(或第 i 列)非零/非∞元素的个数正好是顶点 i 的度;对于有向图,邻接矩阵的第 i 行(或第 i 列)非零/非∞元素的个数正好是顶点 i 的出度(或入度)。

⑤ 在用邻接矩阵存储图时,确定任意两个顶点之间是否有边相连的时间为 $O(1)$。

2. 图基本运算在邻接矩阵中的实现

图的主要基本运算算法包括创建图的存储结构和输出图。

1) 创建图的邻接矩阵

这里假设给定图的邻接矩阵数组 a、顶点数 n 和边数 e 来建立图的邻接矩阵存储结构(由于邻接矩阵数组中确定了图类型,这样不带权和带权图、有向图和无向图的处理是相同的)。对应的算法如下:

```
void CreateMatGraph(int a[][MAXV],int n,int e)    //通过 a、n 和 e 来建立图的邻接矩阵
{
    this->n=n; this->e=e;              //置顶点数和边数
    for (int i=0;i<n;i++)
        for (int j=0;j<n;j++)
            this->edges[i][j]=a[i][j];
}
```

2) 输出图

输出图的邻接矩阵数组。对应的算法如下:

```
void DispMatGraph()                    //输出图的邻接矩阵
{
    for (int i=0;i<n;i++)
    {
        for (int j=0;j<n;j++)
```

```
            if (edges[i][j]==INF)
                printf("%4s","∞");
            else
                printf("%4d",edges[i][j]);
        printf("\n");
    }
}
```

【例8.2】 一个含有 n 个顶点、e 条边的图采用邻接矩阵 **g** 存储,设计以下算法:
(1) 该图为无向图,求其中顶点 v 的度。
(2) 该图为有向图,求该图中顶点 v 的出度和入度。

解: (1) 对于采用邻接矩阵存储的无向图,统计第 v 行的非 0 非 ∞ 元素个数即为顶点 v 的度。对应的算法如下:

```
#include"MatGraph.cpp"                    //包含图(邻接矩阵)的基本运算算法
int Degree1(MatGraph & g,int v)           //在无向图邻接矩阵 g 中求顶点 v 的度
{
    int d=0;
    for (int j=0;j<g.n;j++)               //统计第 v 行的非 0 非 ∞ 元素个数
        if (g.edges[v][j]!=0 && g.edges[v][j]!=INF)
            d++;
    return d;
}
```

(2) 对于采用邻接矩阵存储的有向图,统计第 v 行的非 0 非 ∞ 元素个数即为顶点 v 的出度,统计第 v 列的非 0 非 ∞ 元素个数即为顶点 v 的入度。对应的算法如下:

```
vector<int> Degree2(MatGraph & g,int v)   //在有向图邻接矩阵 g 中求顶点 v 的出度和入度
{
    vector<int> ans={0,0};                //ans[0]累计出度,ans[1]累计入度
    for (int j=0;j<g.n;j++)               //统计第 v 行的非 0 非 ∞ 元素个数为出度
        if (g.edges[v][j]!=0 && g.edges[v][j]!=INF)
            ans[0]++;
    for (int i=0;i<g.n;i++)               //统计第 v 列的非 0 非 ∞ 元素个数为入度
        if (g.edges[i][v]!=0 && g.edges[i][v]!=INF)
            ans[1]++;
    return ans;                           //返回出度和入度
}
```

视频讲解

8.2.2 邻接表

1. 邻接表存储方法

在含 n 个顶点的图 G 的邻接表中,顶点 $i(0 \leq i \leq n-1)$ 的每一条出边 $<i,j>$(权值为 $w_{i,j}$)对应一个边结点,顶点 i 的所有出边的边结点构成一个单链表,其中边结点的类型 ArcNode 定义如下:

```
struct ArcNode                            //边结点类型
{
    int adjvex;                           //邻接点
    int weight;                           //权值
    ArcNode * nextarc;                    //指向下一条边的边结点
};
```

给顶点 i 的单链表加上一个头结点,包含顶点 i 的信息和指向第一条边的边结点的指针,头结点类型如下:

```
struct HNode                              //头结点类型
{
    string info;                          //顶点信息
    ArcNode * firstarc;                   //指向第一条边的边结点
};
```

再将所有头结点(n 个)用一个数组 adjlist 表示,adjlist[i] 为顶点 i 的头结点。假设顶点 i 的出边有 m 条,即 $<i,j_1>$、$<i,j_2>$、$\cdots$、$<i,j_m>$(权值分别为 $w_{i,j1}$、$w_{i,j2}$、$\cdots$、$w_{i,jm}$),顶点 i 的单链表如图 8.8 所示,共 m 个边结点。

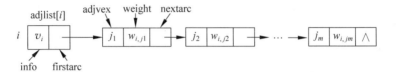

图 8.8 顶点 i 的单链表

例如,图 8.1(a)的无向图 G_1、图 8.1(b)的有向图 G_2 和图 8.5 中的带权有向图 G_3 对应的邻接表分别如图 8.9(a)~图 8.9(c)所示。

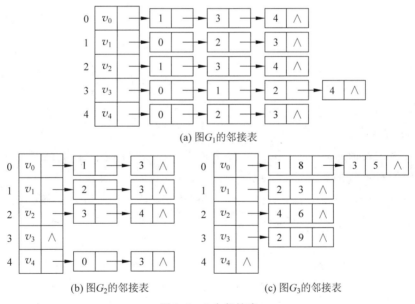

(a) 图 G_1 的邻接表

(b) 图 G_2 的邻接表   (c) 图 G_3 的邻接表

图 8.9 3 个邻接表

提示:对于不带权的图,假设边的权值均为 1,在邻接表的边结点中通常不画出 weight(权值)部分。对于有向图,在邻接表的边结点中必须画出 weight 部分标识相应边的权值。

设计图的邻接表类 AdjGraph(采用 AdjGraph.cpp 文件存放,包含邻接表的基本运算方法)如下:

class AdjGraph   //图的邻接表类
{

```cpp
public:
    HNode adjlist[MAXV];                //头结点数组
    int n,e;                            //顶点数和边数
    AdjGraph()                          //构造函数
    {
        for (int i=0;i<MAXV;i++)        //头结点的 firstarc 置为空
            adjlist[i].firstarc=NULL;
    }
    ~AdjGraph()                         //析构函数,释放图的邻接表空间
    {
        ArcNode * pre, * p;
        for (int i=0;i<n;i++)           //遍历所有的头结点
        {
            pre=adjlist[i].firstarc;
            if (pre!=NULL)
            {
                p=pre->nextarc;
                while (p!=NULL)         //释放 adjlist[i]的所有边结点空间
                {
                    delete pre;
                    pre=p; p=p->nextarc; //pre 和 p 指针同步后移
                }
                delete pre;
            }
        }
    }
    //图的基本运算算法
};
```

图的邻接表存储结构的特点如下:

① 邻接表的表示不唯一。这是因为每个顶点的出边单链表中各边结点的次序可以任意,取决于建立邻接表的算法。

② 对于有 n 个顶点、e 条边的无向图,其邻接表有 $2e$ 个边结点;对于有 n 个顶点、e 条边的有向图,其邻接表有 e 个边结点。显然,对于边数较少的稀疏图,邻接表比邻接矩阵要节省空间。

③ 对于无向图,顶点 $i(0 \leqslant i \leqslant n-1)$ 对应的出边列表的长度正好是顶点 i 的度。对于有向图,顶点 $i(0 \leqslant i \leqslant n-1)$ 对应的出边单链表的长度仅是顶点 i 的出度,顶点 i 的入度是所有出边单链表中含顶点 i 的单链表个数。

④ 在用邻接表存储图时,确定任意两个顶点之间是否有边相连的时间为 $O(m)$(m 为最大顶点出度,$m<n$)。

由于在有向图的邻接表中 adjlist[i]的单链表只存放了顶点 i 的出边,所以不便找入边,为此可以设计有向图的逆邻接表。所谓**逆邻接表**,就是在有向图的邻接表中将 adjlist[i]的单链表的出边改为入边。例如,在有向图 G 中有边<1,3>、<2,3>、<4,3>,顶点 3 的入边顶点是 1、2 和 4,则 adjlist[3]的单链表改为包含 1、2 和 4 的边结点。图 8.1(b)所示的有

向图 G_2 和图 8.5 中的带权有向图 G_3 对应的逆邻接表分别如图 8.10(a) 和图 8.10(b) 所示。

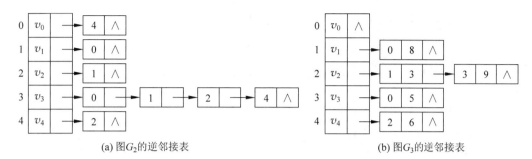

(a) 图 G_2 的逆邻接表　　　　　　　　　(b) 图 G_3 的逆邻接表

图 8.10　两个逆邻接表

2. 图基本运算在邻接表中的实现

1) 创建图的邻接表

这里假设给定图的邻接矩阵数组 a、顶点数 n 和边数 e 来建立图的邻接表存储结构。其过程是先将头结点数组 adjlist 中所有元素的 firstarc 成员变量设置为空,再按行序遍历 a 数组,若 $a[i][j]$ 是非 0/非 ∞ 元素,表示存在一条顶点 i 到顶点 j 的边,新建一个边结点 p 存放该边的信息,采用头插法将其插到 adjlist$[i]$ 单链表的开头。对应的算法如下:

```
void CreateAdjGraph(int a[][MAXV],int n,int e)   //通过 a、n 和 e 来建立图的邻接表
{
    ArcNode * p;
    this->n=n; this->e=e;                //置顶点数和边数
    for (int i=0;i<n;i++)                //检查邻接矩阵中的每个元素
        for (int j=n-1;j>=0;j--)
            if (a[i][j]!=0 && a[i][j]!=INF) //存在一条边
            {
                p=new ArcNode();         //创建一个结点 p
                p->adjvex=j;
                p->weight=a[i][j];
                p->nextarc=adjlist[i].firstarc; //采用头插法插入 p
                adjlist[i].firstarc=p;
            }
}
```

2) 输出图

输出图邻接表的算法如下:

```
void DispAdjGraph()                       //输出图的邻接表
{
    ArcNode * p;
    for (int i=0;i<n;i++)                 //遍历每个头结点
    {
        printf("  [%d]",i);
        p=adjlist[i].firstarc;            //p 指向第一个邻接点
```

```
            if (p!=NULL)   printf("→");
            while (p!=NULL)                    //遍历第 i 个单链表
            {
                printf(" (%d,%d)",p->adjvex,p->weight);
                p=p->nextarc;                  //p 移向下一个邻接点
            }
            printf("\n");
        }
    }
```

思考题：图的两种存储结构(即邻接矩阵和邻接表)分别适合什么场合的算法设计？

【例 8.3】 一个含有 n 个顶点、e 条边的图采用邻接表存储，设计以下算法：
(1) 该图为无向图，求其中顶点 v 的度。
(2) 该图为有向图，求其中顶点 v 的出度和入度。

解：(1) 对于一个采用邻接表存储的无向图，统计单链表 v 的边结点个数即为顶点 v 的度。对应的算法如下：

```
#include "AdjGraph.cpp"                       //包含图(邻接表)的基本运算算法
int Degree1(AdjGraph& G,int v)                //在无向图邻接表 G 中求顶点 v 的度
{
    int d=0;
    ArcNode * p=G.adjlist[v].firstarc;
    while (p!=NULL)                           //统计单链表 v 中的边结点个数
    {
        d++;
        p=p->nextarc;
    }
    return d;
}
```

(2) 对于一个采用邻接表存储的有向图，统计单链表 v 的边结点个数即为顶点 v 的出度，统计所有 adjvex 为 v 的边结点个数即为顶点 v 的入度。对应的算法如下：

```
vector<int> Degree2(AdjGraph& G,int v) //在有向图邻接表 G 中求顶点 v 的出度和入度
{
    vector<int> ans={0,0};                    //ans[0]累计出度,ans[1]累计入度
    ArcNode * p=G.adjlist[v].firstarc;
    while (p!=NULL)                           //统计单链表 v 中的边结点个数
    {
        ans[0]++;
        p=p->nextarc;
    }
    for (int i=0;i<G.n;i++)                   //统计所有 adjvex 为 v 的边结点个数即为顶点 v 的入度
    {
        p=G.adjlist[i].firstarc;
        while (p!=NULL)
        {
            if (p->adjvex==v)
```

```
            {
                ans[1]++;
                break;           //在一个单链表中最多只有一个这样的结点
            }
            p=p->nextarc;
        }
    }
    return ans;                  //返回出度和入度
}
```

3. 简化的邻接表

在在线编程中经常采用简化的邻接表,主要有两种简化的邻接表。

1) 简化邻接表 Ⅰ

直接用两个数组表示邻接表,头结点数组为 head,边结点数组 edges 为 ENode 类型,该类型包含 adjvex、weight 和 next 成员变量,其中 head[i] 表示顶点 i 的单链表(head[i]=-1 表示顶点 i 没有出边)。edges 数组包含所有边,若 head[i] 指向边结点(v_1, w_1, next_1),而 next_1 指向($v_2, w_2, -1$),表示顶点 i 有两条出边为 $<i, v_1, w_1>$ 和 $<i, v_2, w_2>$(next=-1 表示没有其他出边)。图 8.5 所示的带权有向图 G_3 对应的简化邻接表如图 8.11 所示。

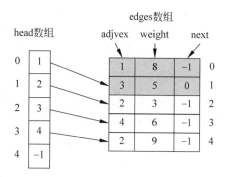

图 8.11 图 G_1 的简化邻接表 Ⅰ

在简化邻接表中实现创建邻接表和输出邻接表功能的算法如下:

```
const int MAXV=100;              //图中最多的顶点数
const int MAXE=200;              //图中最多的边数
const int INF=0x3f3f3f3f;        //用 INF 表示∞
int head[MAXV];                  //头结点数组
struct Edge                      //边结点类型
{
    int adjvex;                  //邻接点
    int weight;                  //权值
    int next;                    //下一个边结点在 edges 数组中的下标
} edges[MAXE];                   //边结点数组
int n;                           //顶点数
int cnt;                         //edges 数组中的元素个数
void addedge(int u, int v, int w) //添加一条有向边<u,v>:w
{
    edges[cnt].adjvex=v;         //将该边插入 edges 数组的末尾
    edges[cnt].weight=w;
    edges[cnt].next=head[u];     //将 edges[cnt]边结点插入 head[u]的表头
    head[u]=cnt;
    cnt++;                       //edges 数组的元素个数增 1
}
```

```cpp
void init()                              //初始化
{
    cnt=0;                               //cnt 从 0 开始
    memset(head,0xff,sizeof(head));      //所有元素初始化为-1
}
void CreateAdjGraph(vector<vector<int>> a,int n)   //通过边数组 a 和顶点数 n 建立简化邻接表
{
    init();                              //初始化简化的邻接表
    for (int i=0;i<a.size();i++)
        addedge(a[i][0],a[i][1],a[i][2]);   //插入一条有向边
}
void DispAdjGraph()                      //输出图的邻接表
{
    for (int i=0;i<n;i++)                //遍历每个头结点
    {
        printf("  [%d]",i);
        for(int j=head[i];j!=-1;j=edges[j].next)   //遍历顶点 i 的单链表
            printf(" (%d,%d,%d)",edges[j].adjvex,edges[j].weight,edges[j].next);
        printf("\n");
    }
}
```

上述简化邻接表的优点是采用静态数组存储图,不必专门设计释放存储空间的算法,通常 edges 数组中一个顶点的所有出边结点相距不远,所以在遍历这些边结点时速度快。

2) 简化邻接表 Ⅱ

直接使用 vector 向量 Adj 存放邻接表,其中 Adj[i] 向量存放顶点 i 的所有出边结点,每个出边结点表示为"[出边邻接点编号,权值]",不含 next 指针,直接将所有的出边邻接点构成一个向量。其定义如下:

```cpp
struct Edge                              //边结点类型
{
    int adjvex;                          //邻接点的编号
    int weight;                          //权值
};
vector<vector<Edge>> Adj;
Adj.resize(MAXV);                        //在 Adj 向量中添加 MAXV 个{}的元素
```

例如,图 8.11 对应的 Adj 为{{[3,5],[1,8]},{[2,3]},{[4,6]},{[2,9]},{}}。一般地,在 Adj 向量中每个元素 Adj[i] 占用 12 字节,而在简化邻接表Ⅰ中每个 head[i] 占用 4 字节,所以当顶点个数 n 很大且边数 e 相对较少时用简化邻接表Ⅰ更节省存储空间。

8.3 图的遍历

和树遍历一样,也有图遍历,所不同的是树中有一个特殊的结点,即根结点,树的遍历总要参照根结点,而图中没有特殊的顶点,可以从任何顶点出发进行遍历。本节主要讨论图的两种遍历算法及其应用。

8.3.1 图遍历的概念

所谓图的遍历,就是从图中某个顶点(称为初始点)出发,按照某种既定的方式沿着图的边访遍图中的其余各顶点,且使每个顶点恰好被访问一次。如果给定图是连通图或者是强连通的有向图,则遍历一次就能访问图中的所有顶点,并可按访问的先后顺序得到一个顶点序列,称为遍历序列。

图遍历比树遍历更复杂,因为从树根到达树中的每个结点只有一条路径,而从图的起始点到达图中的每个顶点可能存在着多条路径。

说明:为了避免同一个顶点被重复访问,必须记住访问过的顶点。为此设置一个访问标记数组 visited,初始时将所有元素置为 0,当顶点 i 访问过时将 visited$[i]$ 置为 1。

根据遍历方式的不同,图遍历方法有两种,即深度优先遍历(DFS)和广度优先遍历(BFS)。

8.3.2 深度优先遍历

深度优先遍历的过程是,从图中某个起始点 v 出发,首先访问顶点 v,然后选择一个与 v 邻接且没被访问过的顶点 w 为起始点,再从 w 出发进行深度优先搜索,直到图中与当前顶点 v 邻接的所有顶点都被访问过为止。

从中看出,深度优先遍历是一个递归过程,先从当前点(初始时为起始点 v)出发,访问之,再找当前点的一个未访问过的邻接点进行相同的操作,直到当前点没有未访问过的邻接点为止。从当前点出发遍历是"大问题",从它的一个未访问过的邻接点出发遍历是"小问题",一个大问题可能对应几个小问题。因此采用递归算法实现非常直观。

图采用邻接表为存储结构,其深度优先遍历算法如下(其中,v 是起始点编号,visited 是全局变量数组):

```
int visited[MAXV];                   //全局数组
void DFS(AdjGraph& G, int v)         //深度优先遍历(邻接表)
{
    cout << v << " ";                //访问顶点 v
    visited[v]=1;                    //置已访问标记
    ArcNode *p=G.adjlist[v].firstarc; //将 p 指向顶点 v 的第一个邻接点
    while (p!=NULL)
    {
        int w=p->adjvex;             //邻接点为 w
        if (visited[w]==0) DFS(G,w); //若 w 顶点未被访问,递归访问它
        p=p->nextarc;                //将 p 置为下一个邻接点
    }
}
```

从上述算法看出,在遍历中对图中的每个顶点仅访问一次,所以算法的时间复杂度为 $O(n+e)$。需要注意的是,同一个图可能对应不同的邻接表,而不同的邻接表得到的 DFS 序列可能不同。

例如,对于图 8.12(a)所示的有向图,对应的邻接表如图 8.12(b)所示,针对该邻接表从顶点 0 开始进行深度优先遍历,得到的访问序列是 0 1 5 2 3 4。其遍历过程如图 8.13 所示,图中实线表示查找顶点(对应的边为前向边),虚线表示返回,顶点旁与实线相交的粗棒表示访问点。

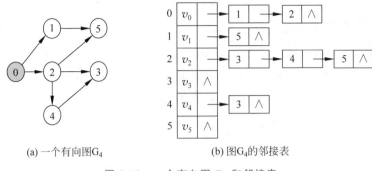

(a) 一个有向图 G_4 (b) 图 G_4 的邻接表

图 8.12 一个有向图 G_4 和邻接表

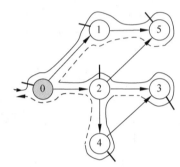

图 8.13 从顶点 0 出发的深度优先遍历过程

从中看出,在深度优先遍历中,起始点为 v,考虑 v 到图中顶点 u 的最短路径长度,则最短路径长度越大的顶点越优先访问,或者说尽可能先按纵向方向进行搜索。实际上,在遍历中产生以 v 为根的搜索子树(若搜索到边 $<v,w>$ 并且 w 是首次访问,则 $<v,w>$ 构成该子树的树边),对该子树进行先根遍历得到深度优先遍历序列。

以邻接矩阵为存储结构的图的深度优先遍历算法如下(其中,v 是起始点编号,visited 是全局变量数组):

```
void DFS(MatGraph& g,int v)          //深度优先遍历(邻接矩阵)
{
    cout << v << " ";                //访问访问 v
    visited[v]=1;                    //置已访问标记
    for (int w=0;w<g.n;w++)
    {
        if (g.edges[v][w]!=0 && g.edges[v][w]!=INF)
        {
            if (visited[w]==0)       //存在边<v,w>并且 w 没有被访问过
                DFS(g,w);            //若 w 顶点未被访问,递归访问它
        }
    }
}
```

上述算法的时间复杂度为 $O(n^2)$。

8.3.3 广度优先遍历

广度优先遍历的过程是首先访问起始点 v,接着访问顶点 v 的所有未被访问过的邻接点 v_1、v_2、$\cdots$、v_t,然后再按照 $v_1 \to v_2 \to \cdots \to v_t$ 的次序访问每个顶点的所有未被访问过的邻

接点,以此类推,直到图中所有和初始点 v 有路径相通的顶点或者图中所有已访问顶点的邻接点都被访问过为止。

广度优先遍历类似于树的层次遍历,即按树的深度来遍历,先访问深度为 1 的结点,再访问深度为 2 的结点,以此类推。对于图是按起始点 v,由近至远,依次访问和 v 有路径相通且路径长度为 1、2、…的顶点的过程。

由于广度优先遍历图中访问顶点的次序是"先访问的顶点的邻接点"先于"后访问的顶点的邻接点",所以需要使用一个队列。

图采用邻接表为存储结构,其广度优先遍历算法如下(其中,v 是起始点编号,visited 为局部数组,改为全局数组也可):

```
void BFS(AdjGraph& G, int v)          //广度优先遍历(邻接表)
{
    int visited[MAXV];
    memset(visited, 0, sizeof(visited));   //初始化 visited 数组
    queue<int> qu;                         //定义一个队列
    cout << v << " ";                      //访问顶点 v
    visited[v]=1;                          //置已访问标记
    qu.push(v);                            //顶点 v 进队
    while (!qu.empty())                    //队列不空时循环
    {
        int u=qu.front(); qu.pop();        //出队顶点 u
        ArcNode * p=G.adjlist[u].firstarc; //找顶点 u 的第一个邻接点
        while (p!=NULL)
        {
            if (visited[p->adjvex]==0)     //若 u 的邻接点未被访问
            {
                cout << p->adjvex << " ";  //访问邻接点
                visited[p->adjvex]=1;      //置已访问标记
                qu.push(p->adjvex);        //邻接点进队
            }
            p=p->nextarc;                  //找下一个邻接点
        }
    }
}
```

从上述算法看出,在遍历中对图中的每个顶点最多访问一次,所以算法的时间复杂度为 $O(n+e)$。同样,同一个图可能对应不同的邻接表,而不同的邻接表得到的 BFS 序列可能不同。例如,对于如图 8.12(b)所示的邻接表,从顶点 0 开始进行广度优先遍历,得到的访问序列是 0 1 2 5 3 4。其遍历过程如图 8.14 所示,顶点旁与实线相交的粗棒表示访问点。

从中看出,在广度优先遍历中,起始点为 v,考虑 v 到图中顶点 u 的最短路径长度,则最短路径长度越小的顶点越优先访问,或者说尽可能先对横向方向进行搜索。实际上,在遍历中产生以 v 为根的搜索子树(若搜索到边 $<v,w>$ 并且 w 是首次访问,则 $<v,w>$ 构成该子树的

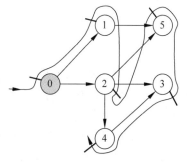

图 8.14 从顶点 0 出发的广度优先遍历过程

树边),对该子树进行层次遍历得到广度优先遍历序列。

以邻接矩阵为存储结构的图的广度优先遍历算法如下(其中,v 是起始点编号,visited 为局部数组,改为全局数组也可):

```
void BFS(MatGraph& g,int v)          //广度优先遍历(邻接矩阵)
{
    int visited[MAXV];
    memset(visited,0,sizeof(visited));   //初始化 visited 数组
    queue<int> qu;                        //定义一个队列
    cout<<v<<" ";                         //访问顶点 v
    visited[v]=1;                         //置已访问标记
    qu.push(v);                           //顶点 v 进队
    while(!qu.empty())                    //队列不空时循环
    {
        int u=qu.front(); qu.pop();       //出队顶点 u
        for(int i=0;i<g.n;i++)
            if(g.edges[u][i]!=0 && g.edges[u][i]!=INF)
            {
                if(visited[i]==0)         //存在边<u,i>并且顶点 i 未被访问
                {
                    cout<<i<<" ";         //访问邻接点 i
                    visited[i]=1;         //置已访问标记
                    qu.push(i);           //邻接点 i 进队
                }
            }
    }
}
```

上述算法的时间复杂度为 $O(n^2)$。

8.3.4 非连通图的遍历

视频讲解

上面讨论的两种图遍历方法对于无向图来说,若是连通图,则一次遍历能够访问到图中的所有顶点;若是非连通图,则只能访问到起始点所在连通分量中的所有顶点,其他连通分量中的顶点是不可能访问到的,为此需要从其他每个连通分量中选择起始点,分别进行遍历才能够访问到图中的所有顶点。例如,在对如图 8.15 所示的非连通图进行深度优先遍历时有两个连通分量,则需要调用 DFS 两次。

图 8.15 非连通图深度优先遍历的遍历

对于有向图来说,若从起始点到图中的其他每个顶点都有路径,则能够访问到图中的所有顶点;否则不能访问到所有顶点,为此同样需要再选起始点,继续进行遍历,直到图中的所有顶点都被访问过为止。

非连通图采用邻接表存储结构,访问标记数组 visited 为全局数组。深度优先遍历算法如下:

```
void DFSA(AdjGraph& G)                //非连通图的 DFS
```

```
{
    for (int i=0;i<G.n;i++)
        if (visited[i]==0)              //若顶点i没有被访问过
            DFS(G,i);                   //从顶点i出发深度优先遍历
}
```

广度优先遍历算法如下：

```
void BFSA(AdjGraph& G)                  //非连通图的BFS
{
    for (int i=0;i<G.n;i++)
        if (visited[i]==0)              //若顶点i没有被访问过
            BFS(G,i);                   //从顶点i出发广度优先遍历
}
```

【例 8.4】 假设图采用邻接表存储，设计一个算法判断一个无向图是否为连通图，若是连通图返回 true，否则返回 false。

解：采用遍历方式判断无向图是否连通。先将 visited 数组的元素均置初值 0，然后从顶点 0 开始遍历该图（深度优先和广度优先均可）。在一次遍历之后，若所有顶点 i 的 visited[i] 均为 1，则该图是连通的，否则不连通。采用深度优先遍历的算法如下：

```
int visited[MAXV];                      //全局数组
void DFS(AdjGraph& G, int v)            //深度优先遍历（邻接表）
{
    visited[v]=1;                       //置已访问标记(不输出v)
    ArcNode * p=G.adjlist[v].firstarc;  //p指向顶点v的第一个邻接点
    while (p!=NULL)
    {
        int w=p->adjvex;                //邻接点为w
        if (visited[w]==0)
            DFS(G,w);                   //若w顶点未被访问,递归访问它
        p=p->nextarc;                   //将p置为下一个邻接点
    }
}
bool Connect(AdjGraph& G)               //判断无向图G的连通性
{
    memset(visited,0,sizeof(visited));
    DFS(G,0);                           //从0出发深度优先遍历
    for (int i=0;i<G.n;i++)
        if (visited[i]==0)              //若有顶点没有被访问过
            return false;               //说明是非连通图
    return true;                        //说明是连通图
}
```

【实战 8.1】 LeetCode200——岛屿数量

问题描述：给定一个由 '1'（陆地）和 '0'（水）组成的二维网格，计算岛屿的数量。一个岛被水包围，并且它是通过水平方向或垂直方向上相邻的陆地连接而成的。可以假设网格的 4 个边均被水包围。例如输入：

视频讲解

```
11110
11010
11000
00000
```

对应的输出结果为 1。要求设计求二维网格 grid 中岛屿数量的函数：

```
class Solution {
public:
    int numIslands(vector < vector < char >> & grid)
    { ... }
};
```

8.4 图遍历算法的应用

8.4.1 深度优先遍历算法的应用

图的深度优先遍历算法是从顶点 v 出发,以纵向方式一步一步向后访问各个顶点的。从图 8.12 看到,DFS 算法的执行过程是 DFS(G,0)⇨DFS(G,1)⇨DFS(G,5)⇨回退到顶点 1⇨回退到顶点 0⇨DFS(G,2)⇨DFS(G,3)⇨回退到顶点 2⇨DFS(G,4)⇨回退到顶点 2⇨回退到顶点 0。

简单地说,在从起始点 v 深度优先遍历时,找顶点 v 的一个未访问的邻接点 u(对应边 $<v,u>$),从顶点 u 继续找一个未访问的邻接点 w(对应边 $<u,w>$),以此类推,若顶点 w 没有未访问的邻接点,则回退到顶点 u,再找顶点 u 的下一个未访问的邻接点,直到满足求解问题中的条件为止。这种思路常用于图算法设计中。

【**例 8.5**】 假设图 G 采用邻接表存储,设计一个算法判断顶点 u 到顶点 v 是否有路径,并对于图 8.16 所示的有向图,判断从顶点 0 到顶点 5、从顶点 0 到顶点 2 是否有路径。

解：利用深度优先遍历方法,先置 visited 数组的所有元素值为 0。从顶点 u 开始,置 visited[u]=1,找到顶点 u 的一个未访问过的邻接点 u_1;再从顶点 u_1 出发,置 visited[u_1]=1,找到顶点 u_1 的一个未访问过的邻接点 u_2,…,当找到的某个未访问过的邻接点 $u_n=v$ 时,说明顶点 u 到 v 有简单路径,返回 true,如果图遍历完都没有返回 true,则表示 u 到 v 没有路径,返回 false。其过程如图 8.17 所示(在深度优先遍历中包括自动回退过程)。

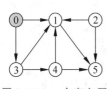

图 8.16 一个有向图

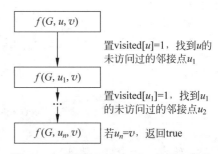

图 8.17 查找从顶点 u 到 v 是否有简单路径的过程

实际上，从递归算法设计角度看，$f(G,u,v)$ 是大问题，表示图 G 中从顶点 u 到顶点 v 是否存在简单路径，如果找到顶点 u 的没有搜索过的边 $<u,w>$，则 $f(G,w,v)$ 是小问题，若小问题返回 true，表示图 G 中从顶点 w 到顶点 v 存在简单路径，显然可推出顶点 u 到 v 存在简单路径，该路径是 $u \to w \to \cdots \to v$；若小问题返回 false，表示图 G 中从顶点 w 到顶点 v 不存在简单路径，从顶点 w 回退到 u 后再搜索 u 的下一条没有搜索过的边（即下一个未访问的邻接点），以此类推。对应的完整程序如下：

```cpp
#include "AdjGraph.cpp"           //包含图(邻接表)的基本运算算法
#include <cstring>
int visited[MAXV];                //全局数组
bool HasPath1(AdjGraph& G,int u,int v)   //被 HasPath 算法调用
{
    visited[u]=1;
    ArcNode * p=G.adjlist[u].firstarc;
    while (p!=NULL)
    {
        int w=p->adjvex;          //找到 u 的邻接点 w
        if (w==v)                 //找到目标点后返回真
            return true;          //表示 u 到 v 有路径
        else if (visited[w]==0)   //若顶点 w 没有被访问
        {
            if (HasPath1(G,w,v))  //找到路径<u,w>+w→v
                return true;
        }
        p=p->nextarc;
    }
    return false;
}
bool HasPath(AdjGraph& G,int u,int v)   //判断 u 到 v 是否有简单路径
{
    memset(visited,0,sizeof(visited));
    return HasPath1(G,u,v);
}
int main()
{
    AdjGraph G;
    int n=6,e=9;
    int a[MAXV][MAXV]={{0,1,0,1,0,0},{0,0,0,0,0,1},{0,1,0,0,0,1},
                       {0,1,0,0,1,0},{0,1,0,0,0,1},{0,0,0,0,0,0}};
    G.CreateAdjGraph(a,n,e);
    printf("图 G 邻接表\n"); G.DispAdjGraph();
    int u=0,v=5;
    printf("求解结果\n");
    printf("  顶点%d 到顶点%d 路径：%s\n",u,v,HasPath(G,u,v)?"有":"没有");
    u=0; v=2;
    printf("  顶点%d 到顶点%d 路径：%s\n",u,v,HasPath(G,u,v)?"有":"没有");
    return 0;
}
```

上述程序的执行结果如下：

图 G 邻接表
[0]→ (1,1) (3,1)
[1]→ (5,1)
[2]→ (1,1) (5,1)
[3]→ (1,1) (4,1)
[4]→ (1,1) (5,1)
[5]
求解结果
顶点 0 到顶点 5 路径：有
顶点 0 到顶点 2 路径：没有

【例 8.6】 假设图 G 采用邻接表存储，设计一个算法求顶点 u 到顶点 v 之间的一条简单路径（假设两顶点之间存在一条或多条简单路径），并对于图 8.16 所示的有向图，求从顶点 0 到顶点 4 的一条简单路径。

视频讲解

解：利用深度优先遍历方法，先置 visited 数组的所有元素值为 0，采用 path 向量存放 u 到 v 的一条结点路径（初始时路径为空）。从顶点 u 开始，置 visited[u]=1，将顶点 u 添加到 path 中，找到顶点 u 的一个未访问过的邻接点 u_1；再从顶点 u_1 出发，置 visited[u_1]=1，将顶点 u_1 添加到 path 中，找到顶点 u_1 的一个未访问过的邻接点 u_2，…，如果找到的某个未访问过的邻接点 $u_n=v$，说明 path 中存放的是顶点 u 到 v 的一条简单路径，输出 path 并返回。其过程如图 8.18 所示（在深度优先遍历中包括自动回退过程）。对应的算法如下：

```
int visited[MAXV];                          //全局数组
void FindaPath11(AdjGraph& G,int u,int v,vector<int> path)   //被 FindaPath1 调用
{
    visited[u]=1;
    path.push_back(u);                      //顶点 u 加入路径中
    if (u==v)                               //找到一条路径后输出并返回
    {
        for (int i=0;i<path.size();i++)
            printf("%d ",path[i]);
        printf("\n");
        return;
    }
    ArcNode *p=G.adjlist[u].firstarc;
    while (p!=NULL)
    {
        int w=p->adjvex;                    //找到 u 的邻接点 w
        if (visited[w]==0)                  //若顶点 w 没有被访问
            FindaPath11(G,w,v,path);        //从 w 出发继续查找
        p=p->nextarc;
    }
}
void FindaPath1(AdjGraph& G,int u,int v)    //求 u 到 v 的一条简单路径：直接输出路径
{
    memset(visited,0,sizeof(visited));
    vector<int> path;                       //path 中存放搜索路径
    FindaPath11(G,u,v,path);
}
```

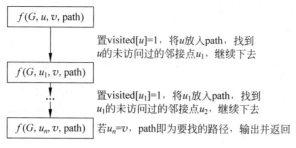

图 8.18 查找从顶点 u 到 v 的一条简单路径的过程

上述 FindaPath11(G,u,v,path)算法从顶点 u 出发深度优先遍历,将访问的顶点添加到 path 中,当访问到顶点 v 时输出 path 构成 u 到 v 的一条路径,由于 path 是非引用参数,它具有自动回退功能。如果不是直接输出路径而是返回找到的路径呢？此时需要增加一个与 path 同类型的引用参数 res,一旦找到路径,置 res 为 path。对应的算法如下:

```
void FindaPath21(AdjGraph& G, int u, int v, vector<int> path, vector<int>& res)
{                                           //被 FindaPath2 调用
    visited[u]=1;
    path.push_back(u);                      //顶点 u 加入路径中
    if (u==v)                               //找到一条路径后返回
    {
        res=path;
        return;
    }
    ArcNode* p=G.adjlist[u].firstarc;
    while (p!=NULL)
    {
        int w=p->adjvex;                    //找到 u 的邻接点 w
        if (visited[w]==0)                  //若顶点 w 没有被访问
            FindaPath21(G,w,v,path);        //从 w 出发继续查找
        p=p->nextarc;
    }
}
void FindaPath2(AdjGraph& G, int u, int v)  //求 u 到 v 的一条简单路径:返回后输出
{
    memset(visited,0,sizeof(visited));
    vector<int> path;                       //path 中存放搜索路径
    vector<int> res;                        //res 中存放找到的一条路径
    FindaPath21(G,u,v,path,res);            //求 res
    for (int i=0;i<res.size();i++)          //输出 res
        printf("%d ",res[i]);
    printf("\n");
}
```

思考题：在调用上述 FindaPath21(G,u,v,path,&res)算法返回时 path 中存放的是 u 到 v 的一条路径吗？是否可以直接将 FindaPath21(G,u,v, path, &res)算法改为 FindaPath21(G,u,v,&path),即直接将 path 改为引用参数返回最后找到的一条路径？

视频讲解

【例 8.7】 假设有向图 G 采用邻接表存储,设计一个算法,判断图中是否包含任何简单回路。注意,若一个有向图只有两个顶点 a 和 b,并且存在边 $<a,b>$ 和 $<b,a>$,则认为存在回路。

解:对于给定的有向图,从任意顶点 i 出发进行深度优先遍历,当走到顶点 u 时,path 中保存从 i 到 u 的路径,inpath 数组记录一个顶点是否在 path 中。若 u 的一个邻接点 w 是 path 中的一个顶点,如图 8.19 所示,则构成一个包含顶点 u 和 w 的回路。

如果从给定的有向图中的任何一个顶点出发找到了回路,则返回 true。注意,只有从所有顶点出发都没有找到回路才能返回 false。

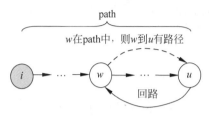

图 8.19 有向图中存在回路的情况

对应的算法如下:

```
bool Cycle1(AdjGraph& G,int u,vector<int> path,vector<int> inpath)
//在有向图 G 中从顶点 u 出发搜索是否存在回路的算法
{
    path.push_back(u);                    //将顶点 u 添加到路径中
    inpath[u]=1;                          //置已访问标记
    ArcNode* p=G.adjlist[u].firstarc;     //p 指向顶点 u 的第一个邻接点
    while (p!=NULL)
    {
        int w=p->adjvex;
        if (inpath[w]==0)                 //若顶点 w 不在路径中
        {
            if (Cycle1(G,w,path,inpath))  //从顶点 w 出发搜索是否存在回路
                return true;
        }
        else return true;                 //若顶点 w 在路径中,则出现回路
        p=p->nextarc;                     //找下一个邻接点
    }
    return false;
}
bool Cycle(AdjGraph& G)                   //判断有向图 G 中是否有回路
{
    for (int i=0;i<G.n;i++)
    {
        vector<int> inpath(MAXV,0);       //所有元素初始为 0
        vector<int> path;
        if (Cycle1(G,i,path,inpath))      //从顶点 i 出发进行搜索
            return true;
    }
    return false;
}
```

说明:由于本例仅判断有向图中是否存在满足题目要求的回路,在 Cycle1() 算法中不必包含 path 向量,只需要包含 inpath 向量就可以了。

8.4.2* 回溯法及其应用

任何复杂的问题的求解都是一步一步完成的,每一步做一个选择,最后的解可以用解向量 $x=(x_0,x_1,\cdots,x_{n-1})$ 表示,其中分量 x_i 对应第 i 步的选择,通常可以有两个或者多个取值,表示为 $x_i \in S_i$,S_i 为 x_i 的取值候选集。x 中各个分量 x_i 的所有取值的组合(即 $S_0 \times S_1 \times \cdots \times S_{n-1}$)构成问题的解向量空间,解向量空间通常用树结构表示,所以也称为**解空间树**。例如,一个求解问题是求集合 $s=\{a,b,c\}$ 的幂集,对应的解向量为 $x=(x_0,x_1,x_2)$,x_i 表示元素 s_i 选择和不选择两种情况($x_i=1$ 表示选择 s_i,$x_i=0$ 表示不选择 s_i),对应的解空间树如图 8.20 所示,树中从第 0 层结点到第 1 层结点(通常用 i 表示结点层次)分支上所标记的数字表示 x_0 可能的取值,类似地,从第 i 层结点到第 $i+1$ 层结点分支上所标记的数字表示 x_i 可能的取值,从中看出,x_i 只有 0 和 1 两种取值。从根结点到叶子结点路径上所标记的数字构成了问题的一个可能的解,例如 $x=(1,0,1)$ 对应的集合为 $\{a,c\}$。

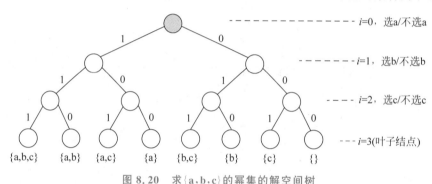

图 8.20 求 $\{a,b,c\}$ 的幂集的解空间树

在上述求幂集问题中所有叶子结点对应的解合起来构成幂集,但在许多情况下问题的解只是解空间树中的一个子集。例如求 s 中两个元素的组合,结果为 $\{a,b\}$、$\{a,c\}$ 和 $\{b,c\}$,它就是解空间树中的一个子集。子集中的解必须满足事先给定的某些约束条件(如 s 的组合中没有相同元素),把满足约束条件的解称为**可行解**。可行解可能不止一个,因此对需要寻找最优解的问题还需要事先给出一个目标函数,使目标函数取极值(极大或者极小),这样得到的可行解称为**最优解**。例如,$s=\{5,-4,3\}$,求其中若干个元素和的最大值就是一个求最优解问题。

那么如何在包含问题的所有解的解空间树中求解呢?回溯法就是一种强大的求解问题的通用方法。其基本思路是在解空间树中从根结点出发按照深度优先的顺序向下层扩展结点,当扩展到某一层时,若已经无法继续扩展并且仍然未找到解,则回退到双亲结点,从双亲结点的下一个分支开始,按同样的方式继续扩展,…,直到找到问题的解或者证明无解为止。例如在图遍历中,顶点 u 的扩展就是查找它的邻接点 w_1、w_2、…,从顶点 u 扩展到顶点 w_1,再从 w_1 按同样的方式继续扩展,若在该方向没有找到解,则从 w_1 回退到 u,再从 u 扩展到顶点 w_2,以此类推,该过程如图 8.21 所示(图中实线为扩展,虚线为回退)。

实际上,回溯法是一种通用的算法策略,假设解空

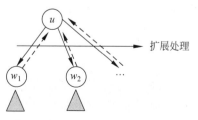

图 8.21 回溯法的扩展处理过程

间树中的每个结点有一个层次 i，其基本递归框架如下：

```
backtrack(u,i)
{
    if (当前结点 u 满足解条件)
    {
        产生一个解；
        return;
    }
    for 对当前结点 u 做扩展处理(假设当前结点 u 的子结点是 wi)
    {
        if (wi 满足扩展要求)
        {
            做 u 到 wi 的扩展操作；
            backtrack(wi,i+1);
            做 wi 到 u 的回退操作；
        }
    }
}
```

例如，求 $s=$"abc"($n=3$)的幂集，采用回溯法递归框架设计的算法如下：

```
void PSet(int i,int x[])              //输出 s 的幂集
{
    if (i>=n)                         //到达解空间树的叶子结点
    {
        disp(x);                      //disp(x)为输出解向量 x 的算法
        return;
    }
    for (int j=0;j<=1;j++)            //扩展:x[i]的所有取值为 0 或者 1
    {
        x[i]=j;                       //s[i]取值 j
        PSet(i+1,x);
    }
}
```

也可以简化如下：

```
void PSet(int i,int x[])              //输出 s 的幂集
{
    if (i>=n)                         //到达解空间树的叶子结点
        disp(x);                      //由解向量 x 输出 s 的一个子集
    else                              //未到解空间树的叶子结点
    {
        x[i]=1; PSet(i+1,x);          //选择 s[i]
        x[i]=0; PSet(i+1,x);          //不选择 s[i]
    }
}
```

【例 8.8】 有表达式为 1□2□3□4，其中□为正或者负号，采用回溯法求出该表达式的绝对值为 4 的所有表达式。

解：用数组 a 存放{1,2,3,4}($n=4$)，解向量为 x，表达式为"1 x[0] 2 x[1] 3 x[2] 4"，

其中$x[i]$的取值为'＋'或者'－',用 sum 表示当前表达式值。对应的解空间树如图 8.22 所示,i 用于遍历 a,也表示结点层次,根结点有 $i=0$,$sum=a[0]=1$。第 i 层结点的左、右分支表示选择运算符＋或者－,选择＋时的扩展操作是 $sum+=a[i+1]$,对应的回退操作是 $sum-=a[i+1]$。

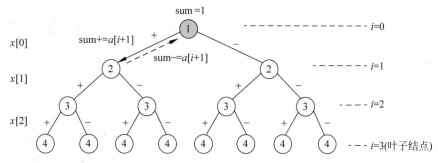

图 8.22　求绝对值等于 4 问题的解空间树

对应的程序如下:

```cpp
#include <iostream>
#include <cstring>
using namespace std;
#define MAXN 10
int a[]={1,2,3,4};
int n=4;
char x[MAXN];
void solve(int i,int sum)            //用回溯法求解
{
    if (i==n-1)                      //到达叶子结点
    {
        if (abs(sum)==4)             //找到一个可行解
        {
            for (int j=0;j<n;j++)    //输出结果
            {
                printf("%d",a[j]);
                printf("%c",x[j]);
            }
            printf("=%d\n",sum);
        }
        return;
    }
    x[i]='+';                        //x[i]取'+'号
    sum+=a[i+1];                     //计算 sum
    solve(i+1,sum);                  //进入下一层
    sum-=a[i+1];                     //回退恢复 sum
    x[i]='-';                        //x[i]取'-'号
    sum-=a[i+1];                     //计算 sum
    solve(i+1,sum);                  //进入下一层
    sum+=a[i+1];                     //回退恢复 sum
}
```

```
int main()
{
    int sum=1;                    //根结点取值为1
    int i=0;                      //从根结点开始搜索解
    solve(i,sum);
    return 0;
}
```

上述程序的输出结果如下：

1+2-3+4=4
1+2-3-4=-4

回溯法与深度优先遍历相比，两者的相同点是都采用深度优先顺序，不同点是深度优先遍历的目的是"遍历"，本质是无序的，也就是说访问次序不重要，重要的是都被访问过了，而回溯法的目的是"求解过程"，本质是有序的，也就是说必须每一步都是要求的次序，另外深度优先遍历中已经访问过的顶点不再访问，所有顶点仅访问一次，而回溯法中已经访问过的顶点可能再次访问，也可能存在没有访问过的顶点。为了提高回溯法性能往往在搜索过程中采用剪枝操作，这里不予讨论。

【例8.9】 假设图 G 采用邻接表存储，设计一个算法求顶点 u 到顶点 v 之间的所有简单路径（假设两顶点之间存在一条或多条简单路径），并对于图8.16所示的有向图，求从顶点0到顶点5的所有简单路径。

解法1：基于深度优先遍历。采用与例8.6类似的思路，但存在一个问题，一旦访问了某个顶点 u 就置 visited[u] 为1，以后就不能再访问该顶点，这样最多只能找到一条简单路径，所以采用基本深度优先遍历是无法找到 u 到 v 的所有简单路径的。

视频讲解

可以这样修改，假设查找路径是 $\cdots k \rightarrow u_i$，即顶点 k 找到没有访问过的邻接点 u_i，置 visited[u_i] 为1，从 u_i 出发查找到 v 的路径 $\cdots k \rightarrow u_i \rightarrow \cdots \rightarrow v$，当顶点 u_i 的所有邻接点找完后又回到 u_i 时，再从 u_i 回退到该路径上的前一个顶点 k，此时需要重置 visited[u_i] 为0，下一步从顶点 k 的另一个未访问的邻接点继续查找路径，该路径有可能又经过顶点 u_i。采用非引用参数 path 向量存放两顶点之间的一条简单路径，其过程如图8.23所示。这样修改的深度优先遍历方法称为**带回溯的深度优先遍历**。对应的算法如下：

```
int visited[MAXV];                //全局数组
void FindallPath11(AdjGraph& G,int u,int v,vector<int> path)   //被FindallPath1调用
{
    visited[u]=1;
    path.push_back(u);            //顶点u加入路径中
    if (u==v)                     //找到一条路径后输出并返回
    {
        for (int i=0;i<path.size();i++)
            printf(" %d",path[i]);
        printf("\n");
        visited[u]=0;             //回溯，重置visited[u]为0
        return;
    }
    ArcNode * p=G.adjlist[u].firstarc;
```

```
    while (p!=NULL)
    {
        int w=p->adjvex;                     //找到 u 的邻接点 w
        if (visited[w]==0)                   //若顶点 w 没有访问
            FindallPath11(G,w,v,path);       //从 w 出发继续查找
        p=p->nextarc;
    }
    visited[u]=0;                            //回溯,重置 visited[u]为 0
}
void FindallPath1(AdjGraph& G,int u,int v)  //解法 1:求 u 到 v 的所有简单路径
{
    memset(visited,0,sizeof(visited));
    vector<int> path;                        //path 中存放搜索路径
    FindallPath11(G,u,v,path);
}
```

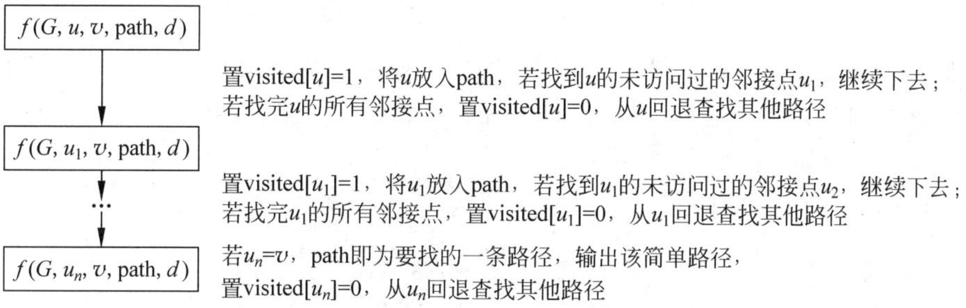

f(G, u, v, path, d)
置visited[u]=1，将u放入path，若找到u的未访问过的邻接点u1，继续下去；
若找完u的所有邻接点，置visited[u]=0，从u回退查找其他路径
f(G, u1, v, path, d)
置visited[u1]=1，将u1放入path，若找到u1的未访问过的邻接点u2，继续下去；
若找完u1的所有邻接点，置visited[u1]=0，从u1回退查找其他路径
f(G, un, v, path, d)
若un=v，path即为要找的一条路径，输出该简单路径，
置visited[un]=0，从un回退查找其他路径

图 8.23　查找从顶点 u 到 v 的所有简单路径的过程

对于图 8.16 所示的有向图,在求顶点 0 到顶点 5 的所有简单路径时,搜索过程如图 8.24 所示,先找到路径 0→1→5(visited[0]=visited[1]=visited[5]=1),从顶点 5 回退到顶点 1,将 visited[5]重置为 0,从顶点 1 回退到顶点 0,将 visited[1]重置为 0,再找到顶点 0 的下一个邻接点 3,以此类推,结果找到顶点 0 到顶点 5 的 4 条结点路径,分别是 0 1 5、0 3 1 5、0 3 4 1 5、0 3 4 5。

0
1
3
5
1
4
5
1
5
5

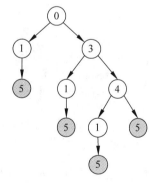

图 8.24　搜索从顶点 0 到 5 的所有简单路径

解法 2:采用回溯法。在图 8.16 中搜索 0→5 的所有简单路径的部分解空间树如图 8.25 所示,起点 0 为根结点,叶子结点为顶点 5,从根到每个叶子结点构成一条简单路径。因此用全局变量 path 向量存放一条简单路径,为了避免路径上出现相同顶点,设置一个全局数组 inpath,inpath[i]=1 表示顶点 i 在当前路径中。在根结点 0 处将起点 0 添加到 path 中(同时置 inpath[u]为 1),从根结点 u(u=0)扩展的操作如下。

若 $u=v$,说明找到了一条满足条件的简单路径 path,输出 path 并返回,否则做顶点 u 到邻接点 w_i 的扩展操作(结点 w_i 均为结点 u 的子结点),若邻接点 w_i 在路径中(即 inpath[w_i]=1),跳过,继续处理顶点 u 的下一个邻接点,否则执行以下操作:

① 将顶点 w_i 添加到 path 中,同时置 inpath[w_i]为 1。

② 从顶点 w_i 出发搜索,其过程与从顶点 u 出发的搜索过程类似(求解子问题)。
③ 从顶点 w_i 回退到顶点 u,即将 w_i 从 path 中删除并置 inpath[w_i]为 0。

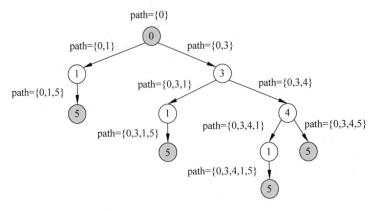

图 8.25 搜索 0→5 的所有简单路径的部分解空间树

说明:许多情况下的解空间树是满的,每个结点属于某个层次 i,根结点的层次 $i=0$,但本题的解空间树是不规整的,叶子结点对应目标顶点 v,通过 $u=v$ 来判断是否找到一个可行解。

对应的回溯法算法如下:

```
int inpath[MAXV];                          //全局数组
vector<int> path;                          //全局变量
void FindallPath21(AdjGraph& G,int u,int v)//被 FindallPath2 函数调用
{
    if (u==v)                              //叶子结点:找到一条路径后输出
    {
        for (int i=0;i<path.size();i++)    //输出一条路径
            printf(" %d",path[i]);
        printf("\n");
        return;
    }
    ArcNode * p=G.adjlist[u].firstarc;     //扩展 u
    while (p!=NULL)
    {
        int w=p->adjvex;                   //找到 u 的邻接点 w
        if (inpath[w]==0)                  //若顶点 w 不在 path 中
        {
            path.push_back(w);             //将顶点 w 添加到 path 中
            inpath[w]=1;                   //w 已经在 path 中
            FindallPath21(G,w,v);          //递归调用
            path.pop_back();               //path 回退
            inpath[w]=0;                   //w 回退即量 w 不在 path 中
        }
        p=p->nextarc;
    }
}
void FindallPath2(AdjGraph& G,int u,int v) //解法 2:求 u 到 v 的所有简单路径
```

```
    {
        memset(inpath,0,sizeof(inpath));        //初始化 inpath
        path.push_back(u);                       //将顶点 u 添加到 path 中
        inpath[u]=1;                             //u 已经在 path 中
        FindallPath21(G,u,v);
    }
```

【实战 8.2】 POJ1129——最少颜色数量

时间限制：1000ms；内存限制：10 000KB。

问题描述：给定 n 个顶点以及顶点之间的无向边，现在给全部顶点染色，要求任意有边相连的两个顶点不能染成相同颜色，求将图染色需要的最少颜色数量。

输入格式：输入包含多个测试用例，每个测试用例的第一行为顶点数 n，顶点用 A～Z 的大写字母表示，接下来的 n 行形如"A:BCD"，表示顶点 A 到 3 个顶点 B、C、D 均有一条边。以输入 $n=0$ 结束。

输出格式：对于每个测试用例，输出图染色需要的最少颜色数量。

8.4.3 广度优先遍历算法的应用

图的广度优先遍历算法是从顶点 v 出发，以横向方式一步一步向后访问各个顶点，即访问过程是一层一层地向后推进的。简单地说，当起始点为 u 时，以顶点 u 到其他顶点的最短路径长度分层，一层一层地访问顶点。用户可以利用这一特点采用广度优先遍历算法找从顶点 u 到顶点 v 的最短路径等。

【例 8.10】 假设图 G 采用邻接表存储，设计一个算法，求不带权图 G 中从顶点 u 到顶点 v 的最短路径长度。

解法 1：图 G 是不带权图，一条边的长度计为 1，因此求顶点 u 到顶点 v 的最短路径就是求顶点 u 到 v 的边数最少的顶点序列，其长度就是最短路径长度。

利用基本广度优先遍历算法，从 u 出发进行广度优先遍历，类似于从顶点 u 出发一层一层地向外伸展，当第一次找到顶点 v 时队列中便包含了从顶点 u 到顶点 v 的最短路径，如图 8.26 所示。实际上不必在找到顶点 v 后再求最短路径长度，而是求从顶点 u 到顶点 v 的伸展次数即可。

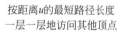
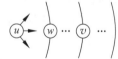

图 8.26 查找顶点 u 和顶点 v 的最短路径

对应的算法如下：

```
struct QNode                      //队列元素类型
{
    int v;                        //顶点编号
    int dis;                      //源点到当前顶点的最短路径长度
    QNode() {}                    //构造函数
    QNode(int v,int dis)          //重载构造函数
    {
        this->v=v;
        this->dis=dis;
    }
};
```

```
int Shortdist(AdjGraph& G,int u,int v)        //求 u 到 v 的最短路径长度
{
    int visited[MAXV];                         //访问标记数组
    memset(visited,0,sizeof(visited));
    queue<QNode> qu;                           //定义一个队列 qu
    visited[u]=1;                              //置已访问标记
    qu.push(QNode(u,0));                       //起始点 u(距离为 0)进队
    while (!qu.empty())                        //队不空时循环
    {
        QNode e=qu.front(); qu.pop();          //出队一个元素 e
        if (e.v==v)                            //找到顶点 v
            return e.dis;                      //返回 u 到 v 的最短路径长度
        ArcNode * p=G.adjlist[e.v].firstarc;
        while (p!=NULL)
        {
            int w=p->adjvex;                   //找到 u 的邻接点 w
            if (visited[w]==0)                 //若顶点 w 没有被访问
            {
                visited[w]=1;                  //置已访问标记
                qu.push(QNode(w,e.dis+1));     //邻接点 w 进队
            }
            p=p->nextarc;
        }
    }
    return INF;                                //没有路径的情况
}
```

说明：本题的思想类似于用队列求解迷宫问题，只是这里的数据用邻接表存储，而前面的迷宫用数组存储。

解法 2：从顶点 u 到 v 的最短路径长度就是广度优先遍历中从顶点 u 出发扩展的层次数，不必在队列中保存每个顶点的最短路径长度，只需要记录扩展的层次，当访问到顶点 v 时返回结果即可，这称为**分层次的广度优先遍历**，与第 7 章例 7.17 解法 3 的二叉树分层次的层次遍历类似。用于求解本例的过程是，置 ans 顶点 u 到 v 的最短路径长度为 0，首先访问顶点 u 并将其进队，在队不空时循环：此时队列元素个数 n 表示当前层次的顶点个数，做 n 次这样的操作：出队一个顶点 u，若 $u=v$，返回结果 ans，否则访问顶点 u 的所有未访问的邻接点并进队，n 次操作后表示当前层次的顶点扩展完毕，置 ans++，此时队列中恰好包含下一层的全部顶点。对应的算法如下：

```
int Shortdist2(AdjGraph& G,int u,int v)       //解法 2:求 u 到 v 的最短路径长度
{
    int visited[MAXV];                         //访问标记数组
    memset(visited,0,sizeof(visited));
    int ans=0;                                 //存放最短路径长度(初始时为 0)
    queue<int> qu;                             //定义一个队列 qu
    visited[u]=1;                              //置已访问标记
    qu.push(u);                                //起始点 u 进队
    while (!qu.empty())                        //队不空循环
    {
        int n=qu.size();                       //求队列 qu 中元素的个数 n
        for(int i=0;i<n;i++)                   //循环 n 次
```

```cpp
    {
        u=qu.front(); qu.pop();              //出队一个顶点 u
        if (u==v)                             //找到顶点 v
            return ans;                       //返回 u 到 v 的最短路径长度
        ArcNode * p=G.adjlist[u].firstarc;
        while (p!=NULL)
        {
            int w=p->adjvex;                  //找到 u 的邻接点 w
            if (visited[w]==0)                //若顶点 w 没有访问
            {   visited[w]=1;                 //置已访问标记
                qu.push(w);                   //邻接点 w 进队
            }
            p=p->nextarc;
        }
    }
    ans++;                                    //一层的顶点扩展后 ans 增 1
    }
    return INF;                               //没有路径的情况
}
```

还可以由基本广度优先遍历衍生出一种**多起点广度优先遍历**,也就是说遍历时的起点不止一个,当访问到目标顶点时返回最短路径长度。例如,求不带权图 G 中顶点集 U 到目标顶点 v 的最短路径长度的算法如下:

```cpp
int Shortdist3(AdjGraph& G,vector<int> &U,int v)   //求 U 中顶点到 v 的最短路径长度
{
    int visited[MAXV];                         //访问标记数组
    memset(visited,0,sizeof(visited));
    int ans=0;                                 //存放最短路径长度(初始时为 0)
    queue<int> qu;                             //定义一个队列 qu
    for(int i=0;i<U.size();i++)                //将 U 集合中所有顶点作为起点进队
    {
        visited[U[i]]=1;                       //置已访问标记
        qu.push(U[i]);                         //起始点 U[i]进队
    }
    while (!qu.empty())                        //队不空循环
    {
        int n=qu.size();                       //求队列 qu 中元素个数 n
        for(int i=0;i<n;i++)                   //循环 n 次
        {
            int u=qu.front(); qu.pop();        //出队一个顶点 u
            if (u==v)                          //找到顶点 v
                return ans;                    //返回 u 到 v 的最短路径长度
            ArcNode * p=G.adjlist[u].firstarc;
            while (p!=NULL)
            {
                int w=p->adjvex;               //找到 u 的邻接点 w
                if (visited[w]==0)             //若顶点 w 没有访问
                {   visited[w]=1;              //置已访问标记
                    qu.push(w);                //邻接点 w 进队
                }
                p=p->nextarc;
            }
```

```
        }
        ans++;                               //一层的顶点扩展后 ans 增 1
    }
    return INF;                              //没有路径的情况
}
```

对于图 8.16,当 U={0,2,3},v=5,顶点 0 到 5 的最短路径长度为 2,顶点 2 到 5 的最短路径长度为 1,顶点 3 到 5 的最短路径长度为 2,所以最小路径长度为 min(2,1,2)=1。

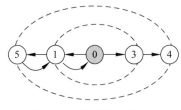

图 8.27 搜索从 0 到 5 的所有简单路径

【疑难解析】为什么广度优先遍历找到的路径一定是最短路径呢? 以图 8.16 中求顶点 0 到 5 的路径为例,起始点为 0,以顶点 0 到其他顶点的最短路径长度分层,如图 8.27 所示,当搜索到顶点 5 时,求出的逆路径是 5 1 0,路径上的每个顶点均为不同层次的顶点,所以该路径一定是最短路径。如果采用深度优先遍历,找到的路径中的顶点可能属于相同层次的顶点,所以不一定是最短路径。

视频讲解

【实战 8.3】 HDU1072——伊格纳修斯的噩梦

时间限制:1000ms;内存限制:32 768KB。

问题描述:伊格纳修斯昨晚做了一场噩梦,他发现自己身处迷宫中,身上挂着一颗定时炸弹。迷宫有出口,在炸弹爆炸之前,伊格纳修斯应该离开迷宫。炸弹的初始爆炸时间设置为 6 分钟。为了防止炸弹因震动而爆炸,伊格纳修斯必须缓慢移动,即从一个位置移动到相邻位置(也就是说,如果伊格纳修斯现在站在[x,y]上,他只能花费 1 分钟移动到[$x+1,y$]、[$x-1,y$]、[$x,y+1$]或[$x,y-1$])。迷宫中的某些位置有炸弹重置设备,可以用于将爆炸时间重置为 6 分钟。

给定迷宫的布局和伊格纳修斯的开始位置,请问他是否可以走出迷宫,如果可以,输出他必须用来寻找迷宫出口的最短时间,否则输出 −1。以下是一些规则:

① 假设迷宫为二维数组。

② 伊格纳修斯不能走出边界,也不能走在墙上。

③ 如果爆炸时间变为 0 时伊格纳修斯到达出口,则他无法走出迷宫。

④ 当爆炸时间变为 0 时,如果伊格纳修斯到达炸弹重置设备的位置,则他无法使用该设备重置炸弹。

⑤ 炸弹重置设备可以根据需要使用多次,如果有需要,伊格纳修斯可以根据需要多次到达迷宫的任何区域。

⑥ 可以忽略操作炸弹重置设备的时间,换句话说,如果伊格纳修斯到达炸弹重置设备的位置,并且爆炸时间大于 0,则爆炸时间将重置为 6。

输入格式:输入包含几个测试用例。输入的第一行是单个整数 t,表示测试用例的数量,随后是 t 个测试用例。每个测试用例都以两个整数 n 和 $m(1 \leqslant n, m \leqslant 8)$开头,它们表示迷宫的大小。接下来的 n 行,每行包含 m 个整数,每个整数的含义如下。

0:该位置是墙,伊格纳修斯不应该在其上行走。

1：该位置不包含任何东西，伊格纳修斯可以在上面行走。

2：伊格纳修斯的开始位置，从该位置开始逃跑。

3：迷宫的出口，即伊格纳修斯的目标位置。

4：该位置包含炸弹重置设备，伊格纳修斯可以步行到这些位置，以延迟爆炸时间。

输出格式：对于每个测试用例，如果伊格纳修斯可以走出迷宫，则应输出他所需要的最短时间，否则应输出 −1。

8.5 生成树和最小生成树

8.5.1 生成树和最小生成树的概念

通常生成树是针对无向图的，最小生成树是针对带权无向图的。

1. 什么是生成树

一个有 n 个顶点的连通图的**生成树**是一个极小连通子图，它含有图中的全部顶点，但只包含构成一棵树的 $n-1$ 条边。如果在一棵生成树上添加一条边，则必定构成一个环，因为这条边使得它依附的那两个顶点之间有了第二条路径。

视频讲解

如果一个无向图有 n 个顶点和少于 $n-1$ 条边，则它是非连通图。如果它有多于 $n-1$ 条边，则一定有回路，但是有 $n-1$ 条边的图不一定都是生成树。

2. 连通图的生成树和非连通图的生成森林

在对无向图进行遍历时，若是连通图，仅需调用遍历过程（DFS 或 BFS）一次，从图中的任一顶点出发，便可以遍历图中的各个顶点。在遍历中搜索边 $<v,w>$ 时，若顶点 w 是首次访问（该边也是被首次搜索到），则该边是一条树边，所有树边构成一棵生成树。

若是非连通图，则需对每个连通分量调用一次遍历过程，所有连通分量对应的生成树构成整个非连通图的**生成森林**。

3. 由两种遍历方法产生的生成树

连通图可以产生一棵生成树，非连通分量可以产生生成森林。由深度优先遍历得到的生成树称为**深度优先生成树**；由广度优先遍历得到的生成树称为**广度优先生成树**。无论哪种生成树，都是由相应遍历中首次搜索的边构成的。

【例 8.11】 对于如图 8.28 所示的无向图，画出其邻接表存储结构，并在该邻接表中以顶点 0 为根画出图 G 的深度优先生成树和广度优先生成树。

解：假设该图的邻接表如图 8.29 所示（注意图 G 的邻接表不是唯一的）。

对于该邻接表，从顶点 0 出发的深度优先遍历过程如图 8.30 所示，因此对应的深度优先生成树如图 8.31 所示。

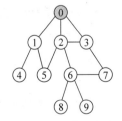

图 8.28 一个无向图

对于该邻接表，从顶点 0 出发的广度优先遍历过程如图 8.32 所示，因此对应的广度优先生成树如图 8.33 所示。

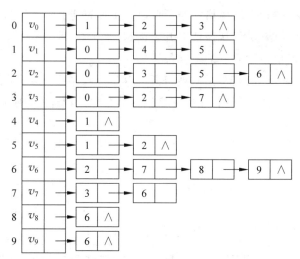

图 8.29 图的邻接表

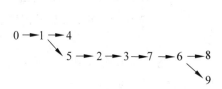

图 8.30 深度优先遍历过程

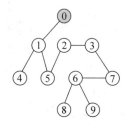

图 8.31 深度优先生成树

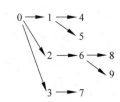

图 8.32 广度优先遍历过程

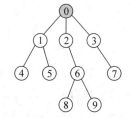

图 8.33 广度优先生成树

说明：一个图的邻接表存储结构不一定唯一，而不同的邻接表，其深度优先遍历序列和广度优先遍历序列可能不同，对应的深度优先生成树和广度优先生成树也可能不同。

4. 什么是最小生成树

一个带权连通图 G（假定每条边上的权值均大于零）可能有多棵生成树，每棵生成树中所有边上的权值之和可能不同，其中边上的权值之和最小的生成树称为图的**最小生成树**。

按照生成树的定义，n 个顶点的连通图的生成树有 n 个顶点、$n-1$ 条边，因此构造最小生成树的准则有以下几条：

① 必须只使用该图中的边来构造最小生成树。

② 必须使用且仅使用 $n-1$ 条边来连接图中的 n 个顶点，生成树一定是连通的。

③ 不能使用产生回路的边。

④ 最小生成树的权值之和是最小的,但一个图的最小生成树不一定是唯一的。

求图的最小生成树有很多实际应用,例如城市之间的交通工程造价最优问题就是一个最小生成树问题。构造图的最小生成树主要有两个算法,即普里姆算法和克鲁斯卡尔算法,将分别在后面介绍。

8.5.2 普里姆算法

1. 普里姆算法的过程

普里姆(Prim)算法是一种构造性算法。假设 $G=(V,E)$ 是一个具有 n 个顶点的带权连通图,$T=(U,TE)$ 是 G 的最小生成树,其中 U 是 T 的顶点集,TE 是 T 的边集,则由 G 构造从起始点 v 出发的最小生成树 T 的步骤如下。

首先初始化 $U=\{v\}$,以 v 到其他顶点的所有边为候选边。

然后重复以下步骤 $n-1$ 次,使得其他 $n-1$ 个顶点被加入 U 中:

① 从候选边中挑选权值最小的边加入 TE(所有候选边一定是连接两个顶点集 U 和 $V-U$ 的边),设该边在 $V-U$ 中的顶点是 k,将顶点 k 加入 U 中。

② 考查当前 $V-U$ 中的所有顶点 j,修改候选边:若 (k,j) 的权值小于原来和顶点 j 关联的候选边,则用 (k,j) 取代后者作为候选边。

简单地说,普里姆算法将图中的所有顶点分为 U 和 $V-U$ 两个集合,初始时 U 中仅包含一个顶点(即起始点 v),每次取两个顶点集之间的最小边(权值最小的边)作为最小生成树的一条边,将该边位于 $V-U$ 中的那个顶点移到 U 中,这样 U 和 $V-U$ 两个集合发生改变,再以此类推重复,直到 U 中包含 n 个顶点。

2. 普里姆算法设计

设计普里姆算法的要点如下:

① 算法中最主要的操作是在集合 U 和 $V-U$ 之间选择最小边 (i,j),并且 $i \in U, j \in V-U$,两个顶点集之间的所有边称为割集,这里就是在割集中找最小边。由于是无向图,求割集可以考虑 U 中的每个顶点到 $V-U$ 的所有边,也可以考虑 $V-U$ 中的每个顶点到 U 的所有边,但本问题的目的仅是求最小边,没有必要求出整个割集,因此只需要考虑 U 中的每个顶点到 $V-U$ 的最小边,或者 $V-U$ 中的每个顶点到 U 的最小边,在所有这样的最小边中再找到最小边。

不妨考虑 $V-U$ 中的每个顶点 j 到 U 的最小边,在这样的最小边中再找出一条最小边便是最小生成树的一条边。

② 如何记录 $V-U$ 中的每个顶点 $j(j \in V-U)$ 到 U 的最小边呢?为此建立两个数组 closest 和 lowcost,用 closest[j] 表示该最小边在 U 中的顶点,用 lowcost[j] 表示该边的权值。

③ 对于任意顶点 i,如何知道它属于集合 U 还是集合 $V-U$ 呢?由于图中的权值为正整数,可以通过 lowcost 值来区分,一旦顶点 i 移到 U 中,将 lowcost[i] 置为 0,即 $U=\{i \mid \text{lowcost}[i]=0\}$,而 $V-U=\{j \mid \text{lowcost}[j] \neq 0\}$。

说明:这里使用 lowcost[j] 的值表示顶点 j 属于 U 集合(lowcost[j]=0)还是属于 V−U 集合(lowcost[j]≠0),一种更简单的方法是设置一个 S 数组,若 U[j]=1,表示顶点 j 属于 U 集合,若 U[j]=0,表示顶点 j 属于 V−U 集合。

假设 V−U 中的顶点 j 的最小边为 (i,j),有 closest[j]=i,其权值为 lowcost[j],它表示的是 j 到 U 集合的最小边,对应图 8.34 中的左图。可以采用图 8.34 中右图的表示形式,注意右图中的顶点 j 连接的是整个 U 集合,表示 V−U 中的顶点 j 到 U 集合的最小边是 (closest[j],j),其权值为 lowcost[j]。

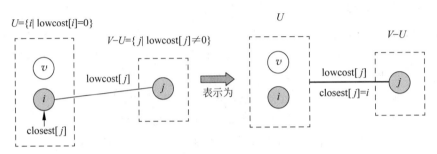

图 8.34 顶点集合 U 和 V−U

④ 算法中频繁地取两个顶点的权值,所以采用邻接矩阵存储图更加高效。

⑤ 初始时,U 中只有一个顶点 v,其他顶点 i 均在 V−U 中,如果 (v,i) 有一条边,它就是 i 到 U 的最小边,所以置 closest[i]=v,lowcost[i]=g.edges[v][i]。如果 (v,i) 没有一条边,不妨认为有一条权为 ∞ 的边,同样置 closest[i]=v,lowcost[i]=g.edges[v][i](此时恰好有 g.edges[v][i] 为 ∞,可以看出邻接矩阵为什么这样表示)。

⑥ 一旦找到集合 U 和 V−U 之间的最小边 (i,k),将顶点 k 移到 U 中,操作是置 lowcost[k]=0,这样 U 和 V−U 两个集合发生改变,显然 V−U 集合中的每个顶点 j 的最小边需要修改。实际上,在顶点 k 移到 U 中之前,顶点 j 的最小边是 closest[j] 和 lowcost[j],现在 U 中仅新增了一个顶点 k,只需要将原 lowcost[j] 与 g.edges[k][j] 比较,若 g.edges[k][j]<lowcost[j],说明 (k,j) 边更小,修改为 lowcost[j]=g.edges[k][j],closest[j]=k,否则说明原来的最小边仍然是最小边,不需要修改,如图 8.35 所示。

说明:在⑥中可能出现 lowcost[j]=g.edges[k][j] 的情况,这就是最小生成树不一定唯一的原因。当一个带权连通图有多棵最小生成树时,起始点 v 不同得到的最小生成树可能不同。

对应的 Prim(v) 算法如下(该算法输出从起始点 v 出发求得的最小生成树的所有边):

```
void Prim(MatGraph g, int v)          //用 Prim 算法输出最小生成树
{
    int lowcost[MAXV];                 //建立数组 lowcost
    int closest[MAXV];                 //建立数组 closest
    for (int i=0;i<g.n;i++)            //将 lowcost[]和 closest[]置初值
    {
        lowcost[i]=g.edges[v][i];
```

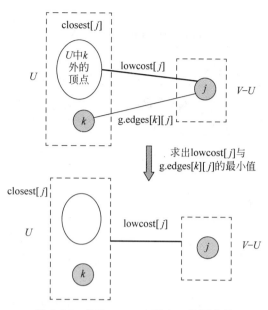

图 8.35 修改 $V-U$ 中顶点 j 的最小边

```
            closest[i]=v;
    }
    for (int i=1;i<g.n;i++)                //找出最小生成树的 n-1 条边
    {
        int min=INF;
        int k=-1;                          //k 记录最近顶点的编号
        for (int j=0;j<g.n;j++)            //在(V-U)中找出离 U 最近的顶点 k
            if (lowcost[j]!=0 && lowcost[j]<min)
            {
                min=lowcost[j];
                k=j;
            }
        cout << "  边(" << closest[k] << "," << k << "),权为" << min << endl;
        lowcost[k]=0;                      //标记 k 已经加入 U
        for (int j=0;j<g.n;j++)            //修改数组 lowcost 和 closest
            if (lowcost[j]!=0 && g.edges[k][j]<lowcost[j])
            {
                lowcost[j]=g.edges[k][j];
                closest[j]=k;
            }
    }
}
```

例如,图 8.36(a)所示的带权连通图采用普里姆算法调用 Prim(0)构造最小生成树的过程如图 8.36(b)~图 8.36(f)所示,图 8.36(f)就是最后求出的一棵最小生成树。

在上述普里姆算法中有两重 for 循环,所以时间复杂度为 $O(n^2)$,其中 n 为图的顶点个数。由于与 e 无关,所以普里姆算法特别适合于稠密图求最小生成树。

思考题:当一个带权连通图有多棵最小生成树时,如何利用普里姆算法的思路求出所有的最小生成树?

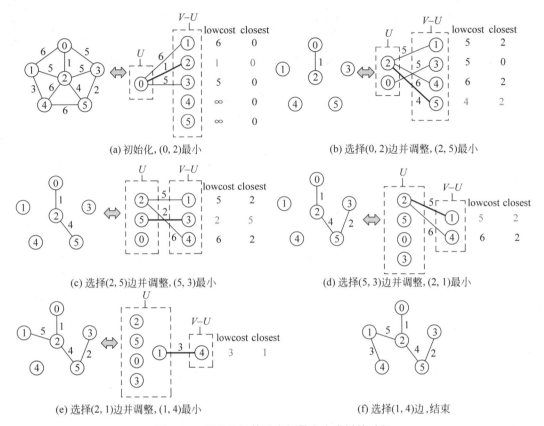

图 8.36 用普里姆算法求解最小生成树的过程

视频讲解

8.5.3 克鲁斯卡尔算法

1. 克鲁斯卡尔算法的过程

克鲁斯卡尔(Kruskal)算法是一种按权值的递增次序选择合适的边来构造最小生成树的方法。假设 $G=(V,E)$ 是一个具有 n 个顶点的带权连通图，$T=(U,TE)$ 是 G 的最小生成树，则构造最小生成树的步骤如下：

① 置 U 的初值等于 V(即包含 G 中的全部顶点)，TE 的初值为空集(即图 T 中的每个顶点都构成一个分量)。

② 将图 G 中的边按权值从小到大的顺序依次选取，若选取的边未使生成树 T 形成回路，则加入 TE，否则舍弃，直到 TE 中包含 $n-1$ 条边为止。

2. 克鲁斯卡尔算法设计

设计克鲁斯卡尔算法的关键是如何判断选择的边是否与生成树中已有的边形成回路，这可通过判断该边的两个顶点所在的连通分量是否相同的方法来解决。每个连通分量用其中的一个顶点编号来标识，称为连通分量编号，同一个连通分量中所有顶点的连通分量编号相同，不同连通分量中两个顶点的连通分量编号一定不相同，如果所选择边的两个顶点的连通分量编号相同，添加到 TE 中一定会出现回路。

为此设置一个辅助数组 vset$[0..n-1]$，其元素 vset$[i]$ 表示顶点 i 所属的连通分量的编号(同一个连通分量中所有顶点的 vset 值相同)。

初始时 T 中只有 n 个顶点,没有任何边,每个顶点 i 看成一个连通分量,该连通分量的编号就是 i。将图中的所有边按权值递增排序,从前向后选边(保证总是选择权值最小的边),当选择一条边 (u_1, v_1) 时,求出这两个顶点所属连通分量的编号分别为 sn_1 和 sn_2:

① 若 $sn_1 = sn_2$,说明顶点 u_1 和 v_1 属于同一个连通分量,如果添加这条边会出现回路,所以不能添加该边。

② 若 $sn_1 \neq sn_2$,说明顶点 u_1 和 v_1 属于不同连通分量,添加这条边不会出现回路,所以添加该边。添加后原来的两个连通分量需要合并,即将两个连通分量中所有顶点的 vset 值改为相同(改为 sn_1 或者 sn_2 均可)。

如此这样,直到在 T 中添加 $n-1$ 条边为止。

在算法中需要考虑所有边,由于是无向图,将邻接矩阵上三角部分的所有边存放在 E 向量中,每条边对应 E 中的元素为 $[u, v, w]$,其中 u、v 分别为边的起始、终止顶点,w 为边的权值,对 E 按权值 w 递增排序后做上述操作。对应的克鲁斯卡尔算法如下:

```
struct Edge                              //边向量元素类型
{
    int u;                               //边的起始顶点
    int v;                               //边的终止顶点
    int w;                               //边的权值
    Edge(int u, int v, int w)            //构造函数
    {
        this->u=u;
        this->v=v;
        this->w=w;
    }
    bool operator<(const Edge& s) const  //重载<运算符
    {
        return w<s.w;                    //用于按 w 递增排序
    }
};
void Kruskal(MatGraph& g)                //用 Kruskal 算法输出最小生成树
{
    int vset[MAXV];                      //建立数组 vset
    vector<Edge> E;                      //建立存放所有边的向量 E
    for (int i=0;i<g.n;i++)              //由图的邻接矩阵 g 的上三角部分产生边向量 E
        for (int j=i+1;j<g.n;j++)
            if (g.edges[i][j]!=0 && g.edges[i][j]!=INF)
                E.push_back(Edge(i,j,g.edges[i][j]));
    sort(E.begin(),E.end());             //对 E 按权值递增排序
    for (int i=0;i<g.n;i++) vset[i]=i;   //初始化辅助数组
    int k=1;                             //k 表示当前构造生成树的第几条边,初值为 1
    int j=0;                             //E 中边的下标,初值为 0
    while (k<g.n)                        //生成的边数小于 n 时循环
    {
        int u1=E[j].u;
        int v1=E[j].v;                   //取一条边的起始和终止顶点
```

```
        int sn1=vset[u1];
        int sn2=vset[v1];              //分别得到两个顶点所属的集合编号
        if (sn1!=sn2)                  //两顶点属于不同的集合,该边是最小生成树的一条边
        {
            cout << "   边(" << u1 << "," << v1 << "),权为" << E[j].w << endl;
            k++;                       //生成边数增 1
            for (int i=0;i<g.n;i++)    //两个集合统一编号
                if (vset[i]==sn2)      //集合编号为 sn2 的改为 sn1
                    vset[i]=sn1;
        }
        j++;                           //扫描下一条边
    }
}
```

说明:在数组 E 中添加边时可能出现几条权值相同的边,这就是最小生成树不一定唯一的原因。另外,Kruskal 算法中开头添加的两条边一定不会出现回路,所以图中如果有两条权值最小的边,它们一定都会出现在所有的最小生成树中,而添加第 3 条就可能出现回路,所以图中如果有 3 条权值最小的边,它们不一定都会出现在所有的最小生成树中。

例如,对于图 8.36(a)所示的带权无向图,采用克鲁斯卡尔算法 Kruskal()构造最小生成树的过程如图 8.37(a)~图 8.37(e)所示。初始时 $j=0$,顶点 i 对应的 vset[i]值为 i,图 8.37 中各顶点的旁边标出该值的变化。

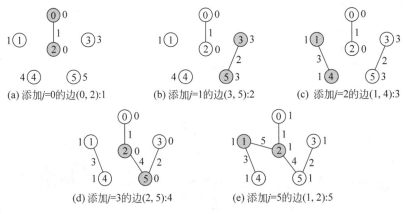

图 8.37 用克鲁斯卡尔算法求解最小生成树的过程

① 在图 8.37(a)中添加一条 $j=0$ 的边(0,2):1,顶点 0 和 2 连通,则将顶点 2 的 vset[2]值改为 0。

② 在图 8.37(b)中添加一条 $j=1$ 的边(3,5):2,顶点 3 和 5 连通,则将顶点 5 的 vset[5]值改为 3。

③ 在图 8.37(c)中添加一条 $j=2$ 的边(1,4):3,顶点 1 和 4 连通,则将顶点 4 的 vset[4]值改为 1。

④ 在图 8.37(d)中添加一条 $j=3$ 的边(2,5):4,这样顶点 0、2、3、5 连通,则将 5 的 vset[5]值改为 0,将顶点 3 的 vset[3]值改为 0。

⑤ 选择一条 $j=4$ 的边(0,3):5,由于 vset[0]=vset[3],不能添加该边。执行 $j++$,

选择 $j=5$ 的边 $(1,2):5$，这样所有顶点都连通，则将所有顶点的 vset 值改为 1，如图 8.37(e) 所示，该图就是最后求出的一棵最小生成树。

思考题：当一个带权连通图有多棵最小生成树时，如何利用克鲁斯卡尔算法的思路求出所有的最小生成树？

【实战 8.4】 HDU1233——还是畅通工程

视频讲解

时间限制：1000ms；内存限制：32 768KB。

问题描述：某省调查乡村交通状况，在得到的统计表中列出了任意两村庄间的距离。省政府"畅通工程"的目标是使全省的任何两个村庄间都可以实现公路交通（但不一定有直接的公路相连，只要能间接通过公路抵达即可），并要求铺设的公路的总长度为最小。请计算最小的公路总长度。

输入格式：测试输入包含若干测试用例。每个测试用例的第 1 行给出村庄数目 $N(N<100)$，随后的 $N(N-1)/2$ 行对应村庄间的距离，每行给出一对正整数，分别是两个村庄的编号以及这两村庄间的距离。为了简单，村庄从 1 到 N 编号。当 N 为 0 时，输入结束，该用例不被处理。

输出格式：对于每个测试用例，在一行中输出最小的公路总长度。

3*. 改进的克鲁斯卡尔算法设计

视频讲解

上述克鲁斯卡尔算法不是高效的算法，因为采用 vset 数组添加一条边后合并时的时间复杂度为 $O(n)$。可以采用第 7 章的并查集实现连通分量的查找和合并，也就是将一个连通分量看成一个等价类，属于一个等价类的两个顶点是同一个连通分量的顶点，属于两个不同等价类的两个顶点是不同连通分量的顶点。采用并查集实现的克鲁斯卡尔算法如下：

```
int parent[MAXV];                    //并查集存储结构
int rnk[MAXV];                       //存储结点的秩
void Init(int n)                     //并查集的初始化
{
    for (int i=0;i<n;i++)            //顶点编号 0 到 n−1
    {
        parent[i]=i;
        rnk[i]=0;
    }
}
int Find(int x)                      //在并查集中查找 x 结点的根结点
{
    if (x!=parent[x])
        parent[x]=Find(parent[x]);   //路径压缩
    return parent[x];
}
void Union(int x,int y)              //并查集中 x 和 y 的两个集合的合并
{
    int rx=Find(x);
    int ry=Find(y);
```

```cpp
        if (rx==ry)                    //x 和 y 属于同一棵树的情况
            return;
        if (rnk[rx]<rnk[ry])
            parent[rx]=ry;             //rx 结点作为 ry 的孩子
        else
        {
            if (rnk[rx]==rnk[ry])      //秩相同,合并后 rx 的秩增 1
                rnk[rx]++;
            parent[ry]=rx;             //ry 结点作为 rx 的孩子
        }
    }
    //——————————改进的 Kruskal 算法——————————
    void Kruskal1(MatGraph& g)         //用改进的 Kruskal 算法输出最小生成树
    {
        vector<Edge> E;                //建立存放所有边的向量 E
        for (int i=0;i<g.n;i++)        //由图的邻接矩阵 g 的上三角部分产生边向量 E
            for (int j=i+1;j<g.n;j++)
                if (g.edges[i][j]!=0 && g.edges[i][j]!=INF)
                    E.push_back(Edge(i,j,g.edges[i][j]));
        sort(E.begin(),E.end());       //对 E 按权值递增排序
        Init(g.n);                     //并查集的初始化
        int k=1;                       //k 表示当前构造生成树的第几条边,初值为 1
        int j=0;                       //j 为 E 中边的下标,初值为 0
        while (k<g.n)                  //生成的边数小于 n 时循环
        {
            int u1=E[j].u;
            int v1=E[j].v;             //取一条边的起始和终止顶点
            int sn1=Find(u1);
            int sn2=Find(v1);          //分别得到两个顶点所属的集合编号
            if (sn1!=sn2)              //两顶点属于不同的集合,该边是最小生成树的一条边
            {
                cout << "  边(" << u1 << "," << v1 << "),权为" << E[j].w << endl;
                k++;                   //生成边数增 1
                Union(sn1,sn2);        //合并
            }
            j++;                       //扫描下一条边
        }
    }
```

若带权连通图 G 有 n 个顶点、e 条边,上述算法不考虑从 g 产生 E 的时间(因为在很多实际应用中 E 是直接给定的),对 E 排序的时间复杂度为 $O(e\log_2 e)$,而并查集的查找和合并最多是 $O(\log_2 n)$,while 循环最多执行 e 次,所以整个算法的时间复杂度为 $O(e\log_2 e) + O(e\log_2 n) = O(e\log_2 e)$ ($n \leqslant e$)。通常说克鲁斯卡尔算法的时间复杂度为 $O(e\log_2 e)$,指的是改进的克鲁斯卡尔算法。由于与 n 无关,所以克鲁斯卡尔算法特别适合于稀疏图求最小生成树。

说明:由于测试数据量较小,实战 8.4 采用普通 Kruskal 算法和改进 Kruskal 算法的时间、空间性能基本上相同。但许多在线编程题必须采用改进的 Kruskal 算法,在采用普通 Kruskal 算法时会超时。

8.6 最短路径

8.6.1 最短路径的概念

在一个不带权图中,若从一顶点到另一顶点存在一条路径,则称该路径长度为该路径上所经过的边的数目,它等于该路径上的顶点数减1。由于从一顶点到另一顶点可能存在着多条路径,每条路径上所经过的边数可能不同,即路径长度不同,把路径长度最短(即经过的边数最少)的那条路径称为**最短路径**,把其路径长度称为**最短路径长度**或最短距离。

对于带权图,考虑路径上各边的权值,通常把一条路径上所经边的权值之和定义为该路径的路径长度或称**带权路径长度**。从源点到终点可能不止一条路径,把带权路径长度最短的那条路径称为最短路径,其路径长度(权值之和)称为**最短路径长度**或者最短距离。

实际上,只要把不带权图上的每条边看成权值为1的边,那么不带权图和带权图的最短路径和最短距离的定义是一致的。本节中求最短路径的图主要针对带权图。

求图的最短路径主要包括两个方面的问题,一是求图中某一顶点到其余各顶点的最短路径(称为单源最短路径),这里介绍狄克斯特拉(Dijkstra)算法;二是求图中每一对顶点之间的最短路径(称为多源最短路径),这里介绍弗洛伊德(Floyd)算法。

8.6.2 狄克斯特拉算法

视频讲解

1. 狄克斯特拉算法的过程

给定一个带权图 G 和一个起始点(即源点)v,狄克斯特拉算法的具体步骤如下:

① 初始时,顶点集 S 中只包含源点,即 $S=\{v\}$,顶点 v 到自己的最短路径长度为0。顶点集 U 中包含除 v 以外的其他顶点,源点 v 到 U 中顶点 i 的最短路径长度为边上的权值(若源点 v 到顶点 i 有边 $<v,i>$)或 ∞(若源点 v 到顶点 i 没有边,此时认为有一条长度为 ∞ 的最短路径)。

② 从 U 中选取一个顶点 u,它是源点 v 到 U 中最短路径长度最小的顶点,然后把顶点 u 加入 S 中(此时求出了源点 v 到顶点 u 的最短路径长度)。

③ 以顶点 u 为新考虑的中间点,修改顶点 u 的出边邻接点 j 的最短路径长度,此时源点 v 到顶点 j 的最短路径有两条,即一条经过顶点 u,一条不经过顶点 u。如图 8.38 所示,图中实线表示边,虚线表示路径。

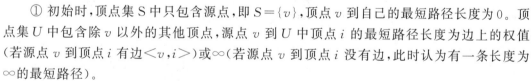

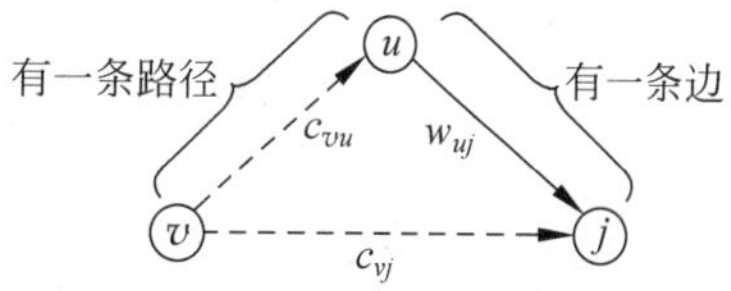

若经过顶点 u 的最短路径长度(图中为 $c_{vu}+w_{uj}$)比不经过顶点 u 的最短路径长度(图中为 c_{vj})更短,则修改源点 v 到顶点 j 的最短路径长度为经过顶点 u 的那条路径长度,否则说明原来的不经过顶点 u 的最短路径长度更短,不需要修改。

图 8.38 从源点 v 到顶点 j 的路径比较

④ 重复步骤②和③,直到 S 中包含所有的顶点,即 U 为空。

视频讲解

2. 狄克斯特拉算法设计

设带权有向图 $G=(V,E)$ 采用邻接矩阵存储。设计狄克斯特拉算法的要点如下：

① 判断顶点 i 属于哪个集合，设置一个数组 S，$S[i]=1$ 表示顶点 i 属于 S 集合，$S[i]=0$ 表示顶点 i 属于 U 集合。

② 保存最短路径长度，由于源点 v 是已知的，只需要设置一个数组 $dist[0..n-1]$，$dist[i]$ 用来保存从源点 v 到顶点 i 的最短路径长度。$dist[i]$ 的初值为 $<v,i>$ 边上的权值，若顶点 v 到顶点 i 没有边，则将权值定为 ∞。以后每考虑一个新的中间点 u，$dist[i]$ 的值可能被修改变小。

③ 保存最短路径，设置一个数组 $path[0..n-1]$，其中 $path[i]$ 存放从源点 v 到顶点 i 的最短路径。为什么能够用一个一维数组保存多条最短路径呢？

如图 8.39 所示，假设从源点 v 到顶点 j 有多条路径，其中 $v \Rightarrow \cdots \Rightarrow a \Rightarrow \cdots \Rightarrow u \Rightarrow j$ 是最短路径，即最短路径上顶点 j 的前一个顶点是顶点 u，则 $v \Rightarrow \cdots \Rightarrow a \Rightarrow \cdots \Rightarrow u$ 也一定是从源点 v 到顶点 u 的最短路径，否则说明从源点 v 到顶点 u 还有另一条最短路径，如 $v \Rightarrow \cdots \Rightarrow b \Rightarrow \cdots \Rightarrow u$，而这条路径加上顶点 j 为 $v \Rightarrow \cdots \Rightarrow b \Rightarrow \cdots \Rightarrow u \Rightarrow j$ 构成从源点 v 到顶点 j 的最短路径，这与前面的假设矛盾，所以若 $v \Rightarrow \cdots \Rightarrow a \Rightarrow \cdots \Rightarrow u \Rightarrow j$ 是一条最短路径，则 $v \Rightarrow \cdots \Rightarrow a \Rightarrow \cdots \Rightarrow u$ 一定是从源点 v 到顶点 u 的最短路径，这样就可以用 $path[j]$ 保存从源点 v 到顶点 j 的最短路径，即置 $path[j]$ 为最短路径上的前一个顶点 u（即 $path[j]=u$），不妨称顶点 u 为顶点 j 的前驱顶点，再由 $path[u]$ 一步一步向前推，直到源点 v，这样可以推出从源点 v 到顶点 j 的最短路径。

也就是说，$path[j]$ 只保存源点 v 到顶点 j 的最短路径上顶点 j 的前驱顶点（实际上 path 数组名改为 pre 更直观，但为了尊重算法的发明者，仍采用 path 数组），从而只需要用一个一维数组 path 便可以保存所有的最短路径。

例如，对于图 8.40 所示的带权有向图，在采用狄克斯特拉算法求从顶点 0 到其他顶点的最短路径时，S、U、dist 和 path 到各顶点的距离的变化过程如表 8.1 所示，其中 dist 和 path 中的阴影部分表示发生了修改。

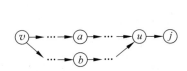

图 8.39 顶点 v 到 j 的最短路径

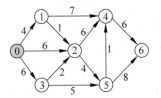

图 8.40 一个带权有向图

表 8.1 求从顶点 0 出发的最短路径时 S、U、dist 和 path 的变化过程

S	U	dist							path							选择 U 中的 u 顶点
		0	1	2	3	4	5	6	0	1	2	3	4	5	6	
{0}	{1,2,3,4,5,6}	0	4	6	6	∞	∞	∞	0	0	0	0	-1	-1	-1	1
{0,1}	{2,3,4,5,6}	0	4	5	6	11	∞	∞	0	0	1	0	1	-1	-1	2
{0,1,2}	{3,4,5,6}	0	4	5	6	11	9	∞	0	0	1	0	1	2	-1	3

续表

S	U	dist							path							选择 U 中的 u 顶点
		0	1	2	3	4	5	6	0	1	2	3	4	5	6	
{0,1,2,3}	{4,5,6}	0	4	5	6	11	9	∞	0	0	1	0	1	2	−1	5
{0,1,2,3,5}	{4,6}	0	4	5	6	10	9	17	0	0	1	0	5	2	5	4
{0,2,3,5,4}	{6}	0	4	5	6	10	9	16	0	0	1	0	5	2	4	6
{0,1,2,3,5,4,6}	{}	0	4	5	6	10	9	16	0	0	1	0	5	2	4	算法结束

最后求出 dist 为{0,4,5,6,10,9,16},说明源点 0 到 1~6 各顶点的最短距离分别为 4、5、6、10、9 和 16。若 dist[i]为∞,说明源点 v 到顶点 i 没有路径。

求出 path 为{0,0,1,0,5,2,4},这里以求顶点 0 到顶点 4 的最短路径为例说明通过 path 求最短路径的过程:path[4]=5,path[5]=2,path[2]=1,path[1]=0(源点),则顶点 0 到顶点 4 的最短逆路径为 4、5、2、1、0,则正向最短路径为 0→1→2→5→4。当 0<dist[i]<∞ 时,一定可以通过 path 数组推出源点 v 到顶点 i 的最短路径。

对应的狄克斯特拉算法如下(v 为源点编号):

```
void Dijkstra(MatGraph& g,int v)         //求从 v 到其他顶点的最短路径
{
    int dist[MAXV];                       //建立 dist 数组
    int path[MAXV];                       //建立 path 数组
    int S[MAXV];                          //建立 S 数组
    for (int i=0;i<g.n;i++)
    {
        dist[i]=g.edges[v][i];            //距离初始化
        S[i]=0;                           //将 S[]置空
        if (g.edges[v][i]!=0 && g.edges[v][i]<INF)
            path[i]=v;                    //当 v 到 i 有边时,置 i 的前驱顶点为 v
        else
            path[i]=-1;                   //当 v 到 i 没边时,置 i 的前驱顶点为-1
    }
    S[v]=1;                               //将源点编号 v 放入 S 中
    int mindis,u=-1;
    for (int i=0;i<g.n-1;i++)             //循环向 S 中添加 n-1 个顶点
    {
        mindis=INF;                       //mindis 置最小距离初值
        for (int j=0;j<g.n;j++)           //选取不在 S 中且具有最小距离的顶点 u
            if (S[j]==0 && dist[j]<mindis)
            {
                u=j;
                mindis=dist[j];
            }
        S[u]=1;                           //将顶点 u 加入 S 中
        for (int j=0;j<g.n;j++)           //修改不在 S 中的顶点的距离
            if (S[j]==0)
                if (g.edges[u][j]<INF && dist[u]+g.edges[u][j]<dist[j])
                {
                    dist[j]=dist[u]+g.edges[u][j];
```

```
                    path[j]=u;
                }
        }
        DispAllPath(dist,path,S,v,g.n);        //输出所有最短路径及长度
}
```

以下是输出所有最短路径及其长度的算法,其中通过对 path 数组向前递推生成从源点 v 到其他顶点 i 的最短路径。

```
void DispAllPath(int dist[],int path[],int S[],int v,int n)    //输出从顶点 v 出发的所有最短路径
{
    for (int i=0;i<n;i++)                //循环输出从顶点 v 到 i 的最短路径
        if (S[i]==1 && i!=v)             //源点 v 到 i(s[i]=1)才有最短路径
        {
            vector<int> apath;           //存放一条最短逆路径
            printf("  从%d到%d最短路径长度为: %d\t路径: ",v,i,dist[i]);
            apath.push_back(i);          //添加终点 i
            int pre=path[i];
            while (pre!=v)
            {
                apath.push_back(pre);
                pre=path[pre];
            }
            printf("%d",v);              //先输出起点 v
            for (int k=apath.size()-1;k>=0;k--)
                printf("->%d",apath[k]); //再反向输出路径中的其他顶点
            printf("\n");
        }
        else printf("  从%d到%d没有路径\n",v,i);
}
```

上述狄克斯特拉算法 Dijkstra(g,v)的时间复杂度为 $O(n^2)$。

思考题:当一个带权图的两个顶点之间有多条长度相同的最短路径时,如何利用狄克斯特拉算法的思路求出所有的最短路径?如何利用狄克斯特拉算法的思路仅求出顶点 i 到顶点 j 的最短路径?

【深入扩展】 狄克斯特拉算法的特点如下:

① 既适合带权有向图求单源最短路径,也适合带权无向图求单源最短路径。

② 在算法中一旦顶点 u 添加到 S 中,源点 v 到该顶点的最短路径在后面不再发生改变,所以狄克斯特拉算法不适合含负权的图求最短路径。因为含负权时,后面可能出现源点 v 到顶点 u 更短的路径,但这里是得不到修改的。例如图 8.41 所示的是一个含负权的带权图,源点为 0,在采用狄克斯特拉算法时,先求出 0 到 1 的最短路径长度为 1,后面不会修改,而实际上 0 到 1 的最短路径长度为 3−4=−1。

③ S 中越后面添加的顶点,从源点 v 到该顶点的最短路径长度越长。也就是说,是按照最短路径长度递增的次序向 S 中添加顶点的。

④ 能不能利用狄克斯特拉算法的思路求源点 v 到其他顶点的最长路径呢?即选择的 u 顶点是具有最长路径长度的顶点,其出边邻接点也按最长路径长度进行修改。答案是否定的,可以通过一个反例证明,例如对于如图 8.42 所示的带权图,求源点 0 到其他顶点的最

长路径,按此方法求出 0⇨3 的最长路径为 0→1→3,但实际上是 0→2→3。

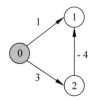
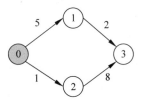

图 8.41　一个含负权的带权图　　　　　　图 8.42　一个带权图

3*. 改进的狄克斯特拉算法设计

对前面的狄克斯特拉算法从两个方面进行优化,这里仅求最短路径长度:

① 在前面的基本 Dijkstra 算法中,当求出源点 v 到顶点 u 的最短路径长度后,实际上只需要调整从顶点 u 出发的邻接点的最短路径长度,而 Dijkstra 算法由于采用邻接矩阵存储图,需要花费 $O(n)$ 的时间来调整从顶点 u 出发的邻接点的最短路径长度,如果采用邻接表存储图,可以更快地查找到顶点 u 的所有邻接点并进行调整。

② 在求目前一个最短路径长度的顶点 u 时,Dijkstra 算法采用简单比较的方法,可以改为采用优先队列求解,这里的优先队列 pq 的元素为 $[v, dist]$ 类型,其中 v 为顶点,dist 为源点到顶点 v 的最短路径长度,按 dist 建立小根堆,出队的顶点就是 dist 最小的顶点,这样找最小顶点的时间最多为 $O(\log_2 e)$(由于执行算法中最多有 e 条边进队,进、出队的最坏时间复杂度为 $O(\log_2 e)$)。

对应的改进狄克斯特拉算法 Dijkstra1 如下:

```
struct QNode                              //优先队列元素类型
{
    int v;                                //顶点编号
    int dist;                             //源点到 v 的距离
    QNode(int v, int d)                   //构造函数
    {
        this->v=v;
        this->dist=d;
    }
    bool operator<(const QNode& s) const  //重载<比较函数
    {
        return dist>s.dist;               //按 dist 越小越优先出队
    }
};
void Dijkstra1(AdjGraph& G, int v)        //改进 Dijkstra 算法求从 v 到其他顶点的最短路径长度
{
    priority_queue<QNode> pq;             //定义一个优先队列
    int dist[MAXV];                       //建立 dist 数组
    int S[MAXV];                          //建立 S 数组
    memset(dist, INF, sizeof(dist));
    memset(S, 0, sizeof(S));
    dist[v]=0;
    pq.push(QNode(v, dist[v]));           //源点(v,0)进队
    for (int i=0;i<G.n;i++)               //循环向 S 中添加 n 个顶点(这里初始 S 为空)
```

```
            {
                QNode e=pq.top(); pq.pop();         //出队 e1,在算法中执行 n 次,时间为 O(nlog₂e)
                int u=e.v;                           //最小距离的顶点为 u
                S[u]=1;                              //顶点 u 加入 S 中
                ArcNode * p=G.adjlist[u].firstarc;
                while (p!=NULL)                      //在算法中恰好访问全部的边一次,时间为 O(elog₂e)
                {
                    int w=p->adjvex;                 //顶点 u 的一个邻接点 w
                    if (S[w]==0 && dist[u]+p->weight<dist[w])
                    {
                        dist[w]=dist[u]+p->weight;   //修改最短路径长度
                        pq.push(QNode(w,dist[w]));   //(w,dist[w])进队
                    }
                    p=p->nextarc;
                }
            }
            printf("从%d 顶点出发的最短路径长度如下\n",v);
            for (int i=0;i<G.n;i++)                  //输出结果
            {
                if (i!=v)
                    printf("  %d 到%d 最短路径长度为: %d\n",v,i,dist[i]);
            }
        }
```

上述 Dijkstra1 算法的最坏时间复杂度为 $O(n\log_2 e + e\log_2 e)$,通常 $n < e$,结果为 $O(e\log_2 e)$,特别适合稀疏图求单源最短路径。

8.6.3 弗洛伊德算法

视频讲解

1. 弗洛伊德算法的过程

求解每对顶点之间的最短路径的一个办法是每次以一个顶点为源点,重复执行 Dijkstra 算法 n 次,这样便可以求得每对顶点之间的最短路径。解决该问题的另一种方法是采用弗洛伊德(Floyd)算法。

弗洛伊德算法的思路是,假设有向图 $G=(V,E)$ 采用邻接矩阵 g 表示,另外设置一个二维数组 A 用于存放当前顶点之间的最短路径长度,其中元素 $A[i][j]$ 表示当前顶点 i 到 j 的最短路径长度。为了求 A,必须考查以所有顶点为中间点通过比较求最短路径长度,如一个图中只有 3 个顶点和 0→1、1→2 两条边,仅从邻接矩阵看,0→2 是没有路径的,但在考查中间顶点 1 时就会发现有一条 0→1→2 的路径。

当图中顶点个数 $n>2$ 时,中间顶点会有多个,但每次只能考查一个顶点,不妨按 $0 \sim n-1$ 的次序来考查 n 个顶点。这样在考查中间顶点 k 时,前面 $0 \sim k-1$ 的顶点均已考查过。所谓考查中间顶点 k,就是考查任意两个顶点 i 到 j 的路径上经过考查顶点 k 的新路径。k 从 0 到 $n-1$ 循环,这样产生一个矩阵序列 $A_0, A_1, \cdots, A_k, \cdots, A_{n-1}$,其中 $A_k[i][j]$ 表示从顶点 i 到 j 的路径上所经过的顶点不大于 k(或者说经过的顶点小于或等于 k)的最短路径长度。

初始时没有考查任何中间顶点,也就是将任意两个顶点之间的边看成它们之间的最短路径,而邻接矩阵恰好表示了这样的最短路径,所以 $A_{-1}[i][j]=g.edges[i][j]$。

若 $A_{k-1}[i][j](k>0)$ 已求出，或者说已经求出以 $0 \sim k-1$ 为中间顶点的任意两个顶点的最短路径长度，现在新增加一个中间顶点 k，即求 $A_k[i][j]$，如图 8.43 所示（图中的虚线表示路径），$A_{k-1}[i][k]$ 是顶点 i 到 k 经过 $0 \sim k-1$ 的中间顶点（该路径除了终点为 k 外，中间顶点一定不含顶点 k）的最短路径长度，$A_{k-1}[k][j]$ 是顶点 k 到 j 经过 $0 \sim k-1$ 的中间顶点（该路径除了起点为 k 外，中间顶点一定不含顶点 k）的最短路径长度，$A_{k-1}[i][j]$ 是顶点 i 到 j 经过 $0 \sim k-1$ 的中间顶点（该路径中一定不含顶点 k）的最短路径长度。

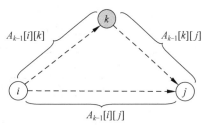

图 8.43　在考查顶点 $0 \sim k$ 后求顶点 i 到 j 的最短路径长度 $A_k[i][j]$

简单地说，在考查顶点 k 时，顶点 i 到 j 有两条路径（若没有其中的某条路径，不妨将其看成长度为 ∞ 的路径）：

① 不经过顶点 k 的路径，该路径与之前求出的路径长度相同，即为 $A_{k-1}[i][j]$。
② 经过顶点 k 的路径，其长度为 $A_{k-1}[i][k]+A_{k-1}[k][j]$。

显然顶点 i 到 j 的最短路径是这样两条路径中的较短者，若 $A_{k-1}[i][j]>A_{k-1}[i][k]+A_{k-1}[k][j]$，选择经过顶点 k 的路径，即 $A_k[i][j]=A_{k-1}[i][k]+A_{k-1}[k][j]$，否则 $A_k[i][j]=A_{k-1}[i][j]$。

归纳起来，上述求解思路可用如下表达式来描述：

$$A_{-1}[i][j]=g.edges[i][j]$$
$$A_k[i][j]=MIN\{A_{k-1}[i][j], A_{k-1}[i][k]+A_{k-1}[k][j]\} \quad 0 \le k \le n-1$$

该式是一个迭代表达式，每迭代一次，在从顶点 i 到顶点 j 的最短路径上就多考查了一个中间顶点。经过 n 次迭代后所得的 $A_{n-1}[i][j]$ 值就是考查所有顶点后求出的从顶点 i 到 j 的最短路径长度，也就是最后的解。

另外，用二维数组 path 保存最短路径，它与当前迭代的次数有关，即当迭代完毕后，$path[i][j]$ 存放从顶点 i 到顶点 j 的最短路径上顶点 j 的前驱顶点。path 中存放最短路径的含义与狄克斯特拉算法中的路径表示方式类似。

说明：在求 A_k 时看起来需要用三维数组，但由于 k 总是递增的，而且是在 A_{k-1} 的全部元素求出后再求 A_k，当求出 A_{k-1} 后再来求 A_k 时，计算 A_k 中元素的先后顺序不会影响最终结果，所以将 A_k 设计为二维数组，即用 A_k 覆盖 A_{k-1}（称为滚动数组），这样节省空间。path 也采用类似的设计。

在求 $A_{k-1}[i][j]$ 时，$path_{k-1}[i][j]$ 中存放的是已考查 $0 \sim k-1$ 中间顶点求出的从顶点 i 到顶点 j 的最短路径上顶点 j 的前驱顶点，考查顶点 k 的最短路径修改情况如图 8.44 所示（图中虚线表示路径，实线表示边），$path_{k-1}[i][j]=b$ 表示考查 $0 \sim k-1$ 中间顶点后求出的顶点 i 到 j 的最短路径上顶点 j 的前驱顶点是 b，$path_{k-1}[k][j]=a$ 表示这样的最短路径上顶点 j 的前驱顶点是 a。若 $A_{k-1}[i][j]>A_{k-1}[i][k]+A_{k-1}[k][j]$，应选择经过顶点 k 的路径，新路径表示为 $path_k[i][j]=a=path_{k-1}[k][j]$，

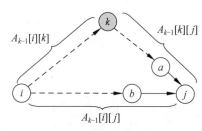

图 8.44　在路径调整后修改 $path_k[i][j]$

否则仍然选择不经过顶点 k 的原来路径,即不修改 path。

在算法结束时,由二维数组 path 一步一步向前推可以得到从顶点 i 到顶点 j 的最短路径。例如,对于图 8.45 所示的带权有向图,对应的邻接矩阵如图 8.46 所示,求所有顶点之间的最短路径时 A、path 数组的变化如表 8.2 所示(表中的深阴影表示修改部分)。

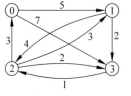

图 8.45 一个有向图

$$\begin{bmatrix} 0 & 5 & \infty & 7 \\ \infty & 0 & 4 & 2 \\ 3 & 3 & 0 & 2 \\ \infty & \infty & 1 & 0 \end{bmatrix}$$

图 8.46 图的邻接矩阵

表 8.2 求最短路径时 A、path 数组的变化过程

	A_{-1}					$path_{-1}$			
	0	1	2	3		0	1	2	3
0	0	5	∞	7	0	−1	0	−1	0
1	∞	0	4	2	1	−1	−1	1	1
2	3	3	0	2	2	2	2	−1	2
3	∞	∞	1	0	3	−1	−1	3	−1

	A_0					$path_0$			
	0	1	2	3		0	1	2	3
0	0	5	∞	7	0	−1	0	−1	0
1	∞	0	4	2	1	−1	−1	1	1
2	3	3	0	2	2	2	2	−1	2
3	∞	∞	1	0	3	−1	−1	3	−1

	A_1					$path_1$			
	0	1	2	3		0	1	2	3
0	0	5	9	7	0	−1	0	1	0
1	∞	0	4	2	1	−1	−1	1	1
2	3	3	0	2	2	2	2	−1	2
3	∞	∞	1	0	3	−1	−1	3	−1

	A_2					$path_2$			
	0	1	2	3		0	1	2	3
0	0	5	9	7	0	−1	0	1	0
1	7	0	4	2	1	2	−1	1	1
2	3	3	0	2	2	2	2	−1	2
3	4	4	1	0	3	2	2	3	−1

	A_3					$path_3$			
	0	1	2	3		0	1	2	3
0	0	5	8	7	0	−1	0	3	0
1	6	0	3	2	1	2	−1	3	1
2	3	3	0	2	2	2	2	−1	2
3	4	4	1	0	3	2	2	3	−1

初始时，A_{-1}和邻接矩阵相同。$path_{-1}$元素的设置是，当存在顶点i到顶点j的边时，将path[i][j]置为i(将$i \to j$的边看成i到j的最短路径，这样i到j的最短路径上顶点j的前驱顶点是i)，否则置为-1。

在考虑顶点0时，没有任何最短路径得到修改，所以A_0与A_{-1}相同，$path_0$与$path_{-1}$相同。

在考虑顶点1时，0⇨2原来没有路径，现在有一条通过顶点1的路径0→1→2，其长度为5+4=9，A[0][2]由原来的∞修改为9，path[0][2]由原来的-1修改为该路径上顶点2的前驱顶点1。其他两个顶点的最短路径没有修改。

在考虑顶点2时：

① 1⇨0原来没有路径，现在有一条通过顶点2的路径1→2→0，其长度为4+3=7，A[1][0]由原来的∞修改为7，path[1][0]由原来的-1修改为该路径上顶点0的前驱顶点2。

② 3⇨0原来没有路径，现在有一条通过顶点2的路径3→2→0，其长度为1+3=4，A[3][0]由原来的∞修改为4，path[3][0]由原来的-1修改为该路径上顶点0的前驱顶点2。

③ 3⇨1原来没有路径，现在有一条通过顶点2的路径3→2→1，其长度为1+3=4，A[3][1]由原来的∞修改为4，path[3][1]由原来的-1修改为该路径上顶点1的前驱顶点2。其他两个顶点的最短路径没有修改。

在考虑顶点3时：

① 0⇨2原来的路径为0→1→2，长度为9，现在有一条通过顶点3的更短路径为0→1→3→2，其长度为5+2+1=8，A[0][2]修改为8，path[0][2]修改为该路径上顶点2的前驱顶点3。

② 1⇨2原来的路径为1→2→0，长度为7，现在有一条通过顶点3的更短路径为1→3→2→0，其长度为2+1+3=6，A[1][0]修改为6，path[1][0]由原来的2修改为该路径上顶点0的前驱顶点2(尽管都是2，但也有修改)。

③ 1⇨2原来的路径为1→2，长度为4，现在有一条通过顶点3的更短路径为1→3→2，其长度为2+1=3，A[1][2]修改为3，path[1][2]修改为该路径上顶点2的前驱顶点3。其他两个顶点的最短路径没有修改。

这样的A_3和$path_3$就是最终的A和path。在求出A和path后，由A数组可以直接得到两个顶点之间的最短路径长度，如A[1][0]=6，说明顶点1到0的最短路径长度为6。

由path数组可以推导出所有顶点之间的最短路径，其中第i($0 \le i \le n-1$)行用于推导顶点i到其他各顶点的最短路径，这里以求顶点1到0的最短路径及长度为例说明求路径的过程：path[1][0]=2，说明1⇨0的最短路径上顶点0的前驱顶点是2，path[1][2]=3，表示该路径上顶点2的前驱顶点是3，path[1][3]=1，表示该路径上顶点3的前驱顶点是1，找到起点。依此得到的顶点序列为0,2,3,1(逆路径)，则顶点1到0的最短路径为1→3→2→0。

2. 弗洛伊德算法设计

利用前述原理设计的弗洛伊德算法如下：

视频讲解

```
void Floyd(MatGraph& g)                        //用 Floyd 算法求多源最短路径
{
    int A[MAXV][MAXV];                         //建立 A 数组
    int path[MAXV][MAXV];                      //建立 path 数组
    for (int i=0;i<g.n;i++)                    //给数组 A 和 path 置初值,即求 A_{-1}[i][j]
        for (int j=0;j<g.n;j++)
        {
            A[i][j]=g.edges[i][j];
            if (i!=j && g.edges[i][j]<INF)
                path[i][j]=i;                  //当 i 和 j 顶点之间有一条边时
            else
                path[i][j]=-1;                 //当 i 和 j 顶点之间没有一条边时
        }
    for (int k=0;k<g.n;k++)                    //求 $A_k[i][j]$
    {
        for (int i=0;i<g.n;i++)
            for (int j=0;j<g.n;j++)
                if (A[i][j]>A[i][k]+A[k][j])
                {
                    A[i][j]=A[i][k]+A[k][j];
                    path[i][j]=path[k][j];     //修改最短路径
                }
    }
    Dispath(A,path,g.n);                       //输出最短路径和长度
}
```

以下是输出所有最短路径及其长度的算法,其中通过对 path 数组向前递推生成从顶点 i 到顶点 j 的最短路径。

```
void Dispath(int A[][MAXV],int path[][MAXV],int n)    //输出所有的最短路径和长度
{
    for (int i=0;i<n;i++)
        for (int j=0;j<n;j++)
        {
            if (A[i][j]!=INF && i!=j)          //若顶点 i 和 j 之间存在路径
            {
                vector<int> apath;             //存放一条 i 到 j 的最短逆路径
                printf("  顶点%d 到%d 的最短路径长度:%d\t 路径:",i,j,A[i][j]);
                apath.push_back(j);            //在路径上添加终点 j
                int pre=path[i][j];
                while (pre!=i)                 //在路径上添加中间点
                {
                    apath.push_back(pre);      //将顶点 pre 加入路径中
                    pre=path[i][pre];
                }
                cout << i;                     //输出起点 i
                for (int k=apath.size()-1;k>=0;k--)    //反向输出路径上的其他顶点
                    printf("->%d",apath[k]);
                printf("\n");
            }
        }
}
```

在上述弗洛伊德算法 Floyd(g)中有三重循环,其时间复杂度为 $O(n^3)$。

【深入扩展】 弗洛伊德算法的特点如下：

① 既适合带权有向图求多源最短路径，也适合带权无向图求多源最短路径。

② Floyd 算法适合含负权和回路的带权图求多源最短路径。这是因为每考虑一个顶点 k，其他任意两个顶点 $i、j(i \neq j)$ 之间的最短路径长度都可能调整。简单地说，在求出 $A_k[i][j]$ 后，后面考查其他顶点时可能修改该路径长度，这一点不同于 Dijkstra 算法。

③ Floyd 算法不适合负回路（该回路上所有边的权值和为负数）的带权图求多源最短路径。这是因为当出现负回路时，从理论上讲不存在最短路径，因为围绕负回路走一圈的路径更短，而在 Floyd 算法中没有判断路径中顶点重复的问题。

【实战 8.5】　* HDU1535——邀请卡

时间限制：5000ms；内存限制：65 536KB。

问题描述：题目大意是有 N 个车站（车站编号为 1 到 N）和 N 个人，首先所有人均在车站 1，将这 N 个人分派到 N 个车站，将每个人分派到一个车站，这些人只能乘坐公交车，每条单向公交车连接两个车站并且有一定的费用，接着这 N 个人又回到车站 1，求最小总费用。

输入格式：输入包含 T 个测试用例，第一行仅包含正整数 T，每个测试用例的输入是第一行为 N 和 $M(1 \leqslant N,M \leqslant 1\,000\,000)$，$N$ 表示车站数，M 表示单向公交车线路数，接下来的 M 行，每行表示一条单向公交车，均由 3 个整数构成，分别是起始车站、目的车站和价格，价格是正整数，其总和小于 1 000 000 000。可以假设始终能从任何车站到达其他任何车站。

输出格式：对于每个测试用例，输出一行表示最小总费用。

8.7　拓扑排序

8.7.1　什么是拓扑排序

设 $G=(V,E)$ 是一个具有 n 个顶点的有向图，V 中的顶点序列 $v_1,v_2,\cdots,v_n$ 称为一个**拓扑序列**，该顶点序列满足下列条件：若 $<v_i,v_j>$ 是图中的有向边或者从顶点 v_i 到顶点 v_j 有一条路径，则在序列中顶点 v_i 必须排在顶点 v_j 的前面。

在一个有向图 G 中找一个拓扑序列的过程称为**拓扑排序**。

例如，计算机专业的学生必须完成一系列规定的基础课和专业课才能毕业，假设这些课程的名称与相应编号如表 8.3 所示。

表 8.3　课程名称与相应编号的关系

课程编号	课程名称	先修课程
C_1	高等数学	无
C_2	程序设计	无
C_3	离散数学	C_1
C_4	数据结构	C_2,C_3
C_5	编译原理	C_2,C_4
C_6	操作系统	C_4,C_7
C_7	计算机组成原理	C_2

课程之间的这种先修关系可用一个有向图表示,如图 8.47 所示。这种用顶点表示活动,用有向边表示活动之间优先关系的有向图称为**顶点表示活动的网**(简称为 **AOV 网**)。

对这个有向图进行拓扑排序可得到一个拓扑序列 $C_1 \to C_3 \to C_2 \to C_4 \to C_7 \to C_6 \to C_5$,也可得到另一个拓扑序列 $C_2 \to C_7 \to C_1 \to C_3 \to C_4 \to C_5 \to C_6$,还可以得到其他的拓扑序列。学生按照任何一个拓扑序列都可以顺利地进行课程的学习。

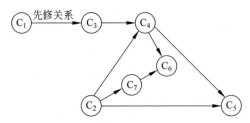

图 8.47 课程之间的先后关系有向图

拓扑排序的过程如下:
① 从有向图中选择一个没有前驱(即入度为 0)的顶点并且输出它。
② 从图中删去该顶点,并且删去从该顶点出发的全部有向边。
③ 重复上述两步,直到剩余的图中不再存在没有前驱的顶点为止。

拓扑排序的结果有两种:一种是图中的全部顶点都被输出,即得到包含全部顶点的拓扑序列,称为**成功的拓扑排序**;另一种就是图中的顶点未被全部输出,即只能得到部分顶点的拓扑序列,称为**失败的拓扑排序**。

由拓扑排序的过程看出,如果只得到部分顶点的拓扑序列,那么剩余的顶点均有前驱顶点,或者说至少两个顶点互为前驱,从而构成一个有向回路。

说明:对一个有向图进行拓扑排序,如果不能得到全部顶点的拓扑序列,则图中存在有向回路,否则图中不存在有向回路。可以利用这个特点采用拓扑排序判断一个有向图中是否存在回路。

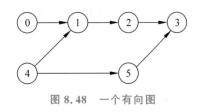

图 8.48 一个有向图

【例 8.12】 给出图 8.48 所示有向图的全部可能的拓扑排序序列。

解:从图 8.48 中看到,入度为 0 的有两个顶点,即 0 和 4,先考虑顶点 0,删除 0 及相关边,入度为 0 者有 4;删除 4 及相关边,入度为 0 者有 1 和 5;考虑顶点 1,删除 1 及相关边,入度为 0 者有 2 和 5,如此得到拓扑序列 041253、041523、045123。再考虑顶点 4,类似地得到拓扑序列 450123、401253、405123、401523。因此,所有的拓扑序列为 041253、041523、045123、450123、401253、405123、401523。

从例 8.12 可知,一个有向图的拓扑序列不一定唯一,那么在什么情况下一个有向图的拓扑序列唯一呢?从拓扑排序的过程可以看出,这样的有向图中入度为 0 的顶点是唯一的,而且每次输出一个顶点并删去从该顶点发出的全部有向边后,剩下部分中入度为 0 的顶点也是唯一的。

8.7.2 拓扑排序算法的设计

在设计拓扑排序算法时,假设给定的有向图采用邻接表作为存储结构,需要考虑顶点的入度,为此设计一个 ind 数组,ind[i] 存放顶点 i 的入度,先通过邻接表 G 求出 ind。拓扑排

序的设计要点如下:

① 在某个时刻,可以有多个入度为0的顶点,为此设置一个栈 st,以存放多个入度为0的顶点,栈中的顶点都是入度为0的顶点。

② 在出栈顶点 i 时,将顶点 i 输出,同时删去该顶点的所有出边,实际上没有必要真的删去这些出边,只需要将顶点 i 的所有出边邻接点的入度减1就可以了。

对应的拓扑排序算法如下:

```
void TopSort(AdjGraph& G)                            //拓扑排序
{
    stack <int> st;                                  //定义一个栈
    int ind[MAXV];                                   //记录每个顶点的入度
    memset(ind,0,sizeof(ind));
    ArcNode * p;
    for (int i=0;i<G.n;i++)                          //求所有顶点的入度
    {
        p=G.adjlist[i].firstarc;
        while (p!=NULL)                              //处理顶点i的所有出边
        {
            int w=p->adjvex;                         //存在有向边<i,w>
            ind[w]++;                                //顶点w的入度增1
            p=p->nextarc;
        }
    }
    for (int i=0;i<G.n;i++)                          //将所有入度为0的顶点进栈
        if (ind[i]==0)
            st.push(i);
    while (!st.empty())                              //栈不为空时循环
    {
        int i=st.top(); st.pop();                    //出栈一个顶点i
        printf("%d ",i);                             //输出拓扑序列中的一个顶点i
        p=G.adjlist[i].firstarc;                     //找顶点i的第一个邻接点
        while (p!=NULL)
        {
            int w=p->adjvex;                         //邻接点为w
            ind[w]--;                                //顶点w的入度减1
            if (ind[w]==0)                           //入度为0的邻接点w进栈
                st.push(w);
            p=p->nextarc;                            //找下一个邻接点
        }
    }
}
```

上述算法仅输出一个拓扑序列(在实际应用中绝大多数情况如8.8节讨论的求关键路径都只需要产生一个拓扑序列)。对于图8.48,输出的拓扑序列为450123。

说明:在拓扑排序中栈仅用于存放所有入度为0的顶点,不必考虑先后顺序,可以用队列代替栈。对于图8.48,在采用队列时输出的拓扑序列为041523。

【**实战 8.6**】 **LeetCode207——课程表**

问题描述:现在总共有 n 门课需要选,记为0到 $n-1$。在选修某些课程之前需要一些先修课程。例如,想要学习课程0,需要先完成课程1,则用一个匹配[0,1]来表示。给定课

视频讲解

程总量以及它们的先修条件,判断是否可能完成所有课程的学习?

示例 1:

输入:2,[[1,0]]

输出:true

解释:总共有两门课程。在学习课程 1 之前,需要完成课程 0,所以这是可能的。

示例 2:

输入:2,[[1,0],[0,1]]

输出:false

解释:总共有两门课程。在学习课程 1 之前,需要先完成课程 0,并且在学习课程 0 之前,还应先完成课程 1,这是不可能的。

说明:输入的先修条件是用边数组表示的,可以假定输入的先修条件中没有重复的。

要求设计满足题目要求的函数:

```
class Solution {
public:
    bool canFinish(int numCourses, vector < vector < int >> & prerequisites)
    { ... }
};
```

8.8 AOE 网和关键路径

8.8.1 什么是 AOE 网

视频讲解

若用一个带权有向图(DAG)描述工程的预计进度,以顶点表示事件,有向边表示活动,边 e 的权 $c(e)$ 表示完成活动 e 所需的时间(比如天数),称为活动 e 的完成时间,图中入度为 0 的顶点表示工程的开始事件(如开工仪式),出度为 0 的顶点表示工程结束事件,则称这样的有向图为 **AOE 网**。

通常每个工程都只有一个开始事件和一个结束事件,因此表示工程的 AOE 网都只有一个入度为 0 的顶点,称为**源点**(source),和一个出度为 0 的顶点,称为**汇点**(converge)。如果图中存在多个入度为 0 的顶点,只要加一个虚拟源点,使这个虚拟源点到原来所有入度为 0 的点都有一条长度为 0 的边,这样变成只有一个源点。对存在多个出度为 0 的顶点的情况作类似处理,即增加一个虚拟汇点。下面主要讨论单源点和单汇点的情况。这样 AOE 网具有以下性质:

① 有且仅有一个入度为 0 的事件(顶点),即开始事件(源点),表示整个工程的开始。

② 有且仅有一个出度为 0 的事件,即结束事件(汇点),表示整个工程的结束。

③ 从源点到汇点的路径可能有多条,且长度可能不同,即完成活动所需的时间不同。

④ 当且仅当所有路径上所有的活动都已经结束的时候工程才结束。

⑤ 只有在某个事件发生之后,从该顶点出发的活动(有向边)才能开始。

⑥ 只有在进入某个事件的所有活动都已经结束时,该事件才可以发生。

所有 AOE 网中的活动结束才是整个工程结束,因为不同路径上的活动可以并行开始,所以当且仅当最长路径中的所有活动完成后工程才能完成。

8.8.2 求 AOE 网的关键路径

利用 AOE 网可以预计整个工程的完工时间,并找出影响工程进度的"关键活动",作为决策者提供修改各活动预计进度的依据。所谓**关键活动**是指不存在富裕时间的活动,也就是说关键活动不能按期完工会导致整个工程的工期发生拖延。相对应地,非关键活动是指存在有富裕时间的活动,适当地拖延非关键活动可能不影响整个工程的工期。这里以一个通俗的例子说明什么是关键活动,小明和小英是小学三年级的同班学生,老师布置一个作业要求 3 天交,小明恰好需要 3 天完成该作业,而小英只需要两天完成该作业,那么该作业对于小明来说就是关键活动,他一天都不能耽误,但对于小英来说是非关键活动,她有一天的富裕时间。

在 AOE 网中从源点到汇点可能有多条路径,路径长度就是路径上所有活动完成的时间之和。由于最长路径中的所有活动完成后工程才能完成,所以将具有最大路径长度的路径称为**关键路径**,该路径长度称为工程完工时间,也就是完成整个工程的最短时间,关键路径上的所有活动都是关键活动。一个 AOE 网的关键路径可能不唯一,但完工时间一定是唯一的。

由于关键路径是由关键活动构成的,所以只要找出 AOE 网中的全部关键活动也就找到了全部关键路径,从而将寻找 AOE 网的关键路径转换为求所有的关键活动。

例如,图 8.49 表示某工程的 AOE 网,共有 9 个事件和 11 项活动。其中 A 表示开始事件,即源点,I 表示结束事件,即汇点,A-B-E-G-I 就是一条关键路径,其实还有一条关键路径 A-B-E-F-I,全部的关键活动是 a_1、a_4、a_7、a_8、a_{10}、a_{11}。

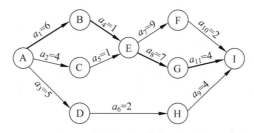

图 8.49　AOE 网的示例(粗线表示一条关键路径)

AOE 网中的任何活动连接两个事件,若存在活动 $a=<x,y>$,称 x 为 y 的前驱事件,y 为 x 的后继事件。在 AOE 网中求关键活动的基本过程是,先求出每个事件(顶点)的最早开始和最迟开始时间,再求出每个活动(边)的最早开始和最迟开始时间,最后求出每个活动的时间余量,时间余量为 0 的活动即为关键活动。

① 事件最早开始时间:规定源点事件的最早开始时间为 0,定义 AOE 网中其他事件 v 的最早开始时间 $\text{ve}(v)$ 等于所有前驱事件最早开始时间加上相应活动完成时间的最大值。例如,事件 v 有 x、y、z 共 3 个前驱事件(对应 3 个活动的完成时间分别为 a、b、c),求事件 v 的最早开始时间如图 8.50 所示。归纳起来,事件 v 的最早开始时间定义如下:

$\text{ve}(v)=0$ 　　　　　　　　　　　　　　　　　　当 v 为源点时
$\text{ve}(v)=\text{MAX}\{\text{ve}(x_i)+c(a_j) \mid a_j$ 为活动 $<x_i,v>$,$c(a_j)$ 为活动 a_j 的持续时间$\}$　其他

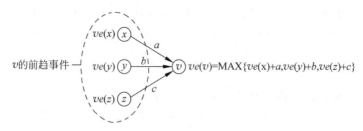

图 8.50 求事件 v 的最早开始时间

② 事件最迟开始时间：定义在不影响整个工程进度的前提下，事件 v 必须发生的时间为 v 的最迟开始时间 $vl(v)$。规定汇点事件的最迟开始时间等于其最早开始时间，定义其他事件 v 的最迟开始时间 $vl(v)$ 等于所有后继事件的最迟开始时间减去相应活动持续时间的最小值。例如，事件 v 有 x、y、z 共 3 个后继事件(对应 3 个活动的完成时间分别为 a、b、c)，求事件 v 的最迟开始时间如图 8.51 所示。归纳起来，事件 v 的最迟开始时间定义如下：

$vl(v) = ve(v)$ 　　　　　　　　　　　　　　　　　　　　　　　当 v 为汇点时
$vl(v) = \text{MIN}\{vl(x_i) - c(a_j) \mid a_j \text{ 为活动} <v, x_i>, c(a_j) \text{ 为活动 } a_j \text{ 的持续时间}\}$ 　其他

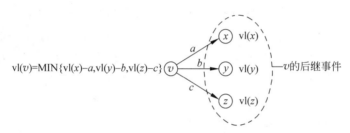

图 8.51 求事件 v 的最迟开始时间

③ 活动最早开始时间：活动 $a = <x, y>$ 的最早开始时间 $e(a)$ 等于 x 事件的最早开始时间，如图 8.52 所示。即：

$e(a) = ve(x)$

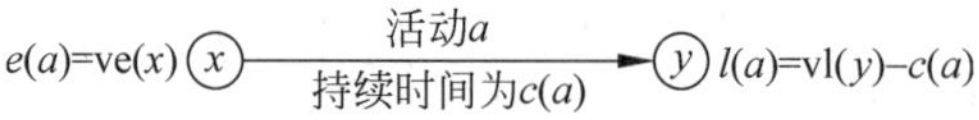

图 8.52 活动 a 的最早开始时间和最迟开始时间

④ 活动最迟开始时间：活动 $a = <x, y>$ 的最迟开始时间 $l(a)$ 等于 y 事件的最迟开始时间与该活动完成的时间之差。即：

$l(a) = vl(y) - c(a)$

⑤ 活动的时间余量：活动 a 的时间余量 $d(a) = e(a) - l(a)$。若 $d(a) = 0$，说明活动 a 的最早开始时间等于最迟开始时间，也就是说活动 a 没有富裕时间，它就是一个关键活动。

在找到 AOE 网中的所有关键活动后，由它们构造出全部的关键路径，有些关键活动仅属于部分关键路径，有些关键活动属于全部关键路径。如果适当缩短所有关键路径都包含的关键活动可以相应地缩短工程完工时间，但也不能无限制地缩短这样的关键活动完成时间，因为当缩短到一定程度时，当前的关键路径可能会变成非关键路径。

【例 8.13】 给出求图 8.49 所示的 AOE 网关键路径的过程。

解：对于图 8.49 所示的 AOE 图，源点为 A，汇点为 I，求出一个拓扑序列为 ABCDEFGHI，按拓扑序列计算各事件 v 的 $ve(v)$ 如下。

$ve(A)=0$
$ve(B)=ve(A)+c(a_1)=6$
$ve(C)=ve(A)+c(a_2)=4$
$ve(D)=ve(A)+c(a_3)=5$
$ve(E)=MAX\{ve(B)+c(a_4),ve(C)+c(a_5)\}=MAX\{7,5\}=7$
$ve(F)=ve(E)+c(a_7)=16$
$ve(G)=ve(E)+c(a_8)=14$
$ve(H)=ve(D)+c(a_6)=7$
$ve(I)=MAX\{ve(F)+c(a_{10}),ve(G)+c(a_{11}),ve(H)+c(a_9)\}=MAX\{18,18,11\}=18$

按逆拓扑序列计算各事件 v 的 $vl(v)$ 如下。

$vl(I)=ve(I)=18$
$vl(F)=vl(I)-c(a_{10})=16$
$vl(G)=vl(I)-c(a_{11})=14$
$vl(H)=vl(I)-c(a_9)=14$
$vl(E)=MIN\{vl(F)-c(a_7),vl(G)-c(a_8)\}=\{7,7\}=7$
$vl(D)=vl(H)-c(a_6)=12$
$vl(C)=vl(E)-c(a_5)=6$
$vl(B)=vl(E)-c(a_4)=6$
$vl(A)=MIN\{vl(B)-c(a_1),vl(C)-c(a_2),vl(D)-c(a_3)\}=\{0,2,7\}=0$

计算各活动 a 的 $e(a)$、$l(a)$ 和时间余量 $d(a)$ 如下。

活动 a_1：$e(a_1)=ve(A)=0$ $l(a_1)=vl(B)-6=0$ $d(a_1)=0$
活动 a_2：$e(a_2)=ve(A)=0$ $l(a_2)=vl(C)-4=2$ $d(a_2)=2$
活动 a_3：$e(a_3)=ve(A)=0$ $l(a_3)=vl(D)-5=7$ $d(a_3)=7$
活动 a_4：$e(a_4)=ve(B)=6$ $l(a_4)=vl(E)-1=6$ $d(a_4)=0$
活动 a_5：$e(a_5)=ve(C)=4$ $l(a_5)=vl(E)-1=6$ $d(a_5)=2$
活动 a_6：$e(a_6)=ve(D)=5$ $l(a_6)=vl(H)-2=12$ $d(a_6)=7$
活动 a_7：$e(a_7)=ve(E)=7$ $l(a_7)=vl(F)-9=7$ $d(a_7)=0$
活动 a_8：$e(a_8)=ve(E)=7$ $l(a_8)=vl(G)-7=7$ $d(a_8)=0$
活动 a_9：$e(a_9)=ve(H)=7$ $l(a_9)=vl(I)-4=14$ $d(a_9)=7$
活动 a_{10}：$e(a_{10})=ve(F)=16$ $l(a_{10})=vl(I)-2=16$ $d(a_{10})=0$
活动 a_{11}：$e(a_{11})=ve(G)=14$ $l(a_{11})=vl(I)-4=14$ $d(a_{11})=0$

由此可知，关键活动有 a_1、a_4、a_7、a_8、a_{10}、a_{11}，因此关键路径有两条，即 A-B-E-F-I 和 A-B-E-G-I。

【实战 8.7】 POJ3249——工作测试

时间限制：5000ms；内存限制：65 536KB。

问题描述：A 先生到 S 公司应聘，S 公司对他的测试是这样的，从一个源城市开始可以通过一些有向路径到达其他城市，每到达一个城市都可以赚取利润或支付一些费用，如此直到到达目标城市为止。老板将计算 A 先生在旅途中的花费和获得的利润，最后决定是否录用 A 先生。

为了找到工作，A 先生设法了解到他可能到达的所有城市的净利润 Vi（负 Vi 表示花费

视频讲解

而不是赚钱)以及城市之间的道路。一个没有道路通向它的城市是一个源城市,一个没有道路通向其他城市的城市是一个目标城市。A 先生的任务是从源城市开始,并选择一条通往目标城市的路线,他可以通过该路线获得最大的利润。

输入格式:输入文件包括几个测试用例,每个测试用例的第一行包含两个整数 n 和 $m(1 \leq n \leq 100\,000, 0 \leq m \leq 1\,000\,000)$,表示城市和道路的数量。接下来的 n 行,每行包含一个整数,第 i 行表示城市 i 的净利润 $Vi(0 \leq |Vi| \leq 20\,000)$。接下来的 m 行,每行包含两个整数 x 和 y,表示从城市 x 到城市 y 的道路。可以保证每条道路仅出现一次,并且无法返回到先前的城市。

输出格式:每个测试用例包含一行,其中包含一个整数,表示 A 先生能够获得的最大利润(或花费的最低支出)。

8.9 练习题

8.9.1 问答题

1. 图 G 是一个非连通无向图,共有 28 条边,则该图至少有多少个顶点?

2. 无向图 G 有 24 个顶点、30 条边,所有顶点的度均不超过 4,且度为 4 的顶点有 5 个,度为 3 的顶点有 8 个,度为 2 的顶点有 6 个,该图 G 是连通图吗?

3. 一个含 n 个顶点的图采用邻接矩阵 g1 存储,现在将其中两个编号分别为 i 和 j 的顶点的编号交换(i、j 均为有效顶点编号)得到新图,给出由 g1 得到新图邻接矩阵 g2 的操作。

4. 有一个带权有向图如图 8.53 所示,回答以下问题:

(1) 给出该图的邻接矩阵表示。

(2) 给出该图的邻接表表示(同一个顶点的多个邻接点按编号递减排列)。

(3) 给出该图的逆邻接表表示(同一个顶点的多个逆邻接点按编号递减排列)。

(4) 和邻接表相比,逆邻接表的主要作用是什么?

5. 图的两种遍历算法 DFS 和 BFS 对无向图和有向图都适用吗?

6. 图的广度优先遍历类似于树的层次遍历,需要使用何种辅助结构?

7. 图的深度优先遍历是针对顶点的,要求按一定的方式访问图中的所有顶点,且每个顶点仅访问一次,可否针对边也使用遍历算法?

8. 如图 8.54 所示的无向图采用邻接表表示(假设每个边结点单链表中按顶点的编号递增排列),给出从顶点 0 出发进行深度优先遍历的深度优先生成树,以及从顶点 0 出发进行广度优先遍历的广度优先生成树。

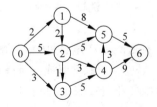

图 8.53 一个带权有向图

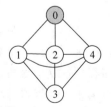

图 8.54 一个无向图

9. 采用Prim算法(从顶点1出发)构造出如图8.55所示的带权连通图的一棵最小生成树,求出最小生成树的权值和。

10. 采用Kruskal算法构造出如图8.55所示的带权连通图的一棵最小生成树。该算法与Prim算法从顶点1出发构造最小生成树的算法是否相同?若相同,是不是说明任意带权连通图采用这两种算法构造的最小生成树一定是相同的?

11. 对于一个带权连通图,可以采用Prim算法构造出从某个顶点v出发的最小生成树,问该最小生成树是否一定包含从顶点v到其他所有顶点的最短路径。如果回答是,请予以证明;如果回答不是,请给出反例。

12. 对于如图8.56所示的带权有向图,采用狄克斯特拉算法求出从顶点0到其他各顶点的最短路径及其长度。

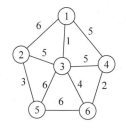

图8.55 一个带权连通图

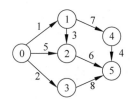

图8.56 一个带权有向图

13. 设图8.57中的顶点表示村庄,有向边代表交通路线,若要建立一家医院,试问建在哪一个村庄能使各村庄的总交通代价最小。

14. 设 A 为一个不带权图的0/1邻接矩阵,定义:

$A^{(1)} = A$
$A^{(k)} = A^{(k-1)} \times A$

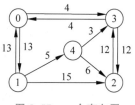

图8.57 一个有向图

试证明 $A[i][j]$ 的值即为从顶点 i 到顶点 j 的长度为 k 的路径数目。

15. 可以对一个不带权有向图的所有顶点重新编号,把所有表示边的非0元素集中到邻接矩阵的上三角部分。那么根据什么顺序对顶点进行编号?

16. 已知有6个顶点(顶点编号为0~5)的有向带权图 G,其邻接矩阵 A 为上三角矩阵,以行为主序(行优先)保存在如下的一维数组中。

| 4 | 6 | ∞ | ∞ | ∞ | 5 | ∞ | ∞ | ∞ | 4 | 3 | ∞ | ∞ | 3 | 3 |

要求:
(1) 写出图 G 的邻接矩阵 A。
(2) 画出有向带权图 G。
(3) 求图 G 的关键路径,并计算该关键路径的长度。

8.9.2 算法设计题

1. 假设一个有向图采用邻接表 G 存储,设计一个算法求顶点 i 的所有入边邻接点。

2. 假设一个有向图采用邻接矩阵 g 存储,设计一个算法求顶点 i 的所有入边邻接点。

3. 假设一个有向图采用邻接表 G 存储,设计一个算法删除顶点 i 到 j 的一条边。

4. 假设无向图 G 采用邻接表存储,设计一个算法求其连通分量的个数。

5. 一个图 G 采用邻接矩阵作为存储结构,设计一个算法采用广度优先遍历判断顶点 i 到顶点 j 是否有路径(假设顶点 i 和 j 都是 G 中的顶点)。

6. 假设一个不带权连通图采用邻接表 G 存储,设计一个算法求距离顶点 v 的最短路径中最远的一个顶点。

7. 一个连通图采用邻接表作为存储结构,设计一个算法实现从顶点 v 出发的深度优先遍历的非递归过程。

8. 假设一个无向图采用邻接表 G 作为存储结构,设计一个算法判断其中是否存在经过顶点 v 的简单回路(环)。

9. 假设一个无向图采用邻接表 G 作为存储结构,设计一个算法在存在经过顶点 v 的简单回路时输出其中任意一条简单回路。

10. 假设一个无向图采用邻接表 G 作为存储结构,设计一个算法在存在经过顶点 v 的回路时输出所有这样的简单回路。

11. 假设一个图采用邻接表 G 作为存储结构,设计一个算法输出顶点 u 到 v 的不经过顶点 k 的所有简单路径。

12. 假设一棵二叉树采用二叉链 bt 存储,每个结点值为一个整数,设计一个算法输出从根结点到每个叶子结点的路径及其路径和(树中的路径和是指路径中的所有结点值之和)。

13. 假设一棵二叉树采用二叉链 bt 存储,每个结点值为一个整数,设计一个算法输出从根结点到叶子结点的路径中所有路径和等于 sum 的路径(树中的路径和是指路径中的所有结点值之和)。

14. 假设一棵哈夫曼树采用二叉链 bt 存储,结点类型如下:

```
struct BTNode
{
    char ch;                //编码的字符或者为空
    int data;               //权值
    BTNode * lchild, * rchild;
}
```

设计一个算法输出每个叶子结点对应字符的哈夫曼编码。

15. 假设一个带权图 G 采用邻接矩阵存储,设计一个算法采用狄克斯特拉算法思路求顶点 s 到顶点 t 的最短路径长度(假设顶点 s 和 t 都是 G 中的顶点)。

16. 假设一个有向图采用邻接表 G 存储,设计一个算法采用拓扑排序判断其中是否有回路。

8.10 上机实验题

8.10.1 基础实验题

1. 编写一个图的实验程序,设计邻接表类 AdjGraph 和邻接矩阵类 MatGraph,由带权有向图的边数组 a 创建邻接表 G,由 G 转换为邻接矩阵 g,再由 g 转换为邻接表 G1,输出

G、g 和 $G1$。用相关数据进行测试。

2. 编写一个图的实验程序,给定一个连通图,采用邻接表 G 存储,输出根结点为 0 的一棵深度优先生成树和一棵广度优先生成树。用相关数据进行测试。

3. 有一个文本文件 gin.txt 存放一个带权无向图的数据,第一行为 n 和 e,分别为顶点的个数和边数,接下来 e 行,每行为 u、v、w,表示顶点 u 到 v 的边的权值为 w。例如以下数据表示如图 8.58 所示的图(任意两个整数之间用空格分隔):

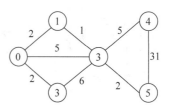

图 8.58 一个带权无向图

```
6 8
0 1 2
0 2 2
0 3 5
1 3 1
2 3 6
3 4 5
3 5 2
4 5 1
```

编写一个实验程序,利用文件 gin.txt 中的数据创建图的邻接矩阵,并求出顶点 0 到顶点 4 的所有路径及其路径长度。

4. 编写一个实验程序,利用文件 gin.txt 中的数据创建图的邻接矩阵,求出顶点 0 到顶点 5 经过边数最少的一条路径。

5. 编写一个实验程序,利用文件 gin.txt 中的数据创建图的邻接矩阵,采用 Prim 算法求出顶点 0 为起始点的一棵最小生成树。

6. 编写一个实验程序,利用文件 gin.txt 中的数据创建图的邻接矩阵,采用 Kruskal 算法求出一棵最小生成树。

7. 编写一个实验程序,利用文件 gin.txt 中的数据创建图的邻接矩阵,求出以顶点 0 为源点的所有单源最短路径及其长度。

8. 编写一个实验程序,利用文件 gin.txt 中的数据创建图的邻接矩阵,求出所有两个顶点之间的最短路径及其长度。

8.10.2 应用实验题

1. 有一片大小为 $m \times n (m, n \leqslant 100)$ 的森林,其中有若干群猴子,数字 0 表示树,1 表示猴子,凡是由 0 或者矩形围起来的区域表示有一个猴群在这一带。编写一个实验程序,求一共有多少个猴群及每个猴群的数量。森林用二维数组 g 表示,要求按递增顺序输出猴群的数量。用相关数据进行测试。

2. 编写一个实验程序,采用回溯法求一个迷宫的所有入口到出口的路径(迷宫问题的描述参见《教程》中的第 3.1.7 节)。用相关数据进行测试。

3. 最优配餐问题。栋栋最近开了一家餐饮连锁店,提供外卖服务。随着连锁店越来越多,怎么合理地给客户送餐成为一个急需解决的问题。

栋栋的连锁店所在的区域可以看成一个 $n\times n$ 的方格图（如图 8.59 所示），方格的格点上的位置可能包含栋栋的分店（以绿色标注）或者客户（以蓝色标注），有一些格点是不能经过的（以红色标注）。

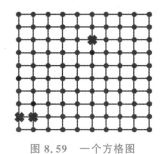

图 8.59　一个方格图

方格图中的线表示可以行走的道路，相邻两个格点的距离为 1。栋栋要送餐必须走可以行走的道路，而且不能经过以红色标注的点。

送餐的主要成本体现在路上所花的时间，送每一份餐每走一个单位的距离需要花费一元钱。每个客户的需求都可以由栋栋的任意分店配送完成，每个分店没有配送总量的限制。

现在得到了栋栋的客户的需求，请问在最优的送餐方式下送这些餐需要花费多大的成本。

输入格式：输入的第一行包含 4 个整数 n、m、k、d，分别表示方格图的大小、栋栋的分店数量、客户的数量，以及不能经过的点的数量；接下来 m 行，每行两个整数 xi 和 yi，表示栋栋的一个分店在方格图中的横坐标和纵坐标；接下来 k 行，每行 3 个整数 xi、yi、ci，分别表示每个客户在方格图中的横坐标、纵坐标和订餐的量（注意可能有多个客户在方格图中的同一个位置）；接下来 d 行，每行两个整数，分别表示每个不能经过的点的横坐标和纵坐标。

输出格式：输出一个整数，表示最优送餐方式下所需要花费的成本。

输入样例：

```
10 2 3 3
1 1          //第1个分店位置
8 8          //第2个分店位置
1 5 1        //第1个客户位置和订餐量
2 3 3        //第2个客户位置和订餐量
6 7 2        //第3个客户位置和订餐量
1 2          //第1个不能走的位置
2 2          //第2个不能走的位置
6 8          //第3个不能走的位置
```

输出样例：

29

4．编写一个实验程序，采用破圈法产生一个带权连通图的最小生成树。破圈法（圈就是回路）是区别于避圈法（如 Prim 和 Kruskal 算法）的一种构造最小生成树的算法。破圈法是"见圈破圈"，即如果找到图中有一个圈，就将这个圈中的最大边去掉，直到图中再没有圈为止。给出如图 8.60 所示的带权连通图求最小生成树的过程。

5．假设一个带权连通图采用邻接矩阵存储，可能有多棵最小生成树，编写一个实验程序用改进 Prim 算法求出所有的最小生成树，并对如图 8.61 所示的带权连通图采用改进 Prim 算法以顶点 3 为起始点构造出所有的最小生成树。

6．采用 Dijkstra 算法可以求出源点 v 到其他顶点的最短路径及其长度，而一般教科书上的 Dijkstra 算法仅求出一条最短路径。编写一个实验程序修改 Dijkstra 算法求源点 v 到某个顶点 j 的所有最短路径（如果存在多条最短路径），并对如图 8.62 所示的带权有向图采用改进 Dijkstra 算法求源点 0 到其他顶点的所有最短路径。

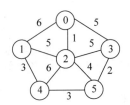
图 8.60　一个带权连通图

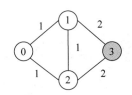
图 8.61　一个带权连通图

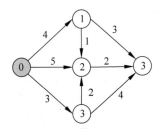
图 8.62　一个带权有向图

8.11　在线编程题

1. LeetCode695——岛屿的最大面积
2. LeetCode743——网络延迟时间
3. HDU3290——神奇的苹果树
4. HDU4514——求风景线的最大长度问题
5. HDU1254——推箱子
6. HDU3790——最短路径问题
7. HDU1599——找最小费用环
8. HDU4109——重新排列指令问题
9. POJ2230——守望者
10. POJ1321——棋盘问题
11. POJ1088——滑雪
12. POJ242——建公路
13. POJ1724——道路
14. POJ1603——Risk 游戏
15. POJ1125——股票经纪人
16. POJ1094——是否可以排序

第 9 章　查　找

查找又称为检索,是指在某种数据结构中找出满足给定条件的元素,所以查找与数据的组织和查找方式有关。

本章的学习要点如下:

(1) 查找的基本概念,包括静态查找表和动态查找表、内查找和外查找之间的差异以及平均查找长度等。

(2) 线性表上的各种查找算法,包括顺序查找、折半查找和分块查找的基本思路、算法实现和查找效率等。

(3) 各种树表的查找算法,包括二叉排序树相关算法设计以及 AVL 树、B 树和 B+树的基本概念和查找过程等。

(4) 哈希表的结构及其查找算法,STL 中的哈希表容器(例 unordered_map 和 unordered_set)的使用方法。

(5) 灵活运用各种查找算法解决一些综合应用问题。

9.1　查找的基本概念

查找是一种十分有用的操作,在实际生活中人们经常需要从海量信息中查找有用的资料。在一般情况下,被查找的对象称为查找表。查找表包含一组元素(或记录),每个元素由若干个数据项组成,并假设有能唯一标识元素的数据项,称为**主关键字**,查找表中所有元素的主关键字值均不相同。那些可以标识多个元素的数据项称为次关键字,查找表值可能存在两个次关键字值相同的元素。除非特别指定,本章中假设按主关键字查找。

查找的定义是,给定一个值 k,在含有 n 个元素的查找表中找出关键字等于 k 的元素。若成功找到这样的元素,返回该元素在表中的位置;否则表示查找不成功或者查找失败,返回相应的指示信息。

查找表按照操作方式分为静态查找表和动态查找表两类。**静态查找表**是主要适合做查找操作的查找表,如查询某个"特定的"数据元素是否在查找表中,检索某个"特定的"数据元素的某个成员。**动态查找表**适合在查找过程

视频讲解

中同时插入查找表中不存在的数据元素,或者从查找表中删除已经存在的某个数据元素。

为了提高查找的效率,需要专门为查找操作设计合适的数据结构。从逻辑上来说,查找所基于的数据结构是集合,集合中的元素之间没有特定关系。可是要想获得较高的查找性能,就不得不改变元素之间的关系,将查找集合组织成线性表和树等结构。

查找有内查找和外查找之分。若整个查找过程都在内存中进行,则称之为**内查找**;反之,若在查找过程中需要访问外存,则称之为**外查找**。

由于查找算法中的主要操作是关键字之间的比较,所以通常把查找过程中关键字的平均比较次数(也就是平均查找长度)作为衡量一个查找算法效率优劣的依据。**平均查找长度**ASL(Average Search Length)定义为:

$$\text{ASL} = \sum_{i=0}^{n-1} p_i c_i$$

其中,n 是查找表中元素的个数,p_i 是查找第 i 个元素的概率,一般地,除特别指出外,均认为每个元素的查找概率相等,即 $p_i = 1/n (0 \leqslant i \leqslant n-1)$,$c_i$ 是查找到第 i 个元素所需的关键字比较次数。

由于查找的结果有查找成功和不成功两种情况,所以平均查找长度也分为成功情况下的平均查找长度和不成功情况下的平均查找长度。前者指在查找表中找到指定关键字 k 的元素平均所需关键字比较的次数,后者指在查找表中确定找不到关键字 k 的元素平均所需关键字比较的次数。

9.2 线性表的查找

线性表是最简单也是最常见的一种查找表。本节将介绍 3 种线性表查找方法,即顺序查找、折半查找和分块查找算法。这里的线性表采用顺序表存储,由于顺序表不适合数据修改操作(插入和删除元素几乎需要移动一半的元素),所以顺序表是一种静态查找表。

视频讲解

为了简单,假设元素的查找关键字为 int 类型,若待查找的顺序表仅由若干整数构成,直接采用 vector<int>向量 R 存储,如 10 个整数关键字序列表示为 R={1,6,2,5,3,7,9,8,10,4}(由于主要讨论按主关键字查找,这里的所有整数是不重复的);若待排序表中的每个元素除关键字外还有其他数据项,可以设置相应的元素类型 T,则采用 vector<T>向量 R 存储,如 3 个学生元素,每个元素由学号(学号作为主关键字是唯一的)和姓名组成,R 表示为{{1,"Mary"},{3,"John"},{2,"Smith"}}。

9.2.1 顺序查找

1. 顺序查找算法

视频讲解

顺序查找是一种最简单的查找方法。其基本思路是从顺序表的一端开始依次遍历,将遍历的元素关键字和给定值 k 相比较,若两者相等,则查找成功,返回该元素的序号;若遍历结束后仍未找到关键字等于 k 的元素,则查找失败,返回 -1。

为了简单,假设从顺序表的前端开始遍历(从顺序表的后端开始遍历的过程与之类似),对应的顺序查找算法如下:

```
int SeqSearch1(vector < int > & R, int k)        //顺序查找算法 1
{
    int n=R.size();
    int i=0;
    while (i<n && R[i]!=k)
        i++;                                     //从表头往后找
    if (i>=n) return -1;                         //未找到返回-1
    else return i;                               //找到后返回其序号i
}
```

也可以设置一个哨兵,即将顺序表 $R[0..n-1]$ 后面位置的 $R[n]$ 的关键字设置为 k,这样 i 从 0 开始依次比较,当满足 $R[i]=k$ 时(任何查找一定会出现这种情况),若 $i=n$ 说明查找失败,返回 -1,否则说明查找成功,返回 i。对应的算法如下:

```
int SeqSearch2(vector < int > & R, int k)        //顺序查找算法 2
{
    int n=R.size();
    R.push_back(k);                              //在末尾添加一个哨兵
    int i=0;
    while (R[i]!=k) i++;                         //从表头往后找
    if (i==n) return -1;                         //未找到返回-1
    else return i;                               //找到后返回其序号i
}
```

说明:上述 SeqSearch1 算法中需要做 i 的越界判断,由于在查找算法中主要考虑关键字比较次数,所以这里只考虑 $R[i]$ 和 k 之间的比较次数,在查找失败时需要 n 次关键字比较。增加哨兵后的 SeqSearch2 算法在查找中不需要做 i 的越界判断,但在查找失败时需要 $n+1$ 次关键字比较。

【**例 9.1**】 在关键字序列为 $(3,9,1,5,8,10,6,7,2,4)$ 的顺序表中采用顺序查找方法查找关键字为 6 的元素。

解:顺序查找 $k=6$ 的过程如图 9.1 所示。

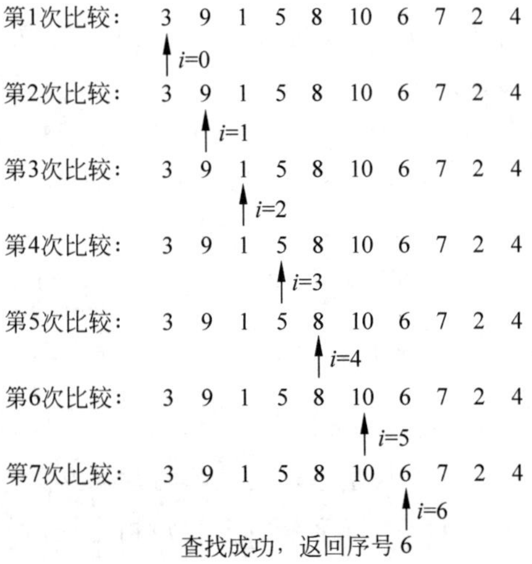

2. 顺序查找算法分析

以 SeqSearch1 算法为例,对于线性表 $(a_0, a_1, \cdots, a_i, \cdots, a_{n-1})$,$k$ 为要查找的关键字,c_i 为查找元素 a_i 所需要的关键字比较次数,p_i 为查找元素 a_i 的概率。

1) 仅考虑查找成功的情况

从顺序查找过程可以看到,若查找到的元素是第一个元素,即 $R[0]=k$,仅需一次关键字比较;若查找到的元素是第 2 个元素,即 $R[1]=k$,则需两次关键字比较;以此类推,若查找到的元素是第 n 个元素,即 $R[n-1]=k$,则需 n 次关键字比较,即 $c_i=i+1$。共有 n 种查找成功的情况,在等概率时,$p_i=1/n$。所以成功查找时对应的平均查找长度为:

第1次比较: 3 9 1 5 8 10 6 7 2 4
                    ↑ i=0
第2次比较: 3 9 1 5 8 10 6 7 2 4
                      ↑ i=1
第3次比较: 3 9 1 5 8 10 6 7 2 4
                        ↑ i=2
第4次比较: 3 9 1 5 8 10 6 7 2 4
                          ↑ i=3
第5次比较: 3 9 1 5 8 10 6 7 2 4
                            ↑ i=4
第6次比较: 3 9 1 5 8 10 6 7 2 4
                               ↑ i=5
第7次比较: 3 9 1 5 8 10 6 7 2 4
                                 ↑ i=6
查找成功,返回序号6

图 9.1 顺序查找过程

$$\text{ASL}_{\text{成功}} = \sum_{i=0}^{n-1} p_i c_i = \frac{1}{n} \sum_{i=0}^{n-1}(i+1) = \frac{1}{n} \times \frac{n(n+1)}{2} = \frac{n+1}{2}$$

也就是说成功查找的平均查找长度为$(n+1)/2$,即找到 R 中存在的元素时平均需要的关键字比较次数约为表长的一半。

2) 仅考虑查找不成功的情况

若 k 值不在表中,则总是需要 n 次比较之后才能确定查找失败,所以仅考虑查找不成功时对应的平均查找长度为:

$$\text{ASL}_{\text{不成功}} = n$$

3) 既考虑查找成功又考虑查找不成功的情况

一个顺序表中顺序查找的全部情况(包含查找成功和失败)可以用一棵**判定树**或**比较树**描述。例如,一个关键字序列$(18,16,14,12,20)$的顺序查找过程如图 9.2 所示(图中粗体整数表示查找成功),对应的判定树如图 9.3 所示,其中小方形结点称为判定树的**外部结点**(注意外部结点是虚设的,用于表示查找失败位置),圆形结点称为**内部结点**。

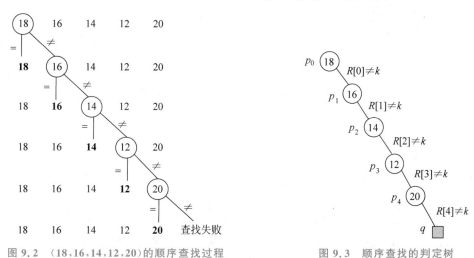

图 9.2 $(18,16,14,12,20)$的顺序查找过程　　图 9.3 顺序查找的判定树

其查找过程是,首先 k 与根结点关键字比较,若 $k=18$,成功返回(比较一次),否则 k 与关键字 16 的结点比较,若 $k=16$,则成功返回(比较两次),以此类推,若 $k=20$,则成功返回(比较 5 次),否则查找失败(比较 5 次,即 k 不等于查找表中的 5 个元素关键字)。

在图 9.3 中,$p_i(0 \leqslant i \leqslant 4)$ 表示成功查找该关键字的概率,设 $p = \sum_{i=0}^{4} p_i$ 为所有关键字成功查找的概率,q 表示不成功查找的概率,当既考虑查找成功又考虑查找不成功的情况时有 $p+q=1$。不妨假设 $p=q=0.5$,并且所有关键字成功查找的概率相同,即 $p_i=0.5/n$,则成功情况下的平均查找长度为:

$$\text{ASL}_{\text{成功}} = \sum_{i=0}^{n-1} p_i c_i = \sum_{i=0}^{n-1} \left(\frac{0.5}{n} \times (i+1) \right) = 0.5 \times \frac{n+1}{2} = \frac{n+1}{4}$$

假设所有不成功查找的情况为 m 种,它们的查找概率相同,即 $q_i=0.5/m$,则不成功情况下的平均查找长度为:

$$\text{ASL}_{\text{不成功}} = \sum_{i=1}^{m} q_i \times n = \sum_{i=1}^{m} \left(\frac{0.5}{m} \times n\right) = 0.5n$$

则
$$\text{ASL} = \text{ASL}_{\text{成功}} + \text{ASL}_{\text{不成功}} = 0.5 \times \frac{n+1}{2} + 0.5 \times n = \frac{3n+1}{4} = 4(n=5)。$$

归纳起来，顺序查找的优点是算法简单，且对查找表的存储结构无特殊要求，无论是用顺序表还是用链表来存放元素，也无论是元素之间是否按关键字有序，它都同样适用。顺序查找的缺点是查找性能低，时间复杂度为 $O(n)$，因此当 n 较大时不宜采用顺序查找。

9.2.2 折半查找

视频讲解

1. 折半查找算法

折半查找 又称二分查找，它是一种性能较高的查找方法。但是折半查找要求线性表是有序表，即表中的元素按关键字有序。在下面的讨论中均默认表是递增有序的。

折半查找的基本思路是，设 $R[\text{low..high}]$ 是当前的非空查找区间（下界为 low，上界为 high），首先确定该区间的中点位置 $\text{mid} = \lfloor (\text{low}+\text{high})/2 \rfloor$（或者 $\text{mid} = (\text{low}+\text{high}) \gg 1$），然后将待查的 k 值与 $R[\text{mid}]$ 比较：

① 若 $k = R[\text{mid}]$，则查找成功并返回该元素的序号 mid。

② 若 $k < R[\text{mid}]$，则由表的有序性可知 $R[\text{mid..high}]$ 均大于 k，因此若表中存在关键字等于 k 的元素，则该元素必定在左区间中，故新查找区间为 $R[\text{low..mid}-1]$，即下界不变，上界改为 $\text{mid}-1$。

③ 若 $k > R[\text{mid}]$，则要查找的 k 必在右区间中，即新查找区间为 $R[\text{mid}+1..\text{high}]$，即下界改为 $\text{mid}+1$，上界不变。

下一次查找是针对非空新查找区间进行的，其过程与上述过程类似。若新查找区间为空，表示查找失败，返回 -1。

因此可以从初始的查找区间 $R[0..n-1]$ 开始，每经过一次与当前查找区间的中点位置上的关键字的比较，就可确定查找是否成功，不成功则新查找区间缩小一半。重复这一过程，直至找到关键字为 k 的元素（查找成功）或者新查找区间为空（查找失败）时为止。对应的折半查找算法如下：

```
int BinSearch1(vector < int > & R, int k)        //折半查找非递归算法
{
    int n = R.size();
    int low = 0, high = n-1;
    while (low <= high)                           //当前区间非空时
    {
        int mid = (low+high)/2;                   //求查找区间的中间位置
        if (k == R[mid])                          //查找成功返回其序号 mid
            return mid;
        if (k < R[mid])                           //继续在 R[low..mid-1]中查找
            high = mid-1;
        else                                      //k > R[mid]
            low = mid+1;                          //继续在 R[mid+1..high]中查找
    }
    return -1;                                    //当前查找区间空时返回-1
}
```

说明：在上述算法中可以将 mid=(low+high)/2 改为 mid=(low+high)<<1 或者 mid=low+(high−low)/2(其好处是当 low 很大时避免 low+high 发生溢出)。

【例 9.2】 在关键字有序序列(2,4,7,9,10,14,18,26,32,40)中采用折半查找方法查找关键字为 7 的元素。

解：折半查找关键字为 7 的元素的过程如图 9.4 所示。

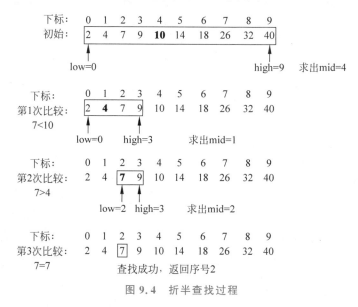

图 9.4 折半查找过程

上述 BinSearch1 算法是采用迭代方式(循环语句)实现的，实际上折半查找过程是一个递归过程，也可以采用以下递归算法来实现：

```
int BinSearch21(vector < int > & R, int low, int high, int k)   //被 BinSearch2 方法调用
{
    if (low <= high)                    //当前查找区间非空时
    {
        int mid=(low+high)/2;           //求查找区间的中间位置
        if (k==R[mid])                  //查找成功返回其序号 mid
            return mid;
        if (k < R[mid])                 //递归在左区间中查找
            return BinSearch21(R, low, mid−1, k);
        else                            //k > R[mid],递归在右区间中查找
            return BinSearch21(R, mid+1, high, k);
    }
    else return −1;                     //当前查找区间空时返回−1
}
int BinSearch2(vector < int > & R, int k)   //折半查找递归算法
{
    return BinSearch21(R, 0, R.size()−1, k);
}
```

说明：折半查找算法需要快速地确定查找区间的中间位置，所以不适合链式存储结构的数据查找，只适合顺序存储结构(具有随机存取特性)的数据查找。

【例 9.3】 有以下两个折半查找算法，其中参数 R 是非空递增有序顺序表，指出哪个算

法正确。

```cpp
int BSearch1(vector < int > & R, int k)
{
    int n=R.size();
    int low=0,high=n-1;
    while (low<=high)
    {
        int mid=(low+high)/2;
        if (k==R[mid]) return mid;
        if (k<R[mid]) high=mid-1;
        else low=mid;
    }
    return -1;
}
int BSearch2(vector < int > & R, int k)
{
    int n=R.size();
    int low=0,high=n-1;
    while (low<high)
    {
        int mid=(low+high)/2;
        if (k==R[mid]) return mid;
        if (k<R[mid]) high=mid-1;
        else low=mid+1;
    }
    if (R[low]==k) return low;
    else return -1;
}
```

解：(1) BSearch1 算法是错误的，对于查找区间[low,high]，mid=(low+high)/2，若 $k>R[mid]$，执行 low=mid，新查找区间为[mid,high]，若 mid 与查找区间的 low 相同（如 low=high 时），则新查找区间没有变化，从而陷入死循环。以 $R=(1,3,5),k=2$ 为例说明，其执行过程如下：

① low=0,high=2 ⇨ mid=(low+high)/2=1,k<R[mid] ⇨ high=mid-1=0。

② low=0,high=0 ⇨ mid=(low+high)/2=0,k>R[mid] ⇨ low=mid=0，新查找区间没有改变，陷入死循环。

(2) BSearch2 算法是正确的，在一般的折半查找算法中 while 语句循环到空为止，这里 R 是非空表，将 while 语句改为循环到仅包含一个元素 R[low]为止，再判断该元素的关键字是否为 k，若不成立返回-1。

2. 折半查找算法分析

一个有序顺序表 R 中所有元素的折半查找过程可用一棵**判定树**或**比较树**（这里是二叉树）来描述。查找区间为 R[low..high]的判定树 T(low,high)定义为，当 low>high 时，T(low,high)为空树；当 low≤high 时，根结点为中间序号 mid=(low+high)/2 的元素，其左子树是 R[low..mid-1]对应的判定树 T(low,mid-1)，其右子树是 R[mid+1..high]对应的判定树 T(mid+1,high)。

视频讲解

折半查找的判定树中所有结点的空指针都指向一个外部结点(用方形表示),其他称为内部结点(用圆形表示)。在后面介绍的二叉排序树、B 树等查找树中都采用类似的表示。

例如,具有 11 个元素($R[0..10]$)的有序表中所有元素的折半查找过程如图 9.5 所示,对应一棵满三次树(每个结点有"<"、"="和">"情况 3 个分支),可用如图 9.6 所示的判定树来表示(省略了"="情况的分支),内部结点中的数字表示该元素在有序表中的下标,外部结点中的两个值表示查找不成功时关键字对应的元素序号范围,即外部结点中"$i \sim j$"表示被查找值 k 是介于 $R[i]$ 和 $R[j]$ 之间的,即 $R[i]<k<R[j]$,用 u_i 表示。

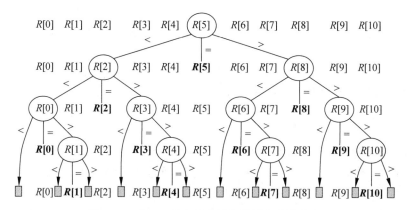

图 9.5 $R[0..10]$ 中所有元素的折半查找过程

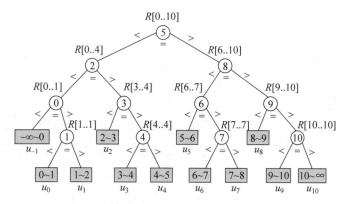

图 9.6 $R[0..10]$ 折半查找的判定树($n=11$)

说明:对于含 n 个元素的有序表 R,对应的判定树中恰好有 n 个内部结点和 $n+1$ 个外部结点。

在图 9.6 所示的判定树中,若查找的元素是 $R[5]$,则只需一次比较;若查找的元素是 $R[2]$ 或 $R[8]$,则分别需要两次比较(如查找 $R[8]$ 对应的比较序列是 $R[5],R[8]$);若查找的元素是 $R[0]$、$R[3]$、$R[6]$ 或者 $R[9]$,则分别需要 3 次比较(如查找 $R[6]$ 对应的比较序列是 $R[5],R[8],R[6]$);若查找的元素是 $R[1]$、$R[4]$、$R[7]$ 或者 $R[10]$,则分别需要 4 次比较(如查找 $R[4]$ 对应的比较序列是 $R[5],R[2],R[3],R[4]$)。由此可见,成功的折半查找过程恰好是走了一条从判定树的根到被查结点(某个内部结点)的路径,经历比较的关键字次数恰好为该结点在树中的层数。

说明:在折半查找中,当 $k=R[\text{mid}]$ 时,需要一次关键字比较,否则还要判定 $k<R[\text{mid}]$

是否成立,这样有两次关键字比较。但在求关键字比较次数时均认为是一次关键字比较,这样做一方面是为了简单,另一方面是为了不影响算法的时间复杂度。

不妨设关键字序列为 $(k_0,k_1,\cdots,k_{n-1})$,并有 $k_0<k_1<\cdots<k_{n-1}$,查找关键字 k_i 的概率为 p_i,则成功情况下的平均查找长度为:

$$\text{ASL}_{成功} = \sum_{i=0}^{n-1} p_i \times \text{level}(k_i)$$

其中 $\text{level}(k_i)$ 表示 k_i 的层次。若成功查找每个元素的概率相同,即 $p_i=1/n$,则 $\text{ASL}_{成功}$ 等同于:

$$\text{ASL}_{成功} = \frac{所有内部结点的关键字比较次数和}{n}$$

对于图 9.6 所示的判定树考虑查找成功的情况,设所有元素查找成功的概率相等(仅针对判定树中的内部结点),即 $p_i=1/11$,因此有:

$$\text{ASL}_{成功} = \frac{1\times1+2\times2+4\times3+4\times4}{11} = 3$$

在图 9.6 所示的判定树中,若查找关键字 k 不在查找表中,则查找失败。例如,若查找的关键字 k 满足 $R[4]<k<R[5]$,则依次与 $R[5]$、$R[2]$、$R[3]$、$R[4]$ 的关键字比较,由于 $k>R[4]$,查找结束在"4~5"的外部结点中(落在 $R[4]$ 结点的右孩子结点中)。尽管"4~5"外部结点在第 5 层,但比较次数为 4。由此可见,若查找失败,则其比较过程是经历了一条从判定树根到某个外部结点的路径,所需的关键字比较次数是该路径上内部结点的总数,或者说该外部结点在树中的层数减 1。

不妨设关键字序列为 $(k_0,k_1,\cdots,k_{n-1})$,并有 $k_0<k_1<\cdots<k_{n-1}$,不在判定树中的关键字可分为 $n+1$ 类 $E_i(-1\leqslant i\leqslant n-1)$,对应 $n+1$ 个外部结点,E_{-1} 包含的所有关键字 k 满足条件 $k<k_0$,E_i 包含的所有关键字 k 满足条件 $k_i<k<k_{i+1}$,E_{n-1} 包含的所有关键字 k 满足条件 $k>k_{n-1}$。显然对属于同一类 E_i 的所有关键字,查找都结束在同一个外部结点,而对不同类的关键字,查找结束在不同的外部结点。可以把外部结点用 u_{-1} 到 u_{n-1} 来标记,即 u_i 对应 $E_i(-1\leqslant i\leqslant n-1)$。设 q_i 是查找属于 E_i 中关键字的概率,那么不成功的平均查找长度为:

$$\text{ASL}_{不成功} = \sum_{i=-1}^{n-1} q_i \times (\text{level}(u_i)-1)$$

其中 $\text{level}(u_i)$ 表示外部结点 u_i 的层次。若不成功的查找结束于每个外部结点的概率相同,共 $n+1$ 个外部结点,即 $q_i=1/(n+1)$,则 $\text{ASL}_{不成功}$ 等同于:

$$\text{ASL}_{不成功} = \frac{所有外部结点的关键字比较次数和}{n+1}$$

对于图 9.6 所示的判定树考虑不成功查找的情况,设所有不成功查找的概率相等(仅针对判定树中的外部结点),即 $q_i=1/12$,因此有:

$$\text{ASL}_{不成功} = \frac{4\times3+8\times4}{12} = 3.67$$

从前面的示例看到,借助一棵二叉判定树很容易求得折半查找的平均查找长度。为讨论方便,不妨设内部结点的总数为 $n=2^h-1$,这样的判定树是高度为 $h=\log_2(n+1)$ 的满二叉树(高度 h 不计外部结点),如图 9.7 所示。该满二叉树中第 $j(1\leqslant j\leqslant h)$ 层上的结点个

数为 2^{j-1}，查找该层上的每个结点需要进行 j 次比较。因此，在等概率假设下，折半查找成功情况下的平均查找长度为：

$$\text{ASL}_{\text{成功}} = \sum_{i=0}^{n-1} p_i c_i = \frac{1}{n} \sum_{j=1}^{h} 2^{j-1} \times j = \frac{n+1}{n} \log_2(n+1) \approx \log_2(n+1) - 1$$

在图 9.7 所示的判定树中所有外部结点在同一层，它们的高度为 $h+1$，不成功的查找结束于每个外部结点时对应的关键字比较次数均为 h，所以在等概率时不成功情况下的平均查找长度为 h。

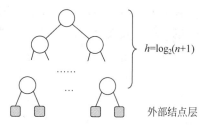

图 9.7 判定树为高度为 h 的满二叉树

说明：当 $n \neq 2^h - 1$ 时，其折半查找判定树不一定为满二叉树，但可以证明 n 个结点的判定树的高度与 n 个结点的完全二叉树的高度相等，即 h 为 $\lceil \log_2(n+1) \rceil$ 或者 $\lfloor \log_2 n \rfloor + 1$。同样，查找成功时关键字比较次数最多为判定树的高度 h，查找不成功时关键字比较次数最多也为判定树的高度 h。

综上所述，从判定树得到折半查找的时间复杂度为 $O(\log_2 n)$。实际上折半查找中的每次比较都能使查找空间长度减半，很容易得到时间复杂度为 $O(\log_2 n)$ 的结论，所以折半查找是一种高效的查找算法。

【例 9.4】 给定 11 个元素的有序表 (2,3,10,15,20,25,28,29,30,35,40)，采用折半查找，试问(1)若查找给定值为 20 的元素，将依次与表中的哪些元素比较？(2)若查找给定值为 26 的元素，将依次与哪些元素比较？(3)假设查找表中每个元素的概率相同，求查找成功时的平均查找长度和查找不成功时的平均查找长度。

解：对应的折半查找判定树如图 9.8 所示。

(1) 若查找给定值为 20 的元素，依次与表中的 25、10、15、20 元素比较，共比较 4 次。这是一种成功查找的情况，成功的查找一定落在某个内部结点中。

(2) 若查找给定值为 26 的元素，依次与 25、30、28 元素比较，共比较 3 次。这是一种不成功查找的情况，不成功的查找一定落在某个外部结点中。

(3) 在等概率时，成功查找情况下的平均查找长度为：

$$\text{ASL}_{\text{成功}} = \frac{1 \times 1 + 2 \times 2 + 4 \times 3 + 4 \times 4}{11} = 3$$

在等概率时，不成功查找情况下的平均查找长度为：

$$\text{ASL}_{\text{不成功}} = \frac{4 \times 3 + 8 \times 4}{12} = 3.67$$

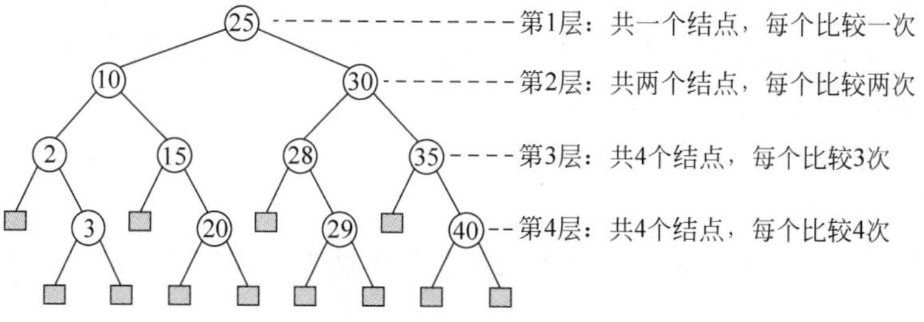

图 9.8 折半查找判定树

注意：从前面的示例看到，折半查找的判定树的形态只与查找表的元素个数 n 相关，而与输入实例中 $R[0..n-1]$ 的取值无关。

【例 9.5】 有 n（n 为较大的整数）个元素的有序顺序表通过折半查找产生的判定树的高度（不计外部结点）是多少？设有 100 个元素的有序顺序表，在用折半查找时，成功查找情况下最大的比较次数和不成功查找情况下最大的比较次数各是多少？

解：当 n 较大时，对应的折半查找判定树与 n 个结点的完全二叉树的高度相等，所以其高度为 $h = \lceil \log_2(n+1) \rceil$。

在折半查找判定树中，成功查找情况下最大的比较次数是最大层次的内部结点的层次，它恰好等于该树的高度 h。层次最大的外部结点就是不成功查找所需关键字比较次数最多的结点，它一定是层次最大的内部结点的孩子结点，其关键字比较次数恰好是 $h+1-1=h$。

所以当 $n=100$ 时，用折半查找时，成功时最大的比较次数和不成功时最大的比较次数均为 $h = \lceil \log_2(n+1) \rceil = 7$。

【实战 9.1】 HDU2141——快速查找

视频讲解

时间限制：3000ms；内存限制：10 000KB。

问题描述：给定 3 个整数序列 A、B、C，然后给定一个整数 X，计算满足公式 $A_i + B_j + C_k = X$ 的 3 个整数 A_i、B_j、C_k。

输入格式：包含多个测试用例。每个测试用例描述如下，第 1 行中有 3 个整数 L、N 和 $M(1 \leq L, N, M \leq 500)$，第 2 行中有 L 个整数表示序列 A，第 3 行中有 N 个整数表示序列 B，第 4 行中有 M 个整数表示序列 C，第 5 行中有一个整数 S 表示有 $S(1 \leq S \leq 1000)$ 个要计算的整数 X，接下来是 S 个整数。所有整数都是 32 位整数。

输出格式：对于每个测试用例，首先以"Case d"形式输出测试用例编号，然后对于 S 个查询，计算是否可以满足公式，如果满足输出 YES，否则输出 NO。

视频讲解

3. STL 中的折半查找算法

对于以数组为底层结构的有序表（例如数组、vector 或者 deque 容器等），STL 中提供了一系列以折半查找为基础的快速查找通用算法：

① binary_search(beg, end, x, [comp])在[beg, end)范围内查找 x，如果找到则返回 true，否则返回 false。其中 comp 是与排序一致的比较函数，省略时使用底层类型的小于运算符。

② lower_bound(beg, end, x, [comp])在[beg, end)范围内查找第一个大于或等于 x 的元素地址。其中 comp 是与排序一致的比较函数，省略时使用底层类型的小于运算符。

③ upper_bound(beg, end, x, [comp])在[beg, end)范围内查找第一个大于 x 的元素地址，即插入点位置。其中 comp 是与排序一致的比较函数，省略时使用底层类型的小于运算符。

④ equal_range(beg, end, x, [comp])返回一对地址，第一个（即 first）为 lower_bound 的结果，第二个（即 second）为 upper_bound 的结果。其中 comp 是与排序一致的比较函数，省略时使用底层类型的小于运算符。

例如，以下程序及其输出结果说明了上述通用算法的使用方法。

#include <iostream>

```cpp
#include <vector>
#include <deque>
#include <algorithm>
using namespace std;
int main()
{
    int a[]={1,2,2,2,3};
    int n=sizeof(a)/sizeof(a[0]);
    bool flag=binary_search(a,a+n,2);
    printf("%d\n",flag);                                //输出 1,表示数组 a 中存在元素 2
    int first=lower_bound(a,a+n,2)-a;                   //通过-a 得到查找元素的序号
    printf("%d\n",first);                               //输出 1,表示 a[1]是第一个≥2 的元素
    int last=upper_bound(a,a+n,2)-a;
    printf("%d\n",last);                                //输出 4,表示 a[4]是第一个>2 的元素
    pair<int*,int*> ia=equal_range(a,a+n,2);
    printf("%d %d\n",ia.first-a,ia.second-a);           //输出 1 和 4
    vector<int> v={1,2,2,2,3};
    flag=binary_search(v.begin(),v.end(),2);
    printf("%d\n",flag);                                //输出 1,表示向量 v 中存在元素 2
    first=lower_bound(v.begin(),v.end(),2)-v.begin();
    printf("%d\n",first);                               //输出 1,表示 v[1]是第一个≥2 的元素
    last=upper_bound(v.begin(),v.end(),2)-v.begin();
    printf("%d\n",last);                                //输出 4,表示 v[4]是第一个>2 的元素
    pair<vector<int>::iterator,vector<int>::iterator> its=equal_range(v.begin(),v.end(),2);
    printf("%d %d\n",its.first-v.begin(),its.second-v.begin());  //输出 1 和 4
    return 0;
}
```

4*. 折半查找的变形算法设计

视频讲解

前面基本折半查找是在关键字有序且不重复的查找表中查找关键字为 k 的一个元素,每次比较产生 3 个分支。当关键字 k 重复时基本折半查找一定能够找到一个关键字为 k 的元素,但不能确定是哪一个关键字为 k 的元素。此时需要利用折半查找算法的变形来实现,像 STL 中的 lower_bound 通用算法查找第一个大于或等于 x 的元素,upper_bound 通用算法查找第一个大于 x 的元素,它们都是折半查找的变形算法。设计这些算法需要注意如下几点:

① 确定边界。while 循环的条件是 low<=high(查找区间不空时循环)还是 low<high(查找区间有两个或者以上元素时循环)。

② 通常折半查找的变形算法每次比较产生两个分支,每个分支对应的 low 或者 high 的修改是什么? 如果边界是 low<=high,mid=(low+high)/2,若某个分支修改 low 是 low=mid,当查找区间只有一个元素(low=high)时,下一步的查找区间没有变化会导致死循环,必须避免出现这样的情况。

③ 在循环结束时,分析此时目标元素的形态,确定返回位置的正确表示形式。

这里给出折半查找变形算法的通用设计方法,用谓词 $p(x)$ 表示解空间中结点 x 满足的条件,该谓词是一个 bool 函数,在不同的问题中该谓词也不同,在解空间(这里的解空间就是判定树)中按谓词的真假选择一个分支。

1) lower_bound 查找算法设计

该算法是在有序表 R 中查找第一个大于或等于 k 的元素（R 中可能没有关键字为 k 的元素，也可能有多个），简单地说就是查找 k 的插入点，关键字 k 的插入点定义为将 k 插入 R 中使其有序的第一个位置。默认 R 是递增有序的，例如，$R=(1,3,3,3,5,8)$，$k=0$ 的插入点为 0，$k=3$ 的插入点为 1，$k=5$ 的插入点为 4，$k=10$ 的插入点为 6。

对于 $R[0..n-1]$，插入点可能是 $0\sim n-1$，还可能是 n（当 k 大于 R 中的所有元素时），所以初始查找区间是 $[0,n]$ 而不是 $[0,n-1]$。设置 $p(x)$ 为"$x>=k$"，即查找关键字大于或等于 k 的元素，如何保证找到 $p(x)$ 为真的第一个元素呢？若查找区间为 $[\text{low},\text{high}]$，置 $\text{mid}=(\text{low}+\text{high})/2$，当 $p(R[\text{mid}])$ 为真时，需要在左区间 $[\text{low},\text{mid}]$（含 mid）中继续查找，也就是说保持 low 不变，修改 $\text{high}=\text{mid}$，当 $p(R[\text{mid}])$ 为假时与基本折半查找一样在右区间中查找。其中包含 $\text{high}=\text{mid}$ 的分支修改，那么之前的查找区间至少含两个元素（因为 low=high 时出现死循环），所以确定边界是 low<high。当 while 循环结束最后查找区间为 $[\text{low},\text{low}]$ 时，low 就是插入点。对应的设计要点如下：

① 确定边界为 low<high。

② 确定两个分支的变化，$p(x)$ 为 true 修改 $\text{high}=\text{mid}$（保证左分支的查找区间中包含 $p(x)$ 为真的元素），$p(x)$ 为 false 修改 $\text{low}=\text{mid}+1$（保证右分支的查找区间中包含 $p(x)$ 为真的元素）。

③ 在循环结束时，查找区间 [low,high] 含一个元素，low 或者 high 即为所求。

例如，$R=(1,3,3,3,5,8)$，为了方便在 R 的末尾添加一个整数 9（是大于最大整数 8 的一个整数），查找 $k=3$ 的插入点的过程如图 9.9 所示，其中 $p(x)$ 是 $R[\text{mid}]\geq 3$。其思路就是查找使 $p(x)$ 为真的查找区间，最后的查找区间只有一个整数，它一定满足 $p(x)$ 的条件，由于 $R[\text{mid}]=3$ 时优先走左分支，所以该整数就是第一个满足 $p(x)$ 的整数。

由于 C++ 不对数组做严格的越界检测，所以不必添加末尾的最大整数 9，如果采用 Java 语言需要做这样的添加。对应的算法 1 如下：

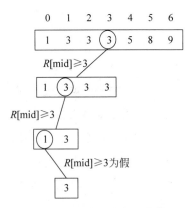

图 9.9 查找第一个大于或等于 3 的元素的过程(1)

```
int * lower_bound1(vector<int> & R, int n, int k)
{
    int low=0, high=n;
    while (low < high)
    {
        int mid=(low+high)/2;
        if (R[mid]>=k)              //p(x)为 x>=k,谓词为 true
            high=mid;               //在左区间中查找
        else                        //谓词为 false
            low=mid+1;              //在右区间中查找
    }
    return &R[low];                 //返回 R[low]元素地址
}
```

实际上,STL 中的实现版本就是采用这样的思路,只是改为查找区间通过开始位置 low 和区间长度 len 表示,对应的简化版算法 2 如下:

```
int * lower_bound2(vector<int> & R,int n,int k)     //STL 版本
{
    int low=0,mid;
    int half,len;
    len=n;
    while (len>0)
    {
        half=len/2;
        mid=low+half;
        if (R[mid]>=k)                //p(x)为 x>=k,谓词为 true
            len=half;                 //在左区间(以 R[low]开始的 len 个元素
                                      //含 R[mid])中查找,low 不变
        else                          //谓词为 false
        {
            low=mid+1;                //修改 low
            len=len-half-1;           //在右区间(以 R[low]开始的 len 个元素)中查找
        }
    }
    return &R[low];                   //返回 R[low]元素地址
}
```

上述设计思路并不是唯一的,也可以这样设计:

① 确定边界为 low<=high(循环执行到空为止)。

② 确定两个分支的变化,$p(x)$ 为 true 修改 high=mid−1(不含 mid,左分支的查找区间可能不包含 $p(x)$ 为真的整数),$p(x)$ 为 false 修改 low=mid+1(右分支的查找区间可能包含 $p(x)$ 为真的整数)。

③ 在循环结束时,查找区间[low,high]为空(一定不包含 $p(x)$ 为真的整数)而右区间[low..n−1]一定包含 $p(x)$ 为真的整数,其首位置 low 即为所求,实际上此时有 low=high+1,返回 high+1 也可。

例如,R=(1,3,3,3,5,8),由于每次比较后都会修改查找区间,不会出现死循环,所以不必在 R 的末尾添加一个整数 9。查找 k=3 的插入点的过程如图 9.10 所示,其中 $p(x)$ 是 R[mid]≥3。其思路就是查找使 $p(x)$ 为假的查找区间,最后的查找区间为空,由于 R[mid]=3 时优先走左分支,所以该空查找区间就是第一个使 $p(x)$ 为假的空区间,其左区间[0..low−1]的所有整数均小于 3,其右区间[low..n−1]的所有整数均满足 $p(x)$。

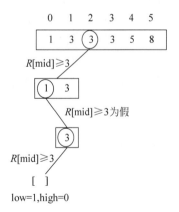

图 9.10 查找第一个大于或等于 3 的元素的过程(2)

对应的算法 3 如下:

```
int * lower_bound3(vector<int> & R,int n,int k)
{
    int low=0,high=n−1;
```

```
    while (low<=high)                   //当前区间至少有一个元素时
    {
        int mid=(low+high)/2;           //求查找区间的中间位置
        if (R[mid]>=k)                  //p(x)为 x>=k,谓词为 true
            high=mid-1;                 //在 R[low..mid-1]中查找,low 不变
        else                            //谓词为 false
            low=mid+1;                  //在 R[mid+1..high]中查找
    }
    return &R[low];                     //返回 R[low]或者 R[high+1]元素地址
}
```

说明：lower_bound1()算法的思路是找 $p(x)$ 为真的区间，而 lower_bound3()算法的思路是找 $p(x)$ 为假的区间，前者思路更清晰，这就是为什么在 STL 中采用前者的原因。

2) upper_bound 查找算法设计

upper_bound 算法是查找第一个大于 x 的元素，设计思路与 lower_bound 相同，只是将谓词 $p(x)$ 改为"x>k"。对应的 3 种解法的算法如下：

```
int * upper_bound1(vector<int> & R, int n, int k)
{
    int low=0, high=n;
    while (low<high)
    {
        int mid=(low+high)/2;
        if (R[mid]>k)                   //p(x)=x>k,谓词为 true
            high=mid;                   //在左区间中查找
        else                            //谓词为 false
            low=mid+1;                  //在右区间中查找
    }
    return &R[low];                     //返回 R[low]元素地址
}
int * upper_bound2(vector<int> & R, int n, int k)   //STL 版本
{
    int low=0, len=n;
    int half, mid;
    while (len>0)
    {
        half=len/2;
        mid=low+half;
        if(R[mid]>k)                    //p(x)=x>k
            len=half;                   //在左区间(以 R[low]开始的 len 个元素
                                        //含 R[mid])中查找,low 不变
        else                            //谓词为 false
        {
            low=mid+1;                  //修改 low
            len=len-half-1;             //在右区间中查找
        }
    }
    return &R[low];                     //返回 R[low]元素地址
}
int * upper_bound3(vector<int> & R, int n, int k)
```

```
{
    int low=0,high=n-1;
    while (low<=high)                   //当前区间至少有一个元素时
    {
        int mid=(low+high)/2;           //求查找区间的中间位置
        if (R[mid]>k)                   //p(x)=x>k,谓词为 true
            high=mid-1;                 //在 R[low..mid-1]中查找,low 不变
        else                            //谓词为 false
            low=mid+1;                  //在 R[mid+1..high]中查找
    }
    return &R[low];                     //返回 R[low]或者 R[high+1]元素地址
}
```

【实战 9.2】 POJ2785——查找 4 数之和为 0

时间限制：15 000ms；内存限制：228 000KB。

问题描述：给定 4 个整数序列 A、B、C、D，计算有多少个四元组(a,b,c,d)满足 $a+b+c+d=0$，其中 $a \in A, b \in B, c \in C, d \in D$，假设 4 个序列中的元素个数均为 n。

输入格式：输入文件的第一行为 n(最大为 4000)，接下来有 n 行，每行 4 个整数(整数的绝对值最大为 2^{28})，分别为 A、B、C、D 中的一个整数。

输出格式：对于每个输入文件，输出一行表示满足条件的四元组个数。

视频讲解

9.2.3 索引存储结构和分块查找

1. 索引存储结构

索引存储结构是在采用数据表存储数据的同时还建立附加的索引表。索引表中的每一项称为索引项，索引项的一般形式为(关键字,地址)，其中关键字唯一标识一个元素，地址为该关键字元素在数据表中的存储地址，整个索引表按关键字有序排列。例如，对于第 1 章中表 1.1 所示的高等数学成绩表，以学号为关键字时的索引存储结构如图 9.11 所示。在这样的索引存储结构中，数据表中的每个元素都对应索引表中的一个索引项，也就是说数据表和索引表的长度相同，称之为稠密索引。

视频讲解

数据表				索引表	
地址	学号	姓名	分数	学号	地址
0	2018001	王华	90	2018001	0
1	2018010	刘丽	62	2018005	6
2	2018006	陈明	54	2018006	2
3	2018009	张强	95	2018007	4
4	2018007	许兵	76	2018009	3
5	2018012	李萍	88	2018010	1
6	2018005	李英	82	2018012	5

图 9.11 高等数学成绩表的索引存储结构

含 n 个元素的线性表采用索引存储结构后，按关键字 k 查找的过程是，先在索引表中按折半查找方法找到关键字为 k 的索引项，得到其地址，所花时间为 $O(\log_2 n)$，再通过地址在数据

表中找到对应的元素,所花时间为 $O(1)$,合起来的查找时间为 $O(\log_2 n)$,与折半查找的性能相同,属于高效的查找方法。索引存储结构的缺点是为建立索引表而增加了时间和空间的开销。

2. 分块查找

分块查找又称索引顺序查找,它是一种性能介于顺序查找和折半查找之间的查找方法。它要求按如下的索引方式来存储查找表:将表 $R[0..n-1]$ 均分为 b 块,前 $b-1$ 块中的元素个数为 $s=\lceil n/b \rceil$,最后一块(即第 b 块)的元素数小于或等于 s。每块中的关键字不一定有序,但前一块中的最大关键字必须小于后一块中的最小关键字,即要求表是"分块有序"的(这里为了简单假设每块大小相同,实际中可能每块大小不相同)。

抽取各块中的最大关键字及其起始位置构成一个索引表 $I[0..b-1]$,即 $I[i](0 \leqslant i \leqslant b-1)$ 中存放着第 i 块的最大关键字及该块在表 R 中的起始位置。由于表 R 是分块有序的,所以索引表是一个递增有序表。

也就是说,在这种结构中除了数据表外,另外增加了一个分块索引表,所以也是一种索引存储结构,由于索引表中的每个索引项对应数据表中的一个块而不是一个元素,即索引表的长度远小于数据表的长度,称之为稀疏索引。

假设数据表的长度为 n,分为 b 个块,块的长度为 s,如果 $n\%b=0$,则 $s=n/b$,这样 b 个块的长度均为 s,是一种理想的状态。若 $n\%b \neq 0$,取 $s=\lceil n/b \rceil=\lfloor (n+b-1)/b \rfloor$,这样前 $b-1$ 个块的长度为 s,最后一个块的长度 $=n-(b-1)\times s$。

说明:分块查找并非适合任意无序数据的查找,也不是随意分块,一定满足在分块后块间数据有序、块内数据无序的特点。

索引表的元素类型定义如下:

```
struct IdxType                    //索引表类型
{
    int key;                      //关键字(这里是对应块中的最大关键字)
    int link;                     //该索引块在数据表中的起始下标
};
```

例如,设有一个查找线性表采用顺序表 R 存储,其中包含 25 个元素,关键字序列为(8,14,6,9,10,22,34,18,19,31,40,38,54,66,46,71,78,68,80,85,100,94,88,96,87)。假设 R 中的 25 个元素分为 5 块($b=5$),每块中有 5 个元素($s=5$),并且这样分块后满足分块有序性。对应的索引存储结构如图 9.12 所示,第 1 块中的最大关键字 14 小于第 2 块中的最小关键字 18,第 2 块中的最大关键字 34 小于第 3 块中的最小关键字 38,以此类推。也就是说,这里的索引项中关键字为对应块中的最大关键字,整个索引表按关键字递增排列。

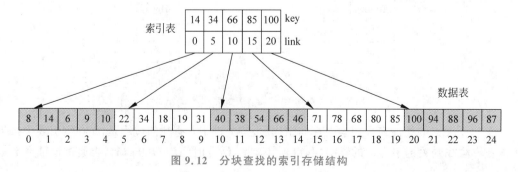

图 9.12 分块查找的索引存储结构

对于数据表 R,若分为 b 个块,构造上述索引表 I 的算法如下:

```
void CreateI(vector<int> & R,IdxType I[],int b)   //构造索引表 I[0..b-1]
{
    int n=R.size();
    int s=(n+b-1)/b;                              //每块的元素个数
    int j=0;
    int jmax=R[j];
    for (int i=0;i<b;i++)                         //构造 b 个块
    {
        I[i].link=j;
        while (j<=(i+1)*s-1 && j<=n-1)            //j 遍历一个块,查找其中的最大关键字 jmax
        {
            if (R[j]>jmax) jmax=R[j];
            j++;
        }
        I[i].key=jmax;
        if (j<=n-1)                               //j 没有遍历完,jmax 置为下一个块首元素关键字
            jmax=R[j];
    }
}
```

分块查找的基本思路是首先查找索引表,因为索引表是有序表,可以采用折半查找(当索引项较少时可以采用顺序查找),以确定待查的元素在哪一块中,然后在已确定的块中进行顺序查找(因块内元素序,只能用顺序查找)。

例如,在图 9.12 所示的存储结构中查找关键字等于给定值 $k=80$ 的元素,因为索引表较小,不妨用顺序查找方法查找索引表。即首先将 k 依次和索引表中的各关键字比较,直到找到第一个关键字大于或等于 k 的元素,由于 $k\le 85$,所以关键字为 80 的元素若存在,则必定在第 4 块中;然后由 I[3].link 找到第 4 块的起始地址 15,从该地址开始在 $R[15..19]$ 中进行顺序查找,直到 $R[18]=k$ 为止。若给定值 $k=30$,同理先确定第 2 块,然后在该块中查找。因该块中的查找不成功,说明表中不存在关键字为 30 的元素。

采用折半查找索引表(索引表 I 的长度为 b)的分块查找算法如下(查找索引表的思路与前面的 GOEk 算法类似):

```
int BlkSearch(vector<int> & R,IdxType I[],int b,int k)//在 R[0..n-1]和索引表 I[0..b-1]中查找 k
{
    int n=R.size();
    int low=0,high=b-1;
    while (low<=high)                             //在索引表中折半查找,找到块号为 high+1
    {
        int mid=(low+high)/2;
        if (k<=I[mid].key) high=mid-1;
        else low=mid+1;
    }
    if (high+1>=b) return -1;                     //块号超界,查找失败,返回-1
    int i=I[high+1].link;                         //求所在块的起始位置
    int s=(n+b-1)/b;                              //求每块的元素个数 s
    if (i==b-1)                                   //第 i 块是最后块时元素可能不满
```

```
        s=n-s*(b-1);
    while (i<=I[high+1].link+s-1 && R[i]!=k)    //在对应块中顺序查找 k
        i++;
    if (i<=I[high+1].link+s-1)
        return i;                               //查找成功,返回该元素的序号
    else
        return -1;                              //查找失败,返回-1
}
```

由于分块查找实际上是两次查找过程,所以整个查找过程的平均查找长度是两次查找的平均查找长度之和。

若有 n 个元素,每块中有 s 个元素(块数 $b = \lceil n/s \rceil$),分析分块查找在成功情况下的平均查找长度如下:

若以折半查找来确定元素所在的块,则分块查找成功时的平均查找长度为:

$$\text{ASL}_{\text{blk}} = \text{ASL}_{\text{bn}} + \text{ASL}_{\text{sq}} = \log_2(b+1) - 1 + \frac{s+1}{2} \approx \log_2(b+1) + \frac{s}{2}$$

显然,当 s 越小时,ASL_{blk} 的值越小,即当采用折半查找确定块时每块的长度越小越好。

若以顺序查找来确定元素所在的块,则分块查找成功时的平均查找长度为:

$$\text{ASL}'_{\text{blk}} = \text{ASL}_{\text{bn}} + \text{ASL}_{\text{sq}} = \frac{b+1}{2} + \frac{s+1}{2} = \frac{1}{2}(b+s) + 1$$

显然,当 $s = \sqrt{n}$ 时,ASL'_{blk} 取极小值 $\sqrt{n} + 1$,即当采用顺序查找确定块时,各块中的元素个数选定为 $\sqrt{n}$ 效果最佳。

分块查找的主要代价是增加一个索引表的存储空间和增加建立索引表的时间。

视频讲解

【例 9.6】 对于具有 10 000 个元素的顺序表,假设数据分布满足各问题相应的要求,回答以下问题。

(1) 若采用分块查找方法,并用顺序查找来确定元素所在的块,则分成几块最好? 每块的最佳长度为多少? 此时成功情况下的平均查找长度为多少? 在这种情况下,若改为用折半查找确定块,成功情况下的平均查找长度为多少?

(2) 若采用分块查找方法,仍用顺序查找来确定元素所在的块,假定每块长度为 $s=20$,此时成功情况下的平均查找长度是多少? 在这种情况下,若改为用折半查找确定块,成功情况下的平均查找长度为多少?

(3) 若直接采用顺序查找和折半查找方法,其成功情况下的平均查找长度各是多少?

解:(1) 对于具有 10 000 个元素的文件,若采用分块查找方法,并用顺序查找来确定元素所在的块,每块中最佳元素个数 $s = \sqrt{10\,000} = 100$,总的块数 $b = \lceil n/s \rceil = 100$。此时成功情况下的平均查找长度为:

$$\text{ASL} = \frac{1}{2}(b+s) + 1 = 101$$

在这种情况下,若改为用折半查找确定块,此时成功情况下的平均查找长度为:

$$\text{ASL} = \log_2(b+1) + \frac{s}{2} = \log_2 101 + 50 \approx 57$$

(2) $s=20$，则 $b=\lceil n/s \rceil=10\,000/20=500$。

在进行分块查找时，若仍用顺序查找确定块，此时成功情况下的平均查找长度为：

$$\mathrm{ASL} = \frac{1}{2}(b+s)+1 = 260+1 = 261$$

在这种情况下，若改为用折半查找确定块，此时成功情况下的平均查找长度为：

$$\mathrm{ASL} = \log_2(b+1) + \frac{s}{2} = \log_2 501 + 10 \approx 19$$

(3) 若直接采用顺序查找，此时成功情况下的平均查找长度为：

$$\mathrm{ASL} = (n+1)/2 = (10000+1)/2 = 5000.5$$

若直接采用折半查找，此时成功情况下的平均查找长度为：

$$\mathrm{ASL} = \log_2(n+1) - 1 = \log_2 10001 - 1 \approx 13$$

由此可见，分块查找算法的效率介于顺序查找和折半查找之间。

9.3 树表的查找

9.2 节讨论了查找表为线性表的情况，实际上查找表也可以为树形结构，本节介绍几种特殊树形结构的查找，统称为**树表**。这里的树表采用链式存储结构，链式存储结构既适合查找，也适合数据修改，属于动态查找表。对于动态查找表，不仅要讨论查找方法，还讨论修改方法。本节主要讨论二叉排序树、平衡二叉树、B 树和 B+树。

9.3.1 二叉排序树

1. 二叉排序树的定义

二叉排序树（简称 BST）又称二叉查找（搜索）树，每个结点为$[k,d]$，其中 k 是关键字，d 为对应的值。二叉排序树的定义为二叉排序树或者是空树，或者是满足如下性质的二叉树：

(1) 若它的左子树非空，则左子树上所有结点的关键字均小于根结点关键字。

(2) 若它的右子树非空，则右子树上所有结点的关键字均大于根结点关键字。

(3) 左、右子树本身又各是一棵二叉排序树。

上述性质简称二叉排序树性质（简称为 BST 性质），故二叉排序树实际上是满足 BST 性质的二叉树，并且假设所有结点值唯一。

说明：上述是默认的二叉排序树定义，在实际应用中它有两种变形，变形一是结点的关键字不唯一，可将二叉排序树定义中 BST 性质(1)的"小于"改为"小于或等于"，BST 性质(2)的"大于"改为"大于或等于"。变形二是左子树结点关键字大，右子树结点关键字小。

二叉排序树通常采用二叉链存储结构存储，为了通用以类模板实现。定义二叉排序树的结点类型如下（每个结点存放$[key,data]$，其中 key 为关键字，data 为对应的数据项，分别为 T1 和 T2 类型）：

```
template <typename T1, typename T2>
struct BSTNode                          //二叉排序树结点类
{
```

```
        T1 key;                              //存放关键字,假设关键字为 T1 类型
        T2 data;                             //存放数据项,假设数据项为 T2 类型
        BSTNode * lchild;                    //存放左孩子指针
        BSTNode * rchild;                    //存放右孩子指针
        BSTNode(T1 k,T2 d)                   //构造函数
        {
            key=k;
            data=d;
            lchild=rchild=NULL;              //新建结点默认为叶子结点
        }
    };
```

设计二叉排序树类模板为 BSTClass<T1,T2>,其中销毁运算通过析构函数实现,与第 7 章中的二叉链销毁思路完全相同:

```
    template < typename T1,typename T2 >
    class BSTClass                           //二叉排序树类模板
    {
    public:
        BSTNode < T1,T2 > *  r;              //二叉排序树根结点
        BSTNode < T1,T2 > *  f;              //用于临时存放待删除结点的双亲结点
        BSTClass()                           //构造函数
        {
            r=NULL;
            f=NULL;
        }
        ~BSTClass()                          //析构函数
        {
            DestroyBTree(r);                 //调用 DestroyBTree()函数
            r=NULL;
        }
        void DestroyBTree(BSTNode < T1,T2 > *  b)    //释放所有的结点空间
        {
            if (b!=NULL)
            {
                DestroyBTree(b—>lchild);     //递归释放左子树
                DestroyBTree(b—>rchild);     //递归释放右子树
                delete b;                    //释放根结点
            }
        }
        //二叉排序树的基本运算算法
    };
```

视频讲解

2. 二叉排序树的插入和生成

在二叉排序树中插入一个新结点,要保证插入后仍满足 BST 性质。在根结点为 p 的二叉排序树中插入关键字为 k、数据项为 d 的结点的过程如下:

① 若 p 为空,创建一个 (k,d) 的结点,返回将它作为根结点。
② 若 $k<p->key$,将 k 插入 p 结点的左子树中并且修改 p 的左指针。
③ 若 $k>p->key$,将 k 插入 p 结点的右子树中并且修改 p 的右指针。

④ 其他情况是 $k==$p->key,说明树中已有关键字 k,更新 data 值并返回 p。

对应的递归算法 InsertBST() 如下:

```
void InsertBST(T1 k,T2 d)                        //插入一个(k,d)结点
{
    r=_InsertBST(r,k,d);
}
BSTNode<T1,T2> * _InsertBST(BSTNode<T1,T2> * p,T1 k,T2 d)
//在以 p 为根的 BST 中插入关键字为 k 的结点
{
    if (p==NULL)                                 //原树为空,新插入的结点为根结点
        p=new BSTNode<T1,T2>(k,d);
    else if (k<p->key)
        p->lchild=_InsertBST(p->lchild,k,d);     //插入 p 的左子树中
    else if (k>p->key)
        p->rchild=_InsertBST(p->rchild,k,d);     //插入 p 的右子树中
    else                                         //找到关键字为 k 的结点,修改 data 域
        p->data=d;
    return p;
}
```

由 a 和 b 向量(a 为关键字序列,b 为数据项序列,均含 n 个元素,$n>0$)创建二叉排序树的过程是从一个空树开始的,先由 ($a[0]$,$b[0]$)创建根结点,以后每插入一个 ($a[i]$,$b[i]$)($1 \leqslant i \leqslant n-1$)就调用一次 InsertBST()算法将其插入当前已创建的二叉排序树中。对应的 CreateBST() 算法如下:

```
void CreateBST(vector<T1> & a,vector<T2> & b)    //由 a 和 b 向量创建一棵二叉排序树
{
    r=new BSTNode<T1,T2>(a[0],b[0]);             //创建根结点
    for (int i=1;i<a.size();i++)                 //创建其他结点
        InsertBST(a[i],b[i]);                    //插入(a[i],b[i])
}
```

3. 二叉排序树的查找

由于二叉排序树可看作一个有序表,所以在二叉排序树中查找关键字为 k 的结点时和折半查找类似,也是从根结点开始逐步缩小查找范围,当找到了关键字为 k 的结点(该结点称为查中结点)时表示查找成功,返回查中结点的地址,如果查找范围变为空,表示查找失败,返回 NULL。对应的递归查找算法 SearchBST() 如下:

视频讲解

```
BSTNode<T1,T2> * SearchBST(T1 k)                 //在二叉排序树中查找关键字为 k 的结点
{
    return _SearchBST(r,k);                      //r 为二叉排序树的根结点
}

BSTNode<T1,T2> * _SearchBST(BSTNode<T1,T2> * p,T1 k)    //被 SearchBST 方法调用
{
    if (p==NULL) return NULL;                    //空树返回 NULL
    if (p->key==k) return p;                     //找到后返回 p
    if (k<p->key)
```

```
            return _SearchBST(p->lchild,k);              //在左子树中递归查找
    else
            return _SearchBST(p->rchild,k);              //在右子树中递归查找
}
```

与折半查找的判定树类似,在二叉排序树中的每个空指针处添加一个外部结点,这样 n 个内部结点的二叉排序树恰好有 $n+1$ 个外部结点。在二叉排序树中查找时,若查找成功,则是从根结点出发走了一条从根结点到查中结点的路径;若查找不成功,则是从根结点出发走了一条从根到某个外部结点的路径。同样,与折半查找类似,查找中关键字比较的次数不超过树的高度。

一个关键字集合可以有多个不同顺序的关键字序列,对于不同的关键字序列,采用 CreateBST(a) 算法创建的二叉排序树可能不同。例如,由关键字序列(5,2,1,6,7,4,3)创建的二叉排序树 A 如图 9.13(a)所示,而关键字序列(1,2,3,4,5,6,7)创建的二叉排序树 B 如图 9.13(b)所示,图中仅画出了结点的关键字。

这两棵二叉排序树的高度分别是 4 和 7,因此在查找失败的情况下最多关键字比较次数分别为 4 和 7。在查找成功的情况下,它们的平均查找长度也是不相同的。对于图 9.13(a)所示的二叉排序树,在等概率假设下,查找成功的平均查找长度为:

$$\text{ASL}_a = \frac{1\times1+2\times2+3\times3+1\times4}{7} = 2.57$$

同样,在等概率假设下,图 9.13(b)所示的二叉排序树在查找成功时的平均查找长度为:

$$\text{ASL}_b = \frac{1\times1+1\times2+1\times3+1\times4+1\times5+1\times6+1\times7}{7} = 4$$

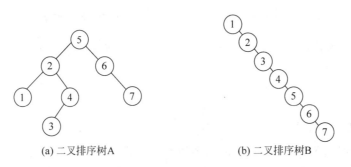

(a) 二叉排序树A　　　　　　　(b) 二叉排序树B

图 9.13　两棵二叉排序树

由此可见,二叉排序树查找的平均查找长度和二叉排序树的形态有关,显然图 9.13(a)所示的二叉排序树的查找效率比图 9.13(b)所示的好,因此构造一棵高度越小的二叉排序树的查找性能越高,9.3.2 节就讨论如何构造这种高性能的查找树。

那么如何分析二叉排序树的查找性能呢? 有以下两种分析方法。

(1) 对于含 n 个关键字的集合,假设所有关键字不相同,对应有 $n!$ 个关键字序列,每个关键字序列构造一棵二叉排序树,其中有些二叉排序树是相同的,可以证明,n 个不同的关键字可以构造出 $\frac{1}{n+1}C_{2n}^n$ 棵不同的二叉排序树。例如,3 个关键字的集合{1,2,3}可以构造出 5 棵不同的二叉排序树,其中由(2,1,3)和(2,3,1)两个关键字序列构造的二叉排序树是

相同的,所有这些二叉排序树中查找每个关键字的平均时间为 $O(\log_2 n)$。

（2）给定含 n 个关键字的关键字序列构造一棵二叉排序树(是 $n!$ 个关键字序列中的一个),其中查找性能最好的是高度最小的二叉排序树,最好查找性能为 $O(\log_2 n)$；查找性能最坏的是高度为 n 的二叉排序树(类似图 9.13(b)所示的单支树),最坏查找性能为 $O(n)$；平均情况由具体的关键字序列来确定,所以常说二叉排序树的时间复杂度在 $O(\log_2 n)$ 和 $O(n)$ 之间,就是指这种分析方法。

【例 9.7】 已知一组关键字为 (25,18,46,2,53,39, 32,4,74,67,60,11),按该顺序依次插入一棵初始为空的二叉排序树中,画出最终的二叉排序树,并求在等概率情况下查找成功的平均查找长度和查找不成功的平均查找长度。

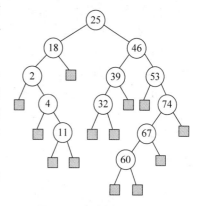

图 9.14 一棵二叉排序树

解：最终构造的二叉排序树如图 9.14 所示,图中的圆形结点为内部结点,小方形结点为外部结点。

在等概率的情况下,查找成功的平均查找长度为:

$$\text{ASL}_{成功} = \frac{1\times 1 + 2\times 2 + 3\times 3 + 3\times 4 + 2\times 5 + 1\times 6}{12} = 3.5$$

在等概率的情况下,查找不成功的平均查找长度为:

$$\text{ASL}_{不成功} = \frac{1\times 2 + 3\times 3 + 4\times 4 + 3\times 5 + 2\times 6}{13} = 4.15$$

【例 9.8】 在含有 27 个结点的二叉排序树上查找关键字为 35 的结点,以下 4 个选项中哪些是可能的关键字比较序列?

A. 28,36,18,46,35   B. 18,36,28,46,35
C. 46,28,18,36,35   D. 46,36,18,28,35

解：各查找序列对应的查找树如图 9.15 所示。查找序列 $(k_1,k_2,\cdots,k_n)$ 的查找树的画法是每层只有一个结点,首先 k_1 为根结点,再依次画出其他结点,若 $k_{i+1} < k_i$,则 k_{i+1} 的结点作为 k_i 结点的左孩子,否则作为右孩子。

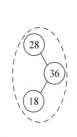 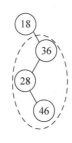 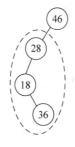 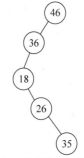

(a) A 序列的查找过程　(b) B 序列的查找过程　(c) C 序列的查找过程　(d) D 序列的查找过程

图 9.15 各序列对应的查找过程

查找树是原来二叉排序树的一部分,也一定构成一棵二叉排序树。图 9.15 中的虚线圆圈部分表示违背了二叉排序树的定义,从中看到只有 D 序列对应的查找树是一棵二叉排序树,所以只有 D 序列可能是查找关键字 35 的关键字比较序列。

从形态看二叉排序树属于二叉树,可以对二叉排序树做类似二叉树的各种遍历,实际上上述_SearchBST()查找算法就是采用先序遍历实现的。从 BST 的性质可推出二叉排序树的一些重要性质:按中序遍历该树所得到的中序序列是一个递增有序序列。整棵二叉排序树中关键字最小的结点是根结点的最左下结点(中序序列的开始结点),关键字最大的结点是根结点的最右下结点(中序序列的尾结点)。正是因为二叉排序树的中序序列是一个有序序列,所以对于一个任意的关键字序列构造一棵二叉排序树,其实质是对此关键字序列进行排序,使其变为有序序列。"排序树"的名称也由此而来。

说明:上述结论是针对左子树结点值小于右子树结点值的默认二叉排序树定义,如果反过来,对于左子树结点值大于右子树结点值的二叉排序树,中序序列是一个递减有序序列,整棵二叉排序树中关键字最大的结点是根结点的最左下结点,关键字最小的结点是根结点的最右下结点。

【实战 9.3】 POJ2418——硬木的种类

时间限制:10 000ms;内存限制:65 536KB。

问题描述:硬木是植物树群,有宽阔的叶子,产生水果或坚果,并且通常在冬天休眠。美国的温带气候产生了数百种硬木树种,例如橡树、枫树和樱桃都是硬木树种,它们是不同的物种。硬木树种的树木共占美国树木的 40%。利用卫星成像技术,自然资源部编制了一份特定日期的每棵树的清单。这里需要计算每个树种的总分数。

输入格式:输入包括卫星观测到的每棵树的树种清单。每行表示一棵树的树种,树种名称不超过 30 个字符。所有树种不超过 10 000 种,不超过 1 000 000 棵树。

输出格式:按字母顺序输出每个树种的名称以及对应的百分比,百分比精确到第 4 个小数位。

4. 二叉排序树的删除

二叉排序树的删除是指从二叉排序树中删除一个指定关键字 k 的结点(由于二叉排序树中的结点关键字是唯一的,每个结点只有一个关键字,所以删除关键字与删除结点是一回事),在删除一个结点时不能简单地把以该结点为根的子树都删除,只能删除该结点本身,并且还要保证删除后的二叉树仍然满足 BST 性质。也就是说,在二叉排序树中删除一个结点就相当于删除其中序序列中的一个结点。

执行删除操作必须首先找到待删除的结点,当找到关键字为 k 的结点 p 时,删除结点 p 分为以下几种情况。

(1) 若结点 p 是叶子结点,删除该结点等同于删除该结点的子树,所以可以直接删除该结点。如图 9.16(a)所示为删除叶子结点 9 的过程。这是最简单的情况。

(2) 若结点 p 只有左孩子没有右孩子,根据二叉排序树的特点,可以用结点 p 的左子树替代结点 p 的子树,也就是直接用其左孩子替代它(结点替代)。如图 9.16(b)所示为删除只有左孩子的结点 4 的过程。

(3) 若结点 p 只有右孩子没有左孩子,根据二叉排序树的特点,可以用结点 p 的右子树替代结点 p 的子树,也就是直接用其右孩子替代它(结点替代)。如图 9.16(c)所示为删除只有右孩子的结点 7 的过程。

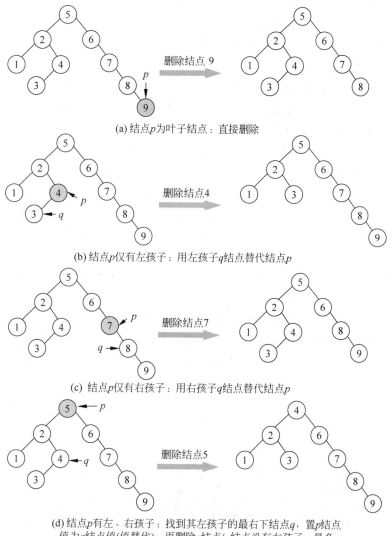

图 9.16 二叉排序树的结点的删除

（4）若结点 p 既有左孩子又有右孩子，根据二叉排序树的特点，可以从其左子树中选择关键字最大的结点（中序前驱）或从其右子树中选择关键字最小的结点（中序后继）q 替代结点 p，再将结点 q 从相应子树中删除。操作步骤是先用结点 q 的值替代结点 p 的值（值替代），再删除结点 q。

删除方法 1：选择的结点 q 是结点 p 的左子树中的最大关键字结点，它一定是结点 p 的左孩子的最右下结点，这样的结点 q 一定没有右孩子，最多只有左孩子，可以采用（2）对应的方法删除结点 q。如图 9.16(d)所示删除结点 5 就是采用这种删除方法，先找到结点 5 的左孩子的最右下结点 4，用结点值 4 替代结点 5，再删除原结点 4。

删除方法 2：选择的结点 q 是结点 p 的右子树中的最小关键字结点，它一定是结点 p 的右孩子的最左下结点，这样的结点 q 一定没有左孩子，最多只有右孩子，可以采用（3）对应的方法删除结点 q。所以要删除结点 5，也可以找到结点 5 的右孩子的最左下结点 6，用结点值 6 替代结点 5，再删除原结点 6。

上述两种删除方法都是正确的，即删除后的二叉树仍然是二叉排序树，在后面的算法中采用的是前一种删除方法。

说明：由二叉排序树的结点的删除过程看出，若一棵非空二叉排序树为 T，删除关键字为 k 的结点 p 后得到二叉排序树 T_1，然后在 T_1 中插入关键字 k 得到二叉排序树 T_2。如果结点 p 是叶子结点，则 T_2 与 T 是相同的，否则 T_2 与 T 是不相同的。

在删除算法的设计中，先查找关键字为 k 的结点 p，再删除结点 p。从二叉排序树中删除结点 p 是通过修改其双亲的相关指针实现的，为此需要保存结点 p 的双亲 f，并且用 flag 标识结点 p 是结点 f 的何种孩子，flag=-1 表示结点 p 是根结点没有双亲，flag=0 表示结点 p 是结点 f 的左孩子，flag=1 表示结点 p 是结点 f 的右孩子。所以删除中的查找不能简单地采用前面的基本查找算法，而需要在查找中确定结点 p 对应的双亲 f 和左、右孩子标记 flag。

(1) 以删除仅有左孩子的结点 p（含结点 p 为叶子结点的情况）为例说明，分为以下 3 种情况：

① flag=-1 即结点 p 没有双亲，说明结点 p 是根结点，由于它没有右孩子，删除操作是用它的左孩子作为二叉排序树的根结点，即执行 r=p->lchild，如图 9.17(a)所示。

② flag=0，说明结点 p 是其双亲结点 f 的左孩子，删除操作是用它的左孩子替代它，即执行 f->lchild=p->lchild，如图 9.17(b)所示。

③ flag=1，说明结点 p 是其双亲结点 f 的右孩子，删除操作是用它的左孩子替代它，即执行 f->rchild=p->lchild，如图 9.17(c)所示。

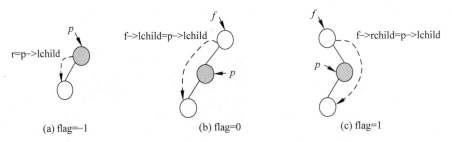

图 9.17 删除仅有左孩子的结点 p 的 3 种情况

删除仅有右孩子的结点 p 的过程与上述类似。

(2) 当被删结点 p 有左、右孩子时，采用前面的删除方法 1，先让 q 指向其左孩子结点，分为以下两种情况：

① 若结点 q 没有右孩子，说明结点 q 就是结点 p 的左子树中关键字最大的结点，操作是将被删结点 p 的值用结点 q 的值替代（值替代），再删除结点 q，即执行 p->key=q->key,p->data=q->data,p->lchild=q->lchild，如图 9.18(a)所示。

② 若结点 q 有右孩子，说明结点 p 的左子树中关键字最大的结点是结点 q 的最右下结点，则从结点 q 出发向右找到最右下结点（仍用 q 表示），f1 指向结点 q 的双亲结点，找到最右下结点 q 后，操作是将被删结点 p 的值用 q 的值替代，再通过 f1 删除结点 q，即执行 p->key=q->key,p->data=q->data,p->rchild=q->lchild，如图 9.18(b)所示。

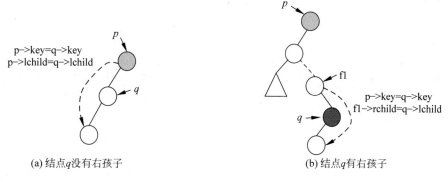

(a) 结点q没有右孩子　　　　　　　　(b) 结点q有右孩子

图 9.18　删除有左、右孩子的结点 p 的两种情况

对应的删除算法 DeleteBST 如下：

```
bool DeleteBST(T1 k)                              //删除关键字为 k 的结点
{
    f=NULL;
    return _DeleteBST(r,k,-1);                    //r 为二叉排序树的根结点
}

bool _DeleteBST(BSTNode<T1,T2>* p,T1 k,int flag)  //被 DeleteBST 方法调用
{
    if (p==NULL)
        return false;                             //空树返回 false
    if (p->key==k)
        return DeleteNode(p,f,flag);              //找到后删除 p 结点
    if (k<p->key)
    {
        f=p;
        return _DeleteBST(p->lchild,k,0);         //在左子树中递归查找
    }
    else
    {
        f=p;
        return _DeleteBST(p->rchild,k,1);         //在右子树中递归查找
    }
}

bool DeleteNode(BSTNode<T1,T2>* p,BSTNode<T1,T2>* f,int flag)  //删除结点 p(其双亲为 f)
{
    if (p->rchild==NULL)                          //结点 p 只有左孩子(含 p 为叶子的情况)
    {
        if (flag==-1)                             //结点 p 的双亲为空(p 为根结点)
            r=p->lchild;                          //修改根结点 r 为 p 的左孩子
        else if (flag==0)                         //p 为双亲 f 的左孩子
            f->lchild=p->lchild;                  //将 f 的左孩子置为 p 的左孩子
        else                                      //p 为双亲 f 的右孩子
            f->rchild=p->lchild;                  //将 f 的右孩子置为 p 的左孩子
    }
```

```
            else if (p->lchild==NULL)         //结点 p 只有右孩子
            {
                if (flag==-1)                 //结点 p 的双亲为空(p 为根结点)
                    r=p->rchild;              //修改根结点 r 为 p 的右孩子
                else if (flag==0)             //p 为双亲 f 的左孩子
                    f->lchild=p->rchild;      //将 f 的左孩子置为 p 的左孩子
                else                          //p 为双亲 f 的右孩子
                    f->rchild=p->rchild;      //将 f 的右孩子置为 p 的左孩子
            }
            else                              //结点 p 有左、右孩子
            {
                BSTNode<T1,T2>* f1=p;         //f1 为结点 q 的双亲结点
                BSTNode<T1,T2>* q=p->lchild;  //q 转向结点 p 的左孩子
                if (q->rchild==NULL)          //若结点 q 没有右孩子
                {
                    p->key=q->key;            //将被删结点 p 的值用 q 的值替代
                    p->data=q->data;
                    p->lchild=q->lchild;      //删除结点 q
                }
                else                          //若结点 q 有右孩子
                {
                    while (q->rchild!=NULL)   //找到最右下结点 q,其双亲结点为 f1
                    {
                        f1=q;
                        q=q->rchild;
                    }
                    p->key=q->key;            //将被删结点 p 的值用 q 的值替代
                    p->data=q->data;
                    f1->rchild=q->lchild;     //删除结点 q
                }
            }
        }
        return true;
    }
```

上述删除算法的时间主要花费在查找上,所以删除算法与查找算法的时间复杂度相同。

9.3.2 平衡二叉树

二叉排序树的查找性能与树的高度相关,在最坏情况下长度为 n 的关键字序列创建的二叉排序树的高度为 n,此时查找的时间复杂度为 $O(n)$。为了避免这种情况发生,人们研究了许多种动态平衡调整的方法,使得往树中插入或删除元素时通过调整树形来保持树的"平衡",使之既保持 BST 性质又保证树的高度较小,通过这样的平衡规则和操作来维护 $O(\log_2 n)$ 高度的二叉排序树称为**平衡二叉树**。平衡二叉树有多种,较为著名的有 AVL 树,它是由两位苏联数学家 Adel'son-Vel'sii 和 L&&is 于 1962 年提出的,故用他们的名字命名。本节主要讨论 AVL 树。

AVL 树的高度平衡性质是,树中每个结点的左、右子树的高度最多相差 1,也就是说,如果树 T 中的结点 v 有孩子结点 x 和 y,则 $|h(x)-h(y)| \leq 1$,$h(x)$ 表示以结点 x 为根的子树高度。需要说明的是,AVL 树首先是一棵二叉排序树,因为脱离二叉排序树讨论平衡

视频讲解

二叉树是没有意义的。

说明：平衡二叉树有多种，例如 AVL 树、红黑树、伸展树和 Treap 等，不同的平衡二叉树采用的平衡性质不同，AVL 树采用的是高度平衡性质。由于 AVL 树最为著名，所以在数据结构课程中除了特别指出外平衡二叉树均默认指 AVL 树。

定义二叉树中每个结点的平衡因子(balance factor)是该结点左子树的高度减去右子树的高度。从平衡因子的角度可以说，若一棵二叉排序树中所有结点的平衡因子的绝对值小于或等于 1，则该二叉树为 AVL 树。如图 9.19 所示为两棵二叉排序树(仅画出关键字)，结点旁标注的数字为该结点的平衡因子，图 9.19(a)所示为一棵 AVL 树，其中所有结点的平衡因子的绝对值都小于或等于 1；图 9.19(b)所示为一棵非 AVL 树，其中结点 3、4、5(带阴影结点)的平衡因子值分别为 −2、−3 和 −2，它们是失衡的结点。

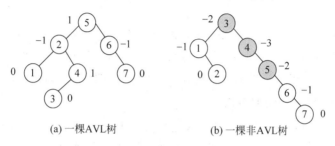

图 9.19　平衡二叉树和不平衡二叉树

AVL 树中的结点类型设计为 AVLNode<T1,T2>类模板，每个结点存放[key,data]，其中关键字 key 为 T1 类型，数据项 data 为 T2 类型。另外，为了方便判断结点是否平衡，增加 ht 数据成员表示该结点子树的高度。与二叉排序树一样，新结点都是作为叶子结点插入的，所以在构造函数中将 ht 置为 1。

```
template < typename T1, typename T2 >
struct AVLNode                                   //AVL 树结点类模板
{
    T1 key;                                      //关键字 k
    T2 data;                                     //关键字对应的值 d
    int ht;                                      //当前结点的子树高度
    AVLNode * lchild, * rchild;                  //左、右指针
    AVLNode(T1 k,T2 d)                           //构造函数,新建结点均为叶子,高度为 1
    {
        key=k;
        data=d;
        ht=1;                                    //当前结点的子树高度
        lchild=rchild=NULL;
    }
};
```

设计对应的 AVL 树类模板为 AVLTree<T1,T2>，其中省略的析构函数与前面 BSTClass<T1,T2>中的析构函数完全相同。

```
template < typename T1, typename T2 >
class AVLTree                                    //AVL 树类模板
```

```cpp
{
    AVLNode * r;                              //AVL 的根结点
public:
    AVLTree()                                 //构造函数
    {
        r=NULL;                               //根结点
    }
    int getht(AVLNode * p)                    //返回结点 p 的子树高度
    {
        if (p==NULL) return 0;
        return p->ht;
    }
    //AVL 树的其他基本运算算法
};
```

如何使构造的二叉排序树是一棵 AVL 树呢？关键是每次向树中插入新结点时使所有结点的平衡因子满足高度平衡性质，这就要求插入后一旦哪些结点失衡就要进行调整。

这里不讨论 AVL 树的基本运算算法设计，仅介绍这些运算的操作过程。

1. AVL 树插入结点的调整方法

视频讲解

先向 AVL 树中插入一个新结点（插入过程与二叉排序树的插入过程相同），再从该新插入结点到根结点方向（向上方向查找）找第一个失衡结点 A，如果找不到这样的结点，说明插入后仍然是一棵 AVL 树，不需要调整；如果找到这样的结点 A，称结点 A 的子树为最小失衡子树（距离插入结点最近且平衡因子的绝对值大于 1 的结点为根的子树，其高度至少为 3），说明插入后破坏了平衡性，需要调整。调整方式为以最小失衡子树的根结点 A 和两个相邻的刚查找过的结点构成两层左右关系来分类（LL、RR、LR 和 RL 之一），当最小失衡子树调整为平衡子树后，其他所有结点无须调整就会得到一棵 AVL 树。

假设用 A 表示最小失衡子树的根结点（a 是该结点的指针），4 种调整方式的调整过程如下。

1) LL 型调整

这是在 A 结点的左孩子（设为 B 结点，由 b 指向该结点）的左子树上插入结点，使得 A 结点的平衡因子由 1 变为 2 而引起的不平衡，即 A 结点的左子树较高。

LL 型调整的一般情况如图 9.20 所示（采用右旋转实现）。在图中用长方框表示子树，长方框旁标有高度值 h 或 h+1，用带阴影的小方框表示新插入结点。LL 型调整的方法是单向右旋平衡，即将 A 的左孩子 B 向右上旋转代替 A 成为根结点，将 A 结点向右下旋转成为 B 的右子树的根结点，而 B 的原右子树则作为 A 结点的左子树。对应的 LL 型调整算法如下：

```cpp
AVLNode * right_rotate(AVLNode * a)           //以结点 a 为根做右旋转
{
    AVLNode * b=a->lchild;
    a->lchild=b->rchild;
    b->rchild=a;
    a->ht=max(getht(a->rchild),getht(a->lchild))+1;    //更新 A 结点的高度
    b->ht=max(getht(b->rchild),getht(b->lchild))+1;    //更新 B 结点的高度
    return b;
```

}

```
AVLNode * LL(AVLNode * a)                        //LL 型调整
{
    return right_rotate(a);
}
```

这样调整后使所有结点平衡了,又由于调整前后对应的中序序列相同,即调整后仍保持了二叉排序树的性质不变,所以 LL 型调整后变为一棵 AVL 树,其他 3 种调整也如此。

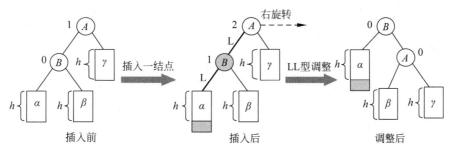

图 9.20 LL 型调整过程

2) RR 型调整

这是在 A 结点的右孩子(设为 B 结点)的右子树上插入结点,使得 A 结点的平衡因子由 -1 变为 -2 而引起的不平衡,即 A 结点的右子树较高。

RR 型调整的一般情况如图 9.21 所示(采用左旋转实现),调整的方法是单向左旋平衡,即将 A 的右孩子 B 向左上旋转代替 A 成为根结点,将 A 结点向左下旋转成为 B 的左子树的根结点,而 B 的原左子树则作为 A 结点的右子树。

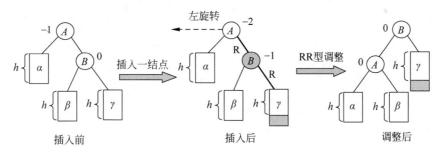

图 9.21 RR 型调整过程

对应的 RR 型调整算法如下:

```
AVLNode * left_rotate(AVLNode * a)               //以结点 a 为根做左旋转
{
    AVLNode * b=a-> rchild;
    a-> rchild=b-> lchild;
    b-> lchild=a;
    a-> ht=max(getht(a-> rchild),getht(a-> lchild))+1;   //更新 A 结点的高度
    b-> ht=max(getht(b-> rchild),getht(b-> lchild))+1;   //更新 B 结点的高度
    return b;
```

}

```
AVLNode * RR(AVLNode * a)                    //RR 型调整
{
    return left_rotate(a);
}
```

说明：失衡结点 p 左右旋转的思路是，若左子树较高则做右旋转（使左孩子成为子树的根结点），若右子树较高则做左旋转（使右孩子成为子树的根结点），从而使新根结点的左、右子树达到平衡。

3) LR 型调整

这是在 A 结点的左孩子（设为 B 结点）的右子树上插入结点，使 A 结点的平衡因子由 1 变为 2 而引起的不平衡。

LR 型调整的一般情况如图 9.22 所示（采用右左旋转实现），调整的方法是先对 B 结点做左旋转，再对 A 结点做右旋转。

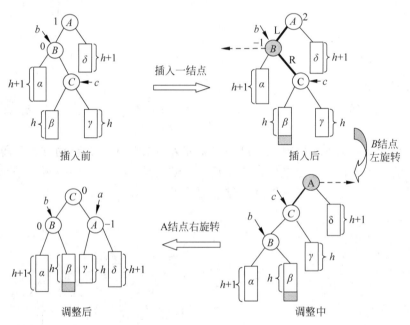

图 9.22　LR 型调整过程

对应的 LR 型调整算法如下：

```
AVLNode * LR(AVLNode * a)                    //LR 型调整
{
    AVLNode * b=a->lchild;
    a->lchild=left_rotate(b);                //结点 b 左旋
    return right_rotate(a);                  //结点 a 右旋
}
```

4) RL 型调整

这是在 A 结点的右孩子（设为 B 结点）的左子树上插入结点，使得 A 结点的平衡因子

由 -1 变为 -2 而引起的不平衡。

RL 型调整的一般情况如图 9.23 所示(采用左右旋转实现),调整的方法是先对 B 结点做右旋转,再对 A 结点做左旋转。对应的 RL 型调整算法如下:

```
AVLNode *  RL(AVLNode *  a)                    //RL 型调整
{
    AVLNode *  b=a—>rchild;
    a—>rchild=right_rotate(b);                 //结点 b 右旋
    return left_rotate(a);                     //结点 a 左旋
}
```

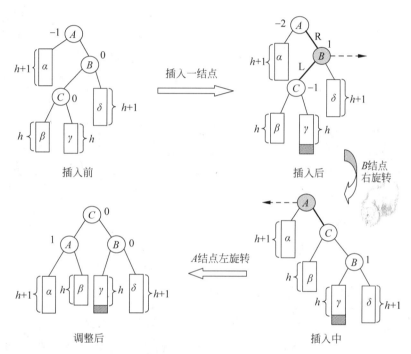

图 9.23　RL 型调整过程

从中看出,LL 和 RR 型调整是对称的,LR 和 RL 型调整是对称的。

说明:在插入一个结点时,由于之前的树是平衡的,所以最多需要一次调整即可让插入后的树又成为一棵平衡二叉树。

【例 9.9】　输入关键字序列(16,3,7,11,9,26,18,14,15),给出构造一棵 AVL 树的过程。

解:通过给定的关键字序列建立 AVL 树的过程如图 9.24 所示,其中需要经过 5 次调整,涉及前面介绍的 4 种调整方法。

2. AVL 树删除结点的调整方法

在 AVL 树中删除关键字为 k 的结点的操作与插入操作有许多相似之处,也是在失衡时采用上述 4 种调整方法。

首先在 AVL 树中查找关键字为 k 的结点 x(假定存在这样的结点并且唯一),删除结点 x 的过程如下:

视频讲解

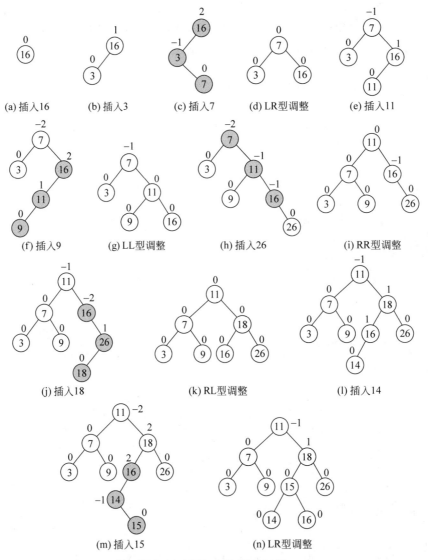

图 9.24 建立 AVL 树的过程

(1) 如果结点 x 的左子树为空,用其右孩子结点替换它,即直接删除结点 x。
(2) 如果结点 x 的右子树为空,用其左孩子结点替换它,即直接删除结点 x。
(3) 如果结点 x 同时有左、右子树(在这种情况下,结点 x 是通过值替换间接删除的,称为间接删除结点),分为以下两种情况。

① 若结点 x 的左子树较高,在其左子树中找到最大结点 q,直接删除结点 q,用结点 q 的值替换结点 x 的值。

② 若结点 x 的右子树较高,在其右子树中找到最小结点 q,直接删除结点 q,用结点 q 的值替换结点 x 的值。

(4) 当直接删除结点 x 时,沿着其双亲到根结点方向逐层向上求结点的平衡因子,若一直找到根结点时路径上的所有结点均平衡,说明删除后的树仍然是一棵平衡二叉树,不需要调整,删除结束;若找到路径上的第一个失衡结点 p,就要进行调整。

① 若直接删除的结点在结点 p 的左子树中(由于是在结点 p 的左子树中删除结点,结点 p 失衡时其平衡因子应该为 -2),在结点 p 失衡后要做何种调整需要看结点 p 的右孩子 p_R,若 p_R 的左子树较高,需做 RL 型调整,如图 9.25(a)所示;若 p_R 的右子树较高,需做 RR 型调整,如图 9.25(b)所示;若 p_R 的左、右子树高度相同,则做 RL 或 RR 型调整均可。

② 若直接删除的结点在结点 p 的右子树中,调整过程类似,如图 9.26 所示。

这样调整后的树变为一棵平衡二叉树,删除结束。

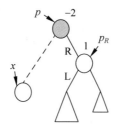
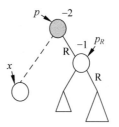

(a) p_R 的左子树较高:RL　　(b) p_R 的右子树较高:RR

图 9.25　在结点 p 的左子树中删除结点导致不平衡的两种情况

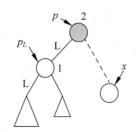
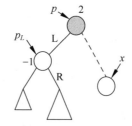

(a) p_L 的左子树较高:LL　　(b) p_L 的右子树较高:LR

图 9.26　在结点 p 的右子树中删除结点导致不平衡的两种情况

说明:在删除一个结点时,由于之前的树是平衡的,上述步骤(3)中当结点 p 同时有左、右子树时,总是选择较高的子树直接进行结点的删除,所以最多需要一次调整即可让删除后的树又成为一棵平衡二叉树。

【例 9.10】　对例 9.9 生成的 AVL 树,给出删除结点 11、9 和 3 的过程。

解:图 9.27(a)所示为初始 AVL 树,各结点的删除操作如下。

① 删除结点 11(为根结点)的过程是,找到结点 11,其右子树较高,在右子树中找到最小结点 14,删除结点 14,沿着原结点 14 的双亲到根结点方向求平衡因子,均平衡,不做调整,将结点 11 的值用 14 替换,删除结果如图 9.27(b)所示。

② 删除结点 9 的过程是,找到结点 9,它是叶子结点,直接删除,沿着原结点 9 的双亲到根结点方向求平衡因子,均平衡,不做调整,删除结果如图 9.27(c)所示。

③ 删除结点 3 的过程是,找到结点 3,它是叶子结点,直接删除,如图 9.27(d)所示;再沿着原结点 3 的双亲到根结点方向求平衡因子,找到第一个失衡结点 14(根结点),结点 14 的右孩子的左子树较高,做 RL 型调整,删除结果如图 9.27(e)所示。

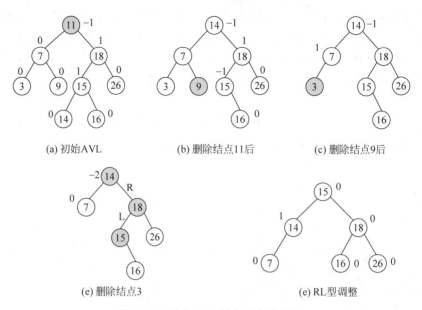

图 9.27 删除 AVL 树中结点的过程

视频讲解

3. AVL 树的查找

AVL 树的查找过程和二叉排序树的查找过程完全相同,因此在 AVL 树的查找中,关键字的比较次数不会超过树的高度。

在最坏情况下,二叉排序树的高度为 n。那么 AVL 树的情况又是怎样的呢?下面分析平衡二叉树的高度 h 和结点个数 n 之间的关系。

首先构造一系列的 AVL 树 T_1、T_2、T_3、…,其中,$T_h(h=1、2、3、…)$ 是高度为 h 且结点数尽可能少的 AVL 树,如图 9.28 中所示的 T_1、T_2、T_3 和 T_4(总是让左子树较高),为了构造 T_h,先分别构造 T_{h-1} 和 T_{h-2},再增加一个根结点,让 T_{h-1} 和 T_{h-2} 分别作为其左、右子树。对于每个 T_h,只要从中删除一个结点,就会失衡或高度不再是 h(显然,这样构造的 AVL 树是结点个数相同的 AVL 树中高度最大的)。

然后通过计算上述 AVL 树中的结点个数来建立高度与结点个数之间的关系。设 $N(h)$(高度 h 是正整数)为 T_h 的结点数,从图 9.28 中可以看出有下列关系成立:

$$N(1)=1, \quad N(2)=2, \quad N(h)=N(h-1)+N(h-2)+1$$

当 $h>1$ 时,此关系类似于定义 Fibonacci 数的关系:

$$F(1)=1, \quad F(2)=1, \quad F(h)=F(h-1)+F(h-2)$$

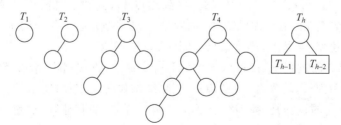

图 9.28 高度固定、结点个数 n 最少的 AVL 树

通过检查两个序列的前几项就可以发现二者之间的对应关系：$N(h)=F(h+2)-1$。

Fibonacci 数满足渐近公式 $F(h)=\frac{1}{\sqrt{5}}\varphi^h$，其中 $\varphi=(1+\sqrt{5})/2$，由此可得近似公式 $N(h)=\frac{1}{\sqrt{5}}\varphi^{h+2}-1$。如果树中有 n 个结点，那么树的最大高度为 $\log_\varphi(\sqrt{5}(n+1))-2\approx 1.44\log_2(n+2)=O(\log_2 n)$。所以含有 n 个结点的 AVL 树对应的查找时间复杂度为 $O(\log_2 n)$。

另外，设 $M(h)$（高度 h 是正整数）为 T_h 中最小叶子结点的层次，从图 9.28 中可以看出有下列关系成立：

$$M(1)=1, \quad M(2)=2, \quad M(h)=\min(M(h-1),M(h-2))+1$$

例如 $M(3)=2, M(4)=3$，以此类推。

【例 9.11】 在含有 15 个结点的 AVL 树中查找关键字为 28 的结点，以下哪些是可能的关键字比较序列？

A. 30,36　　B. 38,48,28　　C. 48,18,38,28　　D. 60,30,50,40,38,36

解：画出 4 个查找序列对应的查找树都是二叉排序树，B 序列对应的查找树不是一棵二叉排序树，排除选项 B。

设 N_h 表示高度为 h 的 AVL 树中含有的最少结点数，按照前面 $N(h)$ 的公式求得 $N(3)=4, N(4)=7, N(5)=12, N(6)=20>15$，也就是说，高度为 6 的 AVL 树最少有 20 个结点，因此 15 个结点的 AVL 树的最大高度为 5。而 D 序列比较了 6 次还查找失败，显然是错误的，排除选项 D。

$n=15$ 的 AVL 树的最小高度为 4，即 $\log_2(n+1)=4$，此时为一棵满二叉树，所有叶子结点的层次为 4，此时查找失败需要经过 4 次比较。该 AVL 树的最大高度为 5，当 $h=5$ 时，加上外部结点后树高为 6，用 $M(h)$ 表示高度为 h 的 AVL 树中最小外部结点的层次（这里的外部结点相当于添加外部结点后的 AVL 树的叶子结点），按照前面 $M(h)$ 的公式求得 $M(3)=2, M(4)=3, M(5)=3, M(6)=4$，这样说明 15 个结点的 AVL 树中最小外部结点的层次为 4，查找失败至少需要经过 3 次比较。而 A 序列表示查找失败仅经过了两次比较，显然是错误的，排除选项 A。

这样只有选项 C 是可能的关键字比较序列，表示经过 4 次比较成功找到 28。答案为 C。

【实战 9.4】 **POJ3481——双队列**（用 AVL 树求解）

时间限制：1000ms；内存限制：65 536KB。

问题描述：一家银行为客户提供了现代信息技术服务，每个客户有一个正整数 K 标识客户的编号，客户在到达银行获得某些服务时会收到一个用正整数 P 表示的优先级。银行有时优先为优先级最高的客户服务，有时为优先级最低的客户服务。银行为此设计了一个软件，提供的请求类型如下。

(1) 0：系统需要停止服务。

(2) 1 K P：将客户 K 添加到优先级为 P 的等待列表中。

(3) 2：为优先级最高的客户提供服务，并将他/她从等待名单中删除。

(4) 3：为优先级最低的客户提供服务，并将他/她从等待名单中删除。

请帮助软件工程师编写程序完成这样的服务策略。

视频讲解

输入格式：输入的每行包含一个可能的请求，只有最后一行包含停止请求（代码为 0）。可以假设当请求列表中包含新客户时（代码为 1）该客户没有其他请求在该请求列表中，也没有相同优先级的其他请求。标识符 K 总是小于 10^6，并且优先级 P 小于 10^7。客户可以有多次服务，并且每次可以获得不同的优先级。

输出格式：对于代码为 2 或 3 的每个请求，程序在单独的一行中输出服务的客户标识号。如果请求时等待列表为空，则程序输出零（0）。

×××

9.3.3* STL 中的关联容器

所谓关联容器就是容器中的每个元素有一个 key（关键字），通过 key 来存储和读取元素。STL 中的关联容器有集合（set）和映射（map）两类，均采用红黑树（一种弱平衡二叉树，在维护平衡的成本上比 AVL 树低，插入和删除等操作都比较稳定）组织数据。由于树结构中没有位置的概念，所以关联容器没有提供顺序容器中的[ ]，以及 front()、push_front()、back()、push_back()、pop_back()操作。

视频讲解

1. set（集合容器）/multiset（多重集合容器）

set 和 multiset 都是集合类模板，其元素值称为关键字。set 中元素的关键字是唯一的，multiset 中元素的关键字可以不唯一，而且在默认情况下会对元素按关键字自动进行升序排列，所以查找速度比较快，同时支持集合的交、差、并等一些运算，如果集合中的元素允许重复，那么可以使用 multiset。

由于 set 中没有关键字相同的元素，在向 set 中插入元素时，如果该元素已经存在则不插入。而 multiset 中允许存在两个关键字相同的元素，在按关键字 k 做删除操作时会删除 multiset 中值等于 k 的所有元素，若删除成功返回删除个数，否则返回 0。

使用 set/multiset 的主要目的是快速查找，查找的时间复杂度为 $O(\log_2 n)$，set 可以用于去重。另外，由于采用红黑树存储，而红黑树是有序的（类似二叉排序树的有序性），所以 set/multiset 都是有序容器，内置数据类型的关键字默认按递增顺序排序，设置 set/multiset 容器中自定义关键字顺序的方法与 sort() 通用算法类似。

set/multiset 的主要成员函数如表 9.1 所示。

表 9.1 set/multiset 的主要成员函数及其说明

成员函数	说明
empty()	判断容器是否为空
size()	返回容器中实际元素的个数
insert(k)	插入元素 k
erase(k)	从容器中删除元素 k
erase(it)	从容器中删除迭代器 it 指向的元素
clear()	删除所有元素
count(k)	返回容器中关键字 k 出现的次数
find(k)	如果容器中存在关键字为 k 的元素，返回该元素的迭代器，否则返回 end()值
begin()	用于正向迭代，返回容器中第一个元素的位置
end()	用于正向迭代，返回容器中最后一个元素后面的一个位置
rbegin()	用于反向迭代，返回容器中最后一个元素的位置
rend()	用于反向迭代，返回容器中第一个元素前面的一个位置

另外,STL 为 set/multiset 提供了通用算法 lower_bound(beg,end,k)和 upper_bound(beg,end,k)等,前者返回一个迭代器指向的第一个关键字大于或等于 k 的元素,后者返回一个迭代器指向的第一个关键字大于 k 的元素。

例如,使用 set/multiset 容器的程序如下:

```
#include <iostream>
#include <set>
using namespace std;
int main()
{
    set<int> s;                                    //定义 set 容器 s
    set<int>::iterator it;                         //定义 set 容器迭代器 it
    s.insert(1);
    s.insert(3);
    s.insert(2);
    s.insert(2);                                   //2 重复,不会插入
    printf(" s: ");
    for (it=s.begin();it!=s.end();it++)
        printf("%d ", *it);                        //输出:1 2 3
    printf("\n");
    multiset<int> ms;                              //定义 multiset 容器 ms
    multiset<int>::iterator mit;                   //定义 multiset 容器迭代器 mit
    ms.insert(1);
    ms.insert(3);
    ms.insert(2);
    ms.insert(2);                                  //重复的 2 会插入
    printf("ms: ");
    for (mit=ms.begin();mit!=ms.end();mit++)
        printf("%d ", *mit);                       //输出:1 2 2 3
    printf("\n");
    return 0;
}
```

2. map(映射容器)/multimap(多重映射容器)

视频讲解

map 和 multimap 都是映射类模板。映射是指元素类型为(key,value),其中 key 为关键字,value 是对应的值,可以使用关键字 key 来访问相应的值 value。set/multiset 中的 key 和 value 都是 key 类型,而 map/multimap 中的 key 和 value 是一个 pair 结构类型。pair 结构类型的声明形如:

```
struct pair
{
    T1 first;
    T2 second;
}
```

也就是说,pair 中有两个分量(二元组),first 为第一个分量(在 map 中对应 key),second 为第二个分量(在 map 中对应 value)。例如,定义一个对象 p 表示一个平面坐标点,并输入坐标:

```
pair<double,double> p;                          //定义 pair 对象 p
cin>>p.first>>p.second;                         //输入 p 的坐标
```

同时 pair 对==、!=、<、>、<=、>=共 6 个运算符进行重载,提供了按照字典序对元素对进行大小比较的比较运算符模板函数。

map/multimap 利用 pair 的"<"运算符将所有元素(即 key-value 对)按 key 的升序排列,以红黑树的形式存储,可以根据 key 快速地找到与之对应的 value,查找的时间复杂度为 $O(\log_2 n)$。map 中不允许关键字重复出现,支持[ ]运算符;multimap 中允许关键字重复出现,但不支持[ ]运算符。

map/multimap 的主要成员函数如表 9.2 所示。

表 9.2 map/multimap 的主要成员函数及其说明

成员函数	说明
empty()	判断容器是否为空
size()	返回容器中实际元素的个数
map[k]	返回关键字为 k 的元素的引用,如果不存在这样的关键字,则以 k 作为关键字插入一个元素(不适合 multimap)
insert(e)	插入一个元素 e 并返回该元素的位置
erase(k)	从容器中删除元素 k
erase(it)	从容器中删除迭代器 it 指向的元素
erase(beg,end)	从容器中删除[beg,end)迭代器范围的元素
clear()	删除所有元素
find(k)	在容器中查找关键字为 k 的元素
count(k)	返回容器中关键字为 k 的元素个数(map 中只有 1 或者 0)
begin()	用于正向迭代,返回容器中第一个元素的位置
end()	用于正向迭代,返回容器中最后一个元素后面的一个位置
rbegin()	用于反向迭代,返回容器中最后一个元素的位置
rend()	用于反向迭代,返回容器中第一个元素前面的一个位置

同样,STL 为 map/multimap 提供了通用算法 lower_bound(beg,end,k)和 upper_bound(beg,end,k)等,前者返回一个迭代器指向的第一个关键字大于或等于 k 的元素,后者返回一个迭代器指向的第一个关键字大于 k 的元素。

下面以 map 为例说明使用方法。

1) map 的构造函数

map 共提供了 6 个构造函数,有的涉及内存分配器。最简单的方式就是仅给出 key 和 value 的类型,例如:

```
map<int,string> stmap;                          //int 关键字为学号,string 值为姓名
```

2) 插入元素

向 map 中插入元素主要有 3 种方法,分别是用 insert 函数插入 pair 数据、用 insert 函数插入 value_type 数据和用数组方式插入数据。例如,以下 3 个语句对应 3 种插入方法:

```
stmap.insert(pair<int, string>(1, "Mary"));
stmap.insert(map<int, string>::value_type (2, "Smith"));
```

```
stmap[3] = "John";
```

3)获取一个关键字对应的值

直接使用 map[关键字]获取该关键字对应的值。例如：

```
string xm=stmap[4];
```

在执行该语句时，只有当 stmap 中有这个关键字(4)时才会成功返回学号 4 的姓名，否则会自动插入一个元素，其关键字为 4，对应值为 string 类型的默认值空串。

4)关键字最小和最大元素

假设 stmap 容器按关键字递增有序，则 stmap.begin()地址为存放最小关键字的结点，stmap.end()地址为存放最大关键字的结点。

5)it 所指结点的前驱和后继结点

若迭代器 it 指向 stmap 容器中的某个非空结点，则－－it 指向其前驱结点，＋＋it 指向其后继结点(因为迭代器不能执行±i 运算，所以 it－1 和 it＋1 是错误的)。

6)按关键字查找元素

查找并获取 map 中的元素(包括判定这个关键字是否在 map 中出现)主要有以下 3 种方式。

(1)用 count 函数来判定关键字是否出现，其返回值要么是 0，要么是 1。其缺点是无法定位关键字对应元素出现的位置。例如：

```
if (stmap.count(1)!=0)          //判断 stmap 中是否存在关键字为 1 的元素
    cout << "查找成功" << endl;
else
    cout << "查找失败" << endl;
```

(2)用 find 函数来定位元素出现的位置，它返回一个迭代器，当查找成功时返回元素所在位置的迭代器，查找失败时返回 end()函数的值。例如：

```
map<int,string>::iterator it;
it=stmap.find(2);
if (it!=stmap.end())            //在 stmap 中查找关键字为 2 的元素
    cout << "查找成功,其姓名是" << it->second << endl;
else
    cout << "查找失败" << endl;
```

(3)使用 lower_bound 或者 upper_bound 函数查找关键字，与有序 vector 向量的折半查找类似。

7)删除元素

主要使用 erase 函数删除 map 中的元素。例如：

```
map<int,string>::iterator it=stmap.begin();
stmap.erase(it);                //删除第一个元素
stmap.erase(3);                 //删除关键字为 3 的元素
```

8)修改元素值

在 map 中修改元素非常简单，这是因为 map 容器已经对[]运算符进行了重载。例如：

```
stmap[1]="June";                //将学号为 1 的学生的姓名改为 June
```

9) map 中元素的排序

map 默认使用 pair 的"<"运算符将所有元素按 key 升序排列,不能对 map 使用 sort 通用算法排序。用户可以像使用 sort 通用算法一样定制自己的关系比较函数以确定排序顺序。

【实战 9.5】 POJ3481——双队列(用 map 求解)

问题描述见实战 9.4,用 map 求解。

9.3.4 B 树

与二叉排序树和平衡二叉树一样,B 树也是一种查找树,通常将前两种树称为二路查找树,而 B 树是一种多路查找平衡树。B 树和后面将介绍的 B+树主要用作外存数据的组织和查找。

1. B 树的定义

和二叉排序树类似,B 树中的结点分为内部结点和外部结点,外部结点是查找失败对应的结点,并且所有的外部结点在同一层,不带任何信息,在下面的讨论中除了特别指出外,默认的结点均指内部结点。B 树中所有结点的最大子树个数称为 B 树的阶,通常用 m 表示,从查找效率考虑,要求 $m \geqslant 3$。一棵 m 阶 B 树或者是一棵空树,或者是满足下列要求的 m 叉树:

① 树中的每个结点最多有 m 棵子树(即最多含有 $m-1$ 个关键字,设 $\text{Max}=m-1$)。

② 若根结点不是叶子结点,则根结点至少有两棵子树。

③ 除根结点外,所有结点至少有 $\lceil m/2 \rceil$ 棵子树(即至少含有 $\lceil m/2 \rceil - 1$ 个关键字,设 $\text{Min} = \lceil m/2 \rceil - 1$)。

④ 每个结点的结构如下:

n	p_0	key_1	p_1	key_2	p_2	...	key_n	p_n

其中,n 为该结点中的关键字个数,除根结点外,其他所有结点的关键字个数 n 满足 $\lceil m/2 \rceil - 1 \leqslant n \leqslant m-1$;$\text{key}_i (1 \leqslant i \leqslant n)$ 为该结点的关键字且满足 $\text{key}_i < \text{key}_{i+1}$;$p_i (0 \leqslant i \leqslant n)$ 指向该结点对应的子树,该子树中所有结点上的关键字大于 key_i 且小于 key_{i+1};p_0 所指子树的结点关键字小于 key_1,p_n 所指子树的结点关键字大于 key_n。

⑤ 所有的叶子结点在同一层。

例如,图 9.29 所示为一棵 3 阶 B 树,$m=3$。它的特点是根结点有两个孩子结点,除根结点外,所有的非叶子结点至少有 $\lceil m/2 \rceil = 2$ 个孩子,最多有 $m=3$ 个孩子(这类结点的关键字个数为 1~2 个),所有叶子结点都在同一层上,树的高度为 $h=3$(h 中不含外部结点层)。

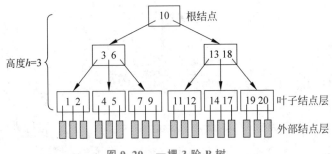

图 9.29 一棵 3 阶 B 树

这里不讨论 B 树的基本运算算法设计,仅介绍这些运算的操作过程。

2. B 树的查找

在 B 树中查找给定关键字的方法类似于二叉排序树上的查找,不同的是在每个结点上确定向下查找的路径不一定是二路的,而是 $n+1$ 路的(n 为该结点的关键字个数)。因为内部结点中的关键字序列 $\text{key}[1..n]$ 是有序的,故在这样的结点内既可以用顺序查找也可以用折半查找。

在一棵 B 树上查找关键字 k 的结点的方法是,在根结点的 $\text{key}[i]$($1 \leqslant i \leqslant n$)中查找 k,分为以下几种情况:

① 若 $k = \text{key}[i]$,则查找成功。
② 若 $k < \text{key}[1]$,则沿着指针 $\text{p}[0]$ 所指的子树继续查找。
③ 若 $\text{key}[i] < k < \text{key}[i+1]$,则沿着指针 $\text{p}[i]$ 所指的子树继续查找。
④ 若 $k > \text{key}[n]$,则沿着指针 $\text{p}[n]$ 所指的子树继续查找。

现在分析其查找性能,与二叉排序树类似,在 B 树的每次查找过程中,在每层中最多访问一个结点,假设 m 阶 B 树的高度为 h(h 中不含外部结点层,将外部结点层看成第 $h+1$ 层),访问的结点个数不超过 $O(h)$。

那么含有 N 个关键字的 m 阶 B 树可能达到的最大高度 h 是多少呢?显然在关键字个数固定时,每层关键字个数越少的树的高度越高。

第 1 层最少结点数为 1,第 2 层最少结点数为 2,第 3 层最少结点数为 $2\lceil m/2 \rceil$,第 4 层最少结点数为 $2\lceil m/2 \rceil^2$,$\cdots$,第 h 层最少结点数为 $2\lceil m/2 \rceil^{h-2}$,第 $h+1$ 层(外部结点层)最少结点数为 $2\lceil m/2 \rceil^{h-1}$。

m 阶 B 树中共含有 N 个关键字,则外部结点必为 $N+1$ 个,即 $N+1 \geqslant 2\lceil m/2 \rceil^{h-1}$,有 $h-1 \leqslant \log_{\lceil m/2 \rceil}(N+1)/2$,则 $h \leqslant \log_{\lceil m/2 \rceil}(N+1)/2 + 1 = O(\log_m N)$。

另外,含有 N 个关键字的 m 阶 B 树可能达到的最小高度 h 是多少呢?在关键字个数固定时,显然每层关键字个数越多的树的高度越小。

第 1 层最多结点数为 1,第 2 层最多结点数为 m,第 3 层最多结点数为 m^2 个,$\cdots$,第 h 层最多结点数为 m^{h-1},第 $h+1$ 层(外部结点层)最多结点数为 m^h。

m 阶 B 树中共含有 N 个关键字,则外部结点必为 $N+1$ 个,即 $N+1 \leqslant m^h$,则 $h \geqslant \log_m(N+1) = O(\log_m N)$。

因此,含 N 个关键字的 m 阶 B 树的高度 $h = O(\log_m N)$,查找时的时间复杂度为 $O(\log_m N)$。当 m 越大时查找性能越好。

3. B 树的插入

将关键字 k 插入 m 阶 B 树的过程分以下两步完成:

(1) 利用前述的查找过程找到关键字 k 的插入结点 p(注意 m 阶 B 树的插入结点一定是某个叶子结点)。

(2) 判断结点 p 是否还有空位置,即其关键字个数 n 是否满足 $n < \text{Max}$($\text{Max} = m-1$)。

① 若 $n < \text{Max}$ 成立,说明结点 p 有空位置,直接把关键字 k 有序插入结点 p 中(插入关键字 k 后结点 p 的所有关键字仍有序)。

② 若 $n = \text{Max}$,说明结点 p 没有空位置,需要把结点 p 分裂成两个。分裂的方法是新建

一个结点,把原结点 p 的关键字加上 k(共 n 个关键字)按升序排列,如图 9.30 所示,从中间位置 $s(s=\lceil n/2 \rceil)$ 把关键字(不包括中间位置的关键字 k_s)分成两部分,将左部分所含的关键字放在原结点中,右部分所含的关键字放在新结点中,中间位置的关键字 k_s 连同新结点的存储位置插入双亲结点中。

如果此时双亲结点的关键字个数也超过 Max,则要再分裂,再往上插,直至这个过程传递到根结点为止。如果根结点也需要分裂,则整个 m 阶 B 树增高一层。

图 9.30 结点 p 分裂的过程

【例 9.12】 关键字序列为(1,2,6,7,11,4,8,13,10,5,17,9,16,20,3,12,14,18,19,15),创建一棵 5 阶 B 树。

解:这里 $m=5$,每个结点的关键字个数的范围为 2~4,建立 5 阶 B 树的过程如图 9.31 所示。

建立该 5 阶 B 树时最复杂的一步是在图 9.31(g)中插入关键字 15,其过程如图 9.32 所示。先查找到插入结点为[11,12,13,14]叶子结点,向其中有序插入关键字 15,将该结点变成[11,12,13,14,15],此时关键字个数不符合要求,需进行分裂,将该结点以中间关键字 13 为界变成两个结点,分别包含关键字[11,12]和[14,15],并将中间关键字 13 移至双亲结点中,双亲结点(根结点)变为[3,6,10,13,16]。此时双亲结点的关键字个数不符合要求,需继续分裂根结点,将该结点以中间关键字 10 为界变成两个结点,分别包含关键字[3,6]和[13,16],新建一个根结点并插入关键字 10,这样树高增加一层。最终创建的 5 阶 B 树如图 9.31(h)所示。

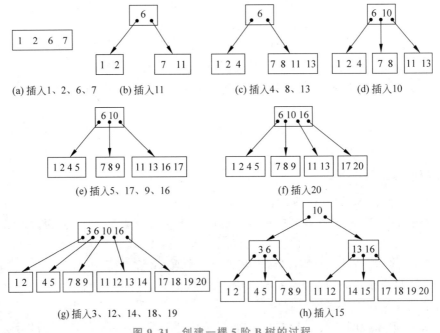

图 9.31 创建一棵 5 阶 B 树的过程

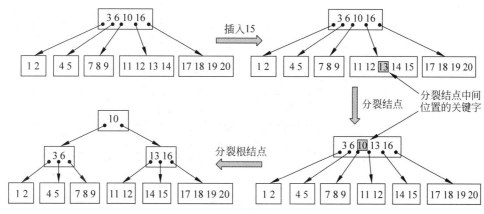

图 9.32 插入关键字 15 的过程

说明：由一个关键字序列创建 m 阶 B 树的过程是从一棵空树开始，逐个插入关键字得到的，首先根据 m 确定结点的关键字个数的上界 Max。与二叉排序树的插入类似，每个关键字都是插入某个叶子结点中，但又不同于二叉排序树的插入，在 m 阶 B 树中插入一个关键字 k 不一定总是新建一个结点。当插入结点的关键字个数等于 Max 时需要分裂。并非任何结点分裂都导致树高增加，只有在根结点分裂时树高才增加一层。

4. B 树的删除

同样在 m 阶 B 树中删除关键字 k 的过程分以下两步完成：

(1) 利用前述的查找算法找出关键字 k 所在的结点 p。

(2) 实施关键字 k 的删除操作。

但不同于插入，这里不一定能够直接从结点 p 中删除关键字 k，因为直接删除 k 可能导致不再是 m 阶 B 树。结点 p 分为两种情况，情况一是结点 p 是叶子结点，情况二是结点 p 不是叶子结点。

需要将情况二转换为情况一，转换过程是，当结点 p 不是叶子结点时，假设结点 p 中的关键字 key$[i]=k(1 \leqslant i \leqslant n)$，以 $p[i]$（或 $p[i-1]$）所指右子树（或左子树）中的最小关键字 mink（或最大关键字 maxk）来替代被删关键字 key$[i]$（值替代），再删除关键字 mink（或 maxk）。根据 m 阶 B 树的特性，mink（或 maxk）所在的结点一定是某个叶子结点，这样就把在非叶子结点中删除关键字 k 的问题转化成在叶子结点中删除关键字 mink（或 maxk）的问题。

现在考虑情况一，即在 m 阶 B 树的某个叶子结点 q 中删除关键字 $k'=$ mink（或者 $k'=$ maxk），根据结点 q 中的关键字个数 n 又分为以下 3 种子情况：

① 若 $n>$ Min(Min$=\lceil m/2 \rceil-1$)，说明删除关键字 k' 后该结点仍满足 B 树的定义，则可直接从结点 q 中删除关键字 k'。

② 若 $n=$ Min，说明删除关键字 k' 后该结点不满足 B 树的定义，此时若结点 q 的左（或右）兄弟结点中的关键字个数大于 Min，如图 9.33 所示，则把双亲结点中分隔它们的关键字 k_t 下移到结点 q 中覆盖 k'，同时把左（或右）兄弟结点中最大（或最小）的关键字 k'' 上移到双亲结点中覆盖 k_t。这样结点 q 中仍然有 Min 个关键字，但左兄弟中减少了一个关键字。

视频讲解

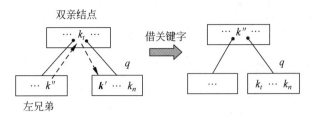

图 9.33 $n=\text{Min}$ 时从左兄弟借关键字的删除过程

③ 假如结点 q 的关键字个数等于 Min，并且该结点的左和右兄弟结点（如果存在）中的关键字个数均等于 Min，这时不能从左、右兄弟借关键字，如图 9.34 所示，需把结点 q 与其左（或右）兄弟结点以及双亲结点中分割两者的关键字合并成一个结点。如果因此使双亲结点中的关键字个数小于 Min，则对此双亲结点做同样的合并，以至于可能直到对根结点做这样的合并而使整个树减少一层。

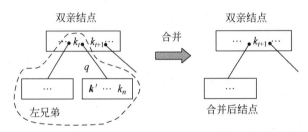

图 9.34 $n=\text{Min}$ 时不能从左、右兄弟借关键字的删除过程

【**例 9.13**】 对于例 9.12 创建的最终 5 阶 B 树给出删除关键字 8、16、15 和 4 的过程。

解：这里 $m=5$，每个结点的关键字个数的范围为 2~4。图 9.35(a)是初始 5 阶 B 树，依次删除各关键字的过程如下。

(1) 删除关键字 8 的过程是先找到关键字 8 所在的结点，它为叶子结点，并且关键字个数>2，直接从该结点中删除关键字 8，删除结果如图 9.35(b)所示。

(2) 删除关键字 16 的过程如图 9.36 所示，先在图 9.35(b)中找到删除结点[13,16]，该结点不是叶子结点，在其右子树中查找关键字最小的结点[17,18,19,20]，将 16 替换成 17，然后在叶子结点[17,18,19,20]中删除 17 变为[18,19,20]，删除结果如图 9.35(c)所示。

(3) 删除关键字 15 的过程是先在图 9.35(c)中找到删除结点[14,15]，它为叶子结点，但关键字个数=2，从右兄弟借一个关键字，删除结果如图 9.35(d)所示。

(4) 删除关键字 4 的过程如图 9.37 所示，先在图 9.35(d)中找到删除结点[4,5]，它为叶子结点，但关键字个数=2，并且左、右兄弟都只有两个关键字（不能借），将其左兄弟[1,2]、双亲中的关键字 3 和[5]（原结点[4,5]删除关键字 4 后的结果）合并成一个结点[1,2,3,5]，这样双亲变为[6]。结点[6]也不满足要求，将其右兄弟[13,18]、双亲中的关键字 10 和[6]合并成一个结点[6,10,13,18]，这样双亲变为[6,10,13,18]。由于根结点参与合并，所以 B 树减少一层，删除结果如图 9.35(e)所示。

说明：在 m 阶 B 树中删除关键字 k 时，首先根据 m 确定结点的关键字个数的下界

Min。不同于二叉排序树的删除，在 m 阶 B 树中删除一个关键字 k 不一定删除一个结点。在非叶子结点中删除一个关键字 k 需要转换为在叶子结点中删除关键字 k'。当在一个叶子结点中删除关键字并且左、右兄弟不能借时需要合并。并非任何结点合并都导致树高减少，只有在根结点参加合并时树高才减少一层。

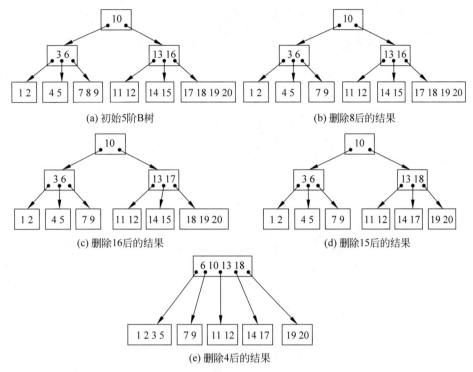

图 9.35 在一棵 5 阶 B 树上删除关键字 8、16、15 和 4 的过程

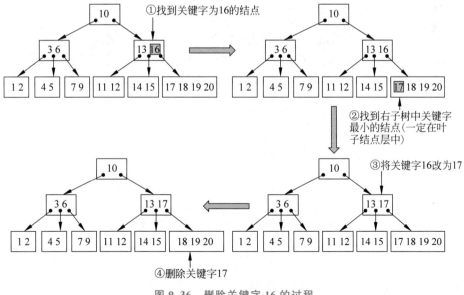

图 9.36 删除关键字 16 的过程

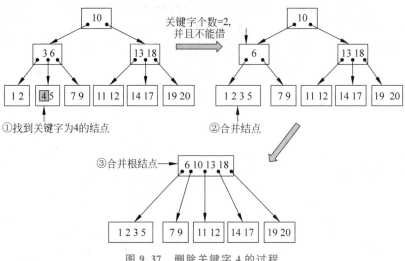

图 9.37 删除关键字 4 的过程

9.3.5 B+ 树

在索引文件的组织中经常使用 B 树的一些变形,其中 B+ 树是一种应用广泛的变形,像数据库管理系统中的数据库文件索引大多采用 B+ 树组织。一棵 m 阶 B+ 树满足下列条件:

(1) 每个分支结点最多有 m 棵子树。

(2) 根结点或者没有子树,或者至少两棵子树(例外情况是只有一棵子树)。

(3) 除根结点外,其他每个分支结点至少有 $\lceil m/2 \rceil$ 棵子树。

(4) 有 n 棵子树的结点有 n 个关键字。

(5) 所有叶子结点包含全部关键字及指向相应数据元素的指针,而且叶子结点按关键字的大小顺序链接(每个叶子结点的指针指向数据文件中的元素)。

(6) 所有分支结点(可看成索引)中仅包含各子树中的最大关键字。

例如,图 9.38 所示为一棵 4 阶的 B+ 树。通常在 B+ 树上有两个标识指针,一个指向根结点,这里为 root,另一个指向关键字最小的叶子结点,这里为 sqt。

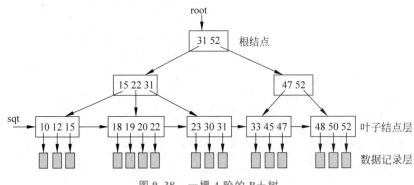

图 9.38 一棵 4 阶的 B+ 树

1. B+树的查找

在 B+树中可以采用两种查找方式,一种是通过 sqt 从最小关键字开始顺序查找,另一种是从 B+树的根结点 root 开始随机查找,后者与 B 树的查找方法类似,只是在分支结点上的关键字与查找值相等时查找并不结束,要继续查到叶子结点为止,此时若查找成功,则按所给指针取出对应元素即可。因此,在 B+树中不管查找成功与否,每次查找都是经历一条从树根结点到叶子结点的路径。

2. B+树的插入

与 B 树的插入操作类似,B+树的插入也是将关键字为 k 的元素插入某个叶子结点中,当插入后结点中的关键字个数大于 m 时要分裂成两个结点,它们所含的关键字个数分别为 $\lfloor (m+1)/2 \rfloor$ 和 $\lceil (m+1)/2 \rceil$,同时要使得它们的双亲结点中包含这两个结点的最大关键字和指向它们的指针。若双亲结点的关键字个数大于 m,应继续分裂,以此类推。

3. B+树的删除

B+树的删除也是从叶子结点开始,当叶子结点中的最大关键字被删除时,分支结点中的值可以作为"分界关键字"存在。若因删除操作而使结点中的关键字个数少于 $\lceil m/2 \rceil$,则从兄弟结点中调剂关键字或者和兄弟结点合并,其过程和 B 树类似。

说明:m 阶 B+树和 m 阶 B 树的主要差异如下。

① 在 B+树中,具有 n 个关键字的结点对应 n 棵子树,即每个关键字对应一棵子树,而在 B 树中,具有 n 个关键字的结点对应 $n+1$ 棵子树。

② 在 B+树中,每个结点(除根结点外)中的关键字个数 n 的取值范围是 $\lceil m/2 \rceil \leqslant n \leqslant m$,根结点 n 的取值范围是 $1 \leqslant n \leqslant m$;而在 B 树中,除根结点外,其他结点的关键字个数 n 的取值范围是 $\lceil m/2 \rceil - 1 \leqslant n \leqslant m-1$,根结点 n 的取值范围是 $1 \leqslant n \leqslant m-1$。

③ B+树中的叶子结点层包含全部关键字,即其他非叶子结点中的关键字包含在叶子结点中,而在 B 树中,所有关键字是不重复的。

④ B+树中的所有非叶子结点仅起到索引的作用,即这些结点中的每个索引项只含有对应子树的最大关键字和指向该子树的指针,不含有该关键字对应的元素,而在 B 树中,每个结点的关键字都含有对应的元素。

⑤ 在 B+树上有两个标识指针,一个是指向根结点的 root,另一个是指向关键字最小叶子结点的 sqt,所有叶子结点链接成一个不定长的线性链表,所以 B+树既可以通过 root 随机查找,也可以通过 sqt 顺序查找,而在 B 树中只能随机查找。

9.4 哈希表的查找

哈希表(Hash Table)又称散列表,是除顺序存储结构、链式存储结构和索引存储结构之外的又一种存储结构。本节介绍哈希表的概念、建立哈希表和查找的相关算法。

9.4.1 哈希表的基本概念

哈希表存储的基本思路是,设要存储的元素个数为 n,设置一个长度为 $m(m \geqslant n)$ 的连续内存单元,以每个元素的关键字 $k_i (0 \leqslant i \leqslant n-1)$ 为自变量,通过一个哈希函数 h 把 k_i 映

视频讲解

射为内存单元的地址(或相对地址)$h(k_i)$,并把该元素存储在这个内存单元中。把这样构造的存储结构称为**哈希表**。

哈希地址	学号	姓名	分数
0	2018001	王华	90
1			
2			
3			
4	2018005	李英	82
5	2018006	陈明	54
6	2018007	许兵	76
7			
8	2018009	张强	95
9	2018010	刘丽	62
10			
11	2018012	李萍	88

图 9.39 高等数学成绩表的哈希表 ha[0..11]

例如,对于第 1 章中表 1.1 的高等数学成绩表($n=7$),学号为关键字,采用长度 $m=12$ 的哈希表 ha[0..11]存储,哈希函数为 $h($学号$)=$学号-2018001,对应的哈希表如图 9.39 所示(其中的空结点不存放元素,可以用特殊关键字 NULLKEY 值表示)。

在该哈希表中查找学号为 2018010 的学生分数的过程是,首先计算 $h(2018010)=2018010-2018001=9$,再取 ha[9]元素的分数 62。对应的查找时间为 $O(1)$。

上述哈希表是一种最理想的状态,在实际中哈希表可能存在这样的问题,对于两个不同的关键字 k_i 和 k_j($i\neq j$)出现 $h(k_i)=h(k_j)$,这种现象称为**哈希冲突**,将具有不同关键字但具有相同哈希地址的元素称为"同义词",这种冲突也称为**同义词冲突**。

在一般的哈希表中哈希冲突是很难避免的,像图 9.39 所示的哈希表中没有哈希冲突,但由于关键字的取值不连续导致存储空间浪费。

归纳起来,当一组元素的关键字与存储地址存在某种映射关系时,如图 9.40 所示,这组元素适合采用哈希表存储。

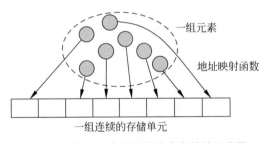

图 9.40 数据适合采用哈希表存储的示意图

9.4.2 哈希函数的构造方法

视频讲解

构造哈希函数的目标是使得到 n 个元素的哈希地址尽可能均匀地分布在 m 个连续的内存单元地址上,同时使计算过程尽可能简单以达到尽可能高的时间效率。根据关键字的结构和分布的不同,可构造出许多不同的哈希函数。这里主要讨论几种常用的整数类型关键字的哈希函数的构造方法。

1. 直接定址法

直接定址法是以关键字 k 本身或关键字加上某个常量 c 作为哈希地址的方法。直接定址法的哈希函数 $h(k)$ 为:

$$h(k)=k+c$$

图 9.39 所示哈希表的哈希函数就是采用直接定址法,这种哈希函数计算简单,并且不

可能有冲突发生。当关键字的分布基本连续时,可用直接定址法的哈希函数;否则,若关键字的分布不连续,将造成内存单元的大量浪费。

2. 除留余数法

除留余数法是用关键字 k 除以某个不大于哈希表长度 m 的整数 p 所得的余数作为哈希地址的方法。除留余数法的哈希函数 $h(k)$ 为:

$$h(k)=k \bmod p \quad (\bmod 为求余运算, p \leqslant m)$$

除留余数法的计算比较简单,适用范围广,是最经常使用的一种哈希函数。这种方法的关键是选好 p,使得元素集合中的每个关键字通过该函数映射到哈希表范围内的任意地址上的概率相等,从而尽可能减少发生冲突的可能性。例如,p 取奇数就比 p 取偶数好。理论研究表明,p 在取不大于 m 的素数时效果最好。

3. 数字分析法

该方法是提取关键字中取值较均匀的数字位作为哈希地址的方法。它适合于所有关键字值都已知的情况,并需要对关键字中每一位的取值分布情况进行分析。例如,有一组关键字为{92317602,92326875,92739628,92343634,92706816,92774638,92381262,92394220},通过分析可知每个关键字的第1、2、3位和第6位取值较集中,不宜作为哈希函数,剩余的第4、5、7和8位取值较分散,可根据实际需要取其中的若干位作为哈希地址。若取最后两位作为哈希地址,则哈希地址的集合为{2,75,28,34,16,38,62,20}。

其他构造整数关键字的哈希函数的方法还有平方取中法、折叠法等。平方取中法是取关键字平方后分布均匀的几位作为哈希地址的方法。折叠法是先把关键字中的若干段作为一小组,然后把各小组折叠相加后分布均匀的几位作为哈希地址的方法。

如果关键字是字符串,需要将字符串转换为唯一的整数值,例如 BKDRHash 函数就是一种简单、快捷的哈希转换算法(因 Brian Kernighan 与 Dennis Ritchie 在著名的《The C Programming Language》一书提出而得名)。

```
unsigned int BKDRHash(char * str)  //生成 str 字符串的哈希函数值
{
    unsigned int seed=131;        //种子值,也可以为 31、131、1313、13131、131313 等
    unsigned int hash = 0;
    while (*str)
        hash = hash * seed + (*str++);
    return hash;
}
```

通过哈希转换函数得到字符串对应的整数,再采用上述整数为关键字的方法来设计合适的哈希函数。

9.4.3 哈希冲突的解决方法

设计哈希表必须解决冲突,否则后面插入的元素会覆盖前面已经插入的元素。在哈希表中虽然冲突很难避免,但发生冲突的可能性却有大有小。这主要与3个因素有关:

(1)与装填因子 α 有关。所谓装填因子是指哈希表中的元素个数 n 与哈希表长度 m 的比值,即 $\alpha=n/m$,显然 α 越小,哈希表中空闲单元的比例就越大,冲突的可能性就越小,

反之α越大(最大为1),哈希表中空闲单元的比例就越小,冲突的可能性就越大。另外,α越小,存储空间的利用率就越低,反之,α越大,存储空间的利用率也就越高。为了兼顾两者,通常控制α在0.6～0.9的范围内。

(2) 与所采用的哈希函数有关。若哈希函数选择得当,就可使哈希地址尽可能均匀地分布在哈希地址空间上,从而减少冲突的发生;否则,若哈希函数选择不当,就可能使哈希地址集中于某些区域,从而加大冲突的发生。

(3) 与解决冲突的方法有关。不同解决冲突方法对应的哈希表结构可能不同,发生冲突的可能性也不同。

解决哈希冲突的方法有许多,可分为开放定址法和拉链法两大类。

1. 开放定址法

视频讲解

开放定址法就是在插入一个关键字为 k 的元素时,若发生哈希冲突,则通过某种哈希冲突解决函数(也称为再哈希)得到一个新空闲地址再插入该元素的方法。这样的哈希冲突解决函数的设计有很多种,下面介绍常用的几种。

(1) 线性探测法。线性探测法是从发生冲突的地址(设为 d_0)开始,依次探测 d_0 的下一个地址(当到达下标为 $m-1$ 的哈希表表尾时,下一个探测的地址是表首地址0),直到找到一个空闲单元为止(当 $m \geqslant n$ 时一定能找到一个空闲单元)。线性探测法的迭代公式为:

$$d_0 = h(k)$$

$$d_i = (d_{i-1} + 1) \bmod m \quad (1 \leqslant i \leqslant m-1)$$

其中,模 m 是为了保证找到的地址在 $0 \sim m-1$ 的有效空间中。以看电影为例,假设电影院的座位只有一排(共20个座位,编号为1～20),某个人买了一张电影票,他晚到了电影院,他的位置8被其他人占了,线性探测法就是依次查看9、10、…、20的座位是否为空的,为空就坐下,否则再查看1、2、…、7的座位是否为空的,如此这样,他总可以找到一个空座位坐下。

线性探测法的优点是解决冲突简单,但一个重大的缺点是容易产生堆积问题。这是由于当连续出现若干个同义词后(设第一个同义词占用单元 d_0,这连续的若干个同义词将占用哈希表的 d_0、d_0+1、d_0+2 等单元),随后任何 d_0+1、d_0+2 等单元上的哈希映射都会由于前面的同义词堆积而产生冲突,尽管随后的这些关键字并没有同义词。这称为非同义词冲突,就是哈希函数值不相同的两个元素争夺同一个后继哈希地址,导致出现堆积(或聚集)现象。

假设哈希表中的每个元素为 $[k,v]$,其中 k 为关键字(为了方便计算哈希函数,假设关键字为 int 类型),v 为对应的值(值类型为 T),哈希表的元素类型如下:

```
#define NULLKEY -1              //全局变量,空关键字
template <typename T>
struct HNode                    //哈希表元素类型
{
    int key;                    //关键字
    T value;                    //数据值
    HNode():key(NULLKEY) {}     //构造函数
    HNode(int k,T v)            //重载构造函数
    {
```

```
        key=k;
        value=v;
    }
};
```

设计哈希函数为 $h(k)=k\ \%\ p$,哈希表长度为 m,采用线性探测法解决冲突,包含插入算法 insert 的哈希表类 HashTable1 如下:

```
#define MAXM 100                    //哈希表的最大长度
template < typename T >
class HashTable1                    //哈希表(除留余数法+线性探测法)
{
    int n;                          //哈希表中元素的个数
    int m;                          //哈希表的长度
    int p;
    HNode< T > ha[MAXM];            //存放哈希表元素
public:
    HashTable1(int m, int p)        //哈希表构造函数
    {
        this−>m=m;
        this−>p=p;
        for (int i=0;i<m;i++)       //初始化为空哈希表
            ha[i].key=NULLKEY;
        n=0;
    }
    void insert(int k, T v)         //在哈希表中插入(k,v)
    {
        int d=k % p;                //求哈希函数值
        while (ha[d].key!=NULLKEY)  //找空位置
            d=(d+1) % m;            //用线性探测法查找空位置
        ha[d]=HNode< T >(k,v);      //放置(k,v)
        n++;                        //增加一个元素
    }
    //其他运算函数
};
```

(2) 平方探测法。设发生冲突的地址为 d_0,平方探测法的探测序列为 $d_0+1^2, d_0-1^2, d_0+2^2, d_0-2^2, \cdots$。平方探测法的数学描述公式为:

$$d_0 = h(k)$$
$$d_i = (d_0 \pm i^2) \bmod m \quad (1 \leqslant i \leqslant m-1)$$

仍以前面的看电影示例为例,平方探测法就是在该人被占用的座位前后来回找空座位。

平方探测法是一种较好的处理冲突的方法,可以避免出现堆积问题。其缺点是不一定能探测到哈希表上的所有单元,但至少能探测到一半单元。

此外,开放定址法的探测方法还有伪随机序列法、双哈希函数法等。

从中看出,开放定址法中哈希表的空闲单元既向同义词关键字开放,也向发生冲突的非同义词关键字开放,这就是它的名称的由来。至于哈希表的一个地址中存放的是同义词关键字还是非同义词关键字,要看谁先占用它,这和构造哈希表的元素的排列次序有关。

【例 9.14】 假设哈希表 ha 的长度 $m=13$，采用除留余数法和线性探测法解决冲突建立关键字集合 $\{16,74,60,43,54,90,46,31,29,88,77\}$ 的哈希表。

解：$n=11, m=13$，除留余数法的哈希函数为 $h(k)=k \bmod p$，p 应为小于或等于 m 的素数。假设 p 取值 13，当出现同义词问题时采用线性探测法解决冲突，则有：

$h(16)=3$,	没有冲突，将 16 放在 ha[3] 处
$h(74)=9$,	没有冲突，将 74 放在 ha[9] 处
$h(60)=8$,	没有冲突，将 60 放在 ha[8] 处
$h(43)=4$,	没有冲突，将 43 放在 ha[4] 处
$h(54)=2$,	没有冲突，将 54 放在 ha[2] 处
$h(90)=12$,	没有冲突，将 90 放在 ha[12] 处
$h(46)=7$,	没有冲突，将 46 放在 ha[7] 处
$h(31)=5$,	没有冲突，将 31 放在 ha[5] 处
$h(29)=3$	有冲突
$\quad d_0=3, d_1=(3+1) \bmod 13=4$	仍有冲突
$\quad d_2=(4+1) \bmod 13=5$	仍有冲突
$\quad d_3=(5+1) \bmod 13=6$	冲突已解决，将 29 放在 ha[6] 处
$h(88)=10$,	没有冲突，将 88 放在 ha[10] 处
$h(77)=12$	有冲突
$\quad d_0=12, d_1=(12+1) \bmod 13=0$	冲突已解决，将 77 放在 ha[0] 处

建立的哈希表 ha[0..12] 如表 9.3 所示。

表 9.3 哈希表 ha[0..12]

下标	0	1	2	3	4	5	6	7	8	9	10	11	12
k	77		54	16	43	31	29	46	60	74	88		90
探测次数	2		1	1	1	1	4	1	1	1	1		1

视频讲解

2. 拉链法

拉链法(chaining)是把所有的同义词用单链表链接起来的方法(每个这样的单链表称为一个桶)。如图 9.41 所示，哈希函数为 $h(k)=k \% m$，所有哈希地址为 i 的元素对应的结点构成一个单链表，哈希表地址空间为 $0 \sim m-1$(桶地址)，地址为 i 的单元是一个指向对应单链表的首结点。

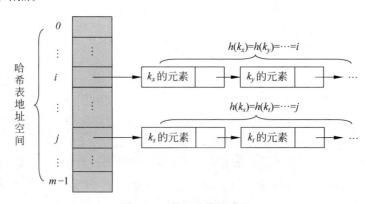

图 9.41 拉链法的示意图

在开放定址法构造的哈希表中每个单元存放的是元素本身,拉链法构造的哈希表中每个单元存放的不是元素本身,而是相应同义词单链表的首结点指针。由于在单链表中可插入任意多个结点,所以此时装填因子 α 根据同义词的多少既可以设定为大于 1,也可以设定为小于或等于 1,通常取 $\alpha=0.75$ 左右。

假设哈希表的每个元素为 $[k,v]$,其中 k 为关键字(为了方便计算哈希函数,假设关键字为 int 类型),v 为对应的值(值类型为 T),拉链法哈希表中的单链表类型如下:

```
template < typename T >
struct HNode                          //单链表结点类
{
    int key;                          //关键字
    T value;                          //数据值
    HNode< T > *  next;               //下一个结点指针
    HNode() {}                        //构造函数
    HNode(int k, T v)                 //重载构造函数
    {
        key=k;
        value=v;
        next=NULL;
    }
};
```

设计哈希函数为 $h(k)=k \% m$,哈希表长度为 m,采用拉链法解决冲突,包含插入算法 insert 的哈希表类 HashTable2 如下:

```
#define MAXM 100                      //哈希表的最大长度
class HashTable2                      //哈希表(除留余数法+拉链法)
{
    int n;                            //哈希表中元素的个数
    int m;                            //哈希表的长度
    HNode< T > *  ha[MAXM];           //存放哈希表中单链表的首结点地址
public:
    HashTable2(int m)                 //哈希表构造函数
    {
        this->m=m;
        for (int i=0;i<m;i++)
            ha[i]=NULL;
        n=0;
    }
    ~HashTable2()                     //析构函数:释放整个哈希表空间
    {
        HNode< T > *  pre, * p;
        for (int i=0;i<m;i++)         //遍历所有的头结点
        {
            pre=ha[i];
            if (pre!=NULL)
            {
                p=pre->next;
                while (p!=NULL)       //释放 ha[i]单链表的所有结点空间
                {
                    delete pre;
                    pre=p; p=p->next; //pre 和 p 指针同步后移
```

```
                }
                delete pre;
            }
        }
        delete [] ha;
    }
    void insert(int k,T v)              //在哈希表中插入(k,v)
    {
        int d=k % m;                    //求哈希函数值
        p=new HNode<T>(k,v);            //新建关键字 k 的结点 p
        p->next=ha[d];                  //采用头插法将 p 插入 ha[d]单链表中
        ha[d]=p;
        n++;                            //哈希表的元素个数增 1
    }
    //其他运算函数
};
```

与开放定址法相比,拉链法有以下几个优点:拉链法处理冲突简单且无堆积现象,即非同义词绝不会发生冲突,因此平均查找长度较短;由于拉链法中各单链表上的结点空间是动态申请的,故它更适合建表前无法确定表长的情况;开放定址法为减少冲突要求装填因子 α 较小,故当数据规模较大时会浪费很多空间,而拉链法中可取 $\alpha \geqslant 1$,且元素较大时拉链法中增加的指针域可忽略不计,因此节省空间;在用拉链法构造的哈希表中,删除结点的操作更加易于实现。

拉链法也有缺点:指针需要额外的空间,故当元素规模较小时,开放定址法较为节省空间,而若将节省的指针空间用来扩大哈希表的规模,可使装填因子变小,这又减少了开放定址法中的冲突,从而提高了平均查找速度。

【例 9.15】 假设哈希表长度 $m=13$,采用除留余数法和拉链法解决冲突建立关键字集合{16,74,60,43,54,90,46,31,29,88,77}的哈希表。

解:$n=11,m=13$,除留余数法的哈希函数为 $h(k)=k \bmod m$,当出现哈希冲突时采用拉链法解决冲突,则有 $h(16)=3$, $h(74)=9,h(60)=8,h(43)=4,h(54)=2,h(90)=12$, $h(46)=7,h(31)=5,h(29)=3,h(88)=10,h(77)=12$。采用拉链法建立的哈希表如图 9.42 所示。

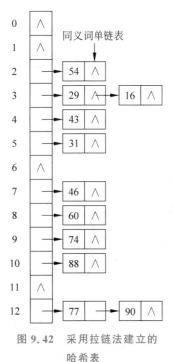

图 9.42 采用拉链法建立的哈希表

9.4.4 哈希表查找及性能分析

在建立哈希表后,在哈希表中查找关键字 k 的元素的过程与解决冲突方法相关。哈希表查找长度也分为成功情况下的平均查找长度和不成功情况下的平均查找长度。成功情况下的平均查找长度是指找到哈希表中已有元素的平均探测次数,不成功情况下的平均查找长度是指在表中查找不到关键字为 k 的元素,但找到插入位置的平均探测次数。

1. 采用开放定址法建立的哈希表的查找

这种哈希表查找关键字 k 的元素的过程是，先以建立哈希表的哈希函数 $h(k)$ 求出哈希地址 d_0，若 $ha[d_0]=k$，则查找成功，否则说明存在哈希冲突，以建立哈希表时的哈希冲突解决函数求出新地址 d_i，若 $ha[d_i]=k$，则查找成功，否则以同样的方式继续查找，直到查找成功或查找到某个空地址（即查找失败）为止。

在前面的 HashTable1 类中添加如下查找算法：

```
int search(int k)                    //查找关键字k,成功时返回其位置,否则返回－1
{
    int d=k % p;                     //求哈希函数值
    while (ha[d].key!=NULLKEY && ha[d].key!=k)
        d=(d+1) % m;                 //用线性探测法查找空位置
    if (ha[d].key==k)                //查找成功返回其位置
        return d;
    else                             //查找失败返回－1
        return －1;
}
```

例 9.14 的哈希表见表 9.3，其中 $n=11$。考虑查找成功的情况，假设每个关键字的查找概率相等，其中 9 个关键字查找成功均需要比较一次，一个关键字查找成功均需要比较两次，一个关键字查找成功均需要比较 4 次，所以成功情况下的平均查找长度分别如下：

$$\text{ASL}_{成功} = \frac{9 \times 1 + 1 \times 2 + 4 \times 1}{11} = 1.36$$

考虑查找不成功的情况，这里采用线性探测法解决冲突。假设待查关键字 k 不在该表中，先求出 $h(k)$：

① 若 $h(k)=0$，将 k 和 $ha[0]$ 进行比较之后再与 $ha[1]$ 进行比较才发现 $ha[1]$ 为空，即比较次数为 2。

② 若 $h(k)=1$，发现 $ha[1]$ 为空，即比较次数为 1。

③ 若 $h(k)=2$，将 k 和 $ha[2..10]$ 中的关键字比较之后再与 $ha[11]$ 进行比较才发现 $ha[11]$ 为空，即比较次数为 10。

④ 若 $h(k)=3$，将 k 和 $ha[3..10]$ 中的关键字比较之后再与 $ha[11]$ 进行比较才发现 $ha[11]$ 为空，即比较次数为 9。

⑤ $h(k)=4$ 到 10 的情况与上类似，分别求出需要的比较次数为 8~2。

⑥ 若 $h(k)=11$，发现 $ha[11]$ 为空，即比较次数为 1。

⑦ 若 $h(k)=12$，将 k 和 $ha[12]$、$ha[0]$ 中的关键字比较之后再与 $ha[1]$ 进行比较才发现 $ha[1]$ 为空，即比较次数为 3。

共有 13 种不成功的查找类别，所以哈希表中不成功查找的探测次数如表 9.4 所示。

表 9.4 哈希表 ha 中不成功查找的探测次数

下标	0	1	2	3	4	5	6	7	8	9	10	11	12
k	77		54	16	43	31	29	46	60	74	88		90
探测次数	2	1	10	9	8	7	6	5	4	3	2	1	3

视频讲解

这样对应的不成功查找的平均查找长度为:

$$\text{ASL}_{\text{不成功}} = \frac{2+1+10+\cdots+1+3}{13} = 4.69$$

【例 9.16】 将关键字序列 $\{7,8,30,11,18,9,14\}$ 存储到哈希表中,哈希表的存储空间是一个下标从 0 开始的一维数组,哈希函数为 $h(\text{key}) = (\text{key} \times 3) \bmod 7$,处理冲突采用线性探测法,要求装填因子为 0.7。

(1) 画出所构造的哈希表。
(2) 分别计算等概率情况下查找成功和查找不成功的平均查找长度。

解:(1) 这里 $n=7$,装填因子 $\alpha = 0.7 = n/m$,则 $m = n/0.7 = 10$。计算各关键字存储地址的过程如下:

$h(7) = 7 \times 3 \bmod 7 = 0$
$h(8) = 8 \times 3 \bmod 7 = 3$
$h(30) = 30 \times 3 \bmod 7 = 6$
$h(11) = 11 \times 3 \bmod 7 = 5$
$h(18) = 18 \times 3 \bmod 7 = 5$　　　　　　　冲突
　　$d_1 = (5+1) \bmod 10 = 6$　　　　　　仍冲突
　　$d_2 = (6+1) \bmod 10 = 7$
$h(9) = 9 \times 3 \bmod 7 = 6$　　　　　　　冲突
　　$d_1 = (6+1) \bmod 10 = 7$　　　　　　仍冲突
　　$d_2 = (7+1) \bmod 10 = 8$
$h(14) = 14 \times 3 \bmod 7 = 0$　　　　　　冲突
　　$d_1 = (0+1) \bmod 10 = 1$

构造的哈希表如表 9.5 所示。

表 9.5　一个哈希表

下标	0	1	2	3	4	5	6	7	8	9
关键字	7	14		8		11	30	18	9	
探测次数	1	2		1		1	1	3	3	

(2) 在等概率情况下:

$$\text{ASL}_{\text{成功}} = \frac{1+2+1+1+1+3+3}{7} = 1.71$$

由于任一关键字 k,$h(k)$ 的值只能是 0~6,在不成功的情况下,$h(k)$ 为 0 需比较 3 次,$h(k)$ 为 1 需比较两次,$h(k)$ 为 2 需比较一次,$h(k)$ 为 3 需比较两次,$h(k)$ 为 4 需比较一次,$h(k)$ 为 5 需比较 5 次,$h(k)$ 为 6 需比较 4 次,共 7 种情况,如表 9.6 所示。所以有:

$$\text{ASL}_{\text{不成功}} = \frac{3+2+1+2+1+5+4}{7} = 2.57$$

表 9.6　不成功查找的探测次数

下标	0	1	2	3	4	5	6	7	8	9
关键字	7	14		8		11	30	18	9	
探测次数	3	2	1	2	1	5	4	3	2	1

2. 采用拉链法建立的哈希表的查找

视频讲解

这种哈希表查找关键字 k 的元素的过程是，先以建立哈希表的哈希函数 $h(k)$ 求出哈希地址 d_0，若 ha[d_0] 的地址为空，表示查找失败；否则通过 ha[d_0] 的地址找到对应单链表的首结点 p，若 $p->key=k$，则查找成功（关键字比较一次），否则 p 后移一个结点，若 $p->key=k$，则查找成功（关键字比较两次），以此类推，若 p 为空，表示查找失败。

在前面的 HashTable2 类中添加如下查找算法：

```
HNode<T>*  search(int k)              //查找关键字 k,成功时返回其地址,否则返回空
{
    int d=k % m;                      //求哈希函数值
    HNode<T>*  p=ha[d];               //p 指向 ha[d]单链表的首结点
    while (p!=NULL && p->key!=k)      //查找 key 为 k 的结点 p
        p=p->next;
    return p;                         //返回 p(查找失败时 p=NULL)
}
```

例 9.15 的哈希表见图 9.42，其中 $n=11$。考虑查找成功的情况，假设每个关键字的查找概率相等，其中 9 个关键字查找成功均需要比较一次，两个关键字查找成功均需要比较两次，所以成功情况下的平均查找长度分别如下：

$$\text{ASL}_{\text{成功}} = \frac{9 \times 1 + 2 \times 2}{11} = 1.18$$

考虑查找不成功的情况，这里采用拉链法解决冲突。假设待查关键字 k 不在该表中，先求出 $d=h(k)$，且第 d 个单链表中具有 i 个结点，则需做 i 次关键字的比较（不包括空指针判定）才确定查找失败，因此查找不成功的平均查找长度为：

$$\text{ASL}_{\text{不成功}} = \frac{0+0+1+2+1+1+0+1+1+1+1+0+2}{13} = 0.85$$

一般地，由同一个哈希函数、不同的解决冲突方法构造的哈希表，其平均查找长度是不相同的。假设哈希函数是均匀的，可以证明不同的解决冲突方法得到的哈希表的平均查找长度不同，表 9.7 列出了用几种不同的方法解决冲突时哈希表的平均查找长度。从中看到，哈希表的平均查找长度不是元素个数 n 的函数，而是装填因子 α 的函数。因此，在设计哈希表时可选择 α 控制哈希表的平均查找长度。

表 9.7 用几种不同的方法解决冲突时哈希表的平均查找长度

解决冲突的方法	平均查找长度	
	成功的查找	不成功的查找
线性探测法	$\frac{1}{2}\left(1+\frac{1}{1-\alpha}\right)$	$\frac{1}{2}\left(1+\frac{1}{(1-\alpha)^2}\right)$
平方探测法	$-\frac{1}{\alpha}\log e(1-\alpha)$	$\frac{1}{1-\alpha}$
拉链法	$1+\frac{\alpha}{2}$	$\alpha+e^{-\alpha} \approx \alpha$

视频讲解

9.4.5* STL 中的哈希表

在 C++ 11 中新增加了 4 个关联容器，分别是 unordered_map、unordered_set、unordered_multimap 和 unordered_multiset。它们与 map/multimap 和 set/multiset 的功能基本类似，主要区别是这 4 个新增关联容器的底层采用哈希表实现，查找性能更高。下面主要讨论 unordered_map 容器。

1. unordered_map 容器的概述

unordered_map 容器的哈希结构如图 9.43 所示，每个关键字为 key 的元素通过一些哈希函数映射到一个特定位置，采用拉链法解决冲突，哈希空间由桶向量构成，其中每个元素就是一个桶，指向对应的同义词单链表。每个哈希桶中可能没有结点，也可能有多个结点。unordered_map 类模板如下：

```
template < class Key,                              //关键字类型
           class T,                                //值类型
           class Hash = hash < Key >,              //哈希函数
           class Pred = equal_to < Key >,          //相等比较函数
           class Alloc = allocator < pair < const Key, T > >   //分配器
         > class unordered_map;
```

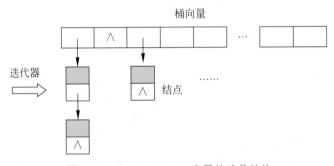

图 9.43 unordered_map 容器的哈希结构

unordered_map 的主要成员函数与 map 的大致相同，使用方法也与 map 的类似，但 unordered_map 容器具有如下特点。

① 关联性：unordered_map 是一个关联容器，其中的元素根据关键字来引用，而不是根据索引来引用。

② 无序性：由于采用哈希结构，unordered_map 中的元素不会根据其关键字值或映射值按任何特定顺序排序，而是根据其哈希值组织到桶中，以允许通过键值直接、快速地访问各个元素(按关键字查找的平均时间复杂度大致为 $O(1)$)。

③ 唯一性：unordered_map 容器中元素的关键字是唯一的。

2. 使用 unordered_map 容器

1) 创建 unordered_map 容器

创建完整的 unordered_map 容器比较复杂，最简单的是像 map 一样仅给出<key, value>的类型，并且可以使用"{}"进行初始化。例如，以下语句创建一个 hmap 容器(其中 int 关键字为学号，string 值为姓名)并通过初始化插入一个元素：

```cpp
unordered_map<int,string> hmap={{1,"Mary"}};        //创建 hmap 并初始化
```

2) 插入元素

向 unordered_map 中插入元素主要有两种方法,分别是用 insert 函数插入 pair 数据和用数组方式插入数据。例如以下两个语句对应两种插入方法:

```cpp
hmap.insert(pair<int, string>(2, "Smith"));
hmap[3] = "John";
```

3) 获取一个关键字对应的值

直接使用 unordered_map[关键字]获取该关键字对应的值。例如:

```cpp
string xm=hmap[4];
```

与 map 一样,在执行该语句时,只有当 hmap 中有这个关键字(4)时才会成功返回学号 4 的姓名,否则会自动插入一个元素,其关键字为 4,对应值为 string 类型的默认值空串。

4) 按关键字查找元素

查找并获取 map 中的元素(包括判定这个关键字是否在 map 中出现)主要有两种方式:

(1) 用 count 函数来判定关键字是否出现,其返回值要么是 0,要么是 1。其缺点是无法定位关键字对应元素出现的位置。例如:

```cpp
if (hmap.count(1)!=0)                  //判断 hmap 中是否存在关键字为 1 的元素
    cout << "查找成功" << endl;
else
    cout << "查找失败" << endl;
```

(2) 用 find 函数来定位元素出现的位置,它返回一个迭代器,当查找成功时返回元素所在位置的迭代器,查找失败时返回 end()函数值。例如:

```cpp
auto it=hmap.begin();                  //初始化时 auto 自动识别为迭代器类型
it=hmap.find(2);
if (it!=hmap.end())                    //在 hmap 中查找关键字为 2 的元素
    cout << "查找成功,其姓名是" << it->second << endl;
else
    cout << "查找失败" << endl;
```

说明: unordered_map 是无序的,不支持 lower_bound 和 upper_bound 查找函数。

5) 删除元素

主要使用 erase 函数删除 map 中的元素。例如:

```cpp
auto it=hmap.begin();
hmap.erase(it);                        //删除第一个元素
hmap.erase(2);                         //删除关键字为 2 的元素
```

6) 修改元素值

在 unordered_map 中修改元素值非常简单,与 map 类似。例如:

```cpp
hmap[1]="June";                        //将学号为 1 的学生的姓名改为 June
```

【实战9.6】 HDU1280——前 m 大的数

时间限制：1000ms；内存限制：32 768KB。

问题描述：给定一个包含 $N(N \leq 3000)$ 个正整数的序列，每个数不超过5000，对它们两两相加得到 $N \times (N-1)/2$ 个和，求出其中前 M 大的数 $(M \leq 1000)$ 并按从大到小的顺序排列。

输入格式：输入可能包含多组数据，其中每组数据包括两行，第一行两个数 N 和 M，第二行 N 个数，表示该序列。

输出格式：对于输入的每组数据，输出 M 个数，表示结果。输出应当按照从大到小的顺序排列。

【实战9.7】 HDU1880——魔咒词典

时间限制：5000ms；内存限制：32 768KB。

问题描述：哈利波特在魔法学校的必修课之一就是学习魔咒。据说魔法世界有100 000种不同的魔咒，哈利很难全部记住，但是为了对抗强敌，他必须能够在危急时刻调用任何一个需要的魔咒，所以他需要你的帮助。

给你一部魔咒词典。当哈利听到一个魔咒时，你的程序必须告诉他那个魔咒的功能；当哈利需要某个功能但不知道该用什么魔咒时，你的程序要替他找到相应的魔咒。如果他要的魔咒不在词典中，就输出"what？"。

输入格式：首先列出词典中不超过100 000条的不同魔咒词条，每条的格式如下。

[魔咒] 对应功能

其中"魔咒"和"对应功能"分别为长度不超过20和80的字符串，字符串中保证不包含字符"["和"]"，且"]"和后面的字符串之间有且仅有一个空格。词典的最后一行以"@END@"结束，这一行不属于词典中的词条。词典之后的一行包含正整数 $N(\leq 1000)$，随后是 N 个测试用例。每个测试用例占一行，或者给出"[魔咒]"，或者给出"对应功能"。

输出格式：每个测试用例的输出占一行，输出魔咒对应的功能，或者功能对应的魔咒。如果魔咒不在词典中，就输出"what？"。

9.5 练习题

9.5.1 问答题

1. 有一个含 n 个元素的递增有序数组 a，以下算法利用有序性进行顺序查找：

```
int Find(int a[], int n, int k)
{
    int i=0;
    while (i<n)
    {
        if (k==a[i])
            return i;
```

```
        else if (k > a[i])
            i++;
        else
            return -1;
    }
}
```

假设查找各元素的概率相同,分别分析该算法在成功和不成功情况下的平均查找长度。和一般的顺序查找相比,哪个查找效率更高些?

2. 设有 5 个关键字 do、for、if、repeat、while,它们存放在一个有序顺序表中,其查找概率分别是 $p_1=0.2,p_2=0.15,p_3=0.1,p_4=0.03,p_5=0.01$,而查找各关键字不存在的概率分别为 $q_0=0.2,q_1=0.15,q_2=0.1,q_3=0.03,q_4=0.02,q_5=0.01$,如图 9.44 所示。

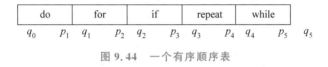

图 9.44 一个有序顺序表

(1) 试画出对该有序顺序表分别采用顺序查找和折半查找时的判定树。
(2) 分别计算顺序查找时查找成功和不成功的平均查找长度。
(3) 分别计算折半查找时查找成功和不成功的平均查找长度。

3. 设包含 4 个数据元素的集合 S={"do","for"," repeat"," while"},各元素的查找概率依次为 $p_1=0.35,p_2=0.15,p_3=0.15,p_4=0.35$。将 S 保存在一个长度为 4 的顺序表中,采用折半查找法,查找成功时的平均查找长度为 2.2。请回答:

(1) 若采用顺序存储结构保存 S,且要求平均查找长度更短,则元素应如何排列? 应使用何种查找方法? 查找成功时的平均查找长度是多少?
(2) 若采用链式存储结构保存 S,且要求平均查找长度更短,则元素应如何排列? 应使用何种查找方法? 查找成功时的平均查找长度是多少?

4. 对于有序顺序表 $A[0..10]$,在采用折半查找时,求成功和不成功时的平均查找长度。对于有序顺序表(12,18,24,35,47,50,62,83,90,92,95),当用折半查找法查找 90 时需进行多少次比较可确定成功? 查找 47 时需进行多少次比较可确定成功? 查找 60 时需进行多少次比较才能确定不成功? 给出各个查找序列。

5. 设待查关键字为 47,且已存入变量 k 中,如果在查找过程中和 k 进行比较的元素依次是 47、32、46、25、47,则所采用的查找方法可能是顺序查找、折半查找、分块查找中的哪一种?

6. 证明如果一棵非空二叉树(所有结点值不同)的中序序列是一个递增有序序列,则该二叉树是一棵二叉排序树。

7. 给定一棵非空二叉排序树(假设所有结点值不同)的先序序列,可以唯一确定该二叉排序树吗? 为什么?

8. 假设一棵二叉排序树的关键字为单个字母,其后序遍历序列为 ACDBFIJHGE,回答以下问题:

(1) 画出该二叉排序树。
(2) 求在等概率下的查找成功的平均查找长度。
(3) 求在等概率下的查找不成功的平均查找长度。

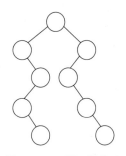

图 9.45 一棵二叉排序树的结构

9. 一棵二叉排序树的结构如图 9.45 所示,其中各结点的关键字依次为 32~40,请标出各结点的关键字。

10. 给出含 12 个结点的 AVL 树的最大高度和最小高度。

11. 将整数序列(4,5,7,2,1,3,6)中的整数依次插入一棵空的 AVL 树中,试构造相应的 AVL 树。

12. 高度为 5 的 3 阶 B—树最多有多少个结点?

13. 已知一棵 5 阶 B—树中有 53 个关键字,不计外部结点,该树的最大高度是多少?

14. 给定一组关键字序列(20,30,50,52,60,68,70),创建一棵 3 阶 B—树,回答以下问题:

(1) 给出建立 3 阶 B—树的过程。

(2) 分别给出删除关键字 50 和 68 之后的结果。

15. 为什么哈希表不支持元素之间的顺序查找?

16. 为什么说哈希方法可以用于关键字集合比地址集合大得多的情况?

17. 哈希表查找的时间性能可以达到 $O(1)$,为什么不在任何查找时都用哈希表查找?

18. 简要说明 map 和 unordered_map 容器的异同。

19. 设有一组关键字为(19,1,23,14,55,20,84,27,68,11,10,77),其哈希函数为 $h(key)=key \% 13$,采用开放地址法的线性探测法解决冲突,试在 0~18 的哈希表中对该关键字序列构造哈希表,并求在成功和不成功情况下的平均查找长度。

20. 已知一组关键字为(26,36,41,38,44,15,68,12,6,51,25),用拉链法解决冲突。假设装填因子 $\alpha=0.85$,哈希表长度为 m,哈希函数为 $h(k)=k \% m$,回答以下问题:

(1) 构造哈希函数。

(2) 计算在等概率情况下查找成功时的平均查找长度。

(3) 计算在等概率情况下查找失败时的平均查找长度。

9.5.2 算法设计题

1. 有一个含有 $n(n>1)$ 个元素的整数数组 a,设计一个尽可能高效的算法求最大元素和最小元素。

2. 有一个含有 $n(n>1)$ 个元素的整数数组 a,设计一个尽可能高效的算法求最大元素和次大元素。

3. 设计一个折半查找算法,求成功查找到关键字为 k 的元素所需关键字的比较次数。假设 R[mid]=k 和 $k<$R[mid]的比较计为一次比较(在教材中讨论关键字比较次数时都是这样假设的)。

4. 假设关键字有序表为整数,修改基本折半查找算法,给出在成功查找到关键字 k 时的查找序列。

5. 有一个递增整数序列 R 且所有整数不相同,设计一个高效的算法判断是否存在某一整数 i 恰好存放在 $R[i]$ 中。

6. 有一个递增整数序列 R,设计一个高效的算法求其中整数 k 出现的次数。

7. 一个长度为 $L(L \geqslant 1)$ 的升序序列 S,处在第 $\lceil L/2 \rceil$ 个位置的数称为 S 的中位数。

例如，若序列 $S1=(11,13,15,17,19)$，则 $S1$ 的中位数是 15。两个序列的中位数是含它们所有元素的升序序列的中位数。例如，若 $S2=(2,4,6,8,20)$，则 $S1$ 和 $S2$ 的中位数是 11。现有两个等长升序序列 A 和 B，试设计一个在时间和空间两方面都尽可能高效的算法，找出两个序列 A 和 B 的中位数。说明所设计算法的时间复杂度和空间复杂度。

8．设计一个算法，递减输出一棵整数二叉排序树中所有结点的关键字。

9．设计一个算法，求在一棵整数二叉排序树中成功找到关键字为 k 的结点的查找序列（查找路径）。

10．设计一个算法，在给定的整数二叉排序树上找出任意两个不同结点 x 和 y 的最近公共祖先(LCA)。其中，结点 x 是指关键字为 x 的结点(假设 x 和 y 结点均在二叉排序树中)。

11．设计一个算法，递增输出一棵整数二叉排序树中所有关键字小于或等于 k 的序列。

12．设计一个算法，输出一棵整数二叉排序树中前 $m(0<m\leqslant$ 二叉排序树中结点的个数)小的结点序列。

13．设计一个算法，求一棵非空整数二叉排序树中关键字为 k 的结点的层次(根结点层次为 1)。

14．设计一个算法，求整数二叉排序树中值为 k 的结点的前驱结点 pre。假设树中存在关键字为 k 的结点，若没有前驱结点，置 pre=NULL。

15．设计一个算法，求整数二叉排序树中值为 k 的结点的后继结点 post。假设树中存在关键字为 k 的结点，若没有后继结点，置 post=NULL。

16．设计一个算法，在整数二叉排序树中查找第一个值大于 k 的结点。

17．在哈希表(除留余数法+拉链法)HashTable2 类(见 9.4.3 节)中添加 remove(k) 算法用于删除关键字为 k 的元素。

18．在哈希表(除留余数法+拉链法)HashTable2 类(见 9.4.3 节)中添加 ASL1()算法求成功情况下的平均查找长度。

9.6 上机实验题

9.6.1 基础实验题

1．编写一个实验程序，对一个递增有序表进行折半查找，输出成功找到其中每个元素的查找序列。用相关数据进行测试。

2．有一个含 25 个整数的查找表 R，其关键字序列为(8,14,6,9,10,22,34,18,19,31,40,38,54,66,46,71,78,68,80,85,100,94,88,96,87)。假设将 R 中的 25 个元素分为 5 块($b=5$)，每块中有 5 个元素($s=5$)，并且这样分块后满足分块有序性。编写一个实验程序，采用分块查找，建立对应的索引表，在查找索引表和对应块时均采用顺序查找法，给出所有关键字的查找结果。

3．有一个整数序列，其中的整数可能重复，编写一个实验程序，以整数为关键字、出现次数为值建立一棵二叉排序树，包括按整数查找、删除和以括号表示串输出二叉排序树的运算。用相关数据进行测试。

4. 编写一个实验程序,设计一个哈希表(除留余数法＋线性探测法),包含插入、删除、查找、求成功情况下的平均查找长度和不成功情况下的平均查找长度。用相关数据进行测试。

9.6.2 应用实验题

1. 编写一个实验程序,对于给定的一个无序整数数组 a,求其中与 x 最接近的整数位置,若有多个这样的整数,返回最后一个整数的位置,给出算法的时间复杂度。采用相关数据测试。

2. 编写一个实验程序,对于给定的一个递增整数数组 a,求其中与 k 最接近的整数位置,若有多个这样的整数,返回最后一个整数的位置。采用相关数据测试。

3. 编写一个实验程序,根据折半查找算法的思路设计一个对递增有序顺序表实现三分查找的算法。采用相关数据测试。

4. 编写一个实验程序,对于给定的一个整数序列,其中存在相同的整数,创建一棵二叉排序树,按递增顺序输出所有不同整数的名次(第几小的整数,从 1 开始计)。例如,整数序列为(3,5,4,6,6,5,1,3),求解结果是,1 的名次为 1,3 的名次为 2,4 的名次为 4,5 的名次为 5,6 的名次为 7。

5. 小明要输入一个整数序列 $a_1, a_2, \cdots, a_n$(所有整数均不相同),他在输入过程中随时要删除当前输入部分或者全部序列中的最大整数、最小整数,为此小明设计了一个结构 S 和如下功能算法。

(1) insert(S,x):向结构 S 中添加一个整数 x。

(2) delmin(S):从结构 S 中删除最小整数。

(3) delmax(S):从结构 S 中删除最大整数。

请帮助小明设计出一个好的结构 S,尽可能在时间和空间两个方面高效地实现上述算法,需要实现上算法并给出各个算法的时间复杂度。

9.7 在线编程题

1. LeetCode69——x 的平方根
2. LeetCode34——在排序数组中查找元素的第一个和最后一个位置
3. LeetCode98——验证二叉搜索树
4. LeetCode110——平衡二叉树
5. LeetCode41——缺失的第一个正数
6. HDU2578——找整数对
7. HDU5444——精灵邮递员
8. HDU4585——少林寺功夫比赛
9. HDU1425——排序
10. POJ3579——求中位数
11. POJ2153——名次表
12. POJ2503——语言翻译
13. POJ1577——落叶

第 10 章 排序

排序是计算中最重要和最常用的工作,是许多高效算法的基础,如排序后的数据序列可以采用折半查找等。实际应用中有各种各样的排序算法。

本章学习要点如下:

(1) 排序的基本概念,包括排序的稳定性、内排序和外排序之间的差异。

(2) 插入排序算法,包括直接插入排序、折半插入排序和希尔排序的过程和算法实现。

(3) 交换排序算法,包括冒泡排序和快速排序的过程和算法实现。

(4) 选择排序算法,包括简单选择排序和堆排序的过程和算法实现。

(5) 二路归并排序的过程和算法实现。

(6) 基数排序的过程和算法实现。

(7) 各种内排序方法的比较和选择。

(8) 外排序的基本步骤以及磁盘排序中的多路平衡归并和最佳归并树等。

(9) 灵活运用各种排序算法解决一些综合应用问题。

10.1 排序的基本概念

假定被排序数据是由一组元素组成的表(称为排序表),元素由若干个数据项组成,其中标识元素的数据项称为**关键字项**,该数据项的值称为关键字。关键字可用作排序的依据。本章中假设排序表中元素的关键字可以重复,两个元素的比较默认为关键字比较。

1. 什么是排序

所谓排序,就是要整理排序表,使之按关键字递增或递减有序排列。本章仅讨论递增排序的情况,在默认情况下所有的排序均指递增排序。排序的输入和输出如下。

视频讲解

输入：n 个元素的序列为 $R_0, R_1, \cdots, R_{n-1}$，其相应的关键字分别为 k_0、k_1、$\cdots$、k_{n-1}。

输出：$R_{i_0}, R_{i_1}, \cdots, R_{i_{n-1}}$，使得 $k_{i_0} \leqslant k_{i_1} \leqslant \cdots \leqslant k_{i_{n-1}}$。

因此，排序算法就是要确定 $0 \sim n-1$ 的一种排列 $i_0, i_1, \cdots, i_{n-1}$，使表中的元素依此次序按关键字排序。

2. 内排序和外排序

在排序过程中，若整个排序表都放在内存中处理，排序时不涉及数据的内、外存交换，则称为**内排序**；反之，若排序过程中要进行数据的内、外存交换，则称为**外排序**。内排序受到内存限制，适用于能够一次将全部元素放入内存的小表；外排序不受内存限制，适用于不能一次将全部元素放入内存的大表。内排序方法是外排序的基础。

3. 内排序的分类

根据内排序算法是否基于关键字的比较，将内排序算法分为基于比较的排序算法和不基于比较的排序算法。像插入排序、交换排序、选择排序和归并排序都是基于比较的排序算法；而基数排序是不基于比较的排序算法。

4. 基于比较的排序算法的性能

在基于比较的排序算法中主要进行以下两种基本操作。

① 元素的比较：元素关键字之间的比较。

② 元素的移动：元素从一个位置移动到另一个位置。

排序算法的性能是由算法的时间和空间确定的，而时间又是由比较和移动的次数确定的。有些排序算法的性能与初始排序序列的顺序有关，有些排序算法与之无关。

若排序表的关键字顺序正好和结果顺序相同，则称此表中元素为**正序**；反之，若排序表的关键字顺序正好和结果顺序相反，则称此表中元素为**反序**。

下面分析基于比较的排序算法的性能。假设有 3 个元素 $(R_1、R_2、R_3)$，关键字为 k_1、k_2、k_3，基于比较的排序方法是，若 $k_1 \leqslant k_2$，则序列不变；否则交换 R_1 和 R_2，变为序列 (R_2, R_1, R_3)。以此类推，排序过程构成一棵决策树，如图 10.1 所示，这里的排序结果有 6 种情况。

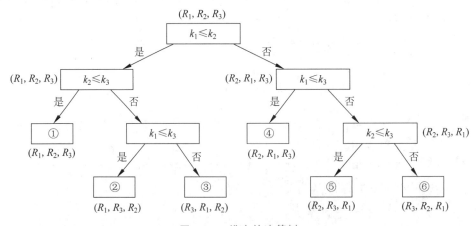

图 10.1 排序的决策树

推广为 n 个元素（假设关键字均不同）的决策树，排序算法所用的比较次数等于决策树中最深的叶子结点的深度，所用的平均比较次数等于决策树中叶子结点的平均深度，即树的高度。n 个元素的排序结果有 $n!$ 种情况，对应的决策树有 $n!$ 个叶子结点，设其高度为 h，其中没有单分支结点（因为总是两两比较的），总结点个数 $=2n!-1$，其高度等于含 $2n!-1$ 个结点的完全二叉树的高度，则 $h=\lceil\log_2(2n!)\rceil=\log_2 n!+1$，而 $\log_2 n!\approx n\log_2 n$，即 $h=O(n\log_2 n)$。

排序中的移动次数与比较次数属于同数量级，由此推出 n 个元素采用基于比较的排序方法的平均时间复杂度为 $O(n\log_2 n)$，最坏情况下的时间下界也为 $O(n\log_2 n)$。

上述结论说明，如果采用基于比较的排序方法，则算法的平均时间复杂度不可能优于 $O(n\log_2 n)$，如快速排序、堆排序和二路归并排序算法的平均时间复杂度均为 $O(n\log_2 n)$，它们都是高效的排序算法。

5. 排序的稳定性

当待排序元素的关键字均不相同时，排序的结果是唯一的，否则排序的结果不一定唯一。如果排序表中存在多个关键字相同的元素，经过排序后这些具有相同关键字的元素之间的相对次序保持不变，则称这种排序方法是**稳定的**；反之，若具有相同关键字的元素之间的相对次序发生变化，则称这种排序方法是**不稳定的**。注意，排序算法的稳定性是针对所有输入实例而言的，也就是说，在所有可能的输入实例中，只要有一个实例使得算法不满足稳定性要求，则该排序算法就是不稳定的。

6. 排序数据的组织

在讨论内排序算法时，以顺序表作为排序表的存储结构（除基数排序采用单链表外）。假设关键字为 int 类型，待排序的顺序表直接采用 vector<int>向量 R 存储，如 10 个整数关键字序列表示为 $R=\{1,6,2,5,3,7,4,8,2,4\}$（存在相同的关键字）。若待排序表中的每个元素除关键字外还有其他数据项，可以设置相应的元素类型 T，再采用 vector<T>向量 R 存储，如 3 个学生元素，每个元素由学号和姓名组成，R 表示为$\{\{1,"$Mary$"\},$ $\{3,"$John$"\},\{2,"$Smith$"\}\}$。

说明：STL 中提供了通用排序算法 sort() 和 stable_sort()，本章讨论的是其排序原理和更多的排序算法。

10.2 插入排序

插入排序的基本思想是每次将一个待排序元素按其关键字大小插入已排好序的子表中的适当位置，直到全部元素插入完成为止。本节介绍 3 种插入排序方法，即直接插入排序、折半插入排序和希尔排序。

10.2.1 直接插入排序

1. 排序思路

假设待排序序列存放在 $R[0..n-1]$ 中，在排序过程的某一中间时刻 R 被划分成两个子区间 $R[0..i-1]$ 和 $R[i..n-1]$（$1\leqslant i<n$），前者是已排好序的**有序区**，后者是当前未排序的部分，称其为**无序区**。直接插入排序的每趟操作是将当前无序区的开头元素 $R[i]$（$1\leqslant i\leqslant n-1$）插入有序区 $R[0..i-1]$ 中适当的位置，使 $R[0..i]$ 变为新的有序区，从而扩大有序区，减小无序区，如图 10.2 所示。经过 $n-1$ 趟排序后无序区变为空，有序区含有全部的

视频讲解

元素,从而全部数据有序。

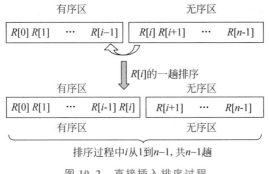

图10.2 直接插入排序过程

对于 $R[i]$ 的一趟排序,就是将无序的部分"[…] $R[i]$"变为有序的,其中"[…]"是有序的,$R[i]$ 为无序区的第一个元素,采用的方法就是将 $R[i]$ 有序插入前面的有序区中,过程如图 10.3 所示,先将 $R[i]$ 暂存到 tmp 中,j 在有序区中从后向前找(初值为 $i-1$),若 $R[j]$>tmp,将其后移一个位置,直到找到 $R[j]$≤tmp 为止,再将 tmp 放在该位置的后面。

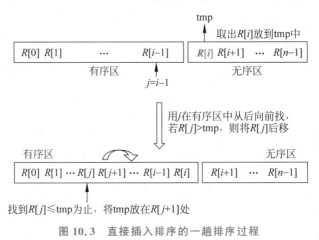

图10.3 直接插入排序的一趟排序过程

【例10.1】 设排序表中有 10 个元素,其关键字序列为(9,8,7,6,5,4,3,2,1,0)。说明采用直接插入排序方法进行排序的过程。

解:其排序过程如图 10.4 所示。图中用方括号表示当前的有序区,每趟向有序区中插入一个元素(用粗体表示),并保持有序区中的元素仍有序。

```
初始关键字     [9]  8   7   6   5   4   3   2   1   0
i=1的结果:    [8   9]  7   6   5   4   3   2   1   0
i=2的结果:    [7   8   9]  6   5   4   3   2   1   0
i=3的结果:    [6   7   8   9]  5   4   3   2   1   0
i=4的结果:    [5   6   7   8   9]  4   3   2   1   0
i=5的结果:    [4   5   6   7   8   9]  3   2   1   0
i=6的结果:    [3   4   5   6   7   8   9]  2   1   0
i=7的结果:    [2   3   4   5   6   7   8   9]  1   0
i=8的结果:    [1   2   3   4   5   6   7   8   9]  0
i=9的结果:    [0   1   2   3   4   5   6   7   8   9]
```

图10.4 10个元素进行直接插入排序的过程

说明：直接插入排序中每趟产生的有序区是局部有序区（初始时将 $R[0..0]$ 看成局部有序区，所以 i 从 1 开始排序），局部有序区中的元素并不一定放在最终位置上，在后面的排序中可能发生元素的改变，若某个元素在后面的排序中不再发生位置的改变，称之为归位。相应地，全局有序区中的所有元素均已归位。

2. 排序算法设计

直接插入排序的算法如下：

```
void InsertSort(vector<int> & R, int n)          //直接插入排序
{
    for (int i=1;i<n;i++)                         //从 R[1]开始
    {
        if (R[i]<R[i-1])                          //反序时
        {
            int tmp=R[i];                         //取出无序区的第一个元素
            int j=i-1;                            //在有序区 R[0..i-1]中向前找 R[i]的插入位置
            do
            {
                R[j+1]=R[j];                      //将大于 tmp 的元素后移
                j--;                              //继续向前比较
            }
            while (j>=0 && R[j]>tmp);
            R[j+1]=tmp;                           //在 j+1 处插入 R[i]
        }
    }
}
```

【算法扩展】 将排序算法中的元素比较均转换为"<"运算符，例如 $R[j]<=tmp$ 转换为 ! $tmp<R[j]$。上述直接插入排序算法利用默认的"<"运算符功能来实现递增排序，现在将"<"用自定义比较函数 $cmp(x,y)$ 替代，该函数在 $x<y$ 时返回 true，否则返回 false，等价的递增排序算法如下：

```
bool cmp(int x,int y)                            //实现递增排序的自定义比较函数
{
    if (x<y) return true;
    else return false;
}
void InsertSort(vector<int> & R, int n)          //直接插入排序(递增)
{
    for (int i=1;i<n;i++)                         //从 R[1]开始
    {
        if (cmp(R[i],R[i-1]))                     //反序时
        {
            int tmp=R[i];                         //取出无序区的第一个元素
            int j=i-1;                            //在有序区 R[0..i-1]中向前找 R[i]的插入位置
            do
            {
                R[j+1]=R[j];                      //将大于 tmp 的元素后移
                j--;                              //继续向前比较
```

```
        }
        while (j>=0 && !cmp(R[j],tmp));
        R[j+1]=tmp;                    //在 j+1 处插入 R[i]
    }
  }
}
```

这样做的目的是可以定制自己的比较方式,使排序通用化,例如将 cmp(x,y) 改为如下函数,其他部分不变,就可以实现递减排序:

```
bool cmp(int x,int y)                  //实现递减排序的自定义比较函数
{
    if (x>y) return true;
    else return false;
}
```

实际上 STL 中的 sort 通用算法可以通过重载"<"运算符定制排序方式就是这样的思路。后面讨论的各种排序算法都可以这样转换为递减排序或者按定制的方式排序。

3. 算法分析

直接插入排序由两重循环构成,对于具有 n 个元素的顺序表 R,外循环表示要进行 $n-1$(i 的取值范围为 $1 \sim n-1$)趟排序。在每一趟排序中,仅当待插入元素 $R[i]$ 小于无序区的尾元素时(反序)才进入内循环。所以直接插入排序的时间性能与初始排序表相关。

1) 最好情况分析

若初始排序表正序,则在每趟 $R[i]$($1 \leqslant i \leqslant n-1$)的排序中仅需进行一次比较,由于比较结果正序,这样每趟排序均不进入内循环,故元素移动的次数为 0。由此可知,正序时直接插入排序的比较次数和元素移动次数均达到最小值 $C_{\min}$ 和 $M_{\min}$。

$$C_{\min} = \sum_{i=1}^{n-1} 1 = n-1 = O(n), \quad M_{\min} = 0$$

两者合起来为 $O(n)$,因此直接插入排序最好情况下的时间复杂度为 $O(n)$。

2) 最坏情况分析

若初始排序表反序,则在每趟 $R[i]$($1 \leqslant i \leqslant n-1$)的排序中,由于 tmp 均小于有序区 $R[0..i-1]$ 中的所有元素,需要 i 次比较(不计最后 $j<0$ 的一次判断,这里仅考虑元素之间的关键字比较),同时有序区 $R[0..i-1]$ 中的每个元素后移一次,再加上前面 tmp=$R[i]$ 和 $R[j+1]$=tmp 的两次移动,需要 $i+2$ 次移动。由此可知,反序时直接插入排序的比较次数和元素移动次数均达到最大值 $C_{\max}$ 和 $M_{\max}$。

$$C_{\max} = \sum_{i=1}^{n-1} i = \frac{n(n-1)}{2} = O(n^2), \quad M_{\max} = \sum_{i=1}^{n-1}(i+2) = \frac{(n-1)(n+4)}{2} = O(n^2)$$

两者合起来为 $O(n^2)$,因此直接插入排序最坏情况下的时间复杂度为 $O(n^2)$。

3) 平均情况分析

在每趟 $R[i]$($1 \leqslant i \leqslant n-1$)的排序中,平均情况是将 $R[i]$($1 \leqslant i \leqslant n-1$)插入有序区 $R[0..i-1]$ 的中间位置,这样平均比较次数为 $i/2$,平均移动次数为 $i/2+2$,对应的 C_{avg} 和 M_{avg} 如下:

$$C_{\text{avg}} = \sum_{i=1}^{n-1}\left(\frac{i}{2}\right) = \frac{n(n-1)}{4} = O(n^2), \quad M_{\text{avg}} = \sum_{i=1}^{n-1}\left(\frac{i}{2}+2\right) = O(n^2)$$

两者合起来为 $O(n^2)$，因此直接插入排序的平均时间复杂度为 $O(n^2)$，由于其平均时间性能接近最坏性能，所以是一种低效的排序方法。在该算法中只使用 i、j 和 tmp 共计 3 个辅助变量，与问题规模 n 无关，故算法的空间复杂度为 $O(1)$，也就是说它是一个就地排序算法。另外，对于任意两个满足 $i<j$ 且 $R[j]=R[i]$ 的元素，本算法都是将 $R[j]$ 插入在 $R[i]$ 的后面，也就是说 $R[i]$ 和 $R[j]$ 的相对位置保持不变，所以直接插入排序是一种稳定的排序方法。

10.2.2 折半插入排序

视频讲解

1. 排序思路

直接插入排序的每趟将元素 $R[i]$（$1 \leqslant i \leqslant n-1$）插入有序区 $R[0..i-1]$ 中，可以采用折半查找方法先在 $R[0..i-1]$ 中找到插入点，再通过移动元素进行插入。这样的插入排序称为**折半插入排序**或**二分插入排序**。

在 $R[\text{low..high}]$（初始时 low=0, high=$i-1$）中采用折半查找方法找到 $R[i]$ 的插入点为 high+1（这里利用 9.2.2 节的折半查找变形算法 lower_bound3 的思路），再将 $R[\text{high}+1..i-1]$ 元素后移一个位置（移动元素的范围是 $[\text{high}+1, i-1]$ 或者 $(\text{high}, i-1]$），并置 $R[\text{high}+1]=R[i]$，如图 10.5 所示。

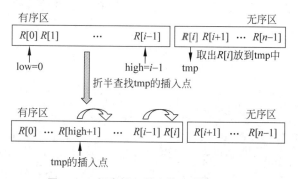

图 10.5 折半插入排序的一趟排序过程

2. 排序算法设计

折半插入排序的算法如下：

```
void BinInsertSort(vector < int > & R, int n)      //折半插入排序
{
    for (int i=1;i<n;i++)                          //从 R[1]开始
    {
        if (R[i]<R[i-1])                           //反序时
        {
            int tmp=R[i];                          //将 R[i]保存到 tmp 中
            int low=0,high=i-1;
            while (low <=high)                     //在 R[low..high]中折半查找 tmp 的插入点 high+1
            {
                int mid=(low+high)/2;              //取中间位置
```

```
            if (tmp < R[mid])
                high = mid−1;              //插入点在左半区
            else
                low = mid+1;               //插入点在右半区
        }
        for (int j=i−1;j>=high+1;j−−)      //元素后移
            R[j+1]=R[j];
        R[high+1]=tmp;                     //原 R[i]插入 R[high+1]中
    }
}
```

说明：和直接插入排序一样，折半插入排序中每趟产生的有序区也是局部有序区。

3. 算法分析

从上述算法看到，在任何情况下排序中元素移动的次数与直接插入排序的相同，不同的仅是变分散移动为集中移动。这里仅分析平均情况，在 $R[0..i-1]$ 中查找插入 $R[i]$ 的位置，折半查找的平均关键字比较次数为 $\log_2(i+1)-1$，平均移动元素的次数为 $i/2+2$，所以算法的平均时间复杂度为 $\sum_{i=1}^{n-1}\left(\log_2(i+1)-1+\dfrac{i}{2}+2\right)=O(n^2)$。

从时间复杂度角度看，折半插入排序与直接插入排序相同，但由于采用折半查找，当元素个数较多时，折半查找优于顺序查找，减少了关键字比较次数，所以折半插入排序也优于直接插入排序。同样，折半插入排序的空间复杂度为 $O(1)$，也是一种稳定的排序算法。

10.2.3 希尔排序

视频讲解

1. 排序思路

希尔排序是一种采用分组插入排序的方法。对 $R[0..n-1]$ 排序的基本思想是，先取一个小于 n 的整数 d_1 作为第一个增量，将全部元素 R 分成 d_1 个组，所有相距 d_1 的元素为一组，如图 10.6 所示为分为 d 组的情况。再对各组元素进行直接插入排序。然后取第二个增量 $d_2(d_2<d_1)$，重复上述的分组和排序，直至增量 $d_t=1(d_t<d_{t-1}<\cdots<d_2<d_1)$，做完该趟即将所有元素分为一组，再进行一次直接插入排序，从而使所有元素有序。

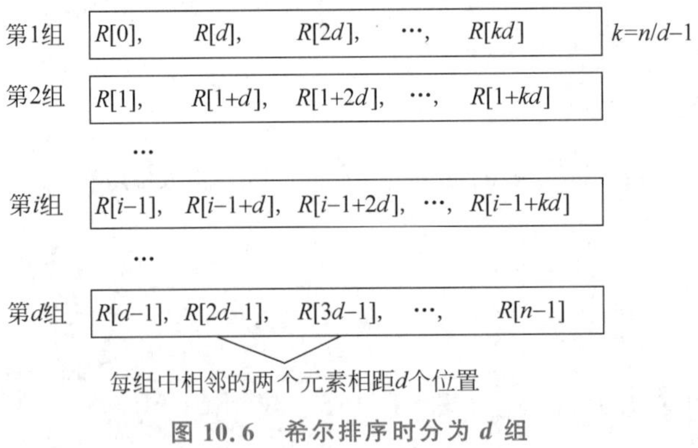

第1组 | $R[0]$, $R[d]$, $R[2d]$,   ⋯, $R[kd]$ | $k=n/d-1$
第2组 | $R[1]$, $R[1+d]$, $R[1+2d]$, ⋯, $R[1+kd]$
       | ⋯
第i组 | $R[i-1]$, $R[i-1+d]$, $R[i-1+2d]$, ⋯, $R[i-1+kd]$
       | ⋯
第d组 | $R[d-1]$, $R[2d-1]$, $R[3d-1]$, ⋯, $R[n-1]$

每组中相邻的两个元素相距 d 个位置

图 10.6　希尔排序时分为 d 组

在希尔排序中，每一趟进行直接插入排序的过程是，从元素 $R[d]$ 开始直到元素 $R[n-1]$ 为止，每个元素都是和同组的元素比较，且插入该组的有序区中，如和元素 $R[i]$ 同组的前面

的元素有 $\{R[j] \mid j=i-d \geqslant 0\}$。

从理论上讲，d 序列的取值只要满足初始值小于 n 再递减并且最后为 1 就可以了。最常见的是 Shell 增量序列，即取 $d_1=n/2, d_{i+1}=\lfloor d_i/2 \rfloor$，直到 $d_t=0$ 为止。另外还有 Knuth 增量序列等，Knuth 增量序列中初始增量 d_1 的取值为 1、4、13、40 或者 121 等，求 d_1 的过程如下：

```
int d1=1;
while (d1 < n/3) d1=3*d1+1;
```

然后是 $d_{i+1}=\lfloor d_i/3 \rfloor$，直到 $d_t=0$ 为止。默认的希尔排序均采用 Shell 增量序列。

【例 10.2】 设排序表中有 10 个元素，其关键字分别为 9、8、7、6、5、4、3、2、1、0。说明采用希尔排序方法进行排序的过程。

解：其排序过程如图 10.7 所示。第 1 趟排序时，$d=\lfloor 10/2 \rfloor=5$，整个表被分成 5 组，即(9,4)、(8,3)、(7,2)、(6,1)、(5,0)，各组采用直接插入排序方法排序，结果分别为(4,9)、(3,8)、(2,7)、(1,6)、(0,5)，该趟的最终结果为(4,3,2,1,0,9,8,7,6,5)。

第 2 趟排序时，$d=\lfloor 5/2 \rfloor=2$，整个表分成两组，即(4,2,0,8,6)和(3,1,9,7,5)，各组采用直接插入排序方法排序，结果分别为(0,2,4,6,8)和(1,3,5,7,9)，该趟的最终结果为(0,1,2,3,4,5,6,7,8,9)。

第 3 趟排序时，$d=\lfloor 2/2 \rfloor=1$，整个表为一组，采用直接插入方法排序，最终结果为(0,1,2,3,4,5,6,7,8,9)。

说明：希尔排序中的每趟并不产生有序区，在最后一趟排序结束前，所有元素并不一定归位了。但是希尔排序的每趟完成后，数据越来越接近有序。

图 10.7　10 个元素进行希尔排序的过程

2. 排序算法设计

采用 Shell 增量序列的希尔排序算法如下：

```
void ShellSort(vector < int > & R, int n)        //希尔排序
{
    int d=n/2;                                    //增量置初值
    while (d>0)
    {
        for (int i=d;i<n;i++)                     //对所有相隔 d 位置的元素组采用直接插入排序
        {
            if (R[i]<R[i-d])                      //反序时
            {
                int tmp=R[i];
```

```
            int j=i-d;
            do
            {
                R[j+d]=R[j];              //将大于 tmp 的元素在同组中后移
                j=j-d;                    //继续向前比较
            }
            while (j>=0 && R[j]>tmp);
            R[j+d]=tmp;                   //在 j+d 处插入 R[i]
        }
    }
    d=d/2;                                //减小增量
}
```

3. 算法分析

希尔排序的性能分析比较复杂,因为它的执行时间是增量序列的函数,到目前为止增量的选取无一定论,即无法证明哪个增量序列是最好的,但无论增量序列如何取,最后一趟的增量必须等于 1。以 Shell 增量序列为例,每趟的后一个增量是前一个增量的 $1/2$,经过 $t = \lceil \log_2 n \rceil - 1$ 趟后 $d_t = 1$,再经过最后一趟的直接插入排序使整个序列变为有序。希尔排序算法的时间复杂度难以分析,一般认为其平均时间复杂度为 $O(n^{1.58})$。希尔排序的速度通常要比直接插入排序快。

在希尔排序算法中使用 i、j、d 和 tmp 共计 4 个辅助变量,与问题规模 n 无关,故算法的空间复杂度为 $O(1)$,也就是说它是一个就地排序。另外,希尔排序算法是一种不稳定的排序算法,可以通过一个示例说明:假设 $n=10$,其中有两个为 8 的元素,第 1 趟 $d=5$ 排序后的结果是 $(3,5,10,8,7,2,8,1,20,6)$,第 2 趟取 $d=2$,排序过程如图 10.8 所示,从中看出,两个为 8 的元素的相对位置发生了改变。

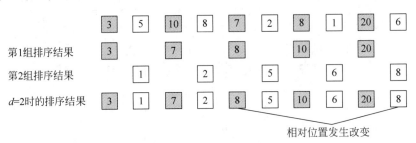

图 10.8　说明希尔排序不稳定的示例

【实战 10.1】　POJ2388——求中位数

视频讲解

时间限制:1000ms;内存限制:65 536KB。

问题描述:给定奶牛数量 n($1 \leqslant n < 10\,000$,且 n 为奇数)以及所有奶牛的产奶量($1 \sim 1\,000\,000$),求产奶量的中位数。

输入格式:第一行为整数 n,第二行为 n 个整数,每个整数表示一头奶牛的产奶量。

输出格式:输出一个整数为产奶量的中位数。

10.3 交换排序

交换排序的基本思想是两两比较待排序元素的关键字,当发现这两个元素反序时进行交换,直到没有反序的元素为止。本节介绍两种交换排序,即冒泡排序和快速排序。

10.3.1 冒泡排序

1. 排序思路

冒泡排序也称为气泡排序,是一种典型的交换排序方法,其基本思想是,通过无序区中相邻元素之间的比较和位置交换,使最小(或者最大)元素如气泡一般逐渐往上"漂浮"直至"水面"。这里从无序区的最后面开始,对每两个相邻元素进行比较,使较小元素交换到较大元素之上,经过一趟冒泡排序后,最小元素到达无序区的最前端,如图 10.9 所示。接着在剩下的元素中找次小元素,并把它交换到第二个位置上。以此类推,直到无序区中只有一个元素,它一定是最大元素,这样所有元素都有序了。

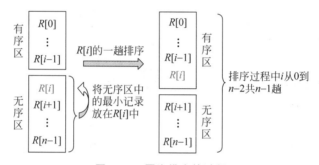

图 10.9 冒泡排序的过程

在冒泡排序算法中,若某一趟没有出现任何元素交换,说明所有元素已排好序了,就可以结束本算法。

【例 10.3】 设排序表中有 10 个元素,其关键字分别为 9、8、7、6、5、4、3、2、1、0。说明采用冒泡排序方法进行排序的过程。

解:其排序过程如图 10.10 所示。每次从无序区中冒出一个最小元素(用粗体表示)并将其归位。

```
初始关键字    []9  8  7  6  5  4  3  2  1  0
i=0的结果:    [0]  9  8  7  6  5  4  3  2  1
i=1的结果:    [0  1]  9  8  7  6  5  4  3  2
i=2的结果:    [0  1  2]  9  8  7  6  5  4  3
i=3的结果:    [0  1  2  3]  9  8  7  6  5  4
i=4的结果:    [0  1  2  3  4]  9  8  7  6  5
i=5的结果:    [0  1  2  3  4  5]  9  8  7  6
i=6的结果:    [0  1  2  3  4  5  6]  9  8  7
i=7的结果:    [0  1  2  3  4  5  6  7]  9  8
i=8的结果:    [0  1  2  3  4  5  6  7  8]  9
```

图 10.10 10 个元素进行冒泡排序的过程

说明：冒泡排序中每趟产生的有序区一定是全局有序区，也就是说每趟产生的有序区中的所有元素都归位了。初始时将全局有序区看成空，所以 i 从 0 开始排序。

2. 排序算法设计

冒泡排序的算法如下：

```cpp
void BubbleSort(vector<int> & R, int n)          //冒泡排序
{
    for (int i=0;i<n-1;i++)
    {
        bool exchange=false;                      //本趟前将 exchange 置为 false
        for (int j=n-1;j>i;j--)                   //在无序区中找出最小元素
            if (R[j]<R[j-1])                      //反序时交换
            {
                swap(R[j],R[j-1]);
                exchange=true;                    //本趟发生交换置 exchange 为 true
            }
        if (!exchange)                            //本趟没有发生交换，中途结束算法
            return;
    }
}
```

3. 算法分析

在冒泡排序中由 exchange 来控制算法是否提前结束，所以其时间性能与初始排序表相关。

1) 最好情况分析

若初始排序表正序，第 1 趟后排序结束，所需的比较和元素移动次数均分别达到最小值 $C_{\min}$ 和 $M_{\min}$。

$$C_{\min} = \sum_{i=0}^{n-2} 1 = n-1 = O(n), \quad M_{\min} = 0$$

两者合起来为 $O(n)$，因此冒泡排序最好情况下的时间复杂度为 $O(n)$。

2) 最坏情况分析

若初始排序表反序，则需要进行 $n-1$ 趟排序，每趟排序要进行 $n-i-1(0 \leqslant i \leqslant n-2)$ 次关键字的比较，$3(n-i-1)$ 次元素的移动（一次交换为 3 次移动）。由此可知，反序时冒泡排序的关键字比较次数和元素移动次数均达到最大值 $C_{\max}$ 和 $M_{\max}$。

$$C_{\max} = \sum_{i=0}^{n-2}(n-i-1) = \frac{n(n-1)}{2} = O(n^2), \quad M_{\max} = \sum_{i=0}^{n-2} 3(n-i-1) = \frac{3n(n-1)}{2} = O(n^2)$$

两者合起来为 $O(n^2)$，因此冒泡排序最坏情况下的时间复杂度为 $O(n^2)$。

3) 平均情况分析

平均的情况分析稍为复杂一些，因为算法可能在中间的某一趟排序完成后就结束，但平均的排序趟数仍是 $O(n)$，每一趟的比较次数和元素移动次数为 $O(n)$，所以平均时间复杂度为 $O(n^2)$。由于其平均时间性能接近最坏性能，所以冒泡排序是一种低效的排序方法。另外，虽然冒泡排序不一定要做 $n-1$ 趟，但由于元素移动次数较多，所以平均时间性能比直接插入排序要差。

在冒泡排序算法中只使用固定的几个辅助变量,与问题规模 n 无关,故算法的空间复杂度为 O(1),也就是说它是一个就地排序。另外,对于任意两个满足 $i<j$ 且 $R[i]=R[j]$ 的元素,两者没有逆序,不会发生交换,也就是说 $R[i]$ 和 $R[j]$ 的相对位置保持不变,所以冒泡排序是一种稳定的排序方法。

【实战 10.2】 POJ1007——DNA 排序问题

时间限制:1000ms;内存限制:65 536KB。

问题描述:一个序列中"未排序"的度量是相对于彼此顺序不一致的条目对的数量,例如,在字母序列"DAABEC"中,该度量为 5,因为 D 大于其右边的 4 个字母,E 大于其右边的一个字母。该度量称为该序列的逆序数。序列"AACEDGG"只有一个逆序对(E 和 D),它几乎被排好序了,而序列"ZWQM"有 6 个逆序对,它是未排序的,恰好是反序。

请对若干个 DNA 序列(仅包含 4 个字母 A、C、G 和 T 的字符串)分类,注意是分类,不是按字母顺序排序,而是按排序最多到排序最少的顺序排列,所有 DNA 序列的长度都相同。

输入格式:第一行包含两个整数,$n(0<n\leqslant 50)$ 表示字符串的长度,$m(0<m\leqslant 100)$ 表示字符串的个数。后面是 m 行,每行包含一个长度为 n 的字符串。

输出格式:按排序最多到排序最少的顺序输出所有字符串。若两个字符串的逆序对个数相同,按原始顺序输出它们。

10.3.2 快速排序

1. 排序思路

快速排序是由冒泡排序改进而得的,它的基本思想是,在长度大于 1 的排序表中取第一个元素作为基准,将基准归位(把基准放到最终位置上),同时将所有小于基准的元素放到基准的前面(构成左子表),所有大于基准的元素放到基准的后面(构成右子表),这个过程称为划分,如图 10.11 所示。然后对左、右子表分别重复上述过程,直至每个子表中只有一个元素或空为止。简而言之,一次划分使表中的基准归位,将表一分为二,对两个子表按递归方式继续这种划分,直至划分的子表长度为 1 或 0(长度为 1 或 0 的表是有序的)。

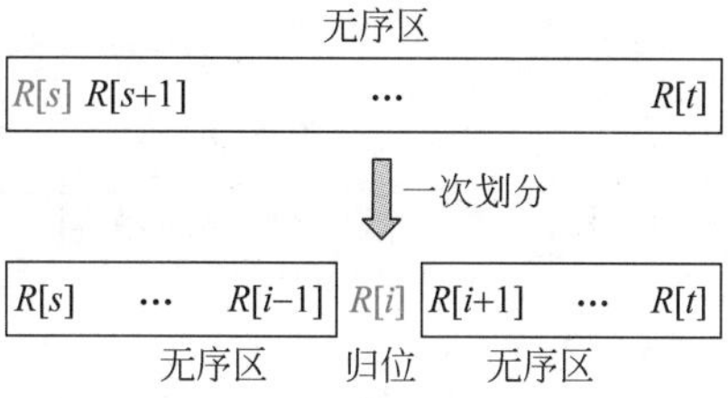

图 10.11 快速排序的一次划分

对无序区 $R[s..t]$ 快速排序的递归模型如下:

$f(R,s,t) \equiv$ 不做任何事情   当 $R[s..t]$ 为空或者仅有一个元素时
$f(R,s,t) \equiv$ 划分后基准位置为 i;   其他情况
     $f(R,s,i-1); f(R,i+1,t)$

说明:快速排序的每趟仅将一个元素归位,在最后一趟排序结束前并不产生明确的连续有序区。

2. 排序算法设计

1) 划分算法

这里是对长度大于 1 的无序区 $R[s..t]$ 以首元素为基准进行划分,提供了 3 种划分算法。

算法 1：用 base 存放基准 $R[s]$，i（初值为 0）从前向后遍历 R，j（初值为 $n-1$）从后向前遍历 R。当 $i<j$ 时循环（即循环到 $i=j$ 为止）；j 从后向前找一个小于或等于 base 的元素 $R[j]$，然后 i 从前向后找一个大于 base 的元素 $R[i]$，当 $i<j$ 时将 $R[i]$ 和 $R[j]$ 交换（小于或等于 base 的元素前移，大于 base 的元素后移）。当循环结束后 i 与 j 相等，并且 $R[0..i]$ 的元素均小于或等于 base，$R[i+1..n-1]$ 的元素均大于 base，最后将基准 $R[s]$ 和 $R[i]$ 交换（基准放在最终位置上）。对应的算法如下：

```
int Partition1(vector < int > & R, int s, int t)     //划分算法 1
{
    int base=R[s];                                    //以表首元素为基准
    int i=s,j=t;
    while (i<j)                                       //从表两端交替向中间遍历，直至 i=j 为止
    {
        while (i<j && R[j]>base)
            j--;                                      //从后向前遍历，找一个小于或等于基准的 R[j]
        while (i<j && R[i]<=base)
            i++;                                      //从前向后遍历，找一个大于基准的 R[i]
        if (i<j)
            swap(R[i],R[j]);                          //将 R[i] 和 R[j] 进行交换
    }
    swap(R[s],R[i]);                                  //将基准 R[s] 和 R[i] 进行交换
    return i;
}
```

上述划分算法的大致过程如图 10.12 所示。例如，$R[0..4]=(3,5,1,2,4)$，Partition1 算法的划分过程如图 10.13 所示。

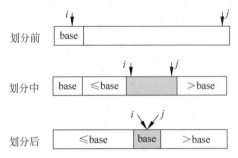

图 10.12 快速排序的划分示意图

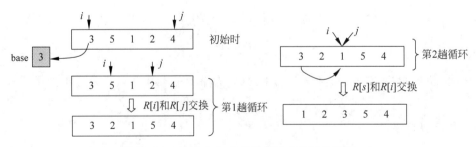

图 10.13 $(3,5,1,2,4)$ 采用算法 1 的划分过程

在上述算法中存在重复的关键字比较,例如,j 指向 2 同时 i 指向 5 时,两者交换后进入下一轮循环,又将 j 指向元素 5 与 base(3)重复比较(因为元素 5 是交换到后面的,其值一定大于 base)。消除重复比较后的优化算法如下:

```
int Partition1_1(vector < int > & R, int s, int t)   //划分算法 1 的改进版本
{
    int base=R[s];                          //以表首元素为基准,base 存放基准关键字
    int i=s,j=t+1;                          //j 从 t+1 开始
    while (i<j)                             //i<j 时循环
    {
        j——;                                //先移动避免重复比较,j 初始化为 t+1 而不是 t
        while (R[j]> base && i<j)           //从后向前遍历,找一个小于或等于基准的 R[j]
            j——;
        i++;                                //先移动避免重复比较
        while (R[i]<=base && i<j)           //从前向后遍历,找一个大于基准的 R[i]
            i++;
        if (i<j)                            //i<j 时交换
            swap(R[i],R[j]);                //保证 i 左侧小于或等于 base,j 右侧大于 base
    }
    swap(R[s],R[j]);                        //将基准 R[s]和 R[j]进行交换
    return j;
}
```

需要说明的是,Partition1 算法中外层 while 循环结束时 i 和 j 一定相等,所以返回 i 或者 j 均可,而 Partition1_1 算法中外层 while 循环结束时 i 和 j 不一定相等(因为每个内层 while 循环之前 i 和 j 都会改变,无论是否执行内层 while 循环)。例如,$R[0..1]=(1,2)$,以 1 为基准,划分结束后 $i=1,j=0$,而 $R[0..1]=(2,1)$,以 2 为基准,划分结束后 $i=1$, $j=1$,可能出现 $i=j+1$ 的情况,但一定满足 $R[j+1..n-1]>$ base,$R[0..j]\leq$ base,最后将 $R[s]$ 和 $R[j]$ 交换并返回 j(而不是 i)。

算法 2:在划分算法 1 中对逆序元素进行交换使其放在适合的位置上,一次交换需要 3 次移动,由于元素的交换可能出现多次,可以改进交换方式以减少移动次数。同样,先用 base 存放基准 $R[s]$(此时 $R[s]$ 位置可以视为空),i、j 变量的功能和初值同 Partition1。当 $i<j$ 时循环:j 从后向前找一个小于 base 的元素 $R[j]$,将 $R[j]$ 前移覆盖 $R[i]$(此时 $R[j]$ 位置可以视为空),然后 i 从前向后找一个大于 base 的元素 $R[i]$,将 $R[i]$ 后移覆盖 $R[j]$(此时 $R[i]$ 位置可以视为空)。循环结束后置 $R[i]=$ base。对应的算法如下:

```
int Partition2(vector < int > & R, int s, int t)     //划分算法 2
{
    int i=s,j=t;
    int base=R[s];                          //以表首元素为基准
    while (i<j)                             //从表两端交替向中间遍历,直至 i=j 为止
    {
        while (j>i && R[j]> base)
            j——;                            //从后向前遍历,找一个小于或等于基准的 R[j]
        if (j>i)
        {
            R[i]=R[j];                      //R[j]前移覆盖 R[i]
```

```
                i++;
            }
            while (i<j && R[i]<=base)
                i++;                          //从前向后遍历,找一个大于基准的 R[i]
            if (i<j)
            {
                R[j]=R[i];                    //R[i]后移覆盖 R[j]
                j--;
            }
        }
        R[i]=base;                            //基准归位
        return i;                             //返回归位的位置
}
```

例如,$R[0..4]=(3,5,1,2,4)$,Partition2 算法的划分过程如图 10.14 所示。

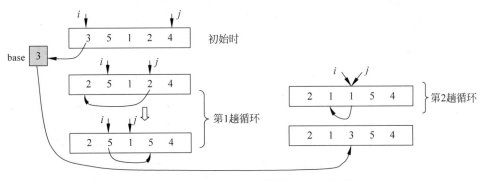

图 10.14 (3,5,1,2,4)采用算法 2 的划分过程

算法 3：采用第 2 章中例 2.3 的解法 3 的区间划分法实现划分算法,先用 base 存放基准 $R[s]$,将 R 划分为两个区间,前一个区间用 $R[s..i]$ 存放小于或等于基准 base 的元素,初始时该区间含 $R[s]$,即 $i=s$,用 j 从 $s+1$ 开始遍历所有元素(满足 $j \leq t$),后一个区间 $R[i+1..j-1]$ 存放大于 base 的元素(初始时 $j=s+1$ 表示该区间也为空)。

① 若 $R[j] \leq$ base,采用交换方法,先执行 $i++$ 扩大前一个区间,再将 $R[j]$ 交换到 $R[i]$(即将小于或等于 base 的元素放在前一个区间),最后执行 $j++$ 继续遍历其余元素。

② 否则,$R[j]$ 就是要放到后一个区间的元素,不交换,执行 $j++$ 继续遍历其余元素。

当 j 遍历完所有元素,$R[s..i]$ 便是原来 R 中所有小于或等于 base 的元素,再将基准 $R[s]$ 与 $R[i]$ 交换,这样基准 $R[i]$ 就归位了(即 $R[s..i-1]$ 的元素均小于或等于 $R[i]$,而 $R[i+1..t]$ 均大于 $R[i]$)。对应的算法如下：

```
int Partition3(vector<int> & R,int s,int t)   //划分算法 3
{
    int i=s,j=s+1;
    int base=R[s];                            //以表首元素为基准
    while (j<=t)                              //j 从 s+1 开始遍历其他元素
    {
        if (R[j]<=base)                       //找到小于或等于基准的元素 R[j]
        {
            i++;                              //扩大小于或等于 base 的元素区间
```

```
            if (i!=j)
                swap(R[i],R[j]);                //将 R[i] 与 R[j] 交换
        }
        j++;                                    //继续扫描
    }
    swap(R[s],R[i]);                            //将基准 R[s] 和 R[i] 进行交换
    return i;
}
```

在上述 3 个划分算法中 Partition2 是快速排序最常用的划分算法,默认情况下均指该算法。一般认为 n 个元素进行一趟划分时关键字比较次数为 $n-1$,元素移动次数同数量级,所以一趟划分的时间复杂度为 $O(n)$。

2) 快速排序算法

快速排序算法如下:

视频讲解

```
void _QuickSort(vector < int > & R,int s,int t)    //对 R[s..t]的元素进行快速排序
{
    if (s < t)                                     //表中至少存在两个元素的情况
    {
        int i=Partition3(R,s,t);                   //可以使用前面 3 种划分算法中的任意一种
        _QuickSort(R,s,i-1);                       //对左子表递归排序
        _QuickSort(R,i+1,t);                       //对右子表递归排序
    }
}

void QuickSort(vector < int > & R,int n)           //快速排序
{
    _QuickSort(R,0,n-1);
}
```

说明:在快速排序中每次划分得到两个子表,由于这两个子表的排序相对基准是独立的,所以两个子表排序的先后顺序不影响最后结果。上述算法总是先对左子表排序(先序遍历过程),也可以先对右子表排序。也就是说,可以将上述递归过程中的栈用队列替代。

【例 10.4】 设待排序的表中有 10 个元素,其关键字分别为 6、8、7、9、0、1、3、2、4、5。说明采用快速排序方法进行排序的过程。

解:其排序过程如图 10.15 所示。第 1 次划分以 6 为关键字将整个区间分为(5,4,2,3,0,1)和(9,7,8)两个子表,并将元素 6 归位,两个子表以此类推。

快速排序过程构成一棵树结构,称为快速排序递归树。每个叶子结点要么是归位元素,要么是长度为 0 或者 1 的子表。递归调用的次数为分支结点的个数。

不同于前面介绍的几种排序方法,在快速排序过程中没有十分清晰的排序趟。有一种观点是将递归树中的每一层看成一趟排序,如图 10.16 所示为例 10.4 各趟的排序结果。

3. 算法分析

快速排序的时间主要耗费在划分上。在快速排序递归树中,每一层无论进行几次划分,最多参加划分的元素个数为 n,这样每一层的时间可以看成 $O(n)$。所以整个排序的时间取决于递归树的高度,不同的排序序列对应的递归树高度可能不同,所以快速排序的时间性能与初始排序表相关。

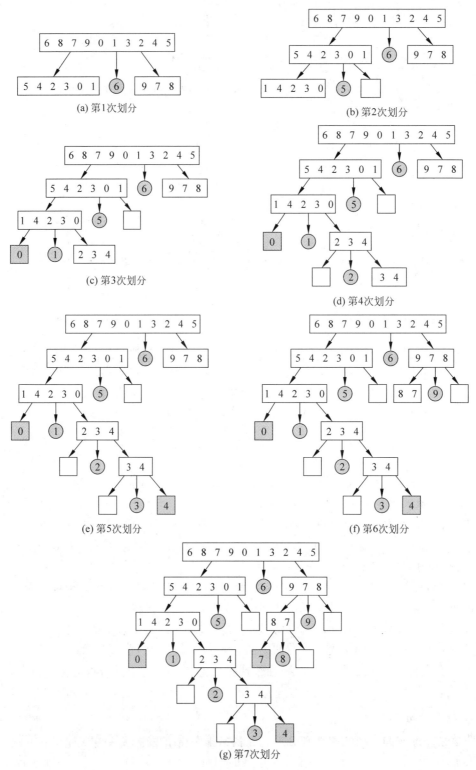

图 10.15 10 个元素的快速排序过程

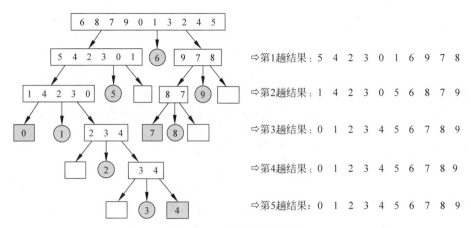

图 10.16 各趟的排序结果

1) 最好情况分析

如果初始排序表随机分布,使得每次划分恰好分为两个长度相同的子表,则递归树的高度最小,性能最好。例如 $R=(4,7,5,6,3,1,2)$,快速排序过程如图 10.17 所示,树的高度为 2。一般地,最好情况下递归树的高度为 $\lceil \log_2(n+1) \rceil$,每一层的时间为 $O(n)$,此时排序的时间复杂度为 $O(n\log_2 n)$。快速排序还有很多改进版本,如以排序序列的中间位置元素为基准或者随机选择基准,以减小递归树的高度,从而提高快速排序的性能。

2) 最坏情况分析

如果初始排序表正序或者反序,使得每次划分的两个子表中一个为空、另一个长度为 $n-1$,则递归树的高度最高,性能最差。例如 $R=(1,2,3,4,5,6,7)$ 或者 $R=(7,6,5,4,3,2,1)$,对应的递归树高度为 7,每层一个结点。一般地,最坏情况下递归树的高度为 $O(n)$,每一层的时间为 $O(n)$,此时排序的时间复杂度为 $O(n^2)$。

3) 平均情况分析

考虑平均情况,在快速排序中一趟划分将无序区一分为二,所有可能性如图 10.18 所示,前后子表元素个数的情况有 $(0,n-1)$、$(1,n-2)$、$\cdots$、$(n-1,0)$,共 n 种情况,则:

$$T_{avg} = O(n) + \frac{1}{n}\sum_{k=1}^{n}(T_{avg}(k-1) + T_{avg}(n-k))$$

$$= cn + \frac{1}{n}\sum_{k=1}^{n}(T_{avg}(k-1) + T_{avg}(n-k)) = \cdots$$

$$= O(n\log_2 n)$$

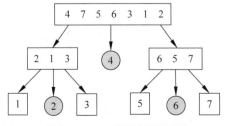

图 10.17 一种最好的情况

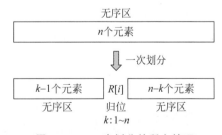

图 10.18 一次划分的所有情况

因此快速排序的平均时间复杂度为 $O(n\log_2 n)$，这接近最好的情况，所以快速排序是一种高效的排序方法。

快速排序是递归算法，尽管每一次划分仅使用固定的几个辅助变量，但递归树的高度最好为 $O(\log_2 n)$，对应最好的空间复杂度为 $O(\log_2 n)$。在最坏情况下递归树的高度为 $O(n)$，对应最坏空间复杂度为 $O(n)$。同样可以推出平均空间复杂度为 $O(\log_2 n)$。

另外，快速排序算法是一种不稳定的排序方法。例如，排序序列为 (5,2,4,8,7,4̄)，基准为 5，在进行划分时，后面的 4̄ 会放置到前面 2 的位置上，从而使其放到 4 的前面，两个相同关键字(4)的相对位置发生改变。

说明：STL 通用算法 sort() 是这样实现的，采用快速排序，当划分的子区间长度较小时采用直接插入排序，所以 sort() 是不稳定的，且时间复杂度为 $O(n\log_2 n)$。

【例 10.5】 设计一个以排序序列的中间位置元素为基准的快速排序算法。

解：对于排序序列 $R[s..t]$，当元素个数大于 1 时，其中间位置 mid=$(s+t)/2$，将首元素 $R[s]$ 与 $R[mid]$ 交换，再采用以首元素为基准的一般快速排序方法即可。对应的算法如下：

```
void QuickSort1(vector < int > & R, int s, int t)      //以排序序列的中间位置元素为基准的快速排序
{
    if (s < t)                                          //表中至少存在两个元素的情况
    {
        int mid=(s+t)/2;
        swap(R[s],R[mid]);                              //R[s]与R[mid]交换
        int i=Partition2(R,s,t);                        //可以使用前面3种划分算法中的任意一种
        QuickSort1(R,s,i-1);                            //对左子表递归排序
        QuickSort1(R,i+1,t);                            //对右子表递归排序
    }
}
```

另外也可以以排序序列中的任意一个元素为基准（从排序序列中随机选择一个元素作为基准），相当于初始排序表随机分布的情况，从而提高快速排序的效率。

视频讲解

【实战 10.3】 HDU2020——绝对值排序

时间限制：10 000ms；内存限制：32 768KB。

问题描述：输入 $n(n\leqslant 100)$ 个整数，按照绝对值从大到小的顺序排序后输出。题目保证对于每一个测试实例，所有数的绝对值都不相等。

输入格式：输入数据有多组，每组占一行，每行的第一个数为 n，接着是 n 个整数，$n=0$ 表示输入数据结束，不做处理。

输出格式：对于每个测试实例，输出排序后的结果，两个数之间用一个空格隔开。每个测试实例占一行。

10.4 选择排序

选择排序的基本思想是将排序序列分为有序区和无序区，每一趟排序从无序区中选出最小的元素放在有序区的最后，从而扩大有序区，直到全部元素有序为止。本节介绍两种选择排序方法，即简单选择排序（或称直接选择排序）和堆排序。

10.4.1 简单选择排序

1. 排序思路

从一个无序区中选出最小的元素,最简单的方法是逐个进行元素的比较,例如从无序区 $R[i..n-1]$ 中选出最小元素 $R[\text{minj}]$,对应的代码如下:

```
minj=i                        //minj 先置为区间中首元素的序号
for (int j=i+1;j<n;j++)       //从 R[i..n-1]中选最小元素 R[minj]
    if R[j]< R[minj]:         //与区间中的其他元素比较
        minj=j
```

上述方法称为简单选择,若无序区中有 k 个元素,元素的比较次数固定为 $k-1$,对应的时间复杂度为 $O(k)$。简单选择排序的基本思想就是基于上述简单选择的,在第 i 趟排序开始前,当前有序区和无序区分别为 $R[0..i-1]$ 和 $R[i..n-1]$($0 \leqslant i < n-1$),其中的有序区为全局有序的。采用简单选择方法在 $R[i..n-1]$ 中选出最小元素 $R[\text{minj}]$,将其与 $R[i]$(无序区的首位置)交换,这样有序区变为 $R[0..i]$,如图 10.19 所示。在进行 $n-1$ 趟排序之后有序区为 $R[0..n-2]$,无序区只有一个元素,它一定是最大的,无须再排序。也就是说,经过 $n-1$ 趟排序之后整个表 $R[0..n-1]$ 递增有序。

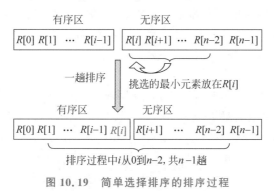

图 10.19 简单选择排序的排序过程

【例 10.6】 设待排序的表中有 10 个元素,其关键字分别为 6、8、7、9、0、1、3、2、4、5。说明采用简单选择排序方法进行排序的过程。

解:其排序过程如图 10.20 所示。每趟选择出一个元素(用粗体表示)。

```
初始关键字     []6  8   7   9   0   1   3   2   4   5
i=0 的结果:   [0]  8   7   9   6   1   3   2   4   5
i=1 的结果:   [0   1]  7   9   6   8   3   2   4   5
i=2 的结果:   [0   1   2]  9   6   8   3   7   4   5
i=3 的结果:   [0   1   2   3]  6   8   9   7   4   5
i=4 的结果:   [0   1   2   3   4]  8   9   7   6   5
i=5 的结果:   [0   1   2   3   4   5]  9   7   6   8
i=6 的结果:   [0   1   2   3   4   5   6]  7   9   8
i=7 的结果:   [0   1   2   3   4   5   6   7]  9   8
i=8 的结果:   [0   1   2   3   4   5   6   7   8]  9
```

图 10.20 10 个元素进行简单选择排序的过程

说明:简单选择排序中每趟产生的有序区一定是全局有序区。初始时全局有序区为空,所以第 1 趟 i 从 0 开始排序。

2. 排序算法设计

简单选择排序算法如下:

```
void SelectSort(vector < int > & R, int n)    //简单选择排序
{
    for (int i=0;i<n-1;i++)                    //做第i趟排序
    {
        int minj=i;
        for (int j=i+1;j<n;j++)                //在当前无序区R[i..n-1]中选最小元素R[minj]
            if (R[j]<R[minj])
                minj=j;                         //minj记下目前找到的最小元素的位置
        if (minj!=i)                            //若R[minj]不是无序区的首元素
            swap(R[i],R[minj]);                 //交换R[i]和R[minj]
    }
}
```

3. 算法分析

显然,无论初始排序表的顺序如何,在第 i 趟排序中选出最小元素,内 for 循环需做 $n-1-(i+1)+1=n-i-1$ 次比较,因此总的比较次数为:

$$C(n)=\sum_{i=0}^{n-2}(n-i-1)=\frac{n(n-1)}{2}=O(n^2)$$

至于元素的移动次数,当初始排序表正序时移动次数为 0,反序时每趟排序均要执行交换操作,此时总的移动次数为最大值 $3(n-1)$。然而,无论初始排序表如何分布,所需的比较次数相同。因此简单选择排序算法的最好、最坏和平均时间复杂度均为 $O(n^2)$。与直接插入排序和冒泡排序相比,简单选择排序中元素的移动次数是较少的。

在简单选择排序算法中只使用了固定的几个辅助变量,与问题规模 n 无关,故算法的空间复杂度为 $O(1)$,也就是说它是一个就地排序。

另外,简单选择排序算法是一种不稳定的排序方法。例如,排序序列为 $(5,\boxed{5},1)$,第 1 趟排序时,选择出最小关键字 1,将其与第一个位置上的元素 5 交换,得到 $(1,\boxed{5},5)$,从中看到两个 5 的相对位置发生了改变。

10.4.2 堆排序

视频讲解

1. 排序思路

堆排序是简单选择排序的改进,利用二叉树替代简单选择方法来找最大或者最小元素,属于一种树形选择排序方法。那么如何利用二叉树来找最大元素呢?假设排序序列为 $R[0..n-1]$,将其看成一棵完全二叉树的顺序存储结构(采用 7.2.3 节根结点编号为 0 的完全二叉树的顺序存储结构),利用完全二叉树中双亲结点和孩子结点之间的内在关系,将其调整为堆,再在堆中选择关键字最大的元素。

堆的定义是,n 个关键字序列 k_0、k_1、$\cdots$、k_{n-1} 称为堆,当且仅当该序列满足如下性质

(简称为堆性质)：

(1) $k_i \leq k_{2i+1}$ 且 $k_i \leq k_{2i+2}$　或　(2) $k_i \geq k_{2i+1}$ 且 $k_i \geq k_{2i+2}$ ($0 \leq i \leq \lfloor n/2 \rfloor - 1$)

满足第(1)种情况的堆称为**小根堆**，满足第(2)种情况的堆称为**大根堆**。显然小根堆中根结点是最小的，大根堆中根结点是最大的。下面讨论的堆默认为大根堆。

在堆排序中一趟排序的过程如图 10.21 所示。这里的有序区为全局有序区，由于有序区在后面，所以有序区的所有元素均大于无序区的所有元素，将无序区建立一个大根堆，其根结点是无序区中的最大元素，将其交换到无序区的末尾，从而扩大了有序区。

说明：堆排序中每趟产生的有序区一定是全局有序区，也就是说每趟产生的有序区中的所有元素都归位了。

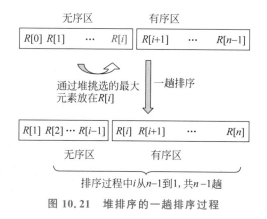

图 10.21 堆排序的一趟排序过程

2. 排序算法设计

1) 筛选算法

堆排序的核心是筛选过程，其用于将这样的完全二叉树调整为大根堆：该完全二叉树的左、右子树都是大根堆，但加上根结点后不再是大根堆(称为筛选条件)。

假设 $R[\text{low}..\text{high}]$ 为完全二叉树，其根结点为 $R[\text{low}]$，最后一个叶子结点为 $R[\text{high}]$，满足上述筛选条件，如图 10.22 所示。

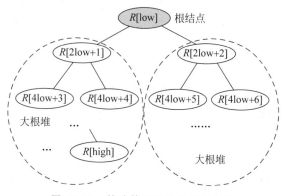

图 10.22 筛选算法建堆的前提条件

筛选为大根堆的过程是，先将 i 指向根结点 $R[\text{low}]$，取出根结点 tmp(tmp$=R[i]$)，j 指向它的左孩子($j=2i+1$)，在 $j \leq \text{high}$ 时循环：

① 若 $R[i]$ 的右孩子($R[j+1]$)较大,让 j 指向其右孩子(j 增 1),否则 i 不变,总之让 j 指向 $R[i]$ 的最大孩子。

② 若最大孩子 $R[j]$ 比双亲 $R[i]$ 大,将较大的孩子 $R[j]$ 移到双亲 $R[i]$ 中,这样可能破坏以 $R[j]$ 为子树的堆性质,于是继续筛选 $R[j]$ 的子树。

③ 若最大孩子 $R[j]$ 比双亲 $R[i]$ 小,即 $R[i]$ 大于它的所有孩子,说明已经满足堆性质,退出循环。

最后置 $R[i]=$ tmp,将原根结点放入最终位置上。

上述筛选是从根向下进行的,称为自顶向下筛选,对应的算法如下:

```
void siftDown(vector < int > & R, int low, int high)    //R[low..high]的自顶向下筛选
{
    int i=low;
    int j=2*i+1;                                         //R[j]是R[i]的左孩子
    int tmp=R[i];                                        //tmp临时保存根结点
    while (j<=high)                                      //只对R[low..high]的元素进行筛选
    {
        if (j<high && R[j]<R[j+1])
            j++;                                         //若右孩子较大,把j指向右孩子
        if (tmp<R[j])                                    //tmp的孩子较大
        {
            R[i]=R[j];                                   //将R[j]调整到双亲位置上
            i=j; j=2*i+1;                                //修改i和j值,以便继续向下筛选
        }
        else break;                                      //若孩子较小,则筛选结束
    }
    R[i]=tmp;                                            //原根结点放入最终位置
}
```

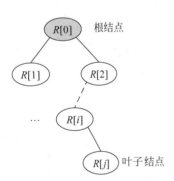

图 10.23 从叶子结点开始的自底向上筛选

实际上,自顶向下筛选过程就是从根结点 $R[low]$ 开始向下依次查找较大的孩子结点,构成一个序列($R[low]$, $R[i_1]$, $R[i_2]$, …),其中除了 $R[low]$ 外,其他元素的子序列恰好是递减的,采用类似直接插入排序的思路使其成为一个递减序列(因为大根堆中从根到每个叶子结点的路径均构成一个递减序列)。

与自顶向下筛选相对应的是自底向上筛选,自底向上筛选总是从某个叶子结点 $R[j]$ 开始的,如图 10.23 所示。仍以大根堆为例,从 $R[j]$ 向根结点方向的路径上调整,若与双亲逆序(即该结点大于双亲结点),两者交换,直到根结点为止。对应的算法如下:

```
void siftUp(vector < int > & R, int j)                   //自底向上筛选:从叶子结点j向上筛选
{
    int i=(j-1)/2;                                       //i指向R[j]的双亲
    while (true)
    {
        if (R[j]>R[i])                                   //若孩子较大
```

```
        swap(R[i],R[j]);                //交换
        if (i==0) break;                 //到达根结点时结束
        j=i; i=(j-1)/2;                  //继续向上调整
    }
}
```

2) 建立初始堆

对于一棵完全二叉树,在按层序编号后,所有分支结点的编号为 $0 \sim \lfloor n/2 \rfloor -1$,其中编号为 $\lfloor n/2 \rfloor -1$ 的结点是最后一个分支结点(编号为 $\lfloor n/2 \rfloor \sim n-1$ 的结点均为叶子结点),按 i 从 $\lfloor n/2 \rfloor -1$ 到 0 的顺序调用自顶向下筛选算法 $\text{siftDown}(i,n-1)$ 建堆,让大者"上浮",小者被"筛选"下去。对应的过程如下:

```
for (int i=n/2-1;i>=0;i--)              //从最后一个分支结点开始循环建立初始堆
    siftDown(R,i,n-1);                  //对 R[i..n-1]进行筛选
```

由于在一个大根堆中从根到每个叶子结点的路径序列恰好是递减的,也可以从每个叶子结点调用自底向上筛选算法来建立初始堆,对应的过程如下:

```
for (int j=n/2;j<n-1;j++)               //循环建立初始堆
    siftUp(R,j);                        //对 R[j]进行筛选(R[j]为叶子结点)
```

就建立初始堆而言,前一种方法好于后者。

3) 堆排序算法

在初始堆构造好后,根结点一定是最大关键字结点,将其放到排序序列的最后,也就是将堆中的根结点与最后一个叶子结点交换。由于最大元素已归位,待排序的元素个数减少一个。由于根结点改变,前面 $n-1$ 个结点不一定为堆(看成无序区),但其左子树和右子树均为堆,调用一次 siftDown 算法将无序区调整成堆,其根结点为次大的元素,通过交换将它放到排序序列的倒数第二个位置上,新的无序区的元素个数变为 $n-2$ 个,再调整,再将根结点归位,以此类推,直到完全二叉树只剩一个结点为止,该结点一定是最小结点。采用自顶向下筛选算法建立初始堆的堆排序算法如下:

视频讲解

```
void HeapSort(vector < int > & R, int n)//堆排序
{
    for (int i=n/2-1;i>=0;i--)          //从最后一个分支结点开始循环建立初始堆
        siftDown(R,i,n-1);              //对 R[i..n-1]进行筛选
    for (int i=n-1;i>0;i--)             //进行 n-1 趟排序,每一趟排序后无序区中的元素个数减 1
    {
        swap(R[0],R[i]);                //将无序区中的最后一个元素与R[0]交换,有序区为R[i..n-1]
        siftDown(R,0,i-1);              //对无序区 R[0..i-1]继续筛选
    }
}
```

【**例 10.7**】 设待排序的表中有 10 个元素,其关键字序列为(6,8,7,9,0,1,3,2,4,5)。说明采用堆排序方法进行排序的过程。

解:该排序序列对应的完全二叉树如图 10.24(a)所示,$n=10$,根结点 6 的编号为 0,最后一个分支结点的编号 $i=\lceil n/2 \rceil -1=4$,对应结点 0,以结点 0 为子树筛选的结果如图 10.24(b)所示(图中阴影部分为筛选路径),取 $i=3$,对应结点 9,以结点 9 为子树筛选的

结果如图 10.24(c)所示,以此类推,建立的初始堆如图 10.24(f)所示,对应的序列 R 为 $(9,8,7,6,5,1,3,2,4,0)$。

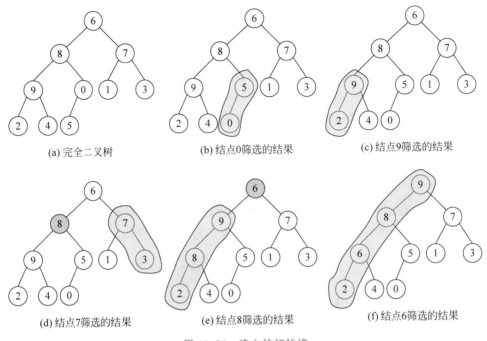

图 10.24 建立的初始堆

在初始堆中根结点 9 是最大结点,将其和堆中的最后一个结点 0 交换,输出 9,从而归位元素 9,得到第 1 趟的排序序列为 $(0,8,7,6,5,1,3,2,4,9)$,如图 10.25(a)所示。无序区中减少一个结点,再筛选,如图 10.25(b)所示(图中粗线部分为筛选路径),产生次大元素 8,再归位 8,以此类推,直到堆中只有一个结点,如图 10.25(q)所示(图中序列的粗体部分是有序区),最后得到的排序序列为 $(0,1,2,3,4,5,6,7,8,9)$。

3. 算法分析

堆排序的时间主要由建立初始堆和反复重建堆这两部分的时间构成,它们均是通过调用筛选实现的。

如果采用自顶向下筛选算法建立初始堆,从图 10.24 看出,$n=10$,共做 5 次筛选,筛选树的高度分别为 2、2、2、3、4,可以推出建立初始堆的元素比较次数不大于 $4n$,元素移动次数是同数量级,因此建立初始堆的时间复杂度为 $O(n)$。如果采用自底向上筛选算法建立初始堆,仍以图 10.24 为例,做 5 次筛选,筛选树的高度分别为 3、3、4、4、4(对应每个叶子结点的层次),可以推出建立初始堆的时间复杂度为 $O(n\log_2 n)$。所以堆排序常采用前者建立初始堆。后面反复归位元素并重建堆的最坏时间复杂度为 $O(n\log_2 n)$,所以堆排序的最坏时间复杂度为 $O(n\log_2 n)$。同样可以推出其最好和平均时间复杂度也是 $O(n\log_2 n)$。

堆排序只使用固定的几个辅助变量,其算法的空间复杂度为 $O(1)$。另外,在进行筛选时可能把后面相同关键字的元素调整到前面,所以堆排序算法是一种不稳定的排序方法。

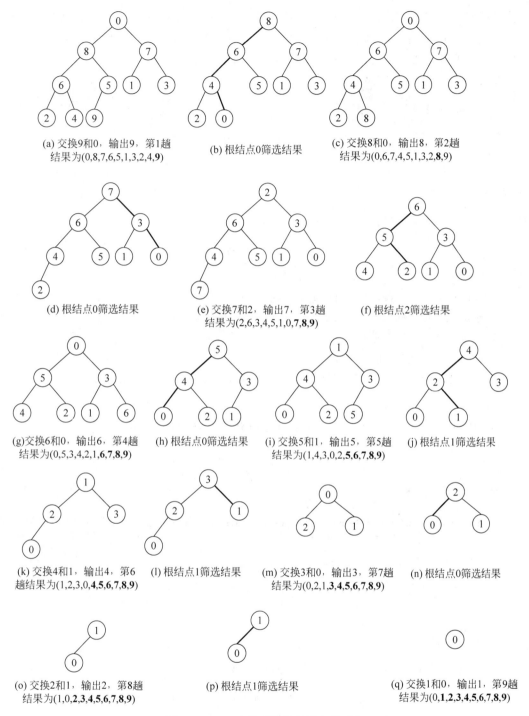

图 10.25 10 个元素进行堆排序的过程

~~~~~~~~~~~~~~~~【实战 10.4】 LeetCode347——前 k 个高频元素(用排序方法求解)~~~~~~~~~~~~~~~~

问题描述：给定一个非空的整数数组，返回其中出现频率前 k 高的元素。

示例 1：输入 nums={1,1,1,2,2,3},k=2,输出为{1,2}。

示例 2：输入 nums={1},k=1,输出为{1}。

视频讲解

可以假设给定的 k 总是合理的,且 $1 \leq k \leq$ 数组中不相同的元素的个数。算法的时间复杂度必须优于 $O(n \log_2 n)$,其中 n 是数组的大小。题目数据要保证答案唯一,换句话说,数组中前 k 个高频元素的集合是唯一的。可以按任意顺序返回答案。

要求设计满足题目条件的如下函数:

```cpp
class Solution {
public:
    vector<int> topKFrequent(vector<int>& nums, int k)
    { ... }
};
```

视频讲解

10.4.3 堆数据结构

在堆排序中使用到堆,实际上堆本身就是一种数据结构,其逻辑结构属于线性结构,提供的主要基本运算如下。

① push(e):进堆操作,向堆中插入元素 e。
② pop():出堆操作,删除堆顶元素,并且调整为一个堆。
③ gettop():取堆顶元素。
④ empty():判断堆是否为空。

现在实现上述定义的堆。为了简单,默认为大根堆。定义大根堆类模板 Heap<T> 如下:

```cpp
template <typename T>
class Heap                          //堆数据结构的实现(默认为大根堆)
{
    int n;                          //堆中元素的个数
    vector<T> R;                    //用 R[0..n-1]存放堆中的元素
public:
    Heap():n(0) {}                  //构造函数
    void siftDown(int low, int high)    //R[low..high]的自顶向下筛选
    {
        int i=low;
        int j=2*i+1;                //R[j]是 R[i]的左孩子
        T tmp=R[i];                 //tmp 临时保存根结点
        while (j<=high)             //只对 R[low..high]的元素进行筛选
        {
            if (j<high && R[j]<R[j+1])
                j++;                //若右孩子较大,把 j 指向右孩子
            if (tmp<R[j])           //tmp 的孩子较大
            {
                R[i]=R[j];          //将 R[j]调整到双亲位置上
                i=j; j=2*i+1;       //修改 i 和 j 值,以便继续向下筛选
            }
            else break;             //若孩子较小,则筛选结束
        }
        R[i]=tmp;                   //原根结点放入最终位置
    }
    void siftUp(int j)              //自底向上筛选:从叶子结点 j 向上筛选
```

```
    {
        int i=(j-1)/2;              //i 指向 R[j]的双亲
        while (true)
        {
            if (R[i]<R[j])          //若孩子较大,则交换
                swap(R[i],R[j]);
            if (i==0) break;        //到达根结点时结束
            j=i; i=(j-1)/2;         //继续向上调整
        }
    }
    //堆的基本运算算法
};
```

1. 插入运算算法设计

若 $R[0..n-1]$ 是一个堆,插入元素 e 的过程是,先将元素 e 添加到 R 的末尾,即执行 R.push_back(e),n 增 1,再从该结点向上筛选使之变成一个大根堆。

例如,图 10.26(a)所示为一个大根堆,插入元素 10 的过程如图 10.26(b)~图 10.26(d)所示,恰好经过了根结点到插入结点的一条路径,时间复杂度为 $O(\log_2 n)$。

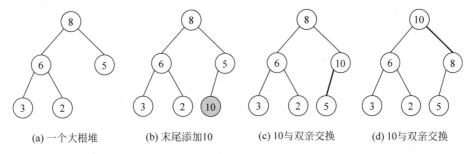

(a) 一个大根堆　　(b) 末尾添加10　　(c) 10与双亲交换　　(d) 10与双亲交换

图 10.26　向堆中插入 10 的过程

对应的插入算法如下:

```
void push(T e)                      //插入元素 e
{
    n++;                            //堆中元素的个数增 1
    if (R.size()>=n)                //R 中有多余空间
        R[n-1]=e;
    else                            //R 中没有多余空间
        R.push_back(e);             //将 e 添加到末尾
    if (n==1) return;               //e 作为根结点的情况
    int j=n-1;
    siftUp(j);                      //从叶子结点 R[j]向上筛选
}
```

2. 删除运算算法设计

在堆中只能删除非空堆的堆顶元素,即最大元素。删除运算的过程是,先用 e 存放堆顶元素,用堆中的末尾元素覆盖堆顶元素,执行 $n--$ 减少元素个数,采用向下筛选算法调整为一个堆,最后返回 e。

例如,图10.27(a)所示为一个大根堆,删除一个元素的过程如图10.27(b)和图10.27(c)所示,主要操作是向下筛选,时间复杂度为$O(\log_2 n)$。

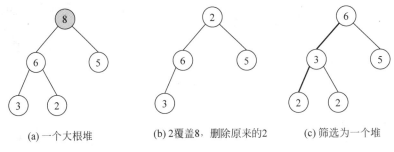

(a) 一个大根堆　　　　(b) 2覆盖8,删除原来的2　　(c) 筛选为一个堆

图 10.27　堆的一次删除过程

对应的删除算法如下:

```
T pop()                               //删除堆顶元素
{
    if (n==1)
    {
        n=0;
        return R[0];
    }
    T e=R[0];                         //取出堆顶元素
    R[0]=R[n-1];                      //用尾元素覆盖 R[0]
    n--;                              //元素个数减少 1
    if(n>1) siftDown(0,n-1);          //筛选为一个堆
    return e;
}
```

3. 取堆顶元素算法设计

直接返回$R[0]$元素即可,对应的算法如下:

```
T gettop()                            //取堆顶元素
{
    return R[0];
}
```

4. 判断堆是否为空算法设计

堆中元素的个数n为0返回true,否则返回false。对应的算法如下:

```
bool empty()                          //判断堆是否为空
{
    return n==0;
}
```

第3章中介绍的优先队列priority_queue就是一个堆结构,上面创建的堆数据结构就是它的实现原理。

【实战 10.5】 **LeetCode347——前 k 个高频元素（用大根堆求解）**
问题描述参见实战 10.4，改为采用大根堆求解。

视频讲解

10.5 归并排序

归并排序的原理是多次将两个或两个以上的相邻有序表合并成一个新的有序表。根据归并的路数，归并排序分为二路、三路和多路归并排序。本节主要讨论二路归并排序，二路归并排序又分为自底向上和自顶向下两种方法。

10.5.1 自底向上的二路归并排序

1. 排序思路

二路归并是将两个有序子表合并成一个有序表（与 2.2.3 节的有序顺序表的二路归并算法的思路相同），二路归并排序是利用二路归并实现的，其基本思路是，先将 $R[0..n-1]$ 看成 n 个长度为 1 的有序子表，然后进行两两相邻有序子表的归并，得到 $\lceil n/2 \rceil$ 个长度为 2 的有序子表，再进行两两相邻有序子表的归并，得到 $\lceil n/4 \rceil$ 个长度为 4 的有序子表，以此类推，直到得到一个长度为 n 的有序表为止，如图 10.28 所示，其中{}内表示一个有序表或者子表。

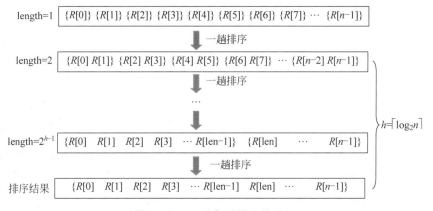

图 10.28 二路归并排序的过程

【例 10.8】 设某排序序列有 11 个元素，其关键字分别为 18、2、20、34、12、32、6、16、8、15、10。说明采用自底向上二路归并排序方法进行排序的过程。

解：$n=11$，总趟数 $=\lceil \log_2 11 \rceil = 4$，其排序过程如图 10.29 所示，整个归并过程构成一棵归并树（length 表示当前有序子表的长度）。

说明：在二路归并排序中每趟产生一个或者多个局部有序区。整个归并过程构成一棵树，称为二路归并树。这种一趟一趟归并，每一趟几乎全部元素都参与归并，对应的归并树几乎是平衡的，也称之为二路平衡归并。

2. 排序算法设计

1）二路归并算法

第 2 章介绍过两个有序表的二路归并算法，这里采用相同的思路，只是两个有序子表存

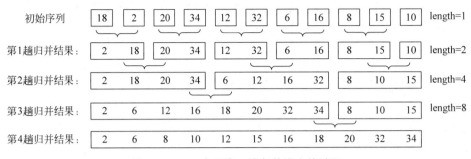

图 10.29 11 个元素二路归并排序的过程

放在同一向量中相邻的位置上,即为 $R[low..mid]$ 和 $R[mid+1..high]$,归并后得到 $R[low..high]$ 的有序表。称 $R[low..mid]$ 为第 1 段,$R[mid+1..high]$ 为第 2 段,二路归并的过程是,先将它们有序合并到一个局部向量 $R1$ 中($R1$ 的长度为 $high-low+1$),待合并完成后再将 $R1$ 复制回 R 中。对应的算法如下:

```
void Merge(vector < int > & R, int low, int mid, int high)
//将 R[low..mid] 和 R[mid+1..high] 两个有序段二路归并为一个有序段 R[low..high]
{
    vector < int > R1;
    R1.resize(high-low+1);                  //设置 R1 的长度为 high-low+1
    int i=low,j=mid+1,k=0;                  //k 是 R1 的下标,i、j 分别为第 1、2 段的下标
    while (i<=mid && j<=high)               //在第 1 段和第 2 段均未扫描完时循环
        if (R[i]<=R[j])
        {
            R1[k]=R[i];                     //将第 1 段中的元素放入 R1 中
            i++; k++;
        }
        else
        {
            R1[k]=R[j];                     //将第 2 段中的元素放入 R1 中
            j++; k++;
        }
    while (i<=mid)                          //将第 1 段余下的部分复制到 R1
    {
        R1[k]=R[i];
        i++; k++;
    }
    while (j<=high)                         //将第 2 段余下的部分复制到 R1
    {
        R1[k]=R[j];
        j++; k++;
    }
    for (k=0,i=low;i<=high;k++,i++)         //将 R1 复制回 R 中
        R[i]=R1[k];
}
```

上述算法的时间复杂度和空间复杂度均为 $O(high-low+1)$,即和参与归并的元素个数成线性关系。

2) 一趟二路归并排序

在某趟归并中,设有序子表的长度为 length,归并前 $R[0..n-1]$ 中共分为 $\lceil n/\text{length} \rceil$ 个有序子表,即 $R[0..\text{length}-1]$、$R[\text{length}..2\text{length}-1]$、…,相邻的两个进行归并的有序子表为此归并对,归并对的划分如图 10.30 所示,用 i 表示归并对首元素的序号,第 1 个归并对的 i 为 0,第 2 个归并对的 i 为 2length,以此类推,i 按 2length 递增,即 $i=i+2\text{length}$。

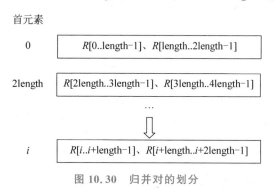

图 10.30 归并对的划分

① 先归并前面所有满归并对。若一个归并对的两个有序子表的长度均为 length,称之为满归并对。对于首元素为 i 的归并对,若 $i+2\text{length}-1<n$,说明该归并对是满的。i 从 0 开始调用 Merge$(R,i,i+\text{length}-1,i+2*\text{length}-1)$ 依次归并所有满归并对,直到 $i+2\text{length}-1<n$ 不再成立。

② 归并余下的元素。看余下的元素是否为两个有序子表,即第 1 段尾元素的序号 $i+\text{length}-1<n-1$(或者 $i+\text{length}<n$)是否成立,若成立,说明余下两个有序子表,其中第 1 段为 $R[i..i+\text{length}-1]$(其长度为 length),第 2 段为 $R[i+\text{length}..n-1]$(其长度至少是 1),则调用 Merge$(R,i,i+\text{length}-1,n-1)$ 归并最后一个不满的归并对。若第 1 段尾元素的序号 $i+\text{length}-1<n-1$(或者 $i+\text{length}<n$)不成立,说明仅剩余一个有序子表(第 2 段为空),本趟不参与归并。

对应的算法如下:

```
void MergePass(vector < int > & R, int length)    //对整个数序进行一趟归并
{
    int n=R.size(),i;
    for (i=0;i+2*length-1<n;i+=2*length)          //归并 length 长的两个相邻子表
        Merge(R,i,i+length-1,i+2*length-1);
    if (i+length<n)                                //余下两个子表,后者的长度小于 length
        Merge(R,i,i+length-1,n-1);                //归并这两个子表
}
```

一趟二路归并排序中所有元素均参与同并,所以无论 length 取什么值,算法的时间复杂度总是 $O(n)$。

3) 二路归并排序

在二路归并排序中,length 从 1 开始调用 MergePass,以后每趟 length 倍增,直到 length 大于或等于 n 为止,这样得到一个长度为 n 的有序表。对应的二路归并排序算法如下:

```
void MergeSort1(vector < int > & R, int n)        //自底向上的二路归并排序
```

```cpp
{
    for (int length=1;length < n;length=2*length)  //进行 $\log_2 n$ 趟归并
        MergePass(R,length);
}
```

上述算法从 n 个长度为 1 的有序段(底)开始,一趟一趟排序得到一个有序序列(顶),所以称为自底向上二路归并排序方法。

3. 算法分析

在二路归并排序中,长度为 n 的排序表需做 $\lceil \log_2 n \rceil$ 趟归并,对应的归并树高度为 $\lceil \log_2 n \rceil + 1$,每趟归并时间为 $O(n)$,故其时间复杂度的最好、最坏和平均情况都是 $O(n\log_2 n)$。

在归并排序过程中每次调用 Merge 都需要使用局部数组 R1,但执行完后其空间被释放,最后一趟排序一定是全部 n 个元素参与归并,所以总的辅助空间复杂度为 $O(n)$。

Merge 算法不会改变相同关键字元素的相对次序,所以二路归并排序是一种稳定的排序方法。

如果采用三路归并,归并树的高度为 $\lceil \log_3 n \rceil$,同样一次三路归并的时间为 $O(n)$,所以三路归并排序的时间复杂度为 $O(n\log_3 n)$。而 $n\log_3 n = n\log_2 n / \log_2 3$,即 $O(n\log_3 n) = O(n\log_2 n)$,也就是说,三路归并排序与二路归并排序的时间复杂度相同,但三路归并排序算法设计要复杂得多。

视频讲解

10.5.2 自顶向下的二路归并排序

采用递归方法,假设排序区间是 $R[s..t]$(为大问题),当其长度为 0 或者 1 时本身就是有序的,不做任何处理;否则,取中间位置 m,采用相同方法对 $R[s..m]$ 和 $R[m+1..t]$ 排序(分解为两个小问题),再调用前面的二路归并算法 Merge(R,s,m,t) 得到整个有序表(合并)。对应的递归模型如下:

$f(R,s,t) \equiv$ 不做任何事情   当 $R[s..t]$ 为空或者仅有一个元素时
$f(R,s,t) \equiv m=(s+t)/2;$ 其他情况
            $f(R,s,m); f(R,m+1,t);$
            Merge(R,s,m,t);

其基本过程如下。

① 分解:将大问题分解为两个相似的小问题。
② 求解小问题:分别独立地求两个小问题的解,即产生两个有序段。
③ 合并:将两个有序段采用二路归并合并为一个有序段,即为大问题的解。
对应的算法如下:

```cpp
void _MergeSort2(vector < int > & R, int s, int t)   //被 MergeSort2 调用
{
    if (s>=t) return;                                 //R[s..t]的长度为0或者1时返回
    int m=(s+t)/2;                                    //取中间位置 m
    _MergeSort2(R,s,m);                               //对前子表排序
    _MergeSort2(R,m+1,t);                             //对后子表排序
    Merge(R,s,m,t);                                   //将两个有序子表合并成一个有序表
}
```

```
void MergeSort2(vector < int > & R, int n)      //自顶向下的二路归并排序
{
    _MergeSort2(R,0,n−1);
}
```

上述算法先将长度为 n 的排序序列(顶)分解为 n 个长度为 1 的有序段(底),再进行合并,所以称之为自顶向下二路归并排序方法,由于采用递归实现,也称为递归二路归并排序方法。

设 $R[0..n−1]$ 排序的时间为 $T(n)$,当 $n>1$ 时,MergeSort21$(0,n/2)$ 和 MergeSort21$(n/2+1,n−1)$ 两个子问题的时间均为 $T(n/2)$,而 Merge 的时间为 $O(n)$。对应的递推式如下:

$T(n)=1$ 当 $n=1$ 时
$T(n)=2T(n/2)+n$ 当 $n>1$ 时

可以推出 $T(n)=O(n\log_2 n)$。设 $R[0..n−1]$ 排序的辅助空间为 $S(n)$,当 $n>1$ 时,两个子问题的辅助空间均为 $S(n/2)$,而 Merge 的辅助空间为 $O(n)$。但 MergeSort21$(0,n/2)$ 求解完后栈空间释放,被 MergeSort21$(n/2+1,n−1)$ 重复使用,对应的递推式如下:

$S(n)=1$ 当 $n=1$ 时
$S(n)=S(n/2)+n$ 当 $n>1$ 时

可以推出 $S(n)=O(n)$。也就是说,自顶向下二路归并排序方法和自底向上二路归并排序方法的时空性能相同,但自顶向下二路归并排序算法的设计更简单。

说明:STL 通用算法 stable_sort() 是采用二路归并排序算法实现的,所以它是稳定的,且时间复杂度为 $O(n\log_2 n)$。

【例 10.9】 设排序序列有 5 个元素,其关键字分别为 3、5、1、2、4。说明采用自顶向下二路归并排序方法进行排序的过程。

解:其排序过程如图 10.31 所示,图中"(x)"表示第 x 步,所有步骤分为分解和合并两种类型。

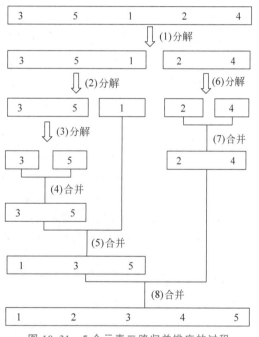

图 10.31 5 个元素二路归并排序的过程

【实战 10.6】 POJ2299——求逆序数

时间限制:7000ms;内存限制:65 536KB。

问题描述:给定一组无序序列,每次只能交换相邻的两个元素,求最少交换几次才能使序列递增有序。

输入格式:输入包含几个测试用例。每个测试用例均以包含单个整数 $n<500\,000$(输入序列的长度)的一行开头,接下来是 n 个以单个空格分隔的整数($0 \leq$ 整数值 $\leq 999\,999\,999$)。输入以 $n=0$ 结束,不必处理此序列。

输出格式:对于每个测试用例,输出一行包含整数 op,op 是对给定输入序列进行排序所需的最小交换操作数。

视频讲解

10.6 基数排序

前面介绍的各种排序都是基于关键字比较的,而基数排序是一种不基于关键字比较的排序算法,它是通过"分配"和"收集"过程来实现排序的。

1. 排序思路

视频讲解

基数排序是一种借助于多关键字排序的思想对单关键字排序的方法。

所谓多关键字是指讨论元素中含有多个关键字,假设多个关键字分别为 k^1、k^2、$\cdots$、k^d,称 k^1 是第一关键字,k^d 是第 d 个关键字。

由元素 R_0、R_1、$\cdots$、R_{n-1} 组成的表称关于关键字 k^1、k^2、$\cdots$、k^d 有序,当且仅当对每个元素 $R_i \leqslant R_j$ 有 $(k_i^1, k_i^2, \cdots, k_i^d) \leqslant (k_j^1, k_j^2, \cdots, k_j^d)$。在 r 元组上定义的 $\leqslant$ 关系是,$x_j = y_j$ ($1 \leqslant j < d$) 且 $x_{j+1} < y_{j+1}$ 或者 $x_i = y_i$ ($1 \leqslant i \leqslant d$) 成立,则 $(x_1, \cdots, x_d) \leqslant (y_1, \cdots, y_d)$。简单地说,先按关键字 k^1 排序,k^1 相同的再按 k^2 排序,以此类推。所以各个关键字的重要性是不同的,这里关键字 k^1 最重要,k^2 次之,k^d 最不重要。

以扑克牌为例,每张牌含有两个关键字,一个是花色,另一个是牌面,两个关键字的排序关系定义如下。

k^1 花色:♦<♣<♥<♠

k^2 牌面:2<3<4<5<6<7<8<9<10<J<Q<K<A

根据以上定义,所有牌(除大、小王外)关于花色与牌面两个关键字的递增排序结果是 2♦,$\cdots$,A♦,2♣,$\cdots$,A♣,2♥,$\cdots$,A♥,2♠,$\cdots$,A♠。

显然排序的过程应该从最不重要的关键字开始,这里从 k^d 开始。以扑克牌排序为例,只有两个关键字,即花色和牌面,花色的重要性大于牌面。一副乱牌的排序过程是,先将 52 张牌按牌面分为 13 个子表,按 2~A 的顺序得到一个序列,再将该序列按花色♦~♠排序,从而得到最后结果。

基数排序就是利用了多关键字排序思想,只不过将元素中的单个关键字分为多个位,将每个位看成一个关键字。

一般地,在基数排序中元素 $R[i]$ 的关键字 $R[i]$.key 由 d 位数字组成,即 $k^{d-1}k^{d-2}\cdots k^0$,每一个数字表示关键字的一位,其中 k^{d-1} 为最高位,k^0 是最低位,每一位的值满足 $0 \leqslant k^i < r$,r 称为基数。例如,对于二进制数 r 为 2,对于十进制数 r 为 10。

假设 k^{d-1} 是最重要位,k^0 是最不重要位,应该从最低位开始排序,称为**最低位优先**(LSD);反之,若 k^{d-1} 是最不重要位,k^0 是最重要位,应该从最高位开始排序,称为**最高位优先**(MSD)。两种方法的思路完全相同,下面主要讨论最低位优先方法。

最低位优先排序的过程是,先按最低位的值对元素进行排序,在此基础上再按次低位进行排序,以此类推,由低位向高位,每趟都是根据关键字的一位并在前一趟的基础上对所有元素进行排序,直至最高位,则完成了基数排序的整个过程。

假设线性表由元素序列 a_0、a_1、$\cdots$、a_{n-1} 构成,每个结点 a_j 的关键字由 d 元组 (k_j^{d-1}, k_j^{d-2}, $\cdots$, k_j^1, k_j^0) 组成,其中 $0 \leqslant k_j^i \leqslant r-1$ ($0 \leqslant j < n$, $0 \leqslant i \leqslant d-1$)。在排序过程中,使用 r 个队列 Q_0、Q_1、$\cdots$、Q_{r-1}。排序过程如下:

对 $i=0,1,\cdots,d-1$(从低位到高位),依次做一次"分配"和"收集"。

分配:开始时,把 Q_0、Q_1、$\cdots$、Q_{r-1} 各个队列置成空队列,然后依次考查线性表中的每一个元素 $a_j(j=0,1,\cdots,n-1)$,如果 a_j 的关键字位 $k_j^i=k$,就把 a_j 插入 Q_k 队列中。

收集:将 Q_0、Q_1、$\cdots$、Q_{r-1} 各个队列中的元素依次首尾相接,得到新的元素序列,从而组成新的线性表。

【例 10.10】 设排序序列有 10 个元素,其关键字序列为(75,23,98,44,57,12,29,64,38,82)。说明采用基数排序方法进行排序的过程。

解:这里 $n=10,d=2,r=10$,采用最低位优先基数排序算法,先按个位数进行排序,再按十位数进行排序,排序过程如图 10.32 所示。

说明:在基数排序中每趟并不产生明确的有序区,也就是说在最后一趟排序结束前所有元素并不一定归位了。

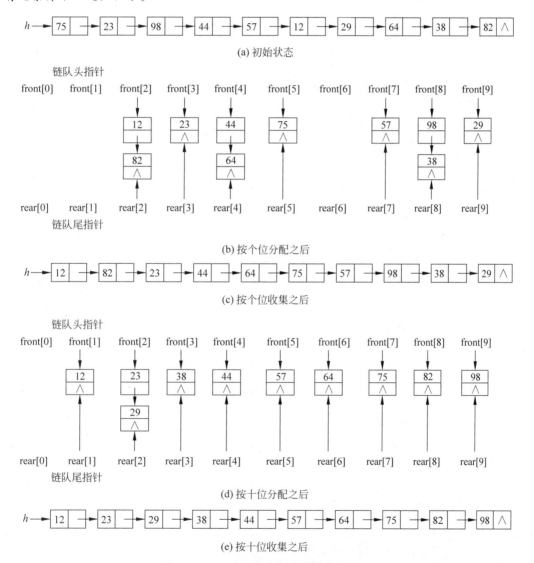

图 10.32　10 个元素进行基数排序的过程

2. 排序算法设计

由于在分配和收集中涉及大量元素的移动，在采用顺序表时性能较低，所以采用单链表 L 存放待排序序列，对应的类与 2.3.2 节的单链表完全相同，每个结点用 data 成员存放整数关键字。

假设元素关键字均为十进制 ($r=10$) 正整数，最大位数为 d，按递增排序的最低位优先基数排序算法如下：

```
int geti(int key,int r,int i)              //求基数为 r 的正整数 key 的第 i 位
{
    int k=0;
    for (int j=0;j<=i;j++)
    {
        k=key%r;
        key=key/r;
    }
    return k;
}
void RadixSort1(LinkList<int> & L,int d,int r)  //最低位优先基数排序算法
{
    LinkNode<int> * front[MAXR];           //建立链队队头数组
    LinkNode<int> * rear[MAXR];            //建立链队队尾数组
    LinkNode<int> * p, * t;
    for (int i=0;i<d;i++)                  //从低位到高位循环
    {
        for (int j=0;j<r;j++)              //初始化各链队的首、尾指针
            front[j]=rear[j]=NULL;
        p=L.head->next;
        while (p!=NULL)                    //分配：对于原链表中的每个结点循环
        {
            int k=geti(p->data,r,i);       //提取结点关键字的第 k 位并放入第 k 个链队
            if (front[k]==NULL)            //当第 k 个链队空时，队头、队尾均指向 p 结点
            {
                front[k]=p;
                rear[k]=p;
            }
            else                           //当第 k 个链队非空时，p 结点进队
            {
                rear[k]->next=p;
                rear[k]=p;
            }
            p=p->next;                     //取下一个待排序的结点
        }
        LinkNode<int> * h=NULL;            //重新用 h 来收集所有结点
        for (int j=0;j<r;j++)              //收集：对于每一个链队循环
            if (front[j]!=NULL)            //若第 j 个链队是第一个非空链队
            {
                if (h==NULL)
                {
                    h=front[j];
```

```
                    t=rear[j];
                }
                else                        //若第 j 个链队是其他非空链队
                {
                    t->next=front[j];
                    t=rear[j];
                }
            }
            t->next=NULL;                   //将尾结点的 next 域置 NULL
            L.head->next=h;
        }
    }
```

3. 算法分析

在基数排序的过程中,共进行了 d 趟分配和收集,每次分配的时间为 $O(n)$(需要遍历每个结点并且插入相应链队中),每次收集的时间为 $O(r)$(按一个一个队列整体收集而不是按单个结点收集),这样每一趟分配和收集的时间为 $O(n+r)$,所以基数排序的时间复杂度为 $O(d(n+r))$。

在基数排序中每一趟排序需要的辅助存储空间为 r(创建 r 个队列),但后面的排序趟中重复使用这些队列,所以总的空间复杂度为 $O(r)$。

另外,在基数排序中使用的是队列,排在后面的关键字只能排在前面相同关键字的后面,相对位置不会发生改变,它是一种稳定的排序方法。

10.7 各种内排序方法的比较和选择

前面介绍了多种内排序方法,将这些排序方法总结为如表 10.1 所示。通常可按平均时间复杂度将排序方法分为以下 3 类。

① 平方阶排序:一般称为简单排序,例如直接插入排序、简单选择排序和冒泡排序。
② 线性对数阶排序:例如快速排序、堆排序和归并排序。
③ 线性阶排序:例如基数排序(假定排序数据的位数 d 和进制 r 为常量)。

视频讲解

表 10.1 各种排序方法的性能

排序方法	时间复杂度			空间复杂度	稳定性	复杂性
	平均情况	最坏情况	最好情况			
直接插入排序	$O(n^2)$	$O(n^2)$	$O(n)$	$O(1)$	稳定	简单
折半插入排序	$O(n^2)$	$O(n^2)$	$O(n)$	$O(1)$	稳定	较复杂
希尔排序	$O(n^{1.58})$			$O(1)$	不稳定	较复杂
冒泡排序	$O(n^2)$	$O(n^2)$	$O(n)$	$O(1)$	稳定	简单
快速排序	$O(n\log_2 n)$	$O(n^2)$	$O(n\log_2 n)$	$O(\log_2 n)$	不稳定	较复杂
简单选择排序	$O(n^2)$	$O(n^2)$	$O(n^2)$	$O(1)$	不稳定	简单
堆排序	$O(n\log_2 n)$	$O(n\log_2 n)$	$O(n\log_2 n)$	$O(1)$	不稳定	较复杂
归并排序	$O(n\log_2 n)$	$O(n\log_2 n)$	$O(n\log_2 n)$	$O(n)$	稳定	较复杂
基数排序	$O(d(n+r))$	$O(d(n+r))$	$O(d(n+r))$	$O(r)$	稳定	较复杂

因为不同的排序方法适应不同的应用环境和要求,所以要选择合适的排序方法应综合考虑下列因素:

① 待排序的元素数目 n(问题规模)。
② 元素的大小(每个元素的规模)。
③ 关键字的分布及其初始状态。
④ 对稳定性的要求。
⑤ 语言工具的条件。
⑥ 存储结构。
⑦ 时间和辅助空间复杂度等。

没有哪一种排序方法是绝对好的,每一种排序方法都有其优缺点,适合于不同的环境,因此在实际应用中应根据具体情况做选择。首先考虑排序对稳定性的要求,若要求稳定,则只能在稳定方法中选取,否则可以在所有方法中选取;其次要考虑待排序元素个数 n 的大小,若 n 较大,则可在高效排序方法中选取,否则在简单方法中选取;然后再考虑其他因素。

下面给出综合考虑了以上几个方面所得出的大致结论:

① 若 n 较小(例如 $n \leqslant 50$),可采用直接插入或简单选择排序。当元素的规模非常小时,采用直接插入排序较好,否则因为简单选择排序移动的元素数少于直接插入排序,采用简单选择排序为宜。

② 若文件的初始状态基本有序(指正序),则采用直接插入或者冒泡排序方法。

③ 若 n 较大,则应采用时间复杂度为 $O(n\log_2 n)$ 的排序方法,例如快速排序、堆排序或归并排序。快速排序是目前基于比较的内排序中被认为较好的方法,当待排序的关键字随机分布时,快速排序的平均时间最少;但堆排序所需的辅助空间少于快速排序,并且不会出现快速排序可能出现的最坏情况。这两种排序都是不稳定的,若要求排序稳定,则可采用归并排序。

④ 对于两个有序表,要将它们组合成一个新的有序表,最好的方法是采用归并排序。

⑤ 在一般情况下,基数排序可能在 $O(n)$ 时间内完成对 n 个元素的排序。但遗憾的是,基数排序只适用于像字符串和整数这类有明显结构特征的关键字,而当关键字的取值范围属于某个无穷集合(例如实数型关键字)时无法采用基数排序。因此当 n 很大,元素的关键字位数较少且可以分解时,采用基数排序较好。

10.8 外排序

在前面介绍的内排序中排序表需要全部放在内存中,当数据量特别大时会出现无法整体排序的情况。为此将排序表存储在文件中,每次将一部分数据调到内存中进行排序,这样在排序中需要进行多次内外存数据交换,所以称为**外排序**。外排序的基本方法是归并排序法,它主要分为以下两个阶段:

视频讲解

① 生成初始归并段(顺串):将一个文件(含待排序数据)中的数据分段读入内存,每个段在内存中进行排序,并将有序数据段写到外存文件上,从而得到若干初始归并段。

② 多路归并:对这些初始归并段进行多路归并,使得有序归并段逐渐扩大,最后在外存上形成整个文件的单一归并段,也就完成了这个文件的外排序。

外排序的时间是上述两个阶段的时间和,主要包含内外存数据交换时间和元素比较时间(元素的移动次数相对较少)。

对存放在磁盘中的文件进行排序称为磁盘排序,磁盘排序属于典型的外排序,下面讨论磁盘排序中两个阶段的主要方法。

10.8.1 生成初始归并段的方法

生成初始归并段就是由一个无序文件产生若干个有序文件,这些有序文件恰好包含前者的全部元素。

1. 常规方法

假设无序文件 F_{in} 的长度为 n,排序中可用的内存大小为 w(通常 w 远小于 n),打开 F_{in} 文件,读入 w 个元素到内存中,采用前面介绍的某种内排序方法排好序,写入文件 F_1 中,再读入 F_{in} 的下 w 个元素到内存中,继续排好序,写入文件 F_2 中,以此类推,直到 F_{in} 的所有元素处理完毕,得到 m 个有序文件 $F_1 \sim F_m$,它们称为初始归并段。显然 $m = \lceil n/w \rceil$,通常前 $m-1$ 个有序文件的长度均为 w,最后一个有序文件的长度小于或等于 w。

例如,无序文件 F_{in} 中含 4500 个元素 $R_1,R_2,\cdots,R_{4500}$,可用内存大小 $w=750$,假设磁盘每次读/写的单位为一个元素的数据块(即一个物理块对应一个逻辑元素,称为页块),内外存数据交换是以页块为单位的,即读一次或者写一次都是一个页块,当页块为一个元素时,内外存的数据交换次数与元素读写次数相同,从而简化内外存数据交换时间的计算。在采用常规的生成初始归并段方法时,$m=4500/750=6$,这样得到 6 个初始归并段 $F_1 \sim F_6$。

2. 置换-选择排序方法

在采用常规方法生成初始归并段时,通常初始归并段的个数较多,因为外排序的目的是产生一个有序文件,所以初始归并段的个数越少越好。置换-选择排序方法可以满足这样的需求。

置换-选择排序方法基于选择排序,即从若干个元素中通过关键字比较选择一个最小的元素,同时在此过程中伴随元素的输入和输出,最后生成若干个长度可能各不相同的有序文件。其基本步骤如下:

① 从待排序文件 F_{in} 中按内存工作区 WA 的容量(设为 w)读入 w 个元素。设当前初始归并段编号 $i=1$。

② 从 WA 中选出关键字最小的元素 R_{min}。

③ 将 R_{min} 元素输出到文件 F_i(F_i 为产生的第 i 个初始归并段)中,作为当前初始归并段的一个元素。

④ 若 F_{in} 不空,则从 F_{in} 中读入下一个元素到 WA 中替代刚输出的元素。

⑤ 在 WA 工作区从所有大于或等于 R_{min} 的元素中选择出最小元素作为新的 R_{min},转③,直到选不出这样的 R_{min}。

⑥ 置 $i=i+1$,开始下一个初始归并段。

⑦ 若 WA 工作区已空,则所有初始归并段已全部产生;否则转②。

【例 10.11】 设某个磁盘文件中共有 18 个元素,对应的关键字序列为(15,4,97,64,17,32,108,44,76,9,39,82,56,31,80,73,255,68),若内存工作区可容纳 5 个元素,用置换-

选择排序方法可产生几个初始归并段？每个初始归并段包含哪些元素？

解：初始归并段的生成过程如表 10.2 所示，共产生两个初始归并段，归并段 F_1 为 (4,15,17,32,44,64,76,82,97,108)，归并段 F_2 为 (9,31,39,56,68,73,80,255)。

表 10.2 初始归并段的生成过程

读入元素	内存工作区状态	R_{min}	输出之后的初始归并段状态
15,4,97,64,17	15,4,97,64,17	4($i=1$)	初始归并段 1:{4}
32	15,32,97,64,17	15($i=1$)	初始归并段 1:{4,15}
108	108,32,97,64,17	17($i=1$)	初始归并段 1:{4,15,17}
44	108,32,97,64,44	32($i=1$)	初始归并段 1:{4,15,17,32}
76	108,76,97,64,44	44($i=1$)	初始归并段 1:{4,15,17,32,44}
9	108,76,97,64,9	64($i=1$)	初始归并段 1:{4,15,17,32,44,64}
39	108,76,97,39,9	76($i=1$)	初始归并段 1:{4,15,17,32,44,64,76}
82	108,82,97,39,9	82($i=1$)	初始归并段 1:{4,15,17,32,44,64,76,82}
56	108,56,97,39,9	97($i=1$)	初始归并段 1:{4,15,17,32,44,64,76,82,97}
31	108,56,31,39,9	108($i=1$)	初始归并段 1:{4,15,17,32,44,64,76,82,97,108}
80	80,56,31,39,9	9（没有大于或等于 108 的元素, $i=2$）	初始归并段 2:{9}
73	80,56,31,39,9	31($i=2$)	初始归并段 2:{9,31}
255	80,56,255,39,73	39($i=2$)	初始归并段 2:{9,31,39}
68	80,56,255,68,73	56($i=2$)	初始归并段 2:{9,31,39,56}
	80,,255,68,73	68($i=2$)	初始归并段 2:{9,31,39,56,68}
	80,,255,,73	73($i=2$)	初始归并段 2:{9,31,39,56,68,73}
	80,,255,,	80($i=2$)	初始归并段 2:{9,31,39,56,68,73,80}
	,,255,,	255($i=2$)	初始归并段 2:{9,31,39,56,68,73,80,255}

置换-选择排序方法生成的初始归并段的长度既与内存工作区大小 w 有关，也与输入文件中元素的排列次序有关。如果输入文件中的元素按关键字随机排列，则所得到的初始归并段的平均长度大约为 w 的两倍。也就是说，置换-选择排序方法得到的初始归并段个数是常规方法的一半。

10.8.2 多路归并方法

在多路归并中总时间大约是内外存数据交换时间和关键字比较次数之和。内外存数据交换通过元素读写次数来表示。常用的多路归并方法有 k 路平衡归并和最佳归并树。

视频讲解

1. k 路平衡归并方法

如果初始归并段有 m 个，那么二路平衡归并的每一趟使归并段个数减半（可以简单地理解为每一趟所有的归并段均参与归并，归并段不够时用长度为 0 的虚段补充），对应的归并树有 $\lceil \log_2 m \rceil + 1$ 层，需要做 $\lceil \log_2 m \rceil$ 趟归并。作类似的推广，在采用 $k(k>2)$ 路平衡归并时，相应的归并树有 $\lceil \log_k m \rceil + 1$ 层，要对数据进行 $s = \lceil \log_k m \rceil$ 趟归并。

例如，对于前面的含 4500 个文件的示例，产生 6 个初始归并段 $F_1 \sim F_6$，每个初始归并段含 750 个元素，内存工作区大小为 750。下面讨论两种归并方案。

(1) $k=2$,采用二路平衡归并的过程如图 10.33 所示(图中的虚段指长度为 0 的段,是为了保证每次有两个段参与归并而增加的),最后产生一个有序文件 F_{out},达到了外排序的目的。

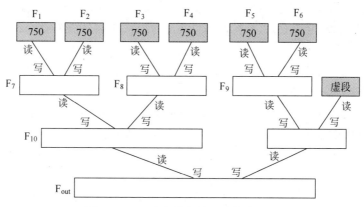

图 10.33 6 个归并段的二路归并过程

从图 10.33 中看出,由于假设页块大小为 1,当归并段 a 和 b 归并为 c 时,a 和 b 中的每个元素都需要读一次(读入内存进行比较)和写一次(较小的元素写入 c 中),而归并中元素的读次数恰好等于归并树的带权路径长度(WPL),并且元素的读写次数相同,即元素的读写总次数等于 2WPL。这里有 WPL=$(750+750+750+750)\times 3+(750+750)\times 2=$ 12 000,则该二路归并中元素的读写总次数=2WPL=24 000。共有 4500 个元素,每个元素大约读 12 000/4500=2.67 次,写的次数相同。显然 WPL 越大,内外存数据交换越多。

(2) $k=3$,采用三路归并的过程如图 10.34 所示(图中的虚段是为了保证每次有 3 个段参与归并而增加的)。该三路归并树的 WPL=$6\times 750\times 2+0\times 1=9000$,则三路归并中元素的读写总次数=2WPL=18 000。

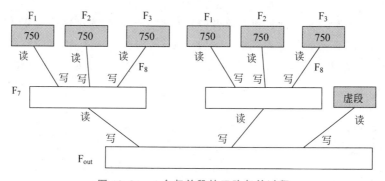

图 10.34 6 个归并段的三路归并过程

从图 10.34 中看出,k 越大,元素读写次数越少,相应地内外存数据交换时间越少。对于本例,内存工作区大小为 750,k 可以取更大的值。那么是不是 k 越大,归并的性能就越好呢?

现在分析 k 路平衡归并的性能。在 k 路归并时,总趟数为 $\lceil \log_k m \rceil$,归并中最频繁的操作是从 k 个元素中选择最小者,如果采用简单选择方法,需要进行 $k-1$ 次关键字比较。每趟归并 u 个元素,共需要做 $(u-1)\times(k-1)$ 次关键字比较,则 s 趟归并总共需要的关键字比较次数为:

$s \times (u-1) \times (k-1) = \lceil \log_k m \rceil \times (u-1) \times (k-1) = \lceil \log_2 m \rceil \times (u-1) \times (k-1)/\lceil \log_2 k \rceil$

当初始归并段个数 m 和元素个数 u 一定时,其中的 $\lceil \log_2 m \rceil \times (u-1)$ 是常量,而 $(k-1)/\lceil \log_2 k \rceil$ 在 k 无限增大时趋于 ∞,因此增大归并路数 k 会使多路归并中的关键字比较次数增大。若 k 增大到一定的程度,就会抵消掉由于减少元素读写次数而赢得的时间。也就是说,在 k 路平衡归并中,如果在选择最小元素时采用简单选择方法,并非 k 越大归并的性能就越好。

类似从简单选择排序到堆排序的改进,这里可以利用败者树选择最小元素。败者树是一棵有 k 个叶子结点的完全二叉树,其中叶子结点存放要归并的元素,分支结点存放关键字对应的段号。所谓败者是两个元素比较时的关键字较大者,胜者是两个元素比较时的关键字较小者。建立败者树采用类似于堆调整的方法实现,初始时令所有的分支结点指向一个含最小关键字($-\infty$)的叶子结点,然后从各叶子结点出发调整分支结点为新败者即可。

对 k 个初始归并段(有序段)进行 k 路平衡归并的方法如下。

① 取每个输入有序段的第一个元素作为败者树的叶子结点,建立初始败者树:两两叶子结点进行比较,在双亲结点中存放元素比赛的败者(关键字较大者),而让胜者去参加更高一层的比赛,如此在根结点之上胜出的"冠军"就是关键字最小者。

② 将最后胜出的元素写至输出归并段,在对应的叶子结点处补充该输入有序段的下一个元素,若该有序段变为空,则补充一个大关键字(比所有元素关键字都大,设为 $k_{\max}$,通常用 ∞ 表示)的虚元素。

③ 调整败者树,选择新的关键字最小的元素:从补充元素的叶子结点向上和双亲结点的关键字比较,败者留在该双亲结点,胜者继续向上,直至树的根结点,最后将胜者放在根结点的双亲结点中。

④ 若胜出的元素关键字等于 $k_{\max}$,则归并结束;否则转②继续。

【例 10.12】 设有 5 个初始归并段,它们中各元素的关键字分别是:

$F_0:\{17,21,\infty\}$ $F_1:\{5,44,\infty\}$ $F_2:\{10,12,\infty\}$ $F_3:\{29,32,\infty\}$ $F_4:\{15,56,\infty\}$

其中,∞ 是段结束标志。说明利用败者树进行 5 路平衡归并排序的过程。

解:这里 $k=5$,其初始归并段的段号分别为 $0\sim4$(与 $F_0\sim F_4$ 相对应)。k 路平衡归并败者树是一个含有 k 个叶子结点且无单分支结点的完全二叉树,k 个叶子结点对应 k 个初始归并段,其中 $n_2=n_0-1=k-1$,$n=n_0+n_1+n_2=2k-1$,高度 $h=\lceil \log_2(n+1) \rceil = \lceil \log_2(2k) \rceil = \lceil \log_2 k \rceil + 1$。这里先构造含有 5 个叶子结点的败者树,其中恰好有 4 个分支结点,再加上一个冠军结点(用于存放最小关键字),这样败者树中总共有 $2k$ 个结点,用 ls 数组存放整个败者树,ls[0]为冠军结点,根结点为 ls[1],ls[1]~ls[$k-1$]为分支结点,ls[k]~ls[$2k-1$]为叶子结点(编号为 i 的叶子结点对应的初始归并段的段号为 $i-k$)。

初始时 ls[0]~ls[4]分别取 5(即编号为 k 的虚拟段,只含一个最小关键字 $-\infty$),ls[5]~ls[9]分别取 $F_0\sim F_4$ 中的第一个关键字,如图 10.35(a)所示。为了方便,图 10.35 中的每个分支结点除了段号外另加有相应的关键字。

然后从 ls[9]到 ls[5]进行调整建立败者树,过程如下:

① 调整 ls[9],先将胜者 minnode(关键字最小者)置为 ls[9],$j=9$,其双亲编号 $i=j/2=4$,将 minnode.val(关键字为 15)和 ls[4].val(此时 ls[4].val$=-\infty$)进行比较,ls[4].val$\leqslant$ minnode.val,即双亲胜,将 minnode 和 ls[4]交换,再置 $j=i$,$i=j/2$,继续向上调整,直到

$i=0$(即到达冠军结点)时结束。其结果如图 10.35(b)所示。实际上就是对从 ls[9]到 ls[1]中的粗线部分进行调整,将最小关键字及其段号放在 ls[0]中。

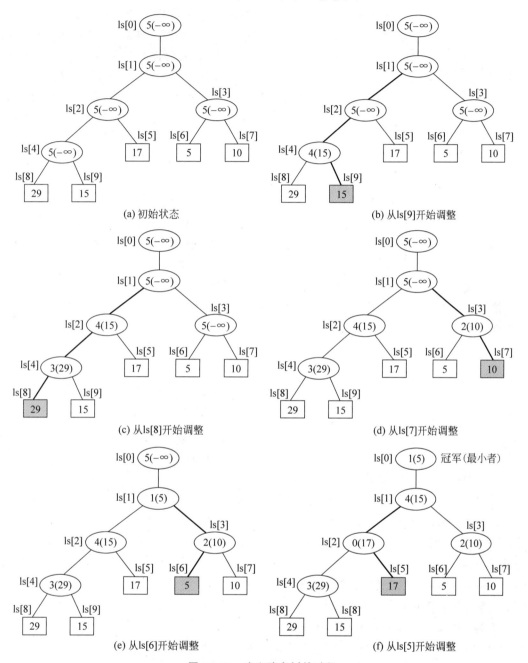

图 10.35 建立败者树的过程

② 调整 ls[8]~ls[5]的过程与此类似,调整后得到的结果分别如图 10.35(c)~图 10.35(f)所示。最后的 10.35(f)就是建立的初始败者树。

在败者树建立好后,可以利用 5 路归并产生有序序列,其中主要的操作是从 5 个元素中找出最小元素并确定其所在的段号。这对败者树来说十分容易实现。先从初始败者树中输出 ls[0]的

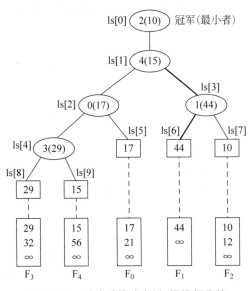

图 10.36 重购后的败者树(粗线部分的结点发生改变)

当前元素,即 1 号段的关键字为 5 的元素,然后进行调整。调整的过程是将进入树的叶子结点与双亲结点进行比较,较大者(败者)存放到双亲结点中,较小者(胜者)与上一级的祖先结点再进行比较,此过程不断进行,直到根结点,最后把新的全局优胜者写至输出归并段。

对于本例,将"1(5)"写至输出归并段后,在 F_1 中补充下一个关键字为 44 的元素,调整败者树,调整过程类似堆的向上筛选,将"1(44)"与"2(10)"进行比较,产生败者"1(44)",放在 ls[3] 中,胜者为"2(10)";将"2(10)"与"4(15)"进行比较,产生败者"4(15)",胜者为"2(10)";最后将胜者"2(10)"放在 ls[0] 中。只经过两次比较就产生了新的关键字最小的元素"2(10)",如图 10.36 所示,其中粗线部分为调整路径。

说明:在 10.8.1 节的置换-选择排序方法中从 WA 中选出关键字最小的元素时也可以使用败者树方法来提高算法性能。

从本例看到,k 路平衡归并的败者树的高度为 $\lceil \log_2 k \rceil + 1$,在每次调整找下一个最小元素时仅需要做 $\lceil \log_2 k \rceil$ 次关键字比较。

因此,若初始归并段为 m 个,利用败者树在 k 个元素中选择最小者只需要进行 $\lceil \log_2 k \rceil$ 次关键字比较。这样 $s = \lceil \log_k m \rceil$ 趟归并总共需要的关键字比较次数为:

$$s \times (u-1) \times \lceil \log_2 k \rceil = \lceil \log_k m \rceil \times (u-1) \times \lceil \log_2 k \rceil$$
$$= \lceil \log_2 m \rceil \times (u-1) \times \lceil \log_2 k \rceil / \lceil \log_2 k \rceil$$
$$= \lceil \log_2 m \rceil \times (u-1)$$

从中看出关键字比较次数与 k 无关,总的内部归并时间不会随 k 的增大而增大。但 k 越大,归并树的高度较小,读写磁盘的次数也较少。因此,在采用败者树实现多路平衡归并时,只要内存空间允许,增大归并路数 k,有效地减少归并树的高度,从而减少内外存数据交换时间,提高外排序的速度。

【实战 10.7】 LeetCode23——合并 k 个排序链表

问题描述:合并 k 个排序链表,返回合并后的排序链表。请分析和描述算法的复杂度。

示例:输入 3 个排序链表 1—>4—>5、1—>3—>4 和 2—>6,输出结果为 1—>1—>2—>3—>4—>4—>5—>6。要求设计满足条件的如下函数:

视频讲解

```
class Solution
{
public:
    ListNode * mergeKLists(vector < ListNode * > & lists)
    { ... }
};
```

2. 最佳归并树

由于采用置换-选择排序算法生成的初始归并段长度不等，在进行逐趟 k 路归并时对归并段的组合不同，会导致归并过程中元素的读写次数不同。为提高归并的性能，有必要对各归并段进行合理的搭配组合。按照最佳归并树的方案实施归并可以最小化内外存数据交换时间。

假设 m 个初始归并段进行 k 路归并，对应的最佳归并树是带权路径长度最小的 k 次（阶）哈夫曼树，其中只有度为 0 的结点和度为 k 的分支结点，前者恰好 m 个，设后者 n_k 个，有：

① $n = m + n_k$（n 为总结点个数）
② 所有结点度之和 $= n - 1$
③ 所有结点度之和 $= k \times n_k$

可以推出 $n_k = (m-1)/(k-1)$，n_k 应该为整数，即 $x = (m-1) \% (k-1) = 0$。若 $x \neq 0$，不能保证每次 k 路归并时恰好有 k 个归并段，这样会导致归并算法复杂化，为此增加若干长度为 0 的虚段，可以求出最少增加 $k-1-x$ 个虚段就可以保证每次恰好有 k 个归并段参与归并。

构造 m 个初始归并段的最佳归并树的步骤如下：

① 若 $x = (m-1) \% (k-1) \neq 0$，则需附加 $k-1-x$ 个长度为 0 的虚段，以使每次归并都可以对应 k 个段。
② 按照哈夫曼树的构造原则（权值越小的结点离根结点越远）构造最佳归并树。

【例 10.13】 设某文件经预处理后得到长度分别为 49、9、35、18、4、12、23、7、21、14 和 26 的 11 个初始归并段，试为 4 路归并设计一个读写文件次数最少的归并方案。

解：这里初始归并段的个数 $m=11$，归并路数 $k=4$，由于 $x=(m-1) \% (k-1)=1$，不为 0，所以需附加 $k-1-x=2$ 个长度为 0 的虚段。按元素个数递增排序为 (0,0,4,7,9,12,14,18,21,23,26,35,49) 构造 4 阶哈夫曼树，如图 10.37 所示。

该最佳归并树给出元素读写次数最少的归并方案如下：

① 第 1 次将长度为 4 和 7 的初始归并段归并为长度为 11 的有序段 a。
② 第 2 次将长度为 9、12 和 14 的初始归并段以及有序段 a 归并为长度为 46 的有序段 b。
③ 第 3 次将长度为 18、21、23 和 26 的初始归并段归并为长度为 88 的有序段 c。
④ 第 4 次将长度为 35 和 49 的初始归并段以及有序段 b、c 归并为长度为 218 的有序文件整体 d。共需 4 次归并。

若每个元素占用一个物理页块，则此方案的 4 路归并中总的元素读写次数为 $2 \times [(4+7) \times 3 + (9+12+14+18+21+23+26) \times 2 + (35+49) \times 1] = 726$ 次。

一般地，为了提高整个外排序性能，可以从以下两个方面进行优化：

① 在产生 m 个初始归并段时，为了尽量减小 m，采用置换-选择排序方法，可以将整个待排序文件分为数量较少的长度不等的初始归并段。
② 在将若干初始归并段归并为一个有序文件的多路归并中，为了尽量减少元素的读写次数，采用最佳归并树的归并方案对初始归并段进行归并，在归并的具体实现中采用败者树选择最小元素。

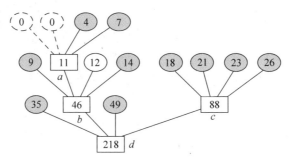

图 10.37 一棵 4 路最佳归并树

10.9 练习题

10.9.1 问答题

1. n 个关键字的序列为 $k_1,k_2,\cdots,k_n$（假设 n 为偶数），试问以下各种情况利用直接插入法进行升序排序时至少需要进行多少次比较？

(1) 关键字从小到大有序 ($k_1<k_2<\cdots<k_n$)。

(2) 关键字从大到小有序 ($k_1>k_2>\cdots>k_n$)。

(3) 奇数位关键字从小到大有序，偶数位关键字从小到大有序，即 $k_1<k_3<\cdots<k_{n/2-1},k_2<k_4<\cdots<k_{n/2}$。

(4) 前半部分元素按关键字从小到大有序，后半部分元素按关键字从大到小有序，即 $k_1<k_2<\cdots<k_{n/2},k_{n/2+1}>k_{n/2+2}>\cdots>k_n$。

2. 折半插入排序和直接插入排序的平均时间复杂度都是 $O(n^2)$，为什么一般情况下折半插入排序要好于直接插入排序？

3. 希尔排序算法的每趟都对各个组采用直接插入排序算法，为什么希尔排序算法比直接插入排序算法的效率更高，试举例说明。

4. 快速排序在什么情况下需要进行的关键字比较次数最多，最多关键字比较次数是多少？

5. 对含 n 个元素的顺序表进行快速排序，所需要进行的比较次数与这 n 个元素的初始排列有关。问：

(1) 当 $n=7$ 时，在最好情况下需进行多少次比较？请说明理由。

(2) 当 $n=7$ 时，给出一个最好情况的初始排列的实例。

(3) 当 $n=7$ 时，在最坏情况下需进行多少次比较？请说明理由。

(4) 当 $n=7$ 时，给出一个最坏情况的初始排序的实例。

6. 在将快速排序算法改为非递归算法时通常使用一个栈，若把栈换为队列会对最终排序结果有什么影响？

7. 堆排序和简单选择排序都属于选择排序类，它们的时间复杂度都与待排序表的初始顺序无关，因此在任何情况下堆排序都比简单选择排序的效率高，你认为这句话正确吗？如果正确，请说明理由。如果不正确，请举例说明，并指出在什么情况下不正确。

8. 对含有 n 个元素的数据序列采用堆排序方法排序,共调用向下筛选算法 siftDown 多少次?

9. 请回答下列关于堆排序中堆的两个问题:
(1) 堆的存储表示是顺序还是链式的?
(2) 设有一个小根堆,即堆中任意结点的关键字均小于它的左孩子和右孩子的关键字。其中具有最大关键字的结点可能在什么地方?

10. 两个各含有 n 个元素的有序序列归并成一个有序序列,关键字比较次数为 $n-1$~$2n-1$,也就是说关键字比较次数与初始序列有关。为什么通常说二路归并排序与初始序列无关呢?

11. 在二路归并排序中每一趟排序都要开辟 $O(n)$ 的辅助空间,共需 $\lceil \log_2 n \rceil$ 趟排序,为什么总的辅助空间仍为 $O(n)$?

12. 在堆排序、快速排序和二路归并排序中:
(1) 若只从辅助空间考虑,应首先选取哪种排序方法?其次选取哪种排序方法?最后选取哪种排序方法?
(2) 若只从排序结果的稳定性考虑,应选取哪种排序方法?
(3) 若只从最坏情况下的排序时间考虑,不应选取哪种排序方法?

13. 在基数排序过程中用队列暂存排序的元素,是否可以用栈来代替队列?为什么?

14. 什么是多路平衡归并?多路平衡归并的目的是什么?

15. 设有 11 个长度(即包含的元素个数)不同的初始归并段,它们所包含的元素个数为依次 25、40、16、38、77、64、53、88、9、48 和 98。试根据它们做 4 路归并,要求:
(1) 指出采用 4 路平衡归并时总的归并趟数。
(2) 构造最佳归并树。
(3) 根据最佳归并树计算总的读写元素次数(假设一个页块含一个元素)。

10.9.2 算法设计题

1. 设计一个递增排序的直接插入算法,设待排序序列为 $R[0..n-1]$,其中 $R[0..i]$ 为无序区,$R[i+1..n-1]$ 为有序区,对于无序区的尾元素 $R[i]$,将其与有序区中的元素(从头开始)进行比较,找到一个刚好大于 $R[i]$ 的位置 j,将 $R[i..j-1]$ 元素前移,然后将原 $R[i]$ 插入 $R[j-1]$ 位置。

2. 设计一个折半插入算法将初始数据从大到小递减排序,并要求在初始数据正序时移动元素的次数为零。

3. 设计一个算法,对 $R[low..high]$($0 \leq low \leq high < n$)的部分元素采用冒泡排序方法实现递增排序。

4. 设计一个双向冒泡排序的算法,即在排序过程中交替改变扫描方向。

5. 利用栈设计一个快速排序的非递归算法。

6. 利用队列设计一个快速排序的非递归算法。

7. 有一个含 n($n<100$)个整数的无序序列 a,设计一个算法利用快速排序思路求前 k($1 \leq k \leq n$)个最大的元素。

8. 假设有 n 个整数关键字的元素存于顺序表 R 中,采用简单选择方法从中选出从小到

大的前 $m(0<m<<n)$ 个整数。

9. 设计一个算法,判断一个整数序列 $a[0..n-1]$ 是否构成一个大根堆。

10. 有一个含 $n(n<100)$ 个整数的无序序列 R,设计一个算法,按从小到大的顺序求前 $k(1 \leq k \leq n)$ 个最大的元素。

11. 设 n 个学生元素用顺序表 R 存放,每个学生包含姓名和班号,班号取值为 0～5,设计一个时间复杂度为 $O(n)$ 的算法将 R 中的所有学生元素按班号递增排序。

10.10 上机实验题

10.10.1 基础实验题

1. 编写一个实验程序,随机产生 50 000 个 0～1000 的整数序列,分别采用直接插入排序、折半插入排序和希尔排序算法实现递增排序,给出各个排序算法的执行时间(以秒为单位)。

2. 编写一个实验程序,随机产生 50 000 个 0～1000 的整数序列,分别采用冒泡排序和快速排序算法实现递增排序,给出各个排序算法的执行时间(以秒为单位)。

3. 编写一个实验程序,随机产生 50 000 个 0～1000 的整数序列,分别采用简单选择排序和堆排序算法实现递增排序,给出各个排序算法的执行时间(以秒为单位)。

4. 编写一个实验程序,随机产生 50 000 个 0～1000 的整数序列,分别采用自底向上的二路归并排序和自顶向下的二路归并排序算法实现递增排序,给出各个排序算法的执行时间(以秒为单位)。

5. 编写一个实验程序,随机产生 50 个 0～99 的十进制整数序列,分别采用基数排序算法实现递增和递减排序,给出各趟排序的结果。

10.10.2 应用实验题

1. 编写一个实验程序,采用快速排序完成一个整数序列的递增排序,要求输出每次划分的结果。用相关数据进行测试。

2. 编写一个实验程序求解螺丝和螺帽匹配问题,假设有 n 个不同大小的螺丝(nut)和螺帽(bolt),每个螺丝有一个匹配的螺帽(它们的大小是相同的),现在它们的对应关系已经被打乱,螺丝和螺帽的顺序分别用 nut 和 bolt 数组表示。可以比较螺丝和螺帽的大小关系,但不能比较螺丝和螺丝以及螺帽和螺帽之间的大小关系,找出螺丝和螺帽的对应关系。用相关数据进行测试。

3. 求无序序列的前 k 个元素。有一个含 $n(n<100)$ 个整数的无序数组 a,编写一个高效的程序采用快速排序方法输出其中前 $k(1 \leq k \leq n)$ 个最小的元素(输出结果不必有序)。用相关数据进行测试。

4. 编写一个实验程序,给定一个十进制正整数序列 a,整数的位数最多为 3 位,设计一个时间尽可能高效的算法求相差最小的两个整数 (x,y),其中 $x \leq y$,若存在多个这样的整数对,保证 x 是最前面的整数,例如 $a=(1,2,1,2)$,结果为 $(1,1)$ 而不是 $(2,2)$。用相关数据进行测试。

10.11 在线编程题

1. LeetCode179——最大数
2. LeetCode148——排序链表
3. LeetCode451——根据字符出现的频率排序
4. LeetCode315——计算右侧小于当前元素的个数
5. HDU1425——前 m 大的数
6. HDU5437——Alisha 的舞会
7. POJ1723——士兵排列
8. POJ1065——木棍
9. POJ3784——求及时中位数

参 考 文 献

[1] 蒋宗礼.培养计算机类专业学生解决复杂工程问题的能力[M].北京:清华大学出版社,2018.
[2] CORMEN T H,等.算法导论.潘金贵,等译.北京:机械工业出版社,2009.
[3] SAHNI S.数据结构、算法与应用(C++语言描述).王立柱,刘志红,译.北京:机械工业出版社,2015.
[4] SEDGEWICK R,WAYNE K.算法.谢路云,译.4版.北京:人民邮电出版社,2012.
[5] SEDGEWICK R.算法:C语言实现(第1~4部分)基础知识、数据结构、排序及搜索.霍红卫,译.北京:人民邮电出版社,2009.
[6] GOODRICH M T,TAMASSIA R.算法设计与应用.乔海燕,李悫炜,王烁程,译.北京:机械工业出版社,2018.
[7] WEISS M A.数据结构与算法分析(Java语言描述).冯舜玺,陈越,译.北京:机械工业出版社,2016.
[8] 刘家瑛,郭炜,李文新.算法基础与在线实践.北京:高等教育出版社,2017.
[9] 李文辉,等.程序设计导引及在线实践.2版.北京:清华大学出版社,2017.
[10] 张铭,等.数据结构与算法.北京:高等教育出版社,2008.
[11] 翁惠玉,等.数据结构:思想与实现.北京:高等教育出版社,2009.
[12] 秋叶拓哉,等.挑战程序设计竞赛.巫泽俊,等译.北京:人民邮电出版社,2013.
[13] 邓俊辉.数据结构(C++语言版).3版.北京:清华大学出版社,2013.
[14] 王红梅,胡明,王涛.数据结构(C++版).2版.北京:清华大学出版社,2011.
[15] 裘宗燕.数据结构与算法.北京:机械工业出版社,2015.
[16] 李春葆,李筱驰.数据结构教程(Java语言描述).北京:清华大学出版社,2020.
[17] 李春葆,李筱驰.数据结构教程(Java语言描述)学习与上机指导.北京:清华大学出版社,2020.
[18] 李春葆.数据结构教程.5版.北京:清华大学出版社,2017.
[19] 李春葆.数据结构教程(第5版)学习指导.北京:清华大学出版社,2017.
[20] 李春葆.数据结构教程(第5版)上机实验指导.北京:清华大学出版社,2017.
[21] 李春葆,李筱驰.新编数据结构习题与解析.2版.北京:清华大学出版社,2019.

图书资源支持

感谢您一直以来对清华版图书的支持和爱护。为了配合本书的使用,本书提供配套的资源,有需求的读者请扫描下方的"书圈"微信公众号二维码,在图书专区下载,也可以拨打电话或发送电子邮件咨询。

如果您在使用本书的过程中遇到了什么问题,或者有相关图书出版计划,也请您发邮件告诉我们,以便我们更好地为您服务。

我们的联系方式:

地　　址:北京市海淀区双清路学研大厦 A 座 714

邮　　编:100084

电　　话:010-83470236　　010-83470237

客服邮箱:2301891038@qq.com

QQ:2301891038(请写明您的单位和姓名)

资源下载:关注公众号"书圈"下载配套资源。

书圈

清华计算机学堂

观看课程直播